机械设计手册

第6版

单行本

联轴器、离合器与制动器

主　编　闻邦椿

副主编　鄂中凯　张义民　陈良玉　孙志礼

宋锦春　柳洪义　巩亚东　宋桂秋

机械工业出版社

《机械设计手册》第6版 单行本共26分册，内容涵盖机械常规设计、机电一体化设计与机电控制、现代设计方法及其应用等内容，具有系统全面、信息量大、内容现代、突显创新、实用可靠、简明便查、便于携带和翻阅等特色。各分册分别为：《常用设计资料和数据》《机械制图与机械零部件精度设计》《机械零部件结构设计》《连接与紧固》《带传动和链传动 摩擦轮传动与螺旋传动》《齿轮传动》《减速器和变速器》《机构设计》《轴 弹簧》《滚动轴承》《联轴器、离合器与制动器》《起重运输机械零部件和操作件》《机架、箱体与导轨》《润滑 密封》《气压传动与控制》《机电一体化技术及设计》《机电系统控制》《机器人与机器人装备》《数控技术》《微机电系统及设计》《机械系统概念设计》《机械系统的振动设计及噪声控制》《疲劳强度设计 机械可靠性设计》《数字化设计》《工业设计与人机工程》《智能设计 仿生机械设计》。

本单行本为《联轴器、离合器与制动器》，主要介绍各类常用联轴器、离合器、制动器的类型、性能、特点和应用以及它们的选择、计算与设计等内容。

本书供从事机械设计、制造、维修及有关工程技术人员作为工具书使用，也可供大专院校的有关专业师生使用和参考。

图书在版编目（CIP）数据

机械设计手册. 联轴器、离合器与制动器/闻邦椿主编. —6版. —北京：机械工业出版社，2020.1（2025.1重印）

ISBN 978-7-111-64738-6

Ⅰ.①机… Ⅱ.①闻… Ⅲ.①机械设计-技术手册②联轴器-技术手册③离合器-技术手册④机械制动器-技术手册 Ⅳ.①TH122-62②TH133.4-62③TH134-62

中国版本图书馆CIP数据核字（2020）第024582号

机械工业出版社（北京市百万庄大街22号 邮政编码100037）
策划编辑：曲彩云 责任编辑：曲彩云 高依楠
责任校对：徐 强 封面设计：马精明
责任印制：常天培
固安县铭成印刷有限公司印刷
2025年1月第6版第3次印刷
184mm×260mm · 17.75印张 · 435千字
标准书号：ISBN 978-7-111-64738-6
定价：59.00元

电话服务	网络服务
客服电话：010-88361066	机 工 官 网：www.cmpbook.com
010-88379833	机 工 官 博：weibo.com/cmp1952
010-68326294	金 书 网：www.golden-book.com
封底无防伪标均为盗版	机工教育服务网：www.cmpedu.com

出版说明

《机械设计手册》自出版以来，已经进行了5次修订，2018年第6版出版发行。截至2019年，《机械设计手册》累计发行39万套。作为国家级重点科技图书，《机械设计手册》深受广大读者的欢迎和好评，在全国具有很大的影响力。该书曾获得中国出版政府奖提名奖、中国机械工业科学技术奖一等奖、全国优秀科技图书奖二等奖、中国机械工业部科技进步奖二等奖，并多次获得全国优秀畅销书奖等奖项。《机械设计手册》已成为机械设计领域的品牌产品，是机械工程领域最具权威和影响力的大型工具书之一。

《机械设计手册》第6版共7卷55篇，是在前5版的基础上吸收并总结了国内外机械工程设计领域中的新标准、新材料、新工艺、新结构、新技术、新产品、新的设计理论与方法，并配合我国创新驱动战略的需求编写而成的。与前5版相比，第6版无论是从体系还是内容，都在传承的基础上进行了创新。重点充实了机电一体化系统设计、机电控制与信息技术、现代机械设计理论与方法等现代机械设计的最新内容，将常规设计方法与现代设计方法相融合，光、机、电设计融为一体，局部的零部件设计与系统化设计互相衔接，并努力将创新设计的理念贯穿其中。《机械设计手册》第6版体现了国内外机械设计发展的新水平，精心诠释了常规与现代机械设计的内涵、全面荟萃凝练了机械设计各专业技术的精华，它将引领现代机械设计创新潮流、成就新一代机械设计大师，为我国实现装备制造强国梦做出重大贡献。

《机械设计手册》第6版的主要特色是：体系新颖、系统全面、信息量大、内容现代、突显创新、实用可靠、简明便查。应该特别指出的是，第6版手册具有较高的科技含量和大量技术创新性的内容。手册中的许多内容都是编著者多年研究成果的科学总结。这些内容中有不少依托国家"863计划""973计划""985工程""国家科技重大专项""国家自然科学基金"重大、重点和面上项目资助项目。相关项目有不少成果曾获得国际、国家、部委、省市科技奖励、技术专利。这充分体现了手册内容的重大科学价值与创新性。如仿生机械设计、激光及其在机械工程中的应用、绿色设计与和谐设计、微机电系统及设计等前沿新技术；又如产品综合设计理论与方法是闻邦椿院士在国际上首先提出，并综合8部专著后首次编入手册，该方法已经在高铁、动车及离心压缩机等机械工程中成功应用，获得了巨大的社会效益和经济效益。

在《机械设计手册》历次修订的过程中，出版社和作者都广泛征求和听取各方面的意见，广大读者在对《机械设计手册》给予充分肯定的同时，也指出《机械设计手册》卷册厚重，不便携带，希望能出版篇幅较小、针对性强、便查便携的更加实用的单行本。为满足读者的需要，机械工业出版社于2007年首次推出了《机械设计手册》第4版单行本。该单行本出版后很快受到读者的欢迎和好评。《机械设计手册》第6版已经面市，为了使读者能按需要、有针对性地选用《机械设计手册》第6版中的相关内容并降低购书费用，机械工业出版社在总结《机械设计手册》前几版单行本经验的基础上推出了《机械设计手册》第6版单行本。

《机械设计手册》第6版单行本保持了《机械设计手册》第6版（7卷本）的优势和特色，依据机械设计的实际情况和机械设计专业的具体情况以及手册各篇内容的相关性，将原手册的7卷55篇进行精选、合并，重新整合为26个分册，分别为：《常用设计资料和数据》《机械制图与机械零部件精度设计》《机械零部件结构设计》《连接与紧固》《带传动和链传动　摩擦轮传动与螺旋传动》《齿轮传动》《减速器和变速器》《机构设计》《轴　弹簧》《滚动轴承》《联轴器、离合器与制动器》《起重运输机械零部件和操作件》《机架、箱体与导轨》《润滑　密封》《气压传动与控制》《机电一体化技术及设计》《机电系统控制》《机器人与机器人装备》《数控技术》《微机电系统及设计》《机械系统概念设计》《机械系统的振动设计及噪声控制》《疲劳强度设计　机械可靠性设计》《数字化设计》《工业设计与人机工程》《智能设计　仿生机械设计》。各分册内容针对性强、篇幅适中、查阅和携带方便，读者可根据需要灵活选用。

《机械设计手册》第6版单行本是为了助力我国制造业转型升级、经济发展从高增长迈向高质量，满足广大读者的需要而编辑出版的，它将与《机械设计手册》第6版（7卷本）一起，成为机械设计人员、工程技术人员得心应手的工具书，成为广大读者的良师益友。

由于工作量大、水平有限，难免有一些错误和不妥之处，殷切希望广大读者给予指正。

机械工业出版社

前 言

本版手册为新出版的第6版7卷本《机械设计手册》。由于科学技术的快速发展，需要我们对手册内容进行更新，增加新的科技内容，以满足广大读者的迫切需要。

《机械设计手册》自1991年面世发行以来，历经5次修订，截至2016年已累计发行38万套。作为国家级重点科技图书的《机械设计手册》，深受社会各界的重视和好评，在全国具有很大的影响力，该手册曾获得全国优秀科技图书奖二等奖（1995年）、中国机械工业部科技进步奖二等奖（1997年）、中国机械工业科学技术奖一等奖（2011年）、中国出版政府奖提名奖（2013年），并多次获得全国优秀畅销书奖等奖项。1994年，《机械设计手册》曾在我国台湾建宏出版社出版发行，并在海内外产生了广泛的影响。《机械设计手册》荣获的一系列国家和部级奖项表明，其具有很高的科学价值、实用价值和文化价值。《机械设计手册》已成为机械设计领域的一部大型品牌工具书，已成为机械工程领域权威的和影响力较大的大型工具书，长期以来，它为我国装备制造业的发展做出了巨大贡献。

第5版《机械设计手册》出版发行至今已有7年时间，这期间我国国民经济有了很大发展，国家制定了《国家创新驱动发展战略纲要》，其中把创新驱动发展作为了国家的优先战略。因此，《机械设计手册》第6版修订工作的指导思想除努力贯彻"科学性、先进性、创新性、实用性、可靠性"外，更加突出了"创新性"，以全力配合我国"创新驱动发展战略"的重大需求，为实现我国建设创新型国家和科技强国梦做出贡献。

在本版手册的修订过程中，广泛调研了厂矿企业、设计院、科研院所和高等院校等多方面的使用情况和意见。对机械设计的基础内容、经典内容和传统内容，从取材、产品及其零部件的设计方法与计算流程、设计实例等多方面进行了深入系统的整合，同时，还全面总结了当前国内外机械设计的新理论、新方法、新材料、新工艺、新结构、新产品和新技术，特别是在现代设计与创新设计理论与方法、机电一体化及机械系统控制技术等方面做了系统和全面的论述和凝练。相信本版手册会以崭新的面貌展现在广大读者面前，它将对提高我国机械产品的设计水平、推进新产品的研究与开发、老产品的改造，以及产品的引进、消化、吸收和再创新，进而促进我国由制造大国向制造强国跃升，发挥出巨大的作用。

本版手册分为7卷55篇：第1卷　机械设计基础资料；第2卷　机械零部件设计（连接、紧固与传动）；第3卷　机械零部件设计（轴系、支承与其他）；第4卷　流体传动与控制；第5卷　机电一体化与控制技术；第6卷　现代设计与创新设计（一）；第7卷　现代设计与创新设计（二）。

本版手册有以下七大特点：

一、构建新体系

构建了科学、先进、实用、适应现代机械设计创新潮流的《机械设计手册》新结构体系。该体系层次为：机械基础、常规设计、机电一体化设计与控制技术、现代设计与创新设计方法。该体系的特点是：常规设计方法与现代设计方法互相融合，光、机、电设计融为一体，局部的零部件设计与系统化设计互相衔接，并努力将创新设计的理念贯穿于常规设计与现代设计之中。

二、凸显创新性

习近平总书记在2014年6月和2016年5月召开的中国科学院、中国工程院两院院士大会上分别提出了我国科技发展的方向就是“创新、创新、再创新”，以及实现创新型国家和科技强国的三个阶段的目标和五项具体工作。为了配合我国创新驱动发展战略的重大需求，本版手册突出了机械创新设计内容的编写，主要有以下几个方面：

（1）新增第7卷，重点介绍了创新设计及与创新设计有关的内容。

该卷主要内容有：机械创新设计概论，创新设计方法论，顶层设计原理、方法与应用，创新原理、思维、方法与应用，绿色设计与和谐设计，智能设计，仿生机械设计，互联网上的合作设计，工业通信网络，面向机械工程领域的大数据、云计算与物联网技术，3D打印设计与制造技术，系统化设计理论与方法。

（2）在一些篇章编入了创新设计和多种典型机械创新设计的内容。

“第11篇　机构设计”篇新增加了“机构创新设计”一章，该章编入了机构创新设计的原理、方法及飞剪机剪切机构创新设计，大型空间折展机构创新设计等多个创新设计的案例。典型机械的创新设计有大型全断面掘进机（盾构机）仿真分析与数字化设计、机器人挖掘机的机电一体化创新设计、节能抽油机的创新设计、产品包装生产线的机构方案创新设计等。

（3）编入了一大批典型的创新机械产品。

“机械无级变速器”一章中编入了新型金属带式无级变速器，“并联机构的设计与应用”一章中编入了数十个新型的并联机床产品，“振动的利用”一章中新编入了激振器偏移式自同步振动筛、惯性共振式振动筛、振动压路机等十多个典型的创新机械产品。这些产品有的获得了国家或省部级奖励，有的是专利产品。

（4）编入了机械设计理论和设计方法论等方面的创新研究成果。

1）闻邦椿院士团队经过长期研究，在国际上首先创建了振动利用工程学科，提出了该类机械设计理论和方法。本版手册中编入了相关内容和实例。

2）根据多年的研究，提出了以非线性动力学理论为基础的深层次的动态设计理论与方法。本版手册首次编入了该方法并列举了若干应用范例。

3）首先提出了和谐设计的新概念和新内容，阐明了自然环境、社会环境（政治环境、经济环境、人文环境、国际环境、国内环境）、技术环境、资金环境、法律环境下的产品和谐设计的概念和内容的新体系，把既有的绿色设计篇拓展为绿色设计与和谐设计篇。

4）全面系统地阐述了产品系统化设计的理论和方法，提出了产品设计的总体目标、广义目标和技术目标的内涵，提出了应该用IQCTES六项设计要求来代替QCTES五项要求，详细阐明了设计的四个理想步骤，即“3I调研”“7D规划”“1+3+X实施”“5（A+C）检验”，明确提出了产品系统化设计的基本内容是主辅功能、三大性能和特殊性能要求的具体实现。

5）本版手册引入了闻邦椿院士经过长期实践总结出的独特的、科学的创新设计方法论体系和规则，用来指导产品设计，并提出了创新设计方法论的运用可向智能化方向发展，即采用专家系统来完成。

三、坚持科学性

手册的科学水平是评价手册编写质量的重要方面，因此，本版手册特别强调突出内容的科学性。

（1）本版手册努力贯彻科学发展观及科学方法论的指导思想和方法，并将其落实到手册内容的编写中，特别是在产品设计理论方法的和谐设计、深层次设计及系统化设计的编写中。

（2）本版手册中的许多内容是编著者多年研究成果的科学总结。这些内容中有不少是国家863、973计划项目，国家科技重大专项，国家自然科学基金重大、重点和面上项目资助项目的研究成果，有不少成果曾获得国际、国家、部委、省市科技奖励及技术专利，充分体现了本版手册内容的重大科学价值与创新性。

下面简要介绍本版手册编入的几方面的重要研究成果：

1）振动利用工程新学科是闻邦椿院士团队经过长期研究在国际上首先创建的。本版手册中编入了振动利用机械的设计理论、方法和范例。

2）产品系统化设计理论与方法的体系和内容是闻邦椿院士团队提出并加以完善的，编写者依据多年的研究成果和系列专著，经综合整理后首次编入本版手册。

3）仿生机械设计是一门新兴的综合性交叉学科，近年来得到了快速发展，它为机械设计的创新提供了新思路、新理论和新方法。吉林大学任露泉院士领导的工程仿生教育部重点实验室开展了大量的深入研究工作，取得了一系列创新成果且出版了专著，据此并结合国内外大量较新的文献资料，为本版手册构建了仿生机械设计的新体系，编写了“仿生机械设计”篇（第50篇）。

4）激光及其在机械工程中的应用篇是中国科学院长春光学精密机械与物理研究所王立军院士依据多年的研究成果，并参考国内外大量较新的文献资料编写而成的。

5）绿色制造工程是国家确立的五项重大工程之一，绿色设计是绿色制造工程的最重要环节，是一个新的学科。合肥工业大学刘志峰教授依据在绿色设计方面获多项国家和省部级奖励的研究成果，参考国内外大量较新的文献资料为本版手册首次构建了绿色设计新体系，编写了“绿色设计与和谐设计”篇（第48篇）。

6）微机电系统及设计是前沿的新技术。东南大学黄庆安教授领导的微电子机械系统教育部重点实验室多年来开展了大量研究工作，取得了一系列创新研究成果，本版手册的“微机电系统及设计”篇（第28篇）就是依据这些成果和国内外大量较新的文献资料编写而成的。

四、重视先进性

（1）本版手册对机械基础设计和常规设计的内容做了大规模全面修订，编入了大量新标准、新材料、新结构、新工艺、新产品、新技术、新设计理论和计算方法等。

1）编入和更新了产品设计中需要的大量国家标准，仅机械工程材料篇就更新了标准126个，如GB/T 699—2015《优质碳素结构钢》和GB/T 3077—2015《合金结构钢》等。

2）在新材料方面，充实并完善了铝及铝合金、钛及钛合金、镁及镁合金等内容。这些材料由于具有优良的力学性能、物理性能以及回收率高等优点，目前广泛应用于航空、航天、高铁、计算机、通信元件、电子产品、纺织和印刷等行业。增加了国内外粉末冶金材料的新品种，如美国、德国和日本等国家的各种粉末冶金材料。充实了国内外工程塑料及复合材料的新品种。

3）新编的“机械零部件结构设计”篇（第4篇），依据11个结构设计方面的基本要求，编写了相应的内容，并编入了结构设计的评估体系和减速器结构设计、滚动轴承部件结构设计的示例。

4）按照GB/T 3480.1～3—2013（报批稿）、GB/T 10062.1～3—2003及ISO 6336—2006等新标准，重新构建了更加完善的渐开线圆柱齿轮传动和锥齿轮传动的设计计算新体系；按照初步确定尺寸的简化计算、简化疲劳强度校核计算、一般疲劳强度校核计算，编排了三种设计计算方法，以满足不同场合、不同要求的齿轮设计。

5）在“第4卷　流体传动与控制”卷中，编入了一大批国内外知名品牌的新标准、新结构、新产品、新技术和新设计计算方法。在“液力传动”篇（第23篇）中新增加了液黏传动，它是一种新型的液力传动。

（2）“第5卷　机电一体化与控制技术”卷充实了智能控制及专家系统的内容，大篇幅增加了机器人与机器人装备的内容。

机器人是机电一体化特征最为显著的现代机械系统，机器人技术是智能制造的关键技术。由于智能制造的迅速发展，近年来机器人产业呈现出高速发展的态势。为此，本版手册大篇幅增加了“机器人与机器人装备”篇（第26篇）的内容。该篇从实用性的角度，编写了串联机器人、并联机器人、轮式机器人、机器人工装夹具及变位机；编入了机器人的驱动、控制、传感、视角和人工智能等共性技术；结合喷涂、搬运、电焊、冲压及压铸等工艺，介绍了机器人的典型应用实例；介绍了服务机器人技术的新进展。

(3) 为了配合我国创新驱动战略的重大需求，本版手册扩大了创新设计的篇数，将原第6卷扩编为两卷，即新的“现代设计与创新设计（一）”（第6卷）和“现代设计与创新设计（二）”（第7卷）。前者保留了原第6卷的主要内容，后者编入了创新设计和与创新设计有关的内容及一些前沿的技术内容。

本版手册“现代设计与创新设计（一）”卷（第6卷）的重点内容和新增内容主要有：

1）在“现代设计理论与方法综述”篇（第32篇）中，简要介绍了机械制造技术发展总趋势、在国际上有影响的主要设计理论与方法、产品研究与开发的一般过程和关键技术、现代设计理论的发展和根据不同的设计目标对设计理论与方法的选用。闻邦椿院士在国内外首次按照系统工程原理，对产品的现代设计方法做了科学分类，克服了目前产品设计方法的论述缺乏系统性的不足。

2）新编了“数字化设计”篇（第40篇）。数字化设计是智能制造的重要手段，并呈现应用日益广泛、发展更加深刻的趋势。本篇编入了数字化技术及其相关技术、计算机图形学基础、产品的数字化建模、数字化仿真与分析、逆向工程与快速原型制造、协同设计、虚拟设计等内容，并编入了大型全断面掘进机（盾构机）的数字化仿真分析和数字化设计、摩托车逆向工程设计等多个实例。

3）新编了“试验优化设计”篇（第41篇）。试验是保证产品性能与质量的重要手段。本篇以新的视觉优化设计构建了试验设计的新体系、全新内容，主要包括正交试验、试验干扰控制、正交试验的结果分析、稳健试验设计、广义试验设计、回归设计、混料回归设计、试验优化分析及试验优化设计常用软件等。

4）将手册第5版的“造型设计与人机工程”篇改编为“工业设计与人机工程”篇（第42篇），引入了工业设计的相关理论及新的理念，主要有品牌设计与产品识别系统（PIS）设计、通用设计、交互设计、系统设计、服务设计等，并编入了机器人的产品系统设计分析及自行车的人机系统设计等典型案例。

(4)“现代设计与创新设计（二）”卷（第7卷）主要编入了创新设计和与创新设计有关的内容及一些前沿技术内容，其重点内容和新编内容有：

1）新编了“机械创新设计概论”篇（第44篇）。该篇主要编入了创新是我国科技和经济发展的重要战略、创新设计的发展与现状、创新设计的指导思想与目标、创新设计的内容与方法、创新设计的未来发展战略、创新设计方法论的体系和规则等。

2）新编了“创新设计方法论”篇（第45篇）。该篇为创新设计提供了正确的指导思想和方法，主要编入了创新设计方法论的体系、规则，创新设计的目的、要求、内容、步骤、程序及科学方法，创新设计工作者或团队的四项潜能，创新设计客观因素的影响及动态因素的作用，用科学哲学思想来统领创新设计工作，创新设计方法论的应用，创新设计方法论应用的智能化及专家系统，创新设计的关键因素及制约的因素分析等内容。

3）创新设计是提高机械产品竞争力的重要手段和方法，大力发展创新设计对我国国民经济发展具有重要的战略意义。为此，编写了“创新原理、思维、方法与应用”篇（第47篇）。除编入了创新思维、原理和方法，创新设计的基本理论和创新的系统化设计方法外，还编入了29种创新思维方法、30种创新技术、40种发明创造原理，列举了大量的应用范例，为引领机械创新设计做出了示范。

4）绿色设计是实现低资源消耗、低环境污染、低碳经济的保护环境和资源合理利用的重要技术政策。本版手册中编入了“绿色设计与和谐设计”篇（第48篇）。该篇系统地论述了绿色设计的概念、理论、方法及其关键技术。编者结合多年的研究实践，并参考了大量的国内外文献及较新的研究成果，首次构建了系统实用的绿色设计的完整体系，包括绿色材料选择、拆卸回收产品设计、包装设计、节能设计、绿色设计体系与评估方法，并给出了系列典型范例，这些对推动工程绿色设计的普遍实施具有重要的指引和示范作用。

5）仿生机械设计是一门新兴的综合性交叉学科，本版手册新编入了“仿生机械设计”篇（第50篇），包括仿生机械设计的原理、方法、步骤，仿生机械设计的生物模本，仿生机械形态与结构设计，仿生机械运动学设计，仿生机构设计，并结合仿生行走、飞行、游走、运动及生机电仿生手臂，编入了多个仿生机械设计范例。

6）第55篇为“系统化设计理论与方法”篇。装备制造机械产品的大型化、复杂化、信息化程度越来越高，对设计方法的科学性、全面性、深刻性、系统性提出的要求也越来越高，为了满足我国制造强国的重大需要，亟待创建一种能统领产品设计全局的先进设计方法。该方法已经在我国许多重要机械产品（如动车、大型离心压缩机等）中成功应用，并获得重大的社会效益和经济效益。本版手册对该系统化设计方法做了系统论述并给出了大型综合应用实例，相信该系统化设计方法对我国大型、复杂、现代化机械产品的设计具有重要的指导和示范作用。

7）本版手册第7卷还编入了与创新设计有关的其他多篇现代化设计方法及前沿新技术，包括顶层设计原理、方法与应用，智能设计，互联网上的合作设计，工业通信网络，面向机械工程领域的大数据、云计算与物联网技术，3D打印设计与制造技术等。

五、突出实用性

为了方便产品设计者使用和参考，本版手册对每种机械零部件和产品均给出了具体应用，并给出了选用方法或设计方法、设计步骤及应用范例，有的给出了零部件的生产企业，以加强实际设计的指导和应用。本版手册的编排尽量采用表格化、框图化等形式来表达产品设计所需要的内容和资料，使其更加简明、便查；对各种标准采用摘编、数据合并、改排和格式统一等方法进行改编，使其更为规范和便于读者使用。

六、保证可靠性

编入本版手册的资料尽可能取自原始资料，重要的资料均注明来源，以保证其可靠性。所有数据、公式、图表力求准确可靠，方法、工艺、技术力求成熟。所有材料、零部件、产品和工艺标准均采用新公布的标准资料，并且在编入时做到认真核对以避免差错。所有计算公式、计算参数和计算方法都经过长期检验，各种算例、设计实例均来自工程实际，并经过认真的计算，以确保可靠。本版手册编入的各种通用的及标准化的产品均说明其特点及适用情况，并注明生产厂家，供设计人员全面了解情况后选用。

七、保证高质量和权威性

本版手册主编单位东北大学是国家211、985重点大学、“重大机械关键设计制造共性技术”985创新平台建设单位、2011国家钢铁共性技术协同创新中心建设单位，建有“机械设计及理论国家重点学科”和“机械工程一级学科”。由东北大学机械及相关学科的老教授、老专家和中青年学术精英组成了实力强大的大型工具书编写团队骨干，以及一批来自国家重点高校、研究院所、大型企业等30多个单位、近200位专家、学者组成了高水平编审团队。编审团队成员的大多数都是所在领域的著名资深专家，他们具有深广的理论基础、丰富的机械设计工作经历、丰富的工具书编纂经验和执着的敬业精神，从而确保了本版手册的高质量和权威性。

在本版手册编写中，为便于协调，提高质量，加快编写进度，编审人员以东北大学的教师为主，并组织邀请了清华大学、上海交通大学、西安交通大学、浙江大学、哈尔滨工业大学、吉林大学、天津大学、华中科技大学、北京科技大学、大连理工大学、东南大学、同济大学、重庆大学、北京化工大学、南京航空航天大学、上海师范大学、合肥工业大学、大连交通大学、长安大学、西安建筑科技大学、沈阳工业大学、沈阳航空航天大学、沈阳建筑大学、沈阳理工大学、沈阳化工大学、重庆理工大学、中国科学院长春光学精密机械与物理研究所、中国科学院沈阳自动化研究所等单位的专家、学者参加。

在本版手册出版之际，特向著名机械专家、本手册创始人、第1版及第2版的主编徐灏教授致以崇高的敬意，向历次版本副主编邱宣怀教授、蔡春源教授、严隽琪教授、林忠钦教授、余俊教授、汪恺总工程师、周士昌教授致以崇高的敬意，向参加本手册历次版本的编写单位和人员表示衷心感谢，向在本手册历次版本的编写、出版过程中给予大力支持的单位和社会各界朋友们表示衷心感谢，特别感谢机械科学研究总院、郑州机械研究所、徐州工程机械集团公司、北方重工集团沈阳重型机械集团有限责任公司和沈阳矿山机械集团有限责任公司、沈阳机床集团有限责任公司、沈阳鼓风机集团有限责任公司及辽宁省标准研究院等单位的大力支持。

由于编者水平有限，手册中难免有一些不尽如人意之处，殷切希望广大读者批评指正。

主编 闻邦椿

目　录

第15篇　联轴器、离合器与制动器

第1章　联　轴　器

第2章 离 合 器

第3章 制动器

第 15 篇　联轴器、离合器与制动器

主　编　孙志礼
编写人　孙志礼　闫玉涛　闫　明　王　健
审稿人　修世超　苏鹏程

第5版
联轴器、离合器与制动器

主　编　孙志礼
编写人　孙志礼　闫玉涛　闫　明
审稿人　鄂中凯　苏鹏程

第1章 联 轴 器

1 常用联轴器的类型、性能、特点及应用（见表15.1-1）

表15.1-1 常用联轴器的类型、性能、特点及应用

类别	联轴器名称	转矩范围 /N·m	轴径范围 /mm	最高转速 /r·min^{-1}	许用相对位移			特点及应用说明
					轴向 /mm	径向 /mm	角向	
固定式刚性联轴器	套筒联轴器	圆锥销：0.3~4000 平键：71~5600 半圆键：8~450 花键：150~12500	4~100 20~100 10~35 25~102	一般 ≤200	无补偿性能 要求两轴严格精确对中			结构简单，制造容易，径向尺寸小，成本低，但装拆时需沿轴向移动较大的距离，而且只能用于连接两轴直径相同的圆柱形轴伸。一般用于工作平稳的小功率传动轴系
	凸缘联轴器（GB/T 5843—2003）	10~20000	10~180	13000~2300	无补偿性能 要求两轴严格精确对中			结构简单，制造容易，工作可靠，装拆方便，刚性好，传递转矩大，但不能吸收冲击。当两轴对中精度较低时，将引起较大的附加载荷。适用于工作平稳的一般传动，高速传动时需要有高的对中和制造精度
	夹壳联轴器	85~9000	30~110	900~380	无补偿性能 要求两轴严格精确对中			装拆方便，不需沿轴向移动两轴，但平衡困难，而且两轴径必须是相同的圆柱形。仅适用于低速传动的水平或垂直轴系，以传递平稳载荷为宜
	紧箍夹壳联轴器	180~12500	30~110	900~380	无补偿性能 要求两轴严格精确对中			其特点和使用性能与夹壳联轴器相似，但外形简单，平衡条件有所改善，夹紧力大。很适宜用于径向装配尺寸受限制的场合
可移式刚性联轴器	滑块联轴器	金属滑块：120~20000	15~150	250~100		0.04d	30′	结构简单，径向尺寸较小，许用两轴径向位移较大，尼龙滑块还有一定减振缓冲作用，但对角位移较敏感，传动效率低。主要用于径向位移较大的两轴连接，尼龙滑块工作温度-20~70℃
		尼龙滑块：16~5000	10~100	10000~1500	1~2	≤0.2	≤40′	
	齿式联轴器（JB/T 5514—2007）	TGL型：10~2500	6~125	10000~2120	±1	0.3~1.1	1°	承载能力大，补偿两轴相对位移性能好，工作可靠，但制造困难，工作时需良好润滑，适用于正反转多变、起动频繁的传动轴系。其中TGL型有缓冲吸振性能，适用于中小功率传动；GⅡCL、GⅡCLZ型传递转矩能力较高，但补偿性能不如GⅠCL、GⅠCLZ，通常后者应用较广；GⅠCLZ、GⅡCLZ型需加中间轴，可增加径向位移和角位移
	（JB/T 8854.3—2001）	GⅠCL、GⅠCLZ型：630 ~ 2.8×10^6	16~620	4000~500	较大	1.96~21.7	3°	
	（JB/T 8854.2—2001）	GⅡCL、GⅡCLZ型：400~5×10^6	16~1000	4000~460	较大	1.0~8.5	3°	
	（JB/T 8854.1—2001）	GCLD型：120~5000	22~200	4000~2100	较大	0.4~6.3	3°	

（续）

类别	联轴器名称	转矩范围 /N·m	轴径范围 /mm	最高转速 /r·min^{-1}	许用相对位移 轴向 /mm	径向 /mm	角向	特点及应用说明
可移式刚性联轴器	滚子链联轴器（GB/T 6069—2002）	40~25000	16~190	4500~900	1.4~9.5	0.19~1.27	1°	结构简单，采用标准件，工艺性好，制造容易，对安装精度要求不高，且有一定补偿能力；对环境适应范围广，但吸振和缓冲性能差，安全性也差。可用于连续运转的一般传动轴系
可移式刚性联轴器	十字轴式万向联轴器（JB/T 5901—1991）（JB/T 5513—2006）（JB/T 3241—2005）（JB/T 3242—1993）	WS、WSO 型：11.2~1120 SWC 型：(1.25~10^3)×10^3 SWP 型：(2.0~160)×10^4 SWZ 型：(1.8~80)×10^4	8~42 100~620（回转直径） 160~650（回转直径） 160~550（回转直径）				≤45° ≤15° ≤15° ≤10°	径向外形尺寸小，紧凑，维修方便，传递转矩大，传动效率高，使用寿命长，噪声低，能传递空间两相交轴之间的传动，两轴之间的夹角大，但当采用单个万向联轴器时，从动轴转速会呈周期性波动现象。主要用于相交轴之间的传动连接（SWZ 型为整体轴承座，未列出）
可移式刚性联轴器	球铰式万向联轴器（JB/T 6139—2007）	6.3~1120		1000~500			≤40°	结构简单、体积小，运转灵活，易于维护。适用于小功率以传递运动为主的传动轴系
可移式刚性联轴器	球笼式同步万向联轴器（GB/T 7549—2008）	180~560000	25~160	1120~340			14°~18°	轴向尺寸小，结构紧凑，不受两轴轴线之间夹角的影响，能保证主、从动轴同步转动，但结构复杂，制造困难，要求有高的加工精度。主要用于要求结构紧凑的相交轴之间的传动连接
金属弹性元件联轴器	弹性阻尼簧片联轴器（GB/T 12922—2008）	(4.29~586)×10^3		3600~1100	1.5~4.0	0.24~1.3	0.2°	弹性高，阻尼大，缓冲减振能力强，安全可靠，但结构复杂，制造困难，成本高。主要用于载荷变化大，或存在扭转振动的传动轴系，如大功率的内燃机
金属弹性元件联轴器	蛇形弹簧联轴器	JS 型 45~8×10^5 JSB 型 45~63000 JSS 型 JSD 型 45~160000 JSJ 型 140~160000 JSG 型 140~25000 JSZ 型 125~9000	18~500 18~260 18~380 22~360 12~200 12~200	4500~540 6000~1600 3600~900 10000~3300 3820~820	±(0.3~1.3)	0.31~1.02	0°9′~0°57′	弹性好，缓冲减振能力强，工作可靠，径向尺寸小，具有较好的补偿综合位移的能力，且耐久，承载能力高，结构型式多，但结构复杂，需润滑。主要用于有严重冲击载荷的中、大功率传动轴系，工作温度为-30~150℃

（续）

类别	联轴器名称	转矩范围 /N·m	轴径范围 /mm	最高转速 /r·min^{-1}	许用相对位移			特点及应用说明
					轴向 /mm	径向 /mm	角向	
金属弹性元件联轴器	膜片联轴器（JB/T 9147—1999）	JMⅠ型 25~160000 JMⅠJ型 25~6300 JMⅡ型 40~180000 JMⅡJ型 63~10^7	14~320 14~125 14~340 20~950	6000~710 6000~1600 10700~1050 9300~350	1~12	与中间轴长度有关	1°~2°	易平衡，不需润滑，对环境适应性强，且结构简单，装拆方便，工作可靠，无噪声，有一定的补偿功能和缓冲功能。主要用于载荷较平稳的中、高速传动，可部分代替齿式联轴器
	挠性杆联轴器（GB/T 14653—2008）	5900~2810000		10700~750			(8~12) ×10^{-3} $\Delta\alpha$(rad)	扭转刚度大，承载能力高，不需润滑，不受温度影响，尺寸小，重量轻，使用寿命长，但补偿量小。适用于平稳运转的高速传动轴系
	弹性环联轴器（GB/T 2496—2008）	710~100000		4000~1000	0.7~3.5	1.2~6.2	3.2°	具有很高的弹性和极好的减振性能，补偿两轴的相对位移量大，安装容易，维修简单，但结构复杂，制造困难，径向尺寸较大。主要用于冲击载荷大，需要消除扭转振动的中、大功率传动轴系
非金属弹性元件联轴器	轮胎式联轴器（GB/T 5844—2002）	10~25000	11~180	5000~800	1.0~8.0	1.0~5.0	1°30′	结构简单，弹性好，扭转刚度小，减振能力强，补偿两轴相对位移量大，但径向外形尺寸大，传动时有附加轴向载荷。主要用于有较大冲击载荷，正、反转多变，起动频繁的传动轴系，工作环境温度为-20~80℃
	LAK 鞍形块弹性联轴器（JB/T 7684—2007）	63~50000	20~220	3700~550	2~12	2~10	1°~1°30′	由若干 U 形块代替轮胎形元件，结构简单，制造容易，安装方便，轴向补偿能力大，缓冲减振性能良好，但外形尺寸大，许用转速低
	弹性套柱销联轴器（GB/T 4323—2002）	6.3~16000	9~170	8800~1150	较大	0.1~0.3	15′~45′	结构紧凑，装配方便，具有一定的弹性和缓冲性能，补偿两轴相对位移量不大，当位移量太大时，弹性件易损坏。主要用于一般的中小功率传动轴系，工作温度为-20~70℃

（续）

类别	联轴器名称	转矩范围 /N·m	轴径范围 /mm	最高转速 /r·min^{-1}	许用相对位移			特点及应用说明
					轴向 /mm	径向 /mm	角向	
非金属弹性元件联轴器	弹性柱销联轴器（GB/T 5014—2003）	250~180000	12~340	8500~950	±(0.5~3.0)	0.15~0.25	30′	结构简单，制造容易，更换方便，柱销较耐磨，但弹性差，补偿两轴相对位移量不大。主要用于载荷较平稳、起动频繁、轴向窜动量较大、对缓冲要求不高的传动轴系，工作温度为-20~70℃
	弹性柱销齿式联轴器（GB/T 5015—2003）	100 ~ 25 ×10^5	12~850	4000~460	±(1.5~5)	0.3~1.5	30′	有一定的弹性，能缓冲，且制造容易，不需润滑，更换方便，传递转矩范围大，可代替部分齿式联轴器。适用于正反转多变、起动频繁、转矩变化不大的传动轴系，工作温度为-20~70℃
	梅花形弹性联轴器（GB/T 5272—2002）	16~25000	12~160	15300~1900	1.2~5.0	0.2~0.8	30′~1°	结构简单，维修方便，有缓冲减振功能，安全可靠，耐磨，对加工精度要求不高，适应范围广。可用于各种中小功率的水平和垂直传动轴系，工作温度为-35~80℃
	径向弹性柱销联轴器（JB/T 7849—2007）	1250~355000	25~260	5000~1200	1	1	35′~1°	柱销由径向插入两半联轴器，其工作条件与梅花形弹性件相似，但制造容易，更换方便，不需沿轴向移动两半联轴器，不过外径尺寸较大，许用转速较低
	芯型弹性联轴器（GB/T 10614—2008）	6.3~8000	10~140	4000~1400	0.5~3.0	0.5~1.0	30′~1°30′	结构简单，径向尺寸小，具有补偿两轴相对位移和减振的功能，但橡胶环寿命较短，不耐酸碱和有机溶剂。可用于中小功率的水平和垂直轴系，工作温度为-20~70℃
	H 形弹性块联轴器（JB/T 5511—2006）	20~71000	12~250	5000~800	2~6	0.5~2.0	1°~1°30′	径向尺寸紧凑，具有一定补偿两轴相对位移和缓冲减振功能，但橡胶块寿命较短，不耐酸碱和有机溶剂。可用于水平和垂直传动轴系，工作温度为-30~80℃
	弹性块联轴器（JB/T 9148—1999）	10000~3150000	85~850	1950~380	1.5~3	0.5~1	15′~30′	装拆维护简便，使用寿命长，具有补偿两轴相对位移的功能和减振、缓冲功能，无噪声，可在现场简便地调整刚度。可用于大中功率、振动冲击较大的传动轴系，工作温度为-30~120℃

（续）

类别	联轴器名称	转矩范围 /N · m	轴径范围 /mm	最高转速 /r · min^{-1}	许用相对位移			特点及应用说明
					轴向 /mm	径向 /mm	角向	
非金属弹性元件联轴器	多角形橡胶联轴器 （JB/T 5512—1991）	50~8000	12~160	5000~900	±(2~5)	1~2	2°~5°	结构简单，弹性好，具有补偿两轴相对位移和减振、缓冲功能，拆修方便。可用于角位移较大、有较大冲击、正反转多变、起动频繁的传动轴系，工作温度为-30~60℃

2　联轴器的选择（摘自 GB/T 12458—2003）

2.1　联轴器类型的选择

在选择标准联轴器时应根据使用要求和工作条件，如承载能力、转速、两轴相对位移、缓冲吸振能力以及装拆和更换易损元件的难易程度等综合因素来确定。具体选择时可依次考虑以下几点：

1）原动机和工作机的机械特性。不同类型的原动机，有的输出功率和转速是平稳恒定的，有的是波动不均匀的。而各种工作机的载荷性质差异更大，有的平稳，有的有冲击甚至强烈冲击或振动。这将直接影响联轴器类型的选择，是选型的重要依据之一。对于载荷为平稳的，可选用刚性联轴器，否则宜选用弹性联轴器。

2）联轴器连接的轴系及其运转情况。对于连接轴系的重量大、转动惯量大，并且经常起动、变速或反转的联轴器，则应考虑选用能承受较大瞬时过载，并能缓冲吸振的弹性联轴器。

3）工作机的转速高低。对于需高速运转的两轴连接，应考虑选择具有高平衡精度特性的联轴器结构，以消除因离心力而产生的振动和噪声，减少相关元件的磨损和发热，降低传动重量和延长使用寿命。其中膜片联轴器对高速运转适应性较好。

4）联轴器保持良好对中是使运转正常的前提，也可防止产生过大附加载荷及其他不良工况。联轴器对中调整的难易，除与本身结构有关外，还应与其机械类型在对中时采用的措施相适应。同时还需考虑其机械工作时有关零件因受载和温升产生变形及零件相对滑动而发生的磨损，从而使两轴产生附加的相对位移。所以，选择的联轴器不但要补偿安装时难免存在的一定相对偏差，还应预计到能补偿两轴在运转中出现的相对位移的能力。

5）联轴器的结构及工作特性。联轴器的外形尺寸，安装、拆卸所需的空间大小和难易程度以及对维护的要求等都应与机组的具体配置位置和要求相适应，如两轴垂直时，有些齿式联轴器就不适用。此外还应考虑机组对联轴器主、从动轴转速的同步性（包括转速波动和弹性回差）是否有要求。例如，单十字轴式万向联轴器的从动轴转速有周期性波动，一般弹性联轴器在起动和载荷或转速改变时，从动轴有弹性回差现象。

6）联轴器的可靠性、使用寿命和工作环境。对于要求运转可靠，不允许运转工作临时中断的传动，最好选用不需润滑、无非金属弹性元件的联轴器；对高温和有油类、酸、碱及其他腐蚀性介质或有光辐射存在的场所，应尽量不用含有橡胶弹性元件的联轴器；对有灰尘、潮湿的环境，应选用有罩壳的联轴器；对环境有清洁要求时应尽量不用油润滑的联轴器。

7）联轴器的制造、安装和维护的成本。在满足使用要求的条件下，应使选择的联轴器成本低，不需维护，以降低经常费用。

2.2　联轴器的型号选择

在选用标准联轴器或已有推荐的系列尺寸的联轴器型号时，一般都是以联轴器所需传递的计算转矩 T_c 小于所选联轴器的许用转矩 $[T]$ 或标准联轴器的公称转矩 T_n 为原则。由于传动轴系载荷变化性质不同以及联轴器本身的结构特点和性能不同，联轴器实际传递的转矩不等于传动轴系理论上需传递的转矩 T，通常

$$T_c = TKK_dK_rK_t = 9550\frac{P_w}{n}KK_dK_rK_t \leqslant T_n \tag{15.1-1}$$

式中　T——理论转矩（N · m），对于有制动器的传动系统，当制动器的理论转矩大于动力机的理论转矩时，应按前者计算；

P_w、n——驱动功率（kW）和转速（r/min）；

K——工况系数，见表 15.1-2；

K_d——动力机系数，见表 15.1-3；

K_r——起动系数，见表 15.1-4；

K_t——温度系数，见表 15.1-5。

表 15.1-2 工况系数 K（摘自 JB/T 7511—1994）

载荷性质	工作机类型	K
均匀载荷	转向机构、加煤机、风筛、装罐机械	1.00
	鼓风机（离心式）、风扇（离心式）、离心泵	1.00
	鼓风机（轴流式）、风扇（轴流式）、回转泵	1.50
	压缩机（离心式、轴流式）	1.25~1.50
	液体搅拌设备，酿造、蒸馏设备，均匀加载运输机	1.0~1.25
	不均匀加载运输机、提升机（自动式、重力卸料式）	1.25~1.5
	给料机（板式、带式、圆盘式、螺旋式）	1.25
	废水处理设备	1.25
	纺织机械	1.25~1.50
	造纸设备（漂白、校平、卷取、清洗机）	1.0~1.50
	传动装置（主、辅传动）	1.25~1.50
	食品机械（瓶、罐装机，谷类脱粒机）	1.0~1.25
	印刷机械	1.50
中等冲击载荷	通风机（冷却塔式、引风机）	2.00
	泵（单缸或多缸）	1.75~2.25
	往复式压缩机	2.00
	搅拌机（筒形、混凝土）	1.50~1.75
	运输机（板式、螺旋式、往复式）	1.50~2.50
	提升机（离心式、料斗式、普通货车用）	1.50~2.00
	造纸设备	1.50~2.25
	食品机械（切割、搅面、绞肉）	1.75~2.00
	木材加工机械	1.50~2.00
	工具机（刨床、弯曲机、压力机、攻丝机）	1.50~2.50
	石油机械（石蜡过滤机、油井泵、旋转窑）	1.75~2.00
	轧制设备（剪切、绕线、拉拔机、成形、压延等）	1.50~2.25
	旋转式粉碎机	2.00~2.25
	橡胶机械	2.00~2.50
	起重机、卷扬机	1.50~2.00
	挖泥机及附属设备	1.50~2.25
	黏土加工设备	1.75~2.00
	洗衣机、锤式粉碎机	2.00
	旋转式筛石机	1.50
重、特重冲击载荷	碎矿（石）机	2.75
	摆动运输机、往复式给料机	2.50
	可逆输送辊道	2.50
	初轧机、中厚板轧机、剪切机、压力机、机架辊	>2.75

注：表中 K 值的范围根据同类机械中载荷性质的差异而定。

表 15.1-3 动力机系数 K_d

动力机			
电动机、汽轮机	内燃机		
	四缸及以上	双缸	单缸
1.0	1.2	1.4	1.6

表 15.1-4 起动系数 K_r（摘自 GB/T 3931—2010）

$Z \leqslant 120$	$Z>120\sim240$	$Z>240$
1.0	1.3	由制造厂定

注：Z 为主动端起动频率。

表 15.1-5 温度系数 K_t

环境温度/℃	天然橡胶（NR）	聚氨酯弹性体（PUR）	丁腈橡胶（NBR）
-20~30	1.0	1.0	1.0
>30~40	1.1	1.2	1.0
>40~60	1.4	1.5	1.0
>60~80	1.8	不允许	1.2

3　联轴器的轴孔形式与键槽形式及尺寸

3.1　联轴器的轴孔形式及其代号

联轴器轴孔形式有圆柱形轴孔——Y 型、J 型和圆锥形轴孔——Z 型、Z_1 型四种（见图 15.1-1）。其中圆柱形轴孔形式加工容易，应用较广泛，但 Y 型仅限用于长圆柱形轴伸的电动机轴端。由于这种轴孔一般采用过渡配合或过盈配合，因此装拆有些不便，而且经过多次装拆后过盈量减小会影响配合性质。圆锥形轴孔依靠轴向压紧产生过盈配合，装拆较方便而且能保证半联轴器与轴有良好的同轴度，因此适用于载荷较大和工作时有冲击或反向转动的场合，但是圆锥形轴孔制造较困难。

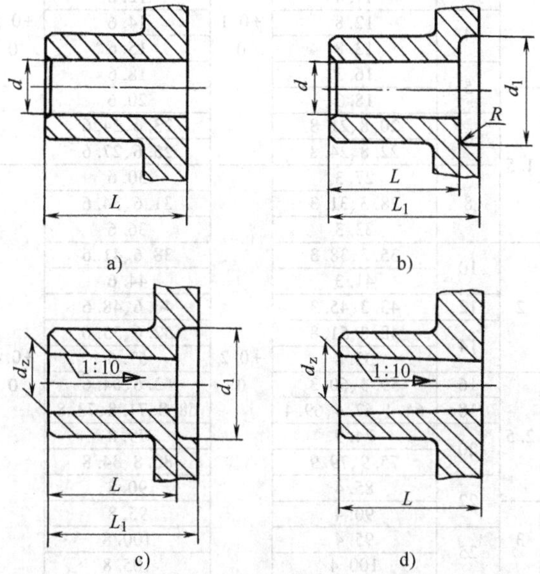

图 15.1-1　联轴器的轴孔型式

a）Y 型长圆柱形轴孔　b）J 型有沉孔的短圆柱形轴孔

c）Z 型有沉孔的长圆锥形轴孔　d）Z_1 型无沉孔的长圆锥形轴孔

3.2　联轴器轴孔的键槽形式及其代号

联轴器与轴主要采用键连接，联轴器的键槽对圆柱形轴孔有 A 型（见图 15.1-2a）、B 型（见图 15.1-2b）和 B_1 型（见图 15.1-2c），以及普通切向键键槽——D 型（见图 15.1-2e）。对圆锥形轴孔有 C 型（见图 15.1-2d）。

此外，也可采用花键连接和过盈连接等。联轴器轴孔和键槽的尺寸见表 15.1-6 和表 15.1-7。

键槽的位置公差按照 GB/T 1095—2003 附录的规定。120°布置平键双键槽的倾斜度，180°布置平键双键槽的公共对称中心线的倾斜度，按 GB/T 1184—1996《形状和位置公差　未注公差值》倾斜度公差 7、8 级选取，未注明的按 9 级选取。

当采用花键时，其形式与尺寸应符合花键标准的有关规定。

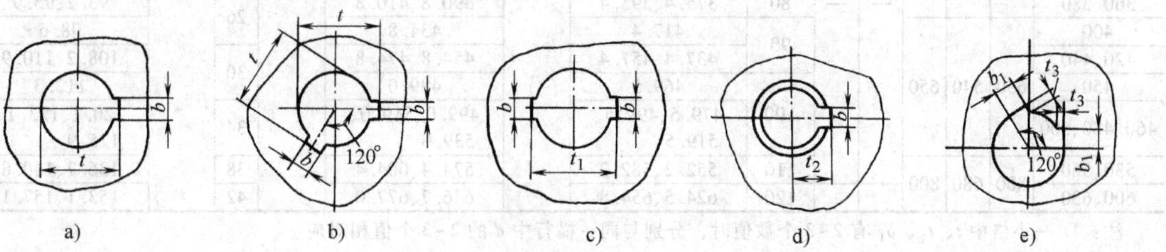

图 15.1-2　联轴器轴孔的键槽形式

a）A 型平键单键槽　b）B 型 120°布置平键双键槽　c）B_1 型 180°布置平键双键槽

d）C 型圆锥形轴孔平键单键槽　e）D 型圆柱形轴孔普通切向键键槽

表 15.1-6　圆柱形轴孔和键槽的尺寸（摘自 GB/T 3852—2008）　　(mm)

直径 d H7	长度 L 长系列	长度 L 短系列	长度 L_1	沉孔尺寸 d_1	沉孔尺寸 R	A型、B型、B_1型键槽 b P9	t 公称尺寸	t 极限偏差	t_1 公称尺寸	t_1 极限偏差	D型键槽 t_3 公称尺寸	t_3 极限偏差	b_1
6、7	18	—	—	—	—	2	7.8	+0.1 0	8.9	+0.2 0	—	—	—
8	22					2	9		10				
9						3	10.4		11.8				
10	25	22	—				11.4		12.8				
11						4	12.8		14.6				
12	32	27	—				13.8		15.6				
14						5	16.3		18.6				
16	42	30	42	38	1.5		18.3		20.6				
18、19						6	20.8、21.8		23.6、24.6				
20、22	52	38	52				22.8、24.8		25.6、27.6				
24						8	27.3	+0.2 0	30.6	+0.4 0			
25、28	62	44	62	48			28.3、31.3		31.6、34.6				
30	82	60	82	55	2	10	33.3		36.6				
32、35							35.3、38.3		38.6、41.6				
38	112	84	112	65			41.3		44.6				
40、42						12	43.3、45.3		46.6、48.6				
45、48				80		14	48.8、51.8		52.6、55.6				
50				95			53.8		57.6				
55、56						16	59.3、60.3		63.6、64.6				
60、63、65	142	107	142	105	2.5	18	64.4、67.4、69.4		68.8、71.8、73.8		7	0 −0.2	19.3、19.8、20.1
70				120		20	74.9		79.8				21.0
71、75							75.9、79.9		80.8、84.8		8		22.4、23.2
80	172	132	172	140		22	85.4		90.8				24.0
85					3		90.4		95.8				24.8
90				160		25	95.4		100.8				25.6
95							100.4		105.8		9		27.8
100、110	212	167	212	180	3	28	106.4、116.4	+0.2 0	112.8、122.8	+0.4 0	9	0 −0.2	28.6、30.1
120				210		32	127.4		134.8		10		33.2
125							132.4		139.8				33.9
130	252	202	252	235	4		137.4		144.8				34.6
140						36	148.4		156.8		11	0 −0.3	37.7
150				264			158.4		166.8				39.1
160、170	302	242	302			40	169.4、179.4		178.8、188.8		12		42.1、43.5
180						45	190.4		200.8				44.9
190、200	352	282	352	330	5		200.4、210.4	+0.3 0	210.8、220.8	+0.6 0	14		49.6、51.0
220						50	231.4		242.8		16		57.1
240	410	330	410	—	—	56	252.4		264.8				59.9
250、260							262.4、272.4		274.8、284.8		18		64.6、66.0
280	470	380	470			63	292.4		304.8		20		72.1
300						70	314.4		328.8				74.8
320							334.4		348.8		22		81.0
340	550	450	550				355.4		370.8				83.6
360、380						80	375.4、395.4		390.8、410.8		26		93.2、95.9
400	650	540	650			90	417.4		434.8				98.6
420、440							437.4、457.4		454.8、474.8		30		108.2、110.9
450						100	469.5		489.0				112.3
460、480、500							479.5、499.5、519.5		499.0、519.0、539.0		34		120.1、123.1、125.9
530、560	800	680	800			110	552.2、582.2		574.4、604.4		38		136.7、140.8
600、630						120	624.5、654.8		646.7、677.0		42		153.1、157.1

注：1. 一小格中 t、t_1、b_1 有 2~3 个数值时，分别与同一横行中 d 的 2~3 个值相对应。

2. 轴孔长度推荐选用 J 型和 Z 型，Y 型限用于长圆柱形轴伸电动机端。

3. 键槽宽度 b 的极限偏差也可采用 GB/T 1095—2003《平键　键槽的剖面尺寸》中规定的 JS9。

4. 沉孔亦可制成 d_1 为小端直径、锥度为 30°的锥形孔。

表 15.1-7 圆锥形轴孔和键槽的尺寸（摘自 GB/T 3852—2008）（mm）

直径 d_z H8	长度 L Z型、Z_1型	长度 L_1	长度 L_2	沉孔尺寸 d_1	沉孔尺寸 R	C型键槽 b P9	C型键槽 t_2 Z型、Z_1型	C型键槽 t_2 极限偏差
6、7	12							
8、9	14	—				—	—	—
10	17		—	—	—			
11						2	6.1	
12	20	32					6.5	
14						3	7.9	
16	30	42	30				8.7	
18、19				38		4	10.1、10.6	
20、22	38	52	38		1.5		10.9、11.9	+0.1 0
24							13.4	
25、28	44	62	44	48		5	13.7、15.2	
30				55			15.8	
32、35	60	82	60			6	17.3、18.8	
38				65			20.3	
40、42					2.0	10	21.2、22.2	
45、48				80		12	23.7、25.2	
50	84	112	84				26.2	
55				95		14	29.2	
56					2.5		29.7	
60、63、65	107	142	107	105		16	31.7、32.2、34.2	
70、71、75				120		18	36.8、37.3、39.3	
80				140		20	41.6	+0.2 0
85	132	172	132				44.1	
90、95				160	3.0	22	47.1、49.6	
100、110				180		25	51.3、56.3	
120	167	212	167	210			62.6	
125						28	64.8	
130				235			66.4	
140	202	252	202		4.0	32	72.4	
150				265			77.4	
160、170	242	302	242			36	82.4、87.4	
180						40	93.4	+0.3 0
190、200	282	352	282	330	5.0		97.4、102.4	
220						45	113.4	

注：1. 一小格中 t_2 有几个数值时，分别与同一横行中 d_z 的几个值相对应。

2. b 的极限偏差也可采用 GB/T 1095—2003《平键　键槽的剖面尺寸》中规定的 JS9。

3.3 联轴器的轴孔与轴伸的配合

联轴器圆柱形轴孔与轴伸的配合见表 15.1-8。如采用无键过盈连接，其配合按照连接要求由计算确定。当选用过盈大于表 15.1-8 中规定的配合时，应验算联轴器轮毂的强度。圆锥形轴孔与轴伸的配合见表 15.1-9。

表 15.1-8 联轴器圆柱形轴孔与轴伸的配合

直径 d/mm	配合代号	
6~30	H7/j6	根据使用要求，也可选用 H7/r6、H7/p6 或 H7/n6 配合
>30~50	H7/k6	
>50	H7/m6	

注：联轴器轴孔与电动机或减速器轴伸的配合选用 H7/r6 或 H7/m6 时，轴孔按配置偏差加工。

表 15.1-9　圆锥形轴孔与轴伸的配合

(mm)

圆锥孔直径 d_z	孔 d_z 极限偏差	L 轴向极限偏差
>6~10	+0.058 0	0 -0.22
>10~18	+0.070 0	0 -0.27
>18~30	+0.084 0	0 -0.33
>30~50	+0.100 0	0 -0.39
>50~80	+0.120 0	0 -0.46
>80~120	+0.140 0	0 -0.54
>120~180	+0.160 0	0 -0.63
>180~250	+0.185 0	0 -0.72

注：锥度公差应符合 GB/T 11334—2005 圆锥公差中 AT6 级的规定。

3.4　联轴器轴孔和键槽的标记

对于 Y 型轴孔、A 型键槽的代号，其标记可以省略。当联轴器两端轴孔和键槽的形式与尺寸均相同时，可只标记一端，省略另一端。

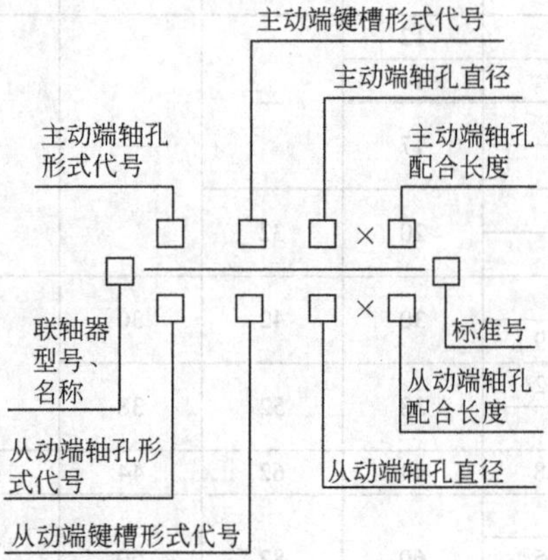

4　固定式刚性联轴器

4.1　套筒联轴器

4.1.1　非花键套筒联轴器（见表 15.1-10）

表 15.1-10　非花键套筒联轴器的形式、基本参数和主要尺寸　(mm)

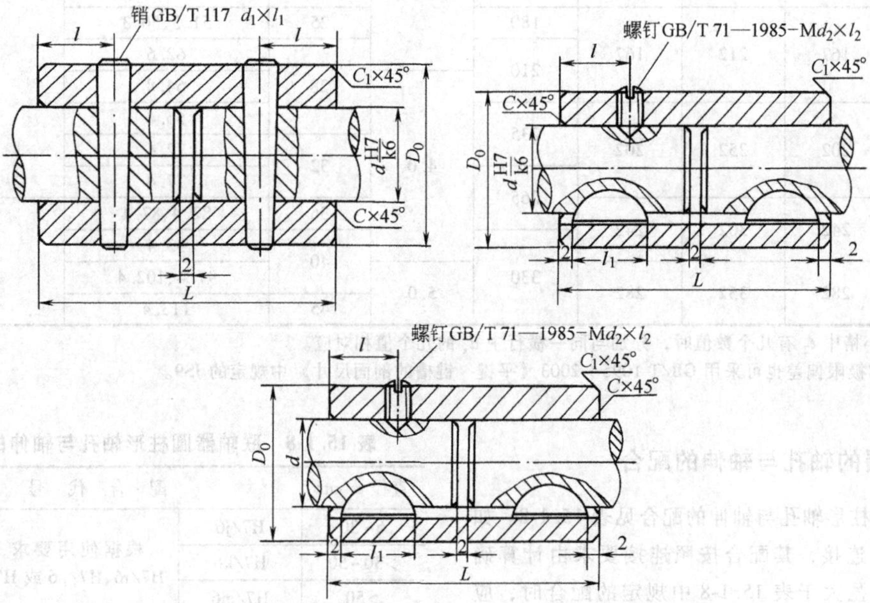

（续）

轴直径 dH7	许用转矩/N·m			D_0	L	l	C	C_1	$d_1 \times l_1$	$d_2 \times l_2$	普通型 平键 GB/T 1096—2003	半圆键 键槽的剖面尺寸 GB/T 1098—2003
	Ⅰ①	Ⅱ①	Ⅲ①									
10	4.5		8	18	35	8	0.5	0.5	2.5×18	M4×8		3×6.5×16
12	7.5		20	22	40				3×22			
14	16		28	25	45	10			4×25	M5×8		4×7.5×19
16	28		40	28	45				5×28			
18	32		56	32	55	12			5×32	M5×10		5×7.5×19
20	50	71	90	35	60	15	1.0	1.0	6×35	M6×10	6×22	5×9×22
22	56	90	110		65				6×35		6×25	
25	112	125	160	40	75	20			8×40		8×28	6×10×25
28	127	170	220	45	80				8×45	M8×12	8×32	
30	132	212	280		90						8×32	8×11×28
35	250	355	450	50	105	25			10×50		10×25	10×13×32
40	280	450		60	120		1.2		10×60	M8×12	12×50	—
45	530	710		70	140	35			12×70	M10×20	14×60	
50	600	850		80	150				12×80	M12×20		
55	630	1060		90	160		1.8		12×90	M12×25	16×70	
60	1060	1500		100	180	45		2.0	16×100	M12×25②	18×80	
70	1250	2240		110	200				16×110	M16×25②	20×90	
80	2240	3150		120	220	50			20×120		22×100	
90	2500	4000		130	240				20×130		25×110	
100	4000	5600		140	280	60			25×140	M20×25②	28×125	

注：键槽对套筒中心线的对称度根据使用要求，按 GB/T 1184—1996 中的对称度选取 7~9 级。

① Ⅰ—圆锥销套筒联轴器，Ⅱ—平键套筒联轴器，Ⅲ—半圆键套筒联轴器。

② 螺钉按照 GB/T 78—2007《内六角锥端紧定螺钉》。

4.1.2　花键套筒联轴器（见表 15.1-11）

表 15.1-11　花键套筒联轴器的形式、基本参数和主要尺寸　　（mm）

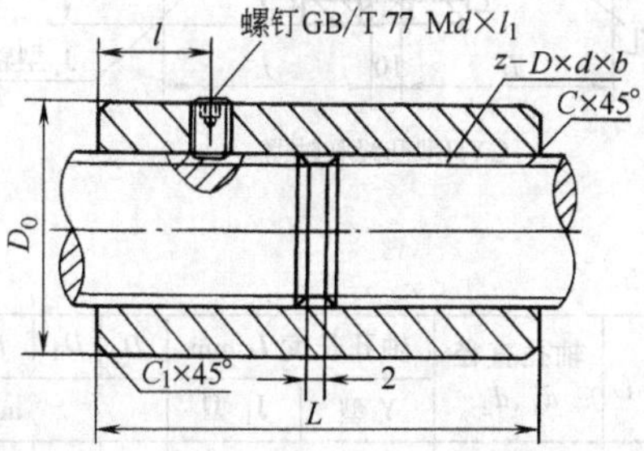

花键尺寸 z—D×d×b	键槽宽 b 极限偏差	D_0	L	l	C	C_1	许用转矩 [T] /N·m	$d \times l_1$	质量 /kg
6—25×21×5	+0.038 +0.020	35	45	10	1.0	1.0	150	M6×8	0.19
6—28×23×6		40	50	12			250		0.29
6—32×26×6		45	55		1.2		360	M6×10	0.41
6—34×28×7	+0.047 +0.025		60				420	M6×8	0.4
8—38×32×6	+0.038 +0.020	50	70	15			650	M6×10	0.56
8—42×36×7	+0.047 +0.025	55	80				900		0.74
8—48×42×8		60	90	20			1250	M8×10	0.88
8—54×46×9		70	100				2000	M8×12	1.48
8—60×52×10		80	110	25	1.8	2.0	2500	M8×16	2.22
8—65×56×10		90	120	30			3250	M10×18	3.33
8—72×62×12	+0.059 +0.032	100	130				4750		4.44
10—82×72×12		110	150	35			7500		5.68
10—92×82×12		120	170	40			10000	M12×18	7.24
10—102×92×14		130	190	45			12500		8.83

注：花键采用小径定心，花键槽直径 D 按 H7 制造。

4.2　凸缘联轴器（见表 15.1-12）

表 15.1-12　凸缘联轴器的形式、基本参数和主要尺寸（摘自 GB/T 5843—2003）

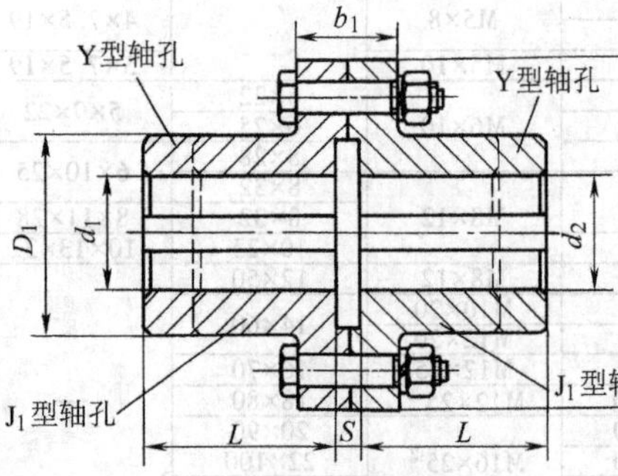

GY型凸缘联轴器

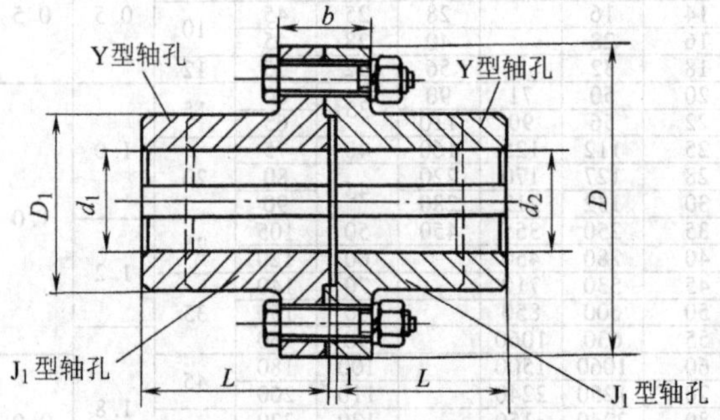

GYS型凸缘联轴器

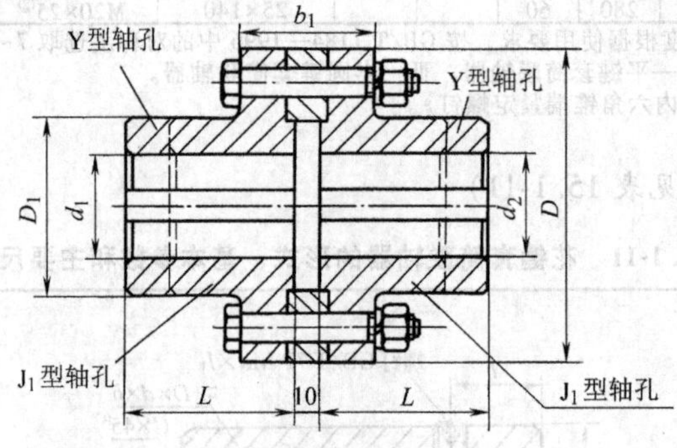

GYH型凸缘联轴器

型号	公称转矩 T_n/N·m	许用转速 $[n]$/r·min^{-1}	轴孔直径 d_1、d_2	轴孔长度 L/mm Y型	轴孔长度 L/mm J_1型	D (mm)	D_1 (mm)	b (mm)	b_1 (mm)	S (mm)	转动惯量 J/kg·m^2	质量 m/kg
GY1 GYS1 GYH1	25	12000	12	32	27	80	30	26	42	6	0.0008	1.16
			14									
			16	42	30							
			18									
			19									
GY2 GYS2 GYH2	63	10000	16	42	30	90	40	28	44	6	0.0015	1.72
			18									
			19									
			20	52	38							
			22									
			24									
			25	62	44							
GY3 GYS3 GYH3	112	9500	20	52	38	100	45	30	46	6	0.0025	2.38
			22									
			24									
			25	62	44							
			28									

（续）

型号	公称转矩 T_n/N·m	许用转速 $[n]$/r·min^{-1}	轴孔直径 d_1、d_2	轴孔长度 L/mm		D	D_1	b	b_1	S	转动惯量 J/kg·m^2	质量 m/kg
				Y 型	J_1 型	mm						
GY4 GYS4 GYH4	224	9000	25	62	44	105	55	32	48	6	0.003	3.15
			28									
			30	82	60							
			32									
			35									
GY5 GYS5 GYH5	400	8000	30	82	60	120	68	36	52	8	0.007	5.43
			32									
			35									
			38									
			40	112	84							
			42									
GY6 GYS6 GYH6	900	6800	38	82	60	140	80	40	56	8	0.015	7.59
			40	112	84							
			42									
			45									
			48									
			50									
GY7 GYS7 GYH7	1600	6000	48	112	84	160	100	40	56	8	0.031	13.1
			50									
			55									
			56									
			60	142	107							
			63									
GY8 GYS8 GYH8	3150	4800	60	142	107	200	130	50	68	10	0.103	27.5
			63									
			65									
			70									
			71									
			75									
			80	172	132							
GY9 GYS9 GYH9	6300	3600	75	142	107	260	160	66	84	10	0.319	47.8
			80	172	132							
			85									
			90									
			95									
			100	212	167							
GY10 GYS10 GYH10	10000	3200	90	172	132	300	200	72	90	10	0.720	82.0
			95									
			100	212	167							
			110									
			120									
			125									
GY11 GYS11 GYH11	25000	2500	120	212	167	380	260	80	98	10	2.278	162.2
			125									
			130	252	202							
			140									
			150									
			160	302	242							

（续）

型号	公称转矩 T_n/N·m	许用转速 $[n]$/r·min⁻¹	轴孔直径 d_1、d_2	轴孔长度 L/mm Y 型	轴孔长度 L/mm J_1 型	D	D_1	b	b_1	S	转动惯量 J/kg·m²	质量 m/kg
						mm						
GY12 GYS12 GYH12	50000	2000	150	252	202	460	320	92	112	12	5.923	285.6
			160	302	242							
			170									
			180									
			190	353	282							
			200									
GY13 GYS13 GYH13	100000	1000	190	352	282	590	400	110	130	12	19.978	611.9
			200									
			220									
			240	410	330							
			250									

注：质量、转动惯量是按 GY 型联轴器 Y 型/J_1 型轴孔组合形式和最小轴孔直径计算的。

4.3 夹壳联轴器（见表 15.1-13）

表 15.1-13　夹壳联轴器的形式、基本参数和主要尺寸

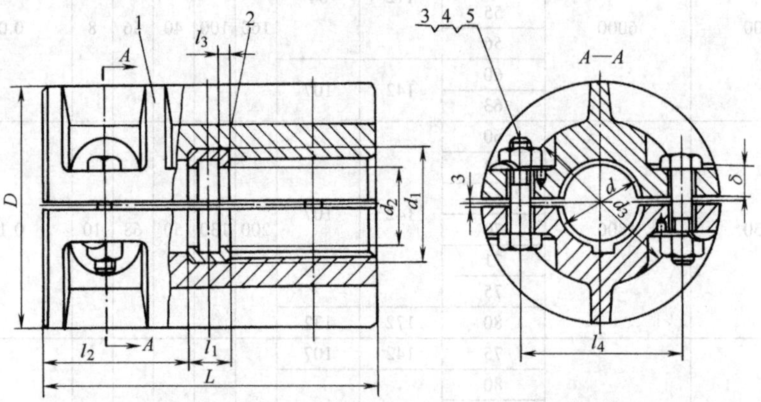

1—夹壳　2—半环　3—螺栓　4—螺母　5—外舌止动垫圈

轴径 d /mm	许用转矩 $[T]$ /N·m	许用转速 $[n]$ /r·min⁻¹	D	d_1	d_2	d_3	L	l_1 H8/js7	l_2	l_3 h11	l_4	δ	螺栓 z/个	螺栓 M×L_1 /mm	质量 /kg
			mm												
30	85	900	102	38	25	62	130	20	55	5	64	16	4	M12×50	4.47
40	236	800	118	48	35	76	162	20	71	5	80	16	6	M12×50	7.60
50	530	700	135	62	42	90	190	24	83	6	94	18	6	M12×55	10.85
65	1400	550	172	78	55	120	250	30	110	8	124	22	8	M16×65	25.06
80	2650	510	185	94	70	130	280	38	121	10	138	24	8	M16×70	30.16
95	5200	415	230	110	85	160	330	38	146	10	164	30	8	M24×100	56.38
110	9000	380	260	125	100	190	390	46	172	12	190	38	8	M24×120	78.00

4.4 紧箍夹壳联轴器（见表 15.1-14）

表 15.1-14 紧箍夹壳联轴器的形式、基本参数和主要尺寸

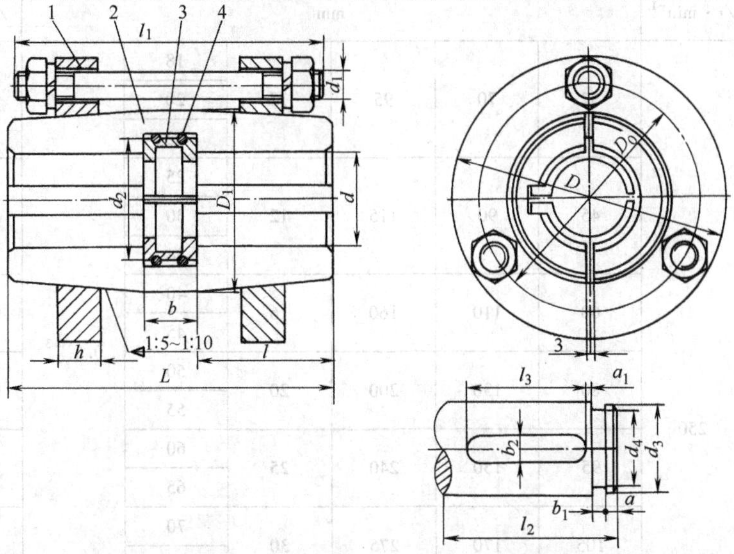

1—紧箍环 2—夹壳 3—半环 4—钢丝挡圈

轴径 d/mm	许用转矩 [T] /N·m	d_2	d_3	d_4	D	D_0	D_1	L	b	h	b_1	b_2	a	a_1	l	l_1	l_2	l_3	螺栓		质量/kg
		mm																	z/个	d_1/mm	
30	180	35	28	23	90	70	55	120	16	16	4	8	3	2	52	115	65	50	3	M10	2.6
40	560	45	38	32	105	85	70	140	20	20	5	12	4	2	60	130	80	50	3	M10	4.6
50	900	55	48	42	120	100	85	170	24	24	6	16	5	2	73	160	90	70	3	M10	6.4
65	1400	70	62	55	160	135	115	230	30	30	8	18	6	2	100	210	120	100	3	M12	15.5
80	3150	90	78	70	180	155	135	260	36	36	10	24	8	2	112	240	140	110	3	M12	22.2
95	5600	105	92	82	210	180	160	320	40	40	10	28	8	3	140	285	170	140	3	M16	45.2
110	12500	125	108	98	240	210	185	370	45	45	12	32	10	3	163	345	200	160	3	M16	56.6

5 可移式刚性联轴器

5.1 滑块联轴器（见表 15.1-15、表 15.1-16）

表 15.1-15 金属滑块联轴器的形式、基本参数和主要尺寸

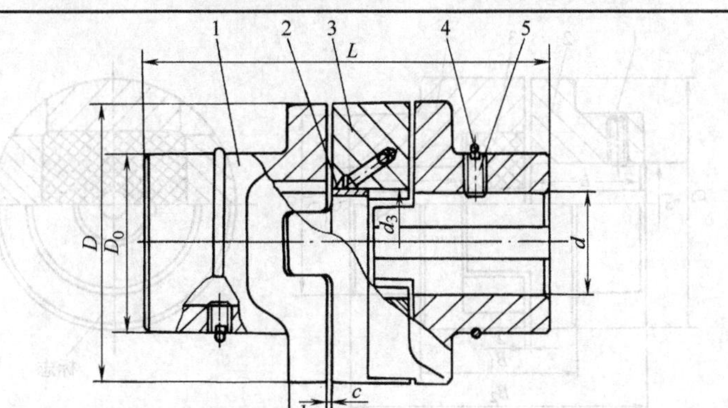

1—半联轴器 2—套筒 3—滑块 4—锁圈 5—螺钉

（续）

d/mm	许用转矩 [T] /N·m	许用转速 [n] /r·min⁻¹	D_0	D	L	h	d_3	c	转动惯量 J /kg·m²	质量 /kg
			mm							
15	120	250	32	70	95	12	18	$0.5^{+0.3}_{0}$	0.0005	1.50
17							20			1.47
18							22			1.43
20	250		45	90	115	12	25		0.002	2.68
25							30			2.55
30							34			2.60
36	500		60	110	160	16	40		0.0065	5.57
40							45			5.21
45	800		80	130	200	20	50		0.0175	10.00
50							55			9.46
55	1250		95	150	240	25	60		0.035	15.40
60							65			14.46
65	2000		105	170	275	30	70		0.063	22.41
70							75			21.29
75	3200		115	190	310	34	80		0.125	31.50
80							85			29.80
85	5000		130	210	355	38	90	$1.0^{+0.5}_{0}$	0.225	44.77
90							95			42.46
95	8000		140	240	395	42	100		0.40	59.44
100							105			57.02
110	10000	100	170	280	435	45	115		0.75	91.50
120							130			84.29
130	16000		190	320	485	50	140		1.425	129.55
140							150			120.00
150	20000		210	340	550	55	160		4.20	162.55

表 15.1-16 滑块联轴器的形式、基本参数和主要尺寸

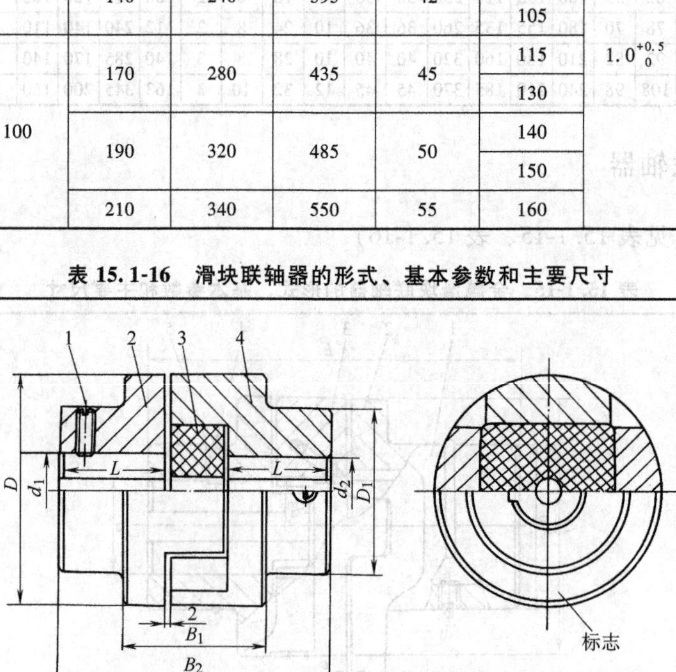

1—螺钉 2、4—半联轴器 3—滑块

（续）

型号	许用转矩 $[T]$ /N·m	许用转速 $[n]$ /r·min^{-1}	轴孔直径 d_1、d_2	轴孔长度 Y型 L	轴孔长度 J_1型 L	D	D_1	B_1	B_2	转动惯量 J /kg·m^2	质量 /kg
			mm								
KL1	16	10000	10,11 12,14	25 32	22 27	40	30	52	67 81	0.0007	0.6
KL2	31.5	8200	12,14 16,18	32 42	27 30	50	32	56	86 106	0.0038	1.5
KL3	63	7000	18,19 20,22	42 52	30 38	70	40	60	106 126	0.0063	1.8
KL4	160	5700	20,22,24 25,28	52 62	38 44	80	50	64	126 146	0.013	2.5
KL5	280	4700	25,28 30,32,35	62 82	44 60	100	70	75	151 191	0.045	5.8
KL6	500	3800	30,32,35,38 40,42,45	82 112	60 84	120	80	90	201 261	0.12	9.5
KL7	900	3200	40,42,45,48 50,55	112	84	150	100	120	266	0.43	25
KL8	1800	2400	50,55 60,63,65,70	112 142	84 107	190	120	150	276 336	1.98	55
KL9	3550	1800	65,70,75 80,85	142 172	107 132	250	150	180	346 406	4.9	85
KL10	5000	1500	80,85,90 95,100	172 212	132 167	330	190	180	406 486	7.5	120

注：1. 适用于控制器和油泵装置或其他传递转矩较小的场合。
2. 表中联轴器质量和转动惯量是按最小轴孔直径和最大长度计算的近似值。
3. 装配时两轴的许用补偿量为：轴向 $\Delta x=1\sim2$mm；径向 $\Delta y\leqslant0.2$mm；角向 $\Delta\alpha\leqslant40'$。
4. 联轴器的工作温度为-20~70℃。
5. 生产厂为乐清市联轴器厂。

5.2 齿式联轴器

齿式联轴器的承载能力既与材料及其热处理有关，也与两轴相对位移的方向和位移量大小有关，而且还与啮合齿面间的滑动速度和润滑状态有关，因此要精确计算齿式联轴器中轮齿的强度比较困难。对于GⅠCL、GⅡCL等标准联轴器，可按标准规定的方法选用，并按下式进行验算：

$$T_c=KK_dK_r9550\frac{P_w}{n}\leqslant K_1T_n \qquad (15.1\text{-}2)$$

式中　T_c——联轴器计算转矩［见式（15.1-1)］；

P_w、n——驱动功率（kW）和工作转速（r/min）；

K、K_d、K_r——系数，查表15.1-2~表15.1-4；

T_n——联轴器的公称转矩（N·m）；

K_1——转矩修正系数（由图15.1-3查出）。

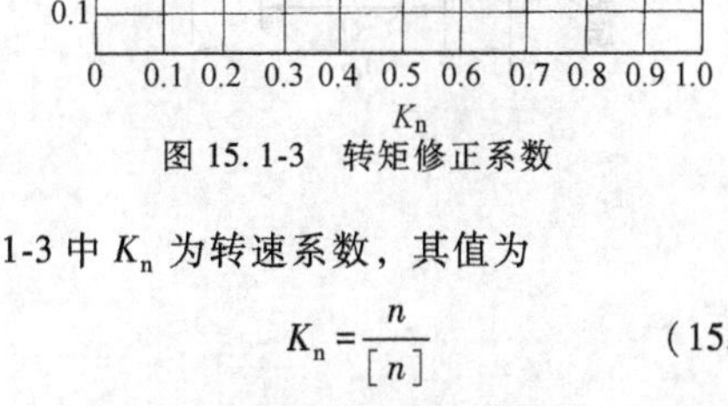

图15.1-3　转矩修正系数

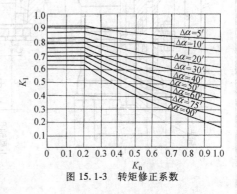

图15.1-3中 K_n 为转速系数，其值为

$$K_n=\frac{n}{[n]} \qquad (15.1\text{-}3)$$

式中　n、$[n]$——工作转速和许用转速（r/min）。

5.2.1 GⅠCL、GⅠCLZ型鼓形齿式联轴器（见表15.1-17）

表 15.1-17 GⅠCL、GⅠCLZ 型鼓形齿式联轴器的形式、基本参数和主要尺寸（摘自 JB/T 8854.3—2001）

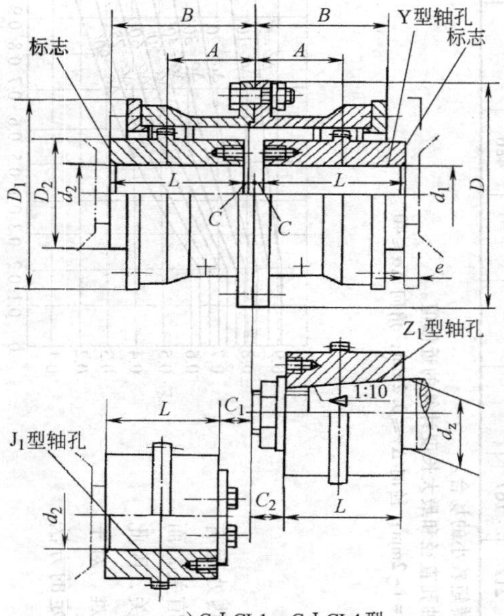

a) GⅠCL1～GⅠCL4型

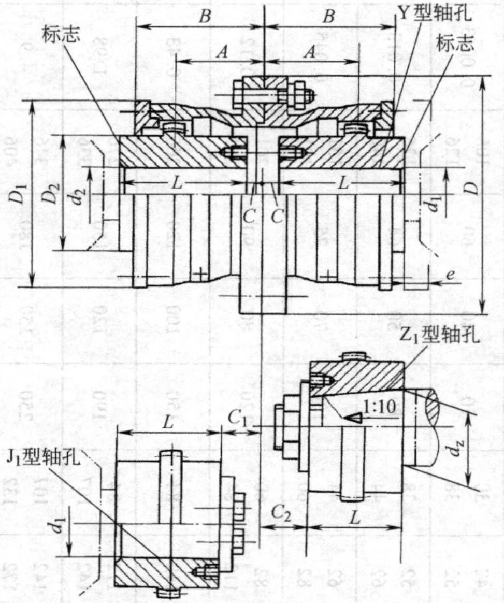

b) GⅠCL15～GⅠCL30型

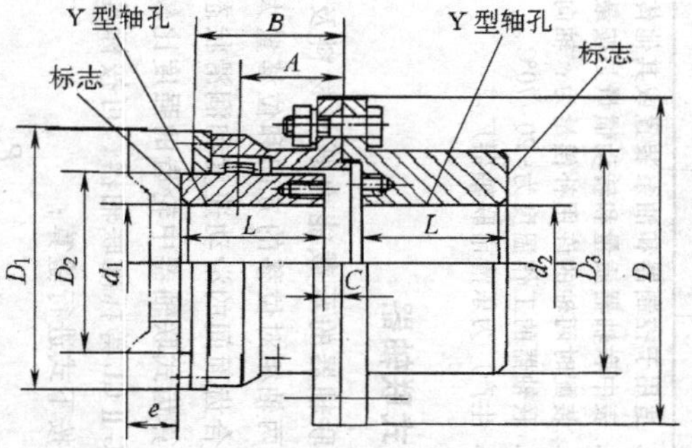

c) GⅠCLZ1～GⅠCLZ14型

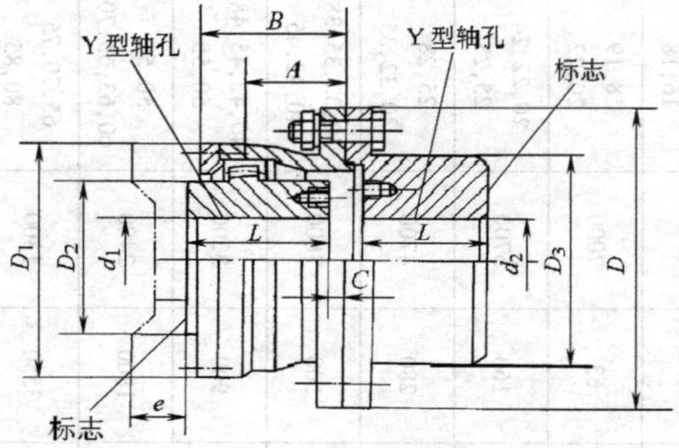

d) GⅠCLZ15～GⅠCLZ30型

型号	公称转矩 T_n /N·m	许用转速 $[n]$/r·min^{-1}	轴孔直径 d_1、d_2、d_z	轴孔长度 L GⅠCL GⅠCLZ Y型	轴孔长度 L GⅠCL J型、Z_1型	D	D_1	D_2	D_3	B	A	GⅠCL C_1	GⅠCL C_2	GⅠCL C	GⅠCLZ C_1	GⅠCLZ C	e	转动惯量① J /kg·m^2	润滑脂①用量 /mL	质量① /kg
			mm																	
GⅠCL1/GⅠCLZ1	800	7100	16、18、19	42	—	125	95	60	80	57	37	—	—	20		24	30	0.009/0.0084	55/30	5.9/5.4
			20、22、24	52	38							—	24	10	—	14				
			25、28	62	44							—	19		19	6.5				
			30、32*、35*、38*	82	60							15	22	2.5						
			40*、42*、45*、48*、50*	112	84							—	—							
GⅠCL2/GⅠCLZ2	1400	6300	25、28	62	44	145	120	75	95	67	44	—	29	10.5	—	16	30	0.02/0.018	100/60	9.7/9.2
			30、32、35、38	82	60							12.5	30		18	8				
			40、42*、45*、48*、50*、55*、56*	112	84							13.5	28	2.5	19					
			60*	142	107							—	—							
GⅠCL3/GⅠCLZ3	2800	5900	30、32、35、38	82	60	170	140	95	115	77	53	24.5	25		29		30	0.047/0.0427	140/80	17.2/16.4
			40、42、45、48、50、55、56	112	84							17	28	3	22	7				
			60、63*、65*、70*	142	107							17	35							
GⅠCL4/GⅠCLZ4	5000	5400	32、35、38	82	60	195	165	115	130	89	62	37	32	14	42	19	30	0.091/0.076	170/90	24.9/22.7
			40、42、45、48、50、55、56	112	84							17	28							
			60、63*、65*、70*、71*、75*	142	107							17	35	3	22	8.5				
			80*	172	132							—	—							
GⅠCL5/GⅠCLZ5	8000	5000	40、42、45、48、50、55、56	112	84	225	183	130	150	99	71	25	28		31		30	0.167/0.149	270/140	38/36.2
			60、63、65、70、71、75	142	107							20	35	3	26	9.5				
			80、85*、90*	172	132							22	43		28					
GⅠCL6/GⅠCLZ6	11200	4800	48、50、55、56	112	84	240	200	145	170	109	80	35	35	6	41	11.5	30	0.267/0.24	380/200	48.2/46.2
			60、63、65、70、71、75	142	107							20	35	4	26	9.5				
			80、85*、90*、95*	172	132	240	200	145	170	109	80	22	43	4	28		30	0.267/0.24	380/200	48.2/46.2
			100*	212	167							—	—							
GⅠCL7/GⅠCLZ7	15000	4500	60、63、65、70、71、75	142	107	260	230	160	195	122	90	25	35	4	31	10.5	30	0.453/0.43	570/290	68.9/68.4
			80、85、90、95	172	132							22	43		28					
			100、110*、120*	212	167								48							
GⅠCL8/GⅠCLZ8	21200	4000	65、70、71、75	142	107	280	245	175	210	132	96	35	35	5	41	12	30	0.646/0.61	660/350	83.3/81.1
			80、85、90、95	172	132							22	43		28					
			100、110*、120*	212	167								48							
			130*	252	202							—	—							
GⅠCL9/GⅠCLZ9	26500	3500	70、71、75	142	107	315	270	200	225	142	104	45	45	10	53	18		1.036/0.94	700/370	110/110.1
			80、85、90、95	172	132							22	43				30			
			100、110、120、125	212	167								49	5	30	13				
			130*、140*	252	202							—	—							

（续）

型号	公称转矩 T_n /N·m	许用转速 [n]/ r·min⁻¹	轴孔直径 d_1、d_2、d_z	轴孔长度 L G Ⅰ CL G Ⅰ CLZ Y型	轴孔长度 L G Ⅰ CL J型、Z_1型	D	D_1	D_2	D_3	B	A	G Ⅰ CL C_1	G Ⅰ CL C_2	G Ⅰ CL C	G Ⅰ CLZ C_1	G Ⅰ CLZ C	e	转动惯量① J /kg·m²	润滑脂用量① /mL	质量① /kg
				mm																
G Ⅰ CL10/G Ⅰ CLZ10	42500	3200	80、85、90、95	172	132	345	300	220	250	165	124	43	43	5	51	14	30	1.88/1.67	900/500	156.7/147.1
			100、110、120、125	212	167							22	49		30					
			130、140*、150*	252	202							29	54		37					
			160*	302	242							—	—							
G Ⅰ CL11/G Ⅰ CLZ11	60000	3000	100、110、120	212	167	380	330	260	285	180	133	29	49	6	37	14	40	3.28/2.98	1200/650	217.1/206.3
			130、140、150	252	202								54							
			160、170*、180*	302	242								64							
G Ⅰ CL12/G Ⅰ CLZ12	80000	2600	120	212	167	440	380	290	325	208	156	57	57	6	65	14	40	5.08/5.31	2000/1100	305.1/284.5
			130、140、150	252	202							29	55		37					
			160、170、180*	302	242	440	380	290	325	208	156	29	68	6			40	5.08/5.31	2000/1100	305.1/284.5
			190*、200*	352	282							—	—							
G Ⅰ CL13/G Ⅰ CLZ13	112000	2300	140、150	252	202	480	420	320	360	238	182	54	57	7	62	15	40	10.06/9.26	3000/1600	419.4/402
			160、170、180	302	242							32	70		40					
			190、200*、220*	352	282								80							
G Ⅰ CL14/G Ⅰ CLZ14	160000	2100	160、170、180	302	242	520	465	360	420	266	207	42	70	8	50	16	40	16.774/15.92	4500/2300	593.9/582.2
			190、200、210、220*	352	282							32	80		40					
			240*、250*	410	330							—	—							
G Ⅰ CL15/G Ⅰ CLZ15	224000	1900	190、200、220	352	282	580	510	400	450	278	214	34	80	10	41	17	40	26.55/25.78	5000/2600	783.3/778.2
			240、250*、260*	410	330							38	—		45					
			280*	470	380							—	—							
G Ⅰ CL16/G Ⅰ CLZ16	355000	1600	200、220	352	282	680	595	465	500	320	250	58	80	10	65	16.5	50	52.22/16.89	8000/4100	1134.4/1071
			240、250、260	410	330							38	—		45	15.5				
			280、300*、320*	470	380															
G Ⅰ CL17/G Ⅰ CLZ17	400000	1500	220	352	282	720	645	495	530	336	256	74	80	10	81	17	50	69/60.59	10000/5100	1305/1210
			240、250、260	410	330							39	—		46					
			280、300*、320*	470	380															
G Ⅰ CL18/G Ⅰ CLZ18	500000	1400	240、250、260	410	330	775	675	520	540	351	262	46	—	10	53	16.5	50	96.16/81.75	11000/6000	1626/1475
			280、300、320*	470	380							41			48					
			340*	550	450							—								
G Ⅰ CL19/G Ⅰ CLZ19	630000	1300	260	410	330	815	715	560	580	372	280	67	—	10	74	17	50	115.6/101.57	13000/6700	1773/1603
			280、300、320	470	380										48					
			340、360*	550	450							41								

GⅠCL20 / GⅠCLZ20	710000	1200	280、300、320	470	380	855	755	585	600	393	297	44	—	13	51	20	50	167.41 / 140.03	16000 / 8100	2263 / 2033
			340、360*、380*	550	450															
GⅠCL21 / GⅠCLZ21	900000	1100	300、320	470	380	915	795	625	640	404	305	59	—	13	51	20	50	215.7 / 183.49	20000 / 10500	2593 / 2385
			340、360、370、380*	550	450							44								
			400*	650	540							—								
GⅠCL22 / GⅠCLZ22	950000	950	340、360、380	550	450	960	840	665	680	415	316	44	—	13	51	20	60	278.07 / 235.04	26000 / 14000	3036 / 2452
			400、420*	650	540															
GⅠCL23 / GⅠCLZ23	1120000	900	360、380	550	450	1010	890	710	720	435	333	44	—	13	51	20	60	379.4 / 323.16	29000 / 15000	3668 / 3332
			400、420*、450*	650	540							48			55					
GⅠCL24 / GⅠCLZ24	1250000	875	380	550	450	1050	925	730	760	445	342	46	—	15	53	22	60	448.1 / 387.97	32000 / 16500	3946 / 3639
			400、420、450*、480*	650	540							50			57					
GⅠCL25 / GⅠCLZ25	1400000	850	400、420、450、480*、500*	650	540	1120	975	770	800	465	362	50	—	15	58	22	60	564.64 / 485.96	34000 / 18000	4443 / 4073
GⅠCL26 / GⅠCLZ26	1600000	825	420、450、480、500*	650	540	1160	990	800	850	475	366	50	—	15	58	22	60	637.4 / 573.64	37000 / 19000	4791 / 4527
			530*																	
GⅠCL27 / GⅠCLZ27	1800000	800	450、480、500	650	540	1210	1060	850	900	479	369	50	—	15	58	22	70	866.26 / 789.74	45000 / 23000	5758 / 5485
			530、560*	800	680															
GⅠCL28 / GⅠCLZ28	2000000	770	480、500	650	540	1250	1080	890	960	517	402	55	—	20	63	28	70	1020.76 / 960.26	47000 / 24000	6232 / 6050
			530、560*、600*	800	680															
GⅠCL29 / GⅠCLZ29	2800000	725	500	650	540	1340	1200	960	1010	517	396	57	—	20	65	28	80	1450.84 / 1268.98	50000 / 26000	7549 / 7090
			530、560、600*、630*	800	680							55			63					
GⅠCL30 / GⅠCLZ30	3200000	700	560、600、630*	800	680	1390	1240	1005	1070	525	403	55	—	20	63	28	80	1974.17 / 1822.02	59000 / 30000	9541 / 9264
			670*	—	780							—								

注：1. 联轴器质量和转动惯量是按各型号中轴孔最小直径和最大长度计算的近似值。

2. 表中标记“*”号的轴孔尺寸只适合 GⅠCLZ 型的 d_2 选用。

3. GⅠCLZ 型无 d_z 轴孔。带有制动轮、接中间套等的其他结构与尺寸见生产厂样本。

4. 推荐选用 J_1 型轴孔长度。

5. 生产厂有宁波伟隆传动机械有限公司、乐清市联轴器厂。

① 上面一行数字为 GⅠCL 型、下面一行数字为 GⅠCLZ 型的值。

5.2.2 GⅡCL、GⅡCLZ 型鼓形齿式联轴器（见表 15.1-18）

表 15.1-18 GⅡCL、GⅡCLZ 型鼓形齿式联轴器的形式、基本参数和主要尺寸（摘自 JB/T 8854.2—2001）

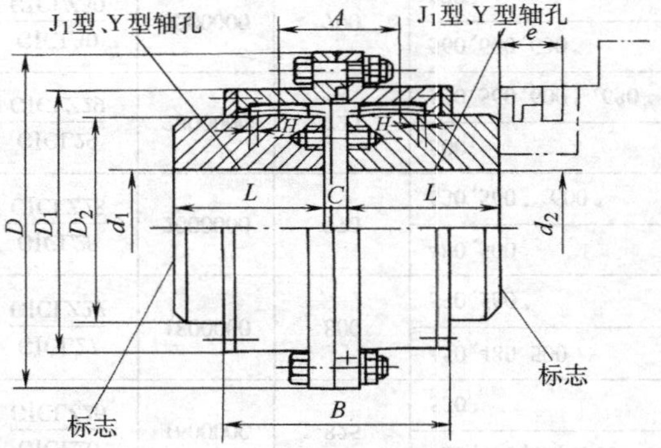

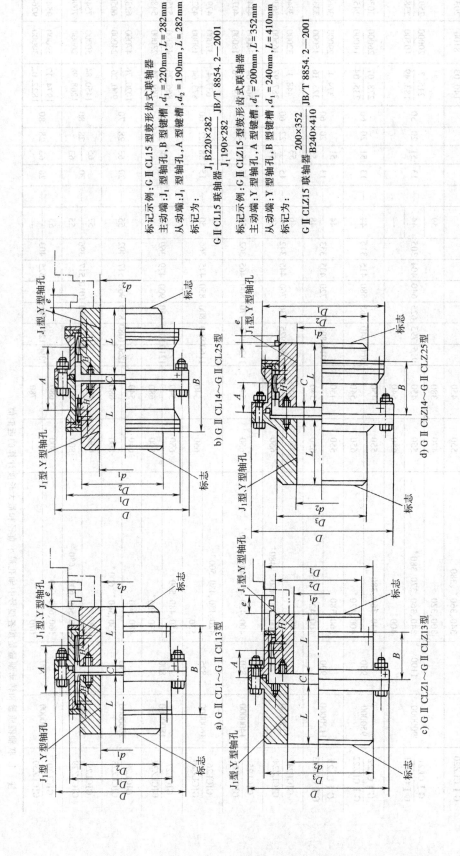

a) GⅡCL1～GⅡCL13型

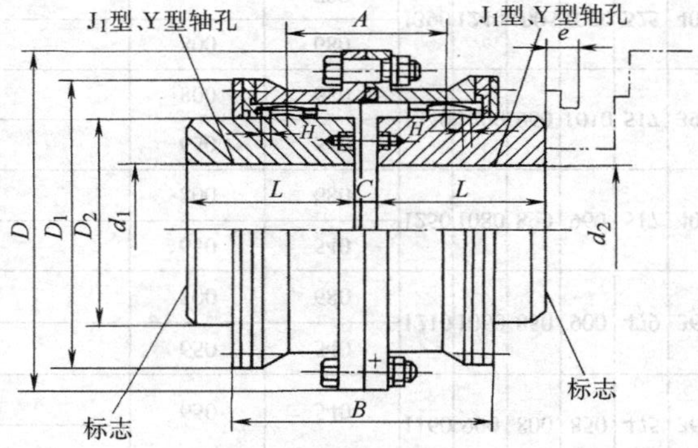

b) GⅡCL14～GⅡCL25型

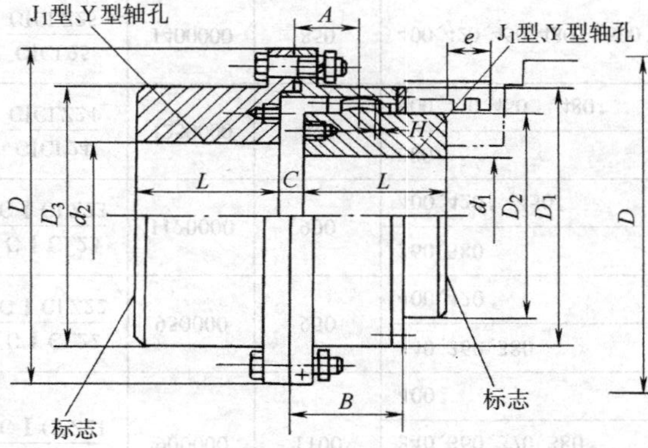

c) GⅡCLZ1～GⅡCLZ13型

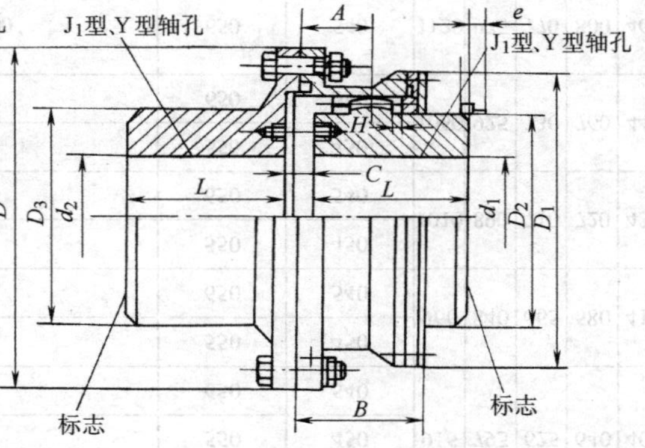

d) GⅡCLZ14～GⅡCLZ25型

标记示例：GⅡCL15 型鼓形齿式联轴器

主动端：J_1 型轴孔，B 型键槽，$d_1=220\text{mm}$，$L=282\text{mm}$

从动端：J_1 型轴孔，A 型键槽，$d_2=190\text{mm}$，$L=282\text{mm}$

标记为：

GⅡCL15 联轴器 $\dfrac{J_1B220\times282}{J_1190\times282}$ JB/T 8854.2—2001

标记示例：GⅡCLZ15 型鼓形齿式联轴器

主动端：Y 型轴孔，A 型键槽，$d_1=200\text{mm}$，$L=352\text{mm}$

从动端：Y 型轴孔，B 型键槽，$d_1=240\text{mm}$，$L=410\text{mm}$

标记为：

GⅡCLZ15 联轴器 $\dfrac{200\times352}{B240\times410}$ JB/T 8854.2—2001

型号	公称转矩 T_n /N·m	许用转速 $[n]$/ r·min^{-1}	轴孔直径 d_1、d_2	轴孔长度 L Y型	轴孔长度 L J_1型	D	D_1	D_2	$D_3^{②}$	C	H	A	B	e	G Ⅱ CL 转动惯量 J /kg·m^2	G Ⅱ CL 润滑脂用量 /mL	G Ⅱ CL 质量 /kg	G Ⅱ CLZ 转动惯量 J /kg·m^2	G Ⅱ CLZ 润滑脂用量 /mL	G Ⅱ CLZ 质量 /kg
				mm																
G Ⅱ CL1 / G Ⅱ CLZ1	400	4000	16、18、19	42	—	103	71	50	71	8	2	36/18	76/38	38	0.0035	51	5.1	0.004	31	3.5
			20、22、24	52	38										0.0035		3	0.00375		3.3
			25、28	62	44										0.0035		3.1	0.004		3.5
			30、32、35、38*	82	60										0.00375		3.6	0.005		4.1
			40*、42*、45*、48*、50*	112	84										—		—	0.007		5.7
G Ⅱ CL2 / G Ⅱ CLZ2	710	4000	20、22、24	52	—	115	83	60	83	8	2	42/21	88/44	42	0.00575	70	4.9	0.00675	42	5.3
			25、28	62	44										0.0055		4.5	0.00625		4.8
			30、32、35、38	82	60										0.006		5.1	0.007		5.7
			40、42、45、48*、50*、55*、56*	112	84										0.00675		6.2	0.008		7.2
			60*	142	107										—		—	0.01		9.2
G Ⅱ CL3 / G Ⅱ CLZ3	1120	4000	22、24	52	—	127	95	75	95	8	2	44/22	90/45	42	0.0105	68	7.5	0.009	42	3.8
			25、28	62	44										0.01		7	0.011		7.8
			30、32、35、38	82	60										0.01		6.9	0.011		7.6
			40、42、45、48、50、55、56	112	84										0.01125		8.6	0.01325		9.8
			60*、63*、65*、70*	142	107										—		—	0.01675		12.5
G Ⅱ CL4 / G Ⅱ CLZ4	1800	4000	38	82	60	149	116	90	116	8	2	49/24.5	98/49	42	0.02	87	10.1	0.02125	53	10.5
			40、42、45、48、50、55、56	112	84										0.02225		12.2	0.0255		13.5
			60、63、65、70*、71*、75*	142	107										0.0245		14.5	0.039		16.5
			80*	172	132										—		—	0.04875		19.4
G Ⅱ CL5 / G Ⅱ CLZ5	3150	4000	40、42、45、48、50、55、56	112	84	167	134	105	134	10	2.5	55/27.5	108/54	42	0.03775	125	16.4	0.044	77	18.1
			60、63、65、70、71、75	142	107										0.04325		19.6	0.05175		23.1
			80*、85*、90*	172	132										—		—	0.0625		28.5
G Ⅱ CL6 / G Ⅱ CLZ6	5000	4000	45、48、50、55、56	112	84	187	153	125	153	10	2.5	56/28	110/55	42	0.06625	148	22.1	0.075	91	23.9
			60、63、65、70、71、75	142	107										0.075		26.5	0.089		29.3
			80、85、90、95*	172	132										0.08425		31.2	0.10425		35.4
			100*、(105)*	212	167										—		—	0.1065		36.2
G Ⅱ CL7 / G Ⅱ CLZ7	7100	3750	50、55、56	112	84	204	170	140	170	10	2.5	60/30	118/59	42	0.10125	175	27.6	0.1145	108	29.6
			60、63、65、70、71、75	142	107										0.115		33.1	0.1335		36.3
			80、85、90、95	172	132										0.12975		39.2	0.157		43.8

（续）

型号	公称转矩 T_n /N·m	许用转速 $[n]$/ r·min^{-1}	轴孔直径 d_1、d_2	轴孔长度 L Y型	轴孔长度 L J_1型	D	D_1	D_2	$D_3^{②}$	C	H	A	B	e	G Ⅱ CL 转动惯量 J /kg·m^2	G Ⅱ CL 润滑脂用量 /mL	G Ⅱ CL 质量 /kg	G Ⅱ CLZ 转动惯量 J /kg·m^2	G Ⅱ CLZ 润滑脂用量 /mL	G Ⅱ CLZ 质量 /kg
				mm																
G Ⅱ CL7 / G Ⅱ CLZ7	7100	3750	100(105)、110*、(105)*	212	167	204	170	140	170	10	2.5	60/30	118/59	42	0.1505	175	47.5	0.19	108	54.3
G Ⅱ CL8 / G Ⅱ CLZ8	10000	3300	55、56	112	84	230	186	155	186	12	3	67/33.5	142/71	47	0.167	268	35.5	0.1835	161	37.8
			60、63、65、70、71、75	142	107										0.1875		42.3	0.215		46.1
			80、85、90、95	172	132										0.20975		49.7	0.25		54.9
			100、110、(115)120*、125*	212	167										0.241		60.2	0.2975		67.4
G Ⅱ CL9 / G Ⅱ CLZ9	16000	3000	60、63、65、70、71、75	142	107	256	212	180	212	12	3	69/34.5	146/37	47	0.316	310	55.6	0.3575	184	60
			80、85、90、95	172	132										0.35625		65.6	0.415		71.8
			100、110、120、125	212	167										0.413		79.6	0.5		88
			130(135)、140*、150*	252	202										0.4695		95.8	0.575		104.4
G Ⅱ CL10 / G Ⅱ CLZ10	22400	2650	65、70、71、75	142	107	287	239	200	239	14	3.5	78/39	164/82	47	0.5125	472	72	0.58	276	76.1
			80、85、90、95	172	132										0.575		84.4	0.6725		91.1
			100、110、120、125	212	167										0.66		101	0.8025		111.5
			130、140、150	252	202										0.745		119	0.935		133.5
G Ⅱ CL11 / G Ⅱ CLZ11	35500	2350	70①、71①、75①	142	107	352	276	235	250	14	3.5	81/40.5	170/85	47	1.4525	550	97	—	322	—
			80①、85①、90①、95①	172	132										1.235		114	—		—
			100①、110①、120①、125①	212	167										1.235		138	1.225		—
			130、140、150	252	202										1.4		161	1.41		162.4
			160、170、(175)	302	242										1.5875		189	1.625		193
G Ⅱ CL12 / G Ⅱ CLZ12	50000	2100	75①	142	107	362	313	270	286	16	4	89/44.5	190/95	49	1.6225	695	128	—	404	—
			80①、85①、90①、95①	172	132										1.8275		150	—		—
			100①、110①、120①、125①	212	167										2.1125		205	—		—
			130、140、150	252	202										2.4		213	2.39		212.8
			160、170、180	302	242										2.7275		248	2.7625		268
			190、200	352	282										3.05		285	3.0925		290
G Ⅱ CL13 / G Ⅱ CLZ13	71000	1850	150	252	202	412	350	300	322	18	4.5	98/49	208/104	49	3.925	1019	269	3.93	585	272.3
			160、170、180、(185)	302	242										4.425		315	4.535		320
			190、200、220、(225)	352	282										4.925		360	6.34		370
G Ⅱ CL14 / G Ⅱ CLZ14	112000	1650	170、180、(185)	302	242	462	418	335	420	22	5.5	172/86	296/148	63	8.025	3900	421	6.9	1600	389
			190、200、220	352	282										8.8		476	7.675		438
			240、250	410	330										9.725		544	8.6		509

G Ⅱ CL15 G Ⅱ CLZ15	180000	1500	190、200、220	352	282	512	465	380	470	22	5.5	182/91	316/158	63	14.3	3700	608	12.425	2100	566
			240、250、260	410	330										15.85		696	13.975		650
			280、(285)	470	380										17.45		786	15.575		740
G Ⅱ CL16 G Ⅱ CLZ16	250000	1300	220	352	282	580	522	430	522	28	7	209/104.5	354/177	67	23.925	4500	799	21.2	2500	751
			240、250、260	410	330										26.45		913	23.725		857
			280、300、320	470	380										29.1		1027	26.35		974
G Ⅱ CL17 G Ⅱ CLZ17	355000	1200	250、260	410	330	644	582	490	582	28	7	198/99	364/182	67	43.075	4900	1176	38.75	2700	1110
			280(290)、300、320	470	380										47.525		1322	43.25		1255
			340、360、(365)	550	450										53.725		1532	49.5		1465
G Ⅱ CL18 G Ⅱ CLZ18	500000	1050	280(295)、300、320	470	380	726	654	540	658	28	8	222/111	430/215	75	78.525	7000	1698	69.5	3900	1580
			340、360、380	550	450										87.75		1948	78.75		1830
			400	650	540										99.5		2278	90.5		2160
G Ⅱ CL19 G Ⅱ CLZ19	710000	950	300、320	470	380	818	748	630	748	32	8	232/116	440/220	75	136.75	8900	2249	122.5	5000	2115
			340(350)、360、380、(390)	550	450										153.75		2591	139.5		2457
			400、420、440、450、460、(470)	650	540										175.5		3026	161.25		2892
G Ⅱ CL20 G Ⅱ CLZ20	1000000	800	360、380、(390)	550	450	928	838	720	838	32	10.5	247/123.5	470/235	75	261.75	11000	3384	240	6200	3223
			400、420、440、450、460	650	540										299		3984	277.25		3793
			480、500	650	540										299		3984	277.25		3793
			530、(540)	800	680										360.75		4430	335		4680
G Ⅱ CL21 G Ⅱ CLZ21	1400000	750	400、420、440、450、460	650	540	1022	928	810	928	40	11.5	255/127.5	490/245	75	468.75	13000	4977	435	7000	4780
			480、500	650	540										468.75		4977	435		4780
			530、560、600	800	680										561.5		6152	527.75		5905
G Ⅱ CL22 G Ⅱ CLZ22	1800000	650	450、460、480、500	650	540	1134	1036	915	1036	40	13	262/131	510/255	75	753.75	16000	6318	701.25	8700	6069
			530、560、600、630	800	680										904.75		7738	701.25		6069
			670、(680)	900	780													852.25		7504
G Ⅱ CL23 G Ⅱ CLZ23	2500000	600	530、560、600、630	800	680	1282	1178	1030	1178	50	14.5	299/149.5	580/290	80	1517	28000	10013	1415.75	15000	9633
			670(700)、710、750、(770)	900	780										1725		11553	1638.75		11133
G Ⅱ CL24 G Ⅱ CLZ24	3550000	550	560、600、630	800	680	1428	1322	1175	1322	50	16.5	317/158.5	610/305	80	2486	33000	12915	2330.5	18000	12460
			670、(700)①、710、750	900	780										2838.25		15015	2682.75		14465
			800、850	1000	880										3131.75		16615	2976.25		16110
G Ⅱ CL25 G Ⅱ CLZ25	5000000	460	670(700)、710、750	900	780	1644	1538	1390	1538	50	19	325/162.5	620/310	80	5174.25	43000	19837	5174.25	23000	19837
			800、850	1000	880										5836.5		22381	5836.5		22381
			900、950	—	980										6413		24765	6413		24765
			1000、(1040)	—	1100										7198.25		27797	7198.25		27797

注：1. 转动惯量与重量按 J_1 型轴伸计算并包括轴伸在内。

2. 轴孔直径栏中标注“ * ”号的轴孔尺寸只适合 G Ⅱ CLZ 型的 d_2 选用。

3. 轴孔长度推荐选用 J_1 型轴伸系列。带有制动轮或接中间套等的其他结构与尺寸见生产厂样本。

4. 生产厂有宁波伟隆传动机械有限公司、乐清市联轴器厂。

① 仅适用 G Ⅱ CL 型。

② 仅适用于 G Ⅱ CLZ 型。

5.2.3 TGL 鼓形齿式联轴器（见表 15.1-19）

表 15.1-19 TGL 鼓形齿式联轴器的形式、基本参数和主要尺寸（摘自 JB/T 5514—2007）

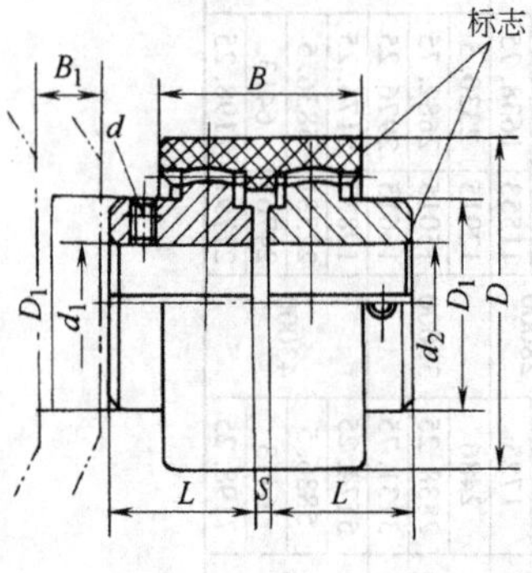

A型(基本型)

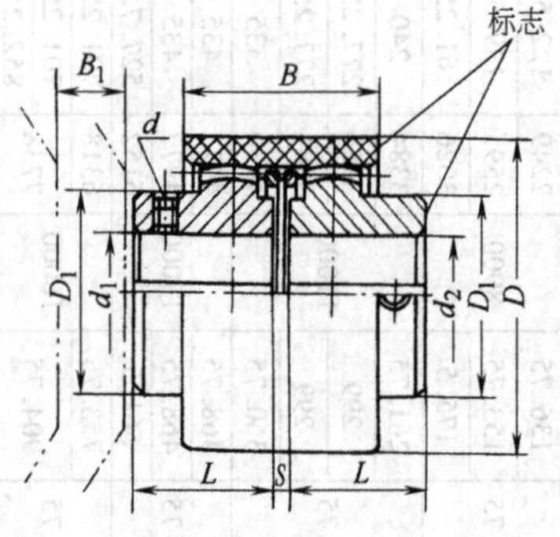

B型(内挡圈型)

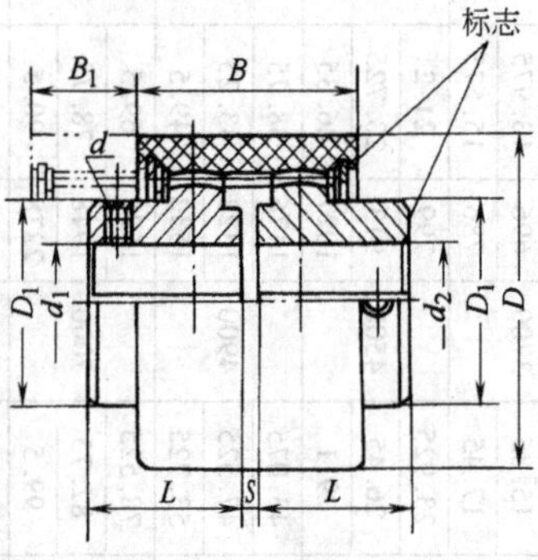

C型(外挡圈型)

标记示例：TGLA4 鼓形齿式联轴器

主动端：J_1 型轴孔，A 型键槽，$d_1=20$mm，$L=38$mm

从动端：J_1 型轴孔，A 型键槽，$d_2=28$mm，$L=44$mm

TGLA4 联轴器 $\dfrac{J_1 20\times 38}{J_1 28\times 44}$ JB/T 5514—2007

型号	公称转矩 T_n/N·m	许用转速 $[n]$/r·min^{-1}	轴孔直径 d_1、d_2/mm	轴孔长度 J_1 型 L/mm	D/mm A 型 B 型	D/mm C 型	D_1/mm	B/mm A 型 B 型	B/mm C 型	B_1/mm A 型 B 型	B_1/mm C 型	S/mm	d/mm	质量/kg A 型 B 型	质量/kg C 型	转动惯量 J/kg·m^2 A 型 B 型	转动惯量 J/kg·m^2 C 型
TGLA1 TGLB1	10	10000	6、7	16	40	—	25	38	—	17	—	4	—	0.200	—	0.00003	—
			8、9	20									M5				
			10、11	22													
			12、14	27													
TGLA2 TGLB2	16	9000	8、9	20	48	—	32	38	—	17	—	4	M5	0.278	—	0.00006	—
			10、11	22													
			12、14	27													
			16、18、19	30													
TGLA3 TGLB3 TGLC3	31.5	8500	10、11	22	56	58	36	42	52	19	—	4	M5	0.482	0.533	0.00012	0.00015
			12、14	27							24						
			16、18、19	30													
			20、22、24	38													
TGLA4 TGLB4 TGLC4	45	8000	12、14	27	66	70	45	46	—	21	26	4	M8	0.815	0.869	0.00033	0.0004
			16、18、19	30					56								
			20、22、24	38													
			25、28	44													
TGLA5 TGLB5 TGLC5	63	7500	14	27	75	85	50	48	—	22	27	4	M8	1.39	1.52	0.00072	0.00088
			16、18、19	30					58								
			20、22、24	38													
			25、28	44													
			30、32	60													
TGLA6 TGLB6 TGLC6	80	6700	16、18、19	30	82	90	58	48	58	22	27	4	M8	2.02	2.15	0.0012	0.0015
			20、22、24	38													
			25、28	44													
			30、32、35、38	60													
TGLA7 TGLB7 TGLC7	100	6000	20、22、24	38	92	100	65	50	60	23	28	4	M8	3.01	3.14	0.0024	0.0027
			25、28	44													
			30、32、35、38	60													
			40、42	84													

（续）

型号	公称转矩 T_n/N·m	许用转速 $[n]$/r·min^{-1}	轴孔直径 d_1、d_2 /mm	轴孔长度 J$_1$型 L/mm	D/mm A型 B型	D/mm C型	D_1 /mm	B/mm A型 B型	B/mm C型	B_1/mm A型 B型	B_1/mm C型	S /mm	d /mm	质量/kg A型 B型	质量/kg C型	转动惯量 J/kg·m^2 A型 B型	转动惯量 J/kg·m^2 C型
TGLA8 TGLB8 TGLC8	140	5600	22、24	38	100	100	72	50	60	23	28	4	M8	4.06	4.18	0.0037	0.0039
			25、28	44													
			30、32、35、38	60													
			40、42、45、48	84													
TGLA9 TGLB9 TGLC9	355	4000	25、28	44	140	140	96	72	85	34	41	4	M10	8.25	8.51	0.0155	0.0166
			30、32、35、38	60													
			40、42、45、48 50、55、56	84													
			60、63、65、70	107													
TGLA10 TGLB10 TGLC10	710	3150	30、32、35、38	60	175	175	128	95	95	45	45	6	M10	16.92	17.10	0.0520	0.0535
			40、42、45、48 50、55、56	84													
			60、63、65、70 71、75	107													
			80、85	132													
TGLA11 TGLB11 TGLC11	1250	3000	40、42、45、48 50、55、56	84	210	210	165	102	102	48	48	8	M10	34.26	34.56	0.1624	0.165
			60、63、65、70 71、75	107													
			80、85、90、95	132													
			100、110	167													
TGLA12 TGLB12 TGLC12	2500	2120	50、55、56	84	270	270	192	135	135	63	63	10	M16	66.42	66.86	0.4674	0.4731
			60、63、65、70 71、75	107													
			80、85、90、95	132													
			100、110、120 125	167													

注：1. 瞬时过载转矩不得大于联轴器公称转矩的 2 倍。
2. 质量和转动惯量是各型号中最大值的近似计算值。
3. B_1 是保证原动机或工作机安装所必需的最小尺寸。
4. 推荐 TGL10～TGL12 采用 B 型。
5. 联轴器许用相对位移：轴向 $\Delta X=\pm1$mm。径向 ΔY：TGL1～TGL2，$\Delta Y=0.3$mm；TGL3～TGL8，$\Delta Y=0.4$mm；TGL9～TGL12，ΔY 分别为 0.6mm、0.7mm、0.8mm、1.1mm。角向 $\Delta\alpha$（每半联轴器）$=1°$。
6. 工作环境温度为 -20～80℃。

5.2.4　GCLD 型鼓形齿式联轴器（见表 15.1-20）

表 15.1-20　GCLD 型鼓形齿式联轴器的形式、基本参数和主要尺寸（摘自 JB/T 8854.1—2001）

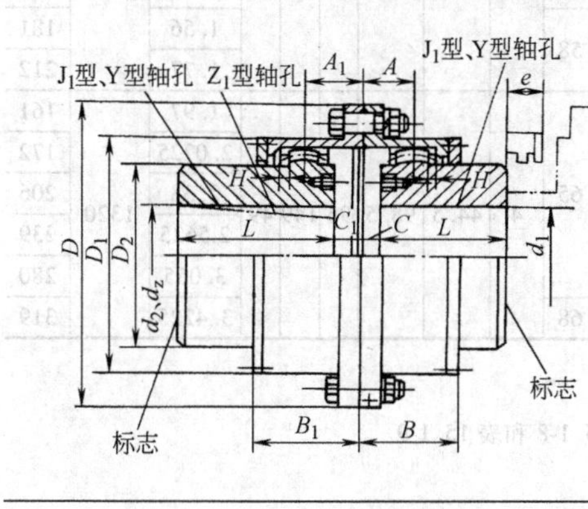

标记示例：GCLD9 型鼓形齿式联轴器

主动端：Z_1 型轴孔，C 型键槽，$d_z=100$mm，$L=167$cm

从动端：J_1 型轴孔，A 型键槽，$d_2=120$mm，$L=167$cm

GCLD9 联轴器 $\dfrac{Z_1C100\times167}{J_1120\times167}$ JB/T 8854.1—2001

（续）

型号	公称转矩 T_n/N·m	许用转速 $[n]$/r·min⁻¹	轴孔直径/mm d_1、d_2、d_z	轴孔长度 L/mm Y型	轴孔长度 L/mm J_1型、Z_1型	D	D_1	D_2	C	C_1	H	A	A_1	B	B_1	e	转动惯量 J/kg·m²	润滑脂用量 /mL	质量 /kg
GCLD1	1120	4000	22、24	52	38	127	95	75	6	27	2	22	43	45	66	42	0.00875	107	6.2
			25、28	62	44												0.01025		7.2
			30、32、35、38	82	60												0.011		7.8
			40、42、45、48、50、55、56	112	84												0.01175		9.6
GCLD2	1800	4000	38	82	60	149	116	90	6.5	26.5	2	24.5	49.5	49	70	42	0.02125	137	11.2
			40、42、45、48、50、55、56	112	84												0.02425		14
			60、63、65	142	107					33							0.0265		16.4
GCLD3	3150	4000	40、42、45、48、50、55、56	112	84	167	134	105	7	33	2.5	27.5	53.5	54	80	42	0.04		17.2
			60、63、65、70、71、75	142	107												0.0475	238	22.4
GCLD4	5000	4000	45、48、50、55、56	112	84	187	153	125	7.5	33.5	2.5	28	54	55	81	42	0.0725		25.2
			60、63、65、70、71、75	142	107												0.0825		26.4
			80、85、90	172	132					38							0.095		35.6
GCLD5	7100	3750	50、55	112	84	204	170	140	7.5	37.5	2.5	30	60	59	89	42	0.1125	298	31.6
			60、63、65、70、71、75	142	107												0.1275		38
			80、85、90、95	172	132												0.145		44.6
			100、(105)	212	167					43.5							0.1675		53.9
GCLD6	10000	3300	55、56	112	84	230	186	155	8.5	43.5	3	33.5	68.5	71	106	47	0.1875	465	40.5
			60、63、65、70、71、75	142	107												0.21		49.8
			80、85、90、95	172	132												0.235		56.3
			100、110、(115)	212	167												0.2675		67.5
GCLD7	16000	3000	60、63、65、70、71、75	142	107	256	212	180	9	48	3	34.5	73.5	73	112	47	0.3575	561	63.9
			80、85、90、95	172	132												0.4		74.7
			100、110、120、125	212	167												0.4625		88
			130、(135)	252	202												0.5275		106.7
GCLD8	22400	2650	65、70、71、75	142	107	287	239	200	8.5	40.5	3.5	39	75	82	112	47	0.560	734	81.7
			80、85、90、95	172	132												0.6275		95.5
			100、110、120、125	212	167					48							0.72		114
			130、140、150	252	202												0.8125		123
GCLD9	35500	2350	70、71、75	142	107	325	276	235	9.5	49.5	3.5	40.5	87.5	85	132	47	1.0775	956	112
			80、85、90、95	172	132												1.2075		130
			100、110、120、125	212	167												1.3825		156
			130、140、150	252	202					58							1.56		181
			160、170、(175)	302	242												1.77		212
GCLD10	50000	2100	75	142	107	362	313	270	11	65	4	44.5	98.5	95	149	49	1.97	1320	161
			80、85、90、95	172	132												2.0725		172
			100、110、120、125	212	167												2.38		206
			130、140、150	252	202												2.5625		239
			160、170、180	302	242												3.055		280
			190、200	352	282					68							3.4225		319

注：1. 转动惯量与质量包括轴伸在内。

2. e 为更换密封所需要的尺寸。

3. 轴孔和连接形式与尺寸见表 15.1-6，轴孔与轴伸的配合见表 15.1-8 和表 15.1-9。

4. 联轴器许用角位移 $\Delta\alpha$（每半联轴器）= 1°30′。

5.3 滚子链联轴器（见表 15.1-21）

表 15.1-21 滚子链联轴器的形式、基本参数和主要尺寸

（摘自 GB/T 6069—2002）

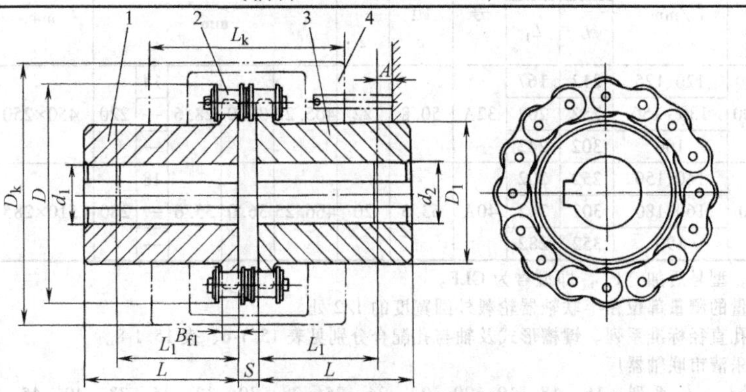

1、3—半联轴器 2—双排滚子链 4—罩壳

标记示例：GL7 型滚子链联轴器

主动端：J_1 型轴孔，B 型键槽，d_1 = 45mm，L = 84mm

从动端：J_1 型轴孔，B_1 型键槽，d_2 = 50mm，L_1 = 84mm

标记为：

$$\text{GL7 联轴器}\frac{J_1B45\times84}{J_1B_150\times84}\quad \text{GB/T 6069—2002}$$

型号	公称转矩 T_n/N·m	许用转速 [n]/r·min⁻¹ 无罩壳	许用转速 [n]/r·min⁻¹ 有罩壳	轴孔直径 d_1、d_2 /mm	轴孔长度/mm Y型 L	轴孔长度/mm J_1型 L_1	链号	链条节距 p	齿数 z	D/mm	B_{f1}/mm	S/mm	A/mm	D_1/mm	(D_k/mm)×(L_k/mm) max	质量/kg	许用补偿量 ΔY/mm	许用补偿量 ΔX/mm	许用补偿量 Δα/(°)
GL1	40	1400	4500	16~19	42	—	06B	9.525	14	51.06	5.3	4.9	—	35	70×70	0.40	0.19	1.40	1
				20	52	38							4						
GL2	63	1250	4500	19	42	—	06B	9.525	16	57.08	5.3	4.9	—	38	75×75	0.70			
				20~24	52	38							4						
GL3	100	1000	4000	20~24	52	38	08B	12.7	14	68.88	7.2	6.7	12	40	85×80	1.1	0.25	1.90	
				25	62	44							6						
GL4	160	1000	4000	24	52	—	08B	12.7	16	76.91	7.2	6.7	—	50	95×88	1.8			
				25、28	62	44							6						
				30、32	82	60							—						
GL5	250	800	3150	28	62	—	10A	15.875	16	94.46	8.9	9.2	—	60	112×100	3.2	0.32	2.30	
				30~38	82	60							—						
				40	112	84							—						
GL6	400	630	2500	32~38	82	60	10A	15.875	20	116.57	8.9	9.2	—	70	140×105	5.0			
				40~50	112	84							—						
GL7	630	630	2500	40~55	112	84	12A	19.05	18	127.78	11.9	10.9	—	85	150×122	7.4	0.38	2.80	
				60	142	107							—						
GL8	1000	500	2240	45~55	112	84	16A	25.40	16	154.33	15.0	14.3	12	110	180×135	11.1	0.50	3.80	
				60~70	142	107							—						
GL9	1600	400	2000	50、55	112	84	16A	25.40	20	186.50	15.0	14.3	12	120	215×145	20.0			
				60~75	142	107							—						
				80	172	132							—						
GL10	2500	315	1600	60~75	142	107	20A	31.75	18	213.02	18.0	17.8	6	140	245×165	26.1	0.63	4.70	
				80~90	172	132							—						
GL11	4000	250	1500	75	142	107	24A	38.1	16	231.49	24.0	21.5	35	160	270×195	39.2	0.76	5.70	
				80~95	172	132							10						
				100	212	167							—						
GL12	6300	250	1250	85~95	172	132	28A	44.45	16	270.08	24.0	24.9	20	170	310×205	59.4	0.88	6.60	
				100~120	212	167							—						
GL13	10000	200	1120	100~125	212	167	32A	50.8	18	340.80	30.0	28.6	14	200	380×230	86.5	1.0	7.60	
				130、140	252	202							—						

（续）

型号	公称转矩 T_n/N·m	许用转速 [n]/r·min⁻¹		轴孔直径 d_1、d_2 /mm	轴孔长度 /mm		链号	链条节距 p	齿数 z	D	B_{f1}	S	A	D_1	$(D_k$/mm$)\times(L_k$/mm$)$ max	质量 /kg	许用补偿量		
		无罩壳	有罩壳		Y 型 L	J_1 型 L_1				mm							ΔY /mm	ΔX /mm	$\Delta\alpha$ /(°)
GL14	16000	200	1000	120、125	212	167	32A	50.8	22	405.22	30.0	28.6	14	220	450×250	150.8	1.0	7.60	1
				130~150	252	202							—						
				160	302	242							—						
GL15	2500	200	900	140、150	252	202	40A	63.5	20	466.25	36.0	35.6	18	280	510×285	234.4	1.27	9.50	
				160、180	302	242							—						
				190	352	282							—						

注：1. 有罩壳时，型号后加“F”，即型号为 GLF。
2. 径向位移量的测量部位在半联轴器轮毂外圆宽度的 1/2 处。
3. 联轴器轴孔直径标准系列、键槽形式及轴与孔配合分别见表 15.1-6、表 15.1-8。
4. 生产厂为乐清市联轴器厂。
5. 轴孔直径 d_1、d_2 系列：16、18、19、20、22、24、25、28、30、32、35、38、40、45、48、50、55、60、65、70、75、80、85、90、95、100、110、120、125、130、140、150、160、170、180、190。

6 万向联轴器

6.1 十字轴式万向联轴器

6.1.1 WS 型和 WSD 型十字轴式万向联轴器

（1）基本参数和主要尺寸（见表 15.1-22）

（2）选择计算

1）要保证旋转运动的等角速度和主、从动轴之间保持同步转动，应选用双十字轴万向联轴器或两个单十字轴万向联轴器组合在一起使用，并满足以下 3 个条件：① 相等；② 中间轴两端叉头的对称面在同一平面内；③ 中间轴与主动轴、从动轴三轴线在同一平面内。

2）采用滑动轴承的十字轴式万向联轴器的功率曲线如图 15.1-4 所示。当夹角等于 10°时，单十字轴式万向联轴器在长期使用中能传递的功率和转矩与转速有关；当夹角大于 10°时，必须根据图 15.1-5 查出修正系数 η，再按下式计算修正功率 P'：

$$P'=\frac{P}{\eta} \tag{15.1-4}$$

式中 P——传递的功率（kW）。

表 15.1-22 WS 型和 WSD 型十字轴式万向联轴器的形式、基本参数和主要尺寸

（摘自 JB/T 5901—1991）

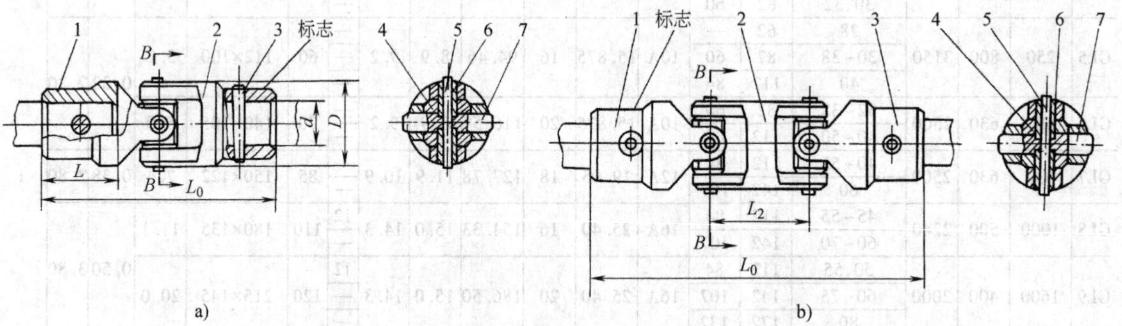

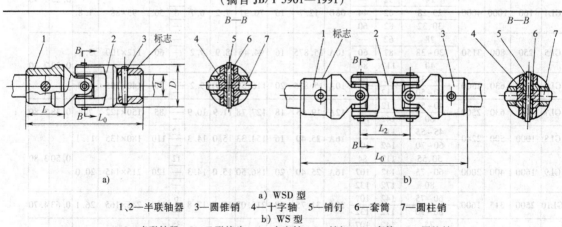

a）WSD 型
1、2—半联轴器 3—圆锥销 4—十字轴 5—销钉 6—套筒 7—圆柱销
b）WS 型
1、3—半联轴器 2—叉形接头 4—十字轴 5—销钉 6—套筒 7—圆柱销

标记示例：WS4 双十字轴式万向联轴器采用带键槽圆柱形孔和四方形孔
主动端：Y 型轴孔，A 型键槽，d=16mm，D=32mm
从动端：S=14mm，D=32mm
采用滑动轴承时的标记为：

$$\text{WS4 联轴器}\frac{16}{S14}\times 32(\text{H})\ \text{JB/T 5901—1991}$$

（续）

型号	公称转矩 T_n /N·m	d H7 /mm	D /mm	L_0/mm WSD 型 Y 型	L_0/mm WSD 型 J_1 型	L_0/mm WS 型 Y 型	L_0/mm WS 型 J_1 型	L/mm Y 型	L/mm J_1 型	L_2 /mm	质量/kg WSD 型 Y 型	质量/kg WSD 型 J_1 型	质量/kg WS 型 Y 型	质量/kg WS 型 J_1 型	转动惯量 J/kg·m² WSD 型 Y 型	转动惯量 J/kg·m² WSD 型 J_1 型	转动惯量 J/kg·m² WS 型 Y 型	转动惯量 J/kg·m² WS 型 J_1 型
WS1 WSD1	11.2	8	16	60	—	80	—	20	—	20	0.23	—	0.32	—	0.06	—	0.08	—
		9																
		10		66	60	86	80	25	22			0.20		0.29		0.05		0.07
WS2 WSD2	22.4	10	20	70	64	96	90			26	0.64	0.57	0.93	0.88	0.10	0.09	0.15	0.15
		11																
		12		84	74	110	100	32	27									
WS3 WSD3	45	12	25	90	80	122	112			32	1.45	1.30	2.10	1.95	0.17	0.15	0.24	0.22
		14																
WS4 WSD4	71	16	32	116	82	154	130	42	30	38	5.92	4.86	8.56	0.48	0.39	032	0.56	0.49
		18																
WS5 WSD5	140	19	40	144	116	192	164			48	16.3	12.9	24.0	20.6	0.72	0.59	1.04	0.91
		20																
		22						52	38									
WS6 WSD6	280	24	50	152	124	210	182	52	38	58	45.7	36.7	68.9	59.7	1.28	1.03	1.89	1.64
		25																
		28		172	136	330	194	62	44									
WS7 WSD7	560	30	60	226	182	296	252	82	60	70	148	117	207	177	2.82	2.31	3.90	3.38
		32																
		35																
WS8 WSD8	1120	38	75	240	196	332	288			92	396	338	585	525	5.03	4.41	7.25	6.63
		40																
		42		300	244	392	336	112	84									

注：1. WS 表示双十字轴式万向联轴器，WSD 表示单十字轴式万向联轴器。

2. 当轴线夹角 $\alpha \neq 0°$ 时，联轴器的许用转矩 $[T] = T_n \cos\alpha$。

3. 中间轴尺寸 L_2 可根据需要选取。

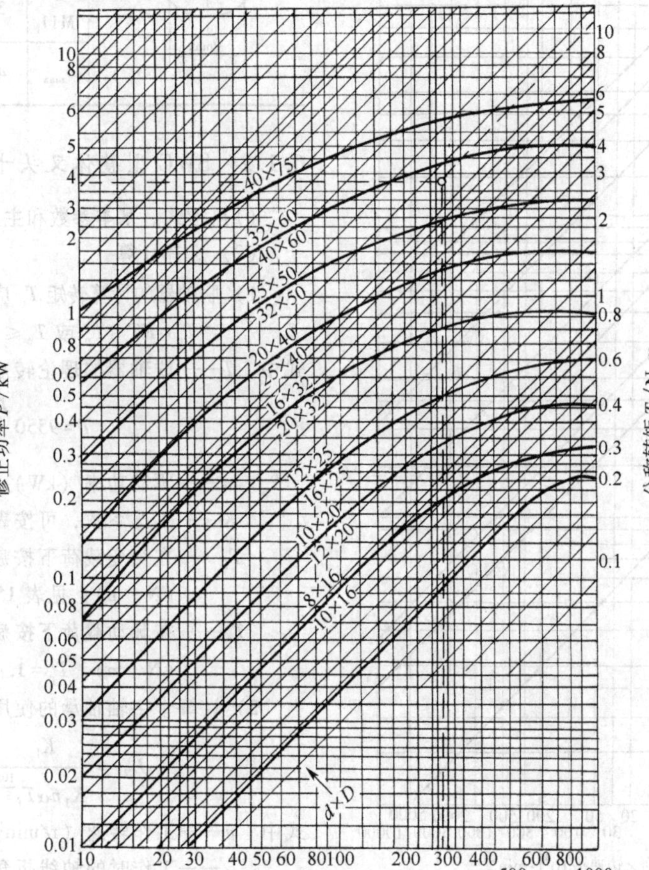

图 15.1-4　采用滑动轴承的十字轴式万向联轴器的功率曲线

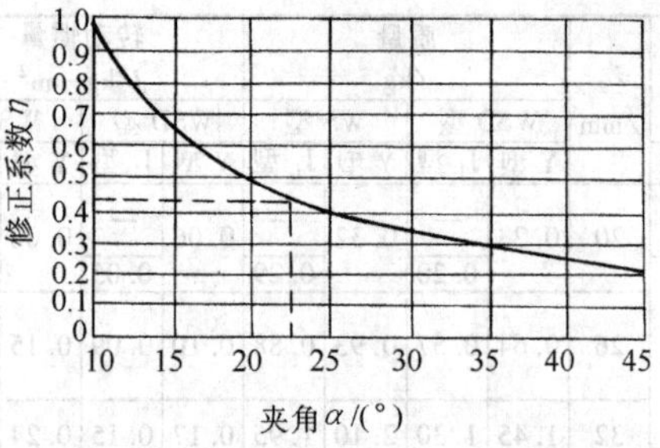

图 15.1-5　采用滑动轴承时的修正系数 η

若夹角在 0°~5°之间，可使 P' 提高 25%；当夹角在 5°~10°之间，可在线性区内用插值法求得。

双十字轴式万向联轴器可传递的功率仅为单十字轴式万向联轴器修正值的 90%。

3）采用滚针轴承的十字轴式万向联轴器的功率曲线如图 15.1-6 所示，修正系数 η_g 如图 15.1-7 所示。此时的修正转矩 T' 为

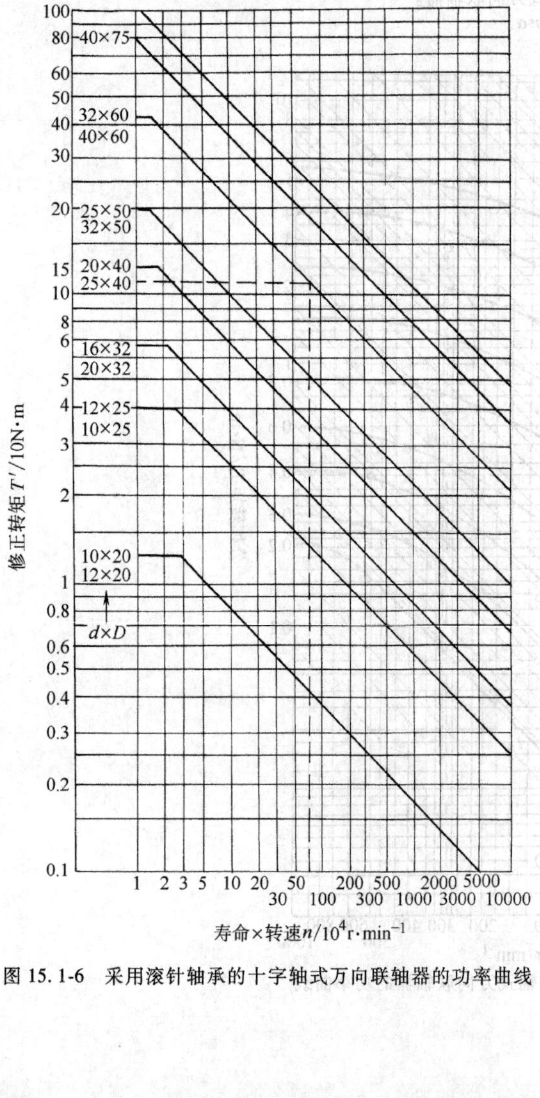

图 15.1-6　采用滚针轴承的十字轴式万向联轴器的功率曲线

$$T'=T\eta_g\eta_2 \qquad (15.1\text{-}5)$$

式中　T——传递的转矩；

η_2——冲击系数，其值为 1.5。

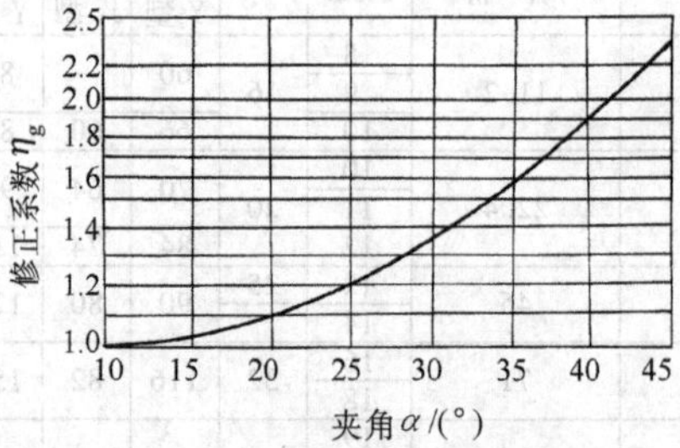

图 15.1-7　采用滚针轴承时的修正系数 η_g

4）四方形孔的主要尺寸（见表 15.1-23）。

表 15.1-23　四方形孔主要尺寸

（mm）

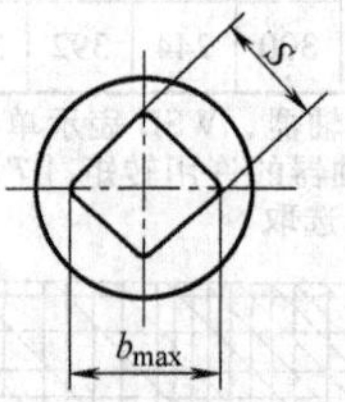

S M11	10	14	19	24
b_{max}	13	18	25	32
S M11	30	36	46	
b_{max}	40	48	60	

6.1.2　SWC 型整体叉头十字轴式万向联轴器

（1）形式、基本参数和主要尺寸（见表 15.1-24）

（2）选择计算

1）联轴器的计算转矩 T_c 应满足以下的强度条件：

$$T_c=KT\leqslant T_n \text{ 或 } T_c\leqslant T_f \text{ 或 } T_c\leqslant T_p \qquad (15.1\text{-}6)$$

式中　T——联轴器的理论转矩（N·m），

$$T=9550\frac{P_w}{n} \qquad (15.1\text{-}7)$$

P_w、n——驱动功率（kW）和工作转速（r/min）；

K——工况系数，可按表 15.1-25 选取；

T_f——在交变载荷下按疲劳强度所允许的转矩（N·m），见表 15.1-24；

T_p——在脉动载荷下按疲劳强度所允许的转矩（N·m），$T_p=1.45T_f$。

2）计算十字轴轴承的使用寿命 L_N。

$$L_N=\frac{K_L}{K_1 n\alpha T_f^{\frac{10}{3}}}\times 10^{10} \qquad (15.1\text{-}8)$$

式中　n——工作转速（r/min）；

α——工作时的轴线折角（°），当在水平和垂直面同时存在轴线折角时

$$\tan\alpha = \sqrt{\tan^2\alpha_1 + \tan^2\alpha_2}$$

α_1、α_2——水平和垂直面内的轴线折角（°）；

T_f——疲劳转矩（N·m）；

K_1——原动机系数，对电动机 $K_1 = 1$，对柴油机 $K_1 = 1.2$；

K_L——轴承寿命系数，见表 15.1-26。

3）校核联轴器的最高转速 n_{max} 应满足如下条件（当回转直径 $D \leqslant 390$mm 时）：

$$n_{max} \leqslant [n_\alpha]$$
$$n_{max} \leqslant [n_L] \qquad (15.1\text{-}9)$$

式中 $[n_\alpha]$——与工作轴线折角有关的最高许用转速，见图 15.1-8；

$[n_L]$——与工作长度有关的最高许用转速，见图 15.1-9。

表 15.1-24 SWC 型整体叉头十字轴式万向联轴器的形式、基本参数和主要尺寸

（摘自 JB/T 5513—2006）

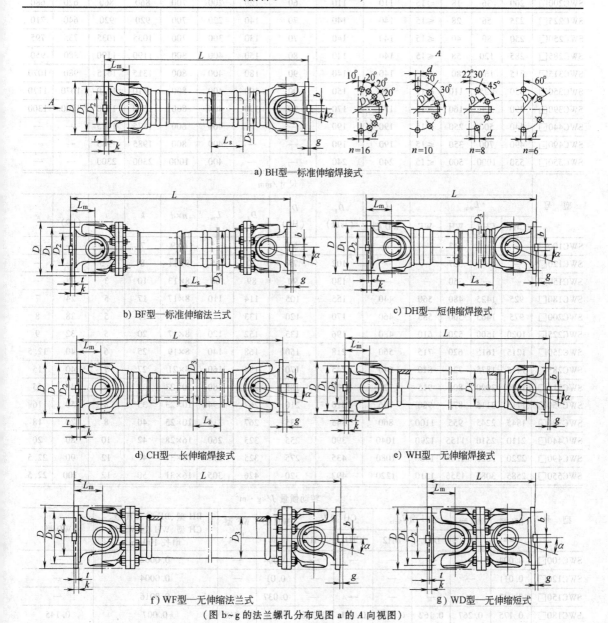

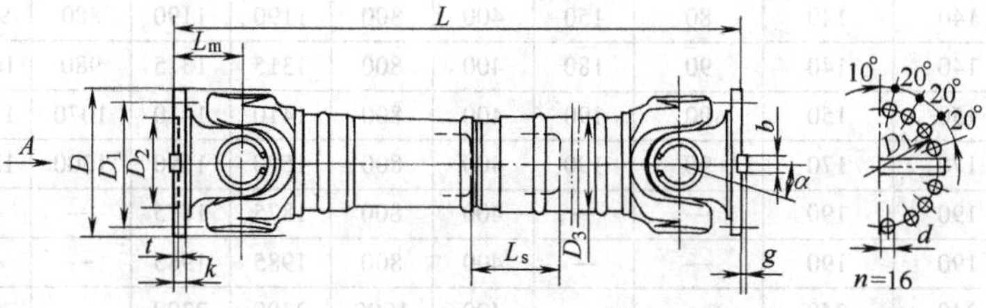

a) BH型—标准伸缩焊接式

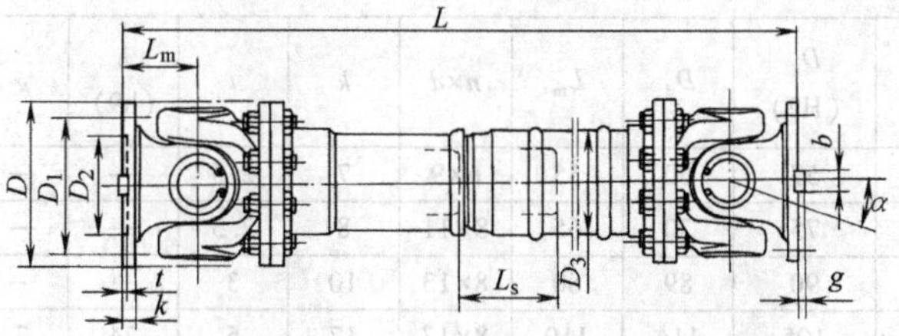

b) BF型—标准伸缩法兰式

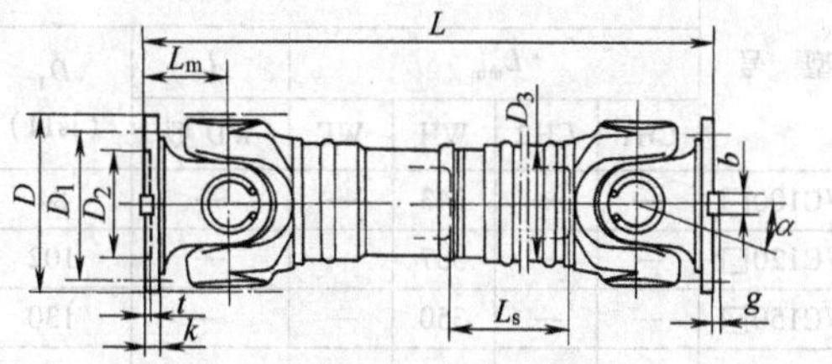

c) DH型—短伸缩焊接式

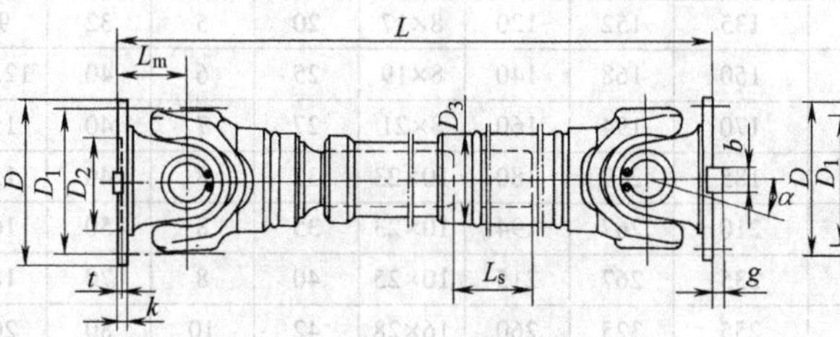

d) CH型—长伸缩焊接式

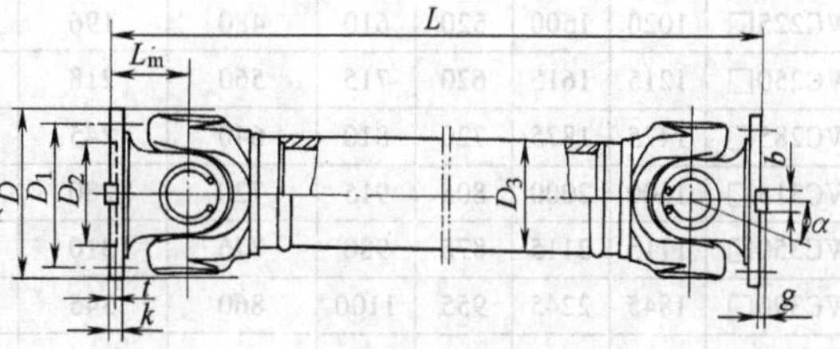

e) WH型—无伸缩焊接式

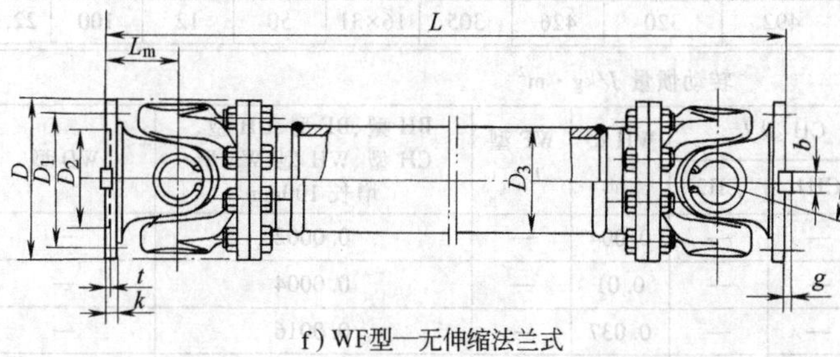

f) WF型—无伸缩法兰式

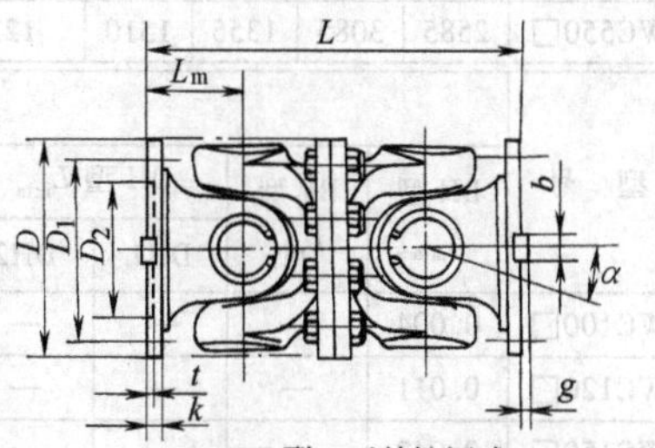

g) WD型—无伸缩短式

（图 b~g 的法兰螺孔分布见图 a 的 A 向视图）

（续）

型　号	回转直径 D /mm	公称转矩 T_n/ kN·m	疲劳转矩 T_f/ kN·m	轴线折角 α /(°)	伸缩量 L_s/mm						尺　寸/mm			
					BH 型	BF 型	DH 型		CH 型		L_{min}			
							DH1	DH2	CH1	CH2	BH	BF	DH1	DH2
SWC100□	100	2.5	1.25	≤25	55	—	—	—	—	—	405	—	—	—
SWC120□	120	5	2.5	≤25	80	—	—	—	—	—	485	—	—	—
SWC150□	150	10	5	≤25	80	—	—	—	—	—	590	—	—	—
SWC180□	180	22.4	11.2	≤15	100	100	55	105	200	700	840	840	600	650
SWC200□	200	36	18	≤15	110	110	60	120	200	700	860	860	620	680
SWC225□	225	56	28	≤15	140	140	70	140	220	700	920	920	640	710
SWC250□	250	80	40	≤15	140	140	70	130	300	700	1035	1035	735	795
SWC285□	285	120	58	≤15	140	140	80	150	400	800	1190	1190	880	950
SWC315□	315	160	80	≤15	140	140	90	180	400	800	1315	1315	980	1070
SWC350□	350	225	110	≤15	150	150	90	190	400	800	1410	1410	1070	1170
SWC390□	390	320	160	≤15	170	170	90	190	400	800	1590	1590	1200	1300
SWC440□	440	500	250	≤15	190	190	—	—	400	800	1875	1875	—	—
SWC490□	490	700	350	≤15	190	190	—	—	400	800	1985	1985	—	—
SWC550□	550	1000	500	≤15	240	240	—	—	400	1000	2300	2300	—	—

型　号	尺寸/mm													
	L_{min}				L	D_1 (js11)	D_2 (H7)	D_3	L_m	$n\times d$	k	t	b (h9)	g
	CH1	CH2	WH	WF	WD 型									
SWC100□	—	—	243	—	—	84	57	60	55	6×9	7	2.5	—	—
SWC120□	—	—	307	—	—	102	75	70	65	8×11	8	2.5	—	—
SWC150□	—	—	350	—	—	130	90	89	80	8×13	10	3	—	—
SWC180□	925	1425	480	560	440	155	105	114	110	8×17	17	5	24	7
SWC200□	975	1465	500	585	460	170	120	133	115	8×17	17	5	28	8
SWC225□	1020	1500	520	610	480	196	135	152	120	8×17	20	5	32	9
SWC250□	1215	1615	620	715	560	218	150	168	140	8×19	25	6	40	12.5
SWC285□	1475	1875	720	810	640	245	170	194	160	8×21	27	7	40	15
SWC315□	1600	2000	805	915	720	280	185	219	180	10×23	32	8	40	15
SWC350□	1715	2115	875	980	776	310	210	267	194	10×23	35	8	50	16
SWC390□	1845	2245	955	1100	860	345	235	267	215	10×25	40	8	70	18
SWC440□	2110	2510	1155	1290	1040	390	255	325	260	16×28	42	10	80	20
SWC490□	2220	2620	1206	1360	1080	435	275	325	270	16×31	47	12	90	22.5
SWC550□	2585	3085	1355	1510	1220	492	320	426	305	16×31	50	12	100	22.5

型　号	转动惯量 J/kg·m²									
	BH 型 L_{min}	BF 型 L_{min}	DH 型 L_{min}		CH 型 L_{min}		WH 型 L_{min}	WF 型 L_{min}	BH 型、BF 型、DH 型、CH 型、WH 型、WF 型增长 100mm	WD 型
			DH1	DH2	CH1	CH2				
SWC100□	0.004	—	—	—	—	—	0.004	—	0.0002	—
SWC120□	0.011	—	—	—	—	—	0.01	—	0.0004	—
SWC150□	0.042	—	—	—	—	—	0.037	—	0.0016	—
SWC180□	0.175	0.267	0.162	0.165	0.181	0.216	0.15	0.248	0.007	0.145
SWC200□	0.314	0.505	0.261	0.276	0.328	0.402	0.246	0.316	0.013	0.261
SWC225□	0.538	0.788	0.397	0.415	0.561	0.674	0.365	0.636	0.023	0.355

（续）

型号	转动惯量 J/kg·m^2									
	BH 型 L_{min}	BF 型 L_{min}	DH 型 L_{min}		CH 型 L_{min}		WH 型 L_{min}	WF 型 L_{min}	BH 型、BF 型、DH 型、CH 型、WH 型、WF 型 增长 100mm	WD 型
			DH1	DH2	CH1	CH2				
SWC250□	0.966	1.445	0.885	0.9	1.016	1.127	0.847	1.352	0.028	0.831
SWC285□	2.011	2.873	1.801	1.876	2.156	2.360	1.756	2.664	0.051	1.715
SWC315□	3.605	5.094	3.163	3.331	3.812	4.150	2.893	4.469	0.08	2.820
SWC350□	5.316	7.476	5.330	5.721	5.926	6.814	4.814	7.189	0.146	4.791
SWC390□	12.16	16.62	10.763	11.13	12.73	13.62	6.814	13.18	0.222	8.229
SWC440□	21.42	28.24	—	—	22.54	22.43	15.79	23.25	0.474	15.32
SWC490□	34.1	48.43	—	—	35.12	37.11	27.78	41.89	0.690	25.74
SWC550□	68.92	86.98	—	—	72.79	79.57	48.32	68.48	1.357	46.78

型号	质量/kg									
	BH 型 L_{min}	BF 型 L_{min}	DH 型 L_{min}		CH 型 L_{min}		WH 型 L_{min}	WF 型 L_{min}	BH 型、WH 型 增长 100mm	WD 型
			DH1	DH2	CH1	CH2				
SWC100□	6.1	—	—	—	—	—	4.5	—	0.35	—
SWC120□	10.8	—	—	—	—	—	7.7	—	0.55	—
SWC150□	24.5	—	—	—	—	—	18	—	0.85	—
SWC180□	70	80	56	58	74	104	48	58	2.8	52
SWC200□	98	109	74	76	99	139	72	82	3.7	76
SWC225□	122	138	92	95	132	182	78	93	4.9	82
SWC250□	172	196	136	148	190	235	124	143	5.3	127
SWC285□	263	295	221	229	300	358	185	220	6.3	189
SWC315□	382	428	334	346	434	514	262	300	8	270
SWC350□	532	582	452	475	622	773	349	387	11.5	370
SWC390□	738	817	600	655	817	964	506	588	15	524
SWC440□	1190	1290	—	—	131	153	790	880	21.7	798
SWC490□	1542	1721	—	—	164	186	1014	1263	27.3	1055
SWC550□	2380	2567	—	—	258	304	1526	1663	34	1524

注：1. T_f—在交变载荷下按疲劳强度所允许的转矩。

2. L_{min}—BH、BF、DH 和 CH 型为缩短后的最小长度。

3. L—安装长度，按需要确定（WD 型长度为固定值）。

4. □表示 BH、BF、DH、CH、WH、WF 和 WD 型中任意一个形式。

5. 生产厂有宁波伟隆传动机械有限公司、乐清市联轴器厂。

表 15.1-25 工况系数 K

载荷性质	设备名称	K
轻冲击载荷	发电机、离心泵、通风机、木工机床、带式输送机、造纸机	1.1~1.5
中冲击载荷	压缩机（多缸）、活塞泵（多柱塞）、小型型钢轧机、连续线材轧机、运输机械主传动系统	1.5~2.0
重冲击载荷	船舶驱动、运输辊道、连续管轧机、连续工作辊道、中型型钢轧机 压缩机（单缸）、活塞泵（单柱塞）、搅拌机、压力机、矫直机、起重机主传动系统、球磨机	2~3
特重冲击载荷	起重机辅助传动、破碎机、可逆工作辊道、卷取机、破鳞机、初轧机	3~5
极重冲击载荷	机架辊道、厚板剪切机	6~15

表 15.1-26 轴承寿命系数 K_L

型　号	K_L	型　号	K_L
SWC100	5.795×10^{-4}	SWC285	8.28×10^{1}
SWC120	4.641×10^{-3}	SWC315	2.79×10^{2}
SWC150	0.51×10^{-1}	SWC350	7.44×10^{2}
SWC180	0.245	SWC390	1.86×10^{3}
SWC200	1.115	SWC440	8.25×10^{3}
SWC225	7.812	SWC490	2.154×10^{4}
SWC250	2.82×10^{-1}	SWC550	6.335×10^{4}

注：表中数据为与 BH 型联轴器相配轴承的寿命系数。

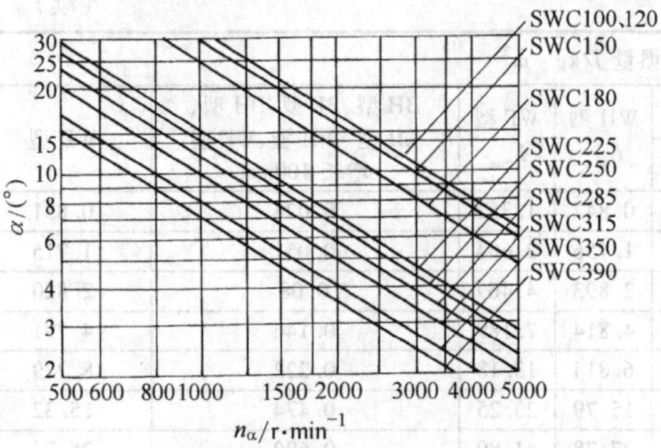

图 15.1-8　与工作轴向折角有关的最高许用转速

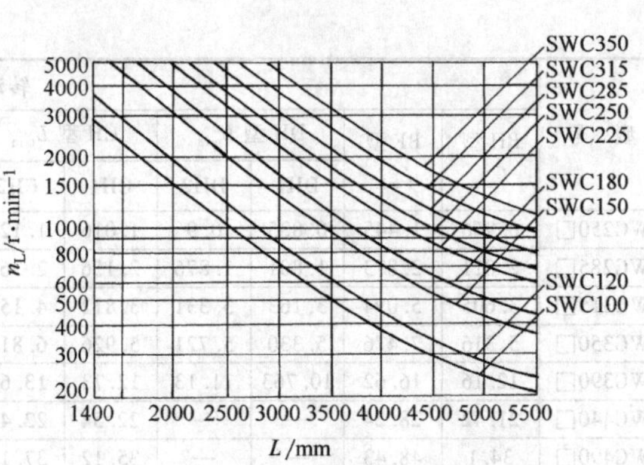

图 15.1-9　与工作长度有关的最高许用转速

（3）配件的连接尺寸及螺栓预紧力矩（见表 15.1-27）

表 15.1-27　SWC 型十字轴式万向联轴器配件的连接尺寸及螺栓预紧力矩

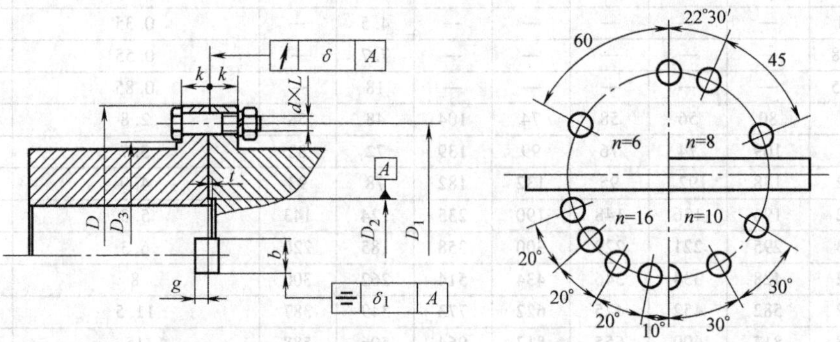

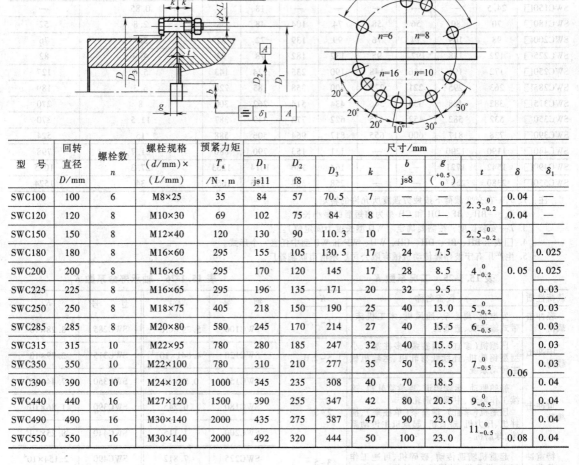

<table>
<tr><th rowspan="2">型　号</th><th rowspan="2">回转直径
D/mm</th><th rowspan="2">螺栓数
n</th><th rowspan="2">螺栓规格
(d/mm)×
(L/mm)</th><th rowspan="2">预紧力矩
T_a
/N·m</th><th colspan="9">尺寸/mm</th></tr>
<tr><th>D_1
js11</th><th>D_2
f8</th><th>D_3</th><th>k</th><th>b
js8</th><th>g
($^{+0.5}_{0}$)</th><th>t</th><th>δ</th><th>δ_1</th></tr>
<tr><td>SWC100</td><td>100</td><td>6</td><td>M8×25</td><td>35</td><td>84</td><td>57</td><td>70.5</td><td>7</td><td>—</td><td>—</td><td rowspan="2">$2.3_{-0.2}^{0}$</td><td>0.04</td><td>—</td></tr>
<tr><td>SWC120</td><td>120</td><td>8</td><td>M10×30</td><td>69</td><td>102</td><td>75</td><td>84</td><td>8</td><td>—</td><td>—</td><td>0.04</td><td>—</td></tr>
<tr><td>SWC150</td><td>150</td><td>8</td><td>M12×40</td><td>120</td><td>130</td><td>90</td><td>110.3</td><td>10</td><td>—</td><td>—</td><td>$2.5_{-0.2}^{0}$</td><td rowspan="6">0.05</td><td>—</td></tr>
<tr><td>SWC180</td><td>180</td><td>8</td><td>M16×60</td><td>295</td><td>155</td><td>105</td><td>130.5</td><td>17</td><td>24</td><td>7.5</td><td rowspan="3">$4_{-0.2}^{0}$</td><td>0.025</td></tr>
<tr><td>SWC200</td><td>200</td><td>8</td><td>M16×65</td><td>295</td><td>170</td><td>120</td><td>145</td><td>17</td><td>28</td><td>8.5</td><td>0.025</td></tr>
<tr><td>SWC225</td><td>225</td><td>8</td><td>M16×65</td><td>295</td><td>196</td><td>135</td><td>171</td><td>20</td><td>32</td><td>9.5</td><td>0.03</td></tr>
<tr><td>SWC250</td><td>250</td><td>8</td><td>M18×75</td><td>405</td><td>218</td><td>150</td><td>190</td><td>25</td><td>40</td><td>13.0</td><td>$5_{-0.2}^{0}$</td><td>0.03</td></tr>
<tr><td>SWC285</td><td>285</td><td>8</td><td>M20×80</td><td>580</td><td>245</td><td>170</td><td>214</td><td>27</td><td>40</td><td>15.5</td><td>$6_{-0.5}^{0}$</td><td>0.03</td></tr>
<tr><td>SWC315</td><td>315</td><td>10</td><td>M22×95</td><td>780</td><td>280</td><td>185</td><td>247</td><td>32</td><td>40</td><td>15.5</td><td rowspan="3">$7_{-0.5}^{0}$</td><td rowspan="5">0.06</td><td>0.03</td></tr>
<tr><td>SWC350</td><td>350</td><td>10</td><td>M22×100</td><td>780</td><td>310</td><td>210</td><td>277</td><td>35</td><td>50</td><td>16.5</td><td>0.03</td></tr>
<tr><td>SWC390</td><td>390</td><td>10</td><td>M24×120</td><td>1000</td><td>345</td><td>235</td><td>308</td><td>40</td><td>70</td><td>18.5</td><td>0.04</td></tr>
<tr><td>SWC440</td><td>440</td><td>16</td><td>M27×120</td><td>1500</td><td>390</td><td>255</td><td>347</td><td>42</td><td>80</td><td>20.5</td><td>$9_{-0.5}^{0}$</td><td>0.04</td></tr>
<tr><td>SWC490</td><td>490</td><td>16</td><td>M30×140</td><td>2000</td><td>435</td><td>275</td><td>387</td><td>47</td><td>90</td><td>23.0</td><td rowspan="2">$11_{-0.5}^{0}$</td><td>0.04</td></tr>
<tr><td>SWC550</td><td>550</td><td>16</td><td>M30×140</td><td>2000</td><td>492</td><td>320</td><td>444</td><td>50</td><td>100</td><td>23.0</td><td>0.08</td><td>0.04</td></tr>
</table>

6.1.3　SWP 型和 SWP 型（G 型）剖分轴承座十字轴式万向联轴器

（1）基本参数和主要尺寸（见表 15.1-28～表 15.1-31）

表 15.1-28　SWP 型剖分轴承座十字轴式万向联轴器的形式、基本参数和主要尺寸

（摘自 JB/T 3241—2005）

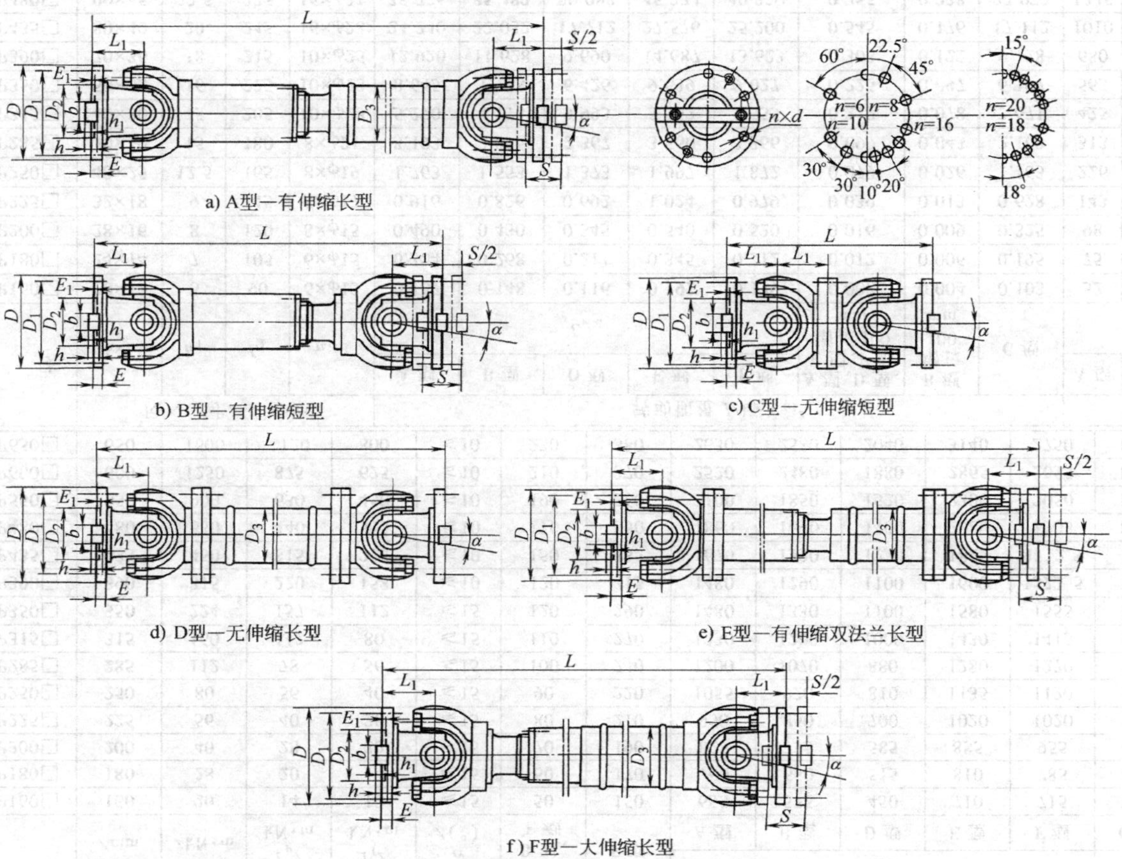

a) A型—有伸缩长型

b) B型—有伸缩短型

c) C型—无伸缩短型

d) D型—无伸缩长型

e) E型—有伸缩双法兰长型

f) F型—大伸缩长型

标记：

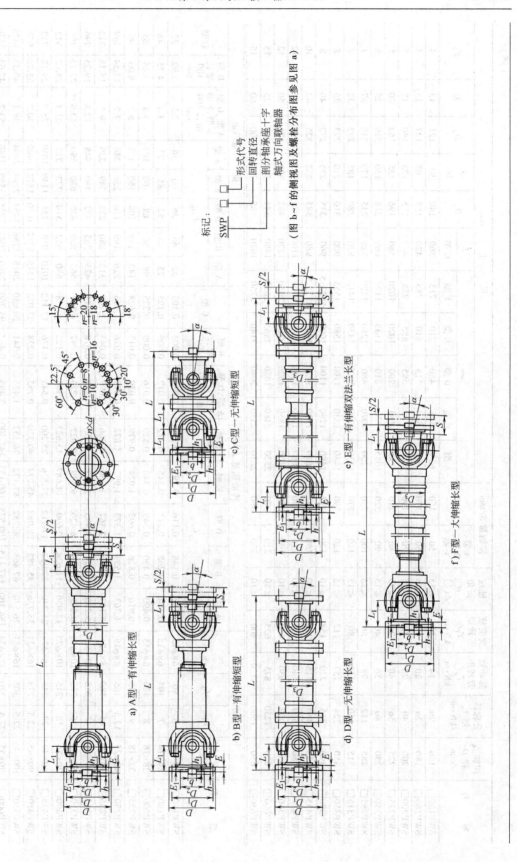

SWP □ □
- 形式代号
- 回转直径
- 剖分轴承座十字轴式万向联轴器

（图 b~f 的侧视图及螺栓分布图参见图 a）

（续）

型号	回转直径 D /mm	公称转矩 T_n /kN·m	脉动疲劳转矩 T_p/ kN·m	交变疲劳转矩 T_f/ kN·m	轴线折角 α /(°)	伸缩量 S/mm		尺寸 /mm											
						A 型、B 型、E 型	F 型	L_{min}					L	D_1	D_2 H7	D_3	E	E_1
								A 型	B 型	D 型	E 型	F 型	C 型					
SWP160□	160	20	14	10	≤15	50	150	655	575	450	710	715	360	140	95	121	15	4
SWP180□	180	28	20	14	≤15	60	170	760	650	515	810	785	420	155	105	127	15	4
SWP200□	200	40	28	20	≤15	70	190	825	735	585	885	955	480	175	125	140	17	5
SWP225□	225	56	40	28	≤15	80	210	950	850	700	1020	1020	580	196	135	168	20	5
SWP250□	250	80	56	40	≤15	90	220	1055	920	810	1135	1120	660	218	150	219	25	5
SWP285□	285	112	78	56	≤15	100	240	1200	1070	880	1280	1270	720	245	170	219	27	7
SWP315□	315	160	112	80	≤15	110	270	1330	1200	1000	1430	1415	820	280	185	273	32	7
SWP350□	350	224	157	112	≤15	120	290	1480	1330	1100	1580	1555	900	310	210	273	35	8
SWP390□	390	315	220	158	≤10	120	315	1480	1290	1100	1600	1522.5	960	345	235	273	40	8
SWP435□	435	450	315	225	≤10	150	335	1670	1520	1220	1825	1712.5	980	385	255	325	42	10
SWP480□	480	630	440	315	≤10	170	350	1860	1690	1400	2080	1905	1100	425	275	351	47	12
SWP550□	550	900	630	450	≤10	190	360	2100	1850	1520	2300	2050	1220	492	320	426	50	12
SWP600□	600	1250	875	625	≤10	210	370	2520	2480	1880	2865	2655	1480	544	380	480	55	15
SWP650□	650	1600	1120	800	≤10	230	380	2630	2580	2040	3140	2750	1620	585	390	500	60	15

型号	尺寸 /mm				转动惯量 J/kg·m²								重量/kg							
	$b \times h$	h_1	L_1	$n \times d$	A 型	B 型	D 型	E 型	F 型	A 型、D 型、E 型、F 型增长 100 mm	B 型增长 100 mm	C 型	A 型	B 型	D 型	E 型	F 型	A 型、D 型、E 型、F 型增长 100 mm	B 型增长 100 mm	C 型
					L_{min}								L_{min}							
SWP160□	20×12	6	90	6×φ13	0.167	0.148	0.116	0.192	0.179	0.008	0.004	0.103	52	46	36	60	56	2.5	3.92	32
SWP180□	24×14	7	105	6×φ15	0.304	0.268	0.211	0.345	0.312	0.012	0.006	0.195	75	66	52	85	77	3.4	4.75	48
SWP200□	28×16	8	120	8×φ15	0.490	0.430	0.345	0.540	0.520	0.016	0.009	0.325	98	86	69	108	104	3.8	6.64	65
SWP225□	32×18	9	145	8×φ17	0.916	0.826	0.692	1.024	0.979	0.039	0.013	0.628	143	129	108	160	153	6.2	8.05	98
SWP250□	40×25	12.5	165	8×φ19	1.763	1.553	1.373	1.997	1.872	0.079	0.026	1.163	226	199	176	256	240	7.2	12.54	149
SWP285□	40×30	15	180	8×φ21	3.193	2.856	2.367	3.560	3.366	0.099	0.043	2.163	313	280	232	349	330	9.4	15.18	212
SWP315□	40×30	15	205	10×φ23	5.270	4.774	3.993	5.952	5.555	0.219	0.078	3.671	425	385	322	480	448	12.8	19.25	296
SWP350□	50×32	16	225	10×φ23	8.645	7.788	6.426	9.639	9.027	0.226	0.097	6.197	565	509	420	630	590	13.9	22.75	405
SWP390□	70×36	18	215	10×φ25	12.920	11.628	9.690	14.687	13.623	0.303	0.122	9.728	680	612	510	773	717	21.1	25.62	512
SWP435□	80×40	20	245	16×φ28	24.240	22.032	17.712	27.576	25.200	0.545	0.176	17.112	1010	918	738	1149	1050	25.7	29.12	713
SWP480□	90×45	22.5	275	16×φ31	38.736	35.482	29.088	45.274	40.320	0.755	0.238	27.072	1345	1232	1010	1572	1400	30.7	35.86	940
SWP550□	100×45	22.5	305	16×φ31	76.570	67.868	50.252	87.172	76.152	1.435	0.341	56.050	2015	1786	1454	2294	2004	38.1	40.33	1475
SWP600□	90×55	27.5	370	22×φ34	134.100	137.115	100.575	160.155	141.300	2.493	0.467	95.760	2980	3047	2235	3559	3140	53.2	47.65	2128
SWP650□	100×60	30	405	18×φ38	192.720	194.991	152.064	241.930	205.498	3.210	0.623	144.408	3650	3693	2880	4582	3892	65.1	54.48	2735

注：1. L（$\geqslant L_{min}$）为缩短后的最小长度，不包括伸缩量 S。安装长度（L 加分配 S 的缩量值）按需要确定。

2. □表示 A、B、C、D、E 和 F 中的任意一个型号。

表 15.1-29　SWP 型（G 型）剖分轴承座十字轴式万向联轴器的形式、基本参数和主要尺寸
（摘自 JB/T 3241—2005）

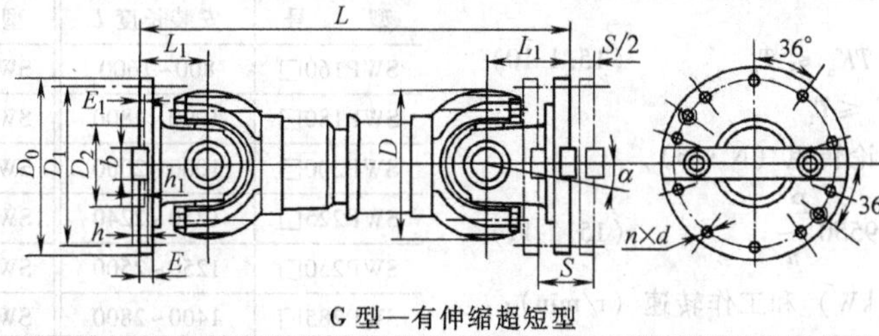

G 型—有伸缩超短型

型号	回转直径 D /mm	公称转矩 T_n /kN·m	疲劳转矩 T_f /kN·m	轴线折角 α /(°)	伸缩量 S /mm	尺寸/mm L	D_0	D_1 js11	D_2 H7	E	E_1	$b\times h$	h_1	L_1	$n\times d$	转动惯量 J/kg·m²	质量 /kg
SWP225G	225	56	28	≤5	40	470	275	248	135	15	5	32×18	9	80	10×15	0.512	78
SWP250G	250	80	40	≤5	40	600	305	275	150	15	5	40×25	9	100	10×17	1.128	142
SWP285G	285	112	56	≤5	40	665	348	314	170	18	7	40×30	12	120	10×19	1.956	190
SWP315G	315	160	80	≤5	40	740	360	328	185	18	7	40×30	12	135	10×19	3.264	260
SWP350G	350	224	112	≤5	55	850	405	370	210	22	8	50×32	16	150	10×21	5.461	355

表 15.1-30　SWP 型十字轴式万向联轴器配件的连接尺寸及螺栓预紧力矩

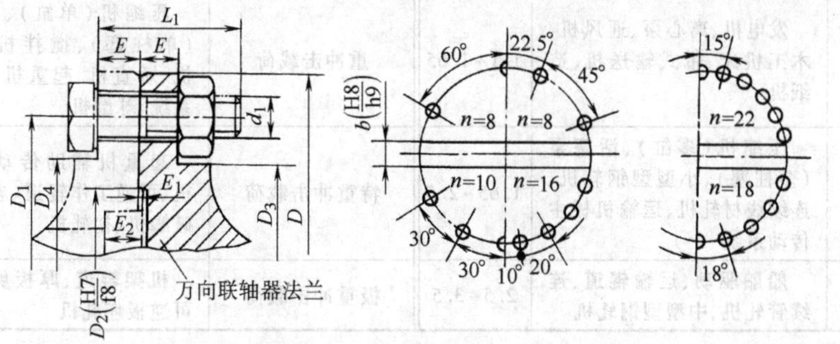

型　号	回转直径 D /mm	螺栓数 n	螺栓规格 (d_1/mm)×(L_1/mm)	预紧力矩 M_a /N·m	尺寸/mm D_1 js11	D_2 f8	D_3	D_4	E	E_1	E_2	b H8
SWP160□	160	6	M12×1.5×50	120	140	95	118	121	15	3.5	12	20
SWP180□	180	6	M14×1.5×50	190	155	105	128	133	15	3.5	13	24
SWP200□	200	8	M14×1.5×55	190	175	125	146	153	17	4.5	15	28
SWP225□	225	8	M16×1.5×65	295	196	135	162	171	20	4.5	16	32
SWP250□	250	8	M18×1.5×75	405	218	150	180	190	25	4.5	20	40
SWP285□	285	8	M20×1.5×85	580	245	170	205	214	27	6.0	23	40
SWP315□	315	10	M22×1.5×95	780	280	185	235	245	32	6.0	23	40
SWP350□	350	10	M22×1.5×100	780	310	210	260	280	35	7.0	25	50
SWP390□	390	10	M24×2×110	1000	345	235	290	308	40	7.0	28	70
SWP435□	435	16	M27×2×120	1500	385	255	325	342	42	9.0	32	80
SWP480□	480	16	M30×2×130	2000	425	275	370	377	47	11	36	90
SWP550□	550	16	M30×2×140	2000	492	320	435	444	50	11	36	100
SWP600□	600	22	M33×2×150	2650	544	380	480	492	55	13	43	100
SWP650□	650	18	M36×3×165	3170	585	390	515	528	60	13	45	100
SWP700□	700	22	M36×3×165	3170	635	420	565	578	60	13	45	100

注：□表示 A、B、C、D、E、F 和 G 中任意一个型号。

(2) 选择计算

联轴器的计算转矩 T_c 按式(15.1-10)计算并满足如下条件:

$$T_c = TK_a \leqslant T_n \qquad (15.1\text{-}10)$$

或在交变载荷作用下 $T_c \leqslant T_f$

式中 T——联轴器的理论转矩(N·m),

$$T = 9550\frac{P_w}{n} \qquad (15.1\text{-}11)$$

P_w、n——驱动功率(kW)和工作转速(r/min);

T_n——联轴器的公称转矩(N·m),对于JB/T 3241—2005规定的联轴器,T_n 是在 n=10r/min,轴承寿命 L_h=5000h,轴线折角 α=3°以及载荷平稳等给定条件下的数值,见表15.1-28、表15.1-29;

T_f——在交变载荷作用时,联轴器允许的疲劳转矩(N·m),见表15.1-28、表15.1-29;

K_a——载荷性质系数,见表15.1-32。

表 15.1-31 SWP型标准规定安装长度选用

(摘自 JB/T 3241—2005) (mm)

型号	安装长度 L	型号	安装长度 L
SWP160□	800~1600	SWP350□	1600~3550
SWP180□	1000~1800	SWP390□	1800~4000
SWP200□	1000~2000	SWP435□	2000~4500
SWP225□	1250~2240	SWP480□	2240~5000
SWP250□	1250~2500	SWP550□	2500~5600
SWP285□	1400~2800	SWP600□	3150~6300
SWP315□	1600~3150	SWP640□	3550~6300

注:1. L 的标准系列长度(mm):800、1000、1250、1400、1600、1800、2000、2240、2500、2800、3150、3550、4000、4500、5000、5600、6300。
2. □表示A、D、E和F中任意一个型号。
3. 安装长度包括 $S/2$。
4. 选用表列以外的安装长度时,可与制造厂商定。

表 15.1-32 载荷性质系数

工作机构载荷性质	设备名称	K_a	工作机构载荷性质	设备名称	K_a
轻冲击载荷	发电机、离心泵、通风机、木工机床、带式输送机、造纸机	1.1~1.65	重冲击载荷	压缩机(单缸)、活塞泵(单柱塞)、搅拌机、压力机、矫直机、起重机主传动系统、球磨机	2.5~3.5
中等冲击载荷	压缩机(多缸)、活塞泵(多柱塞)、小型型钢轧机、连续线材轧机、运输机械主传动系统	1.65~2.5	特重冲击载荷	起重机辅助传动、破碎机、可逆工作辊道、卷取机、破鳞机、初轧机	3.5~7
重冲击载荷	船舶驱动、运输辊道、连续管轧机、中型型钢轧机	2.5~3.5	极重冲击载荷	机架辊道、厚板剪切机、可逆板坯轧机	7~15

6.2 球铰式万向联轴器(见表15.1-33)

表 15.1-33 球铰式万向联轴器的形式、基本参数和主要尺寸(摘自 JB/T 6139—2007)

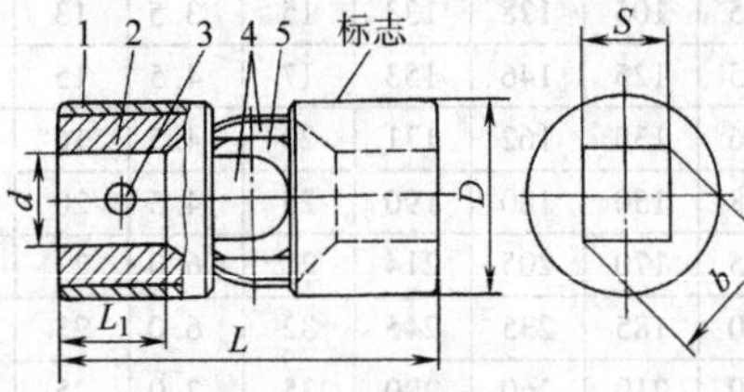

a) WJ型(单球铰式)

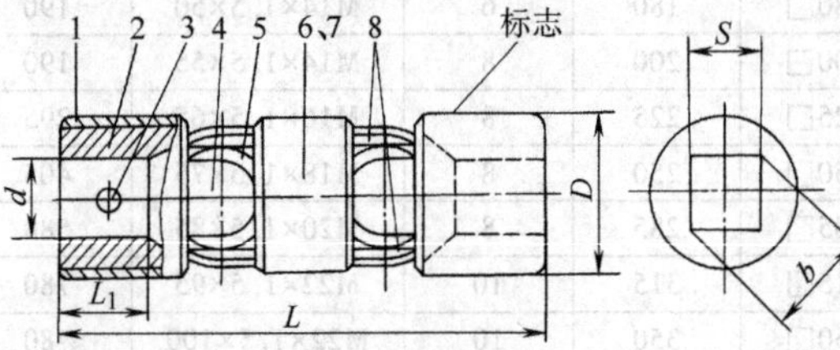

b) WJS型(双球铰式)

1—套 2—半联轴器 3—销 4、8—接头 5—球形件 6、7—叉形接头

型号	公称转矩 T_n /N·m	许用转速 [n] /r·min⁻¹	D/mm	轴孔尺寸 圆柱孔 d	四方孔 S	四方孔 b	L_1	L/m WJ型	L/m WJS型	质量/kg WJ型	质量/kg WJS型	转动惯量/kg·m² WJ型	转动惯量/kg·m² WJS型
WJ1	6.3	1000	16	6	—	—	9	34	—	0.05	—	0.00005	—
WJ2	12.5	1000	18	8	—	—	11	40	—	0.06	—	0.00005	—
WJ3	25	980	22	10	—	—	12	45	—	0.10	—	0.00005	—

（续）

型号	公称转矩 T_n /N·m	许用转速 [n] /r·min⁻¹	D/mm	轴孔尺寸				L/m		质量/kg		转动惯量/kg·m²	
				圆柱孔	四方孔		L_1	WJ型	WJS型	WJ型	WJS型	WJ型	WJS型
				d	S	b							
WJ4	40	900	26	12	10	13	13	50	—	0.15	—	0.00008	—
WJ5	63	820	29	14	—	—	16	56	—	0.20	—	0.0001	—
WJ6、WJS1	100	780	32	16	14	18	18	65	100	0.30	0.45	0.0001	0.0008
WJ7、WJS2	140	720	37	18	—	—	20	72	112	0.45	0.70	0.0003	0.0008
WJ8、WJS3	224	680	42	20	19	25	23	82	127	0.67	1.00	0.0005	0.0015
WJ9、WJS4	280	650	47	22	—	—	25	95	145	1.00	1.56	0.0008	0.003
WJ10、WJS5	355	620	52	25	24	32	29	108	163	1.35	2.10	0.001	0.005
WJ11、WJS6	450	600	58	30	—	—	34	122	182	1.85	2.75	0.003	0.009
WJ12、WJS7	560	570	70	35	30	40	39	140	212	3.15	4.75	0.005	0.01
WJ13、WJS8	710	550	80	40	36	48	44	160	245	4.60	7.20	0.03	0.01
WJ14、WJS9	1120	500	95	50	46	60	54	190	290	7.60	12.00	0.1	0.07

注：球铰式万向联轴器的型号选择，可根据转速、功率或转矩由图 15.1-10 确定。图中曲线是单向转动、轴线折角不大于 10°、载荷均匀、连续运转不超过 1h 的单球铰式万向联轴器。双球铰式万向联轴器承载能力稍低。在其他轴线折角时，可用图中标注的系数计算。当承受周期性载荷或交替改变转向时，应选用带键槽的圆柱孔或方孔连接。

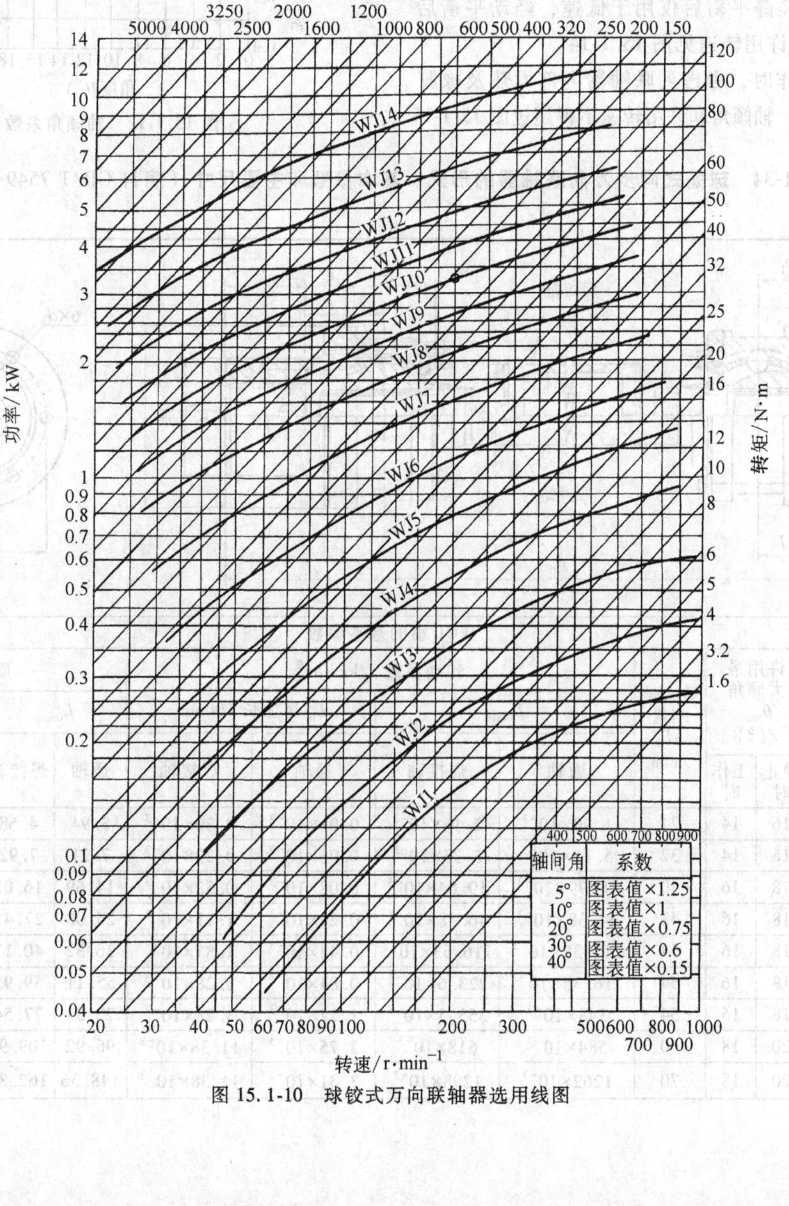

图 15.1-10 球铰式万向联轴器选用线图

6.3 球笼式同步万向联轴器

（1）基本参数和主要尺寸（见表 15.1-34）

（2）选择计算

1）联轴器的计算转矩。

$$T_c = 171900\frac{K_1K_2}{K_3K_4}\times\frac{P_w}{n}\leqslant T_n \quad (15.1\text{-}12)$$

式中 T_c——联轴器的计算转矩（N·m）；

T_n——联轴器的公称转矩（N·m）；

P_w——驱动功率（kW）；

n——工作转速（r/min）；

K_1——原动机系数，见表 15.1-35；

K_2——连续工作时间系数，见图 15.1-11；

K_3——轴倾角系数，见图 15.1-12；

K_4——转速系数，见图 15.1-13。

2）联轴器经静平衡后仅用于低速，经动平衡后则可用于高速。许用转速见图 15.1-14。

3）连续工作时，考虑到联轴器内部发热及橡胶密封套的耐用性，轴倾角和许用转速不得超过图 15.1-15 中的极限值。

4）不同长度联轴器的许用转速不得超过图 15.1-16 中的极限值。

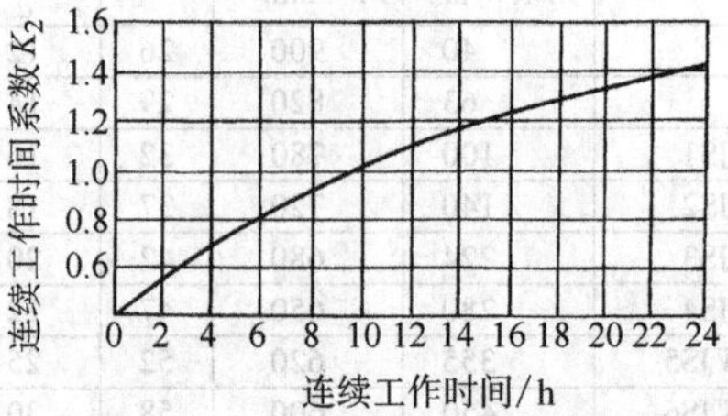

图 15.1-11 连续工作时间系数 K_2

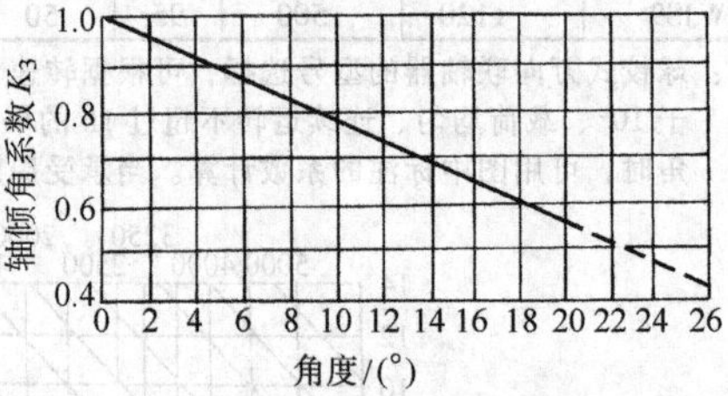

图 15.1-12 轴倾角系数 K_3

表 15.1-34 球笼式同步万向联轴器的形式、基本参数和主要尺寸（摘自 GB/T 7549—2008）

（mm）

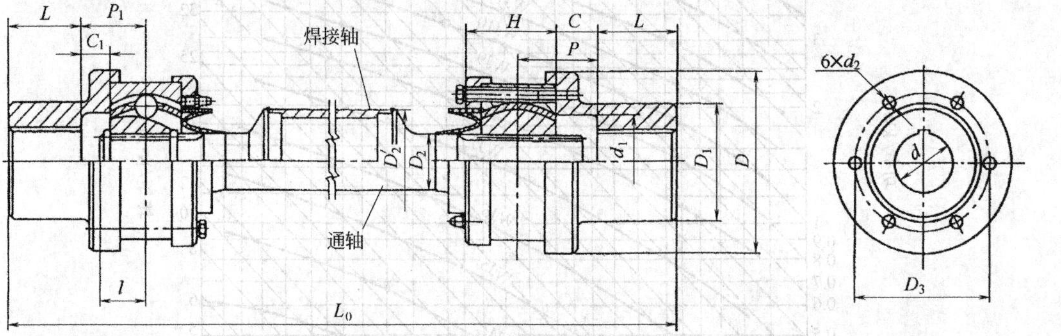

WQL 型的基本参数

型号	公称转矩 T_n /N·m	许用最大倾角 θ_{max} /(°)		最大伸缩量 ΔL_0 /mm	转动惯量 J/kg·m²				质量/kg			
					L_{0min}		L_0 每加长 100mm		L_{0min}		L_0 每加长 100mm	
		静止时	工作时		通轴	焊接轴	通轴	焊接轴	通轴	焊接轴	通轴	焊接轴
WQL1	180	16	14	24	1.90×10^{-3}	2.16×10^{-3}	0.01×10^{-3}	0.29×10^{-3}	3.94	4.68	0.25	0.55
WQL2	355	16	14	32	5.11×10^{-3}	5.35×10^{-3}	0.06×10^{-3}	0.29×10^{-3}	7.21	7.92	0.56	0.55
WQL3	800	18	16	40	18.99×10^{-3}	19.64×10^{-3}	0.08×10^{-3}	0.52×10^{-3}	14.69	16.02	0.61	0.68
WQL4	1400	18	16	48	44.38×10^{-3}	46.38×10^{-3}	0.29×10^{-3}	1.11×10^{-3}	25.08	27.42	1.19	0.88
WQL5	2240	18	16	54	112.38×10^{-3}	116.63×10^{-3}	0.48×10^{-3}	1.83×10^{-3}	36.32	40.17	1.54	1.04
WQL6	3150	18	16	54	216.35×10^{-3}	223.6×10^{-3}	0.84×10^{-3}	3.28×10^{-3}	55.11	59.95	2.04	1.42
WQL7	4500	18	16	54	348×10^{-3}	355.5×10^{-3}	1.22×10^{-3}	3.28×10^{-3}	72.34	77.54	2.45	1.42
WQL8	6300	20	18	60	584×10^{-3}	618×10^{-3}	2.75×10^{-3}	11.38×10^{-3}	96.92	109.97	3.56	2.60
WQL9	10000	20	18	70	1262×10^{-3}	1298×10^{-3}	3.31×10^{-3}	11.38×10^{-3}	148.36	162.84	4.04	2.60

（续）

WQL 型的主要尺寸

型号	轴孔直径 d(H7)	轴孔长度 L		$L_{0\min}$		D	D_1	D_2	D'_2	D_3	d_1	d_2	P	P_1	H	C	C_1	l
		Y 型	J 型	通轴	焊接轴			通轴	焊接轴									
WQL1	25	62	44	284	392	85	55	20.0	50	66	45	M8	36.7	24.7	34.4	24	12	16
	28																	
	30	82	60															
	32																	
	35																	
WQL2	32	82	60	394	478	100	65	30.0	50	80	55	M8	48.4	32.4	38.8	32	16	21
	35																	
	38	112	84															
	40																	
	45																	
WQL3	45	112	84	448	561	130	90	31.5	60	106	75	M10	60.8	40.8	51.6	40	20	29
	48																	
	50																	
	55																	
	56																	
	60	142	107															
	63																	
	65																	
	70																	
WQL4	55	112	84	537	643	150	105	44.5	76	124	85	M12	72.9	48.9	59.8	48	24	28
	56																	
	60	142	107															
	63																	
	65																	
	70																	
	71																	
	75																	
WQL5	63	142	107	574	714	175	120	50.0	89	140	95	M14	80.2	60.2	62.4	54	34	38
	65																	
	70																	
	71																	
	75																	
	80	172	132															
	85																	
	90																	
WQL6	71	142	107	675	805	200	140	57.5	102	159	110	M12	85.8	65.8	72.6	55	35	40
	75																	
	80	172	132															
	85																	
	90																	
	95																	
	100	212	167															
	110																	
WQL7	80	172	132	701	840	220	160	63.0	102	180	130	M12	88.3	68.3	77.6	55	35	48
	85																	
	90																	
	95																	
	100	212	167															
	110																	
	120																	
WQL8	90	172	132	710	910	245	180	76.0	140	197	138	M16	96.3	76.3	87.6	58	38	53
	95																	
	100	212	167															
	110																	
	120																	
	125																	

（续）

WQL 型的主要尺寸

型号	轴孔直径 d（H7）	轴孔长度 L		$L_{0\min}$		D	D_1	D_2	D_2'	D_3	d_1	d_2	P	P_1	H	C	C_1	l
		Y 型	J 型	通轴	焊接轴			通轴	焊接轴									
WQL8	130	252	202	710	910	245	180	76. 0	140	197	138	M16	96. 3	76. 3	87. 6	58	38	53
	140																	
WQL9	100	212	167	842	1065	275	205	81. 0	140	226	155	M16	112. 8	82. 8	99. 6	70	45	65
	110																	
	120																	
	125																	
	130	252	202															
	140																	
	150																	
	160	302	242															

注：1. 公称转矩为转速 $n=100\text{r/min}$、0°轴倾角时的计算值。不同转速、轴倾角下的转矩按标准中附录 A 选用。

2. 在起动、制动时产生的短时过载转矩的允许值为 $T_{\max}=3T_n$，时间≤15s。

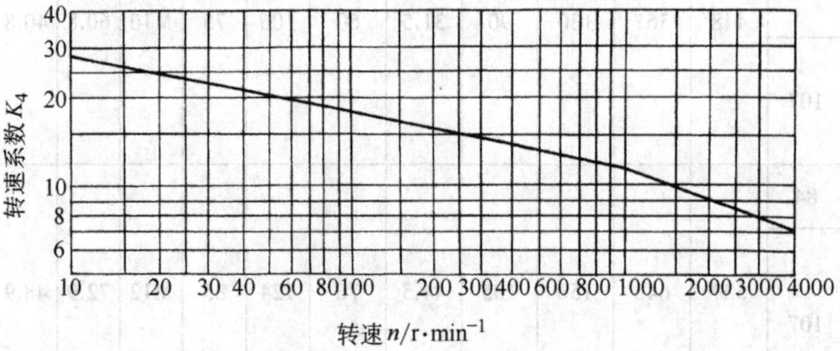

图 15. 1-13 转速系数 K_4

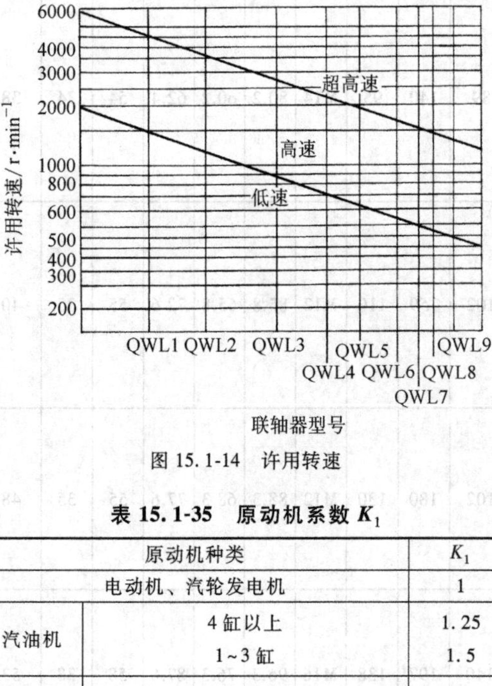

图 15. 1-14 许用转速

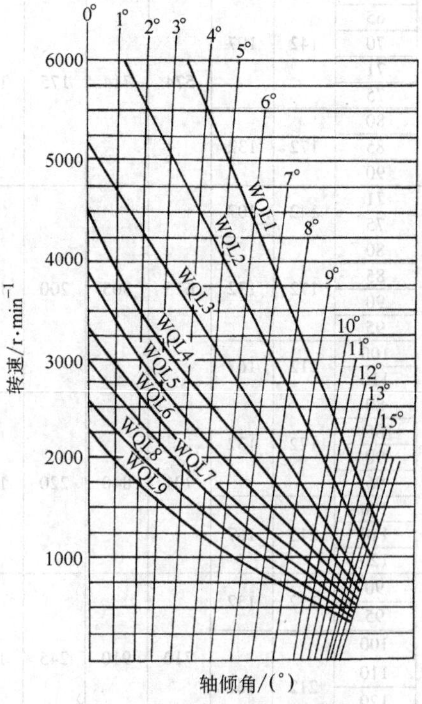

图 15. 1-15 轴倾角与转速关系

表 15. 1-35 原动机系数 K_1

原动机种类		K_1
电动机、汽轮发电机		1
汽油机	4 缸以上	1. 25
	1~3 缸	1. 5
柴油机	4 缸以上	2
	1~3 缸	3

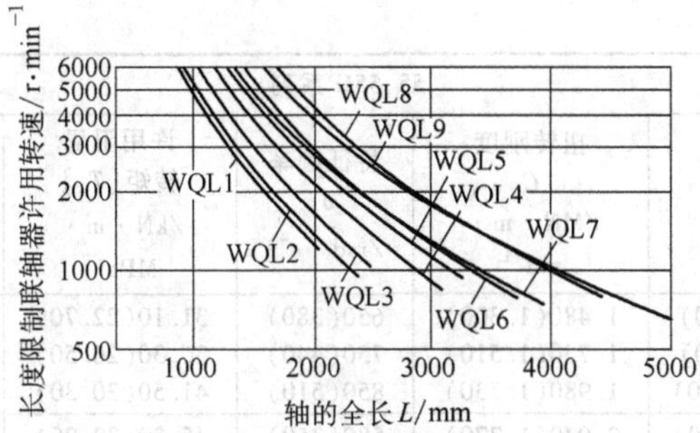

图 15.1-16 联轴器长度与许用转速关系

7 弹性联轴器

7.1 弹性阻尼簧片联轴器（见表 15.1-36、表 15.1-37）

表 15.1-36 弹性阻尼簧片联轴器的形式、基本参数和主要尺寸（摘自 GB/T 12922—2008）

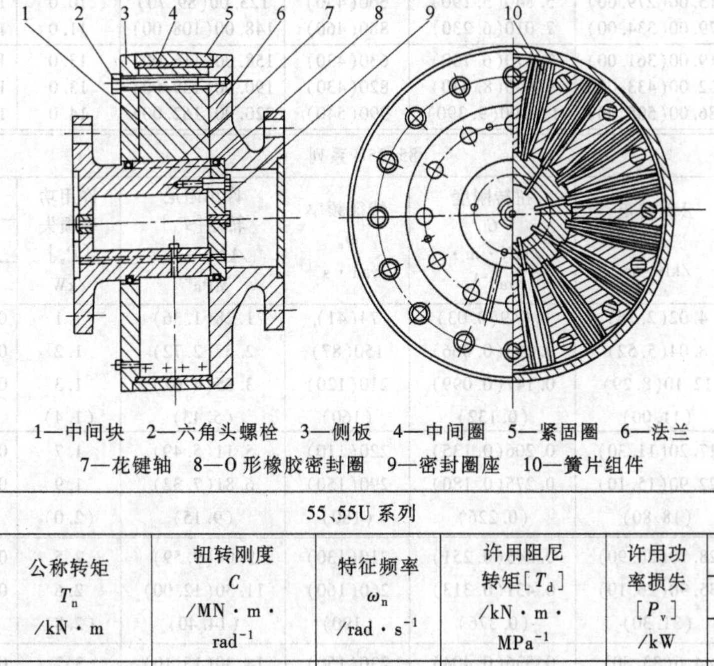

1—中间块 2—六角头螺栓 3—侧板 4—中间圈 5—紧固圈 6—法兰
7—花键轴 8—O 形橡胶密封圈 9—密封圈座 10—簧片组件

55、55U 系列

规格系列	公称转矩 T_n /kN·m	扭转刚度 C /MN·m·rad⁻¹	特征频率 ω_n /rad·s⁻¹	许用阻尼转矩 $[T_d]$ /kN·m·MPa⁻¹	许用功率损失 $[P_v]$ /kW	许用补偿量 径向 ΔY	轴向 ΔX
						mm	
41×2.5-55(U)	4.29(3.91)	0.079(0.071)	160(110)	1.72(1.31)	1.1	0.24(0.24)	1.5
41×5-55(U)	8.58(7.83)	0.158(0.142)	350(210)	3.44(2.61)	1.2	0.31(0.30)	
41×7.5-55(U)	12.90(11.70)	0.237(0.213)	500(300)	5.16(3.92)	1.3	0.35(0.34)	
41×10-55(U)	17.20(15.70)	0.315(0.284)	690(420)	6.88(5.23)	1.4	0.39(0.38)	
48×7.5-55(U)	17.90(15.90)	0.323(0.295)	460(280)	7.08(5.26)	1.7	0.39(0.38)	2.0
48×10-55(U)	23.90(21.20)	0.430(0.393)	610(380)	9.45(7.02)	1.9	0.43(0.42)	
48×12.5-55(U)	29.90(26.50)	0.538(0.492)	800(470)	11.80(8.77)	2.0	0.47(0.45)	
56×10-55(U)	32.10(28.90)	0.588(0.540)	530(330)	12.80(9.26)	2.5	0.48(0.46)	2.5
56×12.5-55(U)	40.20(36.10)	0.735(0.675)	630(430)	15.90(11.60)	2.6	0.51(0.50)	
56×15-55(U)	48.20(43.30)	0.883(0.810)	800(510)	19.10(13.90)	2.8	0.55(0.53)	
63×12.5-55(U)	52.10(43.50)	0.980(0.805)	630(330)	20.10(14.60)	3.2	0.56(0.53)	2.5
63×15-55(U)	62.50(52.20)	1.180(0.966)	770(390)	24.10(17.60)	3.4	0.60(0.56)	
63×17.5-55(U)	73.00(60.90)	1.370(1.130)	890(460)	28.10(20.60)	3.6	0.63(0.59)	

（续）

55、55U 系列

规格系列	公称转矩 T_n /kN·m	扭转刚度 C /MN·m·rad^{-1}	特征频率 ω_n /rad·s^{-1}	许用阻尼转矩[T_d] /kN·m·MPa^{-1}	许用功率损失[P_v] /kW	许用补偿量 径向 ΔY	许用补偿量 轴向 ΔX
						mm	
72×15-55(U)	80.10(70.10)	1.480(1.300)	650(380)	31.10(22.70)	4.2	0.65(0.62)	
72×17.5-55(U)	93.40(81.80)	1.730(1.510)	750(440)	36.30(26.50)	4.4	0.68(0.65)	3.0
72×20-55(U)	107.00(93.40)	1.980(1.730)	850(510)	41.50(30.30)	4.7	0.71(0.68)	
80×17.5-55(U)	110.00(96.00)	2.040(1.770)	580(350)	45.30(32.20)	5.3	0.72(0.69)	
80×20-55(U)	126.00(110.00)	2.330(2.030)	660(400)	51.80(37.90)	5.5	0.75(0.72)	3.0
80×22.5-55(U)	141.00(123.00)	2.620(2.280)	740(450)	58.30(42.60)	5.8	0.78(0.75)	
90×20-55(U)	166.00(145.00)	3.070(2.700)	650(400)	65.50(47.80)	6.8	0.82(0.79)	
90×22.5-55(U)	186.00(163.00)	3.450(3.040)	750(440)	73.70(53.80)	7.0	0.86(0.82)	3.5
90×25-55(U)	207.00(181.00)	3.840(3.370)	830(490)	81.90(59.70)	7.3	0.89(0.85)	
100×22.5-55(U)	233.00(203.00)	4.330(3.760)	660(390)	91.70(67.00)	8.4	0.92(0.88)	3.5
100×25-55(U)	259.00(225.00)	4.810(4.180)	750(440)	102.00(74.50)	8.7	0.96(0.91)	
110×22.5-55U	(251.00)	(4.670)	(390)	(80.70)	(9.8)	(0.95)	
110×25-55(U)	315.00(279.00)	5.840(5.190)	660(430)	123.00(89.70)	10.0	1.00(0.98)	4.0
110×30-55(U)	379.00(334.00)	7.010(6.230)	880(460)	148.00(108.00)	11.0	1.10(1.00)	
125×25-55(U)	419.00(361.00)	7.870(6.700)	630(430)	158.00(116.00)	13.0	1.10(1.10)	
125×30-55(U)	502.00(433.00)	9.440(8.040)	820(430)	190.00(139.00)	13.0	1.20(1.10)	4.0
125×35-55(U)	586.00(505.00)	11.000(9.390)	990(540)	220.00(162.00)	14.0	1.30(1.20)	

85、85U 系列

规格系列	公称转矩 T_n /kN·m	扭转刚度 C /MN·m·rad^{-1}	特征频率 ω_n /rad·s^{-1}	许用阻尼转矩[T_d] /kN·m·MPa^{-1}	许用功率损失[P_v] /kW	许用补偿量 径向 ΔY	许用补偿量 轴向 ΔX
						mm	
41×2.5-85(U)	4.02(2.76)	0.049(0.03)	74(41)	1.28(1.36)	1.1	0.24(0.21)	
41×5-85(U)	8.04(5.52)	0.098(0.066)	150(87)	2.57(2.72)	1.2	0.30(0.27)	1.5
41×7.5-85(U)	12.10(8.29)	0.147(0.099)	210(120)	3.85(4.07)	1.3	0.34(0.30)	
41×10-85U	(11.00)	(0.132)	(160)	(5.43)	(1.4)	(0.33)	
48×7.5-85(U)	17.20(11.30)	0.206(0.135)	220(110)	5.11(5.49)	1.7	0.39(0.34)	
48×10-85(U)	22.90(15.10)	0.275(0.180)	290(150)	6.81(7.32)	1.9	0.43(0.37)	2.0
48×12.5-85U	(18.80)	(0.226)	(180)	(9.15)	(2.0)	(0.40)	
56×10-85(U)	28.70(20.90)	0.345(0.251)	210(130)	9.04(9.59)	2.5	0.46(0.41)	
56×12.5-85(U)	35.90(26.10)	0.431(0.313)	260(160)	11.30(12.00)	2.6	0.49(0.44)	2.5
56×15-85U	(31.30)	(0.376)	(190)	(14.40)	(2.8)	(0.47)	
63×12.5-85(U)	44.6(33.30)	0.536(0.404)	230(150)	14.30(15.10)	3.2	0.53(0.48)	
63×15-85(U)	53.6(40.00)	0.643(0.484)	290(180)	17.20(18.20)	3.4	0.57(0.51)	2.5
63×17.5-85U	(46.70)	(0.565)	(210)	(21.20)	(3.6)	(0.54)	
72×15-85(U)	72.60(53.20)	0.875(0.641)	280(170)	22.10(23.50)	4.2	0.63(0.56)	
72×17.5-85(U)	84.70(62.10)	1.020(0.748)	320(200)	25.80(27.40)	4.4	0.66(0.59)	3.0
72×20-85U	(71.00)	(0.855)	(230)	(31.40)	(4.7)	(0.62)	
80×15-85	83.40	0.998	200	27.60	5.1	0.66	
80×17.5-85(U)	97.70(70.30)	1.160(0.838)	230(140)	32.20(34.30)	5.3(5.3)	0.69(0.62)	3.0
80×20-85(U)	111.00(80.40)	1.330(0.958)	260(170)	36.80(39.10)	5.4(5.5)	0.72(0.65)	
80×22.5-85U	(90.40)	(1.080)	(180)	(44.00)	(5.8)	(0.67)	
90×20-85(U)	147.00(110.00)	1.760(1.320)	260(180)	46.70(49.50)	6.8	0.79(0.72)	
90×22.5-85(U)	165.00(123.00)	1.980(1.490)	290(200)	52.50(55.70)	7.0	0.82(0.75)	3.5
90×25-85U	(137)	(1.650)	(200)	(61.90)	(7.3)	(0.77)	

（续）

规格系列	公称转矩 T_n /kN·m	扭转刚度 C /MN·m·rad^{-1}	特征频率 ω_n /rad·s^{-1}	许用阻尼转矩[T_d] /kN·m·MPa^{-1}	许用功率损失[P_v] /kW	许用补偿量 径向 ΔY mm	许用补偿量 轴向 ΔX mm
85、85U 系列							
100×20-85	184.00	2.230	240	57.80	8.1	0.85	3.5
100×22.5-85(U)	207.00(153)	2.510(1.860)	280(170)	65.00(69.30)	8.4	0.89(0.80)	
100×25-85U	(170)	(2.060)	(190)	(77.00)	(8.7)	(0.83)	
110×20-85	221.00	2.640	220	70.20	9.5	0.91	4.0
110×22.5-85U	(182)	(2.190)	(150)	(83.30)	(9.8)	(0.85)	
110×25-85(U)	276.00(202.00)	3.300(2.430)	210(170)	87.70(92.50)	10.0	0.98(0.88)	
110×30-85U	(242.00)	(2.920)	(210)	(111.00)	(11.0)	(0.94)	
125×20-85	292.00	3.540	210	90.20	12.0	1.00	4.0
125×25-85(U)	365.00(272.00)	4.420(3.320)	280(170)	113.00(119.00)	13.0	1.10(0.97)	
125×30-85(U)	438.00(326.00)	5.310(3.990)	280(180)	135.00(143.00)	13.0	1.10(1.00)	
125×35-85U	(380.00)	(4.650)	(240)	(167.00)	(14.0)	(1.10)	

规格系列	公称转矩 T_n /kN·m	扭转刚度 C /MN·m·rad^{-1}	特征频率 ω_n /rad·s^{-1}	许用阻尼转矩[T_d] /kN·m·MPa^{-1}	许用功率损失[P_v] /kW	许用补偿量 径向 ΔY mm	许用补偿量 轴向 ΔX mm
140、140U 系列							
41×2.5-140(U)	2.35(1.83)	0.017(0.013)	32(25)	1.24(1.28)	1.1	0.20(0.18)	1.5
41×5-140(U)	4.70(3.66)	0.034(0.027)	62(53)	2.47(2.55)	1.2	0.25(0.23)	
41×7.5-140(U)	7.06(5.49)	0.051(0.040)	97(76)	3.71(3.83)	1.3	0.29(0.26)	
41×10-140(U)	9.41(7.32)	0.069(0.053)	130(110)	4.95(5.10)	1.4	0.32(0.29)	
48×7.5-140(U)	11.10(7.67)	0.080(0.056)	110(70)	4.86(5.13)	1.7	0.33(0.30)	2.0
48×10-140(U)	14.80(10.20)	0.107(0.074)	160(100)	6.48(6.84)	1.9	0.37(0.33)	
48×12.5-140(U)	18.60(12.80)	0.134(0.093)	200(120)	8.10(8.55)	2.0	0.40(0.35)	
56×10-140(U)	19.40(15.00)	0.140(0.109)	130(100)	8.56(8.91)	2.5	0.40(0.37)	2.5
56×12.5-140(U)	24.20(18.70)	0.175(0.137)	160(130)	10.70(11.10)	2.6	0.43(0.40)	
56×15-140(U)	29.00(22.50)	0.210(0.164)	190(150)	12.80(13.40)	2.8	0.46(0.42)	
63×12.5-140(U)	30.90(23.50)	0.226(0.170)	150(110)	13.50(14.10)	3.2	0.47(0.43)	2.5
63×15-140(U)	37.10(28.20)	0.271(0.205)	180(140)	16.20(16.90)	3.4	0.50(0.46)	
63×17.5-140(U)	43.20(32.90)	0.316(0.239)	220(160)	18.90(19.70)	3.6	0.53(0.48)	
72×15-140(U)	47.40(36.80)	0.346(0.266)	150(120)	21.00(22.10)	4.2	0.54(0.50)	3.0
72×17.5-140(U)	55.30(42.90)	0.403(0.310)	170(140)	24.50(25.70)	4.4	0.57(0.53)	
72×20-140(U)	63.20(49.00)	0.641(0.355)	200(160)	28.00(29.40)	4.7	0.60(0.55)	
80×17.5-140(U)	68.20(51.00)	0.500(0.379)	150(120)	30.50(31.80)	5.3	0.61(0.56)	3.0
80×20-140(U)	78.00(59.20)	0.571(0.433)	180(130)	34.90(36.30)	5.5	0.64(0.58)	
80×22.5-140(U)	87.70(66.60)	0.642(0.487)	200(150)	39.20(40.80)	5.8	0.67(0.61)	
90×20-140(U)	98.50(77.20)	0.721(0.570)	160(130)	44.10(45.90)	6.8	0.69(0.64)	3.5
90×22.5-140(U)	111.00(86.80)	0.811(0.641)	180(140)	49.60(51.60)	7.0	0.72(0.66)	
90×25-140(U)	123.00(96.50)	0.901(0.712)	200(160)	55.10(57.30)	7.3	0.75(0.69)	
100×22.5-140(U)	141.00(112.00)	1.030(0.836)	170(140)	61.50(64.00)	8.4	0.78(0.72)	3.5
100×25-140(U)	156.00(125.00)	1.150(0.929)	200(160)	68.40(71.10)	8.7	0.81(0.75)	
110×22.5-140U	(129.00)	(0.947)	(120)	(77.40)	(0.98)	(0.76)	4.0
110×25-140(U)	189.00(144.00)	1.380(1.050)	170(130)	82.50(86.00)	10.0(10.0)	0.86(0.79)	
110×30-140(U)	226.00(173.00)	1.660(1.260)	200(150)	99.00(103.00)	11.0(11.0)	0.91(0.83)	
125×25-140(U)	251.00(191.00)	1.840(1.400)	160(120)	107.00(111.00)	13.0	0.95(0.86)	4.0
125×30-140(U)	301.00(229.00)	2.210(1.680)	190(150)	128.00(133.00)	13.0	1.00(0.92)	
125×35-140(U)	351.00(267.00)	2.580(1.960)	260(170)	149.00(156.00)	14.0	1.10(0.97)	

注：括号内数值仅适用可逆转弹性阻尼簧片联轴器。

表 15.1-37 弹性阻尼簧片联轴器的形式、连接尺寸、转动惯量和质量（GB/T 12922—2008） （mm）

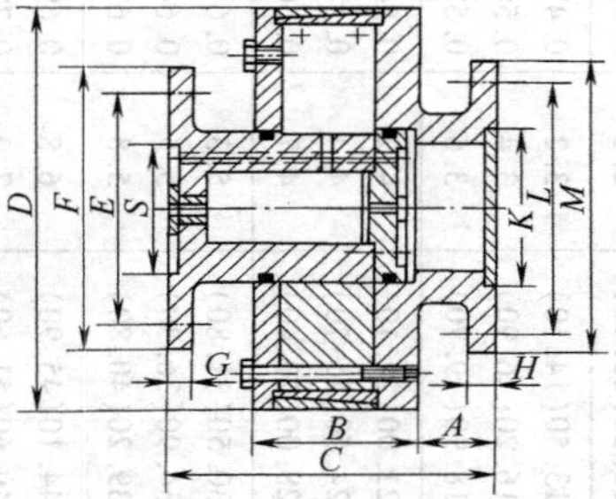

B型

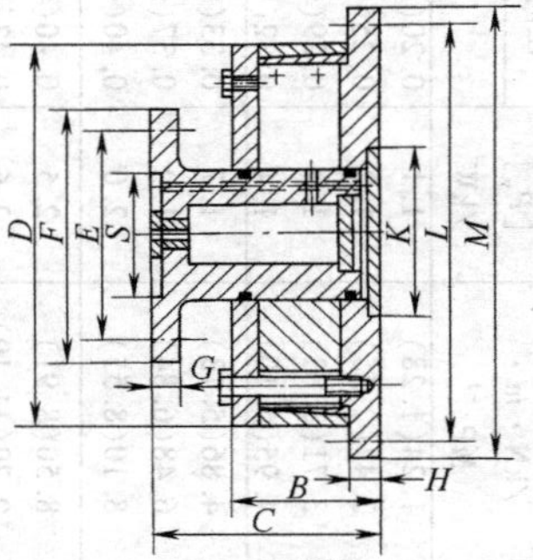

BC型

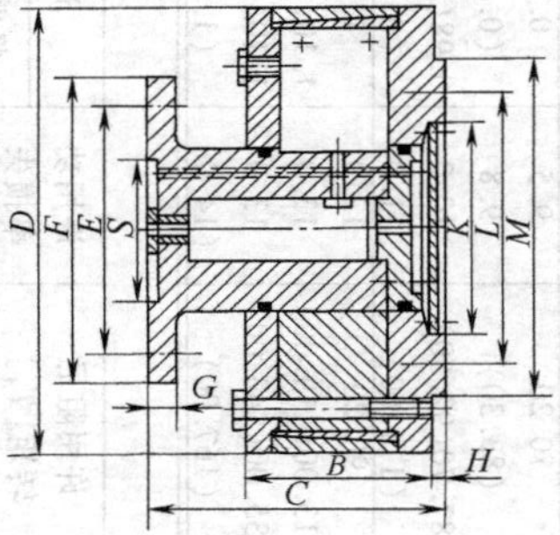

BE型

规格	C(B型)						C(BC型)						C(BE型)					
	55	85	140	55U	85U	140U	55	85	140	55U	85U	140U	55	85	140	55U	85U	140U
41×2.5	245	245	245	245	245	245	170	170	170	170	170	170	180	180	180	180	180	180
41×5	270	270	270	270	270	270	195	195	195	195	195	195	205	205	205	205	205	205
41×7.5	295	295	295	295	295	295	220	220	220	220	220	220	230	230	230	230	230	230
41×10	320	—	320	320	320	320	245	—	245	245	245	245	255	—	255	255	255	255
48×7.5	335	335	335	335	335	335	245	245	245	245	245	245	255	255	255	255	255	255
48×10	360	360	360	360	360	360	270	270	270	270	270	270	280	280	280	280	280	280
48×12.5	385	—	360	360	360	360	295	—	295	295	295	295	305	—	305	305	305	305
56×10	400	400	400	400	400	400	300	300	300	300	300	300	310	310	310	310	310	310
56×12.5	425	425	425	425	425	425	325	325	325	325	325	325	335	335	335	335	335	335
56×15	450	—	450	450	450	450	350	—	350	350	350	350	360	—	360	360	360	360
63×12.5	455	455	455	455	455	455	345	345	345	345	345	345	350	350	350	350	350	350
63×15	480	480	480	480	480	480	370	370	370	370	370	370	370	375	375	370	370	375
63×17.5	505	—	505	505	505	505	395	—	395	395	395	395	400	—	400	400	400	400

（续）

72×15	505	505	505	505	505	505	380	380	380	380	380	380	390	395	395	395	395	395
72×17.5	530	530	530	530	530	530	405	405	405	405	405	405	425	420	420	420	420	420
72×20	555	555	555	555	555	555	430	430	430	430	430	430	440	—	445	445	445	445
80×15	—	530	—	—	—	—	—	390	—	—	—	—	—	400	—	—	—	—
80×17.5	555	555	545	565	545	540	415	415	405	425	405	400	430	435	420	440	420	415
80×20	580	580	570	590	570	565	440	440	430	450	430	425	455	450	445	465	445	440
80×22.5①	605	—	595	615	595	590	—	—	—	—	—	—	480	—	470	490	470	465
90×20	620	620	615	625	615	600	475	475	470	480	470	455	490	490	485	495	485	470
90×22.5	645	645	640	650	640	625	500	500	495	505	495	480	515	515	510	520	510	495
90×25	670	—	665	675	665	650	525	—	520	530	520	505	540	—	535	545	535	520
100×20	—	650	—	—	—	—	—	495	—	—	—	—	—	510	—	—	—	—
100×22.5	675	675	660	675	660	650	520	520	505	520	505	495	535	535	520	535	520	510
100×25	700	—	685	700	685	675	545	—	530	545	530	520	560	—	545	560	545	535
110×20	—	705	—	—	—	—	—	530	—	—	—	—	—	540	—	—	—	—
110×22.5	—	—	—	730	710	700	—	—	—	555	535	525	—	—	—	565	545	535
110×25	755	755	735	755	735	725	580	580	560	580	560	550	590	590	570	590	570	560
110×30	805	—	785	825	785	775	630	—	610	650	610	600	640	—	620	660	620	610
125×20	—	725	—	—	—	—	—	535	—	—	—	—	—	555	—	—	—	—
125×25	780	805	780	815	780	770	590	615	590	625	590	580	610	635	610	645	610	600
125×30	855	855	830	865	830	820	665	665	640	675	640	630	685	685	660	695	660	650
125×35	905	—	880	915	900	—	715	—	690	725	710	680	735	—	710	745	730	700

规格	D	E	F	G	S	A	B		K		L		H			M			转动惯量 J/kg·m²				质量/kg			
						B 型	B 型、BC 型	BE 型	B 型	BC 型、BE 型	B 型、BE 型	BC 型	B 型	BC 型	BE 型	B 型	BC 型	BE 型	内部	外部 B 型	外部 BC 型	外部 BE 型	内部	外部 B 型	外部 BC 型	外部 BE 型
41×2.5	410	230	285	20	120	75	91	100	175	200	265	465	25	40	1	315	510	320	0.14	3.36	3.14	2.14	22	125	105	90
41×5							116	125											0.15	3.87	3.65	2.64	24	145	125	110
41×7.5							141	150											0.16	4.36	4.14	3.14	27	165	145	130
41×10							166	175											0.17	4.87	4.65	3.64	29	185	165	150
48×7.5	480	275	355	25	160	90	152	161	195	230	300	545	30	47	1	355	595	360	0.39	9.03	8.59	6.35	47	245	215	190
48×10							177	186											0.41	9.98	9.54	7.30	50	275	245	220
48×12.5							202	211											0.43	10.93	10.49	8.25	54	305	275	250
56×10	560	315	390	30	180	100	190	199	220	270	345	630	35	50	1	405	685	425	0.89	19.15	18.30	14.50	78	390	350	320
56×12.5							215	224											0.92	20.90	20.05	16.25	83	430	390	360
56×15							240	249											0.95	22.70	21.85	18.00	88	470	430	400

（续）

规格	D	E	F	G	S	A	B		K		L		H			M			转动惯量 J/kg·m²				质量/kg			
						B型	B型、BC型	BE型	B型	BC型、BE型	B型、BE型	BC型	B型	BC型	BE型	B型	BC型	BE型	内部	外部 B型	外部 BC型	外部 BE型	内部	外部 B型	外部 BC型	外部 BE型
63×12.5	630	355	430	35	180	110	224	233	250	300	385	715	40	55	1	460	780	465	1.55	37.65	36.05	27.15	125	610	550	475
63×15							249	258											1.60	40.55	38.95	30.00	135	655	595	525
63×17.5							274	283											1.65	43.35	41.75	32.85	140	700	640	575
72×15	720	400	475	40	190	125	256	269	280	335	440	810	45	60	2	525	885	535	2.70	69.00	66.00	53.70	169	865	780	720
72×17.5							281	294											2.75	73.90	70.90	58.55	176	930	845	785
72×20							306	319											2.85	78.70	75.70	63.40	185	995	910	850
80×15	800	445	530	45	190	140	264	277	315	370	490	900	50	64	2	580	975	585	4.55	108.00	103.00	84.30	230	1110	990	920
80×17.5							289	302											4.70	115.00	110.00	91.70	240	1190	1070	1000
80×20							314	327											4.85	123.00	118.00	99.10	250	1270	1150	1080
80×22.5①							339	352											5.00	130.00	—	106.50	260	1350	—	1160
90×20	900	500	590	50	220	145	322	335	350	460	580	1000	55	69	2	670	1085	675	8.15	202.00	192.00	162.00	310	1675	1490	1400
90×22.5							347	360											8.35	214.00	204.00	174.00	325	1775	1590	1500
90×25							372	385											8.55	226.00	216.00	186.00	340	1875	1690	1600
100×20	1000	555	655	55	220	155	328	341	395	510	640	1115	60	77	2	730	1205	750	12.85	321.00	305.00	252.00	365	2130	1890	1760
100×22.5							353	366											13.15	339.00	323.00	270.00	380	2255	2015	1880
100×25							378	391											13.45	357.00	341.00	288.00	395	2380	2140	2000
110×20	1100	605	720	60	220	175	343	350	430	555	710	1225	65	88	3	830	1330	820	21.20	507.00	479.00	380.00	530	2760	2430	2190
110×22.5							368	375											21.70	533.00	505.00	407.00	550	2910	2580	2340
110×25							393	400											22.20	560.00	532.00	433.00	570	3060	2730	2490
110×30							443	450											23.10	613.00	585.00	486.00	610	3360	3030	2790
125×20	1250	690	820	70	250	190	342	359	485	635	820	1395	75	82	3	925	1525	930	40.20	849.00	796.00	652.00	800	3620	3120	2910
125×25							392	409											41.80	937.00	884.00	740.00	850	4010	3510	3300
125×30							442	459											43.40	1025.00	972.00	828.00	900	4400	3900	3690
125×35							492	509											45.00	1113.00	1060.00	916.00	950	4790	4290	4080

注：1. 联轴器主要零件材料：六角头螺栓及花键轴为 40Cr；紧固圈为 42CrMo；簧片组件为 50CrVA。

2. 联轴器内部构件和外部构件可互为主动件与从动件。进入联轴器的润滑油压力为 0.1~0.5MPa。联轴器内不应有泄漏现象。

3. 联轴器的许用环境温度为-10~70℃。特殊要求的联轴器为-10~120℃。

① BC 型无此规格。

7.2　蛇形弹簧联轴器

7.2.1　JS 型罩壳径向安装型（基本型）联轴器（见表 15.1-38）

表 15.1-38　JS 型罩壳径向安装型（基本型）联轴器的形式、基本参数和主要尺寸

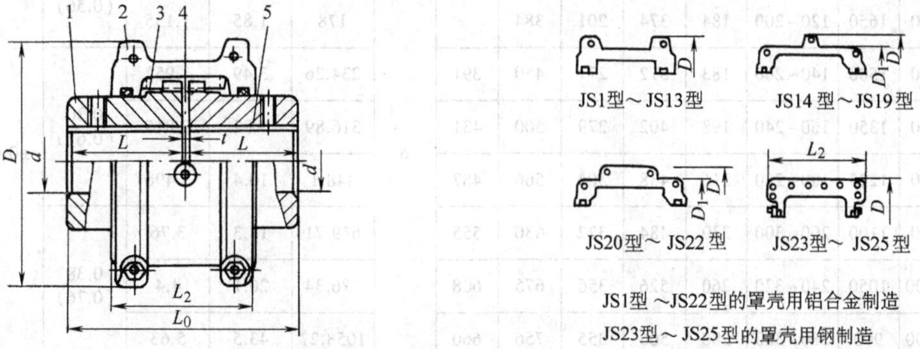

1、5—半联轴器　2—罩壳　3—蛇形弹簧　4—润滑孔

工作温度：-30~150℃

标记方法：

联轴器型号　联轴器 $\frac{\text{轴孔形式代号　键槽形式代号　轴孔直径×轴孔配合长度（主动端）}}{\text{轴孔形式代号　键槽形式代号　轴孔直径×轴孔配合长度（从动端）}}$

联轴器主、从动端连接形式与尺寸相同时，只标记一端，另一端省略

型号	公称转矩 T_n /N·m	许用转速 [n] /r·min⁻¹	轴孔直径 d	轴孔长度 L	总长 L_0	L_2	D	D_1	间隙 t	质量 /kg	转动惯量 J /kg·m²	润滑油 /kg	许用补偿量 径向 Δy /mm	许用补偿量 轴向 Δx /mm	许用补偿量 角向 Δα /(°)
			mm												
JS1	45	4500	18~28	47	97	66	95	—	3	1.91	0.00141	0.0272	0.15 (0.31)	±0.3	0.076 (0.25)
JS2	140		22~35			68	105			2.59	0.00223	0.0408			0.076 (0.31)
JS3	224		25~42	50	103	70	115			3.36	0.00327	0.0544	0.15 (0.31)		0.076 (0.33)
JS4	400		32~50	60	123	80	130			5.45	0.00727	0.068	0.20 (0.41)	±0.3	0.1 (0.4)
JS5	630	4350	40~56	63	129	92	150			7.26	0.0119	0.0862			0.127 (0.45)
JS6	900	4125	48~65	76	155	95	160			10.44	0.0185	0.113			0.127 (0.5)
JS7	1800	3600	55~80	89	181	116	190			17.7	0.0451	0.172			0.15 (0.6)
JS8	3150		65~95	98	199	122	210			25.42	0.0787	0.254			0.18 (0.7)
JS9	5600	2440	75~110	120	245	155	250		5	42.22	0.178	0.426	0.25 (0.51)	±0.5	0.2 (0.84)
JS10	8000	2250	85~120	127	259	162	270			54.45	0.27	0.508			0.23 (0.9)
JS11	12500	2025	90~140	149	304	192	310		6	81.27	0.514	0.735	0.28 (0.56)	±0.6	0.25 (1)

（续）

型号	公称转矩 T_n /N·m	许用转速 [n] /r·min⁻¹	轴孔直径 d	轴孔长度 L	总长 L_0	L_2	D	D_1	间隙 t	质量 /kg	转动惯量 J /kg·m²	润滑油 /kg	许用补偿量		
			mm										径向 Δy /mm	轴向 Δx /mm	角向 Δα /(°)
JS12	18000	1800	110~170	162	330	195	346	—	6	121	0.989	0.908	0.28 (0.56)	±0.6	0.3 (1.2)
JS13	25000	1650	120~200	184	374	201	384			178	1.85	1.135			0.33 (1.35)
JS14	35500	1500	140~200	183	372	271	450	391		234.26	3.49	1.952	0.30 (0.61)		0.4 (1.57)
JS15	50000	1350	160~240	198	402	279	500	431		316.89	5.82	2.815			0.45 (1.78)
JS16	63000	1225	180~280	216	438	304	566	487		448.1	10.4	3.496			0.5 (2)
JS17	90000	1100	200~300	239	484	322	630	555		619.71	18.3	3.76	0.38 (0.76)		0.56 (2.26)
JS18	125000	1050	240~320	260	526	356	675	608		776.34	26.1	4.4			0.6 (2.46)
JS19	160000	900	280~360	280	566	355	756	660		1058.27	43.5	5.63			0.68 (2.72)
JS20	224000	820	300~380	305	623	432	845	751	13	1425.56	75.5	10.53	0.46 (0.92)	±1.3	0.74 (2.99)
JS21	315000	730	320~420	325	663	490	920	822		1786.49	113	16.07			0.8 (3.28)
JS22	400000	680	340~450	345	703	546	1000	905		2268.64	175	24.06	0.48 (0.97)		0.89 (3.6)
JS23	500000	630	360~480	368	749	648	1087			2950.82	339	33.82			0.96 (3.9)
JS24	630000	580	400~460	401	815	698	1180	—		3836.3	524	50.17	0.5 (1.02)		1.07 (4.29)
JS25	800000	540	420~500	432	877	762	1260			4686.19	711	67.24			1.77 (4.65)

注：1. 轴孔直径范围内的直径系列尺寸见表 15.1-6。

2. 括号内的许用位移量指工作状态由安装误差、冲击和温度变化等综合因素所形成的两轴相对位移的最大补偿量（无括号为安装误差最大值），角向补偿量 $\Delta\alpha=A-A_1$。

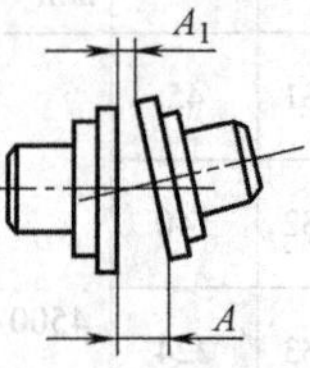

3. 质量、转动惯量按无孔计算。

4. 联轴器安装后应注入润滑油（脂）。

5. 选用其他标准轴孔，应与制造商协商。

6. 生产厂为宁波伟隆传动机械有限公司。

7. 轴孔直径系列：18、19、20、22、24、25、28、30、32、35、38、40、42、45、48、50、55、56、60、63、65、70、71、75、80、85、90、95、100、110、120、125、130、140、150、160、170、180、190、200、220、240、260、280、300、320、340、360、380、400、420、440、450、460、480、500。

7.2.2　JSB 型罩壳径向安装型联轴器（见表 15.1-39）

表 15.1-39　JSB 型罩壳径向安装型联轴器的形式、基本参数和主要尺寸

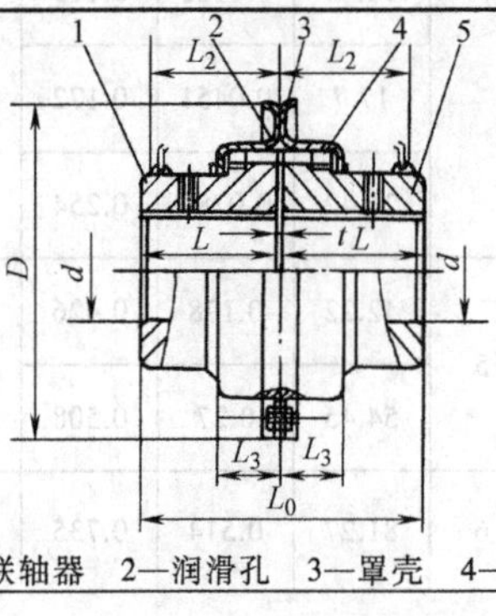

1、5—半联轴器　2—润滑孔　3—罩壳　4—蛇形弹簧

工作温度：-30~150℃

标记方法：见表 15.1-38

（续）

型号	公称转矩 T_n /N·m	许用转速 [n] /r·min⁻¹	轴孔直径 d	轴孔长度 L	总长 L_0	L_2	L_3	D	间隙 t	质量 /kg	润滑油 /kg	许用补偿量		
			mm									径向 Δy /mm	轴向 Δx /mm	角向 Δα /(°)
JSB1	45	6000	18~28	47	97	48	24	112	3	1.95	0.0272	0.15 (0.31)	±0.3	0.076 (0.25)
JSB2	140		22~35				25	122		2.59	0.048			0.076 (0.31)
JSB3	224		25~42	50	103	51	26	130		3.36	0.0544			0.076 (0.33)
JSB4	400		32~50	60	123	61	31	149		5.45	0.068	0.20 (0.41)		0.10 (0.40)
JSB5	630		40~56	63	129	64	32	163		7.26	0.0862			0.127 (0.45)
JSB6	900	5500	48~65	76	155	67	34	174		10.44	0.113			0.127 (0.50)
JSB7	1800	4750	55~80	89	181	89	44	200		17.7	0.172			0.15 (0.60)
JSB8	3150	4000	65~95	98	199	96	47	233		25.42	0.254			0.18 (0.70)
JSB9	5600	3250	75~110	120	245	121	60	268	6	42.22	0.427	0.25 (0.51)	±0.5	0.20 (0.84)
JSB10	8000	3000	80~120	127	259	124	63	287		54.48	0.508			0.23 (0.90)
JSB11	12500	2700	90~140	149	304	143	74	320		81.72	0.735	0.28 (0.56)	±0.6	0.25 (1.0)
JSB12	18000	2400	110~170	162	330	146	75	379		122.58	0.908			0.30 (1.2)
JSB13	25000	2200	120~200	184	374	156	78	411		180.24	1.135			0.33 (1.35)
JSB14	35500	2000	140~200	183	372	204	107	476		230.18	1.952			0.40 (1.57)
JSB15	50000	1750	160~240	216	438	216	115	533		321.43	2.815	0.3 (0.61)		0.45 (1.78)
JSB16	63000	1600	180~260			226	120	584		448.55	3.496			0.50 (2.0)

注：1. 质量按无孔计算。

2. L_2 为罩壳安装时需要的尺寸。

3. 其他见表 15.1-38 注中的 1、2、4、5、6、7。

7.2.3 JSS 型双法兰连接型联轴器（见表 15.1-40）

表 15.1-40 JSS 型双法兰连接型联轴器的形式、基本参数和主要尺寸

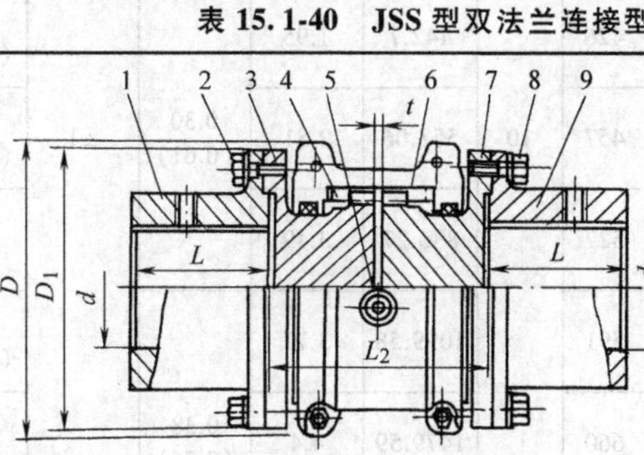

JSS1型～JSS13型

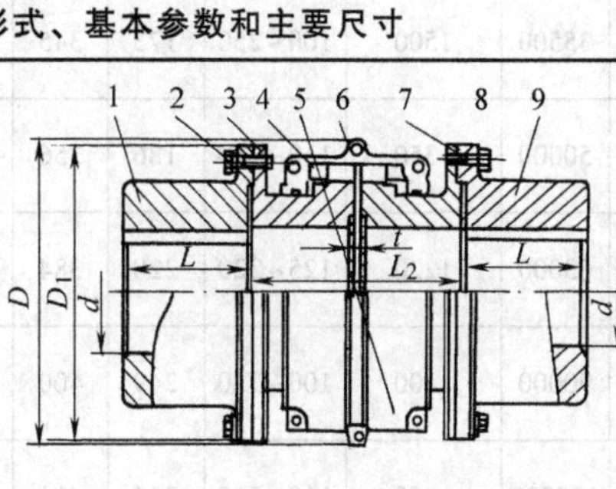

JSS14 型 ～JSS19 型

1、9—连接法兰 2、8—螺栓 3、7—半联轴器 4—蛇形弹簧 5—润滑孔 6—罩壳

工作温度：-30~150℃

标记方法：见表 15.1-38

（续）

型号	公称转矩 T_n /N·m	许用转速 $[n]$ /r·min^{-1}	轴孔直径 d	轴孔长度 L	两轴端距离 L_2 min	两轴端距离 L_2 max	D	D_1	t	质量 /kg	润滑油 /kg	许用补偿量 径向 Δy /mm	许用补偿量 轴向 Δx /mm	许用补偿量 角向 $\Delta\alpha$ /(°)
			mm											
JSS1	45		18~35	35		203	97	86		3.86	0.0272			0.076 (0.25)
JSS2	140		22~42	42	89		106	94		5.266	0.0408	0.15 (0.31)		0.076 (0.31)
JSS3	224		25~56	54		216	114	112		8.44	0.0544			0.076 (0.33)
JSS4	400	3600	32~65	60	111		135	125	5	12.53	0.068		±0.5	0.1 (0.4)
JSS5	630		40~80	73	127	300	148	144		19.61	0.0682			0.127 (0.45)
JSS6	900		48~85	80			159	152		24.65	0.1135	0.20 (0.41)		0.127 (0.5)
JSS7	1800		55~95	89	184		190	178		39.4	0.173			0.15 (0.6)
JSS8	3150		65~110	102			211	209		60.38	0.254			0.18 (0.7)
JSS9	5600	2440	75~130	90	203		251	250	6	98.97	0.427	0.25 (0.51)	±0.6	0.20 (0.84)
JSS10	8000	2250	80~150	104	210	406	270	276		137.58	0.508			0.23 (0.9)
JSS11	12500	2025	90~170	120	246		308	319		196.58	0.735			0.25 (1)
JSS12	18000	180	110~190	135	257		346	346		259.69	0.908	0.28 (0.56)		0.3 (1.2)
JSS13	25000	1650	120~200	152	267		384	386		340.5	1.135			0.33 (1.35)
JSS14	35500	1500	100~250	173	345	371	453	426		442.7	1.95			0.4 (1.57)
JSS15	50000	1350	110~280	186	356	406	501	457	10	552.06	2.81	0.30 (0.61)	±1	0.45 (1.78)
JSS16	63000	1220	125~320	220	384	444	566	527		836.27	3.49			0.5 (2)
JSS17	90000	1100	100~320	249	400	491	630	591		1099.58	3.77			0.56 (2.26)
JSS18	125000	1050	110~360	276	411	508	676	660		1479.59	4.4	0.38 (0.76)		0.6 (2.46)
JSS19	160000	900	110~380	305	444	576	757	711		1856.86	5.63			0.68 (2.72)

注：见表 15.1-38 注 1~7。

7.2.4　JSD 型单法兰连接型联轴器（见表 15.1-41）

表 15.1-41　JSD 型单法兰连接型联轴器的形式、基本参数和主要尺寸

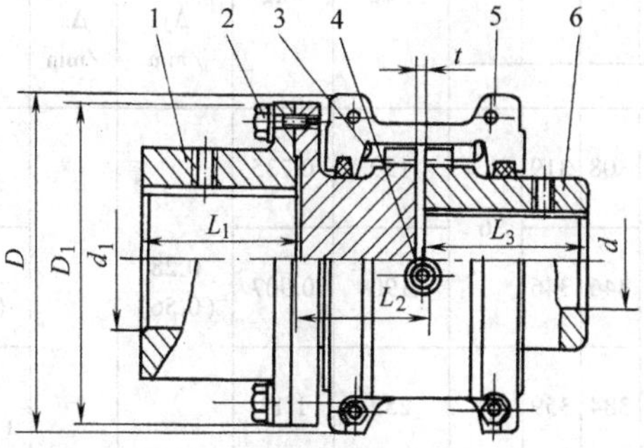

JSD1型～JSD13 型

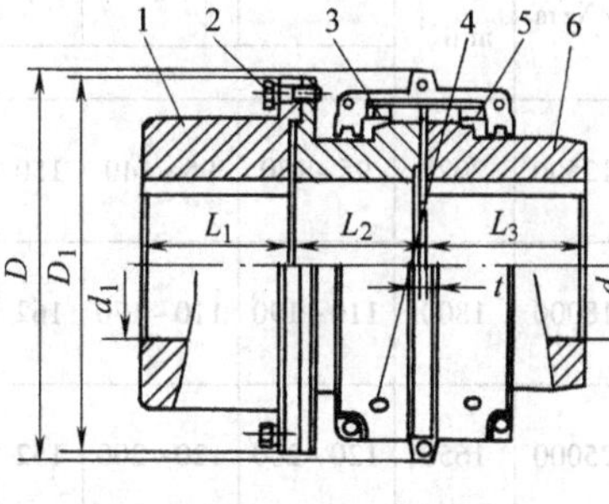

JSD14型～JSD19 型

1—连接法兰　2—螺栓　3—蛇形弹簧　4—润滑孔　5—罩壳　6—半联轴器

工作温度：-30～150℃

标记方法：见表 15.1-38

型号	公称转矩 T_n /N·m	许用转速 [n] /r·min^{-1}	轴孔直径		轴孔长度		两轴端距离 L_2		D	D_1	间隙 t	质量 /kg	润滑油 /kg	许用补偿量		
			法兰 d_1	半联轴器 d	法兰 L_1	半联轴器 L_3	min	max						径向 Δy /mm	轴向 Δx /mm	角向 Δα /(°)
			mm													
JSD1	45		18～35	18～28	35	47		102	97	86		2.9	0.0272			0.076 (0.25)
JSD2	140		22～42	22～35	41		45		106	94		3.9	0.0408	0.15 (0.31)		0.076 (0.31)
JSD3	224		25～56	25～42	54	50		109	114	113		5.9	0.0544			0.076 (0.33)
JSD4	400	3600	32～65	32～50	60	60	56		135	125	3	8.98	0.068		±0.3	0.1 (0.4)
JSD5	630		40～80	40～56	73	63	64	166	148	114		13.5	0.0862			0.127 (0.45)
JSD6	900		48～85	48～65	79	76			159	152		17.5	0.113	0.2 (0.41)		0.127 (0.5)
JSD7	1800		55～95	55～80	88	88	93	204	190	178		28.6	0.172			0.15 (0.6)
JSD8	3150		65～110	65～95	98	100			211	210		42.9	0.254			0.18 (0.7)
JSD9	5600	2400	80～130	80～110	120	90	103	205	251	251	5	70.8	0.426	0.25 (0.51)	±0.5	0.2 (0.84)
JSD10	8000	2250	90～150	90～120	127	104	106		270	276		95.7	0.508			0.23 (0.90)

（续）

型号	公称转矩 T_n /N·m	许用转速 [n] /r·min^{-1}	轴孔直径 法兰 d_1	轴孔直径 半联轴器 d	轴孔长度 法兰 L_1	轴孔长度 半联轴器 L_3	两轴端距离 L_2 min	两轴端距离 L_2 max	D	D_1	间隙 t	质量 /kg	润滑油 /kg	许用补偿量 径向 Δy /mm	许用补偿量 轴向 Δx /mm	许用补偿量 角向 $\Delta\alpha$ /(°)
			mm													
JSD11	12500	2025	95~170	95~140	150	120	125		308	319		139	0.735			0.25 (1)
JSD12	18000	1800	110~190	110~170	162	134	130	205	346	346	6	190	0.907	0.28 (0.56)		0.3 (1.2)
JSD13	25000	1650	120~200	120~200	152	184	135		384	359		259	1.13			0.33 (1.35)
JSD14	35500	1500	100~250	100~200	173	183	175	185	453	426		342.77	1.95			0.4 (1.57)
JSD15	50000	1350	110~280	110~220	186	198	180	205	501	457		434.48	2.81	0.30 (0.61)	±0.6	0.45 (1.78)
JSD16	63000	1220	125~320	130~250	220	216	194	224	566	527	10	641.96	3.49			0.5 (2)
JSD17	90000	1100	100~320	130~280	249	239	202	247	630	590		859.88	3.77			0.56 (2.26)
JSD18	125000	1050	110~360	150~300	276	259	207	267	676	660		1127.71	4.4	0.38 (0.76)		0.6 (2.46)
JSD19	160000	900	110~380	170~320	305	279	224	289	757	711		1479.53	5.63			0.68 (2.72)

注：见表 15.1-38 注 1~7。

7.2.5 JSJ 型接中间轴型联轴器（见表 15.1-42）

表 15.1-42 JSJ 型接中间轴型联轴器的形式、基本参数和主要尺寸

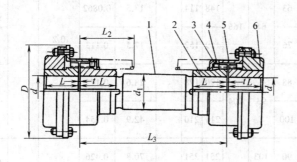

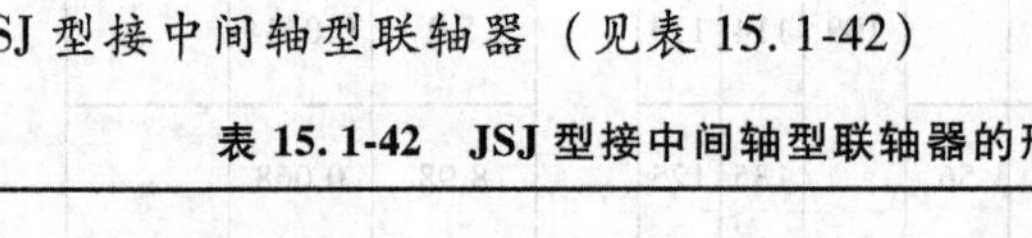

工作温度：−30~150℃

标记方法：见表 15.1-38

1—中间轴 2—半联轴器 3—蛇形弹簧 4—润滑孔 5—罩壳 6—连接法兰

（续）

<table>
<tr><th rowspan="2">型号</th><th rowspan="2">公称转矩 T_n /N·m</th><th>轴孔直径 d</th><th>中间轴 d_1</th><th>轴孔长度 L</th><th>中间轴 L_{3min}</th><th>D</th><th>L_2</th><th>间隙 t</th><th rowspan="2">质量（一端）/kg</th><th rowspan="2">润滑油（一端）/kg</th><th colspan="3">许用补偿量</th></tr>
<tr><th colspan="7">mm</th><th>径向 Δy /mm</th><th>轴向 Δx /mm</th><th>角向 $\Delta\alpha$ /(°)</th></tr>
<tr><td>JSJ1</td><td>140</td><td>22~35</td><td>28</td><td>48</td><td>162</td><td>116</td><td>78</td><td rowspan="5">3</td><td>3.9</td><td>0.0408</td><td>0.05</td><td rowspan="5">±0.3</td><td>0.076 (0.31)</td></tr>
<tr><td>JSJ2</td><td>400</td><td>32~50</td><td>35</td><td>60</td><td>195</td><td>158</td><td>94</td><td>8.85</td><td>0.068</td><td>0.05</td><td>0.10 (0.40)</td></tr>
<tr><td>JSJ3</td><td>900</td><td>48~65</td><td>50</td><td>76</td><td>213</td><td>183</td><td>103</td><td>15.62</td><td>0.113</td><td>0.05</td><td>0.127 (0.5)</td></tr>
<tr><td>JSJ4</td><td>1800</td><td>55~80</td><td>63</td><td>89</td><td>275</td><td>218</td><td>134</td><td>26.42</td><td>0.172</td><td>0.05</td><td>0.15 (0.6)</td></tr>
<tr><td>JSJ5</td><td>3150</td><td>65~85</td><td>75</td><td>98</td><td>294</td><td>245</td><td>144</td><td>37.23</td><td>0.254</td><td>0.076</td><td>0.18 (0.7)</td></tr>
<tr><td>JSJ6</td><td>5600</td><td>75~110</td><td>90</td><td>120</td><td>372</td><td>286</td><td>182</td><td rowspan="2">5</td><td>63.11</td><td>0.427</td><td rowspan="3">0.076</td><td rowspan="2">±0.5</td><td>0.2 (0.84)</td></tr>
<tr><td>JSJ7</td><td>8000</td><td>80~120</td><td>100</td><td>127</td><td>391</td><td>324</td><td>191</td><td>83.54</td><td>0.508</td><td>0.23 (0.9)</td></tr>
<tr><td>JSJ8</td><td>12500</td><td>90~140</td><td>120</td><td>150</td><td>453</td><td>327</td><td>220</td><td rowspan="9">6</td><td>98</td><td>0.735</td><td rowspan="9">±0.6</td><td>0.25 (1)</td></tr>
<tr><td>JSJ9</td><td>18000</td><td>110~170</td><td>130</td><td>162</td><td>463</td><td>365</td><td>225</td><td>140.29</td><td>0.908</td><td rowspan="3">0.1</td><td>0.3 (1.2)</td></tr>
<tr><td>JSJ10</td><td>25000</td><td>120~200</td><td>140</td><td>184</td><td>482</td><td>419</td><td>235</td><td>209.75</td><td>1.135</td><td>0.33 (1.35)</td></tr>
<tr><td>JSJ11</td><td>35500</td><td>140~200</td><td>160</td><td>183</td><td>549</td><td>478</td><td>268</td><td>276.94</td><td>1.952</td><td>0.4 (1.57)</td></tr>
<tr><td>JSJ12</td><td>50000</td><td>160~240</td><td rowspan="2">200</td><td>198</td><td>587</td><td>548</td><td>287</td><td>381.36</td><td>2.815</td><td rowspan="3">0.127</td><td>0.45 (1.78)</td></tr>
<tr><td>JSJ13</td><td>63000</td><td>180~250</td><td>216</td><td>622</td><td>604</td><td>305</td><td>519.38</td><td>3.496</td><td>0.5 (2)</td></tr>
<tr><td>JSJ14</td><td>90000</td><td>200~280</td><td>220</td><td>239</td><td>673</td><td>665</td><td>330</td><td>718.68</td><td>3.768</td><td>0.56 (2.26)</td></tr>
<tr><td>JSJ15</td><td>125000</td><td>240~320</td><td>250</td><td>259</td><td>711</td><td>708</td><td>350</td><td>898.47</td><td>4.4</td><td rowspan="2">0.15</td><td>0.6 (2.46)</td></tr>
<tr><td>JSJ16</td><td>160000</td><td>280~360</td><td>280</td><td>289</td><td>744</td><td>782</td><td>366</td><td>1205.28</td><td>5.62</td><td>0.68 (2.72)</td></tr>
</table>

注：1. 见表 15.1-38 注 1~7。

2. 中间轴的最大长度计算方法：

1）按计算转矩选出型号，并从表中查出 d_1 和 L_{3min}。

2）按中间轴轴径 d_1 从图 15.1-17 中找出中间轴最大长度：当转速≤540r/min 时，对应轴径 d_1 的左侧数值，即为中间轴的最大长度；转速>540r/min 时，对应轴径与图中的粗实线（540r/min）相交的斜线与工作转速的交点所对应的右侧坐标轴上的数值即为中间轴的最大长度。

3）上述交点在图 15.1-17 中粗实线的右方时，要求轴的结构对称，在左方时，不要求轴对称。

4）若需要更长的中间轴，可降低转速或选用更大型号的联轴器，也可采用空心中间轴的结构。

7.2.6 JSG 型高速型联轴器（见表 15.1-43）

表 15.1-43 JSG 型高速型联轴器的形式、基本参数和主要尺寸

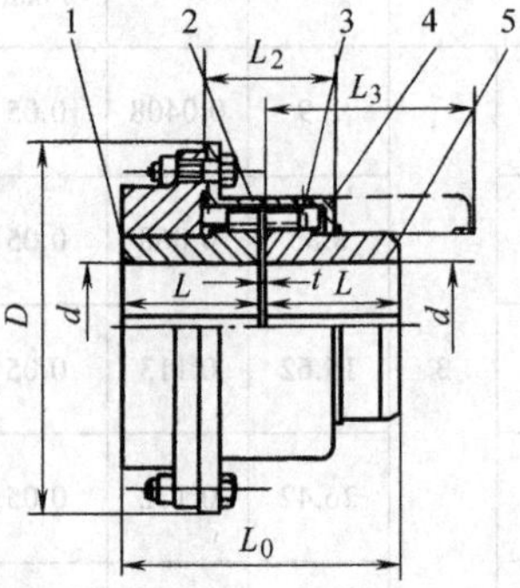

工作温度：-30~150℃

标记方法：见表 15.1-38

1、5—半联轴器 2—罩壳 3—润滑孔 4—蛇形弹簧

型号	公称转矩 T_n /N·m	许用转速 [n] /r·min⁻¹	轴孔直径 d	轴孔长度 L	总长 L_0	D	L_2	L_3	间隙 t	质量 /kg	润滑油 /kg	许用补偿量 径向 Δy /mm	许用补偿量 轴向 Δx /mm	许用补偿量 角向 Δα /(°)
			mm											
JSG1	140	10000	12~35	47	97	115	78	50	3	3.90	0.0408	0.076 (0.15)	±0.3	0.076 (0.31)
JSG2	400	9000	16~50	60	123	157	94	59		8.85	0.0675	0.1 (0.2)		0.1 (0.4)
JSG3	900	8200	19~65	76	155	182	103	86		15.62	0.1135			0.127 (0.5)
JSG4	1800	7100	28~80	88	179	218	134	86		26.42	0.1725			0.15 (0.6)
JSG5	3150	6000	28~95	98	199	244	144	92		37.23	0.254			0.18 (0.7)
JSG6	5600	4900	42~110	120	245	286	181	117	5	63.11	0.427	0.127 (0.28)	±0.5	0.2 (0.84)
JSG7	8000	4500	42~120	127	259	324	190	122		83.54	0.5085			0.23 (0.9)
JSG8	12500	4000	60~140	149	304	327	220	146		98.06	0.735			0.25 (1)
JSG9	18000	3600	65~170	162	330	365	225	150	6	140.29	0.908	0.15 (0.3)	±0.6	0.3 (1.2)
JSG10	25000	3300	65~200	184	374	419	345	156		209.75	1.135			0.33 (1.35)

注：见表 15.1-38 注 1~7。

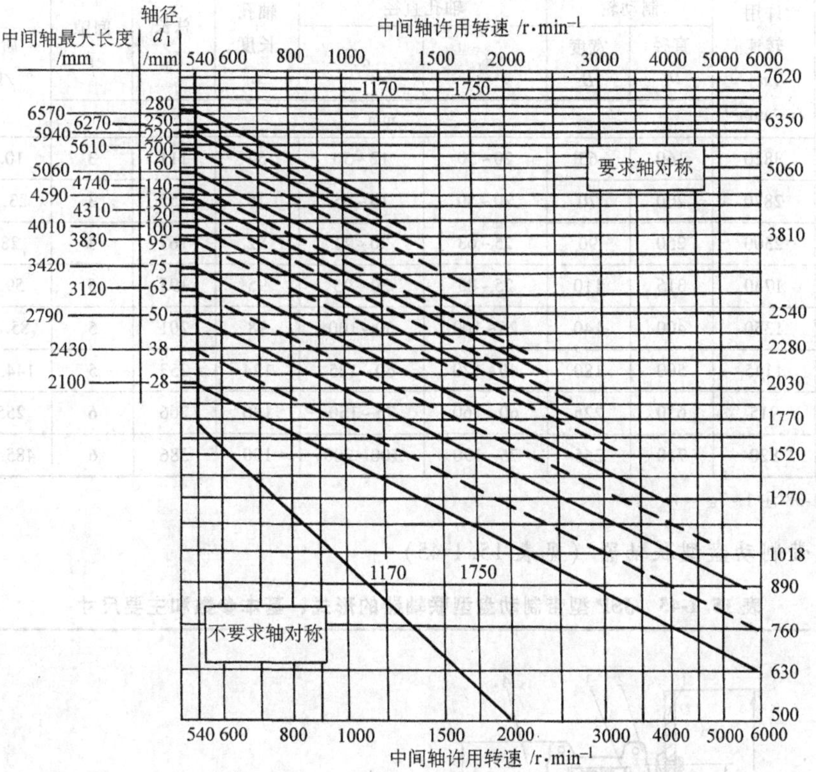

图 15.1-17　中间轴选择

7.2.7　JSZ 型带制动轮型联轴器（见表 15.1-44）

表 15.1-44　JSZ 型带制动轮型联轴器的形式、基本参数和主要尺寸

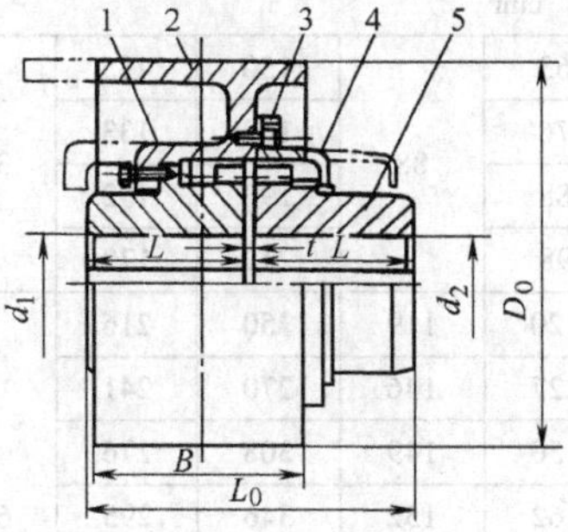

1、5—半联轴器　2—制动轮　3—罩壳　4—蛇形弹簧

工作温度：−30~150℃
标记方法：见表 15.1-38
制动轮安装在从动端

（续）

型号	制动转矩 T_m /N·m	许用转速 [n] /r·min⁻¹	制动轮 直径 D_0	制动轮 宽度 B	轴孔直径 d_1	轴孔直径 d_2	轴孔长度 L	总长 L_0	间隙 t	质量 /kg	润滑油 /kg
			mm								
JSZ1	125	3820	160	65	20~50	12~50	54	111	3	10.44	0.085
JSZ2	250	2870	200	70	20~50	16~65	76	155	3	23.61	0.142
JSZ3	355	2300	250	90	25~63	30~71	82	167	3	28.6	0.17
JSZ4	1000	1730	315	110	25~85	30~95	95	195	5	59.93	0.284
JSZ5	1400	1350	400	140	25~100	50~100	98	201	5	85.806	0.34
JSZ6	2800	1145	500	180	40~120	60~125	124	253	5	144.372	0.681
JSZ7	5600	915	630	225	60~160	75~150	130	266	6	255.6	1.248
JSZ8	9000	820	710	255	75~190	100~200	190	386	6	485.326	3.632

注：见表 15.1-38 注 1~7。

7.2.8　JSP 型带制动盘型联轴器（见表 15.1-45）

表 15.1-45　JSP 型带制动盘型联轴器的形式、基本参数和主要尺寸

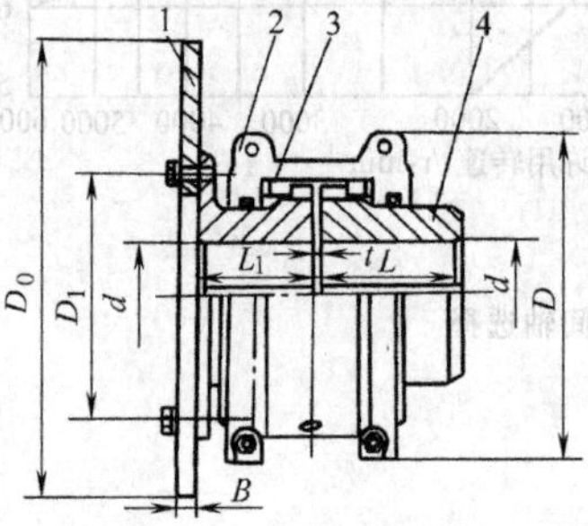

1—制动盘　2—罩壳　3—蛇形弹簧　4—半联轴器

工作温度：-30~150℃
标记方法：见表 15.1-38
制动盘安装在从动端

型号	制动转矩 T_m /N·m	许用转速 [n] /r·min⁻¹	制动盘 直径 D_0	制动盘 宽度 B	轴孔直径 d	轴孔长度 L	轴孔长度 L_1	D	D_1	间隙 t	质量 /kg	润滑油 /kg
			mm									
JSP1	200	3800	315	30	20~50	63	88	150	125	3	9.579	0.086
JSP2	315	3200			25~63	76		162	133		12.349	0.1135
JSP3	630	2800			30~75	88		193	152		19.794	0.1725
JSP4	1000	2700	400		35~85	98		212	179		28.42	0.254
JSP5	1800	2400			40~100	120	119	250	216	6	47.76	0.427
JSP6	2800	2200	450		50~110	127	146	270	241		64.922	0.5085
JSP7	4500	2000	500		60~125	150	149	308	276		91.35	0.729
JSP8	6300	1800	560		70~150	162	152	346	295		131.66	0.908
JSP9	9000	1600	630		80~180	184	158	384	330		184.798	1.135
JSP10	12500	1500	800		90~200	182	183	453	368		253.332	1.9068
JSP11	16000	1300	900		100~220	198	198	500	400		336.414	2.8148

注：见表 15.1-38 注 1~7。

7.2.9 JSA型安全型联轴器（见表15.1-46）

表15.1-46 JSA型安全型联轴器的形式、基本参数和主要尺寸

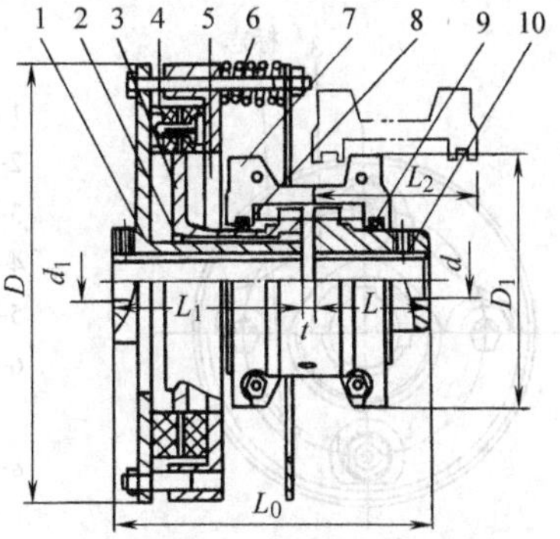

工作温度：-30~150℃
标记方法：见表15.1-38
摩擦盘安装在从动端
1—摩擦盘轴套 2—内轴套
3—夹盘轴套 4—摩擦片
5—摩擦盘 6—压力调整装置
7—罩壳 8—蛇形弹簧
9—密封圈 10—半联轴器

型号	公称转矩 T_n /N·m	许用转速 [n] /r·min⁻¹	轴孔直径 轴套 d_{1max} (mm)	轴孔直径 半联轴器 d (mm)	轴孔长度 轴套 L_1 (mm)	轴孔长度 半联轴器 L (mm)	总长 L_0 (mm)	最大外径 D (mm)	D_1 (mm)	L_2 (mm)	间隙 t (mm)	质量 /kg	润滑油 /kg
JSA1	4~35.5	3600	25	20~28	79	48	130	178	102	48	3	6.174	0.027
JSA2	12.5~100		32	25~35				202	111	50		8.172	0.04
JSA3	20~160		35	25~40		51	133	232	117	63		11.532	0.054
JSA4	31.5~250		42	30~48	87	60	150	270	138	63		16.435	0.068
JSA5	56~450		45	35~50	97	63	163	301	151	76		21.974	0.086
JSA6	80~630		56	40~63	104	76	183	324	162	83		28.239	0.1135
JSA7	140~1250	2800	65	45~75	114	89	206	362	194	92		41.042	0.172
JSA8	250~2000	2500	75	50~85	129	99	231	414	213	109		62.652	0.254
JSA9	450~3550	2100	90	70~100	144	121	270	491	251	147	5	100.788	0.426
JSA10	630~5600	1850	100	80~110	156	127	288	543	270	152		128.028	0.499
JSA11	1000~8000	1750	110	90~125	185	149	340	590	308	178	6	182.962	0.726
JSA12	1400~11200	1450	130	100~150	193	162	361	684	346	185		260.142	0.908
JSA13	2000~16000	1300	160	120~180	199	184	389	767	384	213		375.912	1.135
JSA14	2800~22400	1100	170	130~200	245	183	434	864	453	254		502.124	1.907
JSA15	4000~31500	950	200	160~220	250	198	454	989	501			652.398	2.815
JSA16	5600~45000	870	240	180~250	268	216	490	1066	566	267		869.864	3.495
JSA17	7100~63000	760	280	200~280	292	239	537	1161	630			1162.24	3.768
JSA18	10000~80000	720	300	240~300	297	259	562	1264	673	279		1426.922	4.404
JSA19	14000~100000	670	320	250~320	315	279	600	1377	757			1806.92	5.629

注：见表15.1-38注1~7。

7.3 膜片联轴器

膜片联轴器采用一种厚度很薄的弹簧片制成各种形状，用螺栓分别与主、从动轴上的两半联轴器连接，其弹性元件为若干多边环形的膜片，在膜片的圆周上有若干螺栓孔。为了获得相对位移，常采用中间轴，其两端各有一组膜片组成两个膜片联轴器，分别与主、从动轴连接。

7.3.1 JMⅠ型、JMⅠJ型膜片联轴器

（1）形式、基本参数和主要尺寸（见表15.1-47）

表 15.1-47　JMⅠ型、JMⅠJ 型膜片联轴器的型式、基本参数和主要尺寸（摘自 JB/T 9147—1999）

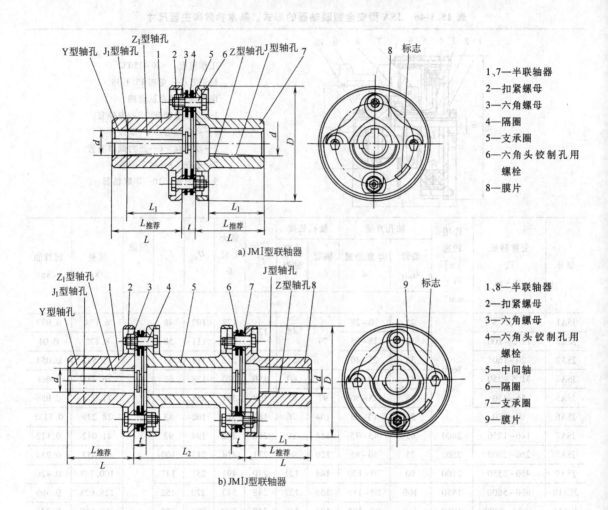

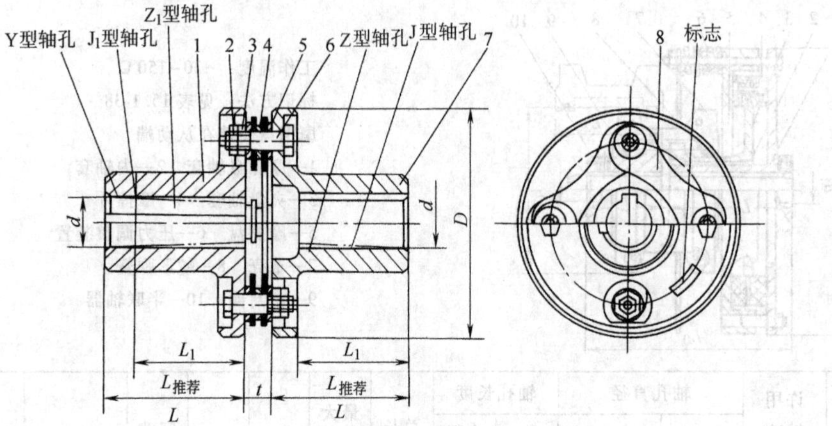

1、7—半联轴器
2—扣紧螺母
3—六角螺母
4—隔圈
5—支承圈
6—六角头铰制孔用螺栓
8—膜片

a) JMⅠ型联轴器

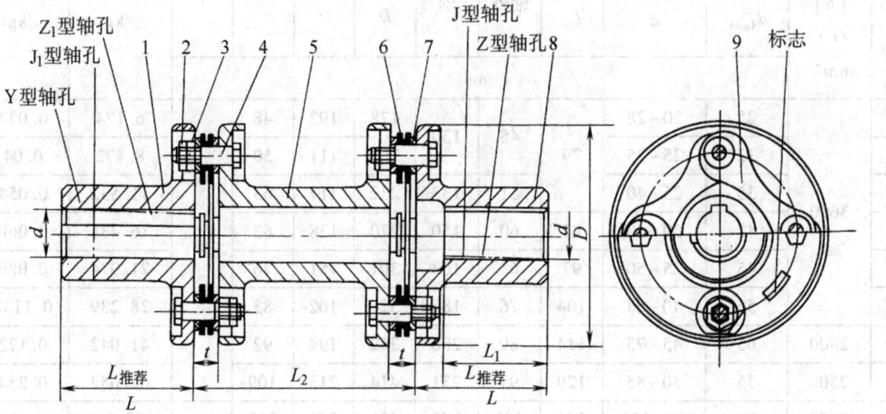

1、8—半联轴器
2—扣紧螺母
3—六角螺母
4—六角头铰制孔用螺栓
5—中间轴
6—隔圈
7—支承圈
9—膜片

b) JMⅠJ型联轴器

型号	公称转矩 T_n /N·m	瞬时最大转矩 T_{max} /N·m	许用转速 [n]/r·min⁻¹	轴孔直径 d/mm	轴孔长度/mm Y型 L	J、J₁、Z、Z₁型 L	J、J₁、Z、Z₁型 L_1	$L_{推荐}$	D /mm	t /mm	L_{2min} /mm	JMⅠ型扭转刚度 C/N·m·rad⁻¹	质量 /kg	转动惯量 J/kg·m²
JMⅠ1 JMⅠJ1	25	80	6000	14	32		27(J、J₁型) 20(Z、Z₁型)	35	90	8.8		1×10^4	1 1.8	0.0007 0.0013
				16,18,19	42		30							
				20,22	52	—	38				100			
JMⅠ2 JMⅠJ2	63	180	5000	18,19	42		30	45	100	9.5		1.4×10^4	2.3 2.4	0.001 0.002
				20,22,24	52		38							
				25	62		44							
JMⅠ3 JMⅠJ3	100	315	5000	20,22,24	52		38	50	120	11	120	1.87×10^4	2.3 4.1	0.0024 0.0047
				25,28	62	—	44							
				30	82		60							

（续）

型　号	公称转矩 T_n /N·m	瞬时最大转矩 T_{max} /N·m	许用转速 $[n]$/ r·min^{-1}	轴孔直径 d/mm	轴孔长度/mm Y 型 L	J、J_1、Z、Z_1 型 L	J、J_1、Z、Z_1 型 L_1	$L_{推荐}$	D /mm	t /mm	L_{2min} /mm	JM Ⅰ型扭转刚度 C/ N·m·rad^{-1}	质量 /kg	转动惯量 J/ kg·m^2
JM Ⅰ4 / JM ⅠJ4	160	500	4500	24	52		38	55	130	12.5	120	3.12×10^4	3.3 / 5.4	0.0024 / 0.0069
				25,28	62		44							
				30,32,35	82	—	60							
JM Ⅰ5 / JM ⅠJ5	250	710	4000	28	62		44	60	150	14	140	4.32×10^4	5.3 / 8.8	0.0083 / 0.0281
				30,32,35,38	82		60							
				40	112		84							
JM Ⅰ6 / JM ⅠJ6	400	1120	3600	32,35,38	82	82	60	65	170	15.5		6.88×10^4	8.7 / 13.4	0.0159 / 0.0281
				40,42,45,48,50	112	112	84							
JM Ⅰ7 / JM ⅠJ7	630	1800	3000	40,42,45,48,50,55,56			107	70	210	19	150	10.35×10^4	14.3 / 22.3	0.0432 / 0.076
				60	142	—								
JM Ⅰ8 / JM ⅠJ8	1000	2500	2800	45,48,50,55,56	112	112	84	80	240	22.5	180	16.11×10^4	22 / 36	0.0879 / 0.1602
				60,63,65,70	142		107							
JM Ⅰ9 / JM ⅠJ9	1600	4000	2500	55,56	112	112	84	85	260	24	220	26.17×10^4	29 / 48	0.1415 / 0.2509
				60,63,70,71,75	142	—	107							
				80	172		132							
JM Ⅰ10 / JM ⅠJ10	2500	6300	2000	63,65,70,71,75	142	142	107	90	280	17	250	7.88×10^4	52 / 85	0.2974 / 0.5195
				80,85,90,95	172	—	132							
JM Ⅰ11 / JM ⅠJ11	4000	9000	1800	75	142	142	107	95	300	19.5	290	10.49×10^4	69 / 112	0.4782 / 0.8223
				80,85,90,95	172	172	132							
				100,110	212		167							
JM Ⅰ12 / JM ⅠJ12	6300	12500	1600	90,95	172		132	120	340	23	300	14.07×10^4	94 / 152	0.8067 / 1.4109
				100,110,120,125	212		167							
JM Ⅰ13	10000	18000	1400	100,110,120,125				135	380	28	—	19.2×10^4	128	1.7053
				130,140	252		202							
JM Ⅰ14	16000	28000	1200	120,125	212		167	150	420	31	—	30.0×10^4	184	2.6832
				130,140,150	252	—	202							
				160	302		242							
JM Ⅰ15	25000	40000	1120	140,150	252		202	180	480	37.5	—	47.46×10^4	262	4.8015
				160,170,180	302		242							
JM Ⅰ16	40000	56000	1000	160,170,180				200	560	41	—	48.09×10^4	384	9.4118
				190,200	352		282							
JM Ⅰ17	63000	80000	900	190,200,220				220	630	47	—	10.13×10^4	561	18.3753
				140	410		330							

（续）

型　号	公称转矩 T_n /N·m	瞬时最大转矩 T_{max} /N·m	许用转速 [n]/r·min^{-1}	轴孔直径 d/mm	轴孔长度/mm Y型 L	J、J_1、Z、Z_1型 L	L_1	$L_{推荐}$	D /mm	t /mm	L_{2min} /mm	JMⅠ型扭转刚度 C/N·m·rad^{-1}	质量 /kg	转动惯量 J/kg·m^2
JMⅠ18	100000	125000	800	220	352		282	250	710	54.5	—	16.14×10^4	723	28.2033
				240,250,260	410	—	330							
JMⅠ19	160000	200000	710	250,260				280	800	48	—	79.8×10^4	1267	66.5813
				280,300,320	470		380							

注：1. 质量、转动惯量为计算近似值；许用补偿量见表 15.1-49。

2. L 推荐为优选轴 3L 长度。

3. 标记方法：

$$\text{联轴器型号　联轴器}\frac{\text{轴孔形式代号　键槽形式代号　轴孔直径×轴孔配合长度（主动端）}}{\text{轴孔形式代号　键槽形式代号　轴孔直径×轴孔配合长度（从动端）}}\text{标准号}$$

Y 型轴孔、A 型键槽的代号，标记中可予省略；

联轴器主、从动端连接形式与尺寸相同时，只标记一端，另一端省略。

4. 工作温度为-20~250℃。

5. 联轴器轴孔和连接形式应符合表 15.1-6、表 15.1-7 的规定，轴孔与轴伸的配合见表 15.1-8、表 15.1-9。

6. 生产厂有宁波伟隆传动机械有限公司、德阳立达基础件有限公司。

（2）选择计算

1）联轴器的计算转矩。

$$T_c = KK_1T = KK_1 9550\frac{P_w}{n} \qquad (15.1\text{-}13)$$

式中　P_w——驱动功率（kW）；

n——工作转速（r/min）；

K——工况系数，见表 15.1-2；

K_1——考虑角位移对传递转矩的影响系数，见图 15.1-18。

2）对于接中间轴的 JMⅠJ、JMⅡJ 型，当 $L_{1min} > 10d\ (d_1)$时，应考虑验算工作转速与临界转速的关系。

$$n_K = 1.2\times10^8\times\frac{\sqrt{D_2^2+D_3^2}}{L_1^2} \qquad (15.1\text{-}14)$$

式中　D_2、D_3、L_1——中间轴的外径、内径和长度（mm）。

当轴线偏角 $\Delta\alpha\leqslant1.5°$时

$$n\leqslant0.85n_K \qquad (15.1\text{-}15)$$

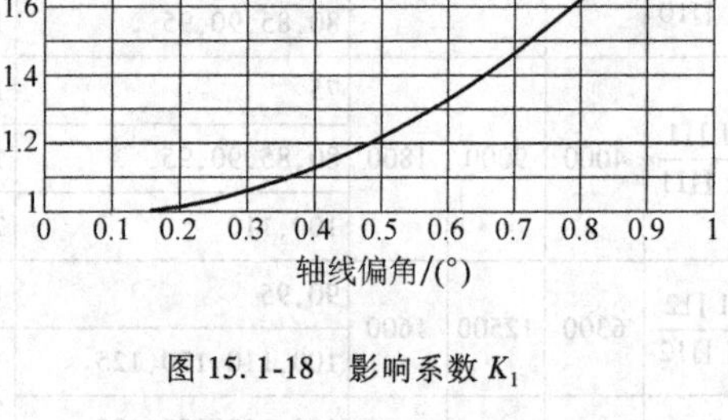

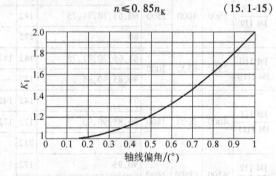

图 15.1-18　影响系数 K_1

7.3.2　JMⅡ型、JMⅡJ 型膜片联轴器（见表 15.1-48、表 15.1-49）

表 15.1-48　JMⅡ型、JMⅡJ 型膜片联轴器的形式、基本参数和主要尺寸（摘自 JB/T 9147—1999）

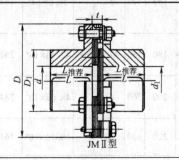

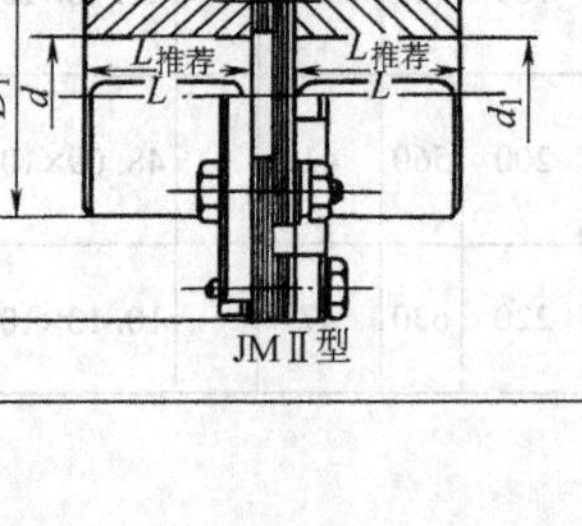

JMⅡ型

标记方法：见表 15.1-47 注

（续）

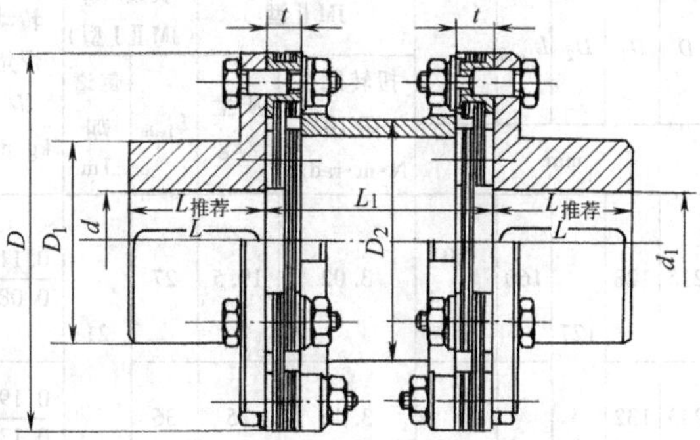

JMⅡJ1～JMⅡJ29

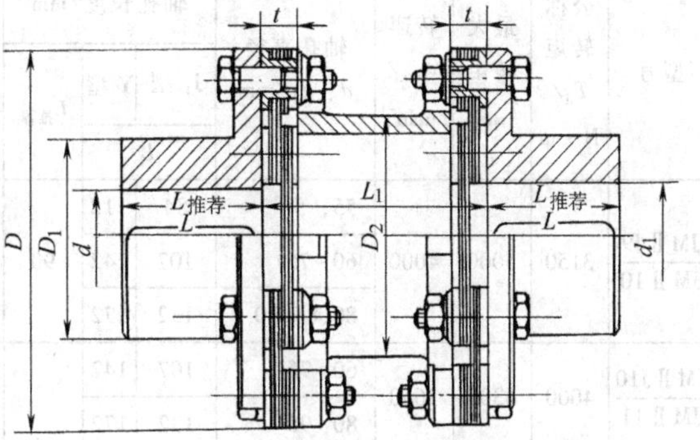

JMⅡJ30～JMⅡJ42

型号	公称转矩 T_n/N·m	瞬时最大转矩 T_{max}/N·m	最大转速 n_{max}/r·min^{-1}	轴孔直径 d、d_1/mm	轴孔长度/mm J₁型 L	轴孔长度/mm Y型 L	$L_{推荐}$ (mm)	D (mm)	D_1 (mm)	D_2 (mm)	L_{1min} (mm)	t (mm)	JMⅡ型 扭转刚度 $C/10^6$ N·m·rad^{-1}	JMⅡ型 质量/kg	质量/kg（JMⅡJ型）L_{1min}	质量/kg（JMⅡJ型）每增加1m	转动惯量 J/kg·m²
JMⅡ1	40	63	10700	14	27	32	35	80	39	—	—	8 ±0.2	0.37	0.9	—	—	0.0005
				16,18,19	30	42											
				20,22,24	38	52											
				25, 28	44	62											
JMⅡJ1 / JMⅡ2	63	100	9300	20,22,24	38	52	40	92	53	45	70	8 ±0.2	0.45	1.4	2	4.1	0.002 / 0.0011
				25, 28	44	62											
				30～38	60	82											
JMⅡJ2 / JMⅡ3	100	200	8400	25, 28	44	62	45	102	63		80		0.56	2.1	2.9		0.003 / 0.002
				30～38	60	82											
				40,42,45	84	112											
JMⅡJ3 / JMⅡ4	250	400	6700	30～38	60	82	55	128	77	76	96	11 ±0.3	0.81	4.2	5.7	8	0.009 / 0.006
				40～55	84	112											
JMⅡJ4 / JMⅡ5	500	800	5900	35, 38	60	82	65	145	91		116		1.2	6.4	8.5		0.017 / 0.012
				40～56	84	112											
				60,63,65	107	142											
JMⅡJ5 / JMⅡ6	800	1250	5100	40～56	84	112	75	168	105	102	136	14 ±0.3	1.42	9.6	12.5	12	0.034 / 0.024
				60～75	107	142											
JMⅡJ6 / JMⅡ7	1250	2000	4750	45～56	84	112		180	112			15 ±0.4	1.9	12.5	16.5		0.053 / 0.0365
				60～75	107	142											
				80	132	172											
JMⅡJ7 / JMⅡ8	2000	3150	4300	50,55,56	84	112	80	200	120	114	140		2.35	15.5	21	19	0.082 / 0.057
				60～75	107	142											
				80, 85	132	172											
JMⅡJ8 / JMⅡ9	2500	4000	4200	55, 56	84	112		205	120			20 ±0.4	2.7	16.5	23		0.092 / 0.065
				60～75	107	142											
				80, 85	132	172											

（续）

型号	公称转矩 T_n/N·m	瞬时最大转矩 T_{max}/N·m	最大转速 n_{max}/r·min^{-1}	轴孔直径 d、d_1/mm	轴孔长度/mm J$_1$ 型 L	轴孔长度/mm Y 型 L	$L_{推荐}$	D	D_1	D_2	L_{1min}	t	JMⅡ型 扭转刚度 $C/10^6$ N·m·rad^{-1}	JMⅡ型 质量/kg	质量/kg（JMⅡJ 型）L_{1min}	质量/kg（JMⅡJ 型）每增加 1m	转动惯量 J/kg·m^2
JMⅡJ9 / JMⅡ10	3150	5000	4000	55，56	84	112	90	215	128	127	160	20 ±0.4	3.02	19.5	27	21	0.117 / 0.083
				60~75	107	142											
				80,85,90	132	172											
JMⅡJ10 / JMⅡ11	4000	6300	3650	60~75	107	142		235	132				3.46	25	36		0.191 / 0.131
				80~95	132	172											
JMⅡJ11 / JMⅡ12	5000	8000	3400	60~75	107	142	100	250	145	140	170	23 ±0.5	3.67	30	42	26	0.252 / 0.174
				80~95	132	172											
				100	167	212											
JMⅡJ12 / JMⅡ13	6300	10000	3200	60~75	107	142	110	270	155		190		5.2	36	50		0.349 / 0.239
				80~95	132	172											
				100、110	167	212											
JMⅡJ13 / JMⅡ14	8000	12500	2850	60~75	107	142	115	300	162	165	200	27 ±0.6	7.8	45	66	47	0.56 / 0.38
				80~95	132	172											
				100、110	167	212											
JMⅡJ14 / JMⅡ15	10000	16000	2700	70、71、75	107	142	125	320	176		220		8.43	55	78		0.75 / 0.5
				80~95	132	172											
				100~125	167	212											
JMⅡJ15 / JMⅡ16	12500	20000	2450	75	107	142	140	350	186		240		10.23	75	110	51	1.26 / 0.85
				80~95	132	172											
				100~125	167	212											
				130	202	252											
JMⅡJ16 / JMⅡ17	16000	25000	2300	80~95	132	172	145	370	203	219	250	32 ±0.7	10.97	85	125	72	1.63 / 1.1
				100~125	167	212											
				130、140	202	252											
JMⅡJ17 / JMⅡ18	20000	31500	2150	90、95	132	172	165	400	230		290		13.07	115	160		2.45 / 1.65
				100~125	167	212											
				130~150	202	252											
				160	242	302											
JMⅡJ18 / JMⅡ19	25000	40000	1950	100~125	167	212	175	440	245		300	38 ±0.9	14.26	150	220		3.99 / 2.69
				130~150	202	252											
				160、170	242	302											
JMⅡJ19 / JMⅡ20	31500	50000	1850	100~125	167	212	185	460	260	267	320		22.13	170	245	89	4.98 / 3.28
				130~150	202	252											
				160~180	242	302											
JMⅡJ20 / JMⅡ21	35500	56000	1800	120、125	167	212	200	480	280	267	350	38 ±0.9	23.7	200	275	89	6.28 / 4.28
				130~150	202	252											
				160~180	242	302											
				190、200	282	352											

（续）

型号	公称转矩 T_n/N·m	瞬时最大转矩 T_{max}/N·m	最大转速 n_{max}/r·min^{-1}	轴孔直径 d、d_1/mm	轴孔长度/mm J₁型	轴孔长度/mm Y型	$L_{推荐}$	D	D_1	D_2	L_{1min}	t	JMⅡ型 扭转刚度 $C/10^6$ N·m·rad^{-1}	JMⅡ型 质量/kg	质量/kg (JMⅡJ型) L_{1min}	质量/kg (JMⅡJ型) 每增加1m	转动惯量 J/kg·m^2
					L	L	mm	mm	mm	mm	mm	mm					
JMⅡJ21 / JMⅡ22	40000	63000	1700	120*、125*	167	212	210	500	295	267	370	38±0.9	24.6	230	320	89	7.68 / 5.18
				130~150	202	252											
				160~180	242	302											
				190、200	282	352											
JMⅡJ22 / JMⅡ23	50000	80000	1600	140、150	202	252	220	540	310	299	380	44±1	29.71	275	400	110	11.6 / 7.7
				160~180	242	302											
				190~220	282	352											
JMⅡJ23 / JMⅡ24	63000	100000	1450	140、150	202	252	240	600	335	356	410	50±1.2	32.64	380	560	145	19.8 / 9.3
				160~180	242	302											
				190~220	282	352											
				240	330	410											
JMⅡJ24 / JMⅡ25	80000	125000	1400	160~180	242	302	255	620	350		440		37.69	410	620		23.6 / 15.3
				190~220	282	352											
				240、250	330	410											
JMⅡJ25 / JMⅡ26	90000	140000	1300	180	242	302	275	660	385		480		50.43	510	740		31.9 / 20.9
				190~220	282	352											
				240~260	330	410											
				280*	380	470											
JMⅡJ26 / JMⅡ27	112000	180000	1200	180*	242	302	295	720	410	406	510	60±1.4	71.51	620	970	190	50.4 / 32.4
				190~220	282	352											
				240~260	330	410											
				280、300*	380	470											
JMⅡJ27 / JMⅡ28	140000	200000	1150	220	282	352	300	740	420		520		93.37	680	1050		57 / 36
				240~260	330	410											
				280、300、320*	380	470											
JMⅡJ28 / JMⅡ29	160000	224000	1100	240~260	330	410	320	770	450	457	560		114.53	780	1200	215	69.4 / 43.9
				280、300	380	470											
JMⅡJ29 / JMⅡ30	180000	280000	1050	250、260	330	410	350	820	490		600		130.76	950	1400		95.5 / 60.5
				280~320	380	470											
				340	450	550											
JMⅡJ30	280000	450000	1000	280~320	380	470	350	875	480	559	620	50±1.6	—	—	1400	235	96.5 / 109.5
				340、360	450	550			550								

（续）

型号	公称转矩 T_n/N·m	瞬时最大转矩 T_{max}/N·m	最大转速 n_{max}/r·min⁻¹	轴孔直径 d、d_1/mm	轴孔长度/mm J₁型 L	轴孔长度/mm Y型 L	轴孔长度/mm $L_{推荐}$	D (mm)	D_1 (mm)	D_2 (mm)	L_{1min} (mm)	t (mm)	JMⅡ型 扭转刚度 $C/10^6$ N·m·rad⁻¹	JMⅡ型 质量/kg	质量/kg (JMⅡJ型) L_{1min}	质量/kg (JMⅡJ型) 每增加1m	转动惯量 J/kg·m²
JMⅡJ31	400000	630000	930	300、320	380	470	350	935	520	610	630	60 ±1.9	—	—	1800	290	142
				340~380	450	550			560								152
				400	540	650			600								162
JMⅡJ32	450000	710000	880	320	380	470	380	1030	480	622	690		—	—	2250	330	194
				340~380	450	550			600								224
				400、420	540	650			640								240
JMⅡJ33	560000	900000	820	360、380	450	550	400	1080	580	660	726	66 ±2.2	—	—	2750	390	271
				400~460					700								325
JMⅡJ34	1000000	1600000	740	400~450	540	650	460	1160	620	750	836	70 ±2.3	—	—	3500	450	387
				460~500					750								465
JMⅡJ35	1400000	2240000	680	440~500			520	1290	790	820	946	82 ±2.6	—	—	5000	570	750
				530、560	680	800			840								810
JMⅡJ36	2000000	3150000	620	480、500	540	650	570	1410	760	900	1040	92 ±2.8	—	—	6600	710	1050
				530~600	680	800			920								1290
JMⅡJ37	2800000	4000000	570	450~500	540	640	610	1530	810	1000	1100	105 ±3	—	—	8400	880	1630
				530~630	680	800			980								1950
JMⅡJ38	4000000	6000000	520	560~630			670	1670	950	1100	1210	115 ±3.4	—	—	11000	1050	2670
				670、710	780	—			1070								3030
JMⅡJ39	5000000	8000000	480	600~630	680	800	730	1830	970	1200	1320	125 ±3.7	—	—	14500	1350	4060
				670~750	780	—			1170								4800
JMⅡJ40	6300000	10000000	430	670~750	780		800	2000	1140	1300	1450	130 ±4	—	—	19000	1600	6600
				800、850	880				1290								7500
JMⅡJ41	8000000	12500000	400	750	780			2200	1260	1400	1600	140 ±4.4	—	—	25000	1850	10400
				800、850	880				1420								11900
JMⅡJ42	10000000	16000000	350	800、850			960	2400	1370	1500	1760		—	—	32000	2100	15200
				900、950	980				1550								17400

注：1. 表中带＊的轴孔直径只适用 JMⅡJ 型。

2. 轴孔直径范围内的直径系列尺寸应符合表 15.1-6。

3. 其余见表 15.1-47 注 1~6。

表 15.1-49 膜片联轴器的许用补偿量

型号	JMⅠ1~JMⅠ6	JMⅠJ1~JMⅠJ6	JMⅠ7~JMⅠ10	JMⅠJ7~JMⅠJ10	JMⅠ11~JMⅠ19	JMⅠJ11~JMⅠJ12	JMⅡ1~JMⅡ8	JMⅡJ1~JMⅡJ8	JMⅡ9~JMⅡ17	JMⅡJ9~JMⅡJ17	JMⅡ18~JMⅡ26	JMⅡJ18~JMⅡJ26	JMⅡ27~JMⅡ30	JMⅡJ27~JMⅡJ42
轴向 Δx/mm	1	2	1.5	3	2	4	1	2	2.5	5	4	8	6	12
角向 Δα	1°	2°			30′	1°	1°	2°						

注：1. 表中所列许用补偿量是指在工作状态下，允许的由于制造误差、安装误差和工作载荷变化引起的振动、冲击、变形和温度变化等综合因素形成的两轴相对偏移量。

2. 本联轴器最大允许安装角向偏差应不超过±5′。

7.4 挠性杆联轴器

7.4.1 挠性杆联轴器的结构

挠性杆联轴器的结构如图 15.1-19 所示。它由若干分离的薄弹簧片组成一个封闭的多边形，每一边用螺栓交替地与主、从动部分连接，弹簧片的两端连接点不在同一直径的圆周上，形成一对弹簧片交叉地分布，工作时其中一片受拉伸，另一片受压缩。整个联轴器共有6~8对这样的弹簧片。为了获得补偿相对径向位移的能力，常采用中间轴连接两个挠性杆联轴器。如果需联轴器传递轴向力或者要求轴向不窜动，可采用关节轴承。

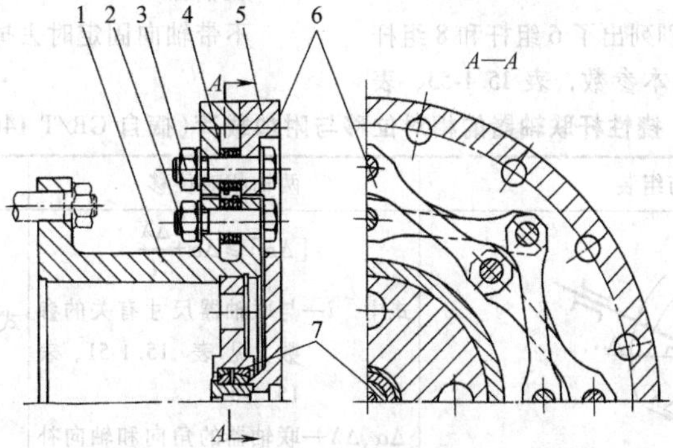

图 15.1-19　挠性杆联轴器的结构

1—内构件　2、3—六角头螺栓　4—外圈　5—法兰盘　6—挠性杆　7—关节轴承

挠性杆联轴器的弹性较低，扭转刚度大，但承载能力高，轴向恢复力小，不受油和温度等影响，无摩擦，不需润滑，而且尺寸小，重量轻，使用寿命长，可适用于载荷平稳的中高速传动轴系。

7.4.2 挠性杆联轴器的计算

对于下述标准的挠性杆联轴器，可按所需传递的计算转矩确定其型号，使

$$T_c \leqslant [T] = T_n \tag{15.1-16}$$

当联轴器承受振动转矩时，对已满足式（15.1-16）条件确定的联轴器，还应检验其承受振动转矩的能力，其能力与计算转矩和许用转矩的差值有关，详见图 15.1-20。

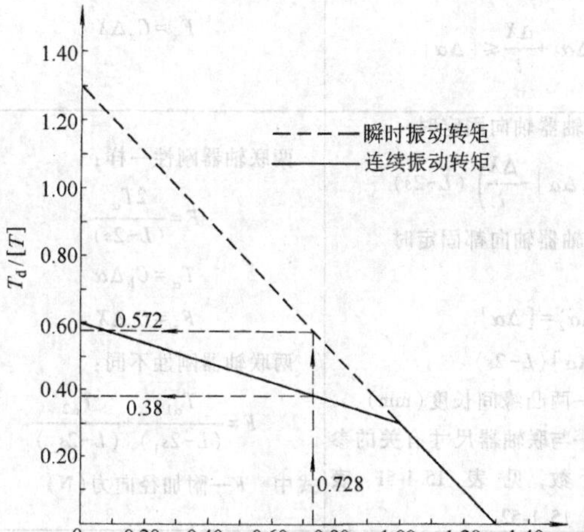

图 15.1-20　挠性杆联轴器的许用振动转矩

示例：联轴器的许用转矩 [T] = 88900N·m，如联轴器的平均转矩（计算转矩）T_c = 64689N·m，为 [T] 的 72.8%，由图 15.1-20 按 72.8%查得连续工作许用振动转矩

$$T_d = [T] \times 0.38 = 33782\text{N} \cdot \text{m}$$

如果将 72.8%处直线向上延伸与瞬时振动转矩斜线相交，则可得瞬时工作许用振动转矩

$$T_d = [T] \times 0.572 = 50851\text{N} \cdot \text{m}$$

挠性杆联轴器的许用相对位移及由相对位移产生的附加载荷可按表 15.1-50 所示的几种组合形式进行计算。

7.4.3 挠性杆联轴器的形式、基本参数和主要尺寸

GB/T 14653—2008《挠性杆联轴器》按许用转

速的高低，可分为普通型（S 型）和高速型（H 型）两种，S 型传递转矩能力较 H 型大。如果按挠性杆的数量，不论 S 型或 H 型均有 6 组杆和 8 组杆两种联轴器，8 组杆的承载能力较高，刚度也较大。联轴器与被连接两轴的组合共有 5 种形式（表 15.1-50 列出了其中的 4 种，还有一种为和弹性阻尼簧片联轴器组合与两轴连接）。

表 15.1-51、表 15.1-52 分别列出了 6 组杆和 8 组杆 S 型、H 型挠性杆联轴器的基本参数，表 15.1-53、表 15.1-54分别列出了按联轴器的法兰结构分为 P 型、T 型和 F 型、K 型挠性杆联轴器的主要尺寸和转动惯量及质量。

联轴器标记示例：

型号为 S56，P 型连接形式，8 组杆，带轴向固定的联轴器：

联轴器 S56-P8A GB/T 14653—2008

不带轴向固定时去掉代号 A。

表 15.1-50　挠性杆联轴器的相对位移与附加载荷(摘自 GB/T 14653—2008)

联轴器的结构与组装	两轴相对位移	附加载荷
单挠性杆联轴器，轴向可动 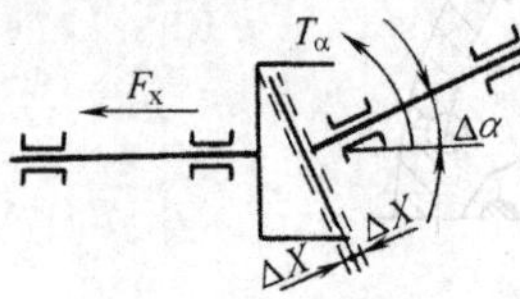 	$[\Delta\alpha]\geqslant\Delta\alpha+\dfrac{\Delta X}{i}$ 式中　i—与联轴器尺寸有关的参数，见表 15.1-51、表 15.1-52 $\Delta\alpha$、ΔX—联轴器的角向和轴向补偿量	$T_\alpha=C_b\Delta\alpha$ $F_x=C_x\Delta X$ 式中　C_b、C_x—弯曲刚度和轴向刚度，见表 15.1-51、表 15.1-52 T_α—附加弯矩 F_x—附加轴向力
单挠性杆联轴器，轴向用关节轴承固定 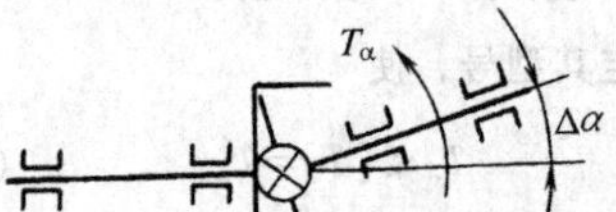 	$\Delta\alpha\leqslant[\Delta\alpha]$ 式中　$[\Delta\alpha]$—许用角向补偿量，见表 15.1-51、表 15.1-52 注	$T_\alpha=C_b\Delta\alpha$
两个挠性杆联轴器，其中一个轴向固定 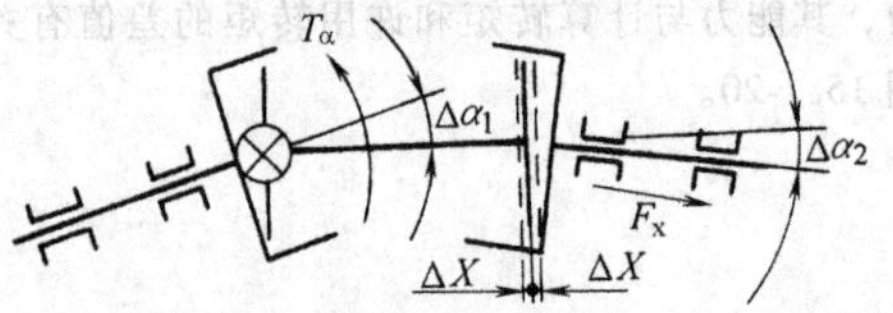 	将两个联轴器看作两个独立部件，同时应满足： $\Delta\alpha_1\leqslant[\Delta\alpha]$ $\Delta\alpha_2+\dfrac{\Delta X}{i}\leqslant[\Delta\alpha]$	$T_{\alpha1}=C_b\Delta\alpha_2$ $T_{\alpha2}=C_b\Delta\alpha_1$ $F_x=C_x\Delta X$
两个挠性杆联轴器的主、从动轴平行 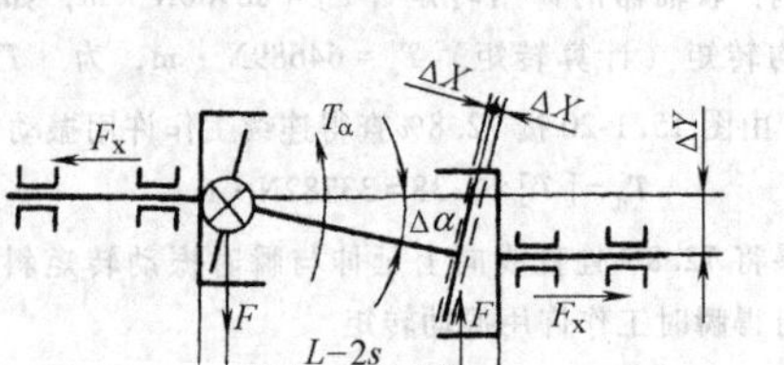 	当一联轴器轴向固定时 $\Delta Y=\left([\Delta\alpha]-\dfrac{\Delta X}{i}\right)(L-2s)$ 当两联轴器轴向都固定时 $\Delta X=0$ $\Delta\alpha_1=\Delta\alpha_2=[\Delta\alpha]$ $\Delta Y=[\Delta\alpha](L-2s)$ 式中　L—两凸缘间长度(mm) s—与联轴器尺寸有关的参数，见表 15.1-51、表 15.1-52	两联轴器刚性一样： $F=\dfrac{2T_\alpha}{(L-2s)}$ $T_\alpha=C_b\Delta\alpha$ $F_x=C_x\Delta X$ 两联轴器刚性不同： $F=\dfrac{T_{\alpha1}}{(L-2s_1)}+\dfrac{T_{\alpha2}}{(L-2s_2)}$ 式中　F—附加径向力(N)

注：没有关节轴承，联轴器的径向承载能力

$$F_{max}=\sqrt[3]{[T]^2}B \tag{15.1-17}$$

式中　$[T]$—联轴器的许用转矩（公称转矩 T_n）（N·m）；

B—系数，可按以下选定

	S 型	H 型
8 组杆	6.65	6.15
6 组杆	6.05	5.60

表 15.1-51 6组杆挠性杆联轴器的基本参数（摘自 GB/T 14653—2008）

型号	公称转矩 T_n/N·m		扭转刚度 C /N·m·rad^{-1}	弯曲刚度 C_b /N·m·rad^{-1}	轴向刚度 C_x /N·mm^{-1}	最高转速 n_{max}/r·min^{-1}		参数 i	数 s	许用角向补偿量 $\Delta\alpha$/rad	
	S型	H型				S型	H型	mm	mm	连续工作	瞬时工作
S (H) 25	5900	4700	5.7×10^6	9×10^3	1020	5300	10700	135	25		
S (H) 28	8400	6700	8.1×10^6	11×10^3	1140	4800	9500	150	28		
S(H)31.5	11800	9500	11.4×10^6	14×10^3	1280	4200	8500	170	31		
S(H)35.5	16700	13400	16.1×10^6	18×10^3	1440	3700	7500	190	35		
S(H)40	23600	18900	22.7×10^6	23×10^3	1620	3300	6700	210	39		
S(H)45	33400	26700	32.1×10^6	28×10^3	1810	2900	5900	240	44		
S(H)50	47200	37700	45.3×10^6	36×10^3	2040	2700	5300	270	49		
S(H)56	66600	53300	64×10^6	45×10^3	2280	2400	4800	300	55		
S(H)63	94000	75300	90×10^6	57×10^3	2560	2100	4200	335	62	12×10^{-3} (9×10^{-3})	15×10^{-3} (11×10^{-3})
S(H)71	133000	106500	128×10^6	71×10^3	2870	1900	3800	375	70		
S(H)80	188000	150000	180×10^6	90×10^3	3230	1650	3300	420	78		
S(H)90	265000	212000	255×10^6	113×10^3	3600	1500	3000	470	88		
S(H)100	375000	300000	360×10^6	143×10^3	4050	1350	2700	530	98		
S(H)112	529000	423000	508×10^6	180×10^3	4550	1200	2400	600	110		
S(H)125	748000	598000	720×10^6	226×10^3	5100	1050	2100	670	124		
S(H)140	1056000	845000	1010×10^6	285×10^3	5700	950	1900	750	139		
S(H)160	1490000	1190000	1430×10^6	358×10^3	6400	850	1700	840	156		
S(H)180	2107000	1680000	2020×10^6	450×10^3	7200	750	1500	945	175		

注：（ ）内的 $\Delta\alpha$ 为H型的数值。

表 15.1-52 8组杆挠性杆联轴器的基本参数（摘自 GB/T 14653—2008）

型号	公称转矩 T_n/N·m		扭转刚度 C /N·m·rad^{-1}	弯曲刚度 C_b /N·m·rad^{-1}	轴向刚度 C_x /N·mm^{-1}	最高转速 n_{max}/r·min^{-1}		参数 i	数 s	许用角向补偿量 $\Delta\alpha$/rad	
	S型	H型				S型	H型	mm	mm	连续工作	瞬时工作
S (H) 25	7900	6300	6.9×10^6	11×10^3	1080	5300	10700	135	25		
S (H) 28	11200	9000	8.8×10^6	14×10^3	1210	4800	9500	150	28		
S(H)31.5	15800	12600	12.7×10^6	17×10^3	1350	4200	8500	170	31		
S(H)35.5	22300	17800	18.6×10^6	22×10^3	1520	3700	7500	190	35		
S (H) 40	31500	25200	26.5×10^6	27×10^3	1710	3300	6700	210	39		
S (H) 45	44500	35600	37.3×10^6	34×10^3	1920	2900	5900	240	44	8×10^{-3} (6×10^{-3})	12×10^{-3} (9×10^{-3})
S (H) 50	62900	50300	52×10^6	43×10^3	2150	2700	5300	270	49		
S (H) 56	88900	71100	73.5×10^6	54×10^3	2410	2400	4800	300	55		
S (H) 63	125500	100500	104×10^6	68×10^3	2710	2100	4200	335	62		
S (H) 71	177500	142000	147×10^6	86×10^3	3040	1900	3800	375	70		
S (H) 80	250500	200500	208×10^6	108×10^3	3410	1650	3300	420	78		
S (H) 90	354000	283000	295×10^6	136×10^3	3830	1500	3000	470	88		
S (H) 100	500000	400000	415×10^6	171×10^3	4300	1350	2700	530	98		
S (H) 112	706000	565000	586×10^6	215×10^3	4800	1200	2400	600	110		
S (H) 125	997000	798000	825×10^6	271×10^3	5400	1050	2100	670	124	8×10^{-3} (6×10^{-3})	12×10^{-3} (9×10^{-3})
S (H) 140	1410000	1128000	1170×10^6	341×10^3	6050	950	1900	750	139		
S (H) 160	1990000	1590000	1650×10^6	430×10^3	6800	850	1700	840	156		
S (H) 180	2810000	2250000	2330×10^6	540×10^3	7650	750	1500	945	175		

注：（ ）内的 $\Delta\alpha$ 为H型的数值。

表 15.1-53　P 型、T 型挠性杆联轴器的形式、主要尺寸和转动惯量及质量（摘自 GB/T 14653—2008）

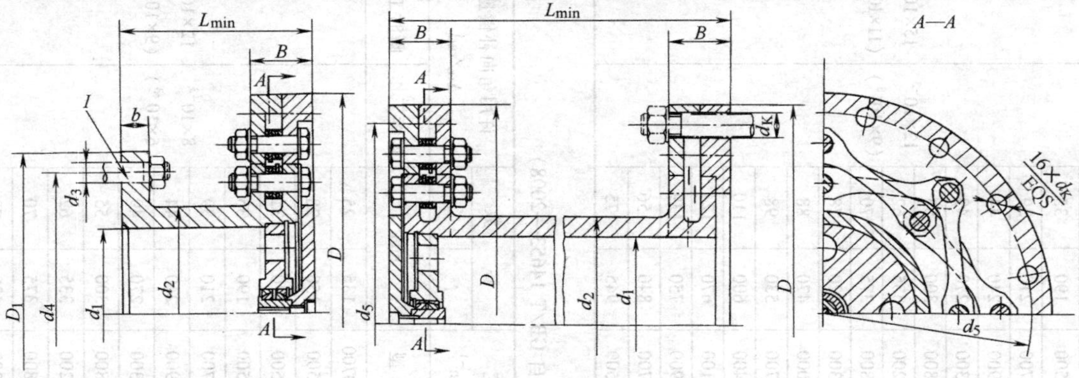

P 型　　T 型

规格	D	B	d_5	d_K	D_1	d_4	b	$I×d_3$	d_1	d_2	L_{min}/mm		总质量/kg			转动惯量 J/kg·m²				
											P 型	T 型	P 型	T 型		P 型		T 型		
	mm													单个①	100mm②	内部	外部	内部	外部	100mm③
S(H)25	301	49	271	17	238	200	18	20×13	119	147	135	146	27.0	18	4.6	0.09	0.18	0.03	0.18	0.02
S(H)28	337	54	304	19	250	220	20	20×15	134	165	155	168	38.0	25	5.7	0.16	0.32	0.06	0.32	0.03
S(H)31.5	378	61	341	21	275	240	23	20×17	150	185	175	185	52.5	34	7.2	0.26	0.57	0.09	0.57	0.05
S(H)35.5	425	68	382	23	310	270	25	20×19	169	208	200	209	74.0	48	9.1	0.46	1.01	0.16	1.01	0.08
S(H)40	476	75	429	25	355	312	28	20×21	189	233	220	232	104.5	69	11.5	0.85	1.80	0.28	1.80	0.13
S(H)45	535	85	481	28	415	370	32	20×23	212	262	250	262	153.5	97	14.6	1.61	3.20	0.50	3.20	0.21
S(H)50	600	93	540	31	430	380	35	24×25	238	294	270	289	206.0	135	18.4	2.74	5.70	1.13	5.70	0.33
S(H)56	673	104	606	34	475	420	38	24×28	267	330	305	319	289.0	191	23.2	4.28	10.10	1.54	10.10	0.53
S(H)63	755	116	680	40	550	490	45	24×32	300	370	330	364	410.0	269	28.9	7.94	18.00	2.71	18.00	0.82
S(H)71	847	134	763	43	625	560	48	24×34	337	415	365	402	577.0	380	36.1	14.10	32.00	4.80	32.00	1.29
S(H)80	950	147	856	50	710	635	54	24×38	378	466	395	450	813.0	537	45.8	25.50	57.00	8.70	57.00	2.06
S(H)90	1066	165	961	54	885	810	60	24×40	424	523	445	500	1207.0	761	57.8	59.50	101.00	20.00	101.00	3.30
S(H)100	1197	182	1078	62	920	841	70	30×44	475	586	490	566	1606.0	1033	72.6	91.60	180.00	34.00	180.00	5.20
S(H)112	1343	208	1209	66	1070	980	75	30×46	533	658	515	622	2345.0	1516	91.8	158.00	320.00	48.00	320.00	8.20
S(H)125	1506	230	1357	74	1270	1170	85	30×50	599	738	590	702	3320.0	2084	114.6	309.00	570.00	82.00	570.00	12.90
S(H)140	1690	257	1522	82	1480	1370	95	30×55	672	828	655	778	4821.0	2995	144.3	594.00	1012.00	143.00	1012.00	20.50
S(H)160	1896	287	1708	93	1860	1740	105	30×58	754	929	725	868	7205.0	4207	181.6	1419.00	1800.00	275.00	1800.00	32.50
S(H)180	2128	321	1917	104	2030	1900	120	30×66	846	1043	805	972	10040.0	5950	229.5	2359.00	3200.00	490.00	3200.00	51.70

注：表中 I 表示 d_3 孔的个数。

① 表示 L_{min} 的总质量。

② 表示 L 每增加 100mm 所增加的质量。

③ 表示 L 每增加 100mm 所增加的转动惯量。

表 15.1-54　F 型、K 型挠性杆联轴器的形式、主要尺寸和转动惯量及质量（摘自 GB/T 14653—2008）

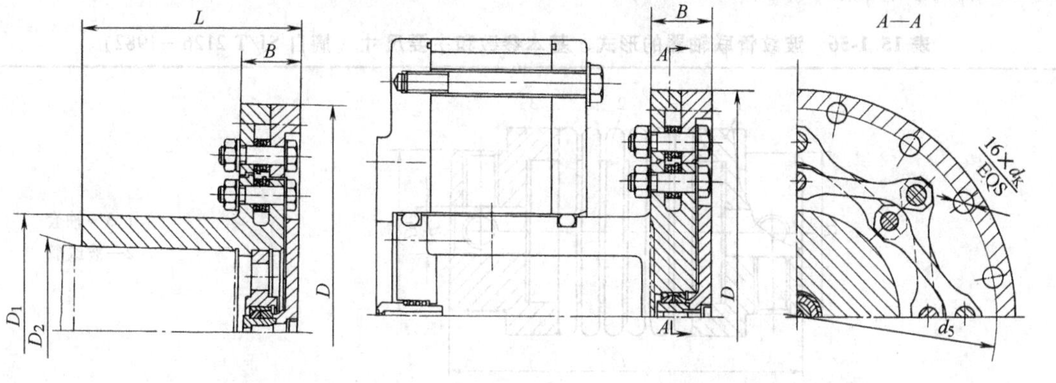

F型　　K型

规格	D	B	d_5	d_K	D_1	D_2	L	总质量/kg		转动惯量 J/kg·m^2			
								F 型	K 型	F 型		K 型	
	mm									内部	外部	内部	外部
S(H)25	301	49	271	17	147	107	147	24.7	19.3	0.06	0.18	0.03	0.18
S(H)28	337	54	304	19	165	120	165	34.5	27.1	0.11	0.32	0.06	0.32
S(H)31.5	378	61	341	21	185	135	185	47.3	38.1	0.18	0.57	0.10	0.57
S(H)35.5	425	68	382	23	208	151	207	67.0	53.5	0.32	1.01	0.18	1.01
S(H)40	476	75	429	25	233	170	233	96.0	75.0	0.56	1.80	11.50	1.82
S(H)45	535	85	481	28	262	190	261	135.0	106.0	1.0	3.20	14.60	3.20
S(H)50	600	93	540	31	294	213	292	189.0	149.0	2.0	5.70	18.40	5.70
S(H)56	673	104	606	34	330	239	328	267.0	209.0	3.1	10.10	23.20	10.10
S(H)63	755	116	680	40	370	269	369	376.0	293.0	5.5	18.00	28.90	18.00
S(H)71	847	134	763	43	415	301	413	531.0	412.0	9.8	32.00	36.10	32.00
S(H)80	950	147	856	50	466	338	464	751.0	579.0	17.6	57.00	45.80	10.10
S(H)90	1066	165	961	54	523	379	520	1065.0	813.0	35.8	101.00	57.80	18.00
S(H)100	1197	182	1078	62	586	425	585	—	1143.0	—	—	72.60	32.00
S(H)112	1343	208	1209	66	658	478	655	—	1605.0	—	—	91.80	57.00
S(H)125	1506	230	1357	74	738	535	735	—	2255.0	—	—	114.60	101.00
S(H)140	1690	257	1522	82	828	600	820	—	3168.0	—	—	144.30	180.00
S(H)160	1896	287	1708	93	929	675	920	—	4451.0	—	—	181.60	320.00
S(H)180	2128	321	1917	104	1043	755	—	—	6253.0	—	—	229.50	570.00

7.5　小型弹性联轴器

7.5.1　弹性管联轴器（见表 15.1-55）

表 15.1-55　弹性管联轴器的形式、基本参数和主要尺寸（摘自 SJ/T 2124—1982）

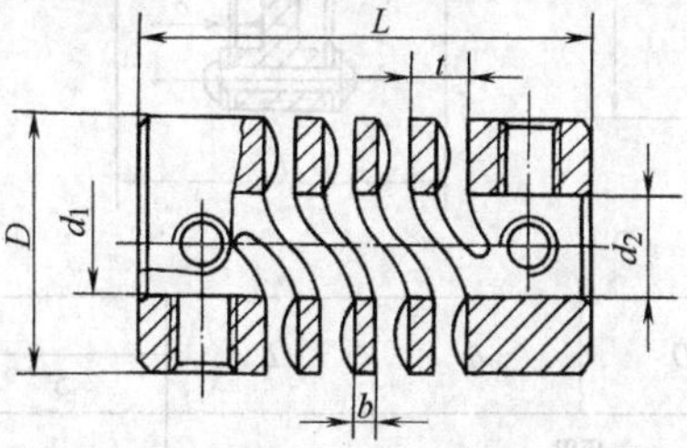

型　号	d_1	d_2	D	t	b	弹性管数 n	L	转矩 T/N·m		
								5	15	30
	mm							弹性回差/(′)		
TL-8-02/03	2H7	3H7	8H12	1.8	0.8	3	17	1.32	3.96	7.92
TL-10-02/04	3H7	4H7	10H12	1.8	0.8	3	17	0.97	2.91	5.82
TL-12-04/05	4H7	5H7	12H12	2	1	3	18	0.59	1.77	3.54
TL-14-04/06	4H7	6H7	14H12	2	1	3	18	0.47	1.41	2.82
TL-16-04/06	4H7	6H7	16H12	2.2	1.2	3	19	0.22	0.66	1.32

7.5.2 波纹管联轴器（见表 15.1-56）

表 15.1-56 波纹管联轴器的形式、基本参数和主要尺寸（摘自 SJ/T 2126—1982）

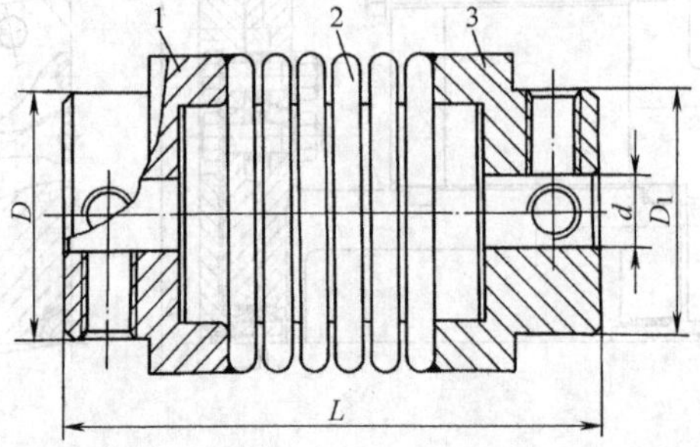

1、3—轴套
2—波纹管

型号	d	D_1	D	L	转矩 T/N·m 5	50	100	150
	mm				弹性回差/(′)			
BL-10-02	2H7	8	10h12	21.65	0.60	6.0	12	18
BL-12-02.5	2.5H7	9	12h12	22.75	0.25	2.5	5	7.5
BL-15-03	3H7	9	15h12	30.10	0.13	1.3	2.6	3.9
BL-18-04	4H7	12	18h12	31.15	0.06	0.6	1.2	1.8
BL-20-05	5H7	12	20h12	31.70	0.04	0.4	0.8	1.05
BL-22-06	6H7	14	22h12	32.30	0.02	0.2	0.4	0.65

7.5.3 薄膜联轴器（见表 15.1-57）

表 15.1-57 薄膜联轴器的形式、基本参数和主要尺寸（摘自 SJ/T 2127—1982）

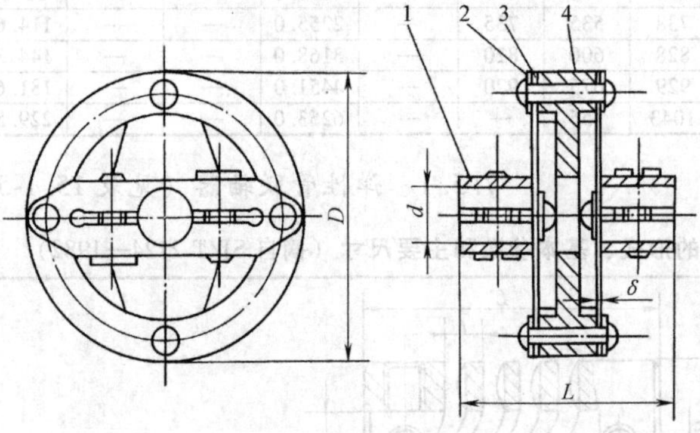

1—拨盘 2—垫圈
3—膜片 4—接头

型号	d	D	δ	L	转矩 T/N·m 5	50	100	200
	mm				弹性回差/(′)			
ML-20-02	2H7	20	0.15	21	0.34	3.4	6.8	13.6
ML-20-03	3H7	20	0.15	21	0.08	0.78	1.56	3.12
ML-30-04	4H7	30	0.15	23	0.04	0.42	0.84	1.68
ML-30-05	5H7	30	0.15	23	0.03	0.30	0.60	1.20
ML-40-06	6H7	40	0.3	27	0.02	0.19	0.38	0.77
ML-40-08	8H7	40	0.3	27	0.02	0.16	0.33	0.66

7.6 弹性环联轴器（见表 15.1-58、表 15.1-59）

表 15.1-58 XL 型弹性环联轴器的形式、基本参数和主要尺寸（摘自 GB/T 2496—2008）

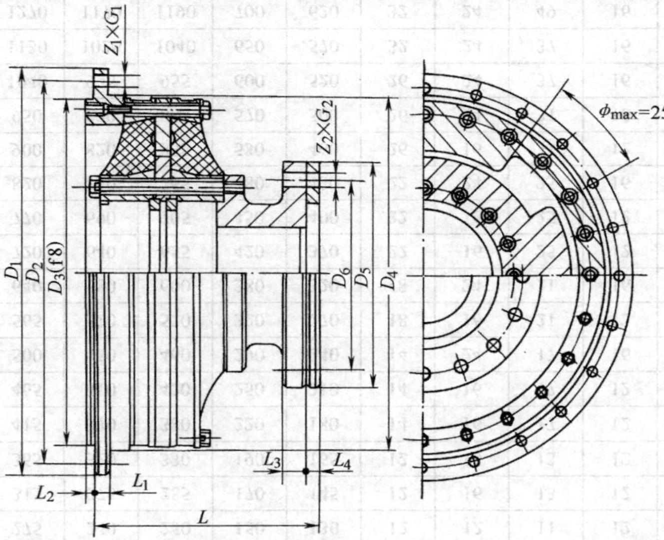

标记示例：

公称转矩为 11.20kN · m 的弹性环联轴器标记为：

联轴器 XL110 GB/T 2496—2008

型号	功率 P_w/转速 n kW/r · min^{-1}	公称转矩 T_n /N · m	瞬时最大转矩 T_{max} /N · m	许用振动转矩 [T_{ws}] /N · m	许用转速 [n] /r · min^{-1}	静态扭转角 T_n 时 ϕ_n/(°)	静态扭转角 T_{max} 时 ϕ_{max}/(°)	静刚度 C_s /N·m·rad^{-1}	许用补偿量 轴向 ΔX /mm	许用补偿量 径向 ΔY /mm	许用补偿量 角度 $\Delta\alpha$ /(°)
XL7	0.074	710	1775	±178	4000	10	25	4068	0.7	1.2	3.2
XL11	0.148	1120	2800	±280	3800	10	25	6417	0.8	1.5	3.2
XL18	0.187	1800	4500	±450	3500	10	25	10313	0.9	1.7	3.2
XL28	0.292	2800	7000	±700	3000	10	25	16043	1.0	2.0	3.2
XL40	0.417	4000	10000	±1000	2800	10	25	22918	1.2	2.2	3.2
XL56	0.583	5600	14000	±1400	2500	10	25	32086	1.3	2.4	3.2
XL80	0.833	8000	20000	±2000	2200	10	25	45837	1.4	2.6	3.2
XL110	1.166	11200	28000	±2800	1950	10	25	64171	1.6	3.0	3.2
XL160	1.427	16000	40000	±4000	1750	10	25	91670	1.8	3.2	3.2
XL180	1.874	18000	45000	±4500	1650	10	25	103132	2.0	3.6	3.2
XL250	2.603	25000	62500	±6250	1500	10	25	143239	2.2	4.0	3.2

（续）

型号	功率 P_w/转速/n kW/r·min^{-1}	公称转矩 T_n /N·m	瞬时最大转矩 T_{max} /N·m	许用振动转矩 [T_{ws}] /N·m	许用转速 [n] /r·min^{-1}	静态扭转角 T_n时 φ_n/(°)	静态扭转角 T_{max}时 φ_{max}/(°)	静刚度 C_s /N·m·rad^{-1}	许用补偿量 轴向 ΔX /mm	许用补偿量 径向 ΔY /mm	许用补偿量 角度 $\Delta\alpha$ /(°)
XL315	3.280	31500	78750	±7875	1400	10	25	180482	2.4	4.4	3.2
XL400	4.165	40000	100000	±10000	1300	10	25	229183	2.6	4.8	3.2
XL560	5.831	56000	140000	±14000	1200	10	25	320859	2.8	5.2	3.2
XL710	7.392	71000	177500	±17750	1100	10	25	406800	3.0	5.8	3.2
XL1000	10.411	100000	250000	±25000	1000	10	25	572959	3.2	6.2	3.2

型号	主要尺寸/mm															转动惯量 J/kg·m^2			质量
	D_1	D_2	D_3	D_4	D_5	D_6	G_1	Z_1	G_2	Z_2	L	L_1	L_2	L_3	L_4	外部	内部	总体	W/kg
XL7	295	275	240	250	150	130	12	12	11	12	150	10	5	12	10	0.14	0.04	0.18	20
XL11	335	315	275	285	170	145	12	16	13	12	170	10	5	15	10	0.28	0.07	0.35	30
XL18	390	365	320	330	190	165	12	16	13	12	200	12	5	20	10	0.51	0.16	0.67	45
XL28	440	415	370	380	220	180	14	16	17	12	230	15	5	20	15	1.02	0.33	1.35	70
XL40	490	465	410	420	250	210	14	16	17	12	265	15	5	25	15	1.74	0.58	2.32	100
XL56	530	500	450	460	290	240	14	24	17	16	300	15	5	30	20	2.59	1.04	3.63	135
XL80	600	565	510	520	320	270	18	16	21	12	315	15	5	30	20	4.35	1.77	6.12	180
XL110	680	640	580	600	380	320	18	24	21	16	355	20	10	35	20	8.85	3.36	12.21	265
XL160	760	720	640	655	420	370	22	16	25	12	380	25	10	35	20	14.52	5.56	20.08	350
XL180	810	770	690	705	450	400	22	16	25	12	410	25	10	35	25	19.62	8.12	27.78	415
XL250	860	820	750	765	480	430	22	24	25	16	440	25	10	40	25	26.45	12.57	39.02	500
XL315	950	900	820	835	530	460	26	16	31	12	475	30	10	40	30	45.52	19.40	64.92	700
XL400	1000	950	870	885	570	500	26	24	31	16	515	30	10	45	30	60.8	26.98	87.78	845
XL560	1120	1040	935	955	600	520	26	24	37	16	570	30	10	50	30	96.2	46.82	143.02	1120
XL710	1210	1130	1020	1040	650	570	32	24	37	16	630	40	10	60	40	149.2	68.2	217.50	1410
XL1000	1340	1270	1170	1190	700	620	32	24	49	16	680	40	10	70	50	254.46	103.5	358.96	2120

注：1. 当联轴器所连两轴同时存在径向和轴向位移时，其许用位移值应按比例减小，如当实际径向位移为表值的30%时，则轴向位移不应超过表值的70%。

2. 联轴器的工作温度范围为-10~60℃，工作时应避免与油类、有机溶剂和酸碱等接触，并防止露天暴晒。

3. 动刚度 C_d 为静刚度 C_s 值的1.15倍，即 $C_d=1.15C_s$。

表 15.1-59 XL 型弹性环组合件的形式和主要尺寸（摘自 GB/T 2496—2008） （mm）

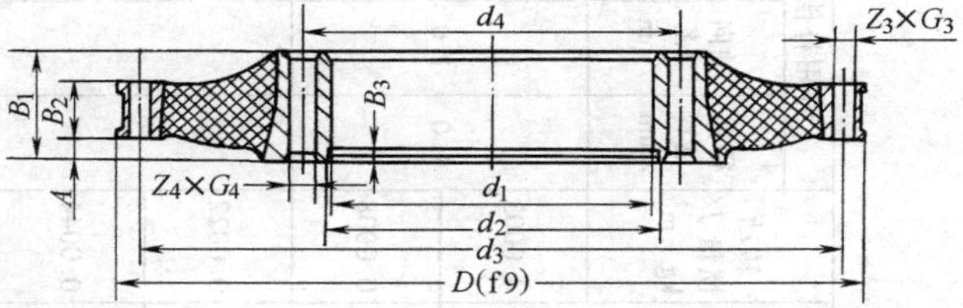

橡胶弹性环件号	D (f9)	d_1	d_2	d_3	d_4	B_1	B_2	B_3	A	G_3	Z_3/只	G_4	Z_4/只	质量 W_1/kg
XL7-01	240	90	95	220	110	35	19.5	3	6	11	12	11	12	4
XL11-01	275	105	110	255	130	40	22	3	7	11	16	13	12	6
XL18-01	320	130	135	300	155	47	25	3	8	11	16	13	12	10
XL28-01	370	150	155	350	180	55	31	4	9	13	16	17	12	15
XL40-01	410	170	175	385	200	63	34	4	10	13	16	17	12	20
XL56-01	450	195	200	425	225	70	39	6	11	13	24	17	16	27
XL80-01	510	210	220	480	250	75	42	7	12	17	16	21	12	38
XL110-01	580	250	260	550	290	85	48	8	14	17	24	21	16	52
XL160-01	640	270	280	605	320	95	53	8	16	21	16	25	12	75
XL180-01	690	300	310	655	350	100	56	8	17	21	16	25	12	90
XL250-01	750	340	350	715	390	110	62	8	19	21	24	25	16	110
XL315-01	820	350	360	770	410	120	67	8	20.5	25	16	31	12	160
XL400-01	870	380	390	830	440	130	73	8	22	25	24	31	16	190
XL560-01	935	400	420	900	455	145	80	10	27.5	25	24	37	24	260
XL710-01	1020	440	460	935	500	160	87	10	31	25	24	37	24	320
XL1000-01	1170	520	540	1125	580	177	98	10	35	25	32	37	32	475

7.7　轮胎式联轴器（见表 15.1-60）

表 15.1-60　UL 型轮胎式联轴器的形式、基本参数和主要尺寸（摘自 GB/T 5844—2002）

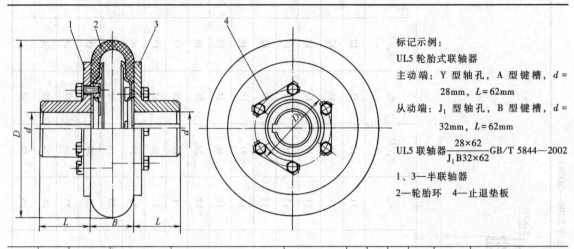

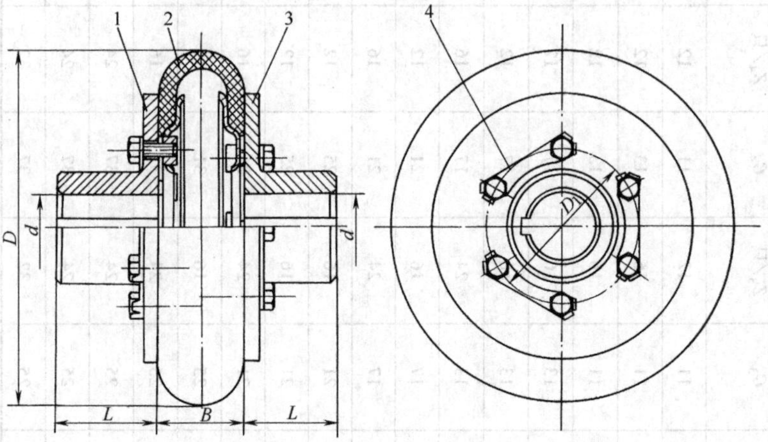

标记示例：

UL5 轮胎式联轴器

主动端：Y 型轴孔，A 型键槽，$d=28$mm，$L=62$mm

从动端：J_1 型轴孔，B 型键槽，$d=32$mm，$L=62$mm

UL5 联轴器 $\dfrac{28\times62}{J_1B32\times62}$ GB/T 5844—2002

1、3—半联轴器

2—轮胎环　4—止退垫板

型号	许用转矩 [T] /N·m	瞬时最大转矩 T_{max} /N·m	许用转速 [n] /r·min^{-1} 钢	铁	轴孔直径 dH7/mm 钢	铁	轴孔长度 L/mm J 型、J_1 型	Y 型	D /mm	B /mm	D_1 /mm	质量 /kg	转动惯量 J/kg·m^2	许用补偿量 径向 ΔY /mm	轴向 ΔX /mm	角向 Δα /(°)
UL1	10	31.5	5000	3500	11	11	22	25	80	20	42	0.7	0.0003	1.0	1.0	1
					12、14	12、14	27	32								
					16、18	16	30	42								
UL2	25	80	5000	3000	14	14	27	32	100	26	51	1.2	0.0008			
					16、18、19	16、18、19	30	42								
					20、22	20	38	52								
UL3	63	180	4800	3000	18、19	18、19	30	42	120	32	62	1.8	0.0022	1.6	2.0	
					20、22、24	20、22	38	52								
					25	—	44	62								
UL4	100	315	4500	3000	20、22、24	20、22、24	38	52	140	38	69	3	0.0044			
					25、28	25	44	62								
					30	—	60	82								
UL5	160	500	4000	3000	24	24	38	52	160	45	80	4.6	0.0084			
					25、28	25、28	44	62								
					30、32、35	30	60	82								
UL6	250	710	3600	2500	28	28	44	62	180	50	90	7.1	0.0164			
					30、32、35、38	30、32、35	60	82								
					40	—	84	112								
UL7	315	900	3200	2500	32、35、38	32、35、38	60	82	200	56	104	10.9	0.029	2.0	2.5	
					40、42、45、48	40、42	84	112								
UL8	400	1250	3000	2000	38	38	60	82	220	63	110	13	0.0448	2.5	3.0	1°30′
					40、42、45 48、50	40、42、45	84	112								
UL9	630	1800	2800	2000	42、45、48 50、55、56	42、45、48 50、55	84	112	250	71	130	20	0.0898			
					60	—	107	142								

（续）

型号	许用转矩 [T] /N·m	瞬时最大转矩 T_{max} /N·m	许用转速 [n] /r·min⁻¹		轴孔直径 dH7/mm		轴孔长度 L/mm		D	B	D_1	质量 /kg	转动惯量 J/ kg·m²	许用补偿量		
			钢	铁	钢	铁	J 型、J_1 型	Y 型	mm					径向 ΔY /mm	轴向 ΔX /mm	角向 $\Delta\alpha$ /(°)
UL10	800	2240	2400	1600	45*、48*、50、55、56		84	112	280	80	148	30.6	0.1596	3.0	3.6	1°30′
					60、63、65、70	60、63、65	107	142								
UL11	1000	2500	2100	1600	50*、55*、56*		84	112	320	90	165	39	0.2792			
					60、63、65 70、71、75	60、63、65	107	142								
UL12	1600	4000	2000	1600	55*、56*	55*、56*	84	112	360	100	188	59	0.5356	3.6	4.0	
					60*、63*、65*、70、71、75		107	142								
					80、85	80	132	172								
UL13	2500	6300	1800	1600	63*、65*、70*、71*、75*		107	142	400	110	210	81	0.896	4.0	4.5	
					80、85、90、95		132	172								
UL14	4000	10000	1600	1400	75*	75*	107	142	480	130	254	145	2.2616		5.0	
					80*、85*、90*、95*		132	172								
					100、110	100、110	167	212								
UL15	6300	14000	1200	1120	85*、90*、95*	—、90*、95*	132	172	560	150	300	222	4.6456	5.0	5.6	
					100*、110*、120*、125*		167	212								
UL16	10000	20000	1000	1000	100*、110*、120*、125*		167	212	630	180	335	302	8.0924		6.0	
					130、140	130、140	202	252							6.7	
UL17	16000	31500	900	850	120*、125*	—	167	212	750	210	405	561	20.0176			
					130*、140*、150*		202	252								
					160*	160*	242	302							8.0	
UL18	25000	59000	800	750	140*、150*	—	202	252	900	250	490	818	43.053			
					160*、170*、180*		242	302								

注：1. 轴孔直径有 * 号者为结构允许制成 J 型轴孔。

2. 联轴器质量和转动惯量是各型号中最大值的计算近似值。

3. 生产厂有江苏联大集团有限公司、德阳立达基础件有限公司。

7.8 鞍形块弹性联轴器

（1）基本参数和主要尺寸（见表 15.1-61）

表 15.1-61 LAK 型鞍形块弹性联轴器的形式、基本参数和主要尺寸（摘自 JB/T 7684—2007）

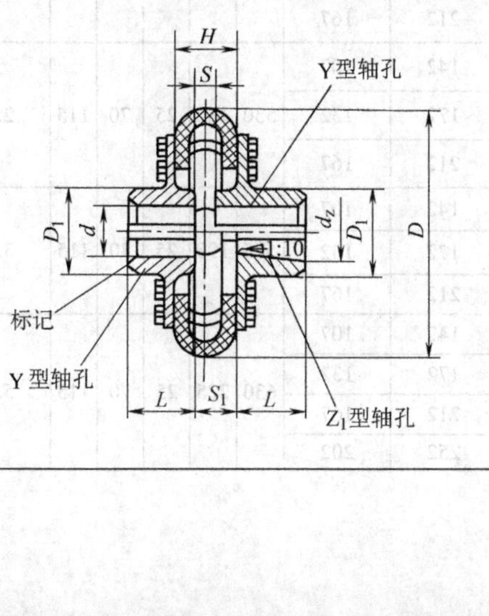

标记示例：

LAK11 型鞍形块弹性联轴器

主动端：Y 型轴孔，A 型键槽，$d=75$mm，$L=142$mm

从动端：J_1 型轴孔，B 型键槽，$d=75$mm，$L=107$mm

LAK11 联轴器 $\frac{75\times142}{J_1B75\times107}$ JB/T 7684—2007

（续）

型号	公称转矩 T_n /N·m	许用转速 [n] /r·min^{-1}	轴孔直径 d、d_z	轴孔长度 L Y型	轴孔长度 L J_1型 Z_1型	D	D_1	S	S_1	H	转动惯量 J /kg·m^2	质量 /kg
				mm								
LAK1	63	3700	20,22,24	52	38	155	50	10	30	50	0.005	3.4
			25,28	62	44							
			30,32	82	60							
LAK2	100	3500	25,28	62	44	165	60	10	30	50	0.007	4.8
			30,32,35,38	82	60							
LAK3	160	3150	28	62	44	185	75	10	30	50	0.018	8.73
			30,32,35,38	82	60							
			40,42,45	112	84							
LAK4	250	3000	30,32,35,38	82	60	185	75	10	30	50	0.018	8.86
			40,42,45,48	112	84							
LAK5	500	2500	40,42,45,48,50,55,56	112	84	235	95	15	45	75	0.039	14.4
			60,63,65	142	107							
LAK6	630	2400	42,45,48,50,55,56	112	84	240	100	15	45	75	0.043	16.1
			60,63,65,70,71	142	107							
LAK7	1000	2000	45,48,50,55,56	112	84	295	120	15	45	75	0.147	29
			60,63,65,70,71,75	142	107							
LAK8	1600	1700	50,55,56	112	84	340	130	15	45	75	0.28	38.5
			60,63,65,70,71,75	142	107							
			80	172	132							
LAK9	2500	1500	50,55,56	112	84	385	145	25	70	115	0.424	53
			60,63,65,70,71,75	142	107							
			80,85,90	172	132							
LAK10	4000	1250	50,56	112	84	460	160	25	70	115	1.03	76.6
			60,63,65,70,71,75	142	107							
			80,85,90,95	172	132							
			100	212	167							
LAK11	6300	1050	60,63,65,70,71,75	142	107	530	180	25	70	115	2.38	128
			80,85,90,95	172	132							
			100,110	212	167							
LAK12	7100	1000	65,70,71,75	142	107	575	190	25	70	115	3.32	144
			80,85,90,95	172	132							
			100,110,120	212	167							
LAK13	10000	900	75	142	107	630	225	25	70	115	5.45	198
			80,85,90,95	172	132							
			100,110,120,125	212	167							
			130,140	252	202							

（续）

型号	公称转矩 T_n /N·m	许用转速 [n] /r·min⁻¹	轴孔直径 d、d_z	轴孔长度 L Y型	轴孔长度 L J_1型Z_1型	D	D_1	S	S_1	H	转动惯量 J /kg·m²	质量 /kg
			mm									
LAK14	14000	850	85,90,95	172	132	665	250	30	115	200	5.56	242
			100,110,120,125	212	167							
			130,140,150	252	202							
LAK15	20000	750	100,110,120,125	212	167	740	280	30	115	200	10.3	330
			130,140,150	252	202							
			160,170,180	302	242							
LAK16	31500	650	110,120,125	212	167	880	305	30	115	200	23.5	475
			130,140,150	252	202							
			160,170,180	302	242							
			190	352	282							
LAK17	50000	550	120,125	212	167	1040	345	30	115	200	50.2	701
			130,140,150	252	202							
			160,170,180	302	242							
			190,200,220	352	282							

注：1. 表中的质量和转动惯量均为最小轴孔Y型孔计算的近似值。
2. 联轴器两端不能同时采用Z_1型轴孔。
3. 联轴器最大转矩为公称转矩的3倍。

（2）选择计算

选用鞍形块弹性联轴器型号时的计算转矩

$$T_c = K_1 K_2 K_3 T \leqslant T_n \quad (15.1\text{-}18)$$

式中 T_n——联轴器需传递的转矩（N·m）；

K_1——工况系数，载荷平稳取 $K_1=1.0\sim1.4$，载荷变化和冲击中等取 $K_1=1.4\sim2.1$，载荷变化和冲击较大取 $K_1=2.1\sim2.8$；

K_2——原动机系数，电动机和汽轮机取 $K_2=1.0$，水轮机和涡轮机取 $K_2=1.2$，内燃机≥四缸取 $K_2=1.2$、三缸取 $K_2=1.3$、双缸取 $K_2=1.5$、单缸取 $K_2=2.0$；

K_3——温度系数，

温度/℃	-20~30	>30~40	>40~50	>50~60	>60~70	>70~80
K_3	1.0	1.1	1.2	1.4	1.6	1.8

7.9 弹性套柱销联轴器

弹性套柱销联轴器以柱销与两半联轴器的凸缘相连，柱销的一端以圆锥面和螺母与半联轴器凸缘上的锥形销孔形成固定配合，另一端带有弹性套，装在另一半联轴器凸缘上的柱销孔中。弹性套的外表带有梯形槽以增加弹性变形量，并由于弹性套外径略小于销孔直径，从而获得补偿两轴相对位移的性能。

由于弹性套工作时受挤压发生的变形量不大，且因弹性套与销孔的配合间隙不宜过大，因此这种联轴器的缓冲和减振性能不高，补偿两轴相对位移量较小。如果工作时两轴相对位移过大，则联轴器的运转性能将趋恶化，弹性套的磨损加剧，很易损坏。为了适应角位移较大传动的需要，可改用鼓形弹性套。

弹性套用天然橡胶或合成橡胶制成，其硬度为邵氏A70±5，拉伸强度>15MPa，拉断伸长率>300%。

弹性套柱销联轴器的特点是结构简单，安装方便，更换容易，尺寸小，重量轻。如果安装调整后能保持两轴相对位移量在规定的范围内，则联轴器会有满意的使用性能和较长的工作寿命，因此它广泛应用于冲击载荷不大、由电动机驱动底座刚性较好、对中精确的各种中小功率传动轴系中。

7.9.1　LT 型弹性套柱销联轴器（见表 15.1-62）

表 15.1-62　LT 型弹性套柱销联轴器的型式、基本参数和主要尺寸（摘自 GB/T 4323—2002）

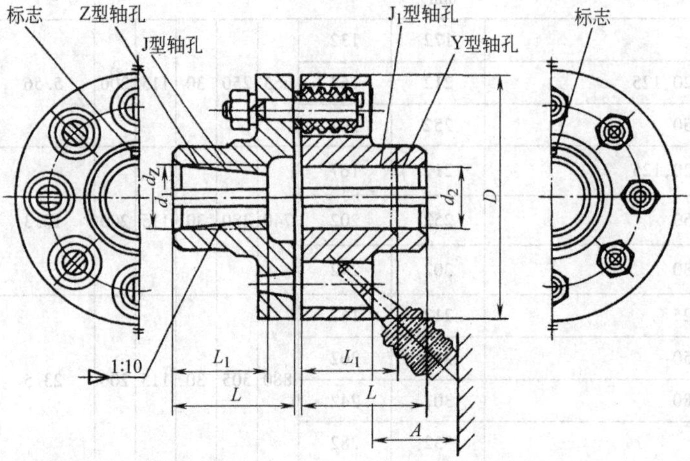

标记示例：

LT3 弹性套柱销联轴器

主动端：Z 型轴孔，C 型键槽，$d_2 = 16\text{mm}, L = 30\text{mm}$

从动端：J 型轴孔，B 型键槽，$d_2 = 18\text{mm}, L = 42\text{mm}$

LT3 联轴器 $\dfrac{ZC16\times30}{JB18\times42}$ GB/T 4323—2002

型号	公称转矩 T_n/N·m	许用转速 [n]/r·min⁻¹ 铁	许用转速 [n]/r·min⁻¹ 钢	轴孔直径 d_1、d_2、d_Z 铁 (mm)	轴孔直径 d_1、d_2、d_Z 钢 (mm)	轴孔长度 Y 型 L (mm)	轴孔长度 J、J_1、Z 型 L_1 (mm)	轴孔长度 J、J_1、Z 型 L (mm)	$L_{推荐}$ (mm)	D (mm)	A (mm)	质量/kg	转动惯量 J/kg·m²	许用安装补偿量 ΔY/mm	许用安装补偿量 Δα
LT1	6.3	6600	8800	9	9	20	14	—	25	71	18	0.82	0.0005	0.1	45′
				10、11	10、11	25	17								
				12	12、14	32	20								
LT2	16	5500	7600	12、14	12、14				35	80		1.20	0.0008		
				16	16、18、19	42	30	42							
LT3	31.5	4700	6300	16、18、19	16、18、19				38	95	35	2.20	0.0023		
				20	20、22	52	38	52							
LT4	63	4200	5700	20、22、24	20、22、24				40	106		2.84	0.0037		
				—	25、28	62	44	62							
LT5	125	3600	4600	25、28	25、28				50	130		6.05	0.012		
				30、32	30、32、35	82	60	82							
LT6	250	3300	3800	32、35、38	32、35、38				55	160	45	9.75	0.028	0.15	30′
				40	40、42	112	84	112							
LT7	500	2800	3600	40、42、45	40、42、45、48				65	190		14.01	0.055		
LT8	710	2400	3000	45、48、50、55	45、48、50、55				70	224	65	23.12	0.340	0.2	
				—	56										
				—	60、63	142	107	142							
LT9	1000	2100	2850	50、55、56	50、55、56	112	84		80	250		30.69	0.213		
				60、63	60、63	142	107	142							
				—	65、70、71										
LT10	2000	1700	2300	63、65、70、71、75	63、65、70、71、75				100	315	80	61.40	0.660		
				80、85	80、85、90、95	172	132	172							
LT11	4000	1350	1800	80、85、90、96	80、85、90、96				115	400	100	120.70	2.122	0.25	15′
				100、110	100、110	212	167	212							
LT12	8000	1100	1450	100、110、120、125	100、110、120、125				135	475	130	210.34	5.390		
				—	130	252	202	252							

（续）

型号	公称转矩 T_n/N·m	许用转速 [n] /r·min⁻¹		轴孔直径 d_1、d_2、d_Z		轴孔长度 Y型	J、J_1、Z型		$L_{推荐}$	D	A	质量 /kg	转动惯量 J/kg·m²	许用安装补偿量 ΔY/mm	Δα
		铁	钢	铁	钢	L	L_1	L	mm						
LT13	16000	800	1150	120、125		212	167	212	160	600	180	419.36	17.580	0.3	15′
				130、140、150		252	202	252							
				160	160、170	302	242	302							

注：1. 优先选用 $L_{推荐}$ 轴孔长度。

2. 质量、转动惯量是按材料为铸钢、无孔和 $L_{推荐}$ 计算的近似值。

3. 联轴器许用运转补偿量为安装补偿量的1倍。

4. 联轴器短时过载不得超过公称转矩的2倍。

7.9.2 LTZ型带制动轮弹性套柱销联轴器（见表15.1-63）

表15.1-63 LTZ型带制动轮弹性套柱销联轴器的形式、基本参数和主要尺寸（摘自GB/T 4323—2002）

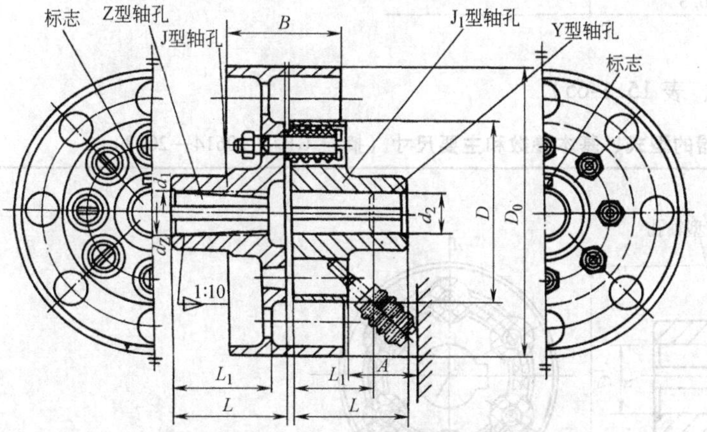

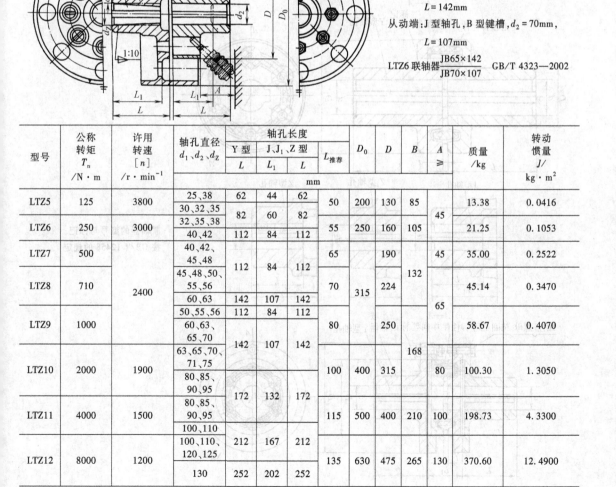

标记示例：LTZ6带制动轮弹性套柱销联轴器

主动端：J型轴孔，B型键槽，d_1 = 65mm，L = 142mm

从动端：J型轴孔，B型键槽，d_2 = 70mm，L = 107mm

LTZ6联轴器 $\frac{JB65\times142}{JB70\times107}$ GB/T 4323—2002

型号	公称转矩 T_n /N·m	许用转速 [n] /r·min⁻¹	轴孔直径 d_1、d_2、d_Z	轴孔长度 Y型 L	J、J_1、Z型 L_1	L	$L_{推荐}$	D_0	D	B	A ≥	质量 /kg	转动惯量 J/kg·m²
			mm										
LTZ5	125	3800	25、38	62	44	62	50	200	130	85		13.38	0.0416
			30、32、35	82	60	82					45		
LTZ6	250	3000	32、35、38				55	250	160	105		21.25	0.1053
			40、42	112	84	112							
LTZ7	500		40、42、45、48				65		190		45	35.00	0.2522
LTZ8	710		45、48、50、55、56	112	84	112	70		224	132		45.14	0.3470
		2400	60、63	142	107	142		315					
LTZ9	1000		50、55、56	112	84	112	80		250		65	58.67	0.4070
			60、63、65、70										
LTZ10	2000	1900	63、65、70、71、75	142	107	142	100	400	315	168	80	100.30	1.3050
			80、85、90、95										
LTZ11	4000	1500	80、85、90、95	172	132	172	115	500	400	210	100	198.73	4.3300
			100、110										
LTZ12	8000	1200	100、110、120、125	212	167	212	135	630	475	265	130	370.60	12.4900
			130	252	202	252							

（续）

型号	公称转矩 T_n /N·m	许用转速 $[n]$ /r·min^{-1}	轴孔直径 d_1、d_2、d_Z	轴孔长度			$L_{推荐}$	D_0	D	B	A ≥	质量 /kg	转动惯量 J/ kg·m^2
				Y 型	J、J_1、Z 型								
				L	L_1	L							
			mm										
LTZ13	16000	1000	120、125	212	167	212	160	710	600	298	180	611.13	30.4800
			130、140、150	252	202	252							
			160、170	302	242	302							

注：1. 见表 15.1-62 注中的 1、2、3。

2. 联轴器许用安装补偿量

型号	径向 Δy/mm	角向 $\Delta\alpha$
LTZ5~7	0.15	45′(LTZ5)
LTZ8~10	0.2	30′(LTZ6~10)
LTZ11~12	0.25	15′
LTZ13	0.3	

许用运转补偿量为上值的 1 倍。

7.10　芯型联轴器（见表 15.1-64、表 15.1-65）

表 15.1-64　芯型弹性联轴器的型式、基本参数和主要尺寸（摘自 GB/T 10614—2008）

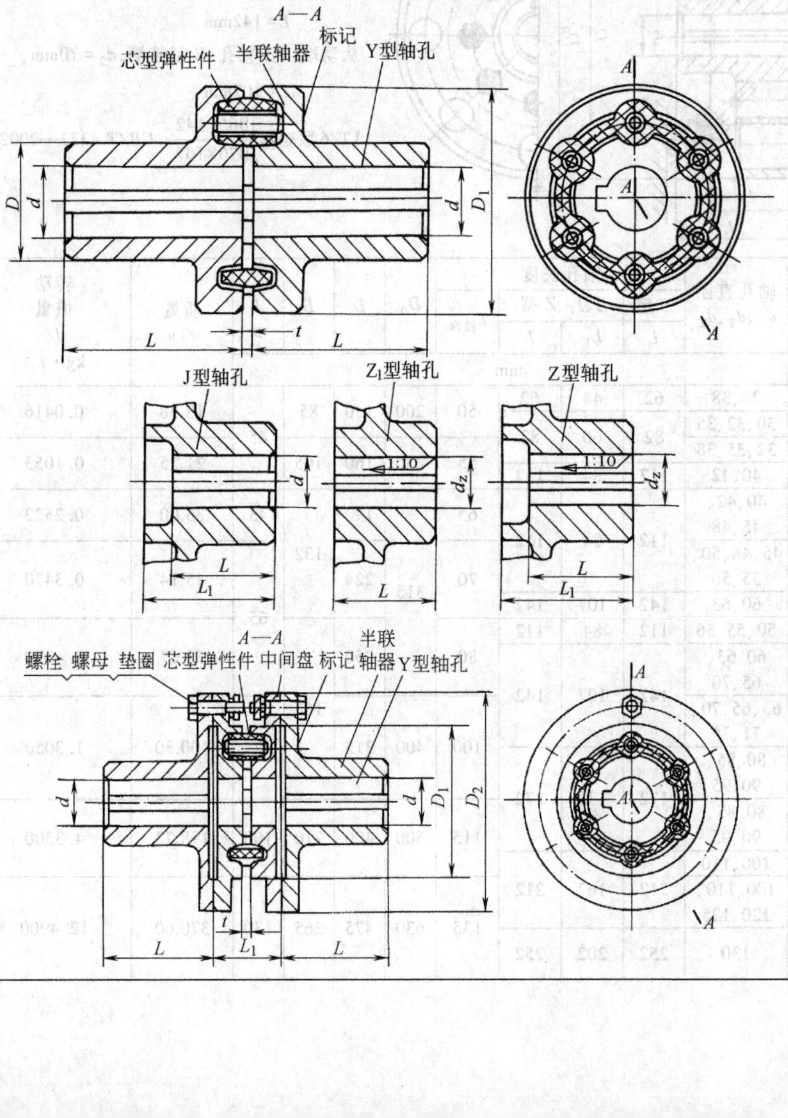

联轴器的型号与标记按 GB/T 12458 的规定

（续）

代号	公称转矩 T_n /N·m	瞬时最大转矩 T_{max} /N·m	许用转速[n] /r·min⁻¹	轴孔直径 d、d_Z	轴孔长度 Y 型	轴孔长度 J、Z、Z_1 型		D	D_1	$D_2$①	t	质量 /kg	转动惯量 J /kg·m²
					L	L_1	L						
				mm									
LN1/LNS1	6.3	20	4000	10、11	25	—	22*	33	70	115	3	1.1/2.7	0.0006/0.0036
				12、14	32		27*						
				16、18、19	42	42**	30						
				20、22	52	52**	38						
LN2/LNS2	25	80	3500	16、18、19	42	42	30	42	85	120	3	2.0/3.8	0.0015/0.0054
				20、22、24	52	52	38						
				25、28	62	62**	44						
LN3/LNS3	63	180	3000	20、22、24	52	52	38	52.5	105	150	3	3.7/7.3	0.0039/0.0162
				25、28	62	62	44						
				30、32、35	82	82**	60						
LN4/LNS4	100	315	3000	24	52	52	38	63	120	165	3	6.0/11.2	0.0087/0.0301
				25、28	62	62	44						
				30、32、35、38	82	82	60						
				40、42	112	112**	84						
LN5/LNS5	160	500	3000	28	62	62	44	72	140	185	3	9.0/15.4	0.0169/0.0498
				30、32、35、38	82	82	60						
				40、42	112	112	84						
				45、48		112**							
LN6/LNS6	250	710	2500	32、35、38	82	82	60	84	160	215	3	14.1/23.7	0.0354/0.1018
				40、42	112	112	84						
				45、48、50、55、56		112**							
LN7/LNS7	400	1120	2500	38	82	82	60	90	180	235	4	16.8/29.6	0.0575/0.1654
				40、42	112	112	84						
				45、48、50、55、60		112**							
				60	142	142	107						
LN8/LNS8	630	1800	2000	45、48	112	112	84	105	200	255	4	24.1/42.1	0.0971/0.2752
				50、55、56		112**							
				60、63、65、70	142	142**	107						
LN9	900	2240	2200	48、50、55、56	112	112	84	112.5	220	275	4	30.7	0.1412
				60、63、65	142	142	107						
				70、71、75		142**							
LN10/LNS10	1250	3150	1600	55、56	112	112	84	120	240	300	5	38.5/64.1	0.2304/0.5842
				60、63、65	142	142	107						
				70、71、75		142**							
				80	172	172**	132						
LN11/LNS11	1600	4000	1600	60、63、65	142	142	107	135	250	310	5	45.2/75.4	0.2889/0.7886
				70、71、75		142**							
				80、85、90	172	172**	132						
LN12/LNS12	2500	6300	1600	70、71、75	142	142	107	142.5	320	380	6	76.2/120.3	0.7902/1.7446
				80、85、90、95	172	172	132						
LN13/LNS13	4000	10000	1600	80、85、90、95	172	172	132	180	360	435	7	118/176.5	1.4711/3.1462
				100、110	212	212	167						
				120		212**							
LN14/LNS14	8000	16000	1400	100、110、120、125	212	212	167	210	420	495	7	171.6/251.5	2.9312/5.9174
				130、140	252	252**	202						

注：1. 表中有横线的栏目中横线上、下分别为 LN 型及 LNS 型的数值。
2. 带 * 的轴孔长度仅适用于 J_1 型轴孔，对于 Z_1 型轴孔，应把 22 改为 17，27 改为 20。
3. 带 * * 的 LN 型无此轴孔形式。
4. 轴孔形式可根据需要选取。
5. 联轴器质量和转动惯量是各个代号中最大的钢制半联轴器的计算近似值。

① D_2 列数值为 LNS 型的尺寸数值。

表 15.1-65 芯型弹性联轴器的许用补偿量（摘自 GB/T 10614—2008）

许用补偿量 \ 代号	LN1 LNS1	LN2 LNS2	LN3 LNS3	LN4 LNS4	LN5 LNS5	LN6 LNS6	LN7 LNS7	LN8 LNS8	LN9 LNS9	LN10 LNS10	LN11 LNS11	LN12 LNS12	LN13 LNS13	LN14 LNS14
轴向 ΔX/mm	0.5		0.8					1.2				2.0		3.0
径向 ΔY/mm	0.5							1.0						
角向 $\Delta\alpha$	1.5°					1°			30′					

注：1. 表中所列补偿量是指由于制造误差、安装误差和工作时载荷变化所引起的冲击、振动、零件变形和温度变化等因素所形成的两轴相对偏移量的补偿能力。

2. 径向补偿量的测量部位在半联轴器最大外圆宽度的 1/2 处。

7.11 弹性柱销联轴器

7.11.1 LX 型弹性柱销联轴器（见表 15.1-66）

表 15.1-66 LX 型弹性柱销联轴器的形式、基本参数和主要尺寸（摘自 GB/T 5014—2003）

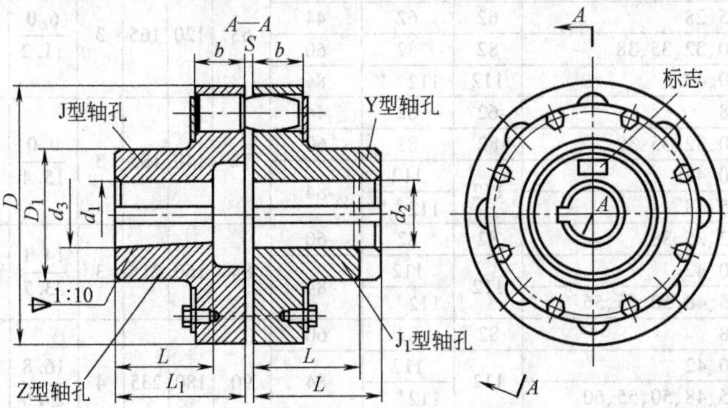

联轴器的标记方法、轴孔、连接形式及尺寸按 GB/T 3852 的规定

型号	公称转矩 T_n /N·m	许用转速[n] /r·min⁻¹	轴孔直径 d_1、d_2、d_z	轴孔长度 Y 型 L	J、J_1、Z 型 L	J、J_1、Z 型 L_1	D	D_1	b	S	转动惯量 J /kg·m²	质量 /kg
				mm								
LX1	250	8500	12、14	32	27	—	90	40	20	2.5	0.002	2
			16、18、19	42	30	42						
			20、22、24	52	38	52						
LX2	560	6300	20、22、24	52	38	52	120	55	28	2.5	0.009	5
			25、28	62	44	62						
			30、32、35	82	60	82						
LX3	1250	4750	30、32、35、38	82	60	82	160	75	36	2.5	0.026	8
			40、42、45、48	112	84	112						
LX4	2500	3870	40、42、45、48、50、55、56	112	84	112	195	100	45	3	0.109	22
			60、63	142	107	142						
LX5	3150	3450	50、55、56	112	84	112	220	120	45	3	0.191	30
			60、63、65、70、71、75	142	107	142						
LX6	6300	2720	60、63、65、70、71、75	142	107	142	280	140	56	4	0.543	53
			80、85	172	132	172						
LX7	11200	2360	70、71、75	142	107	142	320	170	56	4	1.314	98
			80、85、90、95	172	132	172						
			100、110	212	167	212						
LX8	16000	2120	80、85、90、95	172	132	172	360	200	56	5	2.023	119
			100、110、120、125	212	167	212						

（续）

型号	公称转矩 T_n /N·m	许用转速[n] /r·min⁻¹	轴孔直径 d_1、d_2、d_z	轴孔长度 Y 型 L	轴孔长度 J、J_1、Z 型 L	轴孔长度 J、J_1、Z 型 L_1	D	D_1	b	S	转动惯量 J /kg·m²	质量 /kg
			mm									
LX9	22400	1850	100、110、120、125	212	167	212	410	230	63	5	4.386	197
			130、140	252	202	252						
LX10	35500	1600	110、120、125	212	167	212	480	280	75	6	9.760	322
			130、140、150	252	202	252						
			160、170、180	302	242	302						
LX11	50000	1400	130、140、150	252	202	252	540	340	75	6	20.05	520
			160、170、180	302	242	302						
			190、200、220	352	282	352						
LX12	80000	1220	160、170、180	302	242	302	630	400	90	7	37.71	714
			190、200、220	352	282	352						
			240、250、260	410	330	—						
LX13	125000	1080	190、200、220	352	282	352	710	465	100	8	71.37	1057
			240、250、260	410	330	—						
			280、300	470	380	—						
LX14	180000	950	240、250、260	410	330	—	800	530	110	8	170.6	1956
			280、300、320	470	380	—						
			340	550	450	—						

注：质量、转动惯量是按 J 型/Y 型轴孔组合形式和最小轴孔直径计算的。

7.11.2　LXZ 型带制动轮弹性柱销联轴器（见表 15.1-67）

表 15.1-67　LXZ 型带制动轮弹性柱销联轴器的形式、基本参数和主要尺寸

（摘自 GB/T 5014—2003）

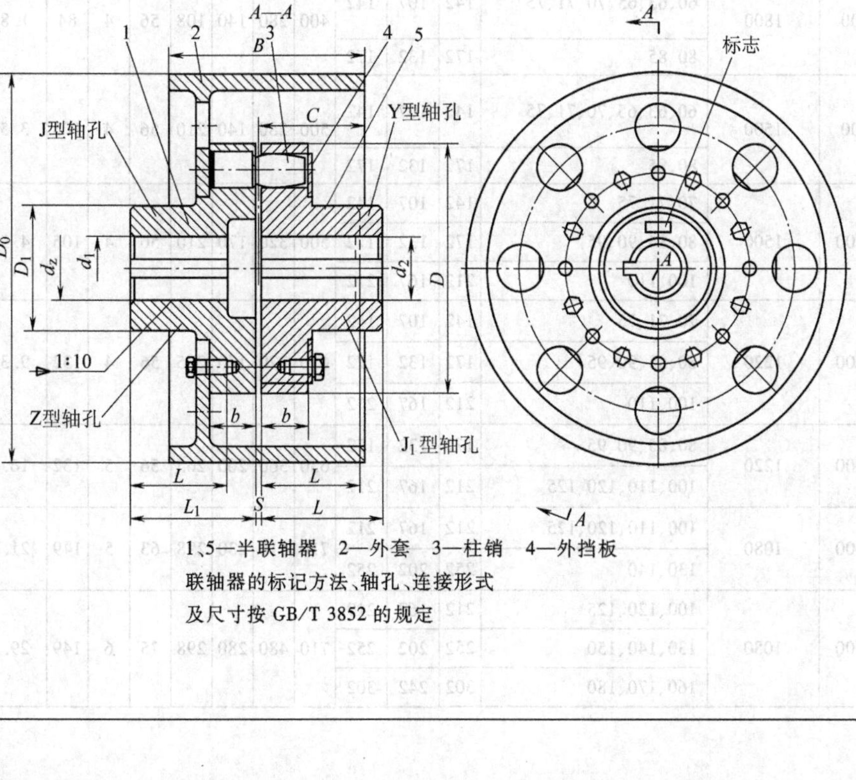

1、5—半联轴器　2—外套　3—柱销　4—外挡板

联轴器的标记方法、轴孔、连接形式

及尺寸按 GB/T 3852 的规定

（续）

型号	公称转矩 T_n /N·m	许用转速 $[n]$ /r·min^{-1}	轴孔直径 d_1、d_2、d_z	轴孔长度 Y型	轴孔长度 J、J_1、Z型		D_0	D	D_1	B	b	S	C	转动惯量 J /kg·m^2	质量 /kg
				L	L	L_1									
			mm												
LXZ1	560	5600	20、22、24	52	38	52	200	120	55	85	28	2.5	42	0.055	11
			25、28	62	44	62									
			30、32、35	82	60	82									
LXZ2	1250	3750	30、32、35、38	82	60	82	200	160	75	85	36	2.5	40	0.072	14
			40、42、45、48	112	84	112									
LXZ3	1250	2430	30、32、35、38	82	60	82	315	160	75	132	36	2.5	66	0.313	25
			40、42、45、48	112	84	112									
LXZ4	2500	2430	40、42、45、48、50、55、56	112	84	112	315	195	100	132	45	3	66	0.504	40
			60、63	142	107	142									
LXZ5	2500	1900	40、42、45、48、50、55、56	112	84	112	400	195	100	168	45	3	84	1.192	59
			60、63	142	107	142									
LXZ6	3150	1900	50、55、56	112	84	112	400	220	120	168	45	3	84	1.402	69
			60、63、65、70、71、75	142	107	142									
LXZ7	3150	1500	50、55、56	112	84	112	500	220	120	210	45	3	105	2.872	91
			60、63、65、70、71、75	142	107	142									
LXZ8	6300	1800	60、63、65、70、71、75	142	107	142	400	280	140	108	56	4	84	1.800	88
			80、85	172	132	172									
LXZ9	6300	1500	60、63、65、70、71、75	142	107	142	500	280	140	210	56	4	105	3.582	113
			80、85	172	132	172									
LXZ10	11200	1500	70、71、75	142	107	142	500	320	170	210	56	4	105	4.970	156
			80、85、90、95	172	132	172									
			100、110	212	167	212									
LXZ11	11200	1220	70、71、75	142	107	142	630	320	170	265	56	4	132	9.392	187
			80、85、90、95	172	132	172									
			100、110	212	167	212									
LXZ12	16000	1220	80、85、90、95	172	132	172	630	360	200	265	56	5	132	16.43	326
			100、110、120、125	212	167	212									
LXZ13	22400	1080	100、110、120、125	212	167	212	710	410	230	298	63	5	149	21.66	337
			130、140	252	202	252									
LXZ14	35500	1080	100、120、125	212	167	212	710	480	280	298	75	6	149	29.55	458
			130、140、150	252	202	252									
			160、170、180	302	242	302									

（续）

型号	公称转矩 T_n /N·m	许用转速[n] /r·min^{-1}	轴孔直径 d_1、d_2、d_z	轴孔长度 Y 型 L	轴孔长度 J、J_1、Z 型 L	轴孔长度 J、J_1、Z 型 L_1	D_0	D	D_1	B	b	S	C	转动惯量 J /kg·m^2	质量 /kg
			mm												
LXZ15	35500	950	110、120、125	212	167	212	800	480	280	335	75	6	168	41.08	504
			130、140、150	252	202	252									
			160、170、180	302	242	302									

注：1. 质量、转动惯量是按 J 型/Y 型轴孔组合形式和最小轴孔直径计算的。
2. 径向补偿量的测量部位在半联轴器最大外圆宽度的 1/2 处。
3. 表中所列补偿量是指由于安装误差、冲击、振动、变形、温度变化等因素形成的两轴相对偏移量，其安装误差必须小于表中数值。

联轴器许用补偿量

项目	型号 LX1	LX2 / LXZ1	LX3 / LXZ2 / LXZ3	LX4 / LXZ4 / LXZ5	LX5 / LXZ6 / LXZ7	LX6 / LXZ8 / LXZ9	LX7 / LXZ10 / LXZ11	LX8 / LXZ12	LX9 / LXZ13	LX10 / LXZ14 / LXZ15	LX11 / —	LX12 / —	LX13 / —	LX14 / —
轴向 ΔX/mm	±0.5	±1	±1	±1.5	±1.5	±2	±2	±2	±2	±2.5	±2.5	±2.5	±3	±3
径向 ΔY/mm	0.15	0.15	0.15	0.15	0.15	0.20	0.20	0.20	0.20	0.25	0.25	0.25	0.25	0.25
角向 $\Delta\alpha$	≤0°30′													

7.12　弹性柱销齿式联轴器

7.12.1　LZ 型、LZD 型弹性柱销齿式联轴器（见表 15.1-68）

表 15.1-68　LZ 型、LZD 型弹性柱销齿式联轴器的形式、基本参数和主要尺寸
（摘自 GB/T 5015—2003）

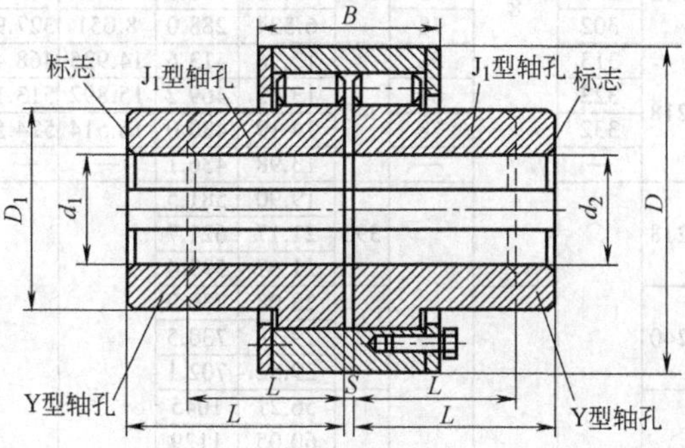

a) LZ型

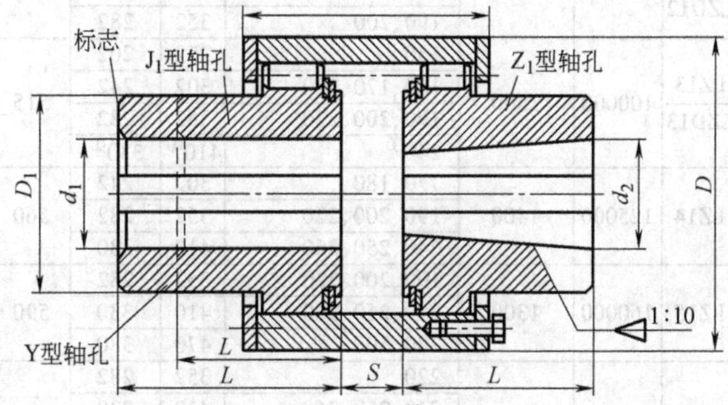

b) LZD型

联轴器型号与标记按 GB/T 12458 的规定

型号	公称转矩 T_n /N·m	许用转速 [n] /r·min^{-1}	轴孔直径 d_1、d_2	轴孔长度 L Y 型	轴孔长度 L J_1 型、Z_1 型	D	B LZ 型	B LZD 型	S LZ 型	S LZD 型	D_1	LZ 型 转动惯量 J/ kg·m^2	LZ 型 质量 m /kg	LZD 型 转动惯量 J/ kg·m^2	LZD 型 质量 m /kg
			mm												
LZ1/LZD1	112	5000	12①、14①	32①	27①	76/78	42	—	2.5	—	40	0.001	1.53①	—	—
			16、18、19	42	30			65		14.5			1.60	0.002	2.08
			20、22、24	52	38			70		16.5			1.67		2.25
LZ2/LZD2	250	5000	25①、28①	62②	44②	—	—	75	—	20.5	—	—	—	—	2.30
			16①、18①、19①	42①	30①	90	50	—	2.5	—	50	0.002	2.70		—
			20①、22①、24①	52①	38①								2.76		
			25、28	62	44			88		20.5		0.003	2.79	0.004	3.74
			30、32	82	60			92		24.5			3.00		3.98

（续）

型号	公称转矩 T_n /N·m	许用转速 $[n]$ /r·min^{-1}	轴孔直径 d_1、d_2	轴孔长度 L Y型	轴孔长度 L J_1型、Z_1型	D	B LZ型	B LZD型	S LZ型	S LZD型	D_1	LZ型 转动惯量 J/kg·m^2	LZ型 质量 m/kg	LZD型 转动惯量 J/kg·m^2	LZD型 质量 m/kg
			mm												
LZ3/LZD3	630	4500	25、28	62	44	118	70	—	3	—	65	0.011	6.49	—	—
			30、32、35、38	82	60			115		25			7.05	0.015	9.43
			40、42	112	84			125		31		0.012	7.31	0.016	10.30
LZ4/LZD4	1800	4200	40、42、45、48、50、55、56	112	84	158	90	145	4	32	90	0.044	16.20	0.052	22.46
			60	142	107			152		39		0.045	15.25	0.061	22.36
LZ5/LZD5	4500	4000	50、55、56	112	84	192	90	145		32	120	0.100	24.85	0.131	29.24
			60、63、65、70、71、75	142	107			152		39		0.107	27.02	0.141	31.71
			80	172	132			158		44		0.108	25.44	0.143	30.45
LZ6/LZD6	8000	3300	60、63、65、70、71、75	142	107	230	112	175	5	40	130	0.238	40.89	0.309	48.16
			80、85、90、95	172	132			178		45		0.242	40.15	0.312	47.25
LZ7/LZD7	11200	2900	70、71、75	142	107	260	112	178		40	160	0.406	54.93	0.535	64.13
			80、85、90、95	172	132			182		45		0.428	59.14	0.546	68.38
			100、110	212	167			188		50		0.443	59.60	0.570	69.42
LZ8/LZD8	18000	2500	80、85、90、95	172	132	300	128	202	6	46	190	0.860	89.35	1.091	102.7
			100、110、120、125	212	167			208		51		0.911	94.67	1.157	108.8
			130	252	202			212		56		0.908	87.43	1.105	101.7
LZ9/LZD9	25000	2300	90、95	172	132	335	150	232	7	47	220	1.559	113.9	1.957	142.4
			100、110、120、125	212	167			238		52		1.678	138.1	2.097	157.5
			130、140、150	252	202			242		57		1.733	136.6	2.157	156.0
LZ10/LZD10	31500	2100	100、110、120、125	212	167	355	152	240		53	245	2.236	165.5	2.728	184.2
			130、140、150	252	202			245		58		2.362	169.3	2.840	188.5
			160、170	302	242			255		68		2.422	164.0	2.926	184.1
LZ11/LZD11	40000	2000	110、120、125	212	167	380	172	260		53	260	3.054	190.9	3.659	212.3
			130、140、150	252	202			265		58		3.249	203.1	3.870	225.0
			160、170、180	302	242			275		68		3.369	202.1	4.021	224.8
LZ12/LZD12	63000	1700	130、140、150	252	202	445	182	282		58	290	6.146	288.5	7.548	325.7
			160、170、180	302	242			292	8	68		6.432	296.6	7.940	335.2
			190、200	352	282			302		78		6.524	288.0	8.051	327.9
LZ13/LZD13	100000	1500	150	252	202	515	218	313		58	345	12.76	413.6	14.925	468.4
			160、170、180	302	242			323		68		13.62	469.2	15.892	513.1
			190、200、220	352	282			332		78		14.19	480.0	16.514	524.5
			240①	410①	330①			—		—		13.98	436.1	—	—
LZ14	125000	1400	170、180	302	242	560	218				390	19.90	581.5		
			190、200、220	352	282							21.17	621.7		
			240、250、260	410	330							21.67	599.4		
LZ15	160000	1300	190、200、220	352	282	590	240				420	28.08	736.9		
			240、250、260	410	330							29.18	730.5		
			280、300	470	380							29.52	702.1		
LZ16	250000	1000	220	352	282	695	265		10		490	56.21	1045		
			240、250、260	410	330							60.05	1129		
			280、300、320	470	380							60.56	1144		
			340	550	450							62.47	1064		
LZ17	355000	950	240、250、260	410	330	770	285	—		—	550	105.5	1500	—	—
			280、300、320	470	380							102.3	1557		
			340、360、380	550	450							106.0	1535		
LZ18	450000	850	250、260	410	330	860	300		13		605	152.3	1902		
			280、300、320	470	380							161.5	2025		
			340、360、380	550	450							169.9	2062		
			400、420	650	540							175.4	2029		
LZ19	630000	750	280、300、320	470	380	970	322		14		695	283.7	2818		
			340、360、380	550	450							303.4	2963		
			400、420、440、450	650	540							323.2	3068		
LZ20	1120000	650	320	470	380	1160	355		15		880	581.2	4010		
			340、360、380	550	450							624.5	4426		
			400、420、440、450、460、480、500	650	540							669.4	4715		

（续）

型号	公称转矩 T_n /N·m	许用转速 $[n]$ /r·min^{-1}	轴孔直径 d_1、d_2	轴孔长度 L Y型	轴孔长度 L J_1型、Z_1型	D	B LZ型	B LZD型	S LZ型	S LZD型	D_1	LZ型 转动惯量 J/kg·m^2	LZ型 质量 m/kg	LZD型 转动惯量 J/kg·m^2	LZD型 质量 m/kg
			mm												
LZ21	1800000	530	380	550	450	1440	360		18	—	1020	1565	7293		
			400、420、440、450、460、480、500	650	540							1715	8228		
			530、560、600、630	800	680							1880	8699		
LZ22	2240000	500	420、440、450、460、480、500	650	540	1520	405	—	19	—	1100	2388	9736	—	—
			530、560、600、630	800	680							2596	10631		
			670、710、750	900	780							2522	9473		
LZ23	2800000	460	480、500	650	540	1640	440		20	—	1240	3490	11946		
			530、560、600、630	800	680							3972	13822		
			670、710、750	900	780							3949	12826		
			800、850	1000	880							3982	12095		

注：1. 联轴器的质量和转动惯量是按半联轴器最小轴孔直径、最大轴孔长度计算的近似值。

2. 短时过载不得超过公称转矩的 2 倍。

3. 联轴器轴孔和连接形式与尺寸应符合表 15.1-6、表 15.1-7 的规定，轴孔与轴伸的配合见表 15.1-8、表 15.1-9。

4. 联轴器许用补偿量见表 15.1-70。

① 为 LZ 型的数据。

② 为 LZD 型的数据。

7.12.2　LZJ 型接中间轴弹性柱销齿式联轴器（见表 15.1-69、表 15.1-70）

表 15.1-69　LZJ 型接中间轴弹性柱销齿式联轴器的形式、基本参数和主要尺寸

（摘自 GB/T 5015—2003）

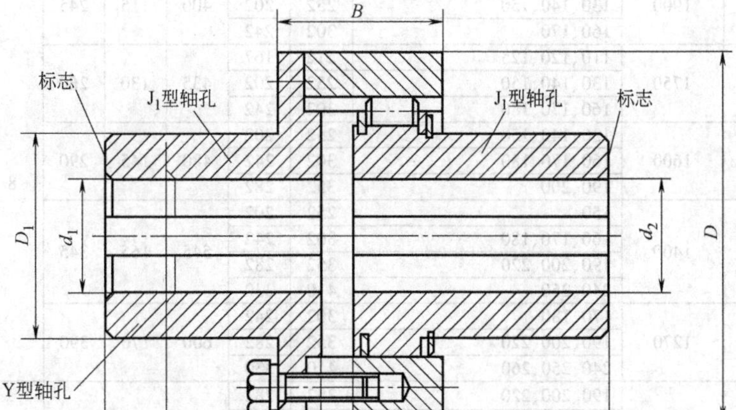

联轴器型号与标记按 GB/T 12458 的规定

（续）

型号	公称转矩 T_n /N·m	许用转速 [n] /r·min^{-1}	轴孔直径 d_1、d_2	轴孔长度 L Y 型	轴孔长度 L J_1 型	D	B	D_1	S	转动惯量 J /kg·m^2	质量 /kg
			mm								
LZJ1	112	4500	12、14	32	27	84	38	40	2.5	0.001	1.77
			16、18、19	42	30						1.83
			20、22、24	52	38					0.002	1.90
			25、28	62	44						1.87
LZJ2	250		16、18、19	42	30	98	42	50		0.002	2.77
			20、22、24	52	38					0.003	2.94
			25、28	62	44						3.00
			30、32、35、38	82	60						3.18
LZJ3	630	4000	25、28	62	44	124	54	65	3	0.010	5.86
			30、32、35、38	82	60						6.42
			40、42、45、48	112	84					0.011	6.68
LZJ4	1800		40、42、45、48、50、55、56	112	84	166	72	90	4	0.046	15.98
			60、63、65、70	142	107					0.047	15.04
LZJ5	4500	3600	50、55、56	112	84	214	72	120		0.134	27.30
			60、63、65、70、71、75	142	107					0.136	29.50
			80、85、90	172	132					0.137	27.92
LZJ6	8000	3200	60、63、65、70、71、75	142	107	240	86	130	5	0.236	39.80
			80、85、90、95	172	132					0.241	39.06
LZJ7	11200	2700	70、71、75	142	107	280	90	160	5	0.472	58.15
			80、85、90、95	172	132					0.494	62.36
			100、110、120	212	167					0.511	62.82
LZJ8	18000	2300	80、85、90、95	172	132	330	100	190	6	1.045	96.12
			100、110、120、125	212	167					1.099	101.44
			130	252	202					1.100	94.20
LZJ9	25000	2000	90、95	172	132	380	115	220	7	2.072	138.3
			100、110、120、125							2.193	152.5
			130、140、150	252	202					2.253	150.9
LZJ10	31500	1900	100、110、120、125	212	167	400	115	245	8	2.832	181.1
			130、140、150	252	202					2.963	185.0
			160、170	302	242					3.031	179.7
LZJ11	40000	1750	110、120、125	212	167	435	130	260		4.167	217.0
			130、140、150	252	202					4.368	229.3
			160、170、180	302	242					4.499	228.2
LZJ12	63000	1600	130、140、150	252	202	480	145	290		7.092	305.2
			160、170、180	302	242					7.393	313.3
			190、200	352	282					7.504	304.7
LZJ13	100000	1400	150	252	202	545	165	345		13.38	430.9
			160、170、180	302	242					14.26	474.1
			190、200、220	352	282					14.86	484.9
			240、250	410	330					14.70	441.0
LZJ14	125000	1270	170、180	302	242	600	170	390	10	22.11	606.7
			190、200、220	352	282					23.41	646.9
			240、250、260	410	330					23.98	624.7
LZJ15	160000	1200	190、200、220	352	282	630	190	420		31.30	773.9
			240、250、260	410	330					32.5	767.5
			280、300	470	380					32.92	739.1
LZJ16	250000	1020	220	352	282	745	205	490		62.78	1097
			240、250、260	410	330					66.69	1180
			280、300、320	470	380					69.31	1210
			340	550	450					69.47	1115
LZJ17	355000	920	240、250、260	410	330	825	225	550		108.9	1578
			280、300、320	470	380					114.3	1635
			340、360、380	550	450					18.3	613

（续）

型号	公称转矩 T_n /N·m	许用转速 [n] /r·min^{-1}	轴孔直径 d_1、d_2	轴孔长度 Y型 L	轴孔长度 J_1型 L_1	D	B	D_1	S	转动惯量 J /kg·m^2	质量 /kg
			mm								
LZJ18	450000	830	250、260	410	330	920	240	605	13	172	2009
			280、300、320	470	380					181.4	2131
			340、360、380	550	450					190.2	2168
			400、420	650	540					196.2	2136
LZJ19	630000	730	280、300、320	470	380	1040	255	695	14	317.5	2956
			340、360、380	550	450					337.7	3101
			400、420、440、450	650	540					358.1	3205
LZJ20	1120000	610	320	470	380	1240	285	800	15	654.8	4219
			340、360、380	550	450					698.4	4635
			400、420、440、450、460、480、500	650	540					744.2	4923
			530、560、600	800	680					766.6	4678
LZJ21	1800000	490	380	550	450	1540	310	1020	18	1821	7806
			400、420、440、450、460、480、500	650	540					1971	8741
			530、560、600、630	800	680					2143	9212
			670、710	—	780					2052	7971
LZJ22	2240000	460	420、440、450、460、480、500	650	540	1640	330	1100	19	2675	10296
			530、560、600、630	800	680					2937	11191
			670、710、750	—	780					2869	10033
LZJ23	2800000	430	450、480、500	650	540	1760	360	1240	20	3978	12873
			530、560、600、630	800	680					4450	14544
			670、710、750	—	780					4435	13548
			800、850	—	880					4477	12817

注：1. 联轴器轴孔和连接形式与尺寸应符合表 15.1-6 的规定，轴孔与轴伸的配合见表 15.1-8。

2. 中间轴的长度、结构由设计者自行决定。

3. 联轴器的质量和转动惯量是按 Y/J_1 轴孔组合型式和最小轴孔直径计算的。

4. 短时过载不能超过公称转矩的 2 倍。

表 15.1-70 LZ 型、LZD 型、LZJ 型联轴器许用补偿量（摘自 GB/T 5015—2003）

项目	型号 LZ1~LZ3 LZD1~LZD3	LZ4~LZ7 LZD4~LZD7	LZ8~LZ13 LZD8~LZD13	LZ14~LZ17	LZ18~LZ21	LZ22~LZ23
轴向 ΔX/mm	±1.5		±2.5		±5.0	
径向 ΔY/mm	0.3	0.4	0.6	1.0		1.5
角向 $\Delta\alpha$	0°30′					

项目	型号 LZJ1~LZJ3	LZJ4~LZJ6	LZJ7~LZJ8	LZJ9~LZJ10	LZJ11~LZJ15	LZJ16~LZJ19	LZJ20~LZJ23
轴向 ΔX/mm	+1.0	+3.0	+5.0	+10	+15		+20
径向 ΔY/mm	0.15	0.20		0.30		0.50	0.75
角向 $\Delta\alpha$	0°30′	1°	1°30′	2°		2°30′	

注：1. 径向补偿量的测量部位在半联轴器最大外圆宽度的 1/2 处。

2. 所列补偿量是指由安装误差、冲击、振动、变形和温度变化等因素所形成的两轴相对位移量，其安装误差必须小于表中数值。

7.12.3 LZZ 型带制动轮弹性柱销齿式联轴器（见表 15.1-71）

表 15.1-71 LZZ 型带制动轮弹性柱销齿式联轴器的形式、基本参数和主要尺寸

（摘自 GB/T 5015—2003）

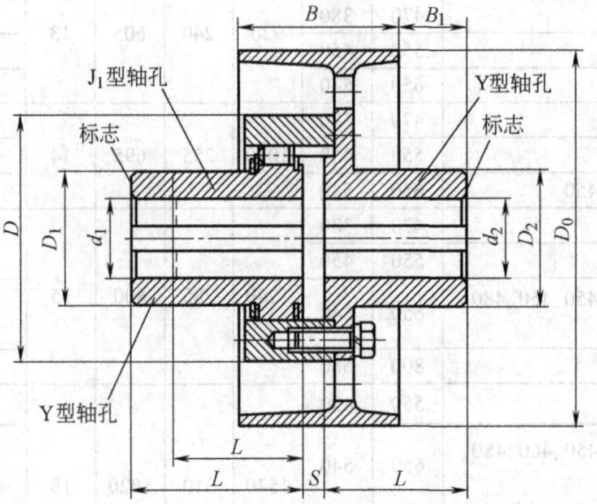

1—制动轮 2—内挡板
3—外套 4—柱销
5—外挡板 6—半联轴器
标记示例：见表 15.1-68

型号	公称转矩 T_n /N·m	许用转速 [n] /r·min^{-1}	轴孔直径 d_1、d_2	轴孔长度 L Y 型	轴孔长度 L J_1 型	D_0	D	B	D_1	D_2	B_1	转动惯量 J /kg·m^2	质量 m/kg
			mm										
LZZ1	250	4500	16、18、19	42	—	160	98	70	50	56	9	0.018	5.82
			20、22、24	52	38						19		6.05
			25、28	62	44						29		6.17
			30、32、(35)、(38)	82	60						49		6.64
LZZ2	630	3800	25、28	62	—	200	124	85	65	70	30	0.053	11.15
			30、32、35、38	82	60						50		11.77
			40、42、(45)、(48)	112	84						80		12.04
LZZ3	1800	3000	40、42、45、48、50、55、56	112	84	250	166	105	90	105	48.5	0.181	28.09
			60、(63)、(65)、(70)	142	107						78.5	0.183	27.54
LZZ4	4500	2450	50、55、56	112	84	315	214	135	120	130	40	0.534	48.75
			60、63、65、70、71、75	142	107						70	0.543	51.69
			80、(85)、(90)	172	132						100	0.547	50.21
LZZ5	8000	1900	60、63、65、70、71、75	142	107	400	240	170	130	145	44	1.404	76.51
			80、85、90、95	172	132						74	1.413	76.25
LZZ6	11200	1500	70、71、75	142	107	500	280	210	160	170	40	3.812	124.65
			80、85、90、(95)	172	132						70	3.841	129.73
			100、110、(120)	212	167						110	3.865	130.61
LZZ7	18000	1200	80、85、90、95	172	132	630	330	265	190	200	42	10.674	216.43
			100、110、120、125	212	167						82	10.742	222.63
			130	252	202						112	10.753	215.03
LZZ8	25000	1050	90、95	172	132	710	380	300	220	220	45	18.960	293.01
			100、110、120、125	212	167						45	19.089	307.92
			130、140、150	252	202						85	19.156	305.42
LZZ9	31500	950	100、110、120、125	212	167	800	400	340	245	245	40	33.258	403.84
			130、140、150	252	202						80	33.385	405.88
			160、170、180	302	242						130	33.446	398.57

注：1. S 值，LZZ1、LZZ2 型为 2mm，LZZ3、LZZ4、LZZ5 型为 3mm，LZZ6、LZZ7、LZZ8 型为 4mm，LZZ9 型为 5mm。

2. 其余见表 15.1-69 中注 1、2、3、4。

7.13 梅花形弹性联轴器

7.13.1 LM 型、LMD 型和 LMS 型梅花形弹性联轴器（见表 15.1-72）

表 15.1-72 LM 型、LMD 型和 LMS 型梅花形弹性联轴器的形式、基本参数和主要尺寸（摘自 GB/T 5272—2002）

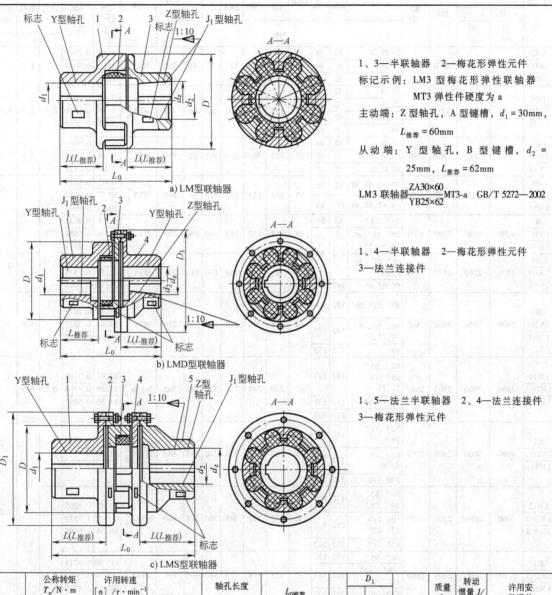

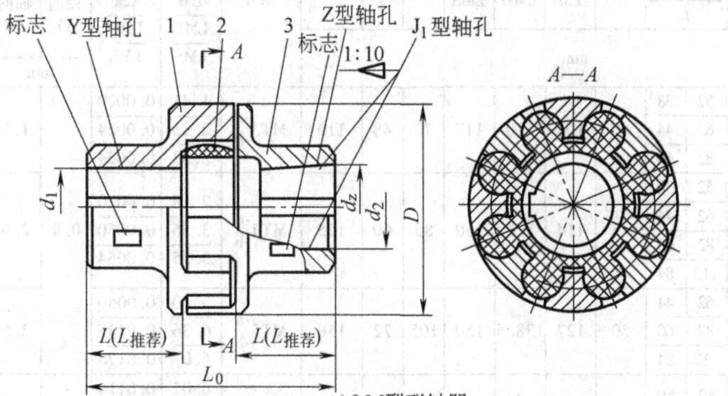

a) LM型联轴器

1、3—半联轴器 2—梅花形弹性元件

标记示例：LM3 型梅花形弹性联轴器

MT3 弹性件硬度为 a

主动端：Z 型轴孔，A 型键槽，$d_1=30$mm，$L_{推荐}=60$mm

从动端：Y 型轴孔，B 型键槽，$d_2=25$mm，$L_{推荐}=62$mm

LM3 联轴器 $\frac{ZA30\times60}{YB25\times62}$ MT3-a GB/T 5272—2002

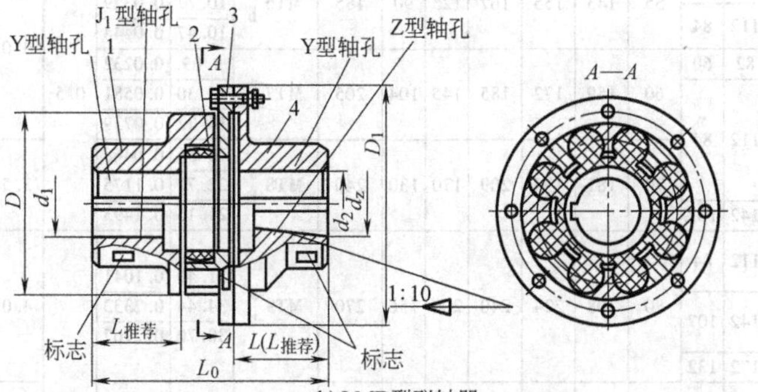

b) LMD型联轴器

1、4—半联轴器 2—梅花形弹性元件 3—法兰连接件

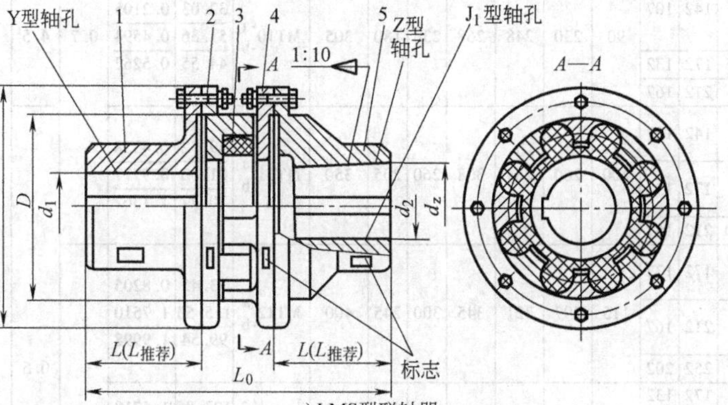

c) LMS型联轴器

1、5—法兰半联轴器 2、4—法兰连接件 3—梅花形弹性元件

型号	公称转矩 T_n/N·m 弹性件硬度 a H_A 80±5	公称转矩 T_n/N·m 弹性件硬度 b H_D 90±5	许用转速 [n] /r·min⁻¹ LM	许用转速 [n] /r·min⁻¹ LMD、LMS	轴孔直径 d_1、d_2、d_z (mm)	轴孔长度 L Y型 (mm)	轴孔长度 L J、Z型 (mm)	$L_{推荐}$ (mm)	$L_{0推荐}$ LM (mm)	$L_{0推荐}$ LMD (mm)	$L_{0推荐}$ LMS (mm)	D (mm)	D_1 LM (mm)	D_1 LMD、LMS (mm)	弹性件型号	质量/kg LM/LMD/LMS	转动惯量 J/kg·m² LM/LMD/LMS	许用安装误差 径向 ΔY/mm	许用安装误差 轴向 ΔX/mm	许用安装误差 角向 Δα/(°)
LM1/LMD1/LMS1	25	45	15300	8500	12、14	32	27	35	86	92	98	50	30	90	MT1-a/-b	0.66/1.21/1.33	0.0002/0.0008/0.0013	0.2	1.2	1.0
					16、18、19	42	30													
					20、22、24	52	38													
					25	62	44													
LM2/LMD2/LMS2	50	100	12000	7600	16、18、19	42	30	38	95	101.5	108	60	44	100	MT2-a/-b	0.93/1.65/1.736	0.0004/0.0014/0.0021	0.3	1.3	
					20、22、24	52	38													
					25、28	62	44													
					30	82	60													

（续）

型号	公称转矩 T_n/N·m 弹性件硬度 a H_A 80±5	公称转矩 T_n/N·m 弹性件硬度 b H_D 90±5	许用转速 $[n]$/r·min^{-1} LM	许用转速 LMD、LMS	轴孔直径 d_1、d_2、d_z	轴孔长度 Y 型 L	轴孔长度 J、Z 型 L	$L_{推荐}$	$L_{0推荐}$ LM	$L_{0推荐}$ LMD	$L_{0推荐}$ LMS	D	D_1 LM	D_1 LMD、LMS	弹性件型号	质量/kg LM/LMD/LMS	转动惯量 J/kg·m^2 LM/LMD/LMS	许用安装误差 径向 ΔY	许用安装误差 轴向 ΔX	许用安装误差 角向 Δα
								mm										mm	mm	(°)
LM3 LMD3 LMS3	100	200	10900	6900	20、22、24	52	38	40	103	110	117	70	48	110	$MT3^{-a}_{-b}$	1.41 2.36 2.33	0.0009 0.0024 0.0034		1.5	
					25、28	62	44													
					30、32	82	60													
LM4 LMD4 LMS4	140	280	9000	6200	32、24	52	38	45	114	122	130	85	60	125	$MT4^{-a}_{-b}$	2.18 3.56 3.35	0.0020 0.0050 0.0064	0.4	2.0	1.0
					25、28	62	44													
					30、32、35、38	82	60													
					40	112	84													
LM5 LMD5 LMS5	350	400	7300	5000	25、28	62	44	50	127	138.5	150	105	72	150	$MT5^{-a}_{-b}$	3.60 6.36 6.07	0.0050 0.0135 0.0175		2.5	
					30、32、35、38	82	60													
					40、42、45	112	84													
LM6 LMD6 LMS6	400	710	6100	4100	30、32、35、38	82	60	55	143	155	167	125	90	185	$MT6^{-a}_{-b}$	6.07 10.77 10.47	0.0114 0.0329 0.0444		3.0	
					40、42、45、48	112	84													
LM7 LMD7 LMS7	630	1120	5300	3700	35 * 、38 *	82	60	60	159	172	185	145	104	205	$MT7^{-a}_{-b}$	9.09 15.30 14.22	0.0232 0.0581 0.0739	0.5		
					40 * 、42 * 、45、48、50、55	112	84													
LM8 LMD8 LMS8	1120	2240	4500	3100	45 * 、48 * 、50、55、56			70	181	195	209	170	130	240	$MT8^{-a}_{-b}$	13.56 22.72 21.16	0.0468 0.1175 0.1493		3.5	0.7
					60、63、65	142	107													
LM9 LMD9 LMS9	1800	3550	3800	2800	50 * 、55 * 、56 *	112	84	80	208	224	240	200	156	270	$MT9^{-a}_{-b}$	21.40 34.44 30.70	0.1041 0.2333 0.2767		4.0	
					60、63、65、70、71、75	142	107													
					80	172	132													
LM10 LMD10 LMS10	2800	5600	3300	2500	60 * 、63 * 、65 * 、70、71、75	142	107	90	230	248	268	230	180	305	$MT10^{-a}_{-b}$	32.03 51.36 44.55	0.2105 0.4594 0.5262	0.7	4.5	
					80、85、90、95	172	132													
					100	212	167													
LM11 LMD11 LMS11	4500	9000	2900	2200	70 * 、71 * 、75 *	142	107	100	260	284	308	260	205	350	$MT11^{-a}_{-b}$	49.52 81.30 70.72	0.4338 0.9777 1.1362			
					80 * 、85 * 、90、95	172	132													
					100、110、120	212	167													
LM12 LMD12 LMS12	6300	12500	2500	1900	80 * 、85 * 、90 * 、95 *	172	132	115	297	321	345	300	245	400	$MT12^{-a}_{-b}$	73.45 115.53 99.54	0.8205 1.7510 1.9998			0.5
					100、110、120、125	212	167													
					130	252	202												0.5	
LM13 LMD13 LMS13	11200	2000	2100	1600	90 * 、95 *	172	132	125	323	348	373	360	300	460	$MT13^{-a}_{-b}$	103.86 161.79 137.53	1.6718 3.3667 3.6719	0.8		
					100 * 、110 * 、120 * 、125 *	212	167													
					130、140、150	252	202													
LM14 LMD14 LMS14	12500	25000	1900	1500	100 * 、110 * 、120 * 、125 *	212	167	135	333	358	383	400	335	500	$MT14^{-a}_{-b}$	127.59 196.32 165.25	2.4990 4.8669 5.1581			
					130 * 、140 * 、150	252	202													
					160	302	242													

注：1. 优先选用 $L_{推荐}$ 轴孔长度，相应联轴器长度为 $L_{0推荐}$。若轴孔长度选用其他尺寸，请与生产厂家联系。
2. 质量、转动惯量是按 $L_{推荐}$ 最小轴孔计算的近似值。
3. 带 * 号轴孔直径可用于 Z 型轴孔。
4. a、b 为弹性件两种不同材质、硬度的代号。
5. 许用运转补偿量约为许用安装误差的 1 倍。
6. 轴孔和键槽形式按表 15.1-6、表 15.1-7 的规定，轴孔与轴伸的配合见表 15.1-8、表 15.1-9。

7.13.2 LMZ-Ⅰ型、LMZ-Ⅱ型梅花形弹性联轴器（见表 15.1-73）

表 15.1-73 LMZ-Ⅰ型、LMZ-Ⅱ型梅花形弹性联轴器的形式、基本参数和主要尺寸（摘自 GB/T 5272—2002）

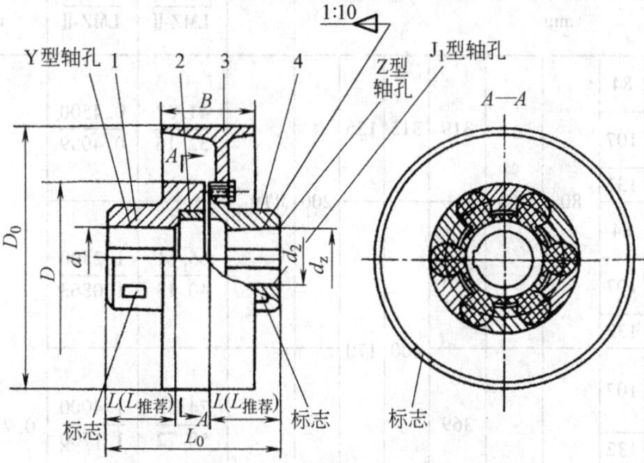

1、4—半联轴器
2—梅花形弹性元件
3—制动轮
标记示例：见表 15.1-72

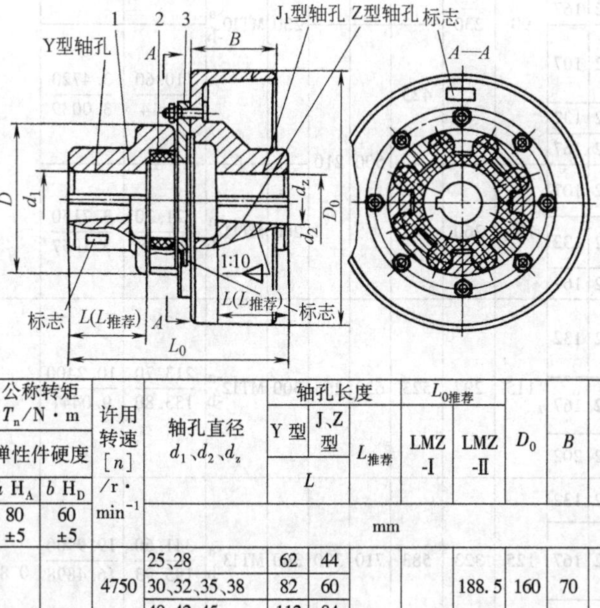

1—半联轴器
2—梅花形弹性元件
3—法兰连接件
标记示例：见表 15.1-72

型号	公称转矩 T_n/N·m 弹性件硬度 a H_A 80±5	公称转矩 T_n/N·m 弹性件硬度 b H_D 60±5	许用转速 [n] /r·min^{-1}	轴孔直径 d_1、d_2、d_z	轴孔长度 Y型 L	轴孔长度 J、Z型 L	$L_{推荐}$	$L_{0推荐}$ LMZ-Ⅰ	$L_{0推荐}$ LMZ-Ⅱ	D_0	B	D	弹性件型号	质量/kg LMZ-Ⅰ/LMZ-Ⅱ	转动惯量 J/kg·m^2 LMZ-Ⅰ/LMZ-Ⅱ	许用安装误差 径向 ΔY	许用安装误差 轴向 ΔX	许用安装误差 角向 Δα
					mm											mm		(°)
LMZ5-Ⅰ-160 LMZ5-Ⅱ-160	250	400	4750	25、28	62	44	50	127	188.5	160	70	105	MT5-a -b	6.602 5.18	0.0198 0.0159	0.4	2.5	1.0
				30、32、35、38	82	60												
				40、42、45	112	84												
LMZ5-Ⅰ-200 LMZ5-Ⅱ-200				25、28	62	44			203.5					9.204 6.54	0.0440 0.0391			
				30、32、35、38	82	60												
				40、42、45	112	84												
LMZ6-Ⅰ-200 LMZ6-Ⅱ-200	400	710	3800	30、32、35、38	82	60	55	143	215	200	85	125	MT6-a -b	11.45 9.12	0.0520 0.0448			
				40、42、45、48	112	84												
LMZ7-Ⅰ-200 LMZ7-Ⅱ-200	630	1120		35*、38*	82	60	60	159	227			145	MT7-a -b	13.96 12.31	0.0640 0.0527		3.0	
				40*、42*、45、48、50、55、56	112	84												
LMZ7-Ⅰ-250 LMZ7-Ⅱ-250			3050	35*、38*	82	60			257	250	105			20.09 14.28	0.1440 0.1189	0.5		0.7
				40*、42*、45、48、50、55、56	112	84												
LMZ8-Ⅰ-250 LMZ8-Ⅱ-250	1120	2240		45*、48*、50、55、56			70	181	270			170	MT8-a -b	24.65 19.38	0.1750 0.1402		3.5	
				60、63、65	142	107												
LMZ8-Ⅰ-315 LMZ8-Ⅱ-315			2400	45*、48*、50、55、56	112	84			300	315	135			34.13 24.02	0.0520 0.3666			
				60、63、65	142	107												

（续）

型号	公称转矩 T_n/N·m 弹性件硬度 a H_A 80±5	公称转矩 T_n/N·m 弹性件硬度 b H_D 60±5	许用转速 [n] /r·min^{-1}	轴孔直径 d_1、d_2、d_z	轴孔长度 Y型 L	轴孔长度 J、Z型 L	$L_{推荐}$	$L_{0推荐}$ LMZ-I	$L_{0推荐}$ LMZ-II	D_0	B	D	弹性件型号	质量/kg LMZ-I/LMZ-II	转动惯量J/kg·m² LMZ-I/LMZ-II	许用安装误差 径向ΔY	许用安装误差 轴向ΔX	许用安装误差 角向Δα
				mm												mm		(°)
LMZ9-Ⅰ-315 LMZ9-Ⅱ-315	1800	3550	2400	50*、55*、56* 60、63、65、70、71、75 80	112 142 172	84 107 132	80	208	319	315	135	200	MT9$^{-a}_{-b}$	41.67 32.16	0.4500 0.4039	0.7	4.0	0.7
LMZ9-Ⅰ-400 LMZ9-Ⅱ-400	1800	3550	1900	50*、55*、56* 60、63、65、70、71、75 80	112 142 172	84 107 132	80	208	354	400	170	200	MT9$^{-a}_{-b}$	65.61 40.18	1.2590 1.0863	0.7	4.0	0.7
LMZ10-Ⅰ-400 LMZ10-Ⅱ-400	2800	5600	1900	60*、63*、65*、70、71、75 80、85、90、95 100	142 172 212	107 132 167	90	230	369	400	170	230	MT10$^{-a}_{-b}$	74.53 50.72	1.4000 1.1700	0.7	4.5	0.5
LMZ10-Ⅰ-500 LMZ10-Ⅱ-500	2800	5600	1500	60*、63*、65*、70、71、75 80、85、90、95 100	142 172 212	107 132 167	90	230	423	500	210	230	MT10$^{-a}_{-b}$	110.60 64.14	3.4720 3.0039	0.7	4.5	0.5
LMZ11-Ⅰ-500 LMZ11-Ⅱ-500	4500	9000	1500	70*、71*、75* 80*、85*、90、95 100、110、120	142 172 212	107 132 167	100	260	448	500	210	260	MT11$^{-a}_{-b}$	121.70 81.75	3.7150 3.1957	0.7	4.5	0.5
LMZ12-Ⅰ-630 LMZ12-Ⅱ-630	6300	12500	1200	80*、85*、90*、95* 100、110、120、125 130	172 212 252	132 167 202	115	297	523	630	265	300	MT12$^{-a}_{-b}$	213.70 133.80	10.2400 9.0441	0.8	5.0	0.5
LMZ13-Ⅰ-710 LMZ13-Ⅱ-710	11200	20000	1050	90*、95* 100*、110*、120*、125* 130、140、150	172 212 252	132 167 202	125	323	583	710	300	360	MT13$^{-a}_{-b}$	341.60 195.93	19.9900 16.4898	0.8	5.0	0.5
LMZ14-Ⅰ-800 LMZ14-Ⅱ-800	12500	25000	950	100*、110*、120*、125* 130*、140*、150 160	212 252 302	167 202 242	135	333	633	800	340	400	MT14$^{-a}_{-b}$	510.10 294.51	39.3600 37.9850	0.8	5.0	0.5

注：1. 制动轮定位尺寸请向生产厂咨询。

2. LMZ-Ⅰ型制动轮与半联轴器连接螺栓的预紧力矩：

螺栓规格	M8	M10	M12	M16	M20
预紧力矩/N·m	26	45	80	200	400

3. 许用运转补偿量为许用安装误差的1倍。

4. 其他同表15.1-72中的1、2、3、4、6。

7.14 径向弹性柱销联轴器

(1) 形式、基本参数和主要尺寸（见表 15.1-74）

表 15.1-74 LJ 型径向弹性柱销联轴器的形式、基本参数和主要尺寸

（摘自 JB/T 7849—2007）

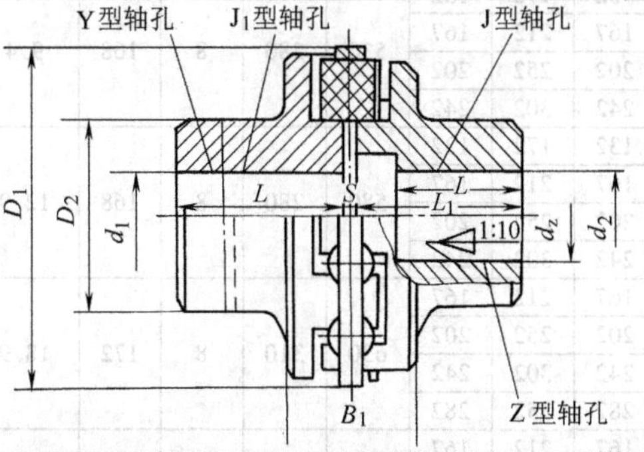

标记示例：LJ4 径向弹性柱销联轴器

主动端：Y 型轴孔，A 型键槽，$d_1=42\text{mm}, L=112\text{mm}$

从动端：J 型轴孔，A 型键槽，$d_2=45\text{mm}, L=112\text{mm}$

LJ4 联轴器 $\dfrac{42\times112}{\text{J}45\times112}$ JB/T 7849—2007

型号	公称转矩 T_n /N·m	许用转速 [n] /r·min⁻¹	轴孔直径 d_1、d_2、d_z	轴孔长度 Y型 L	J₁型 L	J型、Z型 L_1	J型、Z型 L	D_1	D_2	S	B_1	转动惯量 J /kg·m²	质量 /kg
				mm									
LJ1	1250	5000	25,28	62	44	62	44	158	75	4	84	0.026	11.9
			30,32,35,38	82	60	82	60						
			40,42,(45),(48)	112	84	112	84						
LJ2	2000	4400	30,32,35,38	82	60	82	60	178	85	4	88	0.051	19.3
			40, 42, 45, 48, (50),(55),(56)	112	84	112	84						
LJ3	3150	4000	30,32,35,38	82	60	82	60	200	100	4	96	0.091	23.5
			40,42,45,48,50, 55,56	112	84	112	84						
			60,63,65	142	107	—	—						
LJ4	4500	3500	30,32,35,38	82	60	82	60	224	120	4	100	0.166	31.4
			40,42,45,48,50, 55,56	112	84	112	84						
			60, 63, 65, 70, 71,75	142	107	142	107						
LJ5	6300	3000	40,42,45,48,50, 55,56	112	84	112	84	260	140	6	114	0.34	52.3
			60, 63, 65, 70, 71,75	142	107	142	107						
			80,85,(90),(95)	172	132	172	132						
LJ6	12500	2600	50,55,56	112	84	112	84	320	170	6	118	0.8	79
			60, 63, 65, 70, 71,75	142	107	142	107						
			80,85,90,95	172	132	172	132						
			100,110	212	167	212	167						
LJ7	20000	2500	60, 63, 65, 70, 71,75	142	107	142	107	380	190	6	136	1.9	125
			80,85,90,95	172	132	172	132						
			100,110,(120)	212	167	212	167						
LJ8	31500	2300	70,71,75	142	107	142	107	420	220	6	142	3.1	171
			80,85,90,95	172	132	172	132						
			100,110,120,125	212	167	212	167						
			130,140	252	202	252	202						
LJ9	45000	2100	80,85,90,95	172	132	172	132	470	250	6	148	5.4	237
			100,110,120,125	212	167	212	167						
			130,140,150	252	202	252	202						
			160	302	242	302	242						

（续）

型号	公称转矩 T_n /N·m	许用转速 $[n]$ /r·min^{-1}	轴孔直径 d_1、d_2、d_z	轴孔长度				D_1	D_2	S	B_1	转动惯量 J /kg·m^2	质量 /kg
				Y型	J_1型	J型、Z型							
				L		L_1	L						
				mm									
LJ10	63000	1900	90,95	172	132	172	132	530	280	8	168	9.4	328
			100,110,120,125	212	167	212	167						
			130,140,150	252	202	252	202						
			160,170,(180)	302	242	302	242						
LJ11	80000	1800	90,95	172	132	172	132	580	280	8	168	12.9	380
			100,110,120,125	212	167	212	167						
			130,140,150	252	202	252	202						
			160,170,180	302	242	302	242						
LJ12	100000	1700	110,120,125	212	167	212	167	630	310	8	172	18.9	480
			130,140,150	252	202	252	202						
			160,170,180	302	242	302	242						
			190,200	352	282	352	282						
LJ13	125000	1600	110,120,125	212	167	212	167	680	340	8	198	28	566
			130,140,150	252	202	252	202						
			160,170,180	302	242	302	242						
			190,200,220	352	282	352	282						
LJ14	160000	1500	130,140,150	252	202	252	202	740	370	8	202	42	777
			160,170,180	302	242	302	242						
			190,200,220	352	282	352	282						
			240	410	330	—	—						
LJ15	250000	1400	150	252	202	252	202	840	400	8	206	70	1030
			160,170,180	302	242	302	242						
			190,200,220	352	282	352	282						
			240,250,260	410	330	—	—						
LJ16	355000	1200	160,170,180	302	242	302	242	940	400	8	212	110	1240
			190,200,220	352	282	352	282						
			240,250,260	410	330	—	—						

注：1. 带括号轴孔直径不适用J型、Z型轴孔。
2. 质量和转动惯量均是按联轴器最大实体计算的近似值。
3. 联轴器的许用补偿量

型号	LJ1~3	LJ4~5	LJ6~8	LJ9~10	LJ11	LJ12~14	LJ15~16
角向 $\Delta\alpha$	1°	0.75°	0.65°	0.55°	0.5°	0.45°	0.35°
径向 ΔY 轴向 ΔX	1mm						

（2）选择计算

选择联轴器型号时计算转矩

$$T_c = KK_1K_2T \leqslant T_n \tag{15.1-19}$$

式中 T——理论转矩（N·m）；

K——工况系数：

载荷性质	载荷平稳	载荷变化，中等冲击	载荷变化，严重冲击
K	1.00~1.50	1.50~2.50	>2.50

K_1——原动机系数：

原动机	电动机、汽轮机	内燃机		
		≥4缸	双缸	单缸
K_1	1.0	1.2	1.4	1.6

K_2——温度系数，对聚氨酯（尼龙）：$K_2=1$。

t/℃	-35~30	>30~40	>40~60	>60~80
K_2	1	1.2	1.5	1.8

7.15 多角形橡胶联轴器

（1）形式、基本参数和主要尺寸（见表15.1-75）

表 15.1-75 多角形橡胶联轴器的形式、基本参数和主要尺寸

（摘自 JB/T 5512—1991）

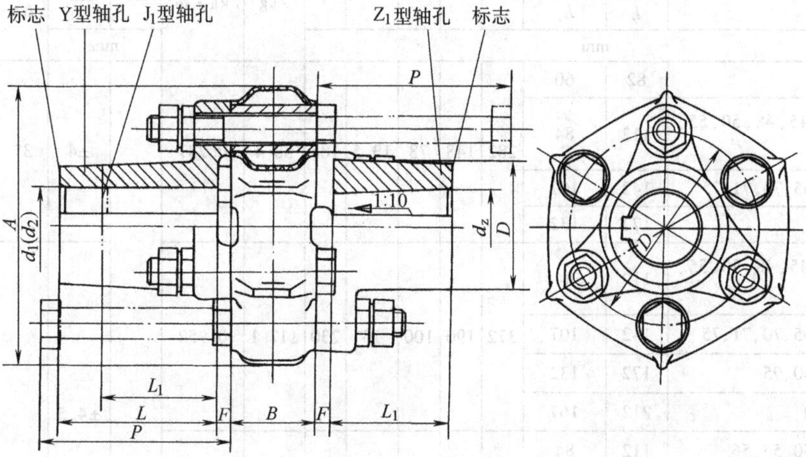

标记示例：LD5 多角形橡胶联轴器

主动端：Z_1 型轴孔，C 型键槽，$d_Z=50$mm，$L_1=84$mm

从动端：J_1 型轴孔，B_1 型键槽，$d_2=50$mm，$L_1=84$mm

LD5 联轴器 $\dfrac{Z_1C50\times84}{J_1B_150\times84}$ JB/T 5512—1991

型号	公称转矩 T_n /N·m	许用转速 [n] /r·min⁻¹	轴孔直径 d_1、d_2、d_z	轴孔长度 Y型 L (mm)	轴孔长度 J_1型、Z_1型 L_1 (mm)	A (mm)	D (mm)	B (mm)	F (mm)	P (mm)	质量 /kg	转动惯量 J /kg·m²	许用补偿量 径向 ΔY (mm)	许用补偿量 轴向 ΔX (mm)	许用补偿量 角向 Δα
LD1	50	5000	12、14 16、18、19 20、22、24 25	32 42 52 62	— 30 38 44	96	42	28	4	75	1.9	0.001	1	±2	5°
LD2	80	4000	16、18、19 20、22、24 25、28 30、32	42 52 62 82	30 38 44 60	118	55	32	5	85	3.9	0.0031		±2.5	
LD3	160	3150	20、22、24 25、28 30、32、35、38 40	52 62 82 112	38 44 60 84	142	68	46	7	105	8.0	0.0089		±3	4°
LD4	280	2500	22、24 25、28 30、32、35、38 40、42、45、48、50、55	52 62 82 112	38 44 60 84	182	92	52	9	120	14.2	0.026		±3.5	
LD5	560	2000	25、28 30、32、35、38 40、42、45、48、50、55、56 60、63、65、70、71	62 82 112 142	44 60 84 107	235	122	62	12	140	31.4	0.095	1.5	±4	3°
LD6	800	1800	28 30、32、35、38 40、42、45、48、50、55、56 60、63、65、70、71、75	62 82 112 142	44 60 84 107	258	128	68	12	150	35.6	0.132			

（续）

型号	公称转矩 T_n /N·m	许用转速 $[n]$ /r·min^{-1}	轴孔直径 d_1、d_2、d_z	轴孔长度 Y 型 L	轴孔长度 J_1 型、Z_1 型 L_1	A	D	B	F	P	质量 /kg	转动惯量 J /kg·m^2	许用补偿量 径向 ΔY	许用补偿量 轴向 ΔX	许用补偿量 角向 $\Delta\alpha$
				mm									mm		
LD7	1250	1600	35、38	82	60	282	148	78	13.5	185	58.4	0.287	2	±4	3°
			40、42、45、48、50、55、56	112	84										
			60、63、65、70、71、75	142	107										
			80、85	172	132										
LD8	2500	1250	40、42、45、48、50、55、56	112	84	372	190	100	15	230	117.1	0.952	2	±4.5	2°
			60、63、65、70、71、75	142	107										
			80、85、90、95	172	132										
			100、110	212	167										
LD9	3550	1120	45、48、50、55、56	112	84	420	220	115	15	270	171.8	1.981	2	±4.5	2°
			60、63、65、70、71、75	142	107										
			80、85、90、95	172	132										
			100、110、120、125、130	212	167										
LD10	5600	1000	50、55、56	112	84	465	242	130	15	295	252.9	3.606	2	±5	2°
			60、63、65、70、71、75	142	107										
			80、85、90、95	172	132										
			100、110、120、125	212	167										
			130、140、150	252	202										
LD11	8000	900	60、63、65、70、71、75	142	107	520	260	150	20	365	386.7	7.48	2	±5	2°
			80、85、90、95	172	132										
			100、110、120、125	212	167										
			130、140、150	252	202										
			160	302	242										

注：1. 许用转速是指角向补偿量 1°范围内的允许转速，许用补偿量是指转速小于 [n] 70%时可使用的范围。

2. LD1～LD6 多角橡胶弹性件为六角形，LD7～LD11 多角橡胶弹性件为八角形。

3. 联轴器轴孔组合形式有 Y—J_1、Y—Z、J_1—Z_1、Y—Y 和 J_1—J_1。

4. 瞬时冲击转矩不大于公称转矩的 2.3 倍。

5. 质量及转动惯量均是各型号中最大值的近似计算值。

6. 许用扭转角为 4°（LD1、LD2 为 5°）。

（2）选择计算

选择多角形橡胶联轴器型号时的计算转矩

$$T_c = KT \leqslant T_n \qquad (15.1\text{-}20)$$

T——理论转矩（N·m）；

K——工况系数：

原动机 \ 工作机		Ⅰ	Ⅱ	Ⅲ	Ⅳ
电动机		1.0	1.5	2.0	2.5
内燃机	>4 缸	1.5	2.0	2.5	3.0
	<3 缸	2.0	2.5	3.0	3.5

Ⅰ类——转矩变化小的机械；

Ⅱ类——转矩变化较小的机械；

Ⅲ类——转矩变化中等的机械；

Ⅳ类——转矩变化大的机械。

7.16 H 形弹性块联轴器

（1）形式、基本参数和主要尺寸（见表 15.1-76）

（2）选择计算

选择联轴器型号时的计算转矩

$$T_c = KK_1T \leqslant T_n \qquad (15.1\text{-}21)$$

式中　T——理论转矩（N·m）；

K——工况系数：

原动机		平稳	变化和冲击中等	变化和冲击强烈
电动机、汽轮机液压马达		1	1.25	1.75
内燃机	4~6 缸	1.25	1.5	2.0
	1~3 缸	1.5	2.0	2.5（3）

若起动次数>25 次/h，则系数取邻近的大一档值，括号内数值（3）仅适用于起动次数>25 次/h；

K_1——温度系数，对丁腈橡胶，当 $t>60$℃时，$K_1=1.2$，其余为 1。

表 15.1-76　HTLA 型和 HTLB 型 H 形弹性块联轴器的形式、基本参数和主要尺寸（摘自 JB/T 5511—2006）

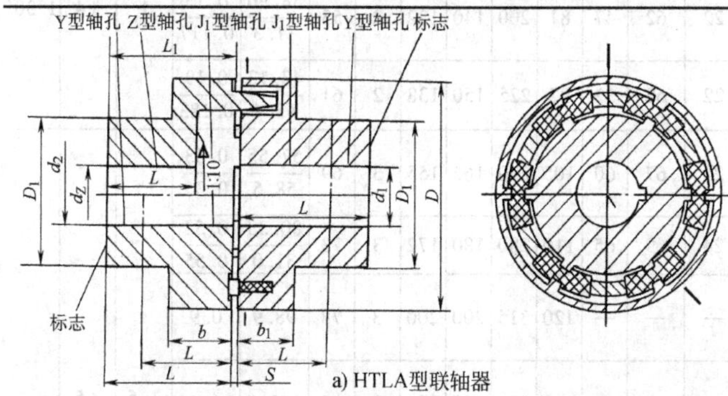

a) HTLA型联轴器

标记示例：HTLA5 型弹性块联轴器

主动端：Y 型轴孔，B_1 型键槽，$d_1=35$mm，$L=82$mm

从动端：J_1 型轴孔，B_1 型键槽，$d_2=35$mm，$L=60$mm

HTLA5 联轴器 $\dfrac{B_1 35\times82}{J_1B_1 35\times60}$ JB/T 5511—2006

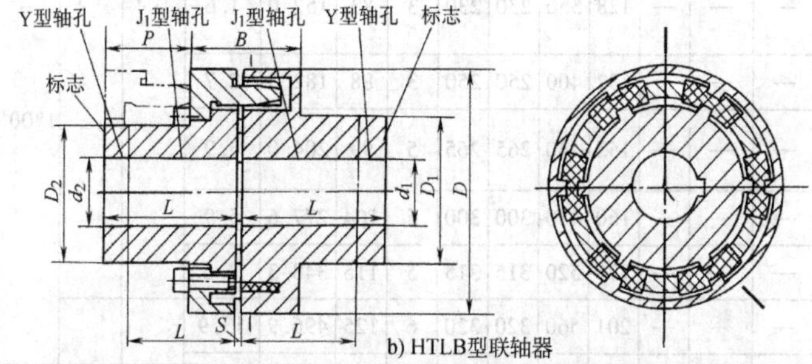

b) HTLB型联轴器

型号	公称转矩 T_n /N·m	许用转速[n] /r·min⁻¹	轴孔直径 d_1、d_2、d_Z	轴孔长度 Y型 L	轴孔长度 J_1、Z型 L	轴孔长度 J_1、Z型 L_1	b Y、J_1型	b Z型	b_1	B①	D	D_1	$D_2$①	S	P	质量 /kg	转动惯量 J/kg·m²	许用补偿量 径向 ΔY	许用补偿量 轴向 ΔX	许用补偿量 角向 Δα
			mm															mm		
			12、14	32	27	—														
HTLA1	20	5000	16、18、19	42	30	44	8	22	20	—	58	40	—	2	—	1.00	0.0003			
			20、22、24	52	38	52														
			16、18、19	42	30	48														
HTLA2	35.5	5000	20、22、24	52	38	56	8	26	20	—	70	48	—	2	—	1.65	0.0006			
			25、28	62	44	62														
			20、22、24	52	38	60												0.5		
HTLA3	71	5000	25、28	62	44	66	10	32	21	—	82	60	—	2	—	3.22	0.0017			
			30、32	82	60	82														
			24	52	38	66														
			25、28	62	44	72														
HTLA4	112	5000	30、32、35、38	82	60	88	12	40	24	—	95	70	—	2	—	5.15	0.0041		+2	
			40	112	84	112														1°30′
			28	62	44	72														
HTLA5/HTLB1	180	5000	30、32、35、38	82	60	88	14	42	27	49	110	80	62	2	33	7.39/6.0	0.008/0.007			
			40*、42*、45*	112	84	112														
			32、35、38	82	60	88														
HTLA6/HTLB2	280	4500	40、42、45、48*	112	84	112	17	45	31	56	125	92	75	2	38	10.85/9.2	0.014/0.012	0.8		
			50*	112		—														
			38	82	60	88														
HTLA7/HTLB3	400	4000	40、42、45、48、50、55*、56*	112	84	112	20	48	34	62	140	100	80	2	43	12.97/11.2	0.020/0.020			
HTLA8/HTLB4	630	3500	42、45、48、50、55、56	112		119	20	55	39	69	160	110	95	2	47	20.15/17.8	0.033/0.039	1	+4	
			60*、63*、65*	142	107	142														

（续）

型号	公称转矩 T_n /N·m	许用转速 [n] /r·min^{-1}	轴孔直径 d_1、d_2、d_Z	轴孔长度 Y 型 L	轴孔长度 J_1、Z 型 L	轴孔长度 J_1、Z 型 L_1	b Y、J_1 型	b Z 型	b_1	B①	D	D_1	$D_2$①	S	P	质量 /kg	转动惯量 J/kg·m^2	许用补偿量 径向 ΔY	许用补偿量 轴向 ΔX	角向 Δα
				mm			mm											mm		
HTLA9 HTLB5	1000	3100	50、55、56 60、63、65、70*、71*、75*	112 142	84 107	119 142	20	55	42	74	180	125	108	2	50	26.12 25.4	0.061 0.072	1	+4	1°30′
HTLA10 HTLB6	1600	2800	60、63、65、70、71、75 80*、85*	142 172	 132	147 172	22	62	47	81	200	140	122	2	53	38.90 31.3	0.13 0.117			
HTLA11 HTLB7	2240	2500	65、70、71、75 80、85、90*	142 172	107 132	147 172	22	62	52	92	225	150	138	2	61	43.13 43.4	0.19 0.183			
HTLA12 HTLB8	3150	2200	71、75 80、85、90、95 100*	142 172 212	107 132 167	152 177 212	22	67	60	105	250	165	155	3	69	57.55 58.5	0.33 0.35			
HTLA13 HTLB9	4500	2000	80、85、90、95 100、110*	172 212	132 167	177 212	24	69	65	110	280	180	172	3	73	80.33 81.0	0.52 0.55			
HTLB10	6300	1800	90、95 100、110、120、125	172 212	132 167	— —	—	—	—	120	315	200	200	3	78	98.9	0.9	1.5	+5	1°00′
HTLB11	8000	1600	100、110、120、125 130、140	212 252	167 202	— —	—	—	—	128	350	230	230	3	83	152.0	1.6			
HTLB12	11200	1400	110、120、125 130、140、150	212 252	167 202	— —	—	—	—	137	400	250	250	3	88	182.8	2.7			
HTLB13	14000	1300	120、125 130、140、150 160	212 252 302	167 202 242	— — —	—	—	—	155	440	265	265	5	99	204.0	3.9			
HTLB14	18000	1200	130、140、150 160、170	252 302	202 242	— —	—	—	—	160	480	300	300	5	104	277.6	5.9			
HTLB15	22400	1100	140、150 160、170、180	252 302	202 242	— —	—	—	—	175	520	315	315	5	115	348.3	8.6			
HTLB16	31500	1000	160、170、180 190、200	302 352	242 282	— —	—	—	—	201	560	320	320	6	125	496.9	13.9	2.0	+6	
HTLB17	40000	900	170、180 190、200、220	302 352	242 282	— —	—	—	—	215	610	352	352	6	135	582.0	20.2			
HTLB18	50000	860	180 190、200、220 240	302 352 410	242 282 330	— — —	—	—	—	234	660	384	384	6	145	706.2	29.7			
HTLB19	71000	800	200、220 240、250	352 410	382 330	— —	—	—	—	246	710	416	416	6	155	917.2	43.2			

注：1. 质量和转动惯量是按铸铁件最小轴孔的 Y 型孔计算的近似值，横线上、下分别代表 HTLA 型和 HTLB 型的数值。

2. HTLB 型轴孔直径无 d_Z，标记"*"号的轴孔直径不适用 HTLB 型的 d_2。

3. 瞬时过载转矩不得大于公称转矩值的 2 倍。

4. 表中尺寸 P 为拆卸拨爪的最小尺寸。

① B、D_2 为 HTLB 型的数值。

7.17　弹性块联轴器（见表 15.1-77）

表 15.1-77　LK 型弹性块联轴器的形式、基本参数和主要尺寸（摘自 JB/T 9148—1999）

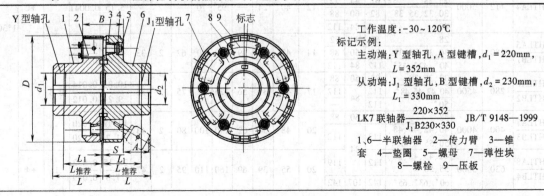

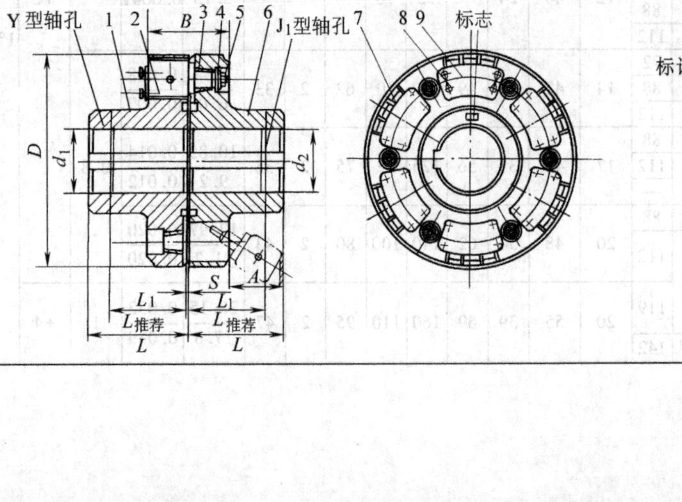

工作温度：-30~120℃

标记示例：

主动端：Y 型轴孔，A 型键槽，d_1 = 220mm，L = 352mm

从动端：J_1 型轴孔，B 型键槽，d_2 = 230mm，L_1 = 330mm

LK7 联轴器 $\dfrac{220\times352}{J_1B230\times330}$　JB/T 9148—1999

1、6—半联轴器　2—传力臂　3—锥套　4—垫圈　5—螺母　7—弹性块　8—螺栓　9—压板

（续）

型号	公称转矩 T_n /N·m	许用转速 $[n]$ /r·min^{-1}	轴孔直径 d_1、d_2	轴孔长度 Y型 L	轴孔长度 J_1型 L_1	$L_{推荐}$	D	B	S	A ≥	质量 /kg	转动惯量 J /kg·m^2
				mm								
LK1	10000	1950	85,90,95	172	132	150	370	190		40	125	4
			100,110,120	212	167					75		
LK2	16000	1750	95	172	132	170	415	208		31	200	5.2
			100,110,120,125	212	167					66		
			130	252	202				5	101		
LK3	25000	1600	110,120,125	212	167	185	450	225		57	265	6.3
			130,140,150	252	202					92		
LK4	40000	1400	130,140,150			210	520	260		75	338	21.5
			160,170,180	302	242					115		
LK5	63000	1200	160,170,180		242	230	600	275		108	580	26.6
			190,200,220	352	282					148		
LK6	100000	1170	190,200,220			260	620	285		143	625	29.3
			240,250,260	410	330					191		
LK7	125000	1080	220	352	282	280	670	295		138	780	55
			240,250,260	410	330				6	186		
			280	470	380					236		
LK8	160000	990	240,250,260	410	330	300	730	305		181	880	80
			280,300,320	470	380					231		
LK9	200000	950	260	410	330	320	760	315		176	1075	100
			280,300,320	470	380					226		
			340	550	450					296		
LK10	250000	920	280,300,320	470	380	345	790	345		211	1270	120
			340,360	550	450					281		
LK11	315000	820	300,320	470	380	360	850	380		194	1545	192
			340,360,380	550	450				7	264		
LK12	400000	790	320	470	380	380	910	420		174	1820	255
			340,360,380	550	450					244		
			400	650	540					334		
LK13	500000	750	360,380	550	450	400	960	460		224	2245	332
			400,420,440						8	314		
LK14	630000	690	400,420,440,450,460,480	650	540	450	1050	505		292	2670	520
LK15	900000	600	440,450,460,480,500			500	1200	550		270	4401	708
			530	800	680				10	410		
LK16	1250000	535	460,480,500	650	540	520	1350	570		260	4870	1248
			530,560							400		
LK17	1600000	480	530,560,600,630	800	680	600	1500	650		361	5900	1930
LK18	2000000	450	560,600,630			650	1600	730		321	7000	2650
			670	900	780					421		
LK19	2500000	420	630	800	680	680	1700	780	12	296	8850	4080
			670,710,750	900	780					396		
LK20	3150000	380	710,750			750	1900	820		376	12060	5500
			800,850	1000	880					476		

注：1. 质量、转动惯量是近似值。

2. 瞬时最大转矩不得超过公称转矩 T_n 的 1.5 倍。

3. 轴孔和键槽形式及尺寸应符合表 15.1-6 的规定、轴孔与轴伸的配合见表 15.1-8。

4. 联轴器的许用补偿量：

许用补偿量	型号			
	LK1～LK4	LK5～LK15	LK16～LK18	LK19～LK20
轴向 Δx/mm	±1.5	±2	±2.5	±3
径向 Δy/mm	0.5	0.8		1
角向 $\Delta\alpha$	0°30′		0°15′	

安装时的误差应比上述数值减小 1/2。

5. 生产厂为成都市新星机械有限责任公司。

第2章 离 合 器

1 常用离合器的类型、性能、特点与应用（见表15.2-1）

表15.2-1 常用离合器的类型、性能、特点与应用

分类		名称和简图	转矩范围	特点与应用
操纵离合器	1. 机械离合器	牙嵌离合器 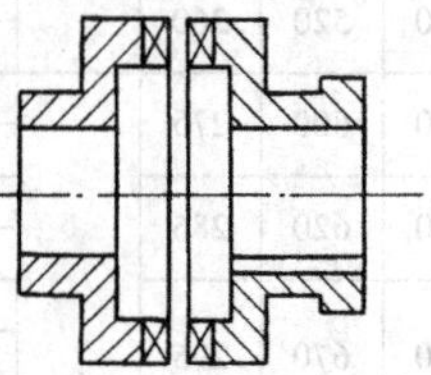	63～4100N·m	结构简单，外形尺寸小，传递转矩大，接合后主、从动轴无相对滑动，传动比不变，但接合时有冲击。适用于静止接合或转速差较小时的接合（对矩形牙，转速差≤10r/min；对其余牙形，转速差≤300r/min），主要用于低速机械中不需经常离合的传动轴系
		转键离合器 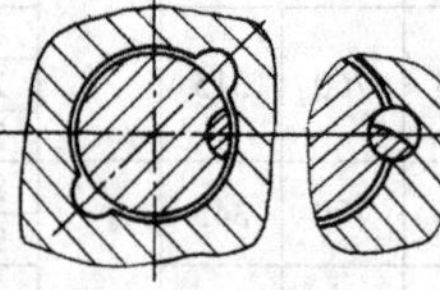 单键 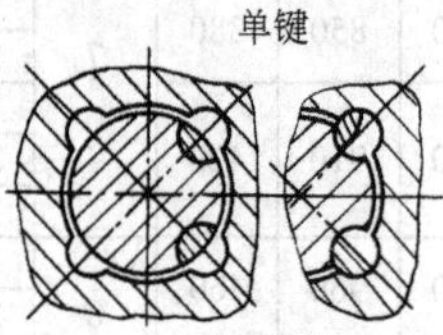 双键	100～3700N·m	利用置于轴上的键，转过一角度后卡在轴套键槽中，实现转矩传递。其结构简单，动作灵活、可靠，有单键（单向转动）和双键（双向转动）两种结构。适用于轴与传动件连接，可在转速差≤200r/min下接合，常用于各种曲柄压力机中
		齿形式离合器 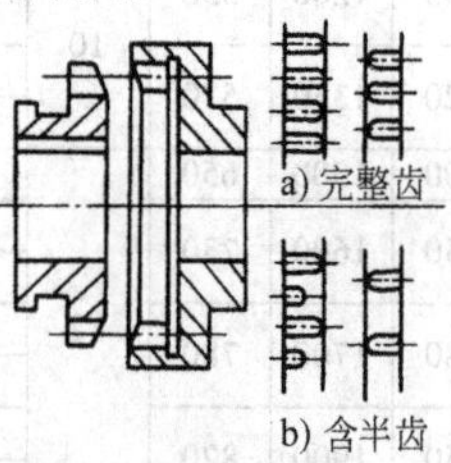		利用一对可沿轴向离合、具有相同齿数的内外齿轮传递转矩。其特点是传递转矩大，外形尺寸小，并可传递双向转矩。适用于转速差不大，带载荷进行接合，且传递转矩较大的机械主传动或变速机械的传动轴系
		片式离合器 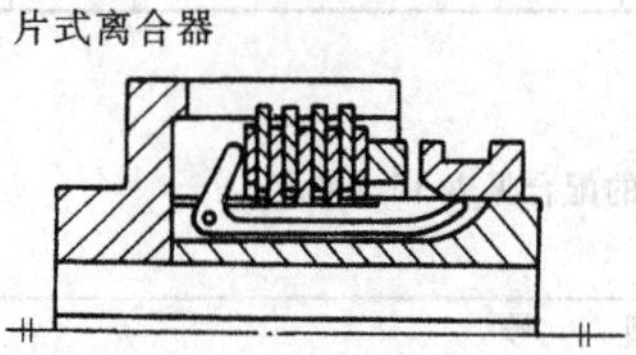	20～16000N·m	利用摩擦片或摩擦盘作为接合元件，结构型式多，传递转矩大，安装调整方便，摩擦材料种类多，能保证在不同工况下具有良好的工作性能，并能在高速下进行平稳脱开与接合；过载时打滑，有安全保护作用，但接合过程有摩擦发热，故需要调整摩擦面间隙。广泛应用于交通运输、建筑、轻工和纺织等行业的机械中
		圆锥离合器 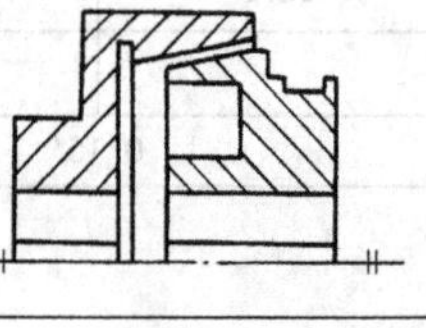	5000～286000N·m	可通过空心轴同轴安装，在相同直径及传递相同转矩的条件下比单盘摩擦离合器的接合力小2/3，且脱开时分离彻底。其缺点是外形尺寸大，起动时惯性大，锥盘轴向移动困难。常制成双锥盘的结构型式

（续）

分类		名称和简图	转矩范围	特点与应用
操纵离合器	2.气压离合器	活塞缸片式气压离合器 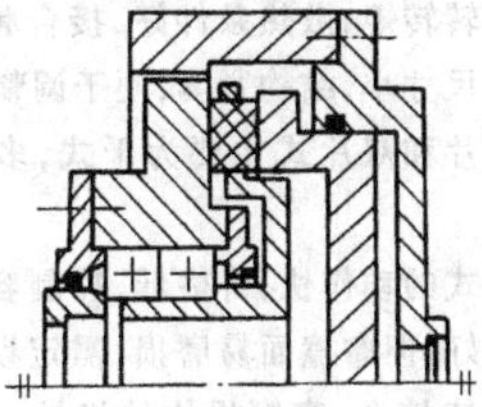	700~ 1600000N·m	接合元件为摩擦片、块或锥盘，其摩擦材料为石棉粉末冶金材料，在干式下工作。特点是结构简单，接合平稳，传递转矩大，使用寿命长，无需调整磨损间隙，常制成大型离合器。用于曲柄压力机、剪切机、平锻机、钻机、挖掘机、印刷机和造纸机等机械中
		隔膜离合器 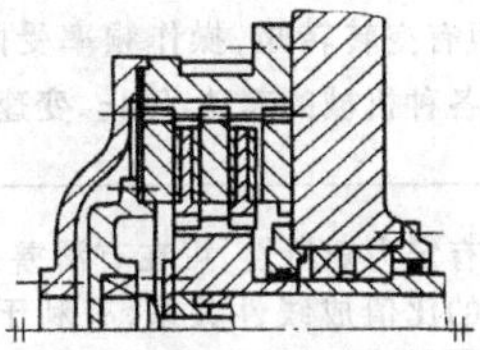	400~ 7100N·m	以隔膜片代替活塞，可减小离合器的轴向尺寸、重量及惯性，而且动作灵活，密封性好，能补偿装配误差和工作时的不规则磨损，有缓冲作用；离合时间短，耗气量少，制造和维修方便。但轴向工作行程小
		气胎离合器 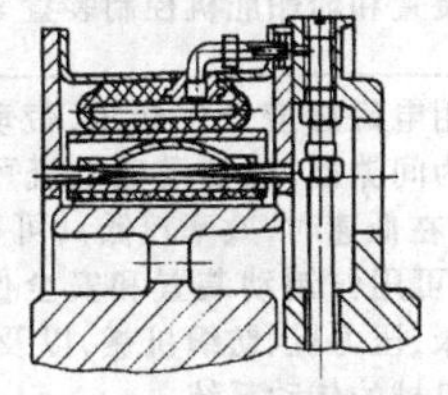	径向式 7100~ 90000N·m 轴向式 312~ 49600N·m	利用气压扩张气胎达到摩擦接合。其特点是能传递大的转矩，并有弹性能吸振，接合柔和起缓冲作用，且易安装，有补偿两轴相对位移的能力和自动补偿间隙的能力，此外，还具有密封性好、惯性小、使用寿命长等优点，但其变形阻力大，摩擦面易受润滑介质影响，对温度也较敏感。主要用于钻机、工程机械、锻压机械等大中型设备上
	3.液压离合器	旋转片式液压离合器 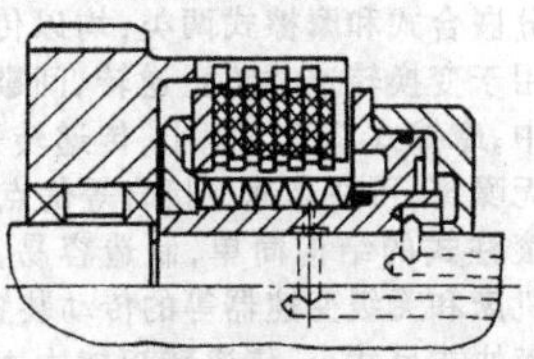 活塞缸固定片式液压离合器 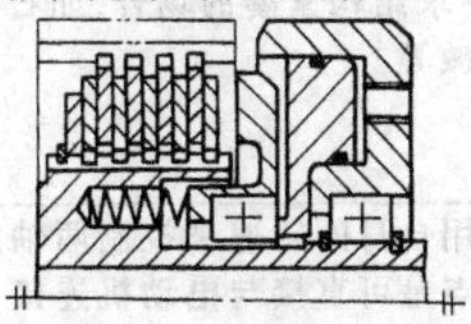	缸旋转摩擦式 160~ 1000N·m 缸固定牙嵌式 160~ 2000N·m	承载能力高，传递转矩大，体积小，当外形尺寸相同时其传递转矩比电磁摩擦离合器大3倍，而且无冲击，起动换向平稳；能自动补偿摩擦元件的磨损量，易于实现系列化生产，但接合速度不及气压离合器。广泛用于各种结构紧凑、高速、远距离操纵、频繁接合的机床、工程机械和船用机械上 缸体旋转式结构紧凑，外形尺寸小，但转动惯量大，进油接头复杂，油压易受离心力影响 缸体固定式进油简单可靠，油压力不受离心力影响，操纵和排油较快，可减小复位弹簧力，但需加装较大的推力轴承
	4.电磁离合器	牙嵌电磁离合器 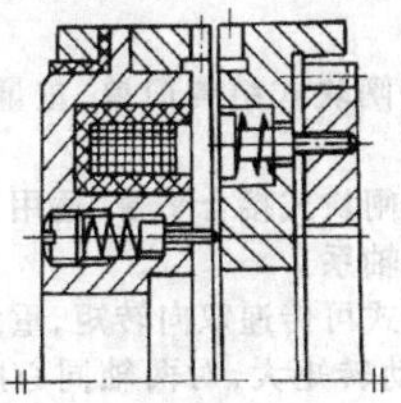	12~ 10000N·m	外形尺寸小，传递转矩大，传动比恒定，无空转转矩，不产生摩擦热，使用寿命长，可远距离操纵。但有转速差时，接合会发生冲击，不能在半接合状态下传递转矩。适用于低速下接合的各种机床、高速数控机械和包装机械等

（续）

分类		名称和简图	转矩范围	特点与应用
操纵离合器	5. 电磁离合器	无滑环单片摩擦电磁离合器 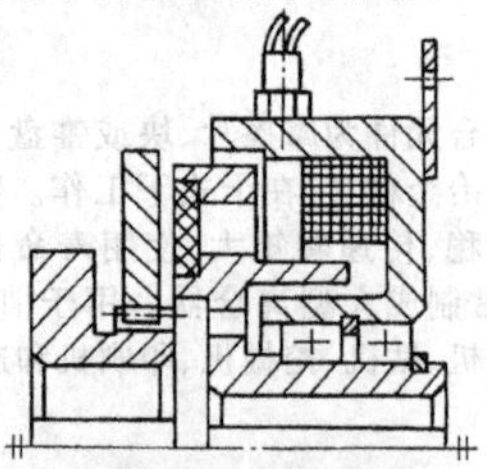 带滑环多片摩擦电磁离合器 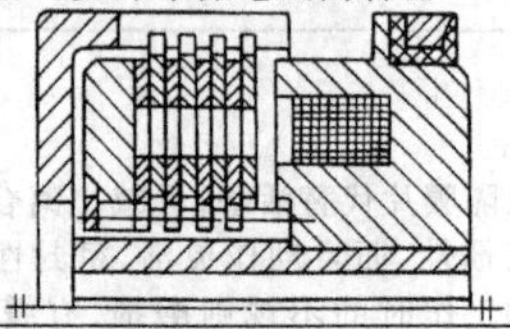	片式 1000~1600N · m 多片干式 100~25000N · m 多片湿式 12~4000N · m	单片和双片式的结构简单，传递转矩大，反应快，无空转转矩，散热条件好，接合频率较高。多片式的径向尺寸小，结构紧凑，便于调整 单片和双片式主要为干式，多片式有干式和湿式两种 干式的动作快，价格低，控制容易，转矩较大，工作性能好，但摩擦面易磨损，需定期调整和更换。适用于快速接合、高频操作的机械，如机床、计算机外围设备、包装机械，纺织机械及起重运输机械等 湿式的尺寸小，传递转矩范围大，磨损轻微，寿命长，但有空转转矩，操作频率受限制，且需供油。常用于各种机械的起动、停止、变速和定位装置中
		磁粉离合器 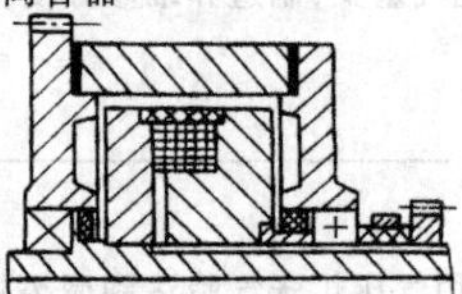	0.5~2000N · m	具有定力矩特性，可在有滑差条件下工作，转矩和电流的比值成线性关系，有利于自动控制。转矩的调节范围大，接合迅速，可用于高频操作，但磁粉寿命短，价格昂贵。主要适用于定力矩传动、缓冲起动和高频操作的机械装置，如测力计、造纸机等的张力控制装置和船舶舵机控制装置等
		转差式电磁离合器 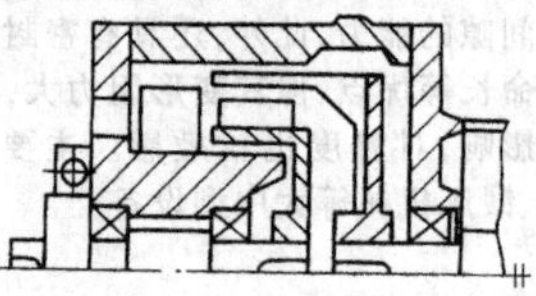	4~110N · m	利用电磁感应产生转矩，带动从动部分转动。离合器为间隙型，改变励磁电流可方便地进行无级调速（但在低速时，效率较低），可用来减轻起动时的冲击，也可用作制动装置和安全保护装置。适用于普通机床、压力机、纺织机械，以及印刷、造纸和化纤工业等机械的传动系统
自控离合器	1. 超越离合器	滚柱离合器 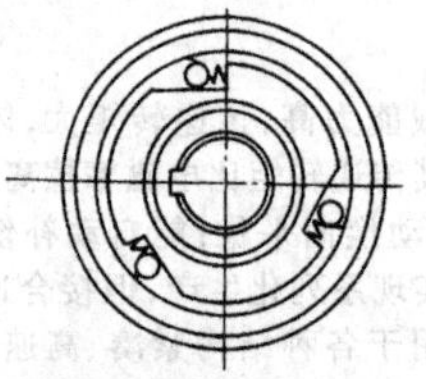 楔块离合器 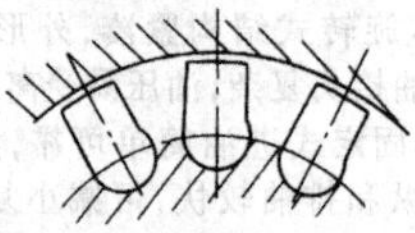	滚柱式 3~4000N · m 楔块式 31.5~25000N · m	分嵌合式和摩擦式两类，均以传递单向转矩为主，可用于变换转速时防止逆转、间歇运动的传动系统。其中，摩擦式具有体积小，传递转矩大，接合平稳，工作无噪声，可在高速下接合等优点 滚柱式的结构简单，制造容易，溜滑角小，主要用于机床和无级变速器等的传动装置中 楔块式尺寸小，传递转矩能力大，适用于传递转矩大、要求结构紧凑的场合，如石油钻机、提升机和锻压机械等
	2. 离心离合器	闸块离合器 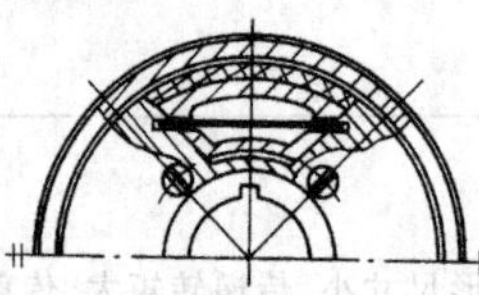 钢球离合器 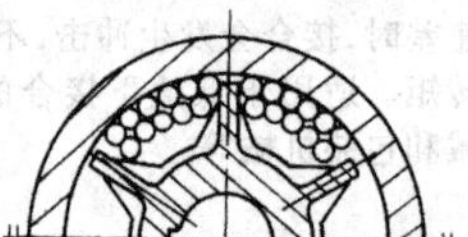	自由闸块式 1.3~5100N · m 弹簧闸块式 0.7~4500N · m 钢球式 3~35000N · m	利用自身的转速来控制两轴的自动接合或脱开。其特点是可直接与电动机连接，使电动机在空载下平稳起动，改善电动机的发热，但由于未达到额定转速前会因打滑产生摩擦热，故不宜用于频繁起动的场合，且输出功率与转速有关，也不宜用于变速传动的轴系 自由闸块式结构简单，重量轻，但平稳性差，接合时间长 弹簧闸块式接合平稳，适用于接合时间短、转动惯量小的轴系 钢球式可传递双向转矩，重复作用精度高，打滑率低，起动转矩大，对两轴同心度要求不高，可用于要求起动平稳的场合

（续）

分类		名 称 和 简 图	转矩范围	特 点 与 应 用
自控离合器	3. 安全离合器	销式安全离合器 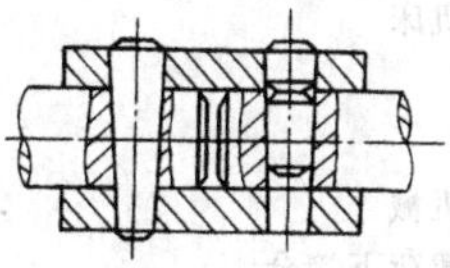	30~2000N·m	通过设计限制传递的转矩，防止过载和发生机械事故，并能充分发挥机械的效能 结构简单，制造容易，尺寸紧凑，保护严密，但工作精度不高，可用于偶然过载的传动
		牙嵌安全离合器 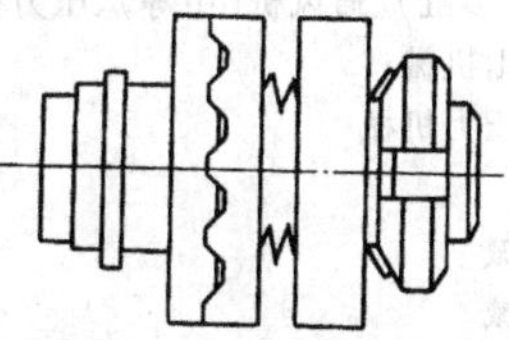	4~400N·m	嵌合式中的牙嵌式在断开瞬时会产生冲击力，可能将牙折断，故宜用于转速不高、从动部分转动惯量不大的轴系
		钢球安全离合器 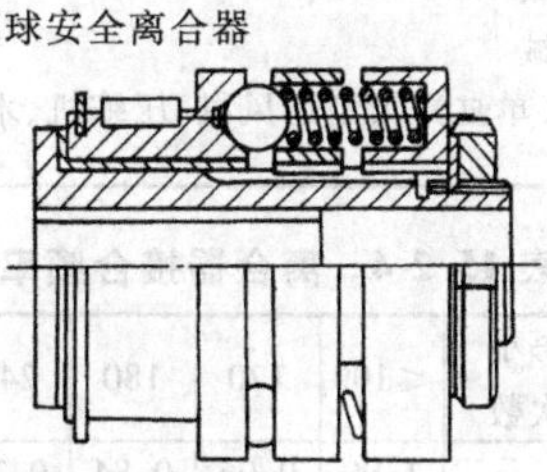	钢球式 13~4880N·m 摩擦式 0.1~200000N·m	制造简单，工作可靠，过载时滑动摩擦力小，动作灵敏度高，可适用于转速较高的传动
		片式安全离合器 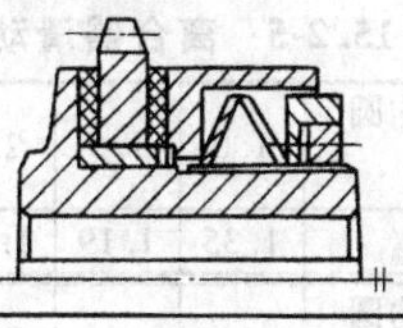		过载时因摩擦消耗能量能缓和冲击，故工作平稳，调整和使用方便，维修简单，灵敏度高，可用于转速高、转动惯量大的传动装置

2 离合器的选用与计算

2.1 离合器的结构型式与结构选择

（1）离合器接合元件的选择

接合元件应根据离合器使用的工况条件选择，可按下面几种情况考虑：

1）低速、停止转动下离合，不频繁离合，应选用刚性嵌合式接合元件。刚性嵌合式元件具有传递转矩大、转速完全同步、不产生摩擦热和外形尺寸小等特点。但因刚性大，在有转速差下接合瞬时，主、从动轴上将有较大冲击，引起振动和噪声。因此，这种接合元件限于静止或相对转速差较小、空载或轻载下接合的传动系统。

2）系统要求缓冲，通过离合器吸收峰值转矩，允许主、从动接合元件间存在一定滑差的情况，应选用摩擦式接合元件。接合时较为柔性，冲击小，但滑动会产生摩擦热，引起能量损耗。

3）长期打滑的工况，应选用电磁和液体传递能量的离合器，如磁粉离合器。

（2）离合器操纵方式的选择

1）人力操纵。人力操纵是指依靠人力的各种机械操纵离合器。手操纵力不大（<200N），动作行程一般≤250mm；脚踏板操纵力一般为250~300N，行程一般为100~150mm。这种方式反应慢，接合频率较低，主要用于中小功率的机械设备上。

2）气压操纵。气压操纵具有比较大的操纵力（0.4~0.8MPa），脱开与接合迅速，操纵频率较高，而且排气无污染，适用于各种容量和远距离操纵的离合器，特别是各种大型离合器。

3）液压操纵。液压操纵能产生很大的操纵力（0.7~3.5MPa），而且有良好的润滑和散热条件，适用于有润滑装置和不泄漏的机械设备，操纵体积小而传递转矩大的离合器，但接合速度较气压操纵慢。

4）电磁操纵。电磁操纵比较方便，接合迅速，时间短，可以并入控制电路系统实行自动控制，且易实现远距离控制，特别适用于各种操纵频率高的中小型以及微型离合器。

（3）环境条件

开式结构可用于宽敞无污染的环境，而封闭式的结构则能适应有粉尘和存在污染的场合。对于有防爆要求的环境，不宜采用普通的电磁离合器。此外，对不希望有噪声的环境，最好选用有消声装置的一般气压离合器。具有橡胶元件的离合器，则应考虑环境温度和有害介质的影响。

（4）关于离合器的转矩容量

离合器的转矩容量应按本章 2.2 节的内容进行计算。当考虑原动机的起动特性时，对于三相笼型异步电动机系统，可以允许有较大的超载范围，可选用较大容量的离合器，以便加载接合时能迅速驱动，不致出现长时打滑，造成发热；对于内燃机驱动，为了避免起动时原动机转速过分下降，应采用离合器工作容量储备较小的离合器。

2.2　离合器的选用计算

按照主、从动部分的接合元件采用的配合副的形式，还可以把离合器分为嵌合式和摩擦式，其计算转矩的计算公式见表 15.2-2。

表 15.2-2　计算转矩

类　　型	计算公式
嵌合式离合器	$T_c=KT$
摩擦式离合器	$T_c=\dfrac{KT}{K_m K_v}$

注：T_c—离合器计算转矩。选用离合器时，T_c 小于或等于离合器的额定转矩。

T—离合器的理论转矩。对于嵌合式离合器，T 为稳定运转中的最大工作转矩或原动机的公称转矩；对于摩擦式离合器，可取运转中的最大工作转矩或接合过程中工作转矩与惯性转矩之和作为理论转矩，即 $T=T_t+\dfrac{J_2\ (\omega_1-\omega_2)}{t_e}$，式中符号意义见表 15.2-23。

K—离合器工况系数，见表 15.2-3。对于干式摩擦式离合器可取较大值，对于湿式摩擦式离合器可取较小值。

K_m—离合器接合频率系数，见表 15.2-4。

K_v—离合器滑动速度系数，见表 15.2-5。

表 15.2-3　离合器工况系数（概略值）K（或称储备系数）

机械类别	K
金属切削机床	1.3~1.5
车辆	1.2~3
船舶	1.3~2.5
起重运输机械	
在最大载荷下接合	1.35~1.5
在空载下接合	1.25~1.35
活塞泵（多缸）、通风机（中等）、压力机	1.3
冶金矿山机械	1.8~3.2
曲柄式压力机械	1.1~1.3
拖拉机	1.5~3
轻纺机械	1.2~2
农业机械	2~3.5
挖掘机械	1.2~2.5
钻探机械	2~4
活塞泵（单缸）、大型通风机、压缩机、木材加工机床	1.7

表 15.2-4　离合器接合频率系数 K_m

离合器每小时接合次数	≤100	120	180	240	300	≥350
K_m	1.00	0.96	0.84	0.72	0.60	0.50

表 15.2-5　离合器滑动速度系数 K_v

摩擦面平均圆周速度 v_m/m·s^{-1}	1.0	1.5	2.0	2.5	3	4
K_v	1.35	1.19	1.08	1.00	0.94	0.86
摩擦面平均圆周速度 v_m/m·s^{-1}	5	6	8	10	13	15
K_v	0.80	0.75	0.68	0.63	0.59	0.55

注：$v_m=\dfrac{\pi D_m n}{60000}$。式中，$D_m=\dfrac{D_1+D_2}{2}$，$D_1$、$D_2$ 为摩擦面的内、外直径（mm），n 为离合器的转速（r/min）。

3　嵌合式离合器

3.1　牙嵌离合器

3.1.1　牙嵌离合器的嵌合元件（见表 15.2-6、表 15.2-7）

表 15.2-6　嵌合元件的结构型式和特点

嵌合元件类型	结构型式和特点
牙嵌式 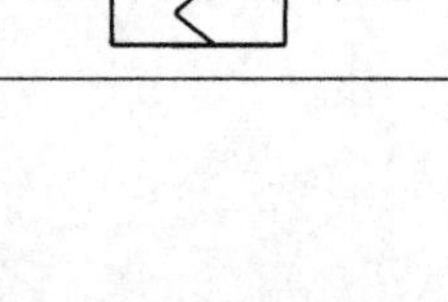	利用两半离合器端面上的牙互相嵌合或脱开以达到主、从动轴的离合，牙有矩形、梯形、三角形、锯齿形和螺旋形等几种形式。由于同时参与嵌合的牙数多，故承载能力较高，适用范围广泛

（续）

嵌合元件类型	结 构 型 式 和 特 点
转键式 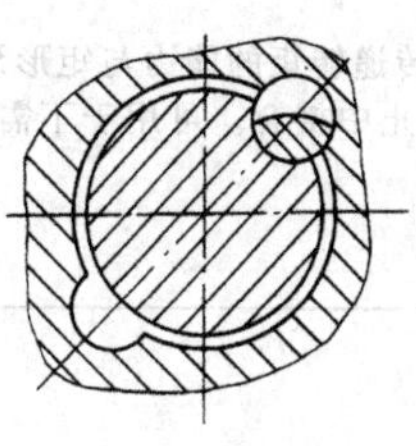	可以转动的圆弧形键装在从动轴上，当键转过某一角度，凸出轴表面时，即可由外部主动轴套带动转动。这种嵌合方式可使主、从动部分在离合过程中不需沿轴向移动，适于轴与轮毂的脱开与接合。其受力情况比滑销式好，冲击速度低。单转键式只能传递单向转矩，增加键长度可提高承载能力。转键式结构简单，动作灵敏可靠，如果采用两个反向安装的转键，则可传递双向转矩
滑销式 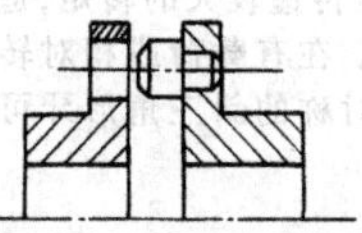	由装在半离合器凸缘端面上的销与另一半离合器凸缘端面上的销孔组成配合与滑动，以实现接合与脱开动作。根据传递转矩的大小，销孔数一般比销数多几倍，为了使有转速差时的接合容易，在凸缘端面制有弧形斜槽。滑销式结构形状简单，当销数少时，接合容易，适用于转矩不大的轴与轴的脱开与接合
拉键式 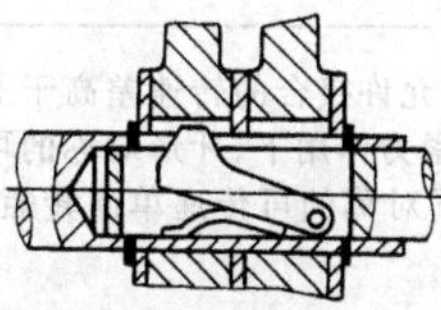	将特制的键装在轴上，可沿轴向移动，并可压入轴内以达到轴与轮毂在静止状态下的接合或分离。这种结构主要用于多级齿轮分别有选择地与轴连接而不需移动齿轮，适宜传递转矩不大的轴与传动件的连接
齿轮式 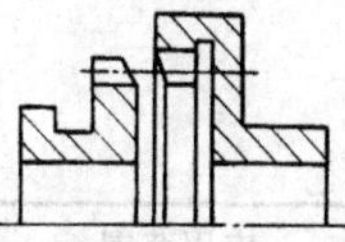	利用一对齿数相同的内、外齿轮的啮合或分离以实现两轴的连接或脱开。为了容易接合常将齿端倒角，其特点是齿轮加工工艺性好，比端面牙容易制造，精度高，且强度大，能传递大的转矩。在有些情况下，齿轮还可兼做传动元件，故应用也比较广泛

表 15.2-7　牙嵌式嵌合元件的牙形及其特点

牙　　形	结 构 特 点 与 应 用
矩形牙　$z=3\sim15$ 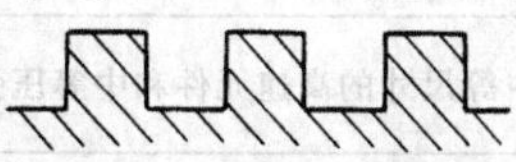	制造容易，牙的强度高，传递转矩大，可正反转传动，但接合和分离都比较困难，动态接合时冲击较大，无自动脱开的轴向分力，只能在静止或相对转速差不大于 10r/min 的条件下接合。适用于不经常离合的传动和手动调整机构。为了容易接合，可采用较大的牙侧间隙，或将牙端倒成较大的斜角或圆弧
正梯形牙　$\alpha=2°\sim8°$　$z=3\sim15$ 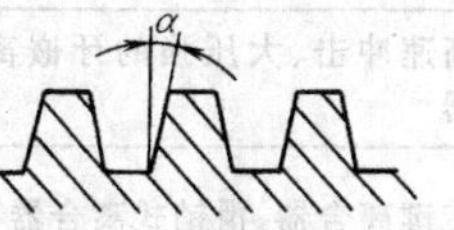 斜梯形牙　$\alpha=2°\sim8°$　$\beta=50°\sim70°$　$z=3\sim15$ 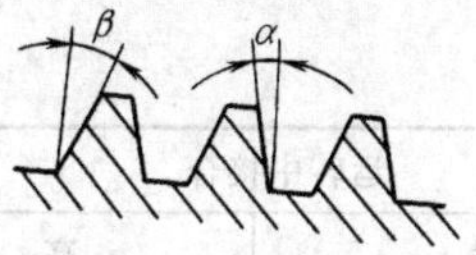 尖梯形牙　$\alpha=2°\sim8°$　$z=3\sim15$ 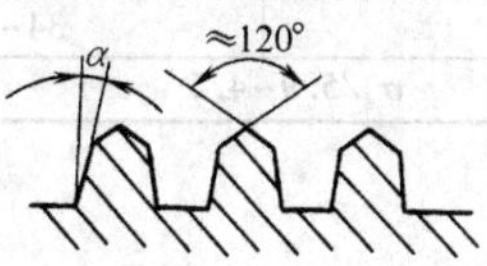 	牙的强度高，传递转矩大。接合时冲击比矩形牙小，并可消除牙侧间隙；脱开时容易分离，工作时有轴向分力。当工作面的倾斜角 $\alpha=2°\sim8°$时，产生的轴向分力不会自动脱开；当 $\alpha=15°\sim20°$时，需加轴向压力防止轴向分力使牙自动退出，常用于电磁或液压离合器。斜梯形牙适用于单向传动，可使牙的接合更加容易些。具有牙尖倒角的尖梯形牙可使双向传动的接合容易些，适用于需在转速差较高的条件下进行接合的传动轴系

（续）

牙　形	结构特点与应用
锯齿形牙　$\alpha=1°\sim1.5°$　$z=3\sim15$ 	另一侧的牙形与斜梯形牙相同，传递转矩的能力与矩形牙相同，但只能传递单向的转矩，且宜于在静止中接合。可用于不需经常进行离合的传动轴系
正三角形牙　$\alpha=30°、45°$　$z=15\sim60$ 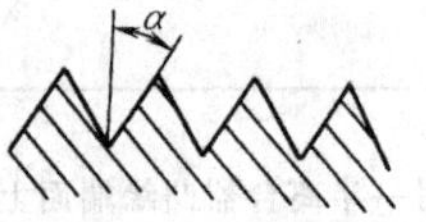 斜三角形牙　$\alpha=2°\sim8°$　$\beta=50°\sim70°$　$z=15\sim60$ 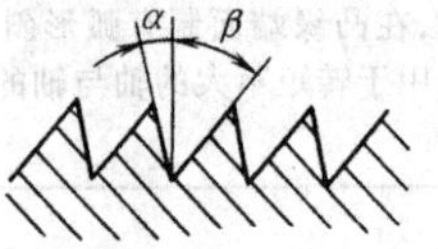	这种牙形的牙数较多，牙的接合容易，嵌入快，但牙的强度较低，只有当牙数多并加大轴向压力时，才能传递较大的转矩，适用于从动部分惯性较小、接合频率较高的传动。在有载荷或相对转速差较大时进行接合，容易损坏牙尖。采用不对称的斜三角形牙可增加牙的强度，但只适用于单向传动
螺旋形牙　$z=2\sim3$ 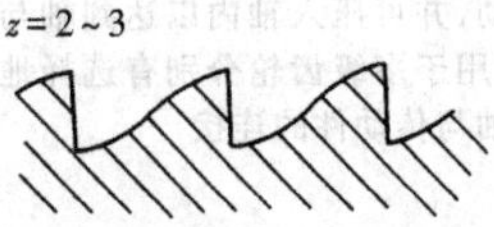	牙的强度高，接合和脱开较容易，允许接合的转速差高于上述几种牙形，但牙的加工复杂。在弹簧压紧力作用下，牙形对称的可传递双向转矩，过载时会自动脱开；牙形不对称的可传递单向转矩，而反转时会自动脱开

3.1.2 牙嵌离合器的材料与许用应力（见表15.2-8、表15.2-9）

表 15.2-8 接合元件的材料及应用范围

材料	热处理规范和硬度	应用范围
HT200 HT300	170~240HBW	低速、轻载牙嵌离合器的牙及齿形离合器的齿
45	淬火 38~46HRC 高频感应淬火 48~55HRC	载荷不大、转速不高的离合器
20Cr、20MnV 20Mn2B	渗碳 0.5~1.0mm 淬火、回火 56~62HRC	中等尺寸的高速元件和中等压强的元件
40Cr、45MnB	高频感应淬火、回火 48~58HRC	重载、压强高和冲击不大的牙嵌离合器、齿形离合器和滑销式离合器
18CrMnTi、12CrNi4A 12CrNi3	渗碳 0.8~1.2mm 淬火、回火 58~62HRC	高速冲击、大压强的牙嵌离合器、齿形离合器
50CrNi、T7	淬火、回火 40~50HRC 淬火 52~57HRC	转键离合器、滑销式离合器

表 15.2-9 牙嵌离合器的许用应力　（MPa）

接合情况	静止时接合	运转中接合	
		低　速	高　速
许用挤压应力 σ_{pp}	88~117	49~68	34~44
许用弯曲应力 σ_{bp}	$\sigma_s/1.5$	$\sigma_s/5.9\sim4.5$	

注：1. 齿数多，许用应力值取小值；齿数少，取大值。

2. 表中许用挤压应力适用于渗碳淬火钢，硬度 56~62HRC。

3. 表中高、低速是指许用接合圆周速度差 Δv。低速，$\Delta v=0.7\sim0.8$m/s；高速，$\Delta v=0.8\sim1.5$m/s。

3.1.3　牙嵌离合器的计算（见表 15.2-10）

表 15.2-10　牙嵌离合器的计算

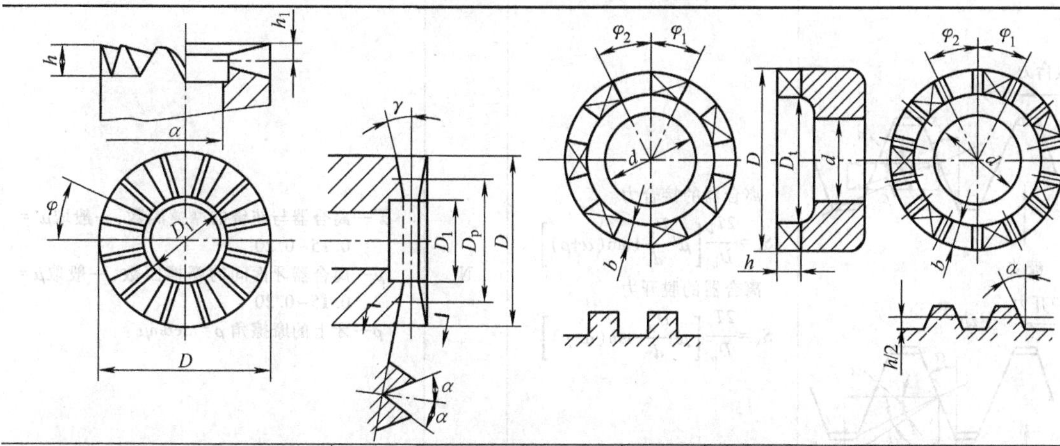

计　算　项　目		公式及数据	单位	说　　明
基本参数	牙齿外径	$D=(1.5\sim3)d$	mm	d—离合器轴径（mm）
	牙齿内径	D_1 根据结构确定，通常 $D_1=(0.7\sim0.75)D$	mm	
	牙齿平均直径 牙齿宽度 牙齿高度 齿顶高 齿根高	$D_p=\dfrac{D+D_1}{2}$ $b=\dfrac{D-D_1}{2}$ $h=(0.6\sim1)b, h=h_1+h_2$ h_1 h_2 应大于 h_1 0.5mm 左右	mm	
	牙齿齿数	$z=\dfrac{60}{n_0t}$ 或根据结构、强度确定		z—牙数，常取 z 为奇数，以便于加工 n_0—接合前，两个半离合器的转速差（r/min） t—最大结合时间（s），一般 $t=0.05\sim0.1$s
	牙齿工作面的倾斜角	$\alpha=2°\sim8°$（梯形牙） $\alpha=30°,45°$（三角形牙）	（°）	
	分度线上的齿宽	$l_m=D_p\sin\dfrac{\varphi}{2}$	mm	φ—牙的中心角（°），三角形、梯形牙啮合 $\varphi=\varphi_1=\varphi_2=\dfrac{360°}{z}$ 矩形牙啮合 $\varphi_1=\dfrac{360°}{2z}-(1°\sim2°)$ $\varphi_2=\dfrac{360°}{2z}+(1°\sim2°)$
	齿顶宽 齿根宽	$l_d=l_m-2h_1\tan\alpha$ $l_g=l_m+2h_2\tan\alpha$	mm	
	计算牙数	$z'=\left(\dfrac{1}{3}\sim\dfrac{1}{2}\right)z$		齿数多，制造精度低的，z' 取小值 齿数多，制造精度高时，z' 取大值
强度校核	牙齿工作面的挤压应力	$\sigma_p=\dfrac{2T_c}{D_pz'A}\leqslant\sigma_{pp}$ 对三角形牙，$A=D_pb\tan\gamma$ 对矩形牙，$A=hb$	MPa	T_c—计算转矩（N·mm），$T_c=KT$，见表 15.2-2 A—牙齿承压工作面积（mm²） σ_{pp}、σ_{bp}—牙齿许用挤压应力和许用弯曲应力（MPa），见表 15.2-9 淬硬钢，$z>7$ 时进行弯曲强度校核；未经热处理，$z>5$ 时进行弯曲强度校核
	牙齿根部的弯曲应力	$\sigma_b=\dfrac{6T_ch}{D_pz'bl_g^2}\leqslant\sigma_{bp}$		

（续）

计算项目		公式及数据	单位	说明
移动离合器所需的力	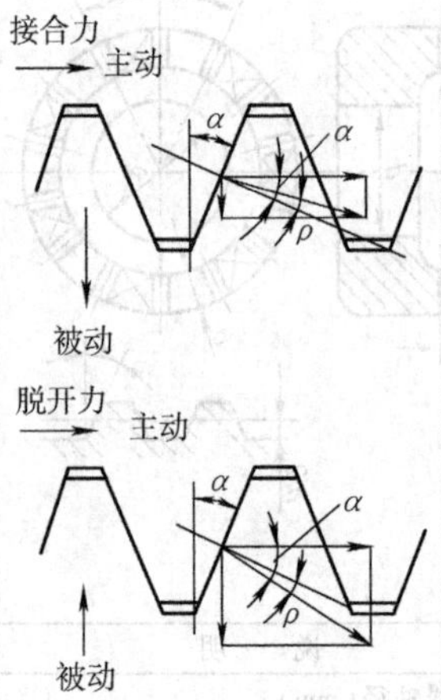	离合器的接合力 $S_h=\frac{2T_c}{D_p}\left[\mu'\frac{D_p}{d}+\tan(\alpha+\rho)\right]$ 离合器的脱开力 $S_k=\frac{2T_c}{D_p}\left[\mu\frac{D_p}{d}-\tan(\alpha-\rho)\right]$	N	μ'—离合器与花键的摩擦因数，一般取μ'=0.15~0.20 μ—离合器牙面间的摩擦因数，一般取μ=0.15~0.20 ρ—牙上的摩擦角 $\rho=\arctan\mu$
使用条件	牙齿自锁条件	$\tan\alpha\leqslant\mu+\mu'\frac{D_p}{d}$		
	接合时的许用转差	$\Delta n=\frac{60000}{\pi D_p}\Delta v$	r/min	Δv—许用接合圆周速度差（m/s），一般 $\Delta v<0.8$m/s
	接合时间	$t=\frac{60}{\Delta nz}$	s	

注：离合器有弹簧压紧装置时，接合力与脱开力还应考虑弹簧作用力。本表仅考虑离合器在花键轴上的滑动、离合器的牙面之间的相对滑动所需克服的摩擦力。

3.1.4　牙嵌离合器的尺寸标注示例（见图 15.2-1）

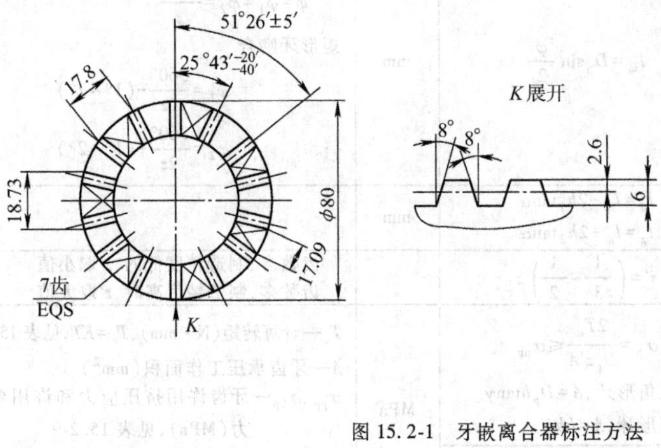

图中角度 25°43′$^{-20'}_{-40'}$控制齿厚，51°26′±5′控制牙齿分布的均匀性，弦长 17.09mm、17.8mm、18.73mm 供加工者参考。齿顶高小于齿根高，保证齿顶与槽底有足够的轴向间隙，以便消除侧隙。

图 15.2-1　牙嵌离合器标注方法

3.1.5　牙嵌离合器的结构尺寸（见表 15.2-11～表 15.2-14）

表 15.2-11　正三角形牙形的结构尺寸　（mm）

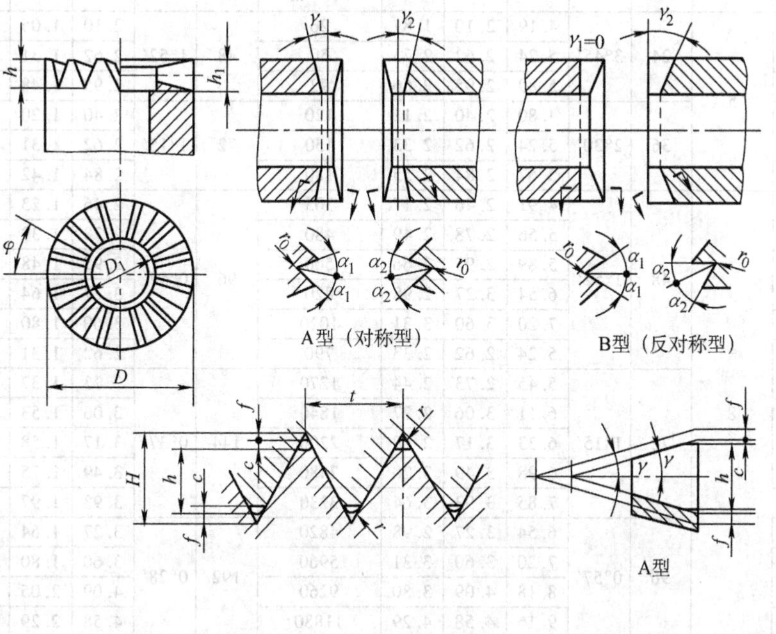

$r_0=0.2\mathrm{mm}、0.5\mathrm{mm}、0.8\mathrm{mm}, r=r_0/\cos\gamma\approx r_0, \alpha_1=30°, c=0.5r, f=r, \alpha_2=45°,$

$c=0.3r, f=0.4r, h=H-(2f+c)$

牙形角 $2\alpha=60°, r=0.2$														
			普通牙						细牙					
D	D_1	h_1	牙数 z	γ	t	H	h	许用转矩 /N·m	牙数 z	γ	t	H	h	许用转矩 /N·m
32	22	5	24	6°31′	4.19	3.62	3.07	45	48	3°15′	2.09	1.81	1.26	36
40	28				5.24	4.53	3.98	90			2.62	2.27	1.72	76
45	32				5.89	5.10	4.55	120			2.94	2.55	2.00	108
55	40		36	4°20′	4.80	4.15	3.60	210	72	2°10′	2.39	2.07	1.52	150
60	45				5.24	4.53	3.98	250			2.62	2.27	1.72	190
65	50				5.67	4.91	4.36	305			2.83	2.45	1.90	227
75	55	8	48	3°15′	4.91	4.25	3.70	520	96	1°37′	2.45	2.12	1.57	377
85	60				5.56	4.81	4.26	830			2.78	2.40	1.85	620
90	65				5.89	5.10	4.55	950			2.95	2.55	2.00	720
100	70				6.54	5.66	5.11	1400			3.27	2.83	2.28	1070
110	80				7.20	6.23	4.68	1440			3.60	3.12	2.57	1350
120	90				5.24	4.53	3.98	1350			2.62	2.27	1.72	1000
125			72	2°10′	5.45	4.72	4.17	2170	144	1°05′	2.73	2.36	1.81	1570
140	100				6.11	5.28	4.73	3140			3.05	2.64	2.09	2320
145					6.33	5.47	4.92	3750			3.16	2.74	2.19	2790
160	120				6.98	6.05	5.50	4260			3.49	3.03	2.48	3200
180	140				7.85	6.80	6.25	5540			3.93	3.39	2.84	4200
200	150		96	1°37′	6.54	5.66	5.11	8250	192	0°50′	3.27	2.83	2.28	6140
220	170				7.20	6.23	5.68	10220			3.60	3.12	2.57	7710
250	190				8.18	7.08	6.53	15900			4.09	3.54	2.99	12140
280	220				9.16	7.93	7.38	20440			4.58	3.97	3.42	15780

（续）

牙形角 $2\alpha=90°$, $r=0.2$															
D	D_1	h_1	普通牙						细牙						
			牙数 z	γ	t	H	h	许用转矩 /N·m	牙数 z	γ	t	H	h	许用转矩 /N·m
32	22	5	24	3°45′	4.19	2.10	1.81	26	48	1°52′	2.10	1.05	0.76	20
40	28				5.24	2.62	2.33	50			2.62	1.31	1.02	45
45	32				5.89	2.95	2.66	72			2.95	1.48	1.19	60
55	40		36	2°30′	4.80	2.40	2.11	120	72	1°15′	2.40	1.20	0.91	90
60	45				5.24	2.62	2.33	150			2.62	1.31	1.02	110
65	50				5.67	2.84	2.55	180			2.84	1.42	1.13	135
75	55	8	48	1°52′	4.91	2.46	2.17	305	96	0°57′	2.46	1.23	0.94	225
85	60				5.56	2.78	2.49	480			2.78	1.39	1.10	370
90	65				5.89	2.95	2.66	560			2.95	1.48	1.19	430
100	70				6.54	3.27	2.98	820			3.27	1.64	1.35	640
110	80				7.20	3.60	3.31	1020			3.60	1.80	1.51	800
120	90				5.24	2.62	2.33	790			2.62	1.31	1.02	600
125			72	1°15′	5.45	2.73	2.44	1270	144	0°37′	2.73	1.37	1.08	940
140	100				6.11	3.06	2.77	1840			3.06	1.53	1.24	1380
145					6.33	3.17	2.88	2200			3.17	1.58	1.29	1640
160	120				6.98	3.49	3.20	2480			3.49	1.75	1.46	1890
180	140				7.85	3.93	3.64	3230			3.93	1.97	1.68	2480
200	150		96	0°57′	6.54	3.27	2.98	4820	192	0°28′	3.27	1.64	1.35	3640
220	170				7.20	3.60	3.31	5960			3.60	1.80	1.51	4530
250	190				8.18	4.09	3.80	9260			4.09	2.05	1.76	7150
280	220				9.16	4.58	4.29	11880			4.58	2.29	2.00	9230

注：1. 表中许用转矩值是按照低速时接合，由牙工作面压强条件确定的，对于静止状态接合，表值应乘以 1.75。

2. D_1、h_1 尺寸根据结构尺寸选择，表值仅供参考。

表 15.2-12　$\alpha=30°$、45°三角形牙牙嵌离合器的结构尺寸　（mm）

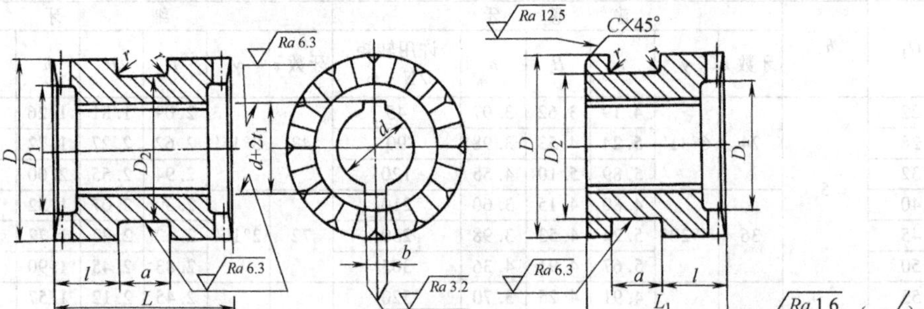

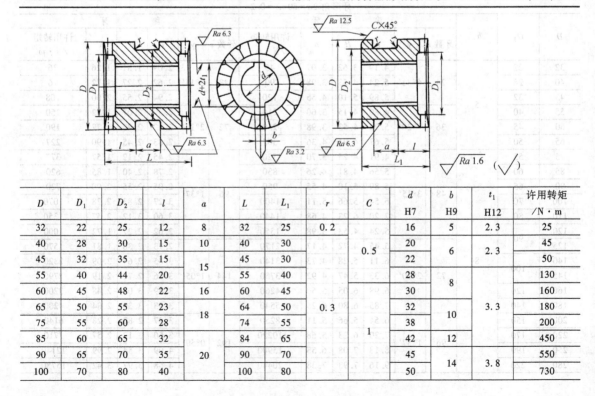

D	D_1	D_2	l	a	L	L_1	r	C	d H7	b H9	t_1 H12	许用转矩 /N·m
32	22	25	12	8	32	25	0.2	0.5	16	5	2.3	25
40	28	30	15	10	40	30	0.3		20	6	2.3	45
45	32	35	15	15	45	30			22			50
55	40	44	20		55	40			28	8	3.3	130
60	45	48	22	16	60	45		1	30			160
65	50	55	23	18	64	50			32	10		180
75	55	60	28		74	55			38			200
85	60	65	32	20	84	65			42	12		450
90	65	70	35		90	70			45	14	3.8	550
100	70	80	40		100	80			50			730

（续）

D	D_1	D_2	l	a	L	L_1	r	C	d H7	b H9	t_1 H12	许用转矩 /N·m
110	80	90	45	20	110	90	0.5	1.5	55	16	4.3	970
120	90	95	50		120	95			60	18	4.4	1300
125	90	100	50	25	125	100			65			1700
140	100	115	55		135	110			70	20	4.9	2200
145	120	125	60		145	115			75	20	4.9	2600
160	120	135	65		155	120		2	80	22	5.4	3000
180	140	145	70	30	170	130			90	25		4500
200	150	165	75		180	135			100	28	6.4	6100

注：1. 牙形结构尺寸见表 15.2-11。

2. 表中许用转矩为双键轴所能承受的转矩，牙的强度足够。

3. 常用材料为 45、40Cr 或 20Cr 钢，牙部硬度为 48~52HRC 或 58~62HRC。

表 15.2-13　矩形牙、正梯形牙的结构尺寸

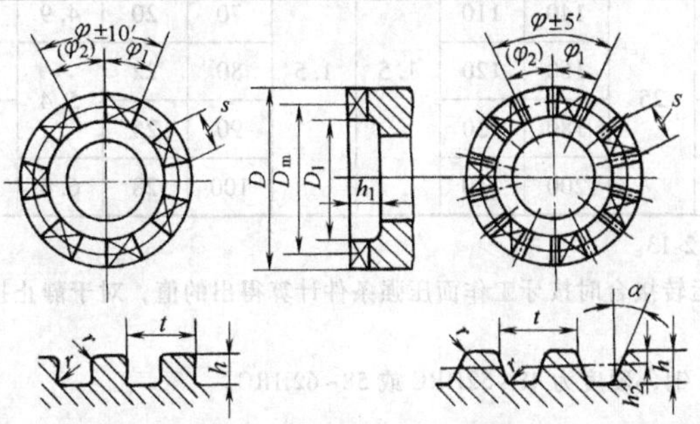

D	D_1	牙数 z	矩形牙 φ±10′	矩形牙 φ_1	矩形牙 φ_2	矩形牙 s/mm	正梯形牙 φ±5′	正梯形牙 $\varphi_{1\,-40'}^{\,-20'}$	正梯形牙 $\varphi_{2\,+20'}^{\,+40'}$	正梯形牙 s/mm	h (mm)	h_1 (mm)	h_2 (mm)	接合时要求同时接触牙数 z′
40	28	5	72°	35°	37°	12.03	72°	36°	36°	12.36	5	6	2.1	3
50	35					15.04				15.45				
60	45	7	51°26′	24°43′	26°43′	12.84	51°26′	25°43′	25°43′	13.35	6	8	2.6	4
70	50					14.98				13.57				
80	60					17.12				17.80				
90	65					19.26				20.03				
100	75					21.40				22.25				
120	90	9	40°	18°30′	21°30′	19.29	40°	20°	20°	20.84	8	10	3.6	5
140	100					22.50				24.31				
160	120	11	32°44′	14°22′	18°22′	20.01	32°44′	16°22′	16°22′	22.77				6
180	130					22.51				25.62				
200	150					25.01				28.47				

表 15.2-14　矩形牙、梯形牙牙嵌离合器的结构尺寸　（mm）

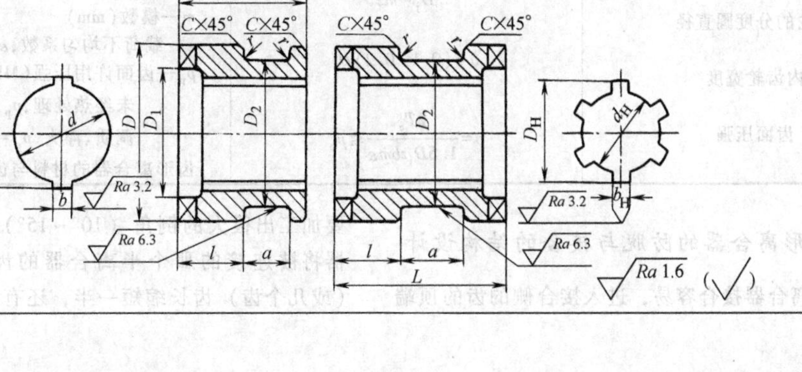

（续）

D	D_1	牙数 z	D_2	l	a	双向 L	单向 L_1	r	C	双键孔 d H7	双键孔 b H9	双键孔 t H12	花键孔 D_H H7	花键孔 d_H b12	花键孔 b_H D9	许用转矩 /N·m
40	28	5	30	15	10	40	30	0.5	0.5	20	6	2.3	20	17	6	77.1
50	35		38	20	12	50	38	0.8		25	8	3.2	25	21	5	120
60	45	7	48	22	16	60	45	1.0	1.0	32	10	3.3	32	28	7	246
70	50		54	28		70	50			35			35	30	10	375
80	60		60	30	20	80	60	1.2		40	12		40	35		437
90	65		70	35		90	70			45	14	3.8	45	40	12	605
100	75		80	40		100	80			50	16	3.8	50	45		644
120	90	9	100	50		120	100	1.5	1.5	60	18	4.4	60	54	14	1700
140	100		115	55	25	140	110			70	20	4.9	70	62	16	2580
160	120	11	135	65		160	120			80	22	5.4	80	70	20	3630
180	130		150	75		180	130			90	25		90	80		5020
200	150		160	85		200	140			100	28	6.4				5670

注：1. 牙形结构尺寸见表 15.2-13。

2. 表中许用转矩是低速运转接合时按牙工作面压强条件计算得出的值，对于静止接合的许用转矩值，可用表中数值乘以 1.75。

3. 常用材料为 45 或 20Cr 钢，硬度为 48~52HRC 或 58~62HRC。

3.2　齿形离合器

3.2.1　齿形离合器的计算（见表 15.2-15）

表 15.2-15　齿形离合器的计算

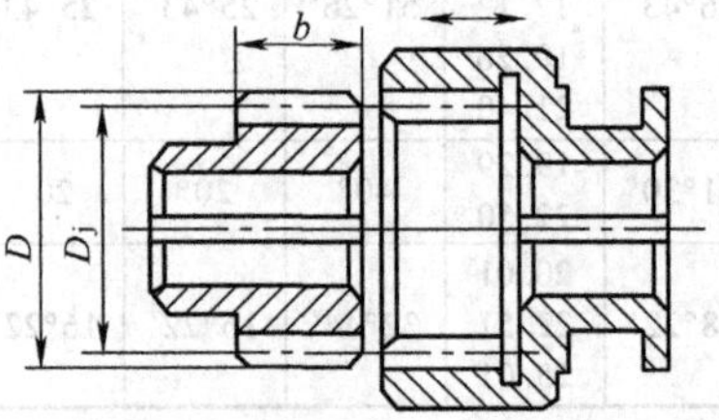

计算项目	计算公式	说　明
齿轮的分度圆直径	$D_j=mz$	z—齿数 m—模数(mm) ε—载荷不均匀系数，$\varepsilon=0.7\sim0.8$ p_p—齿面许用压强(MPa) 未经热处理，$p_p=25\sim40$MPa 调质、淬火，$p_p=47\sim70$MPa 齿形离合器的材料与齿轮相同
内齿轮宽度	$b=(0.1\sim0.2)D_j$	
齿面压强	$p=\dfrac{2T_c}{1.5D_jzbm\varepsilon}\leqslant p_p$	

3.2.2　齿形离合器的防脱与接合的结构设计

为了使离合器接合容易，进入接合侧的齿的顶端要加工出很大的倒角（10°~15°）。此外，有的离合器将被连接的那个半离合器的齿设计成每隔一齿（或几个齿）齿长缩短一半，还有的离合器另一半的内齿每隔一齿取消一个，接合过程如图 15.2-2 所示。第一步（见图 a），离合器 2 的齿（带阴影的齿）进入离合器 1 的长齿之间的宽间隔中，离合器 1 和 2 的齿侧面互相冲击，使它们的速度相等。第二步（见图 b），移动离合器，使齿完全接合。

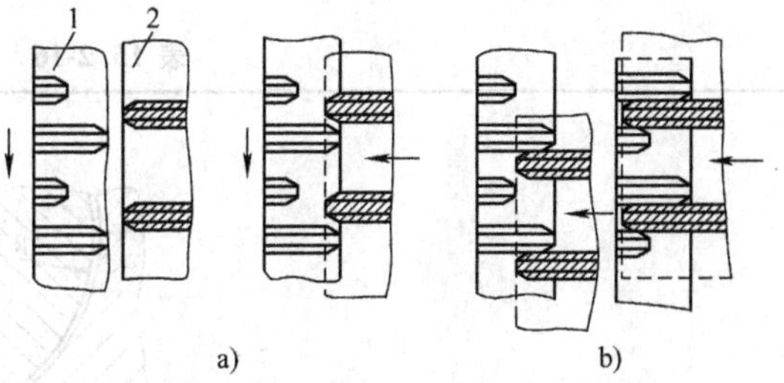

图 15.2-2 齿形离合器接合过程简图

齿形离合器在载荷运转过程中往往会因附加的轴向分力推动离合器而使其向相反的方向滑移，最后完全脱开。为了避免这种脱离，在结构设计时要采取以下措施：

1）在外齿的前端加工出一个槽，如图 15.2-3a 所示，将齿长分为两部分，将后部的齿厚减薄，减薄量一侧为 0.2~0.5mm。内齿的齿长小于外齿的齿长，离合器受转矩之后，外齿两种齿厚所形成的一个小台阶被内齿端面卡住，从而不会因轴向力而滑脱。

2）将外齿加工出一个锥度，成为外大内小的形状，如图 15.2-3b 所示。离合器接合之后，外齿受一个阻止滑脱的轴向力。半锥角为 3°左右。

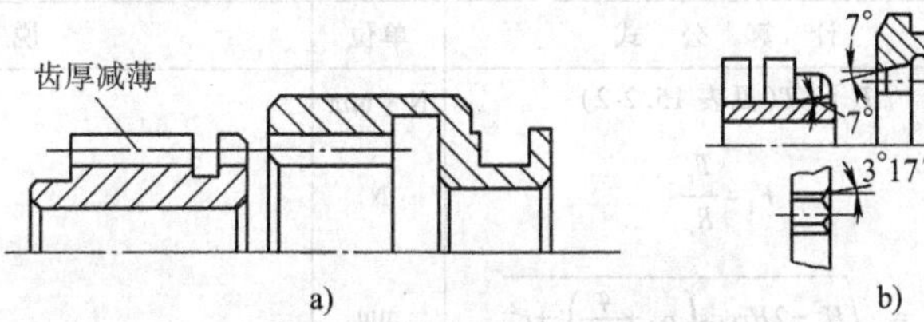

图 15.2-3 齿形离合器的防脱结构
a）齿厚减薄 b）外齿加工出一个锥度

3.3 转键离合器

3.3.1 工作原理

图 15.2-4 所示为双转键离合器。主动件大齿轮 3 与中套 4 通过键 13 连成一体转动，并以滑动轴承支承在端套 6、7 上，按图示方向转动。工作转键 5 的尾端带有拨爪 8 并借助弹簧 10 拉紧，使工作转键常处于嵌入中套的状态，即离合器处于接合状态。当离合器需要脱开时，操纵操纵块 12，使拨爪 8 带动工作转键顺时针转 45°，完全转入轴槽之内，则离合器脱开。四连杆机构 11 分别与工作转键和止逆转键 14 相连，使工作转键与止逆转键反向同步转动，止逆转键的作用是防止反向转动造成冲击。

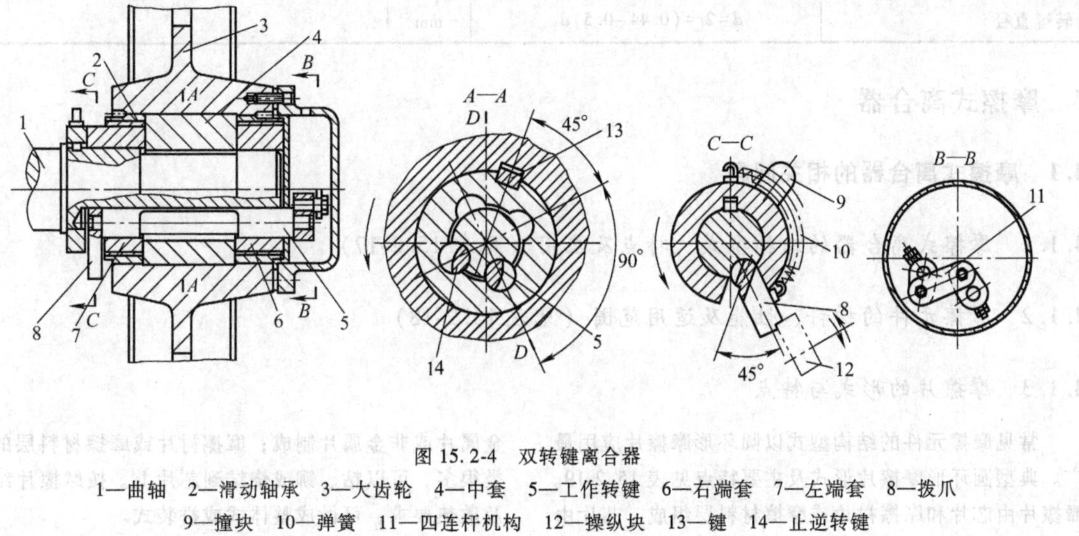

图 15.2-4 双转键离合器
1—曲轴 2—滑动轴承 3—大齿轮 4—中套 5—工作转键 6—右端套 7—左端套 8—拨爪 9—撞块 10—弹簧 11—四连杆机构 12—操纵块 13—键 14—止逆转键

3.3.2　转键离合器的计算（见表15.2-16）

表15.2-16　转键离合器的计算

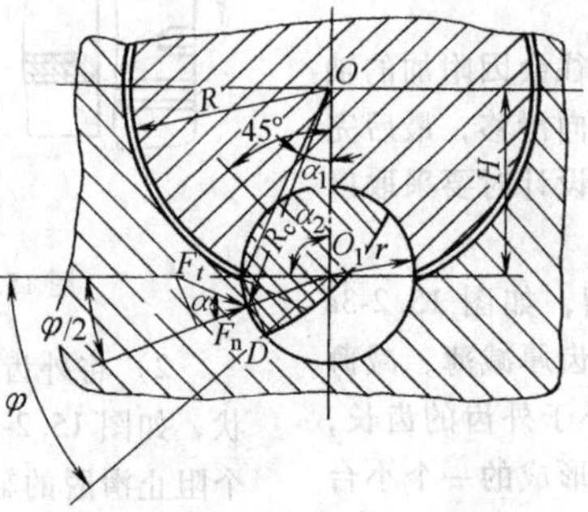

计算项目	计算公式	单位	说明
计算转矩	$T_c=KT$（见表15.2-2）	N·mm	
作用在转键上的圆周力	$F_t=\dfrac{T_c}{R_c}$	N	
转键计算半径	$R_c=\sqrt{H^2-2Hr\cos\left(\alpha_2+\dfrac{\varphi}{2}\right)+r^2}$	mm	
作用在转键上的正压力	$F_n=F_t\cos\alpha$	N	r—转键工作半径(mm) φ—转键工作面的中心角，一般小于60°，通常$\varphi=45°$ σ_{pp}—许用挤压应力(MPa)，一般取 $\sigma_{pp}=\dfrac{\sigma_s}{1.3\sim2.6}$ d_0—与曲轴相邻轴承直径(mm) H—轴心到转键中心距离
压力角	$\alpha\approx90°-\arccos\left(\dfrac{R_c^2+r^2-H^2}{2R_cr}\right)$	(°)	
转键挤压应力	$\sigma_p=\dfrac{F_n}{A_1}\leqslant\sigma_{pp}$	MPa	
挤压面积	$A_1=2rl\sin\dfrac{\varphi}{2}$	mm²	
单位长度压力	$q=\dfrac{F_n}{l}$	N/mm	
转键有效长度	$l=(1.4\sim1.65)d_1$	mm	
曲轴直径	$d_1=(1.12\sim1.2)d_0=2R$	mm	
转键直径	$d=2r=(0.44\sim0.5)d_1$	mm	

4　摩擦式离合器

4.1　摩擦式离合器的相关问题

4.1.1　摩擦式离合器的结构型式、特点及应用（见表15.2-17）

4.1.2　摩擦元件的材料、性能及适用范围（见表15.2-18）

4.1.3　摩擦片的形式与特点

常见摩擦元件的结构型式以圆环形摩擦片应用最广。典型圆环形摩擦片形式及主要特点见表15.2-19。摩擦片由芯片和摩擦衬片或摩擦材料层组成。芯片由金属片或非金属片制成；摩擦衬片或摩擦材料层的种类很多，可以粘、铆或烧结到芯片上。按摩擦片结构及散热要求，可做成整体式或拼装式。

表 15.2-17 摩擦式离合器的结构型式、特点及应用

结构型式		特点及应用
锥体	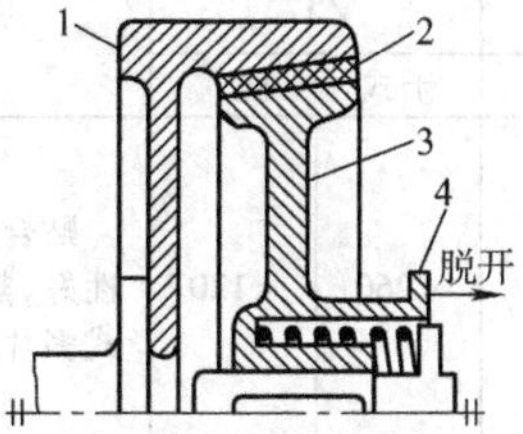 1—主动件 2—摩擦衬面 3—从动盘 4—操纵套筒	结构简单，可平稳地接合，在相同直径及传递相同转矩条件下比盘式离合器要求的轴向接合力小。易散热，但起动惯性大，锥盘轴向移动困难 用于进给装置。在牵引设备中几乎完全被盘式离合器代替
单片	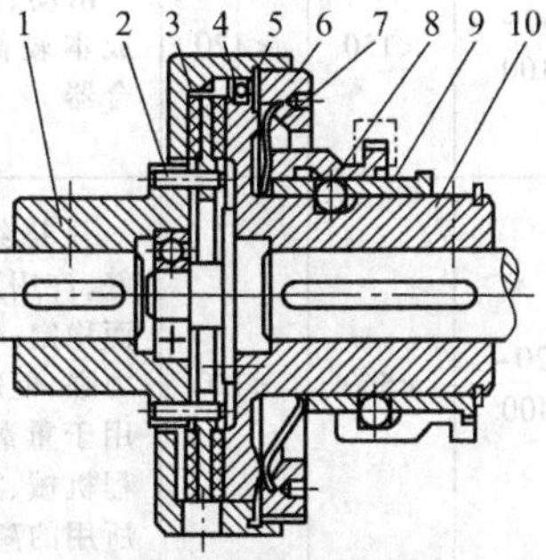 干式单片摩擦式离合器 1—轴套 2、4—导销 3—摩擦片 5、10—压紧盘 6—调节盖 7—碟形膜片弹簧 8—钢球 9—压紧环	主动部分与从动部分通过由碟形弹簧压紧摩擦片进行接合，离合器的接合与脱开由操纵杠杆拨动压紧环实现。这种干式单片离合器可用于传递转矩范围为 15～3000N·m的装置
多片	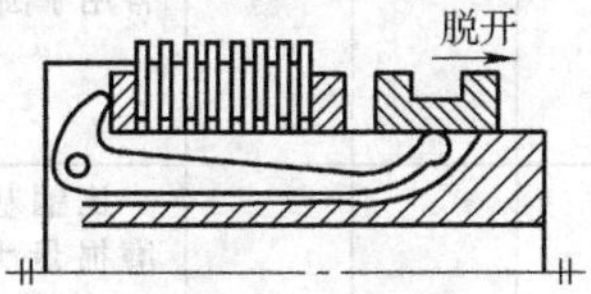	可通过增加摩擦片来增加容量，而不用加大直径。湿式多片离合器摩擦片浸在封闭箱体内的油液内，干式通常由循环的空气带走产生的热量。各种多片离合器的差别主要在于主动片和被动片的夹紧方式不同。广泛用于机床、中心距受空间限制的一些齿轮箱传动装置，以及推土机等工程机械的变速器中
涨圈	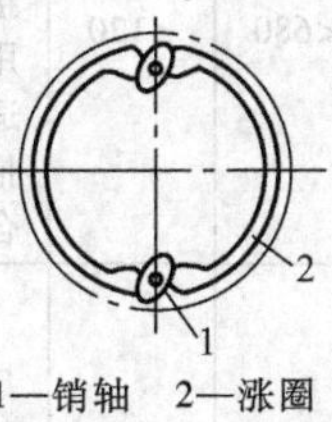 1—销轴 2—涨圈	涨圈为筒形摩擦片。销轴转动，迫使涨圈外径扩大，压紧环形槽内表面，离合器接合。涨圈转动时的离心力能增加接合功率。销轴复位，涨圈自身弹性收缩，离合器脱开。用于低速和转矩不大的场合，如挖掘机等
扭簧	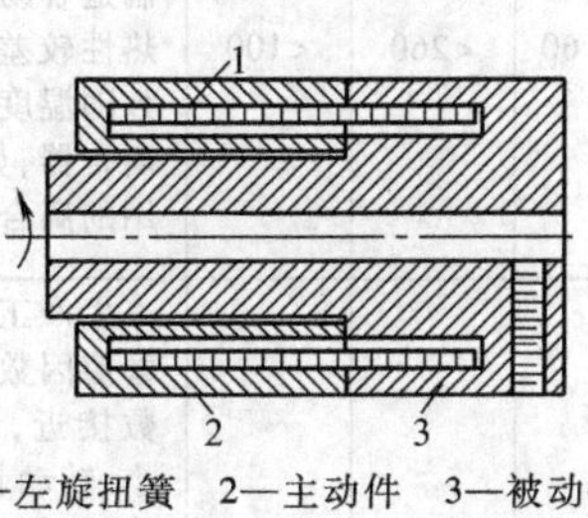 1—左旋扭簧 2—主动件 3—被动件	用扭簧与主、被动件的内表面相连接，工作时主动件使扭簧径向尺寸增大，压紧在被动件的表面上，借助摩擦力带动被动件。可看作是超越型，即主动件只能一个方向驱动被动件。如果被动件的转速超过主动件的转速，则扭簧将放松，两轴脱开。扭簧主要受剪切力。用于洗衣机中

注：摩擦式离合器有干式、湿式两种。干式与湿式相比，具有结构简单、价格便宜、维修量小、空转转矩小（为额定力矩的 0.05%）、换向时颤振小、转动惯量小和起动时间短的特点，通常用于要求瞬时脱开、过载保护的场合；湿式（一般浸在油中）能降低磨损，缓冲冲击载荷，但需要注意接合元件在油中摩擦因数减小以及散热不足，需加强冷却，常用于小直径多片离合器。

表 15.2-18 摩擦元件的材料、性能及适用范围

摩擦副		摩擦因数 $\frac{\mu_s}{\mu_d}$		许用压强 $[p]/N\cdot cm^{-2}$		许用温度 /℃		特点和适用范围
摩擦片	对偶件	干式	湿式	干式	湿式	干式	湿式	
10 钢或 15 钢(渗碳 0.5mm,淬火 56~62HRC)	淬火钢	0.15~0.20	0.05~0.10	20~40	60~100	<260	<120	贴合紧密,耐磨性好,导热性好,热变形小。常用于湿式多片摩擦离合器
65Mn(淬火 35~45HRC)		0.12~0.16	0.04~0.08					
QSn6-6-3 QSn10-1 QAl9-4	钢、青铜、铸铁 HT200	0.15~0.20	0.06~0.12	20~40	60~100	<150	<120	滑动、静摩擦因数差较小,成本较高。多用于湿式离合器
		0.12~0.16	0.05~0.10					
铜基粉末冶金	铸铁 HT200 45 钢、40Cr	0.25~0.45	0.10~0.12	100~300	120~400	<560	<120	易烧结,耐高温,耐磨性好,许用压强高,摩擦因数高而稳定,导热性好,抗胶合能力强,但成本高,密度大。适用于重载湿式离合器,如工程机械、重型汽车、压力机等所用的离合器
		0.20~0.30	0.05~0.10					
铸铁	45 钢(高频感应淬火 42~48HRC)	0.15~0.20	0.05~0.10	20~40	60~100	<250	<120	具有较好的耐磨性和抗胶合能力,但不能承受冲击。常用于圆锥离合器
	20Mn2B(渗碳淬火 53~58HRC)	0.12~0.16	0.04~0.08					
	铸铁 HT200	0.15~0.25	0.06~0.12					
铁基粉末冶金	铸铁、钢	0.30~0.40	0.10~0.12	120~300	200~300	<680	<120	比铜基粉末冶金难制造,磨损量大。在油中耐磨性差,磨损后污染油。耐高温。接合时刚性大,有较大的许用压强和静摩擦因数。特别适用于重载干式离合器,如拖拉机、坦克等所用的离合器
石棉有机摩擦片	铸铁、钢	0.25~0.40	0.08~0.12	15~30	40~60	<260	<100	摩擦因数较高,密度小,有足够的机械强度,价格便宜,制造容易,耐热性较好,但导热性较差,不耐高温,摩擦因数随温度变化。常用于干式离合器,如拖拉机、汽车等所用的离合器
纸基摩擦片	铸铁、钢		0.08~0.12	—	100			生产工艺简单,价格低廉,摩擦因数大,滑动、静摩擦因数接近,换向冲击小,密度小,转动惯量小;耐磨性、耐热性较铜基和石墨基差,磨损量大,使用时需保证良好的冷却与润滑。常用于中小型载货汽车、拖拉机等所用的离合器
			0.04~0.06					

（续）

摩擦副		摩擦因数 $\frac{\mu_s}{\mu_d}$		许用压强 $[p]$/N·cm^{-2}		许用温度 /℃		特点和适用范围
摩擦片	对偶件	干式	湿式	干式	湿式	干式	湿式	
石墨基摩擦片	合金钢		$\frac{0.10 \sim 0.15}{0.08 \sim 0.12}$	—	300~600			摩擦因数大，可在高速度低载荷条件下工作，也可用于重载机械；传递大转矩，不受润滑剂中杂质的影响，油的种类对摩擦性能影响小，成本介于纸基与粉末冶金材料之间，磨损稍低于纸基摩擦片，但高于粉末冶金摩擦片，工艺性好，用于重型载货汽车所用的离合器
半金属摩擦片	合金钢	0.26~0.37		168	—	<350		压强、速度和温度升高摩擦因数比较稳定，对偶件的磨损较小。转矩平稳性、对偶件磨损情况及制造成本均优于粉末冶金，适于中高速、高载荷、干式条件下使用
夹布胶木	铸铁、钢	—	0.1~0.12	—	40~60	<150		
皮革	铸铁、钢	0.30~0.40	0.12~0.15	7~15	15~28	<110	<120	
软木	铸铁、钢	0.30~0.50	0.15~0.25	5~10	10~15	<110		

注：1. μ_s 是静摩擦因数，是指摩擦副将开始打滑前的摩擦因数的最大值；μ_d 是滑动摩擦因数。后面所有 μ 符号，未注脚标时系指静摩擦因数。

2. 摩擦片数少，p_p 值取上限；摩擦片数多，p_p 取下限。

3. 摩擦片平均圆周速度大于 2.5m/s 时或每小时接合次数大于 100 次时，p_p 值要适当降低。

4. 摩擦因数列数据中横线上方为 μ_s 数值，横线下方为 μ_d 数值，其余为 μ_s 数值。

表 15.2-19 圆环形摩擦片的形式及主要特点

形式	内片			
	矩形齿内片	花键孔内片	渐开线齿内片	卷边开槽内片
简图	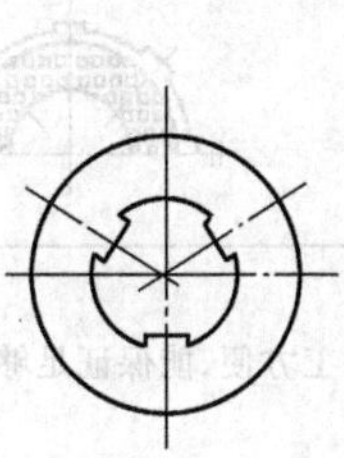	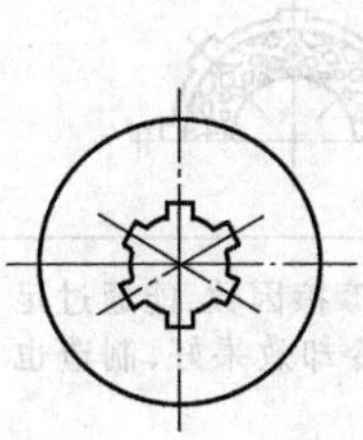	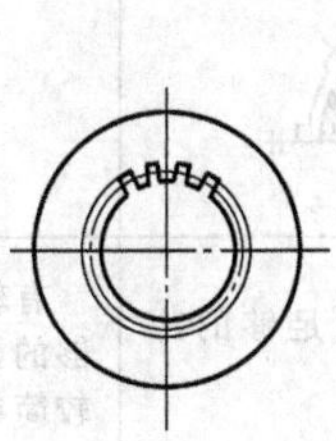	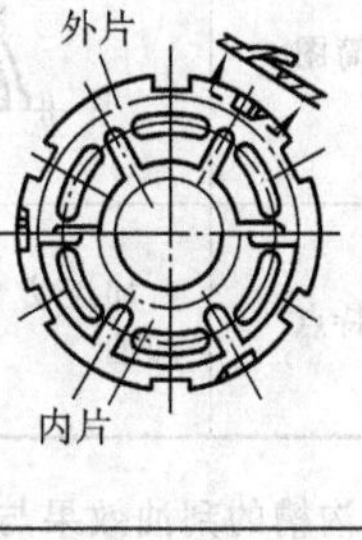
特点	齿数 3~6，用于低转矩或用于中型套装或轴装离合器	加工方便，多用于中小型套装或轴装离合器	能传递较大转矩，用于中型离合器	多用于电磁离合器

（续）

形　式	内　片	外　片		
	带扭转减振器的弹性片	矩形齿外片	键槽式外片	渐开线齿外片
简图	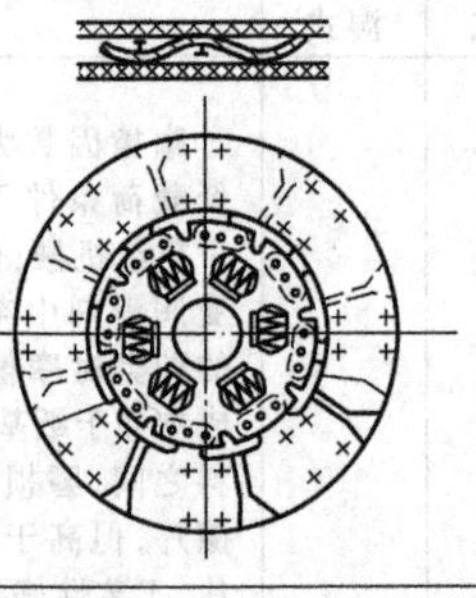	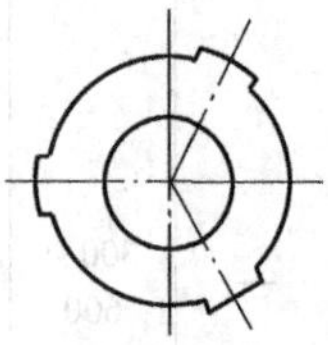	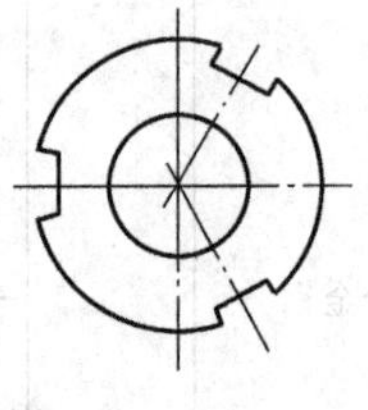	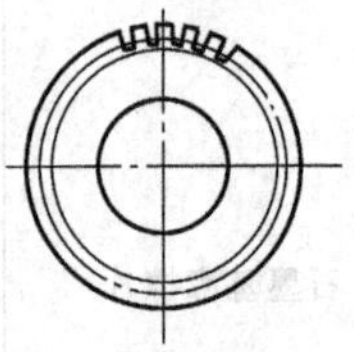
特点	用于汽车主离合器	齿数3~6,可与矩形齿内片或花键孔内片配合	槽数3~6,可与矩形齿片或花键孔内片配对	能传递较大转矩,与渐开线齿内片配对

对于工作时需要散发很大热量的干式离合器片，常采用带散热翅的端部摩擦片或带辐射的中空摩擦片，以加强通风或水冷。

摩擦片上往往加工出沟槽，常用沟槽见表15.2-20。沟槽可起到刮油、冷却和有效排出磨粒的作用。沟槽的刮油作用能降低摩擦副之间的油膜的厚度和压力，从而提高滑动摩擦因数；同时，沟槽还有把磨损脱落的小颗粒收集起来随油流排出到油池的作用，防止这部分颗粒对摩擦表面产生磨粒磨损。充满润滑油的沟槽快速扫过摩擦表面时，带走摩擦表面的摩擦热，还能通过设计特殊形式的沟槽来实现磨粒排出。例如，在外径一边开不通透的径向槽，当离合器脱开时，利用不通透的径向槽中油的压力把摩擦副顶开，但这种沟槽可能造成油膜增厚，摩擦因数下降。

表15.2-20　常用沟槽形式和特点

型　式	同心圆或螺旋槽	辐　射　状	同心辐射状
简图	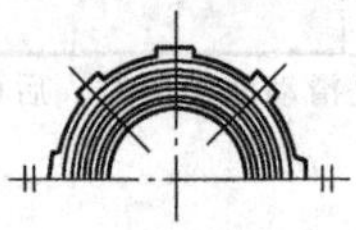	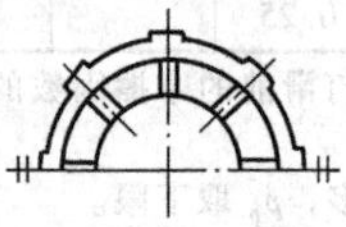	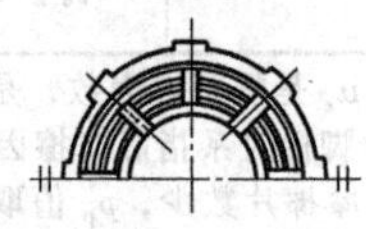
特点	有利于排油,有利于破坏油膜层,使摩擦因数提高,但冷却性能差	向摩擦表面供油好,冷却效果好,磨损减小,能促使摩擦片分离,但多形成液体润滑,使摩擦因数降低	摩擦因数较高,冷却效果好,制造较复杂
型　式	棱　状	放射棱状	方格状
简图	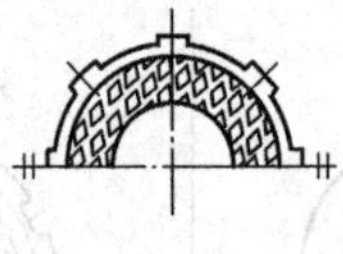	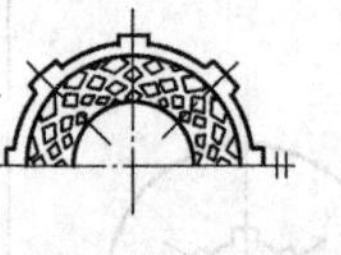	
特点	加工方便,能通过足够的冷却油	有较高的摩擦因数,能通过足够的油流,冷却效果好,制造也较简单	加工方便,能保证足够的冷却油通过

沟槽的刮油效果与两个因素有关：沟槽与油流方向的夹角越小，刮油效果越好；沟槽边缘尖锐的比圆滑的刮油效果好。

沟槽的冷却效果与三个因素有关：沟槽与油流方向夹角越小，冷却效果越差；浅而宽的沟槽比相同截面积的窄而深的沟槽的冷却效果好，因为在宽而浅的沟槽中油流容易产生湍流，同时油流也更靠近摩擦表面，所以能更有效地发挥冷却作用；沟槽间距越小，冷却效果越好。沟槽加多，则实际承受摩擦的面积减少，有可能导致磨损增加。对烧结铜基摩擦材料来讲，沟槽面积高达摩擦总面积的 50%时磨损率可以毫无影响，而纸基摩擦材料的磨损对沟槽面积所占的比例则十分敏感。

对非金属摩擦片表面，开槽并不能使摩擦因数变大，相反却增加了磨损值，所以在纸质和石墨树脂衬面上仅开冷却油槽。

4.1.4　摩擦式离合器的计算（见表 15.2-21）

表 15.2-21　摩擦式离合器的计算

<table>
<tr><th>形式及尺寸符号说明</th><th>计算项目</th><th>计算公式</th><th>单位</th></tr>
<tr><td rowspan="13">圆环形摩擦片式
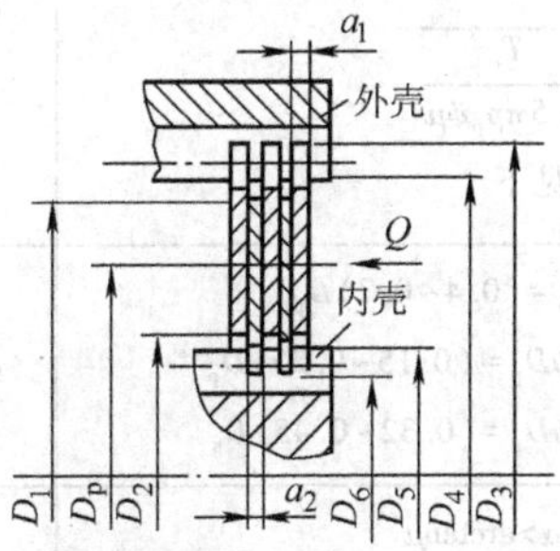

i_1—外摩擦片数
i_2—内摩擦片数
m—摩擦面对数，通常，湿式 $m=5\sim15$，干式 $m=1\sim6$
z—摩擦片总数，$z=i_1+i_2=m+1$
μ—摩擦因数，查表 15.2-18
$[p]$—许用压强（N/cm^2），查表 15.2-18
z_1—外摩擦片齿数
z_2—内摩擦片齿数
a_1、a_2—外、内摩擦片厚度（cm）
K_1—摩擦片数修正系数，见表 15.2-22
K_v—速度修正系数（滑动速度系数），见表 15.2-5
K_m—接合次数修正系数（接合频率系数），见表 15.2-4
σ_{pp}—许用挤压应力
d—传动轴直径</td><td>计算转矩</td><td>$T_c=\dfrac{KT}{K_m K_v}$（见表 15.2-2）</td><td>N·cm</td></tr>
<tr><td>摩擦片工作面的平均直径</td><td>$D_p=\dfrac{1}{2}(D_1+D_2)=(2.5\sim4)d$</td><td>cm</td></tr>
<tr><td>摩擦片工作面的外径</td><td>$D_1=1.25D_p$</td><td>cm</td></tr>
<tr><td>摩擦片工作面的内径</td><td>$D_2=0.75D_p$</td><td>cm</td></tr>
<tr><td>摩擦片宽度</td><td>$b=\dfrac{D_1-D_2}{2}$</td><td>cm</td></tr>
<tr><td>摩擦面对数</td><td>$m=z-1\geqslant\dfrac{8T_c}{\pi(D_1^2-D_2^2)D_p\mu p_p}$
（z 取奇数，m 取偶数）</td><td></td></tr>
<tr><td>摩擦片脱开时所需的间隙</td><td>湿式：$\delta=0.2\sim0.5$
干式：无衬层　$\delta=0.4\sim1.0$
有衬层　$\delta=1.0\sim1.5$</td><td>mm</td></tr>
<tr><td>许用传递转矩</td><td>$T_{cp}=\dfrac{1}{8}\pi(D_1^2-D_2^2)D_p m\mu p_p K_1\geqslant T_c$</td><td>N·cm</td></tr>
<tr><td>压紧力</td><td>$Q=\dfrac{T_c}{D_p\mu m}$</td><td>N</td></tr>
<tr><td>摩擦面压强</td><td>$p=\dfrac{4Q}{\pi(D_1^2-D_2^2)}\leqslant[p]$</td><td>$N/cm^2$</td></tr>
<tr><td>摩擦片与外壳接合处挤压应力</td><td>$\sigma_{p1}=\dfrac{8T_{cp}}{z_1 i_1 a_1(D_3^2-D_4^2)}\leqslant\sigma_{pp}$</td><td>$N/cm^2$</td></tr>
<tr><td>摩擦片与内壳接合处挤压应力</td><td>$\sigma_{p2}=\dfrac{8T_{cp}}{z_2 i_2 a_2(D_5^2-D_6^2)}\leqslant\sigma_{pp}$</td><td>$N/cm^2$</td></tr>
</table>

（续）

形式及尺寸符号说明	计算项目	计算公式	单位
单圆锥摩擦式	计算转矩	$T_c=\dfrac{KT}{K_m K_v}$（见表 15.2-2）	N·cm
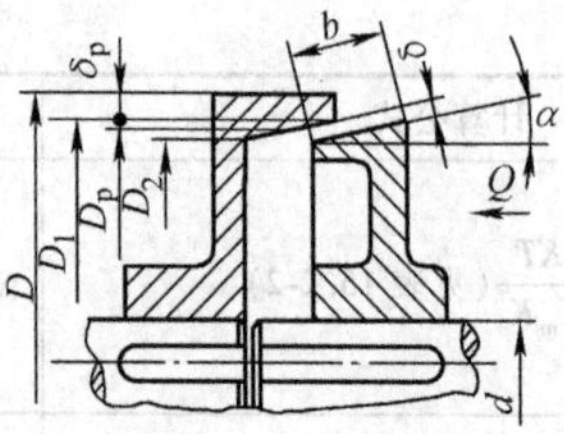	摩擦片工作面平均直径	单锥面：$D_p=(D_1+D_2)/2=(4\sim6)d$，或 $D_p=\sqrt[3]{\dfrac{T_c}{0.5\pi p_p \psi\mu}}$ 双锥面：$D_s=\sqrt[3]{\dfrac{T_c}{0.5\pi p_p \psi\mu}}$ 两式中 ψ 的计算见下	cm
双圆锥摩擦式 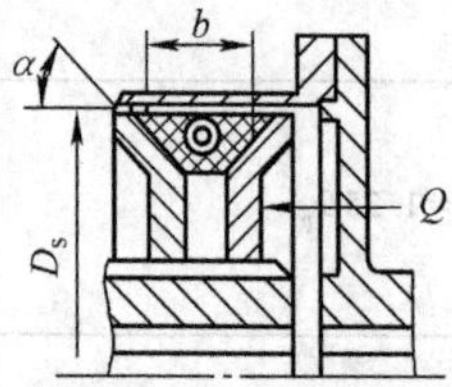	摩擦片宽度	一般机械：$b=\psi D_p=(0.4\sim0.7)D_p$ 机床：单锥面 $b=\psi D_p=(0.15\sim0.25)D_p$ 双锥面 $b=\psi D_s=(0.32\sim0.45)D_s$	cm
	摩擦锥的半锥角	$\alpha>\arctan\mu$ 金属-金属 $\alpha=8°\sim15°$ 石棉、木材-金属 $\alpha=20°\sim25°$ 皮革-金属 $\alpha=12°\sim15°$	(°)
D_s—锥面摩擦块的外径或外壳的内径(cm) μ—摩擦因数，见表 15.2-18 $[p]$—许用压强(N/cm^2)，见表 15.2-18	离合器脱开间隙	无衬层 $\delta=0.5\sim1.0$ 有衬层 $\delta=1.5\sim2.0$	mm
α—半锥角，一般大于摩擦角 b—圆锥素线宽度(cm)	摩擦锥的行程	单锥面 $x=\delta/\sin\alpha$，双锥面 $x=2\delta/\sin\alpha$	mm
σ_p—许用应力(N/cm^2)	摩擦面上的平均圆周速度	$v=\dfrac{\pi D_p n}{6000}$	m/s
铸铁 $\sigma_p=1960\sim2940N/cm^2$ 铸钢 $\sigma_p=3920\sim7850N/cm^2$ 碳素钢 $\sigma_p=7850\sim11770N/cm^2$ φ—摩擦角，$\varphi=\arctan\mu$ ψ—宽度系数	许用传递转矩	单锥面 $T_{cp}=\dfrac{1}{2}\pi D_p^2 b\mu p_p\geqslant T_c$ 双锥面 $T_{cp}=\dfrac{1}{2}\pi D_s^2 b\mu p_p\geqslant T_c$	N·cm
	所需的轴向压力与脱开力	单锥面 $Q=\dfrac{2T_c(\mu\cos\alpha\pm\sin\alpha)}{D_p\mu}$ 接合时用“+”，脱开时用“-” 双锥面 $Q=\dfrac{T_c(\sin\alpha+\mu\cos\alpha)}{\mu D'(\cos\alpha-\mu\sin\alpha)}$	N
	摩擦面压强	单锥面 $p=\dfrac{2T_c}{\pi D_p^2\mu b}\leqslant[p]$ 双锥面 $p=\dfrac{2T_c}{\pi D_s^2\mu b}\leqslant[p]$	N/cm^2
	外锥平均壁厚	$\delta_p\geqslant\dfrac{Q}{2b\pi\sigma_p\tan(\alpha+\varphi)}$	cm

（续）

形式及尺寸符号说明	计算项目	计算公式	单位
圆片摩擦块式 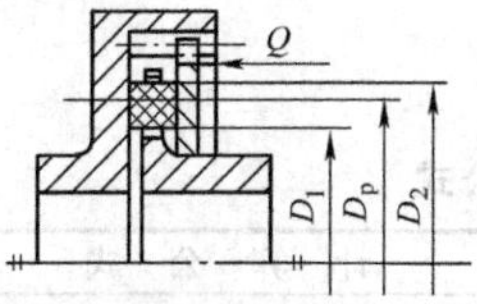 D_p—平均直径(cm) A—单个摩擦块单侧摩擦面积(cm^2) z—摩擦块数量 μ—摩擦因数，见表 15.2-18 $[p]$—许用压强(N/cm^2)，见表 15.2-18	压紧力	$Q=\frac{T_c}{D_p\mu}$	N
	摩擦面压强	$p=\frac{T_c}{D_p\mu Az}\leqslant[p]$	N/cm^2
涨圈式 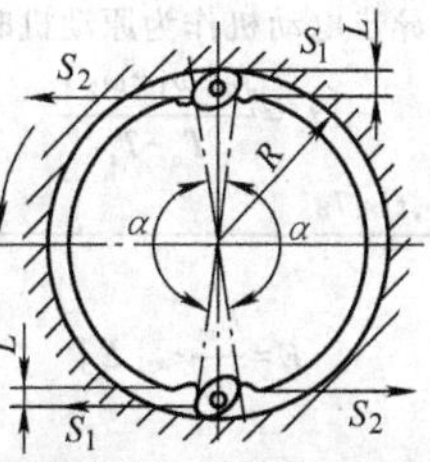 α—单根涨圈包角(rad)，按结构设计定 b—涨圈宽度(cm)，按结构设计定 z—涨圈数量 μ—摩擦因数，见表 15.2-18 $[p]$—许用压强(N/cm^2)，见表 15.2-18 R—环形槽半径(cm) L—转销上力臂(cm)	始端张力	$S_1=\frac{T_c}{R(e^{\mu\alpha}-1)z}$	N
	终端张力	$S_2=\frac{T_c e^{\mu\alpha}}{R(e^{\mu\alpha}-1)z}$	N
	摩擦面压强	$p=\frac{T_c}{R^2 b\alpha\mu z}\leqslant[p]$	N/cm^2
	接合力矩	$M_0=S_1L+S_2L$	N·cm
扭簧式 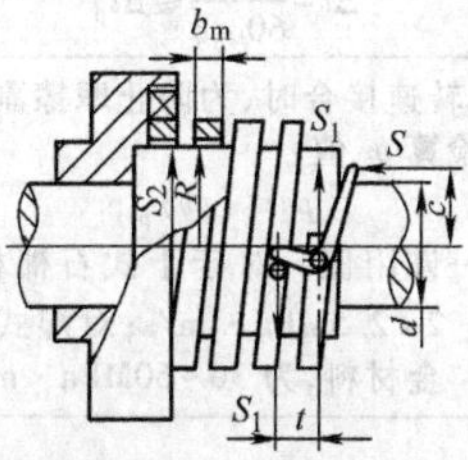 i—弹簧工作圈数，一般取 $i=4.5\sim6$ t、c—杠杆臂长度(cm) μ—摩擦因数，见表 15.2-18 b_m—弹簧终端第一圈平均宽(cm) R—鼓轮半径(cm)，$R\approx\frac{3}{2}d$ σ_{pp}—许用挤压应力(N/cm^2) 扭簧结构 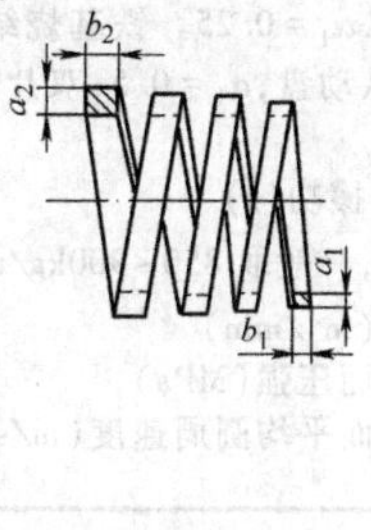 $b_1=0.5b_2$ $a_1=0.4b_2$ $a_2=0.9b_2$ 扭簧总螺旋圈数 $n=i+1$	圆周力	$F=T_c/R$	N
	终端张力	$S_2=F/e^{2\pi i\mu}$	N
	操纵端张力	$S_1=\frac{F}{e^{2\pi i\mu}(e^{2\pi\mu}-1)}$	N
	接合力	$S=S_1t/c$	N
	鼓轮表层挤压应力	$\sigma_p=\frac{F}{Rb_m}\leqslant\sigma_{pp}$	N/cm^2

表 15.2-22　K_1 值

离合器主动摩擦片数 i_1	≤3	4	5	6	7	8	9	10	11
K_1	1	0.97	0.94	0.91	0.88	0.85	0.82	0.79	0.76

4.1.5　摩擦式离合器的摩擦功和发热量计算（见表 15.2-23）

表 15.2-23　摩擦式离合器的摩擦功和发热量计算公式

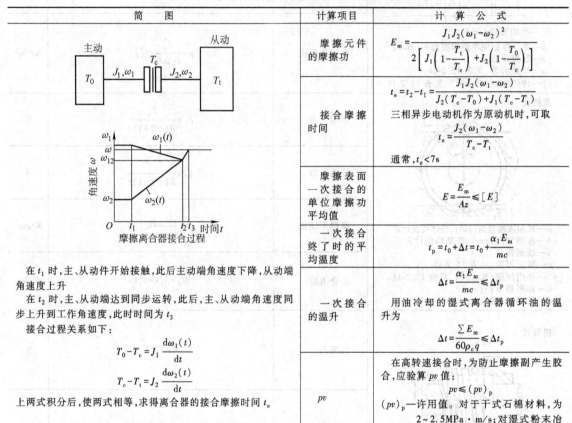

简　图	计算项目	计　算　公　式
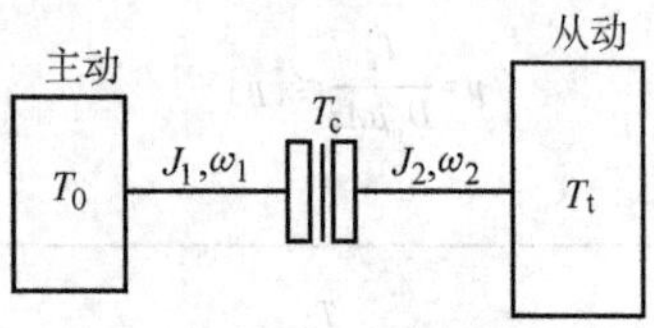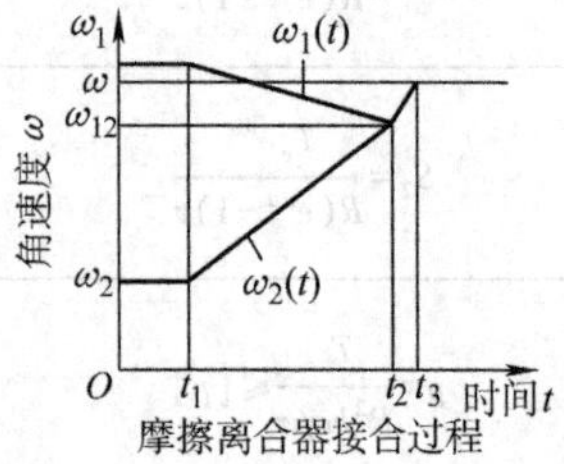摩擦离合器接合过程 在 t_1 时，主、从动件开始接触，此后主动端角速度下降，从动端角速度上升 在 t_2 时，主、从动端达到同步运转，此后，主、从动端角速度同步上升到工作角速度，此时时间为 t_3 接合过程关系如下： $T_0-T_c=J_1\dfrac{d\omega_1(t)}{dt}$ $T_c-T_t=J_2\dfrac{d\omega_2(t)}{dt}$ 上两式积分后，使两式相等，求得离合器的接合摩擦时间 t_e	摩擦元件的摩擦功	$E_m=\dfrac{J_1J_2(\omega_1-\omega_2)^2}{2\left[J_1\left(1-\dfrac{T_t}{T_c}\right)+J_2\left(1-\dfrac{T_0}{T_c}\right)\right]}$
	接合摩擦时间	$t_e=t_2-t_1=\dfrac{J_1J_2(\omega_1-\omega_2)}{J_2(T_c-T_0)+J_1(T_c-T_t)}$ 三相异步电动机作为原动机时，可取 $t_e=\dfrac{J_2(\omega_1-\omega_2)}{T_c-T_t}$ 通常，t_e<7s
	摩擦表面一次接合的单位摩擦功平均值	$E=\dfrac{E_m}{Az}\leqslant[E]$
	一次接合终了时的平均温度	$t_p=t_0+\Delta t=t_0+\dfrac{\alpha_1E_m}{mc}$
	一次接合的温升	$\Delta t=\dfrac{\alpha_1E_m}{mc}\leqslant\Delta t_p$ 用油冷却的湿式离合器循环油的温升为 $\Delta t=\dfrac{\sum E_m}{60\rho_c q}\leqslant\Delta t_p$
	pv	在高转速接合时，为防止摩擦副产生胶合，应验算 pv 值： $pv\leqslant(pv)_p$ $(pv)_p$—许用值。对于干式石棉材料，为 2~2.5MPa·m/s；对湿式粉末冶金材料，为 30~60MPa·m/s

符号意义

J_1、J_2—分别为主、从动轴的转动惯量（kg·m²）
ω_1、ω_2—分别为接合时主、从动轴的起始角速度（rad/s）
ω_{12}—主、从动轴达到同步运转时的角速度
ω—主、从动轴达到同步运转后上升到工作角速度
T_c—摩擦元件所传递的计算转矩（N·m）
T_t—需传递的负载转矩（N·m）
T_0—原动机的驱动转矩（N·m）
A——个摩擦副的工作面积（m²）
z—摩擦副对数
$[E]$—允许摩擦功（J/m²），见表 15.2-24
E_m——次接合摩擦功（J）
t_e—接合摩擦时间（s）
t_0—接合开始时摩擦片的平均温度（℃）
Δt—当主、被动片热量和导热系数相同时，所有摩擦功转化为热的一次接合温升（℃）
m—离合器吸收热量部分的零件质量（kg）
c—主、被动片材料的比热容。冷却油取 c=1680~2100J/(kg·K)，铸铁取 c=540J/(kg·K)，钢取 c=490J/(kg·K)
Δt_p——次接合终了时允许温升（℃），见表 15.2-24
α_1—热量分配系数，即被计算零件所吸收的热量对总热量的比值。石棉材料制成的衬面：单片离合器的压盘，α_1=0.5；双片离合器的中间盘，α_1=0.5；压盘，α_1=0.25。铁基烧结材料制成的衬面：单片从动盘，α_1=0.5；双片中间盘，α_1=0.25
$\sum E_m$—1h 内累积的摩擦功（J）
ρ_c—冷却油的密度，一般取 850~900kg/m³
q—冷却油的流量（m³/min）
p—摩擦副元件表面压强（MPa）
v—摩擦副元件表面平均圆周速度（m/s）

注：1. 表中计算公式是假定 T_0、T_t 为定值，主、从动轴角速度的瞬时变化值随时间 t_e 呈直线比例关系。
2. 本表不适用于汽车和工程机械带变矩器及不带变矩器的变速器中的离合器。

表 15.2-24 允许摩擦功 $[E]$ 和允许温升 Δt_p

$[E]/J\cdot m^{-2}$		$\Delta t_p/℃$	
干式离合器(衬面材料为铜丝石棉)	5×10^5	拖拉机(干式离合器)	3~5
		推土机、叉车(干式离合器)	≈3
轻型坦克	$(0.981\sim1.472)\times10^5$	履带车辆(坦克)	15~20
中型坦克	$(1.472\sim2.452)\times10^5$	离心离合器	70~75
重型坦克	$(2.452\sim3.924)\times10^5$	机床	150

4.1.6 摩擦式离合器的磨损和寿命（见表 15.2-25）

表 15.2-25 摩擦式离合器的磨损和寿命计算公式

项 目	计 算 公 式	符 号 含 义
磨损系数 ε	为了防止摩擦式离合器磨损速率过大,对于载荷大、接合频繁的离合器,应计算磨损系数 ε: $\varepsilon=\dfrac{E_m}{a}z\leqslant\varepsilon_p$	E_m—离合器一次接合摩擦功(J) z—每分钟接合次数(min^{-1}) a—总摩擦面积(mm^2) ε_p—许用磨损系数。普通石棉基摩擦材料(圆片式),ε_p=0.5~0.8;普通石棉基摩擦材料(圆锥式、闸块式、闸带式),ε_p=0.7~0.9;Z64石棉基摩擦材料(圆片式),ε_p=2.5
寿命期内接合次数 N	$N=\dfrac{V}{E_mK_\omega}$	V—磨损限度内(即寿命期内)摩擦片磨损的总体积(mm^3) E_m—接合一次的摩擦功(J) K_ω—摩擦材料的磨损率(mm^3/J)。对铜基粉末冶金材料,$K_\omega=(3\sim6)\times10^{-5}mm^3/J$;对半金属型摩擦材料,$K_\omega=(5\sim10)\times10^{-5}mm^3/J$;对铁基粉末冶金材料,$K_\omega=(5\sim9)\times10^{-5}mm^3/J$;对树脂型材料,$K_\omega=(6\sim12)\times10^{-5}mm^3/J$

4.1.7 摩擦式离合器的润滑和冷却

干式和湿式摩擦式离合器都有发热和冷却问题。干式摩擦式离合器的热量通过壳体散到周围环境中，温升过高时，可采用风扇强制冷却，干式摩擦式离合器外壳温度不超过 80℃。湿式摩擦式离合器的热量通过润滑油冷却。

（1）湿式摩擦式离合器润滑油的选择

对润滑油的要求：①与摩擦表面黏附力大，油膜强度高，既能防止两摩擦面直接接触，又要求有高的摩擦因数。②适当的黏度和黏温指数。低速时，不致因黏度过大、油膜厚度增加而延长接合时间；高速时，不因黏度大而增加空转转矩和发热，也不因黏度低不易形成油膜而发生干摩擦，可参见表 15.2-26 选用。③耐热性好，抗氧化性高，无泡沫，不易老化变质，寿命长。④化学性能稳定，对摩擦元件无腐蚀作用。

对摩擦式离合器的润滑油，当工作温度为 40~70℃时，可用变压器油；当工作温度为 70~100℃时，可用汽轮机油；当工作温度更高时，宜用合成润滑油。

表 15.2-26 湿式摩擦式离合器润滑油的黏度

离合器类型	润滑油黏度 $/mm^2\cdot s^{-1}$
机械和液压离合器	
中等线速度(5~12m/s)	30~33.5
低或高线速度(<5m/s 或>12m/s)	16.5~21
电磁离合器	
中等线速度(5~12m/s)	16.5~21
低或高线速度(<5m/s 或>12m/s)	8.5~12

（2）湿式摩擦式离合器的润滑方式

1）飞溅润滑。装置简单，用于与齿轮箱组合在一起的场合，依靠浸入油池中的齿轮转动将油飞溅到离合器的摩擦元件上，但当齿轮线速度太低(<1.5m/s)或离合器接合频繁时，则不易得到充分的润滑。

2）轴心润滑。润滑油通过离合器轴的中心孔，依靠油压或离心力流到摩擦元件的摩擦面上。这种润滑方式比较合理，摩擦元件的使用寿命长，但结构比较复杂。

3）滴油或喷油润滑。将润滑油直接滴入或加压喷入离合器，但当离合器线速度大于5m/s时，润滑油就难以进入离合器，故一般用于线速度小于5m/s的场合。

4）浸油润滑。将离合器浸在油中，浸入深度一般为外径的10%，由于搅动油产生阻力使离合器的空转转矩增加，接合时间延长，一般用于线速度小于或等于2m/s的离合器。

4.2 片式离合器

4.2.1 干式多片离合器（见表15.2-27）

表15.2-27 干式多片离合器的结构型式、主要尺寸和特性参数 (mm)

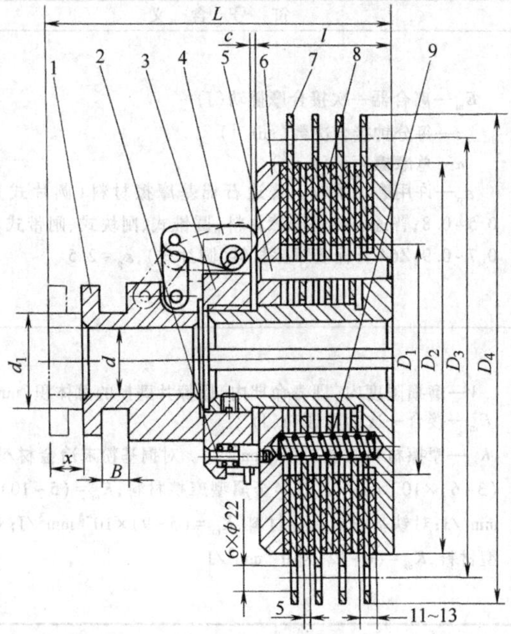

1—接合子 2—防松拨销 3—调整螺母 4—铰链杠杆 5—导销 6—压紧盘 7—外片 8—内片 9—分离弹簧

D_1	D_2	D_3	D_4	d H7	d_1	B	L	l	x	c	[T] /N·m	Q_{max} /N
146	229	260	295	45	80	20	136+l	根据摩擦片数确定	20	1.5	106	400
164	280	315	350	55	105	20	157+l		28	2.0	207	700
235	365	400	435	70	125	20	178+l		35	2.5	425	1200

注：1. 许用转矩［T］值为外摩擦片4片时的值，片数减少时，［T］值相应地减小（计算［T］值时，设［p］=0.25MPa，μ=0.3）。

2. Q_{max}为按μ=0.2换算到接合机构上的压紧力。

4.2.2 径向杠杆式多片离合器（见表15.2-28）

表15.2-28 径向杠杆式多片离合器的结构型式和尺寸

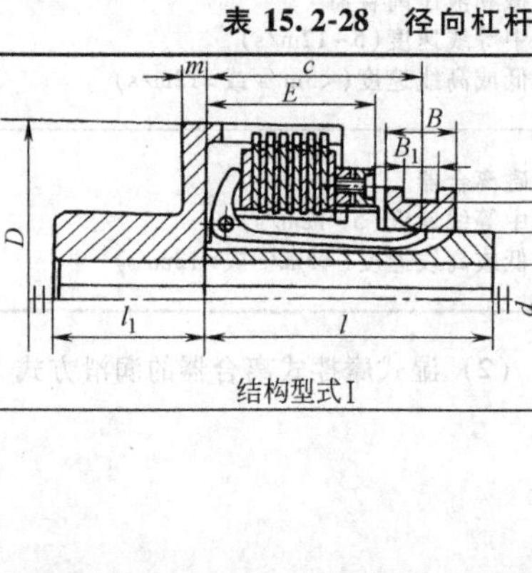

结构型式Ⅰ

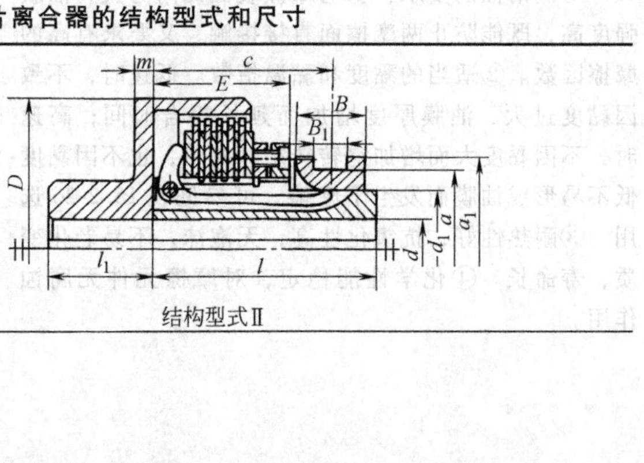

结构型式Ⅱ

（续）

转　矩 /N·m		20	40	80	160	200	320	450	640	900	1400	2300
		结构型式Ⅰ								结构型式Ⅱ		
轴径 d_{max}/mm		15	22	32	45	45	48	60	68	70	80	100
尺寸/mm	D	70	90	100	125	135	150	170	195	210	260	315
	d_1	35	50	60	72	72	72	102	102	102	120	153
	a	45	60	70	85	85	85	120	120	120	145	175
	a_1	55	75	85	100	100	100	140	140	140	170	205
	l	56	83	83	98	98	108	148	148	175	205	230
	l_1	25	35	35	50	50	50	70	70	80	80	90
	c	37	60	60	70	70	76	103	103	125	148	160
	E	28	46	46	52.5	52.5	58	77.5	76	94	111	119
	m	4	6	6	10	10	10	13	13	15	15	20
	B	18	24	24	32	32	32	50	50	50	55	70
	B_1	10	10	10	15	15	15	26	26	26	26	30
摩擦面对数 z		6	10	10	10	8	10	10	8	10	6	6
摩擦面直径/mm	外径	54	67	78	98	108	123	141	162	178	225	270
	内径	34	50	60	72	78	84	102	118	132	155	189
接合力/N		100	120	180	250	250	300	300	350	400	700	900
压紧力/N		1260	1430	1940	3250	9000	6250	6900	10400	10800	20500	27600

4.2.3　带辊子接合机构的双片离合器（见表 15.2-29）

表 15.2-29　带辊子接合机构的双片离合器的结构型式和主要尺寸　（mm）

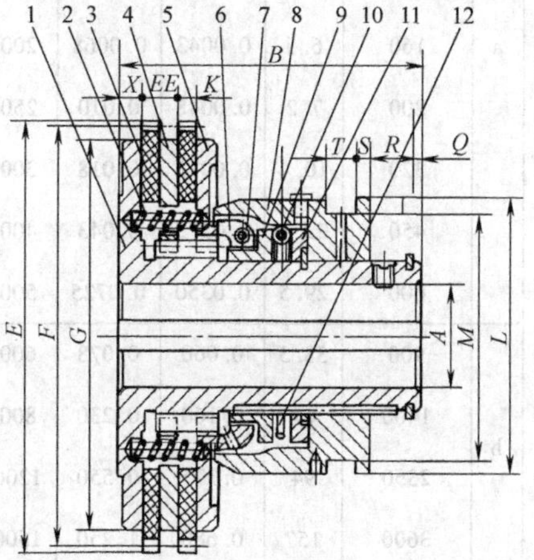

1—输入轴　2—分离弹簧　3—摩擦片　4—中间盘　5—加压盘　6—可调接合环　7—锁紧螺钉　8—接合子　9—活动支承盘　10—接合滚子　11—固定支承盘　12—保持弹簧

编号	功率①/kW		A	B②		E	F	G	齿数 z	模数 m	R	X	K	EE		M	Q	S	T	L
	单片	双片		单片	双片									单片	双片					
1	0.7	1.4	19~32	97	110	125	120	112	48	2.5	19	8	6	0	6	76	2	5	13	88.9
2	1.1	2.2	22~35	130	143	150	144	120	48	3	27	10	6	0	6	98	2	7	16	118
3	1.8	3.6	25~41	135	135	176	168	154	42	4	27	11	8	0	8	111	2	7	16	130
4	2.6	5.2	35~51	154	173	220	210	190	42	5	27	13	10	0	10	133	2	8	18	152
5	6.0	12	43~64	170	189	270	258	240	43	6	33	16	10	0	10	152	2	8	19	178
6	11	22	57~83	202	227	318	306	290	51	6	37	18	13	0	13	184	2	10	22	210
7	16.8	33.6	64~94	221	247	372	360	340	60	6	43	22	13	0	13	206	2	13	22	235
8	21.3	42.6	64~94	221	247	414	402	380	67	6	43	22	13	0	13	206	2	13	22	235
9	25.7	51.4	64~114	262	293	462	450	430	75	6	48	22	16	0	16	206	2	13	22	235

（续）

编号	功率①/kW		A	B②		E	F	G	齿数	模数	R	X	K	EE		M	Q	S	T	L
	单片	双片		单片	双片				z	m				单片	双片					
10	34.2	68.4	70～127	262	293	534	522	500	87	6	48	24	16	0	16	219	2	13	25	254
11	48	96	89～152	326	364	606	594	570	99	6	57	32	19	0	19	267	2	16	32	305
12	71	142	89～152	329	367	678	666	645	111	6	57	35	19	0	19	267	2	16	32	305
13	81	162	114～178	383	427	750	738	720	123	6	70	35	22	0	22	305	2	16	38	350
14	118	236	127～178	395	440	894	882	860	147	6	70	40	22	0	22	305	2	16	38	350

① 指转速为 100r/min 时的功率。

② 离合器根据工作需要可装成单片式。

4.2.4　带滚动轴承的多片离合器（见表 15.2-30）

表 15.2-30　带滚动轴承的多片离合器的结构型式、特性参数和主要尺寸

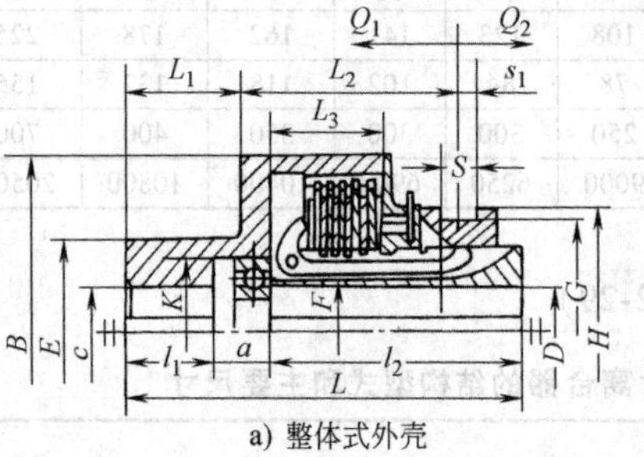

a) 整体式外壳

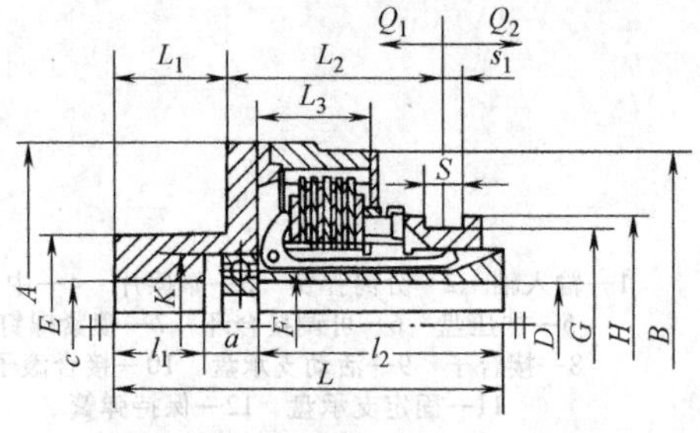

b) 组合式外壳

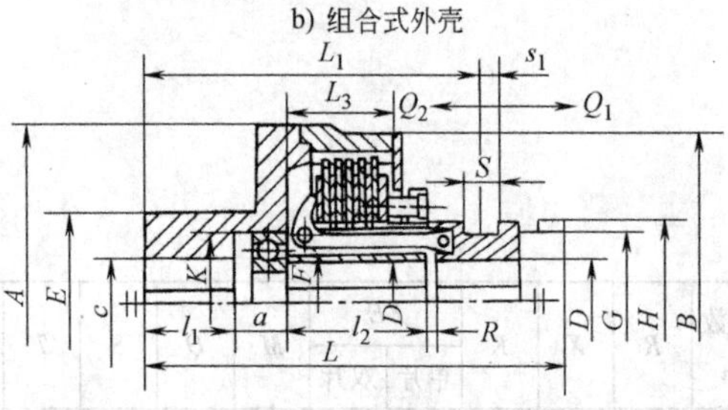

c) 带滚子接合杠杆

特性参数

图号	许用转矩 [T]/N·m	质量 /kg	转动惯量 J/kg·m²		接合力/N	脱开力/N
			内部	外部		
a	20	1.6	0.00025	0.00025	80	50
	60	3.0	0.001	0.0018	130	80
	80	4.2	0.0025	0.0028	130	80
	120	4.7	0.0035	0.0050	170	100
	160	6.5	0.0043	0.0068	200	120
	200	7.2	0.0048	0.010	250	150
	320	10.4	0.0075	0.018	300	180
	450	22.5	0.0275	0.043	400	250
	600	29.5	0.0350	0.0725	500	300
b	900	38.5	0.060	0.078	600	360
	1400	64	0.160	0.230	800	500
	2350	94	0.375	0.550	1200	750
	3600	157	0.680	1.250	1500	900
c	5400	247	1.350	2.750	2000	1200
	7500	325	2.45	4.50	2800	1700
	16000	495	9.13	19.75	3750	2250

主　要　尺　寸/mm

图号	许用转矩 [T]/N·m	D	D_{max}	A	B		c	c_{max}	E	F	G	H	K	l_1	l_2	L	L_1	L_2	L_3	R	S	a	s_1
					闭式	开式																	
a	20	12	20	—	75	65	12	18	40	26	45	55	28	22	55	89	30	40	21	—	10	12	9
	60	15	24	—	90	80	15	24	55	35	60	75	35	40	81	137	50	64	35	—	10	16	10
	80	18	32	—	100	92	18	32	60	45	70	85	47	51	81	152	65	64	35	—	10	20	11
	120	18	32	—	108	100	18	32	60	45	70	85	47	51	81	152	65	64	35	—	10	20	11
	160	20	45	—	125	115	20	45	70	55	85	100	55	75	95	195	90	77	38	—	15	25	12

（续）

图号	许用转矩 [T]/N·m	主要尺寸/mm D	D_{max}	A	B 闭式	B 开式	c	c_{max}	E	F	G	H	K	l_1	l_2	L	L_1	L_2	L_3	R	S	a	s_1
a	200	20	45	—	135	125	20	45	70	55	85	100	55	75	95	195	90	77	38	—	15	25	12
	320	20	48	—	150	140	20	50	80	58	85	100	62	85	105	215	100	83	43	—	15	25	16
	450	28	60	—	170	170	28	50	120	75	120	140	50	110	145	283	125	113	57	—	26	28	20
	600	30	70	—	195	195	30	70	120	80	120	140	90	110	145	283	125	113	59	—	26	28	20
b	900	30	70	225	210	210	30	70	130	80	120	140	100	140	175	305	115	140	68	—	26	30	25
	1400	50	80	285	260	260	50	80	130	100	145	170	100	160	205	395	175	163	94	—	26	30	30
	2350	70	100	335	315	315	70	100	160	110	175	205	125	180	230	445	195	180	102	—	30	35	35
	3600	70	100	395	370	370	70	100	190	145	175	170	140	170	295	510	195	252	123	—	26	45	40
c	5400	70	130	460	435	435	70	130	230	160	175	205	140	155	165	525	195	255	145	20	30	60	50
	7500	85	140	515	490	490	85	140	260	210	190	240	160	162	175	601	200	300	155	52	45	60	70
	16000	100	175	700	650	650	100	175	300	260	190	240	215	215	230	725	250	353	207	50	45	60	90

4.3 摩擦块离合器（见表 15.2-31）

表 15.2-31 摩擦块离合器的结构型式、主要尺寸和参数

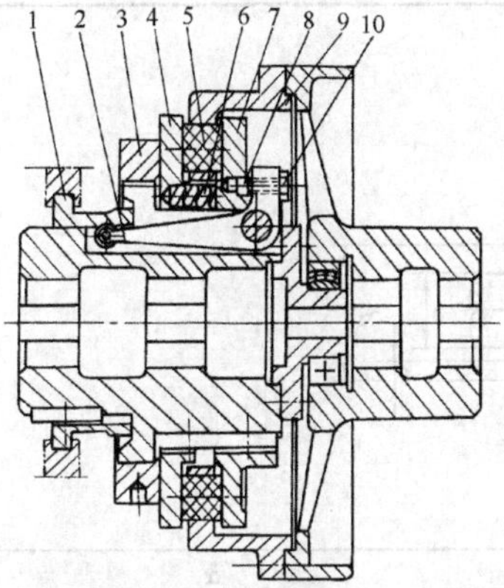

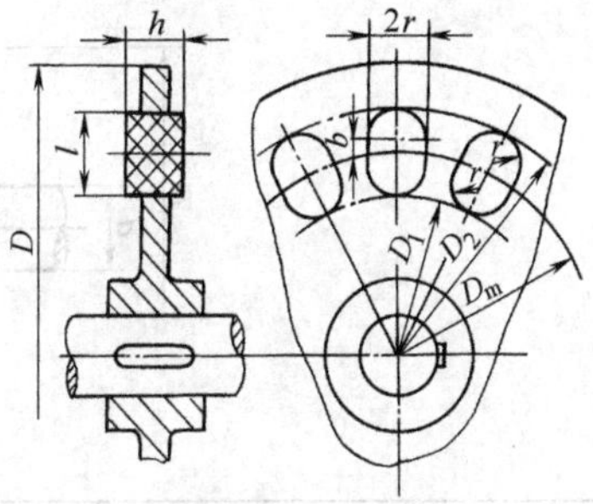

1—加压环 2—径向杠杆 3—螺母 4、7—压盘 5—摩擦块
6—分离弹簧 8—垫块 9—中间盘 10—调节螺钉

r/mm	b/mm	h/mm	接触面积 A/mm²	摩擦块数 z	D_m/mm	许用转矩①/N·m
32.5	10	35	3970	8	315	4410
				12	390	8170
37.5	15	35	5530	8	240	4690
				12	350	10200
45	15	35	7730	9	460	14100
				10	420	14300
					470	16000
					540	18400
				12	500	20500
					560	23000
					600	24500
60	20	40	13700	10	450	27200
				14	700	59400
60	30	45	14900	15	840	82900

① 对石棉、塑料，取 $\mu=0.3$，$[p]=0.15\text{MPa}$。

4.4　圆锥离合器（见表 15.2-32~表 15.2-34）

表 15.2-32　圆锥离合器常用摩擦材料组性能

材料组合	材料型号及热处理举例	静摩擦因数 μ_s		许用压强
		干式	湿式	$[p]$/MPa
钢-钢	45 钢：高频感应淬火、回火，内锥 45~50HRC，外锥40~45HRC 45MnB：淬火、回火 50~55HRC 20Mn2B：渗碳层深度 0.5mm，淬火、回火 56~62HRC		0.12	1.2
钢或铸铁-铸铁	钢：同上 铸铁：HT200、HT300 等，硬度≥210HBW	0.16	0.12	1.0
钢-青铜	钢：同上 青铜：ZCuSn5Pb5Zn5、ZCuSn10Pb1、ZCuAl10Fe3 等	0.18	0.12	0.6
铸铁-青铜	同　上	0.17	0.14	0.4
钢或铸铁-石棉材料	钢、铸铁同上 石棉材料：石棉和金属丝交织品，石棉纤维、铜丝及黏结剂的压制品等	0.3~0.4		0.3

表 15.2-33　圆锥离合器结构的比例尺寸

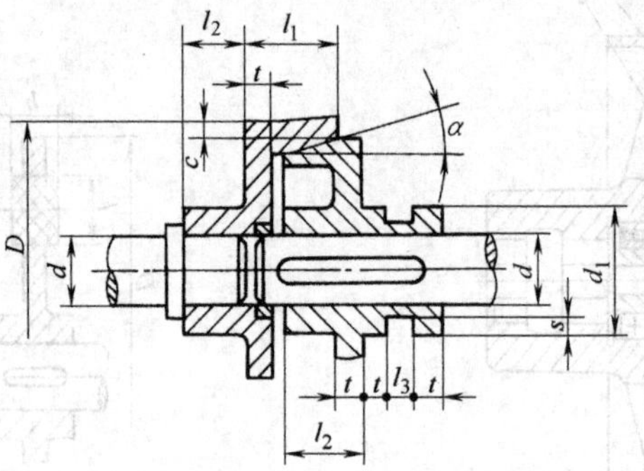

D	d_1	l_1	l_2	l_3	t	s	c	α	
$(4\sim6)d$	$2.3d$	$2d$	$1.5d$	$0.5d$	$0.4d$	$0.3d$	$0.25d$	用于金属对金属摩擦材料	≥8°~10°
								用于金属对石棉摩擦材料	≥20°~25°

表 15.2-34　双锥离合器的结构型式、主要尺寸和特性参数　　　　(mm)

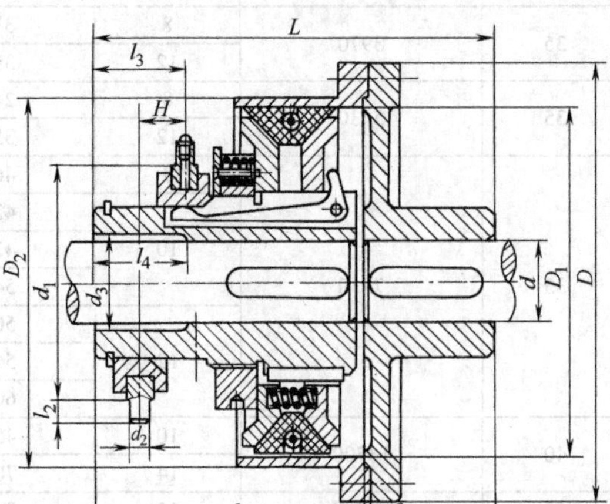

（续）

许用转矩 /N·m	许用转速 /r·min^{-1}	l	l_1	c	d	d_1	l_2	d_2	l_3	d_3	l_4	H	D	D_1	D_2	L	质量 /kg
71.6	4000	90	29	1	20	80	8	11	22	22	25	12	125	90	100	120	3.2
145	3200	101	33	1	25	90	10	12	27	26	29	15	152	115	125	135	6.5
215	2550	136	45	2	20~35	110	15	17	45	37	48	30	195	148	160	183	13
358	2120	153	60	3	30~55	140	17	17	50	57	50	33	235	185	200	216	22
573	1710	176	75	4	45~65	170	18	18	60	67	58	39	290	234	250	255	37
1150	1360	216	90	4	60~80	200	25	22	64	82	70	43	365	295	315	310	65
1790	1225	256	120	5	70~100	250	30	25	80	102	85	55	410	335	355	390	105
3580	1080	315	150	5	90~120	300	30	28	90	122	100	61	450	376	400	470	190
7160	855	389	170	6	110~140	360	30	35	114	142	125	70	580	472	500	565	320
14320	700	470	210	6	130~170	420	30	35	100	172	125	65	710	594	630	688	670

4.5　涨圈离合器

4.5.1　涨圈离合器的结构

图 15.2-5 所示为涨圈离合器的一种结构。置于带轮 3 环形槽内的涨圈 4 为一中间有未开通环槽的零件，一端有切口，使其成为一个容易改变外径的开口弹性环。当离合器接合时，通过加压环 1 的斜面使杠杆 2 摆动，同时带动有扁平切面的销轴 6 转动，迫使涨圈扩大外径，压紧在带轮的环形槽内表面，从而实现轴与带轮的连接。离合器脱开时，加压环向左，杠杆使销复位，涨圈依靠自身弹性收缩，与带轮脱离接触，并保持一定的间隙，利用调节螺钉 8 和调节垫片 7 可调节间隙的大小，涨圈内径与带轮轮毂配合，可达到周向间隙均匀分布。这种离合器适用于传递转矩不大的场合。

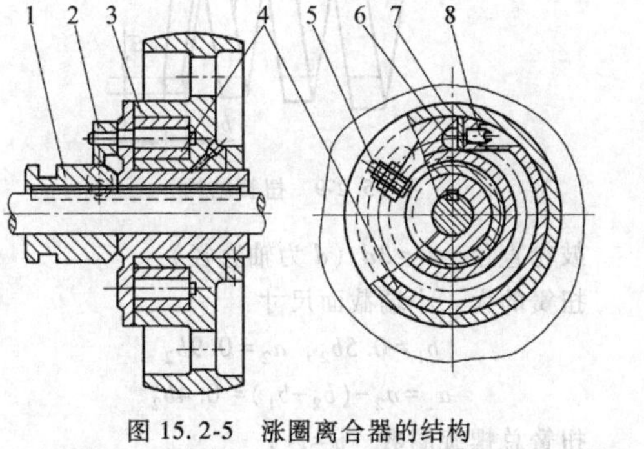

图 15.2-5　涨圈离合器的结构
1—加压环　2—杠杆　3—带轮　4—涨圈　5、8—调节螺钉　6—销轴　7—调节垫片

4.5.2　涨圈离合器的计算

（1）摩擦面的压强

设涨圈沿整个圆周接触，则

$$p=\frac{2T_c}{\pi bD^2\mu}\leqslant[p] \qquad (15.2\text{-}1)$$

式中　T_c——离合器的计算转矩（N·mm）；

b——涨圈的宽度（mm）；

D——环形槽直径（mm）；

μ——摩擦因数，见表 15.2-18；

$[p]$——摩擦材料的许用压强（MPa），见表 15.2-18。

（2）涨圈端部的张紧力（图 15.2-6）

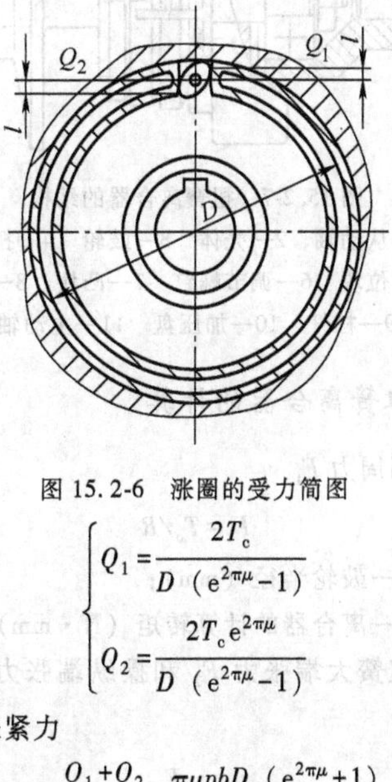

图 15.2-6　涨圈的受力简图

$$\begin{cases} Q_1=\dfrac{2T_c}{D\ (e^{2\pi\mu}-1)} \\ Q_2=\dfrac{2T_c e^{2\pi\mu}}{D\ (e^{2\pi\mu}-1)} \end{cases} \qquad (15.2\text{-}2)$$

平均张紧力

$$Q_0=\frac{Q_1+Q_2}{2}=\frac{\pi\mu pbD\ (e^{2\pi\mu}+1)}{2\ (e^{2\pi\mu}-1)}$$

（3）接合力矩

$$M_0=l\ (Q_1+Q_2) \qquad (15.2\text{-}3)$$

式中　l——销轴上的力臂（mm）；

e——自然对数的底，e=2.71828。

4.6　扭簧离合器

4.6.1　扭簧离合器的结构

扭簧离合器的结构如图 15.2-7 所示。在主动轴 11 上装有鼓轮 3，矩形截面的扭簧 4 套在鼓轮外表面，扭簧的大端伸入从动部分的壳体 2 中，小端用销轴 8 与杠杆 9 连接。接合时，加压盘 10 沿主动轴向左移动推动杠杆绕销轴转动，并使调节螺钉 6 压向第二圈扭簧上的凸块 7，于是随着第一圈扭簧的收缩而使整个扭簧收缩，内径减小而箍紧鼓轮，从而实现带动从动轴 1 一起转动。脱开时，扭簧回松与鼓轮分开。鼓轮用耐磨的冷硬铸铁制成。限位块 5 用来防止离合器制动时因从动部分的惯性而发生反向冲击。扭簧采用变截面的结构，可获得变刚度特性，以保持与鼓轮的压紧力均匀分布。扭簧摩擦离合器只能传递单向转矩，且过载时不会打滑，但结构简单，外形尺寸小，工作可靠，使用寿命长。

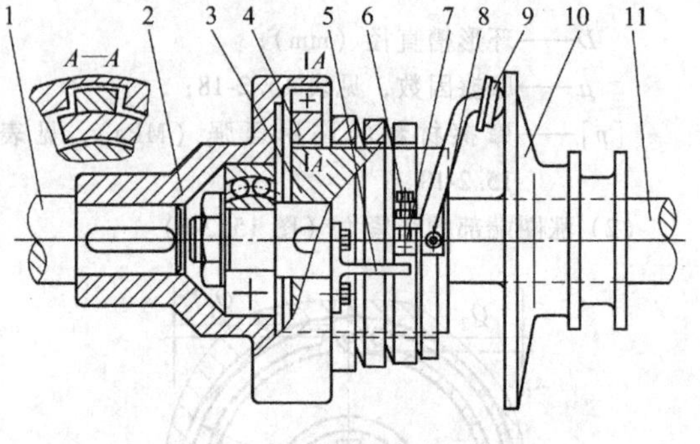

图 15.2-7　扭簧离合器的结构

1—从动轴　2—壳体　3—鼓轮　4—扭簧　5—限位块　6—调节螺钉　7—凸块　8—销轴　9—杠杆　10—加压盘　11—主动轴

4.6.2　扭簧离合器的计算

（1）圆周力 F_t

$$F_t = T_c / R \tag{15.2-4}$$

式中　R——鼓轮半径（mm）；

T_c——离合器的计算转矩（N·mm）。

（2）扭簧大端张力 F_2 和操纵端张力 F_1（见图 15.2-8）

$$F_2 = \frac{F_t}{e^{2\pi i\mu}} \tag{15.2-5}$$

$$F_1 = \frac{F_t}{e^{2\pi i\mu}\ (e^{2\pi\mu}-1)} \tag{15.2-6}$$

式中　i——扭簧的工作圈数，一般取 $i=4.5\sim6$；

μ——摩擦因数，见表 15.2-18。

（3）离合器的接合力 F

$$F = \frac{F_1 t}{c} \tag{15.2-7}$$

式中　t、c——杠杆臂长度（mm），见图 15.2-8。

（4）离合器接合时的摩擦功

$$E = KI_2\omega_1^2 / [2(K-1)] \tag{15.2-8}$$

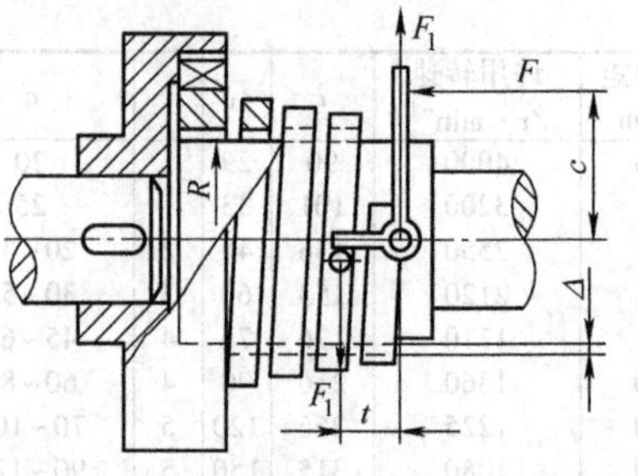

图 15.2-8　扭簧摩擦离合器的受力简图

式中　I_2——转化到离合器从动轴上的转动惯量（$kg \cdot m^2$）；

ω_1——主动轴的角速度（s^{-1}）；

K——工况系数，可取 $K=2\sim3$。

（5）鼓轮工作面的压强条件

$$p = F_t / Rb_2 \leqslant [p] \tag{15.2-9}$$

式中　b_2——扭簧大端第一圈的平均宽度（mm）；

$[p]$——鼓轮材料的许用压强（MPa），对钢-铸铁或钢，可取 $[p]=5$MPa。

（6）扭簧与鼓轮的径向间隙

$$\delta = 0.056\sqrt{R} \tag{15.2-10}$$

（7）扭簧的主要尺寸关系（见图 15.2-9）

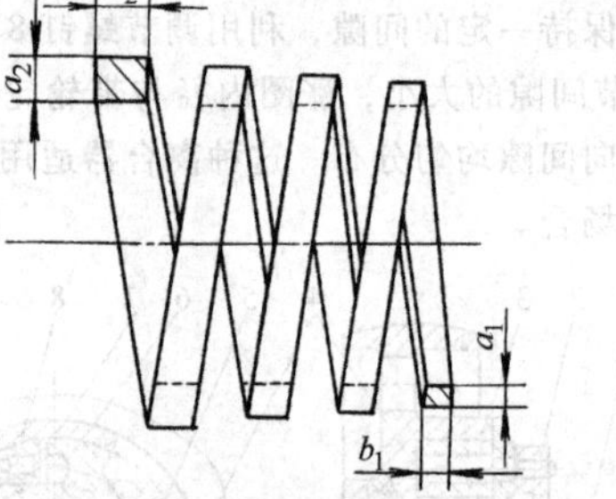

图 15.2-9　扭簧结构

鼓轮直径　$D=3d$（d 为轴直径）

扭簧的大、小端截面尺寸

$$b_1 = 0.5b_2,\ a_2 = 0.9b_2$$

$$a_1 = a_2 - (b_2 - b_1) = 0.4b_2$$

扭簧总螺旋圈数　$n = i + 1$

4.7　机械离合器的接合机构

4.7.1　对接合机构的要求

离合器的接合机构是对接合元件加力，使接合元件产生离合动作的部件。对接合机构的要求有：

1）具有大的传力比，即在达到规定要求的压紧力时，作用于接合机构主动件或操纵机构主动件上的接合力宜小些（一般不超过 80~100N）。

2）动作灵活，加压过程平稳，压力均匀，接合后压紧力波动要小，加压杠杆刚度适中。

3）接合或分离可靠，位置固定，接合后能自锁，使操纵机构可以卸载。

4）加压环在接合或分离时的工作行程尽可能短些，调整间隙要方便。

5）结构简单，工艺性好。

4.7.2 接合机构的工作过程

接合机构的工作过程由消除间隙的空行程 s_1、加力行程 s_2 和闭锁行程 s_3 三部分组成。图 15.2-10 和图 15.2-11 所示分别为铰链杠杆和杠杆斜面接合机构及其工作过程压紧力的变化图。空行程 s_1 的大小主要与间隙和机构结构有关，加力行程 s_2 则与机构结构和机构刚度有关，闭锁行程 s_3 是为了使接合位置固定。对于铰链杠杆机构，由于要达到闭锁，当杠杆行程终点超过了不稳定点 B_2 后，压紧力略有降低。

图 15.2-12 所示为 3 种不同形状的杠杆斜面接合机构的加力面及其相应的接合力 P、压紧力 Q 和行程 s 的关系。图 15.2-12a 所示为单斜面型。图 15.2-12b 所示为双斜面型，接合开始时斜角 θ 大于 α_0 值，可缩短消除间隙的行程，而加力行程的斜角 α_b 减小，则使接合力 P 下降且使压紧力 Q 增加得比较缓慢，接合较平稳。图 15.2-12c 所示为斜面圆弧型，压紧力 Q 以非线性关系增加，即开始加力时，压紧力迅速增加，以后增加率逐渐减小，因而接合更加平稳，同时接合力最大位置向前推移且数值降低。

表 15.2-35 列出了常用接合机构类型及接合力的计算式。

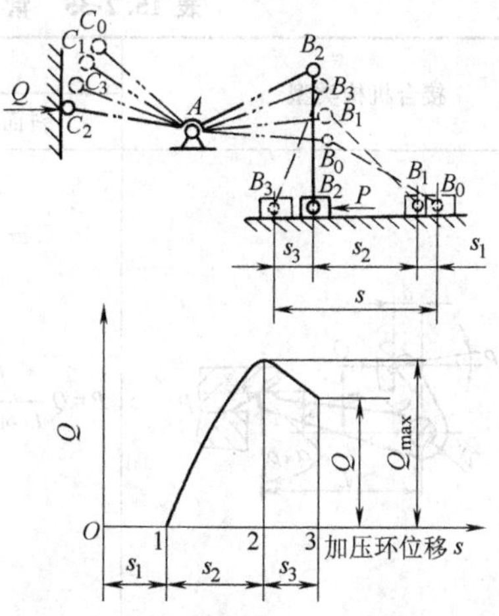

图 15.2-10 铰链杠杆接合机构及其压紧力变化图

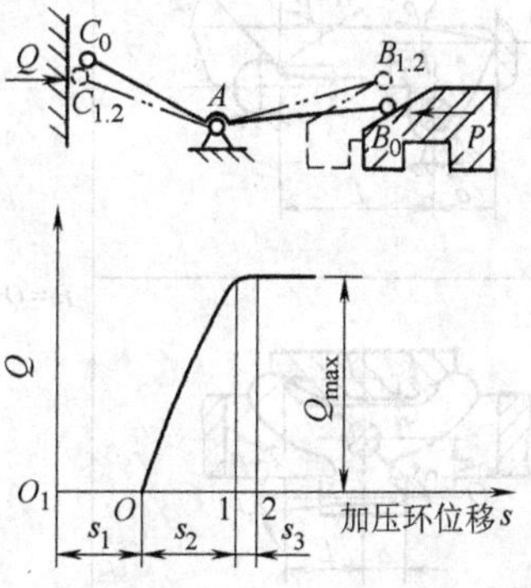

图 15.2-11 杠杆斜面接合机构及其压紧力变化图

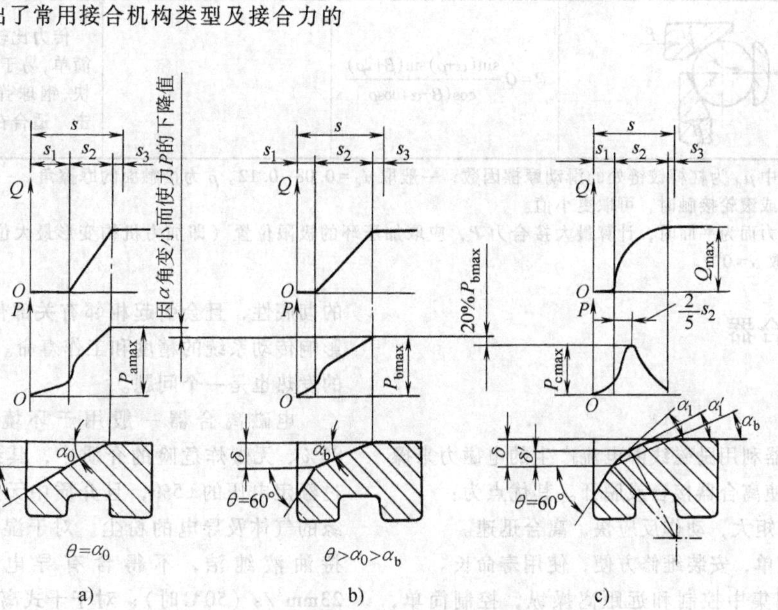

图 15.2-12 不同加力面的接合力 P、压紧力 Q 与行程 s 的关系

a）单斜面型 b）双斜面型 c）斜面圆弧型

表 15.2-35　常用接合机构类型及接合力的计算式

接合机构类型		接合力计算公式 斜面型加力面	接合力计算公式 圆弧型加力面	特点
径向杠杆式	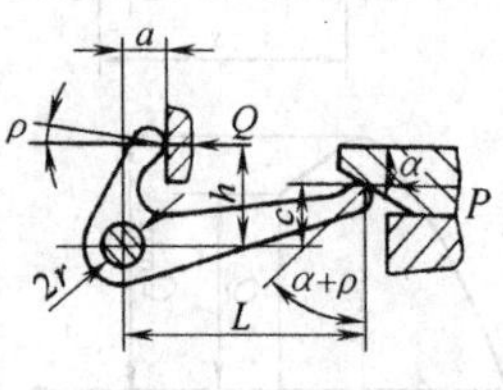	$P=Q\dfrac{h+\mu_d(a+r)}{L\cot(\alpha+\rho)-c-\mu_d r}$	$P=Q\left(1-\dfrac{\sin^2\dfrac{x}{2}}{\sin^2\dfrac{\alpha_1}{2}}\right)\times\dfrac{h+\mu_d(a+r)}{L\cot(x+\rho)-c-\mu_d r}$ $\cos x=\sqrt[3]{\cos\alpha_1}$， 或 $x\approx\dfrac{3}{5}\alpha_1$ $\sin\alpha_1=\dfrac{s_2}{R}$ 或 $\cot\alpha_1/2=s_2/\delta$	传力比较大，杠杆弹性好，磨损或发热引起的压紧力变化小，接合平稳。但加压环位移较大
切向杠杆式	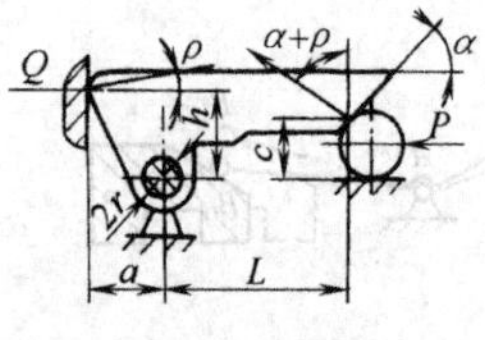	$P=Q\dfrac{h+\mu_d(a+r)}{L\cot(\alpha+\rho)+c-\mu_d r}$	$P=Q\left(1-\dfrac{\sin^2\dfrac{x}{2}}{\sin^2\dfrac{\alpha_1}{2}}\right)\times\dfrac{h+\mu_d(a+r)}{L\cot(x+\rho)+c-\mu_d r}$	机构紧凑，但杠杆弹性较差，接合时有冲击；杠杆比小，故传力比小；制造安装较复杂。但加压环位移小
元宝形杠杆式	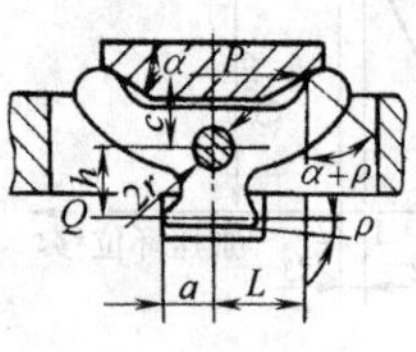		$\cos x=\sqrt[3]{\cos\alpha_1}$， 或 $x\approx\dfrac{2}{5}\alpha_1$ $\sin\alpha_1=\dfrac{s_2}{R}$ 或 $\cot\dfrac{\alpha_1}{2}=\dfrac{s_2}{\delta}$	主要供双向离合器用，在一方接合之前，另一方已可靠地脱开，结构简单，加力机构外移，缩短了离合器本身的轴向和径向尺寸。杠杆弹性较差，传力比较小，不易于动平衡，一般不用于高速轴上
钢球压紧式	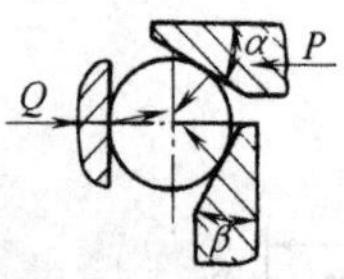	$P=Q\dfrac{\sin(\alpha+\rho)\sin(\beta+2\rho)}{\cos(\beta-\alpha)\cos\rho}$		传力比较大，结构紧凑，制造简单，易于动平衡。但磨损较快，钢球弹性差，接合时有冲击。适合在高速轴上使用

注：1. 公式中 μ_d 为杠杆铰链处的滑动摩擦因数，一般取 $\mu_d=0.08\sim0.12$。ρ 为接触面的摩擦角，一般取 $\rho=4°\sim6°$。采用钢球或滚轮接触时，可取更小值。

2. 当加力面为平面时，计算最大接合力 P，应取加压环的极限位置（即加力机构变形最大位置），但 α 保持不变（不取 $\alpha=0°$）。

5　电磁离合器

5.1　概述

电磁离合器利用励磁线圈电流产生的电磁力来操纵接合元件，使离合器接合或脱开。其优点为：

1）起动力矩大，动作反应快，离合迅速。

2）结构简单，安装维修方便，使用寿命长。

3）可实现集中控制和远距离操纵，控制简单，功率小。

但电磁离合器有剩磁，影响主、从动摩擦片分离的彻底性，且会引起相邻有关部件磁化，吸附铁屑，影响传动系统的精度和工作寿命。此外，电磁离合器的发热也是一个问题。

电磁离合器一般用于环境相对湿度不大于85%、无爆炸危险的介质中，其线圈电压波动不超过额定电压的±5%，且介质中无腐蚀金属和破坏绝缘的气体及导电的粉尘。对于湿式离合器，必须保持油液纯洁，不得含有导电杂质，且黏度≤$23mm^2/s$（50℃时）；对于干式离合器，摩擦片表面不应沾染油污。

表 15.2-36 列出了常用电磁离合器的性能比较。

表 15.2-36　常用电磁离合器的性能比较

类别	结 构 简 图	优　点	缺　点	应用范围
牙嵌式	牙嵌式 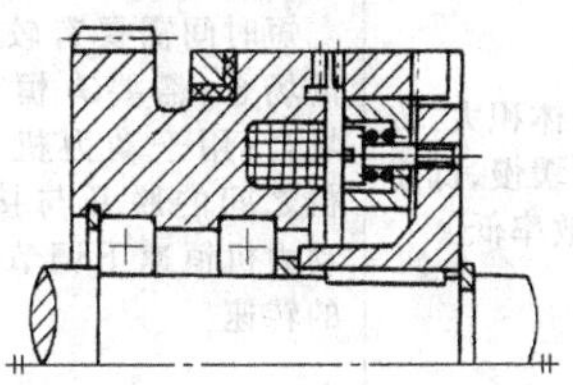	外形尺寸小，传递转矩大，无空转转矩，无摩擦发热，无磨损，不需调节，传动比恒定无滑差，重复精度高，使用寿命长，脱开快，干、湿两用	一般需在静态时接合。在有转差时接合突然，会发生冲击，无缓冲作用，过载时不能打滑	允许停车接合或负载转矩和转动惯量小，相对转速在100r/min以下时接合；不希望有空载转矩的场合，要求无滑差的传动系统，外形尺寸小，接合不太频繁的场合使用
摩擦片式	干式单片 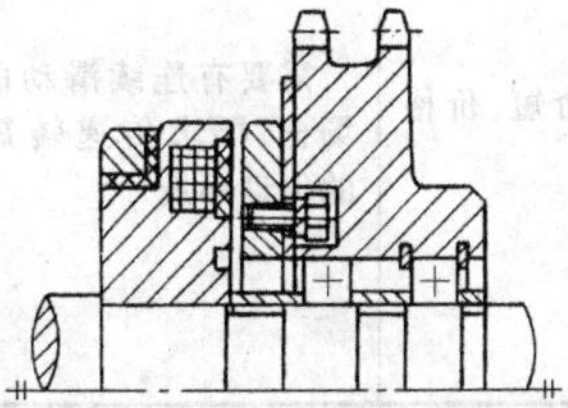	结构简单，价格低，动作快，允许接合力大，接合频率高，无空载转矩，转矩调节方便	径向尺寸大，摩擦片有磨损，需调整和更换，温升太高会出现摩擦性能衰退现象	对径向尺寸没有限制的场合，操作频率高及要求动作迅速的传动系统
	干式多片 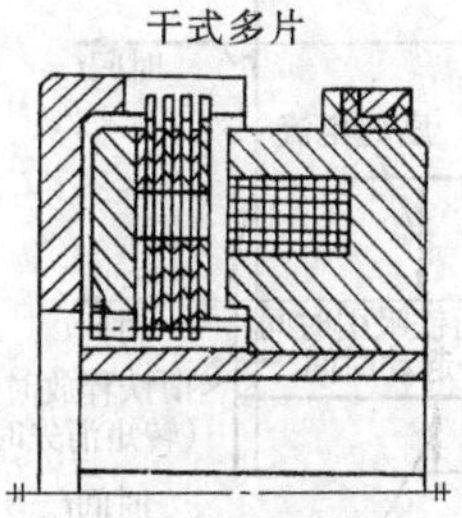	动作较快，空转转矩极小，结构紧凑，外形尺寸小	摩擦片有磨损；对一般人工调隙机构，在机械布局上要提供调整方便的装置；允许接合力小，温升太高时会出现摩擦性能衰退现象	要求动作快、工作频率高、接合力小、外形尺寸小、转矩大的传动系统以及便于调整的场合
	湿式多片有滑环式 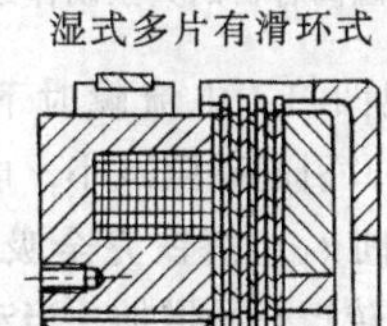	结构紧凑，转矩大，外形尺寸小；摩擦片几乎没有磨损，使用寿命长，不必调整	有空转转矩，高速时更要注意；残余转矩衰减过程时间长；接合与脱开动作较迟缓，接合频率不宜太高，要求有供油装置	不允许摩擦片有磨损、产生磨屑的场合和多油的场合；要求外形尺寸小、接合力不大和装拆不方便的场合
	湿式多片无滑环式 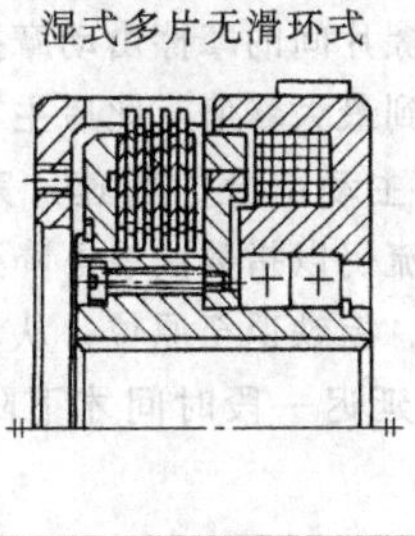	线圈静止固定，接线容易，转动惯量小，有利于电路的设计和布置；无电刷不产生火花，安全可靠，防爆性好；有一定耐振性，结构紧凑，操作方便	有空转转矩，残余转矩衰减过程时间长；需要供油装置；结构较复杂，成本高	不允许摩擦片有磨损、产生磨屑的场合和多油的场合；要求转速较高、转动惯量较高的传动；要求缩短接合时间，对动作精度要求较高的场合

（续）

类别	结构简图	优点	缺点	应用范围
转差式	转差式 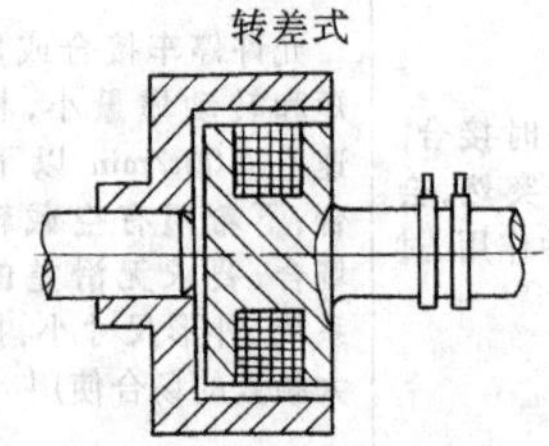	起动平稳，在主动轴恒速下，从动轴可做无级调速；无摩擦，工作可靠，寿命长；有缓冲吸振和安全保护作用	承载能力低，体积大，传递转矩小；动作缓慢，低速和转速差大时效率低	短时间需要有较大滑差的场合；需要有恒力矩的场合；用于动力机与工作机之间的脱开与接合，在动力机恒速下调节工作机的转速
磁粉式	磁粉式 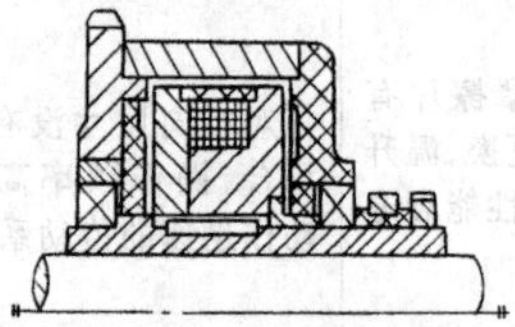	可在同步和滑差状态下工作，转矩控制范围广，精度高，响应快；接合与制动时无冲击，从动部分惯性小，接合面有气隙无磨损	磁粉使用寿命短，价格较贵	需要有连续滑动的工作场合，要求传递转矩不大的传动系统

5.1.1 电磁离合器的动作过程

（1）牙嵌电磁离合器的动作过程

矩形牙及牙形角很小（2°~8°）的梯形牙离合器在传递转矩时无轴向脱开力（或轴向脱开力小于轴向摩擦阻力），因此工作时无需加轴向压紧力，这类离合器称为第一类牙嵌电磁离合器。第二类牙嵌电磁离合器为传递转矩时必须加轴向压紧力，或必须用定位机构等措施来阻止其自动脱开，如三角形牙及牙形角较大的梯形牙离合器，在载荷下很容易脱开，这类离合器多用电磁或液压操纵（机械操纵的必须有定位机构）。上述两类离合器的选用和设计计算均有所不同。

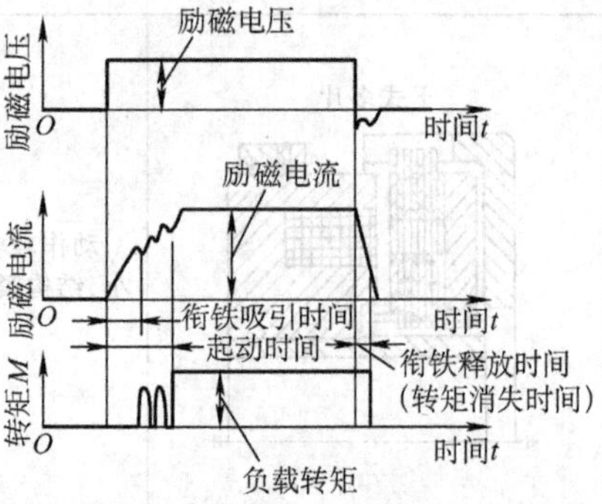

图 15.2-13 牙嵌电磁离合器的典型动作过程图

图 15.2-13 所示为第二类牙嵌电磁离合器的典型动作过程图。图中励磁电流在按指数曲线上升过程中，第一次减小是由于衔铁被吸引，使线圈电感增大的缘故，以后出现电流减小则表示衔铁吸引后尚不能将载荷带动，产生牙的啮合—脱落—再啮合的滑跳现象，从而使转矩及电流（因线圈的电感变化）出现波动。电流切断后，当按指数曲线衰减的励磁电流小于衔铁的维持电流时，衔铁释放，离合器脱开。

（2）片式电磁离合器的动作过程

图 15.2-14 所示为湿式电磁离合器的接合动作过程图。以操作者发出指令（按下按钮）为起点，指令到达离合器，经过指令传入时间 t_1（经消除间隙、空行程等动作），此时电压升至稳定值。此后在电流上升过程中，曲线出现凹口，电流瞬时下降（因衔铁被吸而使动气隙减小，引起磁阻减小，电感增加所致），此时（即完成时间 t_2）衔铁完全吸合。此后，打滑的内、外摩擦片间转矩开始增加，当动摩擦转矩值大于从动部分静负载转矩（过 A 点），从动部分开始转动，此后，主动部分转速稍降低，从动部分被加速，主、从动部分达到同步转动。当主、从动部分同步转动后，内、外摩擦片间的摩擦由动摩擦变为静摩擦，摩擦转矩瞬时达到最大峰值。此后主、从动部分转速同步升至接合前主动部分的转速，完成起动过程。离合器脱开，电流仍以指数曲线下降至电流小于衔铁动作维持电流时，衔铁退至原位，从动部分转速下降，转矩和转速要延迟一段时间才下降至接合前状态。

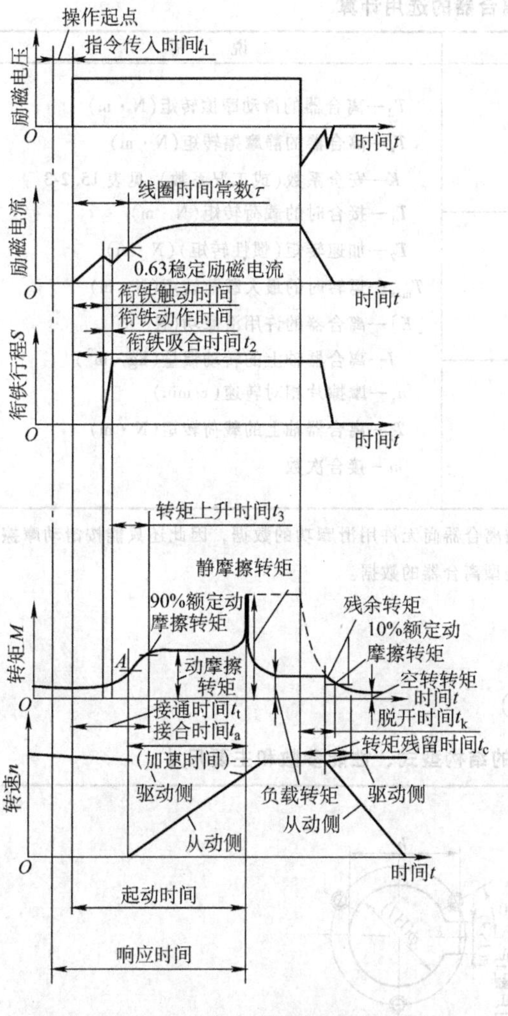

图 15.2-14 湿式电磁离合器的接合动作过程图

t_1—指令传入时间 t_2—衔铁吸合时间 t_3—转矩上升时间 t_t—离合器接通时间 ($t_t=t_2+t_3$) t_a—离合器接合时间 (加速时间) t_k—离合器脱开时间 t_c—转矩残留时间

离合器的接合和脱开都存在一个延时过程，设计制造离合器或选用离合器必须注意这一特性。离合器的接通时间 t_t（即 t_2+t_3）和脱开时间 t_k 短，则离合器的精度高，动作灵敏；但转动惯量大时，若 t_t、t_k 短，则冲击、振动大。

根据生产工艺和设备的特点与要求，可以改变励磁方式、参数和电路设计，从而改变接通、脱开时间的长短。

图 15.2-14 中动、静转矩在数值上的差别是由于摩擦材料的滑动、静摩擦因数的差别引起的。通常，在干式离合器中，钢对压制石棉时，动转矩为静转矩的 80%~90%；钢对铜基粉末冶金材料时，动转矩为静转矩的 70%~80%。在湿式离合器中，除与摩擦材料有关外，还受油的黏度、油量、片的结构（影响油被挤出的快慢）、内外片间的相对速度和摩擦功的大小（摩擦功大时，难形成液体摩擦）等因素影响。通常，钢对钢时，动转矩为静转矩的 30%~60%。离合器脱开后，主动侧仍向从动侧传递的转矩称为空转转矩，主要由油的黏连产生，除与油的黏度、油量和油温有关外，还与转速有关。转速高时空转转矩大，但转速高到一定值时，片间油被甩出，此时空转转矩趋向一定值。摩擦片间间隙愈小，空转转矩愈大。湿式离合器中，剩磁对空转转矩的影响只占很小比例。

第二类牙嵌电磁离合器在不同转速下传递的转矩理论上应该是不变的，但由于实际安装时总会有同轴度、平行度和轴向及径向跳动误差，以及振动的影响，随着速度的增大，传递的转矩将下降，且速度越高，下降越多，这是在高速应用时必须要注意的。图 15.2-15 所示为某种牙嵌电磁离合器可传递的转矩和转速关系。

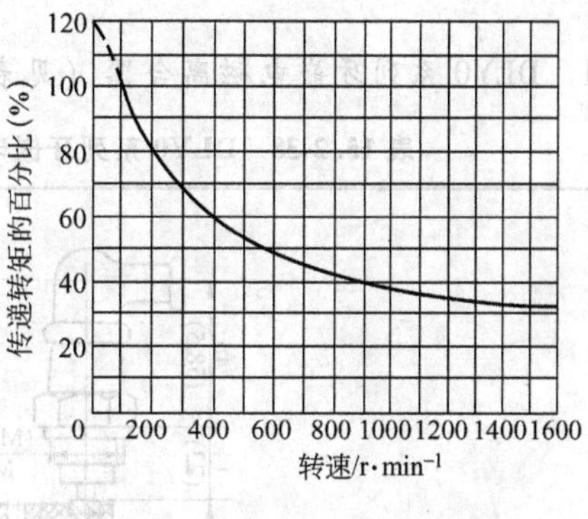

图 15.2-15 某种牙嵌电磁离合器可传递的转矩和转速关系

5.1.2 电磁离合器的选用计算

(1) 牙嵌电磁离合器的选用

牙嵌电磁离合器传递转矩时须加轴向压紧力，否则超载时将产生牙的滑跳，导致牙的损坏。因此，选用时必须确保离合器工作时，特别是起动时不出现超载现象。

在一般的传动系统中，选用的牙嵌离合器的额定转矩 T 应大于电动机的起动转矩（最大转矩）。一般按下式计算：

$$T \geqslant T_c = KT \qquad (15.2\text{-}11)$$

式中，K 可参考表 15.2-3 中的数据，T 可按电动机的最大转矩取值（见电动机样本）。

(2) 片式电磁离合器的选用

片式电磁离合器的选用计算见表 15.2-37。

表 15.2-37　片式电磁离合器的选用计算

计算项目	计算公式	说　明
按滑动摩擦转矩选择	$T_d \geqslant K(T_1+T_2)$	T_d—离合器的滑动摩擦转矩(N·m) T_s—离合器的静摩擦转矩(N·m) K—安全系数(或工况系数),见表 15.2-3 T_1—接合时的载荷转矩(N·m) T_2—加速转矩(惯性转矩)(N·m) T_{max}—运转时的最大载荷转矩(N·m) $[E]$—离合器的许用滑摩功(N·m) J—离合器轴上的转动惯量(kg·m²) n_x—摩擦片相对转速(r/min) T_f—离合器轴上的载荷转矩(N·m) m—接合次数
按静摩擦转矩选择	$T_s \geqslant KT_{max}$	
按摩擦功选择	$[E] \geqslant \frac{Jn_x^2}{182}\frac{T_d}{T_d \mp T_f}m$ 减速时取正号	

注：选择离合器时需同时满足表中3项要求，但目前我国电磁离合器尚无许用滑摩功的数据，因此还只能按滑动摩擦转矩和静摩擦转矩选择。需计算摩擦功时，可参考国外同类型离合器的数据。

5.2　牙嵌电磁离合器

5.2.1　DLY0 系列牙嵌电磁离合器（见表 15.2-38）

表 15.2-38　DLY0 系列牙嵌电磁离合器的结构型式、性能参数和主要尺寸

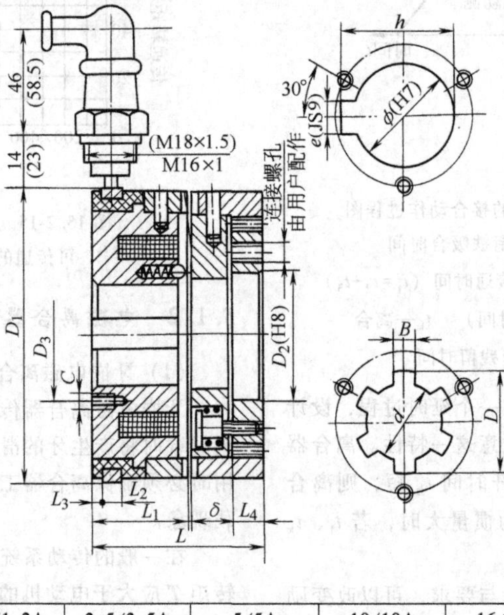

规　格	1.2/1.2A	2.5/2.5A	5/5A	10/10A	16/16A	25/25A	40/40A
额定传递转矩/N·m	12	25	50	100	160	250	400
额定工作电压(DC)/V	24	24	24	24	24	24	24
线圈消耗功率/W	8	8	16	21	24	32	35
允许最高接合转速/$r·min^{-1}$	80	65	50	35	25	20	15
允许最高转速/$r·min^{-1}$	5500	5000	4500	4000	3500	3300	3000
质量/kg	0.57	0.83	1.42	1.6	2.1	3.2	5.3

（续）

规　格		1.2/1.2A	2.5/2.5A	5/5A	10/10A	16/16A	25/25A	40/40A
径向尺寸 /mm	D_1	61	73	87	94	104	125	140
	D_2	30	35	45	45	60	75	80
	D_3	27.5	34	41	50	55	70	75
	D	$20^{+0.019}_{0}$	$25^{+0.023}_{0}$	$28^{+0.023}_{0}$	$40^{+0.027}_{0}$	$45^{+0.027}_{0}$	$50^{+0.027}_{0}$	$60^{+0.03}_{0}$
	d	$17^{+0.12}_{0}$	$22^{+0.14}_{0}$	$24^{+0.14}_{0}$	$35^{+0.17}_{0}$	$40^{+0.17}_{0}$	$45^{+0.17}_{0}$	$54^{+0.2}_{0}$
	ϕ	18	25	28	40	45	50	60
	h	$19.9^{+0.14}_{0}$	$27.6^{+0.17}_{0}$	$30.6^{+0.17}_{0}$	$42.9^{+0.17}_{0}$	$47.9^{+0.17}_{0}$	$53.8^{+0.2}_{0}$	$64^{+0.2}_{0}$
	e	5	8	8	12	12	14	18
	B	$6^{+0.065}_{+0.025}$	$6^{+0.065}_{+0.025}$	$6^{+0.065}_{+0.025}$	$10^{+0.085}_{+0.035}$	$12^{+0.105}_{+0.045}$	$12^{+0.105}_{+0.045}$	$14^{+0.105}_{+0.045}$
	C	3×M4 深 8	3×M4 深 8	3×M4 深 8	3×M4 深 10	3×M5 深 10	3×M5 深 10	3×M6 深 10
轴向尺寸 /mm	L	36	36	44	45	50	52.5	62
	L_1	19.2	19.2	24.2	25.2	29.2	31	35
	L_2	7	8	8	8	8	9	10
	L_3	3	3	5	5	5	4	3
	L_4	6	6	8	8	8	9	10
	δ	0.2	0.3	0.3	0.5	0.5	0.5	0.8
推荐电刷号				DS-002			DS-001	

注：1. 规格中有 A 的为单键孔，无 A 的为花键孔。

2. 离合器可同轴安装，也可分轴安装，其同轴度误差不大于 0.06mm。

3. 离合器主、从动侧均不得有轴向窜动。

4. 安装时，端面牙间间隙应保持表中规定值。

5. 表中为天津机床电器有限公司的数据。

5.2.2　DLY5 系列牙嵌电磁离合器（见表 15.2-39）

表 15.2-39　DLY5 系列牙嵌电磁离合器的结构型式、性能参数和主要尺寸

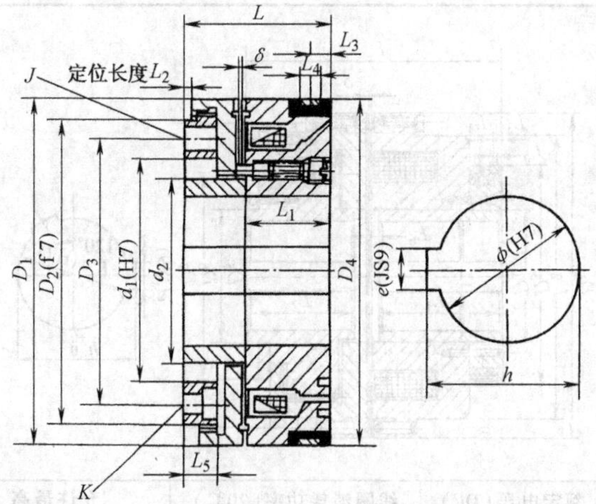

规格	公称转矩 /N·m	额定电压(DC) /V	线圈消耗功率 (20℃)/W	允许最高接合转速 /r·min^{-1}	允许最高转速 /r·min^{-1}	质量/kg
2A	20	24	17	60	5500	0.9
5A	50	24	22	50	4500	1.5
10A	100	24	28	30	4000	2.3
16A	160	24	32	30	3500	3.0
25A	250	24	44	20	3300	4.3

（续）

规格	公称转矩 /N·m	额定电压(DC) /V	线圈消耗功率 (20℃)/W	允许最高接合转速 /r·min^{-1}	允许最高转速 /r·min^{-1}	质量/kg
40A	400	24	58	10	3000	6.2
63A	630	24	60	相对静止	2500	8.9
100A	1000	24	73	相对静止	2200	14.0
160A	1600	24	87	相对静止	2000	20.0
250A	2500	24	85	相对静止	1700	34.0

规格	D_1	D_2	D_3	D_4	d_1	d_2	ϕ	h	e	J	K	L	L_1	L_2	L_3	L_4	L_5	δ	电刷型号
	mm																		
2A	75	65	55	75	45	39.5	25	$27.6^{+0.14}_{0}$	8	2×4	4×M4	33	18.6	1.5	6.5	8	8	0.4	湿式使用 DS-005
5A	90	75	64	90	53	49	30	$32.6^{+0.17}_{0}$	8	2×5	4×M5	40	24.1	2	6.5	8	9	0.5	
10A	105	85	75	105	65	57	40	$42.9^{+0.17}_{0}$	12	2×5	4×M5	45	26.6	2	6.5	8	10.5	0.5	
16A	115	100	85	115	70	62	45	$43.8^{+0.17}_{0}$	14	2×6	4×M6	50	29.6	2	6.5	8	12.5	0.5	
25A	125	105	90	125	75	68	50	$53.6^{+0.2}_{0}$	16	2×8	4×M6	58	33.9	2.5	6.5	8	15.5	0.6	干式使用 DS-006
40A	140	115	100	140	85	74	60	$64^{+0.2}_{0}$	18	2×10	6×M6	67	40	2.5	7.5	10	17	0.6	
63A	160	130	115	160	95	85	70	$74.3^{+0.2}_{0}$	20	2×10	6×M8	75	42	3	7.5	10	19.5	0.7	
100A	185	155	135	182	115	97	70	$74.3^{+0.2}_{0}$	20	2×12	6×M8	85	49	3	7.5	10	21	0.7	
160A	215	180	158	215	130	114	85	$95.8^{+0.4}_{0}$	22	2×12	6×M10	100	58	3.5	8.5	10	25.5	0.9	DS-010
250A	250	210	190	250	150	130	85	$95.8^{+0.4}_{0}$	22	2×12	6×M12	115	66	3.5	8.5	10	26	0.9	

注：1. 离合器可水平安装，也可垂直安装。

2. 其余同表 15.2-38 的注。

5.2.3　DLY9 系列牙嵌电磁离合器（见表 15.2-40）

表 15.2-40　DLY9 系列牙嵌电磁离合器的结构型式、性能参数和主要尺寸

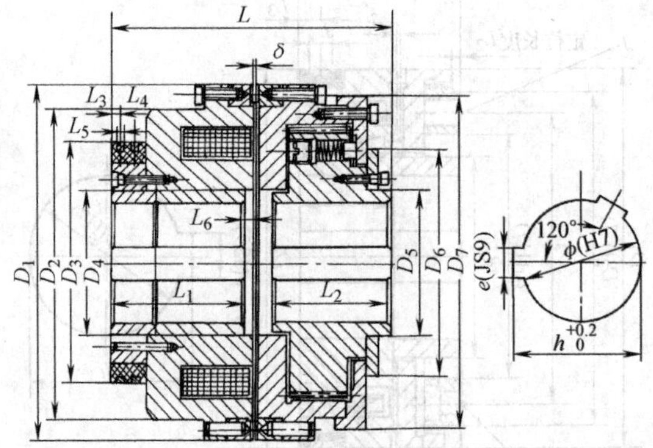

规格	公称转矩 /N·m	额定电压(DC) /V	线圈消耗功率(20℃) /W	允许最高 接合转速/r·min^{-1}	允许最高转速 /r·min^{-1}
500A	5000	110	117	相对静止	1300
1000A	10000	110	143	相对静止	1000

规格	D_1	D_2	D_3	D_4	D_5	D_6	D_7	ϕ	h	e
	mm									
500A	320	270	215	130	130	200	285	110	116.4	28
1000A	420	350	255	140	160	230	370	110	116.4	28

（续）

规格	L	L_1	L_2	L_3	L_4	L_5	L_6	δ	电刷型号
	mm								
500A	245	105	105	10	14.5	8	19	1	DS-010
1000A	310	135	135	12	20	10	23	1.5	

注：同表 15.2-38 的注。

5.2.4 DLY6 系列牙嵌电磁离合器（见表 15.2-41）

表 15.2-41 DLY6 系列牙嵌电磁离合器的结构型式、性能参数和主要尺寸

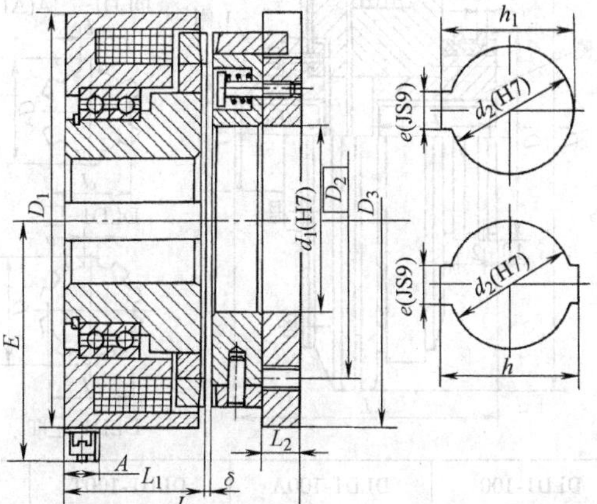

规格		DLY6-10A	DLY6-10AT	DLY6-20A	DLY6-20AT	DLY6-50A	DLY6-100A
公称传递转矩/N·m		100	100	200	200	500	1000
接通时间/s ≤		0.06	0.06	0.07	0.07	0.09	0.11
断开时间/s ≤		0.08	0.08	0.1	0.1	0.20	0.40
额定工作电压(DC)/V		24	24	24	24	24	24
线圈功率(20℃)/W		36	28.8	30	30	85	101
允许最高转速/$r \cdot min^{-1}$		2000	2000	2000	2000	2000	1800
允许最高接合转速/$r \cdot min^{-1}$		36	36	20	20	0	0
质量/kg		2	2	3.3	3.3	5.7	10
径向尺寸/mm	D_1	95	100	115	115	134	166
	D_2	62	64	86	75	85	110
	D_3	93	90	114	105	127	162
	d_1	40	53	50	65	62	79
	d_2	25	25	34	25	46	60
	e	8	8	10	8	14	18
	h_1	$28.3^{+0.2}_{0}$	$28.3^{+0.2}_{0}$	$36.2^{+0.2}_{0}$	$28.3^{+0.2}_{0}$	$48.8^{+0.2}_{0}$	$63.3^{+0.2}_{0}$
	h	—	—	—	—	$51.6^{+0.2}_{0}$	$66.6^{+0.2}_{0}$
	E	57.5	60	67	67	77	93
轴向尺寸/mm	L_1	42.5	33.5	38.5	38.5	57	63
	L_2	6.5	10	10	12	15	20
	A	10	10	10	10	10	10
	L	60	50	62	57.5	88.5	102.5
	δ	0.3	0.3	0.5	0.5	0.4	0.5

注：同表 15.2-38 的注。

5.3 片式电磁离合器

5.3.1 DLD1 系列干式单片电磁离合器（见表 15.2-42）

表 15.2-42 DLD1 系列干式单片电磁离合器的结构型式、性能参数和主要尺寸

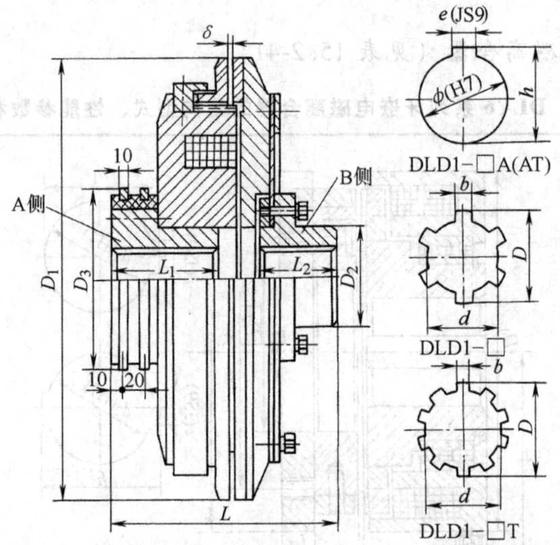

规格		DLD1-100		DLD1-100A		DLD1-100T		DLD1-160A		DLD1-160AT	
		A 侧	B 侧	A 侧	B 侧	A 侧	B 侧	A 侧	B 侧	A 侧	B 侧
公称动转矩/N·m		1000		1000		1000		1600		1600	
额定工作电压(DC)/V		24	110	24	110	24	110		110		110
线圈功率(20℃)/W		125	125	125	125	125	125		151		150
接通时间/s ≤		15		15		15					
断开时间/s ≤		0.8		0.8		0.8					
允许最高工作转速/r·min^{-1}		1500		1500		1500		1000		1000	
质量/kg		90		90		90		150		150	
径向尺寸/mm	D	$60^{+0.03}_{0}$	$60^{+0.03}_{0}$			$60^{+0.03}_{0}$	$38^{+0.027}_{0}$				
	d	$54^{+0.2}_{0}$	$54^{+0.2}_{0}$			$54^{+0.2}_{0}$	$33^{+0.34}_{0}$				
	b	$14^{+0.105}_{+0.045}$	$14^{+0.105}_{+0.045}$			$14^{+0.105}_{+0.045}$	$6^{+0.04}_{+0.17}$				
	ϕ			60	60			65	75	70	55
	h			$64.4^{+0.2}_{0}$	$64.4^{+0.2}_{0}$			$70^{+0.2}_{0}$	$81.1^{+0.2}_{0}$	$74.3^{+0.2}_{0}$	$58.6^{+0.2}_{0}$
	e			18	18			18	20	20	16
	D_1	420		420		420		480		480	
	D_2	90		90		60		110		100	
	D_3	170		170		170		200		200	
轴向尺寸/mm	L	212		212		216		259		270	
	L_1	105		105		117		110		110	
	L_2	75		75		58		100		110	
	δ	0.8±0.1		0.8±0.1		0.8±0.1		1±0.1		1±0.1	

注：1. 离合器的主、从动轴安装时的同轴度误差应小于 0.15mm。

2. 离合器安装时应调整间隙至规定值，安装好后 δ 应在 0.7mm 左右。

3. 表中为天津机床电器有限公司的数据。

5.3.2 DLM0 系列有滑环湿式多片电磁离合器（见表 15.2-43）

表 15.2-43 DLM0 系列有滑环湿式多片电磁离合器的结构型式、性能参数和主要尺寸

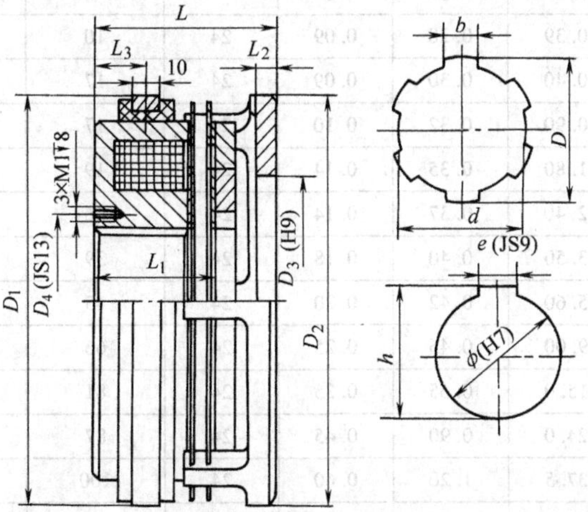

规格	公称动转矩 /N·m	公称静转矩 /N·m	空载转矩 /N·m ≤	接通时间 /s ≤	断开时间 /s ≤	额定电压 (DC)/V	线圈消耗功率(20℃) /W	允许最高转速 /r·min^{-1}	质量 /kg	供油量 /L·min^{-1}	电刷型号
2.5	12	25	0.4	0.28	0.10	24	13	3500	1.78	0.25	DS-0.01
6.3	50	100	1	0.32	0.10	24	19	3000	2.8	0.40	
16	100	200	2	0.35	0.15	24	23	3000	4.66	0.65	
40	250	500	5	0.40	0.20	24	51	2000	9.0	1.00	

规格	D_1	D_2	D_3	D_4	D	d	b	L	L_1	L_2	L_3	衔铁行程	e	h
	mm													
2.5	94	92	50	42	$30^{+0.023}_{0}$	$26^{+0.28}_{0}$	$8^{+0.085}_{+0.035}$	56	46.6	5	18.5	2.2	8	$32.3^{+0.1}_{0}$
6.3	116	113	65	52	$40^{+0.027}_{0}$	$35^{+0.34}_{0}$	$10^{+0.085}_{+0.035}$	60	48.2	5	18.5	2.8	12	$42.3^{+0.1}_{0}$
16	142	142	85	60	$50^{+0.027}_{0}$	$45^{+0.34}_{0}$	$12^{+0.105}_{+0.045}$	65	49.2	7.5	18.5	3.5	14	$52.4^{+0.2}_{0}$
40	176	178	105	86	$65^{+0.03}_{0}$	$58^{+0.4}_{0}$	$16^{+0.105}_{+0.045}$	80	62	10	22	4	18	$69.4^{+0.2}_{0}$

注：1. 离合器摩擦片需在油中工作，供油方式为外浇油或油浴式，但浸入油中部分的深度为离合器外径的 1/5~1/4。高速或频繁动作时，宜采用轴心供油。供油量见表中。

2. 离合器可同轴或分轴安装，分轴安装的同轴度为 9 级。安装好后，主、从动部分都应轴向固定，不得有窜动。

3. 表中为天津机床电器有限公司的数据。

5.3.3 DLM5 系列有滑环湿式多片电磁离合器（见表 15.2-44）

表 15.2-44 DLM5 系列有滑环湿式多片电磁离合器的结构型式、性能参数和主要尺寸

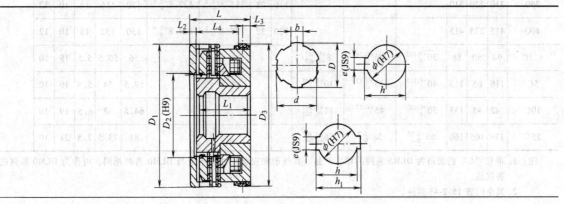

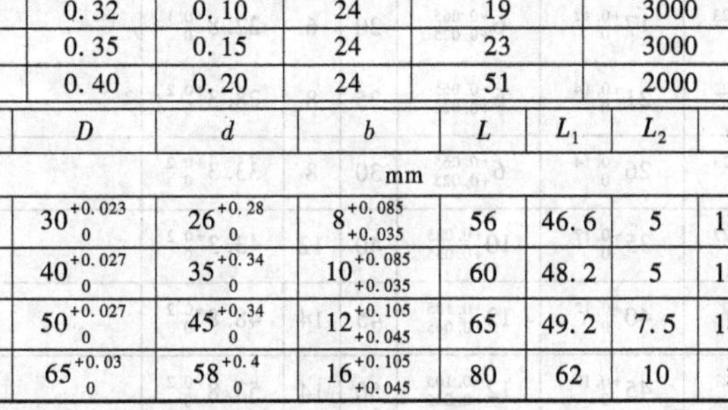

（续）

规格	公称动转矩 /N·m	公称静转矩 /N·m	空载转矩 /N·m	接通时间 /s ≤	断开时间 /s ≤	额定电压 (DC)/V	线圈消耗功率(20℃) /W	允许最高转速 /r·min^{-1}	质量 /kg	供油量 /L·min^{-1}
1.2/1.2C	12	20	0.39	0.28	0.09	24	10	3500	1.3	0.20
2.5	25	40	0.40	0.30	0.09	24	17	3500	1.73	0.25
5/5C	50	80	0.90	0.32	0.10	24	17	3000	2.9	0.40
10/10C	100	160	1.80	0.35	0.14	24	19	3000	4.3	0.65
16	160	250	2.40	0.37	0.14	24	26	2500	5.8	0.65
25/25C	250	400	3.50	0.40	0.18	24	39	2200	7.7	1.00
40	400	630	5.60	0.42	0.20	24	45	2000	12.2	1.00
63	630	1000	9.00	0.45	0.25	24	66	1800	16.2	1.2
100	1000	1600	15.0	0.65	0.35	24	81	1600	23.2	1.2
160	1600	2500	24.0	0.90	0.45	24	87	1600	31.7	1.5
250	2500	4000	37.5	1.20	0.60	24	100	1200	47.1	2.0
400	4000	6300	60.0	1.50	0.80	24	134	1000	100.9	3.0

规格	D_1	D_2	D_3	D	d	b	ϕ	e	h	h_1	L	L_1	L_2	L_3	L_4	电刷型号
	mm															
1.2	86	50	86	$20^{+0.023}_{0}$	$17^{+0.12}_{0}$	$6^{+0.065}_{+0.025}$	20	6	$22.8^{+0.1}_{0}$		43.5	38	5.5	5	7	
2.5	96	56	96	$25^{+0.023}_{0}$	$21^{+0.14}_{0}$	$6^{+0.065}_{+0.025}$	25	8	$28.3^{+0.2}_{0}$		48.5	43	5.5	7	7	DS-002
5	113	65	113	$30^{+0.023}_{0}$	$26^{+0.14}_{0}$	$6^{+0.065}_{+0.025}$	30	8	$33.3^{+0.2}_{0}$		55.5	50	5.5	7	8	
10	133	75	133	$40^{+0.027}_{0}$	$35^{+0.17}_{0}$	$10^{+0.085}_{+0.035}$	40	12	$43.3^{+0.2}_{0}$		61	54.5	6.5	8	10	
16	145	85	145	$45^{+0.027}_{0}$	$40^{+0.17}_{0}$	$12^{+0.105}_{+0.045}$	45	14	$48.8^{+0.2}_{0}$		63.5	57	6.5	8	10	
25	166	95	166	$50^{+0.027}_{0}$	$45^{+0.17}_{0}$	$12^{+0.105}_{+0.045}$	50	14	$53.8^{+0.2}_{0}$		72	64.5	7.5	10	10	
40	192	120	192	$60^{+0.03}_{0}$	$54^{+0.2}_{0}$	$14^{+0.105}_{+0.045}$	60	18	$64.4^{+0.2}_{0}$		82.5	74.5	8	10	10	
63	212	125	212	$70^{+0.03}_{0}$	$62^{+0.2}_{0}$	$16^{+0.105}_{+0.045}$	70	20	$74.9^{+0.2}_{0}$		91.5	82	9.5	12	10	
100	235	150	235				70	20	$74.9^{+0.2}_{0}$		105	96	10	15	10	
160	270	180	270				100	28	$106.4^{+0.2}_{0}$		118	104	14	15	10	DS-001
250	310	220	310				110	28	$116.4^{+0.2}_{0}$	$122.8^{+0.4}_{0}$	130	116	14	10	12	
400	415	235	415				120	32	$127.4^{+0.2}_{0}$	$134.8^{+0.4}_{0}$	150	132	18	10	12	
1.2C	94	50	86	$30^{+0.023}_{0}$	$26^{+0.14}_{0}$	$8^{+0.085}_{+0.035}$					56	50.5	5.5	19	10	
5C	116	65	113	$40^{+0.027}_{0}$	$35^{+0.17}_{0}$	$10^{+0.085}_{+0.035}$					59.5	54	5.5	19	10	
10C	142	85	133	$50^{+0.027}_{0}$	$45^{+0.17}_{0}$	$12^{+0.105}_{+0.045}$					64.5	58	6.5	19	10	
25C	176	105	160	$65^{+0.03}_{0}$	$58^{+0.2}_{0}$	$16^{+0.105}_{+0.045}$					81	73.5	7.5	21	10	

注：1. 带有“C”的规格为DLM5系列的派生产品，其外形和安装尺寸基本上与DLM0系列相同，可作为DLM0系列的替代品。

2. 其余同表15.2-43的注。

5.3.4 DLM10系列有滑环湿（干）式多片电磁离合器（见表15.2-45）

表15.2-45 DLM10系列有滑环湿（干）式多片电磁离合器的结构型式、性能参数和主要尺寸

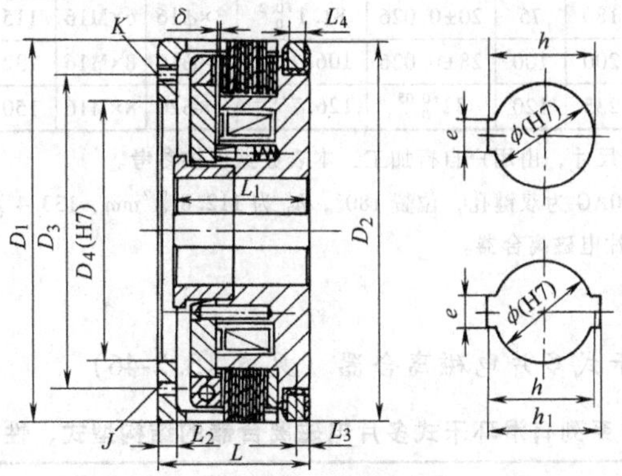

规格	公称动转矩 /N·m	公称静转矩 /N·m	空载转矩 /N·m	接通时间 /s ≤	断开时间 /s ≤	额定电压(DC) /V	线圈消耗功率(20℃) /W	允许最高转速 /r·min^{-1}	质量 /kg	电刷型号
1A/1AG	12.5	20/14	0.088/0.05	0.14/0.11	0.03/0.025		26	3000	2	
2A/2AG	25	40/27.5	0.175/0.10	0.18/0.16	0.032/0.028		27	3000	2.6	
4A/4AG	40	63/44	0.280/0.16	0.20/0.18	0.04/0.03		33	3000	3.2	
6A/6AG	63	100/70	0.350/0.26	0.25/0.20	0.45/0.04		43	3000	4	
10A/10AG	100	160/110	0.500/0.35	0.28/0.25	0.06/0.045		43	3000	5.5	
16A/16AG	160	250/175	1.00/0.56	0.30/0.28	0.08/0.06		47	2500	7.8	
25A/25AG	250	400/280	1.50/0.88	0.35/0.30	0.11/0.08	24	55	2200	11	湿式采用DS-005、干式采用DS-006
40A/40AG	400	630/440	2.50/1.40	0.40/0.35	0.12/0.11		62	2000	15	
63A/63AG	630	1000/700	4.00/2.20	0.50/0.40	0.15/0.12		70	1750	21	
100A/100AG	1000	1600/1100	6.00/3.00	0.60/0.50	0.18/0.15		79	1600	32	
160A/160AG	1600	2500/1750	10/5.5	0.90/0.70	0.22/0.18		93	1350	50	
250A/250AG	2500	4000/2750	15/8.6	1.15/0.90	0.28/0.25		110	1200	77	
400A/400AG	4000	6300/4400	24/14	1.30/1.20	0.35/0.30		123	1000	122	

规格	D_1	D_2	D_3	D_4	ϕ	e	h	J	K	L	L_1	L_2	L_3	L_4	δ
	mm														
1A/1AG	100	100	85	50	18	$5^{+0.025}_{0}$	$19.9^{+0.14}_{0}$	2×ϕ6	4×M6	45	42	5	5.5	8	0.30
2A/2AG	110	110	90	55	20	$6^{+0.025}_{0}$	$22.3^{+0.14}_{0}$	2×ϕ6	4×M6	48	45	5	5.5	8	0.30
4A/4AG	120	120	100	60	25	$8^{+0.03}_{0}$	$27.6^{+0.14}_{0}$	3×ϕ6	6×M6	52	48	6	5.5	8	0.30
6A/6AG	132	132	105	65	30	$8^{+0.03}_{0}$	$32.6^{+0.17}_{0}$	3×ϕ6	6×M8	55	50	7	5.5	8	0.30
10A/10AG	147	145	120	75	40	$12^{+0.035}_{0}$	$42.9^{+0.17}_{0}$	3×ϕ8	6×M8	58	53	7	5.5	8	0.35
16A/16AG	162	160	135	85	45	$14^{+0.035}_{0}$	$48.3^{+0.17}_{0}$	3×ϕ8	6×M8	62	57	7	5.5	8	0.40
25A/25AG	182	180	155	95	50	$16^{+0.035}_{0}$	$53.6^{+0.2}_{0}$	3×ϕ10	6×M10	68	63	8	6	8	0.45
40A/40AG	202	200	170	120	60	$18^{+0.035}_{0}$	$64^{+0.2}_{0}$	3×ϕ10	6×M10	76	70	9	6.25	8	0.50
63A/63AG	235	230	200	125	70	$20^{+0.045}_{0}$	$74.3^{+0.2}_{0}$	3×ϕ14	6×M12	86	80	10	6.25	8	0.60
100A/100AG	270	255	235	150	70	$20^{+0.045}_{0}$	$74.3^{+0.2}_{0}$	3×ϕ14	6×M16	100	92	12	8.5	10	0.70

（续）

规格	D_1	D_2	D_3	D_4	ϕ	e	h	J	K	L	L_1	L_2	L_3	L_4	δ
	mm														
160A/160AG	310	295	260	180	75	20±0.026	$81.1^{+0.2}_{0}$	3×φ16	6×M16	115	107	14	8	10	0.80
250A/250AG	360	340	305	200	100	28±0.026	$106.4^{+0.2}_{0}$	4×φ16	8×M16	132	122	15	8.5	10	0.90
400A/400AG	420	395	350	235	120	$32^{+0.05}_{0}$	$126.7^{+0.2}_{0}$	4×φ20	8×M16	150	138	17	8.5	10	1

注：1. D_3、J、K 为用户连接用尺寸，由用户自行加工，本表数据仅供参考。

2. 250A/250AG、400A/400AG 为双键孔，位置 180°，h_1 为 $112.8^{+0.2}_{0}$mm、$133.4^{+0.52}_{0}$mm。

3. 带有“G”的为干式多片电磁离合器。

4. 其余同表 15.2-43 的注。

5.3.5　DLM2 系列有滑环干式多片电磁离合器（见表 15.2-46）

表 15.2-46　DLM2 系列有滑环干式多片电磁离合器的结构型式、性能参数和主要尺寸

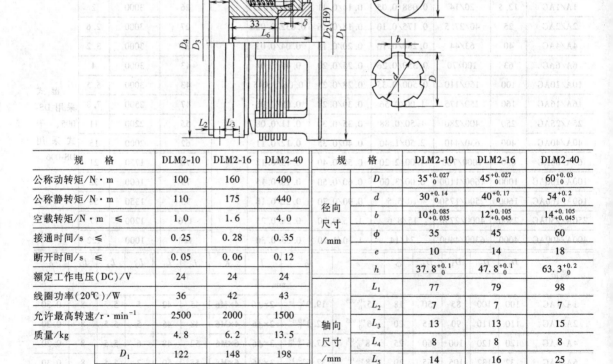

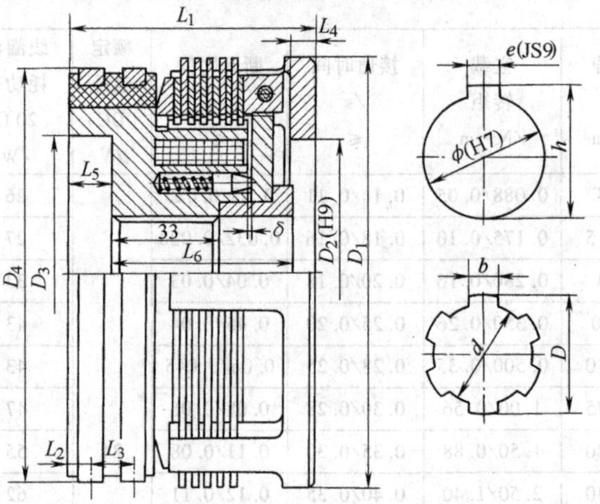

规　格		DLM2-10	DLM2-16	DLM2-40
公称动转矩/N·m		100	160	400
公称静转矩/N·m		110	175	440
空载转矩/N·m　≤		1.0	1.6	4.0
接通时间/s　≤		0.25	0.28	0.35
断开时间/s　≤		0.05	0.06	0.12
额定工作电压(DC)/V		24	24	24
线圈功率(20℃)/W		36	42	43
允许最高转速/r·min^{-1}		2500	2000	1500
质量/kg		4.8	6.2	13.5
径向尺寸/mm	D_1	122	148	198
	D_2	80	85	110
	D_3	80	91	140
	D_4	122	134	190

规　格		DLM2-10	DLM2-16	DLM2-40
径向尺寸/mm	D	$35^{+0.027}_{0}$	$45^{+0.027}_{0}$	$60^{+0.03}_{0}$
	d	$30^{+0.14}_{0}$	$40^{+0.17}_{0}$	$54^{+0.2}_{0}$
	b	$10^{+0.085}_{+0.035}$	$12^{+0.105}_{+0.045}$	$14^{+0.105}_{+0.045}$
	ϕ	35	45	60
	e	10	14	18
	h	$37.8^{+0.1}_{0}$	$47.8^{+0.1}_{0}$	$63.3^{+0.2}_{0}$
轴向尺寸/mm	L_1	77	79	98
	L_2	7	7	7
	L_3	13	13	15
	L_4	8	8	8
	L_5	14	16	25
	L_6	57	58	68
	δ(通电)	0.25±0.05	0.30±0.05	0.40±0.05
电刷型号		DS-003		

注：1. 离合器可分轴安装，但要保持同轴度误差小于 0.1mm。

2. 安装后轴向应固定，主、从动侧均不得有轴向窜动。

3. 安装后应调整间隙，使之在通电状态下达到表中规定值。

4. 表中为天津机床电器有限公司的数据。

5.3.6 DLM2B 型电磁离合器（见表 15.2-47）

表 15.2-47 DLM2B 型电磁离合器的性能参数和主要尺寸（摘自 JB/T 8808—2010）

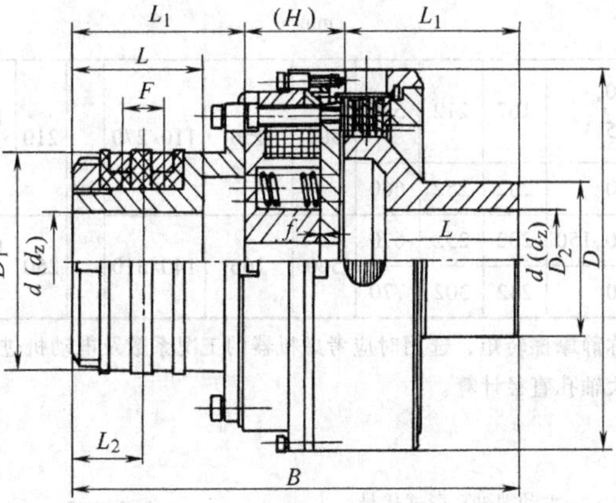

型号	公称转矩 T_n /N·m	许用转速 [n] /r·min⁻¹	轴孔直径 d(H7) d_z(H8)	轴孔长度 J型、Z型 L	L₁	B	D	H	集电环位置尺寸 L_2/直径 D_1 (h9)	F	D_2	气隙 f	通电动作时间	断电动作时间	转动惯量 J/kg·m² 主动端	从动端	质量 /kg
			mm										s				
DLM2B-630	630	2000	40，42，45，48，50，55	84	112	290	210	66	45/120		85	0.8~1.1	0.15	0.30	0.14	0.01	32
DLM2B-1000	1000	2000	45，48，50，55	84	112	300	235	76	45/130	27	95	0.8~1.1	0.15	0.30	0.26	0.03	45
			60	107	142	360											
DLM2B-1600	1600	2000	50，55	84	112	310	260	86	45/145		110	1.0~1.3	0.20	0.35	0.43	0.05	63
			60，63，65，70	107	142	370											
DLM2B-2500	2500	1800	65，70，75	107	142	380	300	96	60/170		130	1.0~1.3	0.22	0.38	0.84	0.10	90
			80，85	132	172	440											
DLM2B-4000	4000	1600	70，75	107	142	390	340	106	60/195		145	1.0~1.3	0.22	0.38	1.59	0.18	132
			80，85，90，95	132	172	450											
DLM2B-6300	6300	1400	80，85，90，95	132	172	460	390	116	80/220	30	165	1.0~1.3	0.25	0.40	3.02	0.41	194
			100，110	167	212	540											
DLM2B-10000	10000	1200	90，95	132	172	480	440	136	80/250		190	1.2~1.5	0.30	0.42	5.53	0.73	278
			100，110，120，125	167	212	560											

（续）

型号	公称转矩 T_n /N·m	许用转速 [n] /r·min⁻¹	轴孔直径 d(H7) d_z(H8)	轴孔长度 J型、Z型 L	L_1	B	D	H	集电环位置尺寸 L_2/直径 D_1 (h9)	F	D_2	气隙 f	通电动作时间	断电动作时间	转动惯量 J/kg·m² 主动端	从动端	质量 /kg
			mm										s				
DLM2B -16000	16000	1100	100,110,120,125	167	212	580	500	156	110/270		210	1.5~1.8	0.35	0.45	10.70	1.69	428
			130,140	202	252	660				30							
DLM2B -25000	25000	1000	130,140,150	202	252	670	560	166	140/310		250	1.5~1.8	0.40	0.50	19.22	3.14	618
			160,170	242	302	770											

注：1. 公称转矩为标定的公称静摩擦转矩，选用时应考虑机器的工况系数及电动机过载系数。

2. 离合器质量按表中最大轴孔直径计算。

3. 所需电刷配套供应。

标记方法

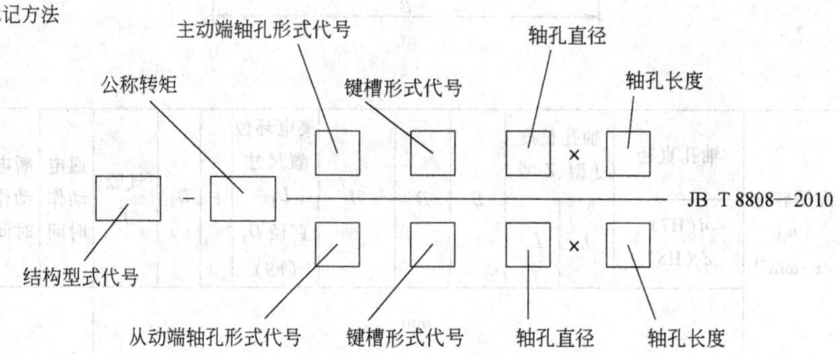

5.3.7 DLM3 系列无滑环湿式多片电磁离合器（见表 15.2-48）

表 15.2-48　DLM3 系列无滑环湿式多片电磁离合器的结构型式、性能参数和主要尺寸

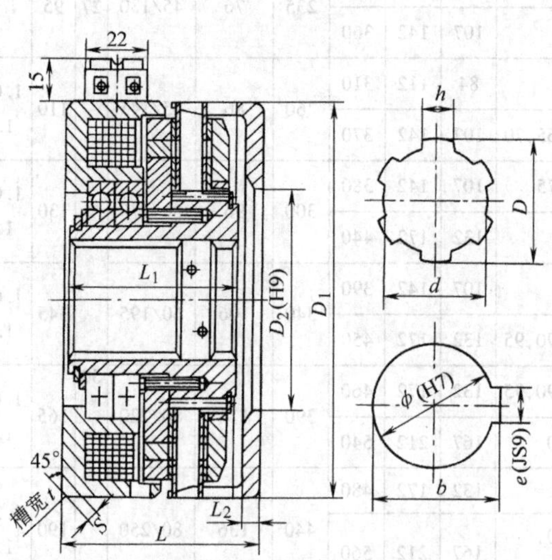

（续）

规格	公称动转矩 /N·m	公称静转矩 /N·m	空载转矩 /N·m ≤	接通时间 /s ≤	断开时间 /s ≤	额定电压 (DC)/V	线圈消耗功率(20℃) /W	允许最高转速 /r·min^{-1}	质量 /kg	供油量 /L·min^{-1}
DLM3 1.2	12	20	0.39	0.28	0.09	24	18	3500	1.6	0.2
DLM3 2.5	25	40	0.40	0.30	0.09	24	21	3500	2.3	0.25
DLM3 5	50	80	0.9	0.32	0.10	24	32	3000	3.4	0.40
DLM3 10	100	160	1.80	0.35	0.14	24	38	3000	5	0.65
DLM3 16	160	250	2.40	0.37	0.14	24	50	2500	6.6	0.65
DLM3 25	250	400	3.50	0.40	0.18	24	61	2200	8.6	1.0
DLM3 40	400	630	5.60	0.42	0.20	24	72	2000	14.7	1.0
DLM3 63	630	1000	9.00	0.45	0.25	24	83	1800	21	1.2

规格	D_1	D_2	D	d	b	ϕ	e	h	L	L_1	L_2	S	t
	mm												
DLM3 1.2	86	50	$20^{+0.023}_{0}$	$17^{+0.12}_{0}$	$6^{+0.065}_{+0.025}$	20	6	$21.8^{+0.1}_{0}$	51	44.5	5.5	3.5	6
DLM3 2.5	96	56	$25^{+0.023}_{0}$	$22^{+0.14}_{0}$	$6^{+0.065}_{+0.025}$	25	8	$27.3^{+0.1}_{0}$	57	51.5	5.5	3.5	6
DLM3 5	113	65	$30^{+0.023}_{0}$	$26^{+0.14}_{0}$	$8^{+0.085}_{+0.035}$	30	8	$32.3^{+0.1}_{0}$	63	56	5	3.5	8
DLM3 10	133	75	$40^{+0.027}_{0}$	$35^{+0.17}_{0}$	$10^{+0.085}_{+0.035}$	40	12	$42.3^{+0.1}_{0}$	68	59	6.5	5.5	8
DLM3 16	145	85	$45^{+0.027}_{0}$	$40^{+0.17}_{0}$	$12^{+0.105}_{+0.045}$	45	14	$47.4^{+0.2}_{0}$	70	61.5	6.5	5.5	10
DLM3 25	166	110	$50^{+0.027}_{0}$	$45^{+0.17}_{0}$	$12^{+0.105}_{+0.045}$	50	14	$52.4^{+0.2}_{0}$	78.5	68	7.5	5.5	10
DLM3 40	192	110	$60^{+0.03}_{0}$	$54^{+0.2}_{0}$	$14^{+0.105}_{+0.045}$	60	16	$62.2^{+0.2}_{0}$	91	79.5	8	6	10
DLM3 63	212	125	$70^{+0.03}_{0}$	$62^{+0.2}_{0}$	$16^{+0.105}_{+0.045}$	70	20	$74.3^{+0.2}_{0}$	109	96.5	9.5	7	10

注：同表15.2-43的注。

5.3.8　DLM9系列无滑环湿式多片电磁离合器（见表15.2-49）

表15.2-49　DLM9系列无滑环湿式多片电磁离合器的结构型式、性能参数和主要尺寸

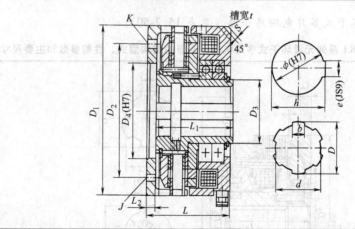

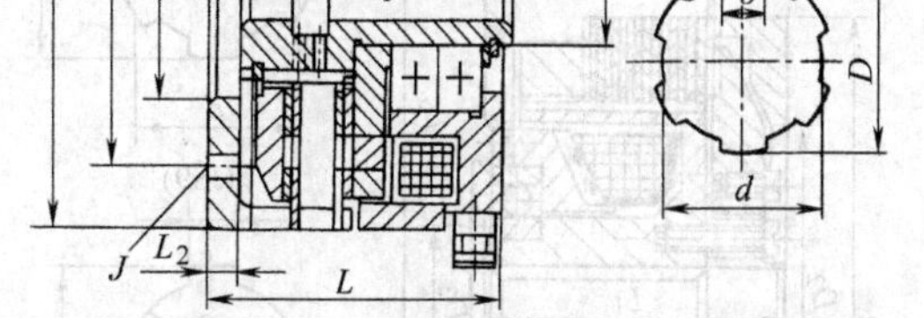

规格	公称动转矩 /N·m	公称静转矩 /N·m	空载转矩 /N·m	接通时间 /s ≤	断开时间 /s ≤	额定电压 (DC)/V	线圈消耗功率(20℃) /W	允许最高转速 /r·min^{-1}	质量 /kg	供油量 /L·min^{-1}
DLM9-2	16	25	0.48	0.28	0.09	24	24	3000	2.9	0.25
DLM9-5	50	80	0.85	0.30	0.10	24	37	3000	3.9	0.40
DLM9-10	100	160	1.80	0.32	0.14	24	50	3000	5.9	0.65
DLM9-16	160	250	2.40	0.36	0.16	24	56	2500	7.8	0.65
DLM9-25	250	400	3.80	0.40	0.18	24	76	2200	10.7	1.00

（续）

规格	公称动转矩 /N·m	公称静转矩 /N·m	空载转矩 /N·m	接通时间 /s ≤	断开时间 /s ≤	额定电压 (DC)/V	线圈消耗功率(20℃) /W	允许最高转速 /r·min^{-1}	质量 /kg	供油量 /L·min^{-1}
DLM9-40	400	630	6.00	0.60	0.22	24	86	2000	15	1.00
DLM9-63	630	1000	9.50	0.70	0.26	24	88	1800	22	1.20
DLM9-100	1000	1600	15.00	0.85	0.31	24	104	1600	33	1.20
DLM9-160	1600	2500	24.00	1.20	0.43	24	122	1500	51	1.50
DLM9-250	2500	4000	38.00	1.40	0.50	24	175.5	1200	67	2.00

规格	D_1	D_2	D_3	D_4	ϕ	e	h	J	K	L	L_1	L_2	S	t
	mm													
DLM9-2	95	80	35	50	20	6	$22.8^{+0.1}_{0}$	2×ϕ6	4×M6	55	50	5	4	8
DLM9-5	110	90	45	65	30	8	$33.3^{+0.2}_{0}$	3×ϕ6	4×M6	60	55	5	4	8
DLM9-10	132	105	50	75	40	12	$42.3^{+0.2}_{0}$	3×ϕ6	6×M8	67	60	7	5	10
DLM9-16	147	120	55	85	45	14	$47.4^{+0.2}_{0}$	3×ϕ8	6×M8	72	65	7	5	10
DLM9-25	162	135	65	95	50	16	$53.6^{+0.2}_{0}$	3×ϕ8	6×M8	82	75	7	6	12
DLM9-40	182	155	75	120	60	18	$64.4^{+0.2}_{0}$	3×ϕ10	6×M10	93	85	8	6	12
DLM9-63	202	170	85	125	70	20	$74.3^{+0.2}_{0}$	3×ϕ10	6×M10	109	100	9	8	14
DLM9-100	235	200	100	150	70	20	$74.9^{+0.2}_{0}$	3×ϕ14	6×M12	120	110	10	8	14
DLM9-160	270	235	110	200	90	25	$95.4^{+0.2}_{0}$	3×ϕ14	6×M12	142	130	12	10	16
DLM9-250	310	260	140	220	110	28	$116.4^{+0.2}_{0}$	3×ϕ16	6×M16	157	145	14	10	16

注：1. 表中 D_2、J、K 为连接尺寸，由用户自行加工，表中数据仅供参考。

2. 其余同表 15.2-43 的注。

5.3.9　DLK1 系列无滑环干式多片电磁离合器（见表 15.2-50）

表 15.2-50　DLK1 系列无滑环干式多片电磁离合器的结构型式、性能参数和主要尺寸

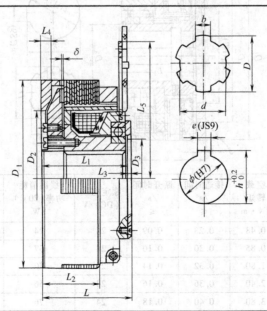

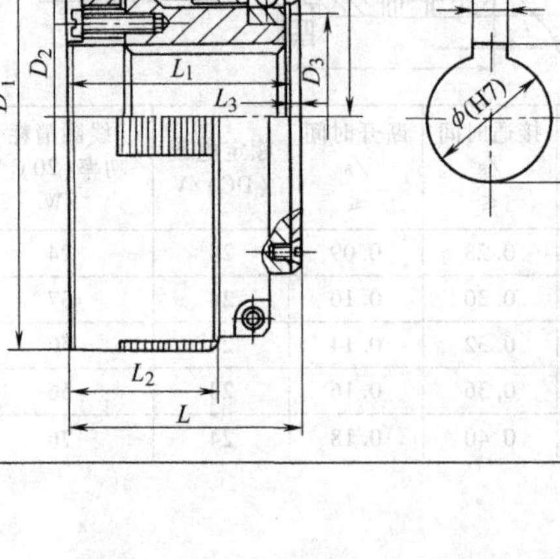

（续）

规格	公称动转矩 /N·m	空载转矩 /N·m	接通时间 /s ≤	断开时间 /s ≤	额定电压 (DC)/V	线圈消耗功率(20℃) /W	允许最高转速 /r·min^{-1}	质量 /kg
DLK1-2.5	25	0.10	0.10	0.03	24	16.5	3500	2
DLK1-5	50	0.20	0.14	0.04		20.5	3000	3
DLK1-10	100	0.30	0.16	0.06		28.8	3000	4.5
DLK1-16	160	0.8	0.20	0.10		48	2500	5.9
DLK1-25	250	1.2	0.27	0.15		53	2200	8.95
DLK1-40	400	2.0	0.35	0.20		62	2000	13.45
DLK1-80	800	4.0				79		

6　磁粉离合器

6.1　磁粉离合器的原理及特性

6.1.1　磁粉离合器的结构和工作原理

磁粉离合器是以磁粉为介质，借助磁粉间的结合力和磁粉与工作面间的摩擦力传递转矩的离合器。图 15.2-16 所示为无滑环磁粉离合器。从动转子 7 与从动轴 1 相连，以滚珠轴承支承回转。主动轴 12 与主动转子 11 相连一起回转。主动转子上嵌有励磁线圈 8，在主动转子与从动转子间充填磁粉。当线圈 8 通电时，产生垂直于间隙的磁通使松散的粉粒磁化结成磁粉链，产生磁连接力，并借助主、从动件与磁粉间摩擦力将动力传给从动件。断电后，磁粉恢复松散状态，并在离心力作用下，使磁粉贴靠主动转子内壁而与从动转子脱离，离合器脱开。

磁粉离合器主要用于接合频率高，要求接合平稳，需调节起动时间，自动调节转矩、转速或保持恒转矩运转及需过载保护的传动系统。磁粉离合器的工作条件：环境温度为-5~40℃，空气最大相对湿度为 90%（平均温度为 25℃时），海拔不超过 2500m，周围介质无爆炸危险、无腐蚀和无油雾的场合。

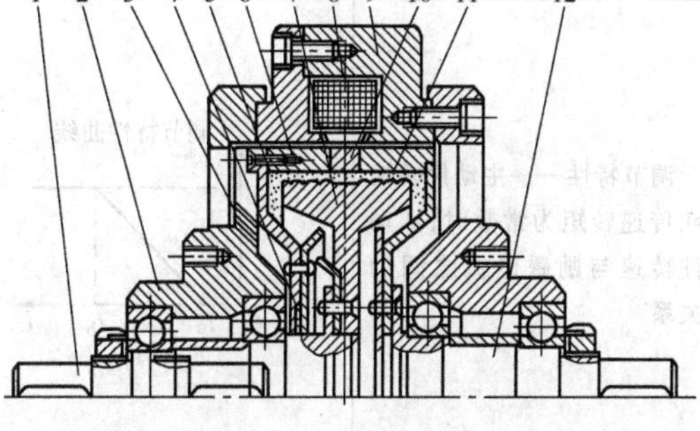

图 15.2-16　无滑环磁粉离合器

1—从动轴　2—从动轴支承盖　3—风扇　4—密封圈　5—转子端盖　6—磁粉　7—从动转子　8—线圈　9—定子　10—隔磁环　11—主动转子　12—主动轴

6.1.2　磁粉离合器的工作特性及特点（见表 15.2-51）

磁粉离合器的特点如下：

1）转矩与励磁电流呈线性关系，转矩调节范围广，精度高；传递转矩仅与励磁电流有关，转速改变时传递转矩基本不变。

2）可在主、从动件同步或稍有转速差下工作，过载打滑，有保护作用。

表 15.2-51　磁粉离合器的工作特性

特性内容	特性曲线		说明
静特性——主动件转速为常数，从动件被制动时，励磁电流与转矩的关系	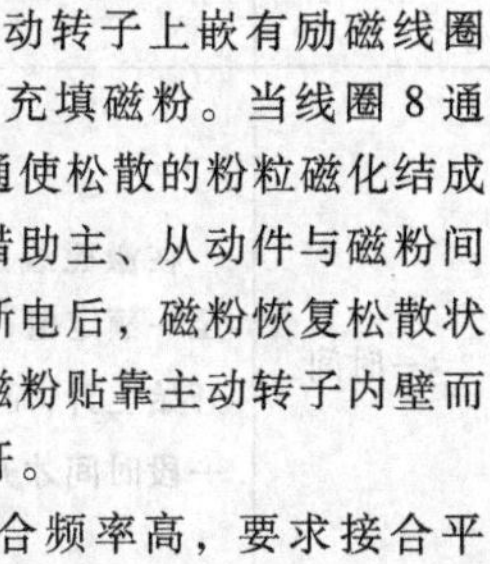 a)	主动件转速 n_1=常数 从动件转速 n_2=0 I—励磁电流 T—负载转矩	除弱励磁的非线性区和强励磁的饱和区外，其余区基本上为线性区，但由于磁性材料有剩磁，断电后有微小的空转转矩。从图 a 可知，磁滞回路线的宽度对公称转矩影响较小，即离合器有较宽的转矩线性调节范围

（续）

特性内容	特性曲线		说明
力学特性——主动件转速和励磁电流为常数时，从动件转速和能传递转矩的关系	力学特性曲线 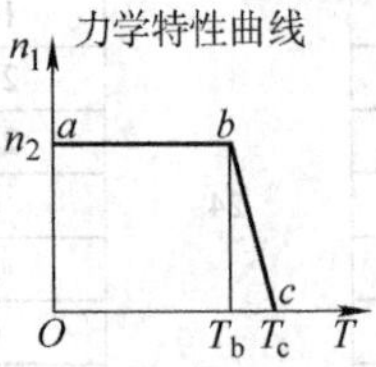 b)	主动件转速 n_1 = 常数 励磁电流 I = 常数	当负载转矩小于某一 T_b 时，主、从动件同步转动；当负载转矩在 T_b 与 T_c 之间时，离合器在有滑差下工作；当负载转矩大于 T_c 时，从动件转速为零，离合器处于制动状态。图b表明在一定的范围内，从动件转速不随转矩而变
调节特性——主动件转速和传递转矩为常数时，从动件转速与励磁电流之间的关系	调节特性曲线 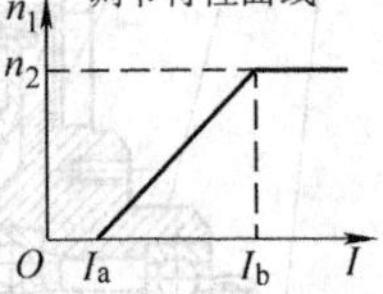 c)	主动件转速 n_1 = 常数 负载转矩 T = 常数	当励磁电流小于 I_a 时从动件不动，转速为零；当励磁电流大于 I_a 时，离合器从动件开始转动，但有滑差；当励磁电流大于 I_b 时，离合器的主从动件同步转动，即表明从动件的转速可调，但调节范围不大
动特性——主动件转速和传递转矩为常数时，从动件励磁电流、转速和转矩与时间的关系	动特性曲线 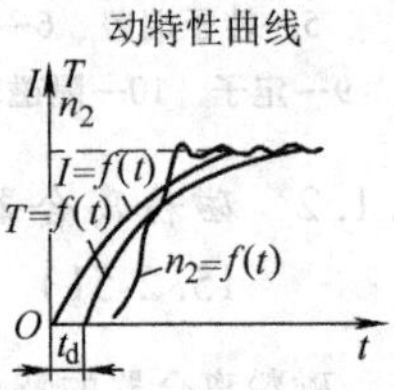 d)	t—时间	在激磁线圈中加上电压后，电流逐渐增加至一额定值，但力矩要经过响应时间 t_d 后才开始上升，而从动件的转速 n_2 则还要再经过一段时间才开始转动

3）接合平稳，响应快，易于实现自控和远控，控制功率小，且传递转矩大。

4）从动件转动惯量小，结构简单，噪声低。

6.2 磁粉离合器的选用计算（见表15.2-52）

表15.2-52 磁粉离合器的选用计算

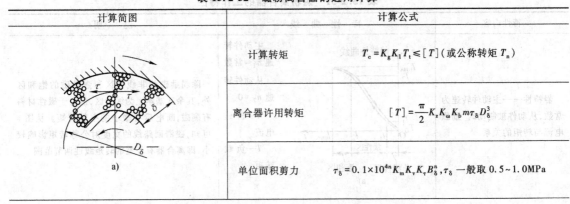

计算简图	计算公式	
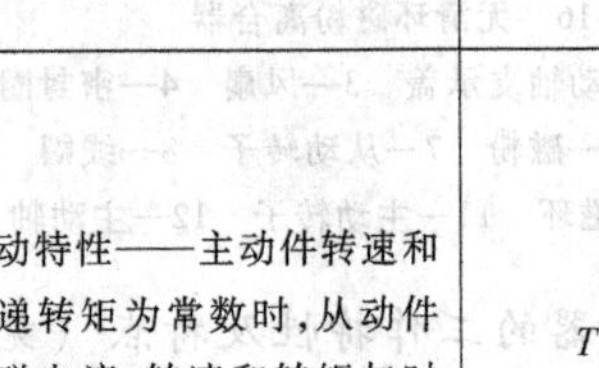 a)	计算转矩	$T_c = K_g K_1 T_t \leqslant [T]$（或公称转矩 T_n）
	离合器许用转矩	$[T] = \dfrac{\pi}{2} K_z K_\omega K_b m \tau_\delta D_\delta^3$
	单位面积剪力	$\tau_\delta = 0.1 \times 10^{4n} K_m K_v K_\tau B_\delta^n$，$\tau_\delta$ 一般取 0.5~1.0MPa

（续）

计算简图	计算公式
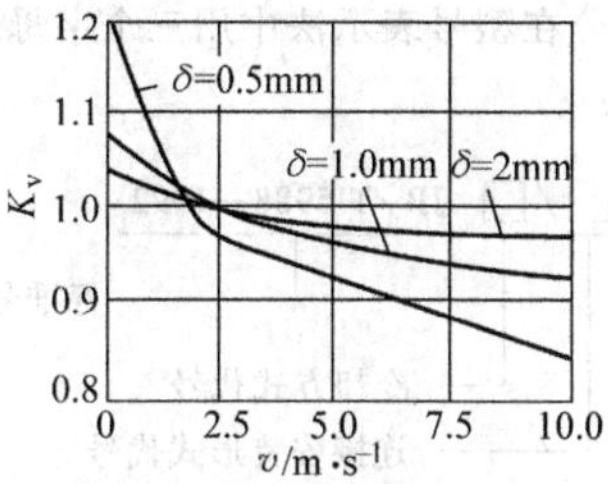 系数 K_v 值 b) 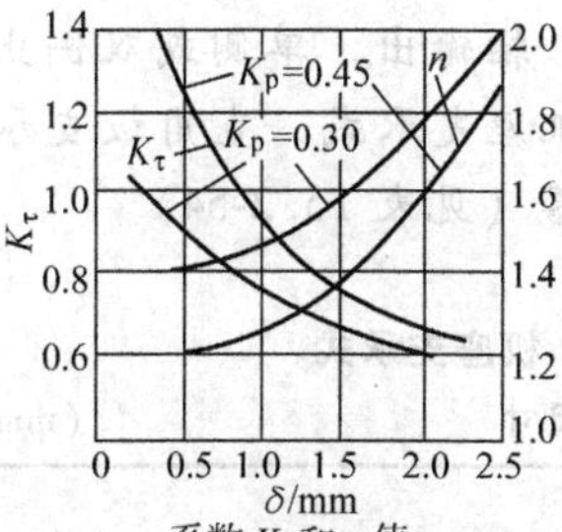 系数 K_τ 和 n 值 c)	K_g—过载系数。一般载荷时取 $K_g=1.1\sim1.3$，重载时取 $K_g=1.5\sim2$ K_1—磁粉老化系数，$K_1=1.3\sim1.5$ T_t—需传递的转矩（N · mm） m—工作间隙数 K_z—工作间隙系数。当 $m=1\sim4$ 时，$K_z=1\sim0.9$ K_ω—工作状况系数。同步时取 $K_\omega=1$，有滑差时取 $K_\omega=0.6\sim0.9$ K_b—从动件工作面宽度与从动件沿工作间隙的平均直径之比。当传递转矩为 $10^4\sim10^7$N · mm 时取 $K_b=0.12\sim0.08$ D_δ—从动件沿工作间隙的平均直径（mm） K_m—与磁粉松装密度有关的系数。对于不锈钢粉，$K_m=1$；对于铁铝铬、铁硅铝粉，$K_m=1.36$；对于铁钴镍粉，$K_m=1.55$ K_v—与从动件相对运动速度 v 及离合器工作间隙 δ 有关的系数，见图 b K_τ、n—与磁粉的填充系数 K_p 及工作间隙 δ 有关的系数，见图 c。K_p 为磁粉体积中铁（或其他导磁合金）的体积分数 B_δ—工作间隙平均磁通密度（T），一般取 $B_\delta=0.5\sim1$T

6.3　磁粉离合器的基本性能参数（见表 15.2-53）

表 15.2-53　磁粉离合器的基本性能参数（摘自 JB/T 5988—1992）

型　号	公称转矩 T_n /N · m	75°时线圈 最大电压 U_m /V	最大电流 I_m /A ≤	时间常数 T_{ir} /s ≤	许用同步转速 [n] /r · min⁻¹	飞轮力矩 GD^2 /N · m²	自冷式 许用滑差功率 [P] /W ≥	风冷式 许用滑差功率 [P] /W ≥	风冷式 风量 /m³ · min⁻¹	液冷式 许用滑差功率 [P] /W	液冷式 液量 /L · min⁻¹
FL0.5□	0.5		0.4	0.035		4×10^{-4}	8	—	—	—	—
FL1□	1		0.54	0.040		1.7×10^{-3}	15	—	—	—	—
FL2.5□	2.5		0.64	0.052		4.4×10^{-3}	40	—	—	—	—
FL5□	5		1.2	0.066	1500	10.8×10^{-3}	70	—	—	—	—
FL10□	10	24	1.4	0.11		2×10^{-2}	110	200	0.2	—	—
FL25□.□/□	25		1.9	0.11		7.8×10^{-2}	150	340	0.4	—	—
FL50□.□/□	50		2.8	0.12		2.3×10^{-1}	260	400	0.7	1200	3.0
FL100□.□/□	100		3.6	0.23		8.2×10^{-1}	420	800	1.2	2500	6.0
FL200□.□/□	200		3.8	0.33		2.53	720	1400	1.6	3800	9.0
FL400□.□/□	400		5.0	0.44	1000	6.6	900	2100	2.0	5200	15
FL630□.□/□	630		1.6	0.47		15.4	1000	2300	2.4	—	—
FL1000□.□/□	1000	80	1.8	0.57	750	31.9	1200	3900	3.2	—	—
FL2000□.□/□	2000		2.2	0.80		94.6	2000	8300	5.0	—	—

6.4　磁粉离合器的连接、支承、安装和尺寸

表 15.2-54~表 15.2-57 分别列出了各种输入、输出和各种支承形式及其尺寸。

6.5　磁粉离合器分类代号

按从动转子结构型式分，可分为柱形转子（代号省略）、杯形转子（代号：B）、筒形转子（代号：T）和盘形转子（代号：P）4 类。按连接安装形式分，最常见的是轴输入、轴输出，单侧或双侧止口支承式（代号省略）；轴输入、轴输出，机座支承式（代号：J）；轴输入、轴输出，单面直角板支承式（代号：M）；法兰盘输入、空心轴输出，空心轴（或单止口）支承式（代号：K）；法兰盘输入、单侧或双侧轴输出，单面止口支承式（代号：D）；齿轮（或带轮、链轮）输入、轴输出，单面止口支承式（代号 C）。按冷却方式分，可分为自然冷却式（代号省略）、强迫通风冷却式（代号：F）、液（水或油）冷却式（代号：Y）和电风扇冷却式（代号：S）。以上三种区分在型号表示法中用三个字母表示。

形式表示法：

□□□·□/□　JB/T 5988—1992

- 标准号
- 冷却方式代号
- 连接安装形式代号
- 结构型式代号
- 公称转矩(N·m)
- 磁粉离合器代号，用FL

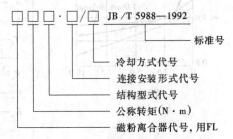

6.5.1　轴输入、轴输出，单侧或双侧止口支承式、机座支承式、直角板支承式磁粉离合器（见表 15.2-54）

表 15.2-54　轴输入、轴输出，单侧或双侧止口支承式、机座支承式、直角板支承式磁粉离合器的结构型式和主要尺寸　(mm)

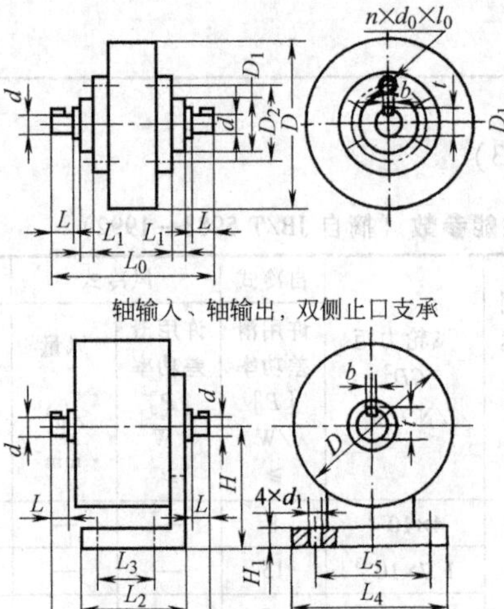

轴输入、轴输出，双侧止口支承

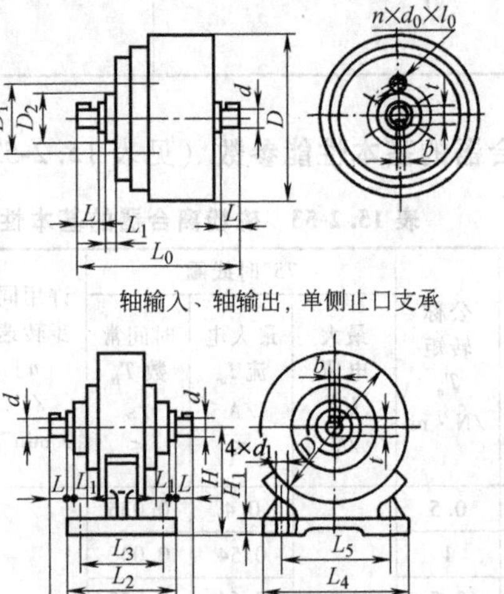

轴输入、轴输出，单侧止口支承

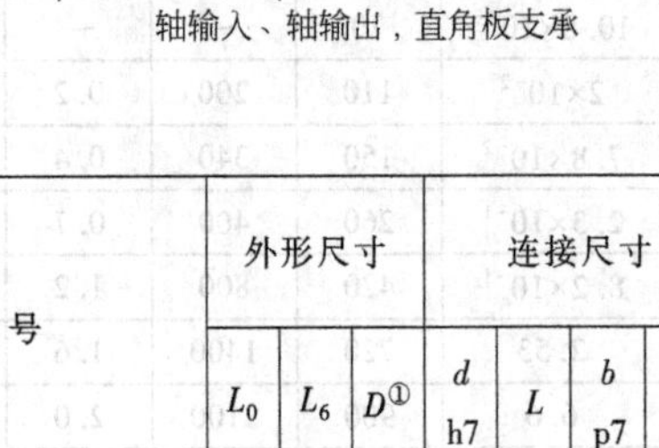

轴输入、轴输出，直角板支承

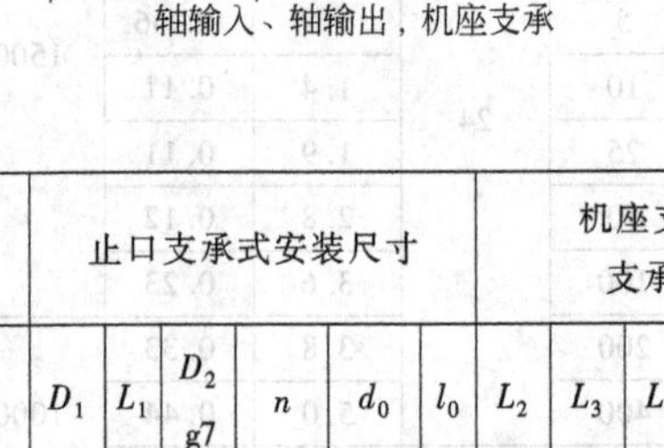

轴输入、轴输出，机座支承

型号		外形尺寸			连接尺寸				止口支承式安装尺寸						机座支承式、直角板支承式安装尺寸						
		L_0	L_6	D①	d h7	L	b p7	t	D_1	L_1	D_2 g7	n	d_0	l_0	L_2	L_3	L_4	L_5	H	$H_1$①	d_1
FL2.5□	FL2.5□.J	150	—	120	10	20	3	11.2	64	8	42	6	M5	10	70	50	120	100	80	8	7
FL5□	FL5□.J	162	—	134	12	25	4	13.5	64	10	42	6	M5	10	70	50	140	120	90	10	7
FL10□./□	FL10□.J/F	184	—	152	14	25	5	16	64	13	42	6×2	M6	10	90	60	150	120	100	13	10

（续）

型号		外形尺寸			连接尺寸				止口支承式安装尺寸						机座支承式、直角板支承式安装尺寸						
		L_0	L_6	D①	d h7	L	b p7	t	D_1	L_1	D_2 g7	n	d_0	l_0	L_2	L_3	L_4	L_5	H	$H_1$①	d_1
FL25□./□	FL25□.J/F	216	—	182	20	36	6	22.5	78	15	55	6×2	M6	10	100	70	180	150	120	15	12
FL50□./□	FL50□.J/F	268	120	219	25	42	8	28	100	23	74	6×2	M6	10	110	80	210	180	145	15	12
FL100□./□	FL100□.J/F	346	120	290	30	58	8	33	140	25	100	6×2	M10	15	140	100	290	250	185	20	12
FL200□./□	FL200□.J/F	386	130	335	35	58	10	38	150	25	110	6×2	M10	15	160	120	330	280	210	22	15
FL400□./□	FL400□.J/F	480	130	398	45	82	14	48.5	200	33	130	8×2	M12	20	180	130	390	330	250	27	19
FL630□./□	FL630□.J/F	620	140	480	60	105	18	64	410	35	460	8×2	M12	25	210	150	480	410	290	33	24
FL1000□./□	FL1000□.J/F	680	150	540	70	105	20	74.5	460	40	510	8×2	M12	25	220	160	540	470	330	38	24
FL2000□./□	FL2000□.J/F	820	150	660	80	130	22	85	560	40	630	8×2	M16	30	230	180	660	580	390	45	24

注：对于液冷式（水冷或油冷式）产品在总长 L_0 中可以增加小于 L_6 的冷却液进出装置的长度。

① D、H_1 为推荐尺寸。

6.5.2 法兰盘输入、空心轴输出，空心轴（或单止口）支承式磁粉离合器（见表 15.2-55）

表 15.2-55 法兰盘输入、空心轴输出，空心轴（或单止口）支承式磁粉离合器的结构型式和主要尺寸

（mm）

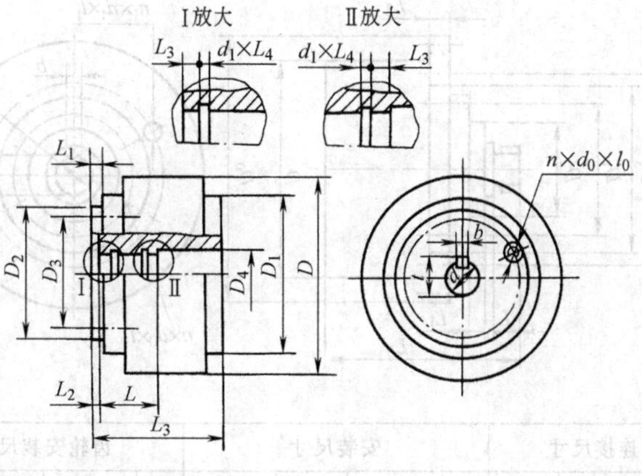

型号	外形尺寸		输入端连接尺寸							输出端连接尺寸								
	L_0	D①	D_1	D_2	D_3	L_1	n	d_0	l_0	D_4	L	L_2	L_3	L_4	d	d_1	b	t
FL10□.K	103	160	96	80	68	20	6	M6	15	24	30	2	4	1.1	18	19	6	20.8
FL25□.K	119	180	114	90	80	20	6	M6	15	27	38	2	4	1.1	20	21	6	22.8
FL50□.K	141	220	140	110	95	20	6	M8	20	—	60	3	5	1.3	30	31.4	8	33.3
FL100□.K	166	275	176	125	110	20	6	M10	25	—	60	4	5	1.7	35	37	10	38.3

① D 为推荐尺寸。

6.5.3　法兰盘输入、单侧或双侧轴输出，单面止口支承式磁粉离合器（见表 15.2-56）

表 15.2-56　法兰盘输入、单侧或双侧轴输出，单面止口支承式磁粉离合器的结构型式和主要尺寸

（mm）

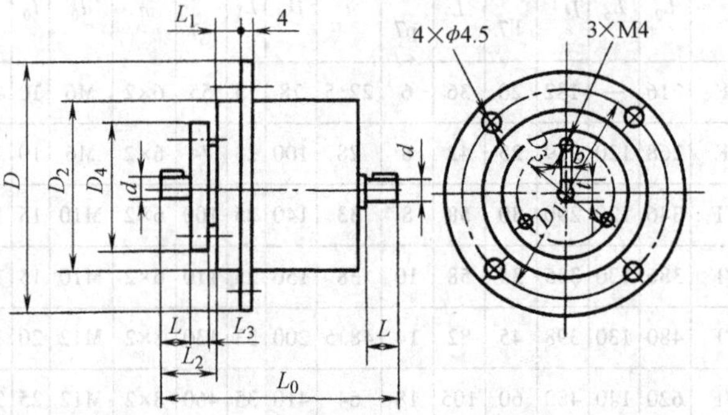

型　号	外形尺寸		安装尺寸			连接尺寸							
	L_0	D	L_1	D_1	D_2	L	L_2	L_3	D_3	D_4	d	t	b
FL0.5□.D	77	70	8.5	60	48	10.5	16.5	5	30	40	5	4.5	9
FL1□.D	83	76	8.5	66	54	12	18.5	5	34	42	7	6.5	10
FL2.5□.D	95	85	9.5	75	63	15	22.5	6	40	48	9	8.5	13
FL5□.D	111	100	12	90	78	18	25	6	50	60	12	11.5	16

6.5.4　齿轮（链轮、带轮）输入、轴输出，单面止口支承式磁粉离合器（见表 15.2-57）

表 15.2-57　齿轮（链轮、带轮）输入、轴输出，单面止口支承式磁粉离合器的结构型式和主要尺寸

（mm）

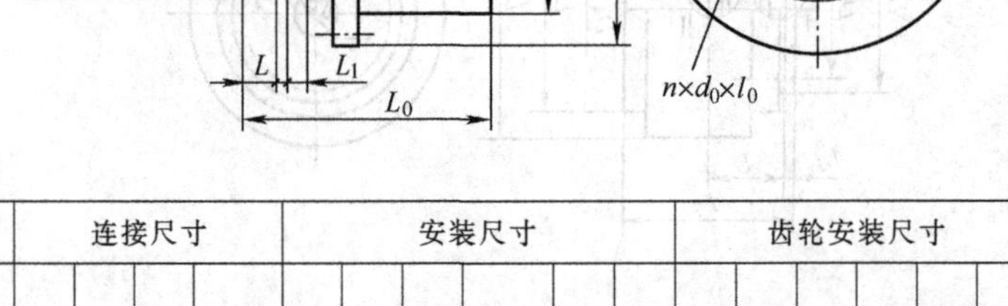

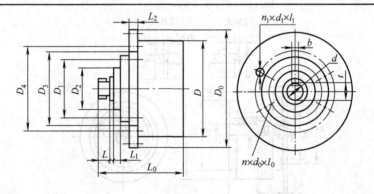

型　号	外形尺寸		连接尺寸				安装尺寸						齿轮安装尺寸						齿轮参数		
	L_0	D①	d	L	b	t	D_1	D_2	L_1	n	d_0	l_0	D_3	D_4	L_2	n_1	d_1	l_1	外径 D_0	齿数 Z	模数 m
FL1□.C	60	56	4	7.5	—	—	19	13	4	3	3	4	—	—	—	—	—	—	61	120	0.5
FL2.5□.C	120	100	10	20	3	11.2	64	42	8	6	5	10	84	94	—	—	—	—	106	104	1
FL5□.C	136	134	12	25	4	13.5	64	42	10	6	5	10	105	118	18	6	M5	10	140	68	2
FL10□.C	160	152	14	28	5	16	64	42	13	6×2	6	10	132	142	18	6	M6	15	162	79	2
FL25□.C	175	182	20	36	6	22.5	78	55	15	6×2	6	10	156	166	20	6	M6	17	188	92	2

① D 为推荐尺寸。

7　离心离合器

7.1　离心离合器的特点、结构型式与应用

（1）离心离合器的一般特点

1）在接合过程中，对原动机逐渐加载，起动平稳。适用于起动不频繁，从动件转动惯量大，易造成原动机过载的工况。

2）在接合过程中，主、从动件间有速度差，是摩擦打滑过程，在主、从动件未达到同步之前伴有摩擦发热和磨损。一般打滑时间不宜过长，应限制在1～1.5min。

3）传递转矩与转速平方成正比，故不适用于低速和变速工况应用。

（2）离心离合器的结构型式及特点（见表15.2-58）

表 15.2-58　离心离合器的结构型式及特点

型式	带弹簧闸块式	带弹簧楔块式
结构简图	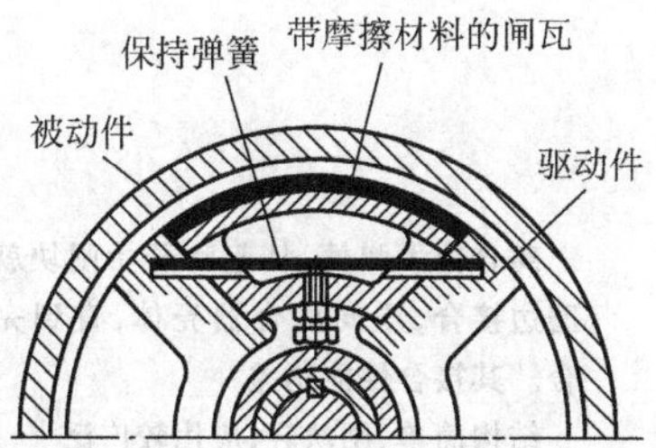	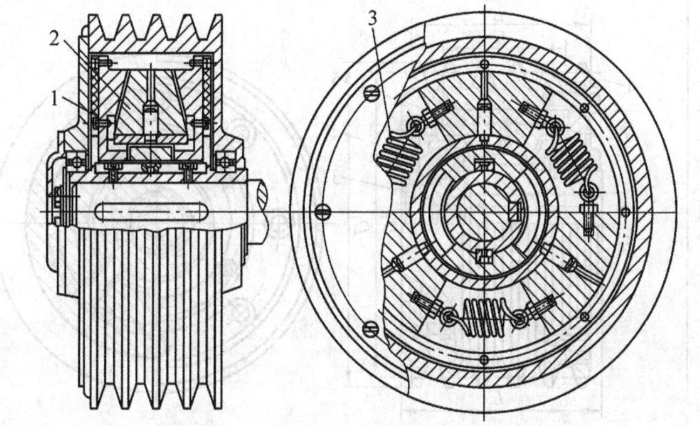
特点	离心体是闸块，起动开始靠弹簧作用，闸块不与壳体接触。当主动轴达到预定转速时，离心力超过弹簧力，闸块开始与壳体逐步接合传递转矩。一般两者开始接合时的转速为正常转速的70%～80% 离合器在接合过程中工作平稳，但闸块的重量较大	离心体2为楔块，楔块之间装有拉紧弹簧3，起动时主轴达到一定初速度，楔块撑开摩擦盘1，使之与壳体压紧，传递转矩

型式	液压调节带弹簧闸块式	钢珠离心式
结构简图	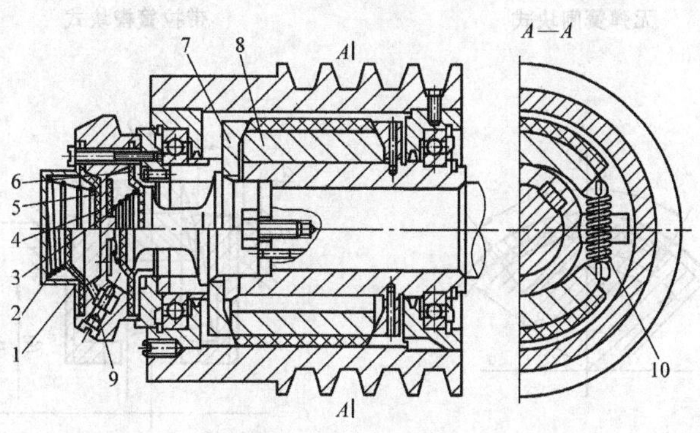 1—左隔膜　2—复位弹簧　3—弹簧　4—隔板　5—钢片 6—右隔膜　7—压盘　8—离心闸块　9—节流阀　10—弹簧	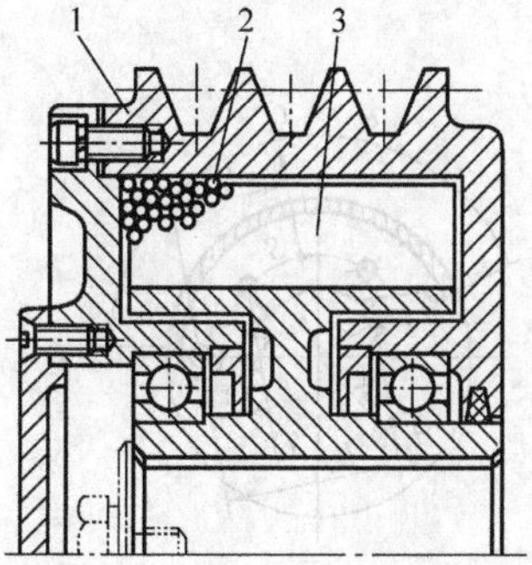 1—壳体　2—钢珠　3—叶片

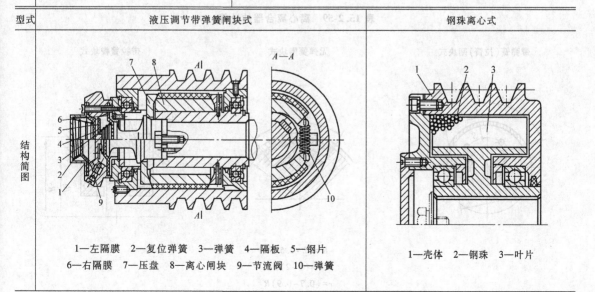

（续）

型式	液压调节带弹簧闸块式	钢珠离心式
特点	可以通过液压系统来控制离合器的接合速度	离心体为钢珠或钢柱。接合性能好，所传递的转矩大小可以通过钢珠的数量调节 结构简单，制造比较容易。钢珠直径为 4～6mm，体积占总容量的 85%～90%，叶片数量为 1～6 片，叶片外径与壳体内径间隙为 0.5～1mm

型式	自由闸块式	
结构简图及特点	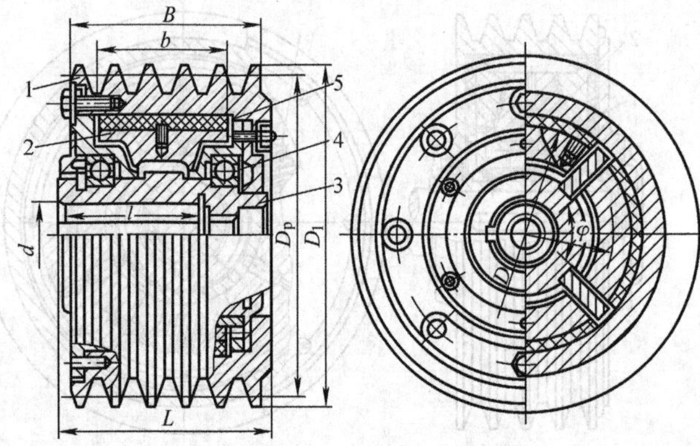 1—V 带轮　2—离心块　3—十字轴 4—轴承　5—摩擦带	离合器无弹簧，从起动开始闸块就边滑磨边接合，压向离合器壳体，直到完全接合。其接合性能稍差 结构简单，闸块轻，应用较广泛

7.2　离心离合器的计算（见表 15.2-59）

表 15.2-59　离心离合器的计算

带弹簧(拉簧)闸块式

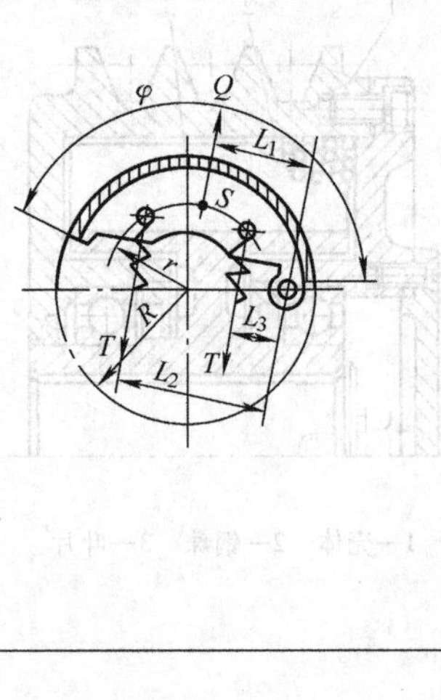

无弹簧闸块式

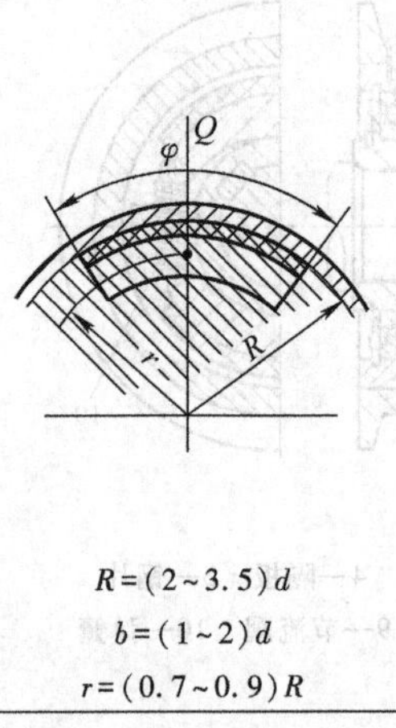

带拉簧楔块式

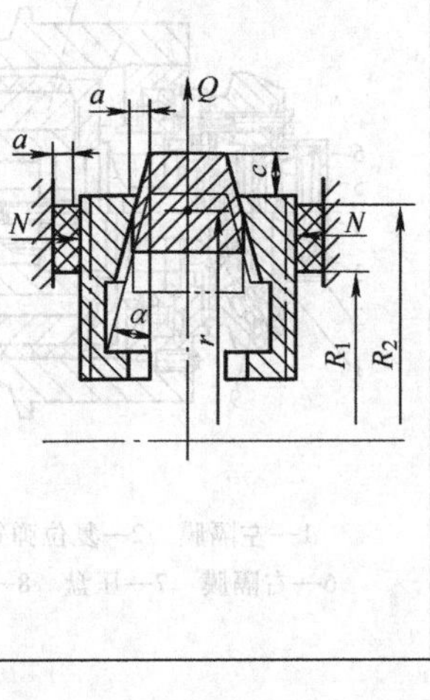

$$R=(2\sim3.5)d$$

$$b=(1\sim2)d$$

$$r=(0.7\sim0.9)R$$

（续）

钢珠式	板簧	
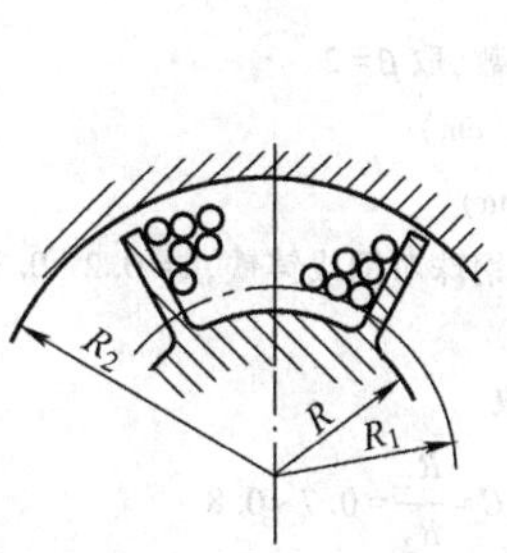	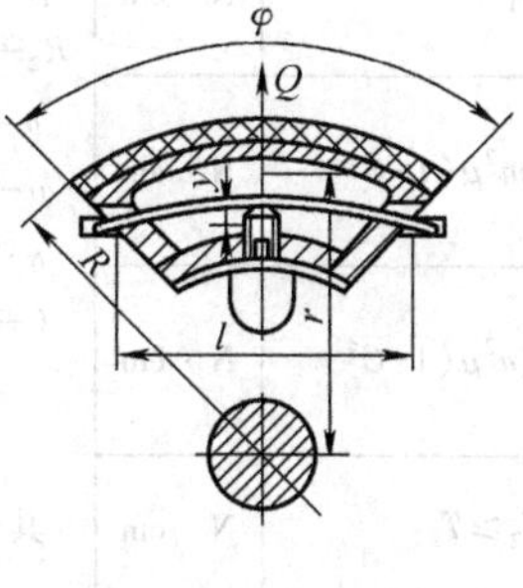	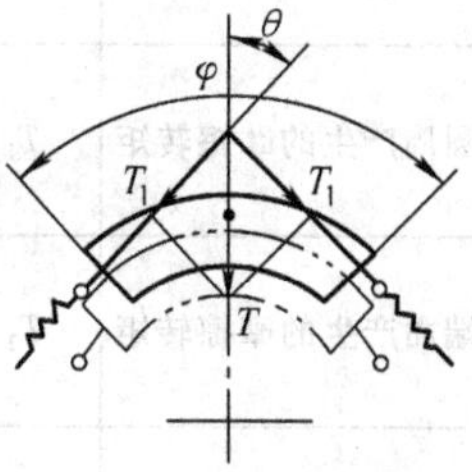
$R_2=(2\sim3.5)d$ $b=(1\sim2)d$	$R=(2\sim3.5)d$ $b=(1\sim2)d$ $r=(0.6\sim0.9)R$	$R=(2\sim3.5)d$ $r=(0.6\sim0.8)R$

型式	计算项目	计 算 公 式	单位	说 明
带弹簧（拉簧、板簧）闸块式	计算转矩	$T_c=\beta T_t$	N·cm	β—工作储备系数，一般取$\beta=1.5\sim2$ T_t—需传递的转矩（N·cm） R—闸块外半径（cm） r—闸块质心所处半径（cm） z—闸块数量 b—闸块宽度（cm） d—主动轴直径（cm） n—正常工作转速（r/min） L_1,L_2,L_3—长度（cm） n_0—开始接合转速（r/min），一般取$n_0=(0.7\sim0.8)n$ m—单个闸块质量（kg） R—壳体内半径，即闸块摩擦半径（cm） μ—摩擦面材料摩擦因数，见表15.2-18 $[p]$—摩擦面许用压强（N/cm^2），见表15.2-18 φ—闸块所对角度（rad）
	传递转矩所需离心力	$Q_j=\dfrac{T_c}{R\mu z}$	N	
	闸块有效离心力	$Q=\dfrac{mr\pi^2(n^2-n_0^2)}{90000}\geqslant Q_j$	N	
	摩擦面压强	$p=\dfrac{T_c}{R^2b\varphi\mu z}\leqslant p_p$	N/cm^2	
	预定弹簧力 拉簧 片簧	$T=\dfrac{L_1mr\pi^2n_0^2}{(L_2+L_3)90000}$ $T=\dfrac{mr\pi^2n_0^2}{90000}$	N	
无弹簧闸块式	计算转矩	$T_c=\beta T_t$	N·cm	
	传递转矩所需离心力	$Q_j=\dfrac{T_c}{R\mu z}$	N	
	闸块有效离心力	$Q=\dfrac{mr\pi^2n^2}{90000}\geqslant Q_j$	N	
	摩擦面压强	$p=\dfrac{T_c}{R^2b\varphi\mu z}\leqslant[p]$	N/cm^2	
带拉簧楔块式	计算转矩	$T_c=\beta T_t$	N·cm	r—楔块质心所处半径（cm） z—楔块数量 b—摩擦面宽度（cm） α—楔块倾斜角（°） d—主动轴直径（cm） m—单个楔块质量（kg） ρ—摩擦角，$\tan\rho=\mu$ 其他符号说明同前
	传递转矩所需离心力	$Q_j=\dfrac{2T_c}{R_m\mu z}\tan(\alpha+\rho)$	N	
	楔块有效离心力	$Q=\dfrac{mr\pi^2(n^2-n_0^2)}{90000}\geqslant Q_j$	N	
	楔块脱开力	$F_j=\dfrac{2T_c}{R_m\mu z}\tan(\alpha-\rho)$	N	
	预定弹簧力	$F=\dfrac{mr\pi^2n_0^2}{90000}\geqslant T_j$	N	
	每根弹簧力	$F_1=\dfrac{F}{2\cos\theta}$	N	
	摩擦面压强	$p=\dfrac{T_c}{4\pi R_m^2b\mu}\leqslant[p]$	N/cm^2	
	摩擦面平均半径	$R_m=\dfrac{R_1+R_2}{2}$	cm	

（续）

型式	计算项目	计 算 公 式	单位	说　　明
钢珠式	计算转矩	$T_c=\beta T_t$	N · cm	β—工作储备系数，取$\beta=2$ R_2—壳体内半径（cm） b—叶片宽度（cm） μ—摩擦因数。钢珠对钢或铸铁，$\mu=0.2\sim0.3$ n—转速（r/min） C—比值，一般取 $C=\dfrac{R_1}{R_2}=0.7\sim0.8$
	圆周产生的摩擦转矩	$T_1=1.1\times10^{-6}R_2^4bn^2\mu(1-C^3)$	N · cm	
	端面产生的摩擦转矩	$T_2=1.67\times10^{-7}R_2^5n^2\mu(1-C^4)$	N · cm	
	许用转矩	$[T]=T_1+T_2\geqslant T_c$	N · cm	其他符号说明同带弹簧闸块离心离合器

7.3　闸块离合器

7.3.1　带螺旋压缩弹簧闸块离心离合器（见表15.2-60）

表15.2-60　带螺旋压缩弹簧闸块离心离合器的结构型式、主要尺寸和特性参数　（mm）

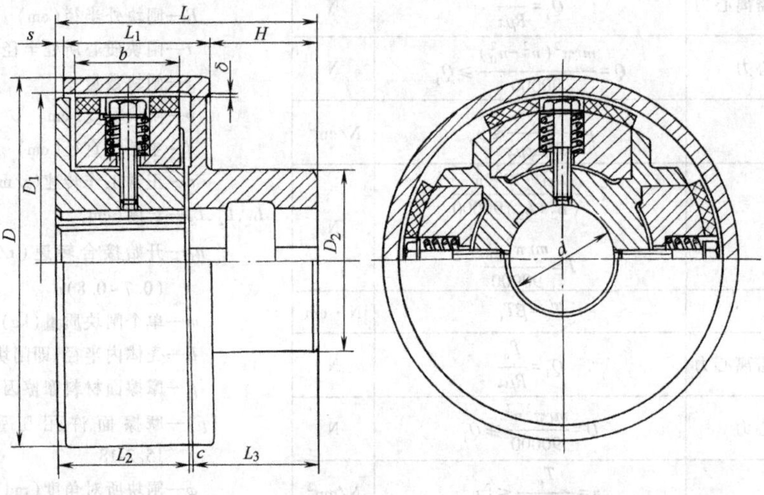

序号	最高转速 /r · min^{-1}	d_{max}	D	D_1	L_3	L	L_1	L_2	D_2	H	b	s	c	δ	最多闸块数 z
1	3000	22	100	81	41	84	54	48	44	33	42	3	2	2	4
2		32	127	113	51	108	62	55	63	40	48	5			
3	2500	38	152	136	60	124	70	62	76	50	54				
4		45	178	160	66	138	81	70	81	52	60				
5	2000	55	203	184	73	147	84	73	108	58	64				
6	1600	70	254	233	79	160	92	79	133	63	70				
7	1300	80	304	282	89	181	101	89	165	70	76	8	3		6
8	1100	100	356	330	98	200	114	98	190	78	86			2.5	
9	1000	115	406	378	111	225	127	111	210	90	98				
10	900	130	456	426	120	244	135	120	241	98	105	10			8
11	800	150	508	470	133	270	149	133	266	108	110	12		3	
12	700	180	610	565	146	295	165	146	330	117	128				

7.3.2 带片弹簧闸块离心离合器（见表 15.2-61）

表 15.2-61 带片弹簧闸块离心离合器的结构型式、主要尺寸和特性参数 (mm)

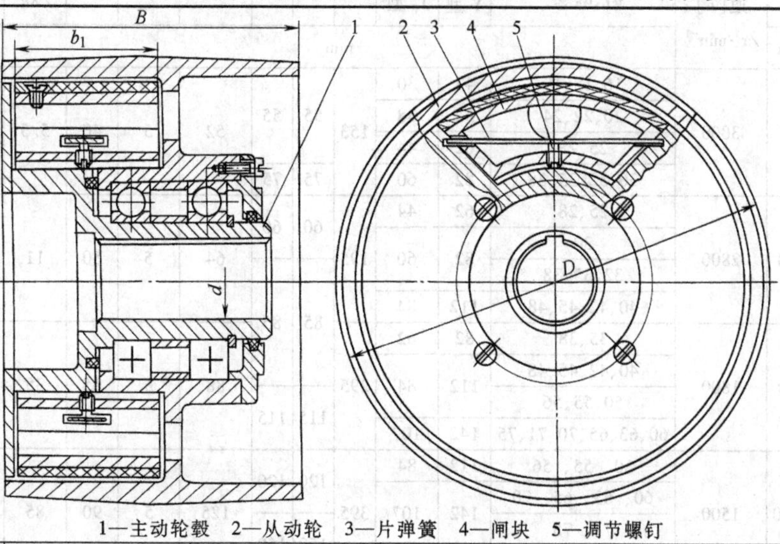

1—主动轮毂 2—从动轮 3—片弹簧 4—闸块 5—调节螺钉

可传递功率 P/kW (n=1500r/min)	闸块数 z	d	D	B	b_1
0.74	4	20	100	75	45
1.8	4	30	125	75	60
5.2	4	40	150	100	65
12.5	4	50	180	125	70
31.0	4	65	230	165	80
77.0	4	80	280	180	90

注：1. 在其他转速 n' 时，离合器可传递的功率 P=表值×$(n'/1000)^3$。
2. 去掉弹簧，离合器可传递的功率约增加 1 倍。
3. 两个闸块时，离合器可传递的功率减小一半。

7.3.3 AMN 内张摩擦式安全联轴器（离合器）

（1）结构型式、基本参数和主要尺寸（见表 15.2-62）

（2）选择计算

关于 AMN 离合器的选用说明：

1）用电动机等起动的滑动转矩 T_H 一般根据超过工作转矩（T）25%的原则确定，即

$$T_H = 1.25T = 9549\frac{P_{max}}{n} \quad (15.2\text{-}12)$$

式中 P_{max}——传递的最大功率（kW）；
n——正常工作转速（r/min）。

表 15.2-62 AMN 内张摩擦式安全联轴器（离合器）的结构型式、基本参数和主要尺寸（摘自 JB/T 6138—2007）

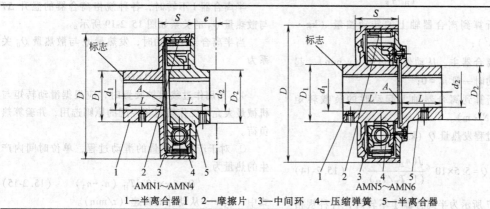

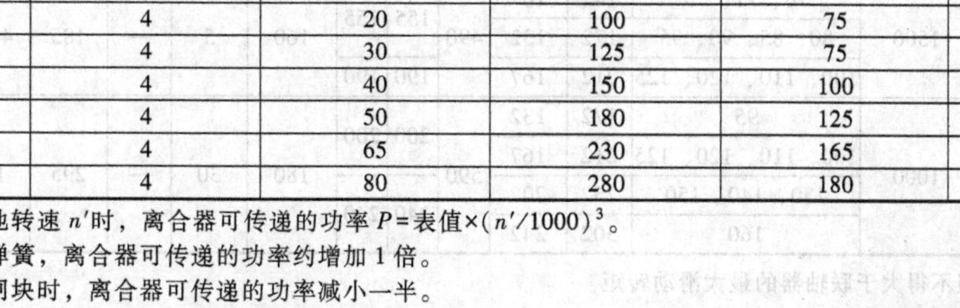

1—半离合器Ⅰ 2—摩擦片 3—中间环 4—压缩弹簧 5—半离合器

（续）

<table>
<tr><td rowspan="3">型号</td><td colspan="2" rowspan="2">公称转矩 /N·m</td><td rowspan="2">许用转速[n]</td><td rowspan="2">轴孔直径 d_1、d_2、d_z</td><td colspan="2">轴孔长度 L</td><td rowspan="2">D</td><td rowspan="2">D_1</td><td rowspan="2">D_2</td><td rowspan="2">S</td><td rowspan="2">A</td><td rowspan="2">e</td><td rowspan="2">质量 /kg</td><td colspan="2" rowspan="2">转动惯量 J/kg·m²</td></tr>
<tr><td>Y型</td><td>J_1型</td></tr>
<tr><td>min</td><td>max</td><td>/r·min^{-1}</td><td colspan="10">mm</td><td>离合器</td><td>半离合器 I</td></tr>
<tr><td rowspan="4">AMN1</td><td rowspan="4">10</td><td rowspan="4">50</td><td rowspan="4">3000</td><td>16、18、19</td><td>42</td><td>30</td><td rowspan="4">153</td><td rowspan="3">55</td><td rowspan="3">55</td><td rowspan="4">52</td><td rowspan="4">5</td><td rowspan="4">40</td><td rowspan="4">5.5</td><td rowspan="4">0.014</td><td rowspan="4">0.009</td></tr>
<tr><td>20、22、24</td><td>52</td><td>38</td></tr>
<tr><td>25、28</td><td>62</td><td>44</td></tr>
<tr><td>30、32、35、38</td><td>82</td><td>60</td><td>75</td><td>75</td></tr>
<tr><td rowspan="4">AMN2</td><td rowspan="4">20</td><td rowspan="4">160</td><td rowspan="4">2800</td><td>25、28</td><td>62</td><td>44</td><td rowspan="4">195</td><td rowspan="2">60</td><td rowspan="2">60</td><td rowspan="4">64</td><td rowspan="4">5</td><td rowspan="4">50</td><td rowspan="4">11</td><td rowspan="4">0.047</td><td rowspan="4">0.027</td></tr>
<tr><td>30</td><td rowspan="2">82</td><td rowspan="2">60</td></tr>
<tr><td>32、35、38</td><td rowspan="4">85</td><td rowspan="4">85</td></tr>
<tr><td>40、42、45、48</td><td>112</td><td>84</td></tr>
<tr><td rowspan="4">AMN3</td><td rowspan="4">71</td><td rowspan="4">500</td><td rowspan="4">1800</td><td>35、38</td><td>82</td><td>62</td><td rowspan="4">295</td><td rowspan="4">88</td><td rowspan="4">5</td><td rowspan="4">65</td><td rowspan="4">35</td><td rowspan="4">0.3175</td><td rowspan="4">0.155</td></tr>
<tr><td>40、42、45、48</td><td rowspan="2">112</td><td rowspan="2">84</td></tr>
<tr><td>50、55、56</td><td rowspan="2">115</td><td rowspan="2">115</td></tr>
<tr><td>60、63、65、70、71、75</td><td>142</td><td>107</td></tr>
<tr><td rowspan="4">AMN4</td><td rowspan="4">250</td><td rowspan="4">1600</td><td rowspan="4">1500</td><td>50、55、56</td><td>112</td><td>84</td><td rowspan="4">395</td><td rowspan="2">120</td><td rowspan="2">120</td><td rowspan="4">125</td><td rowspan="4">5</td><td rowspan="4">90</td><td rowspan="4">85</td><td rowspan="4">1.275</td><td rowspan="4">0.535</td></tr>
<tr><td>60、63、65、70</td><td rowspan="2">142</td><td rowspan="2">107</td></tr>
<tr><td>71、75</td><td rowspan="2">150</td><td rowspan="2">150</td></tr>
<tr><td>80、85、90</td><td>172</td><td>132</td></tr>
<tr><td rowspan="3">AMN5</td><td rowspan="3">800</td><td rowspan="3">4000</td><td rowspan="3">1500</td><td>70、71、75</td><td>142</td><td>107</td><td rowspan="3">490</td><td rowspan="2">155</td><td rowspan="2">155</td><td rowspan="3">160</td><td rowspan="3">5</td><td rowspan="3">—</td><td rowspan="3">185</td><td rowspan="3">4.675</td><td rowspan="3">2.375</td></tr>
<tr><td>80、85、90、95</td><td>172</td><td>132</td></tr>
<tr><td>100、110、120、125</td><td>212</td><td>167</td><td>190</td><td>190</td></tr>
<tr><td rowspan="4">AMN6</td><td rowspan="4">2500</td><td rowspan="4">6300</td><td rowspan="4">1000</td><td>95</td><td>172</td><td>132</td><td rowspan="4">590</td><td rowspan="2">200</td><td rowspan="2">200</td><td rowspan="4">180</td><td rowspan="4">30</td><td rowspan="4">—</td><td rowspan="4">295</td><td rowspan="4">11.7</td><td rowspan="4">5.252</td></tr>
<tr><td>100、110、120、125</td><td>212</td><td>167</td></tr>
<tr><td>130、140、150</td><td>252</td><td>202</td><td rowspan="2">240</td><td rowspan="2">240</td></tr>
<tr><td>160</td><td>302</td><td>242</td></tr>
</table>

注：1. 滑动转矩不得大于联轴器的最大滑动转矩。

2. 离合器的蓄热量不得超过离合器的允许最大温升（$\Delta T_{max}=250℃$）时的蓄热量。

3. 离合器的工作温度不得大于250℃。

4. 不适用于频繁正反转场合工作。

5. 两轴的许用径向位移 $\Delta y=0.15mm$，两轴间的许用角位移由测量两半离合器外缘的轴向间距在上下两处的偏差不大于0.15mm来控制。

2）起动时间 t_Q。

$$t_Q=0.1047\frac{J(n_2-n_1)^2}{T_H-T_F} \qquad (15.2\text{-}13)$$

式中 J——折算到离合器轴上的转动惯量（kg·m²）；

n_2、n_1——离合器主、从动件的转速（r/min），起动时一般 $n_1=0$；

T_F——折算到离合器轴上起动时的负载转矩（N·m）。

3）起动过程发热量 Q（kJ）。

$$Q=5.5\times10^{-6}\frac{J(n_2-n_1)^2}{(1-T_F/T_H)} \qquad (15.2\text{-}14)$$

图15.2-17所示为半离合器Ⅰ不转时，各种规格离合器在不同温升 ΔT 下的蓄热量 Q_x 与冷却时间 t_L 的关系。正确的冷却时间应由图15.2-17查出的 t_L 除以由图15.2-18查出的散热系数 f。

半离合器Ⅰ不转时，各种规格离合器的温升 ΔT 与散热量 Q_0 的关系如图15.2-19所示。

当半离合器Ⅰ转动时，发热量 Q 与散热量 Q_0 关系为

$$Q=Q_0 f$$

4）当用作过载保护装置时，应根据滑动转矩与机械最大允许工作转矩相匹配的原则选用，并验算热负荷。

① 对于产生大热量的滑动过程，单位时间内产生的热量为

$$Q=2\pi\times10^{-3}T_H\ (n_2-n_3) \qquad (15.2\text{-}15)$$

式中 n_3——从动件的转速（r/min）。

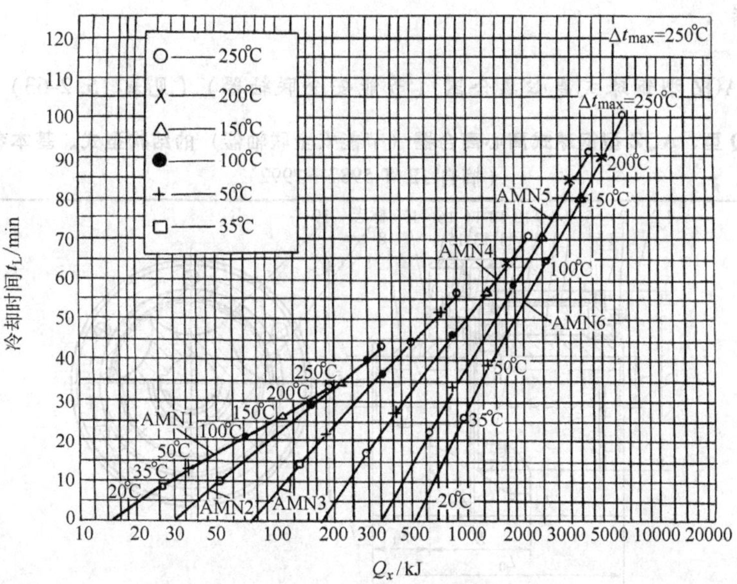

图 15.2-17 蓄热量 Q_x 与冷却时间 t_L 的关系

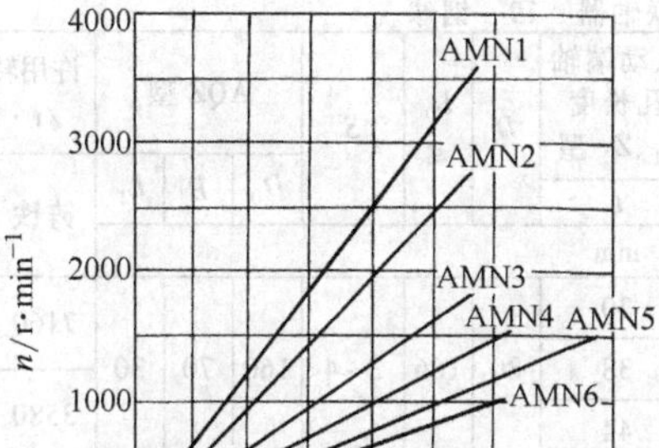

图 15.2-18 散热系数 f

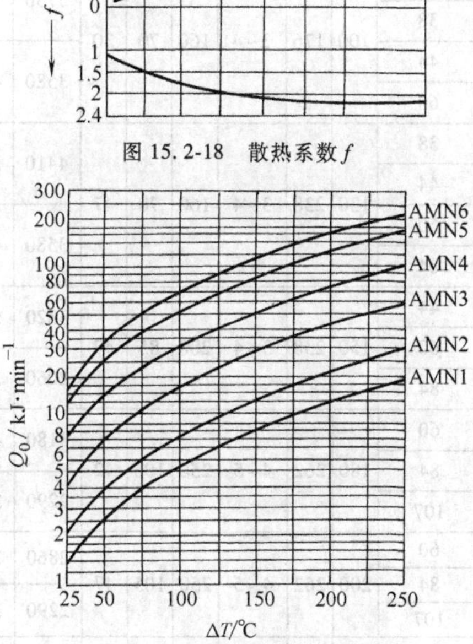

图 15.2-19 半离合器不转时的 ΔT 与 Q_0 的关系

当长期打滑时，由滑磨功转化为热量，使离合器温度升高。为防止离合器损坏，应限制允许的滑动时间 t_n(s)

$$t_n = 9549\frac{Q_x}{T_H(n_2-n_3)} \qquad (15.2\text{-}16)$$

② 对于产生热量不大的滑动过程，应保持单位时间内产生热量不大于单位时间发散的热量，即

$$Q \leqslant fQ_0$$

这两种离合器的型号应根据计算功率、转速和被连接两轴的形式及尺寸来选择，若要求过载保护，则须按过载极限转矩选择型号，然后按允许的过载极限转矩和工作转速来计算钢球（砂）的填充量，以保证使用效果良好。

离合器的计算功率 P_c

$$P_c = KP \qquad (15.2\text{-}17)$$

式中 P——工作功率（kW）；

K——工况系数，可取 1.2~1.8。

过载极限功率 P_1 可按下式计算：

$$P_1 = \frac{T_1 n}{9550} \qquad (15.2\text{-}18)$$

式中 T_1——过载极限转矩（N·m）；

n——工作转速（r/min）。

7.4　钢球离合器

7.4.1　AQ 型、AQZ 型钢球式离心离合器（节能安全联轴器）（见表 15.2-63）

表 15.2-63　AQ 型、AQZ 型钢球式离心离合器（节能安全联轴器）的结构型式、基本参数和主要尺寸

（摘自 JB/T 5987—1992）

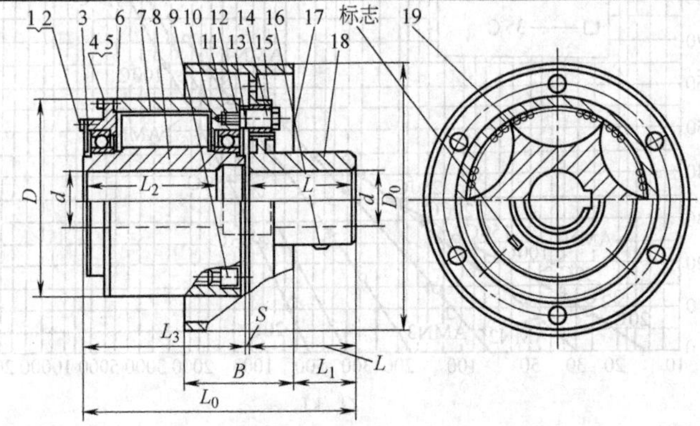

1、4—螺栓　3、12—轴承盖　2、5、13—弹簧垫圈　6—端盖　7—壳体　8—转子

9—沉头螺塞　10—密封圈　11—滚动轴承　14—弹性套　15—弹性柱销

16—定位螺钉　17—制动轮　18—半联轴器　19—钢球

型号	r/min 600	750	1000	1500	3000	轴孔直径 dH7	主动端轴孔长度 L_2	L_3	从动端轴孔长度 J_1、Z_1 型 L	D	L_0 ≤	S	AQZ 型 D_0	B	L_1	许用转速[n] /r·min⁻¹ 铸铁	铸钢
	各种转速下能传递的功率 /kW					mm											
AQ1						19	42		30							7160	9550
	—	—	—	0.5	4	24	52	100	38	80	166	3~4	160	70	30		
AQZ1						28	62		44							3580	4770
AQ2						19	42		30							5730	7640
	—	—	—	1	7.5	24	52	110	38	100	176	3~4	160	70	30		
						28	62		44								
AQZ2						38	82		60							3580	4770
AQ3						24	52		38							4410	5880
	—	—	0.87	3	24	28	62	150	44	130	238	3~4	160	70	47		
						38	82		60								
AQZ3						42、45	112		84							3580	4770
AQ4						28	62		44							3820	5090
	—	—	1.3	4.5	36	38	82	150	60	150	238	3~4	200	85	47		
AQZ4						42、48、55	112		84							2060	3020
AQ5						38	82		60							3180	4240
	—	—	3.6	12	96	42、48、55	112	150	84	180	262	4~5	250	105	42		
AQZ5						60、65	142		107							2290	3060
AQ6						38	82		60							2860	3820
	—	2.53	6	20	162	42、48	112	150	84	200	262	4~5	250	105	47		
AQZ6						55、60、65、70	142		107							2290	3060
AQ7	—	6.0	14.6	49	393	42、48、55	112	210	84	220	322	4~5	250	105	57	2600	3470
AQZ7						60、65、70、75	142		107							2290	3060

（续）

型号	r/min 600	750	1000	1500	3000	轴孔直径 $dH7$	主动端轴孔长度 L_2	L_3	从动端轴孔长度 J_1、Z_1 型 L	D	L_0 ≤	S	AQZ 型 D_0	B	L_1	许用转速[n] /r·min⁻¹ 铸铁	铸钢
	各种转速下能传递的功率/kW					mm											
AQ8	—	10	24	80	644	48、55	112	210	84	250	347	4~5	315	135	72	2290	3060
						60、65、70、75	142		107								
AQZ8						80、85	172		132							1820	2430
AQ9	—	21	51	173	1380	60、65、70、75	142	250	107	280	387	4~5	400	170	72	2140	2850
AQZ9						90、95	172		132							1430	1910
AQ10	—	25	60	200	1600*	60、65、70、75	142	250	107	300	423	5~6	400	170	97	1830	2240
						80、85、90	172		132								
AQZ10						100	212		167							1430	1910
AQ11	23	46	110	360	—	75	142	250	107	350	423	5~6	400	170	97	1600	2140
						80、85、90	172		132								
AQZ11						100、110	212		167							1430	1910
AQ12	45	95	240	830	—	80、85、90	172	300	132	400	508	5~6	558	210	102	1400	1870
						100、110、120、125	212		167								
AQZ12						130	252		202							1150	1530
AQ13	58	113	267	902	—	80、85、90、95	172	300	132	450	508	5~6	500	210	102	1250	1660
						100、110、120、125	212		167								
AQZ13						130、140、150	252		202							1150	1530
AQ14	126	247	585	1975*	—	90、95	172	350	132	500	600	6~8	630	265	122	1120	1400
						100、110、120、125	212		167								
						130、140、150	252		202								
AQZ14						160、170	302		242							910	1210
AQ15	296	585	1372	4632*	—	110、120、125	212	450	167	550	700	6~8	630	265	122	1020	1360
						130、140、150	252		202								
AQZ15						160、170、180	302		242							910	1210
AQ16	355	694	1645*	5550*	—	125	212	450	167	600	740	6~8	810	340	122	940	1250
						130、140、150	252		202								
						160、170、180	302		242								
AQZ16						190	352		282							950	1250
AQ17	630	1230*	2916*	—	—	140、150	252	500	202	650	792	8~10	800	340	182	860	1150
						160、170、180	302		242								
AQZ17						190、200、220	352		282							720	1150

注：1. 表中带“*”号的离合器材料为锻钢。

2. 从动端轴孔形式按 GB/T 3852 的规定。

3. 两轴线许用相对偏移量：

型号	AQ(Z)1~6	AQ(Z)7~10	AQ(Z)11~14	AQ(Z)15~17
径向 Δy/mm	0.2	0.3	0.4	0.6
角向 $\Delta\alpha$	1°30′	1°00′		0°30′

4. 许用转速［n］栏横线上数字为 AQ 型的值，横线下为 AQZ 型的值。

7.4.2　AQD 型钢球式离心离合器（节能安全联轴器）（见表 15.2-64）

表 15.2-64　AQD 型钢球式离心离合器（节能安全联轴器）的结构型式、基本参数和主要尺寸

（摘自 JB/T 5987—1992）

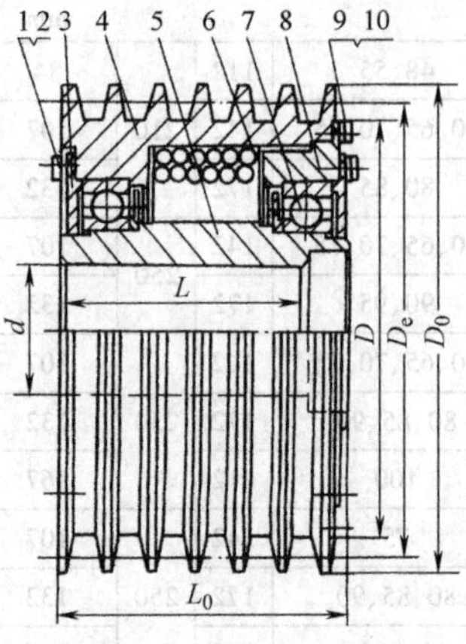

1、9—螺栓　2、10—弹簧垫圈　3—轴承盖　4—带轮式壳体　5—转子
6—密封盖　7—滚动轴承　8—端盖

型号	各种转速下所能传递的功率/kW r/min 600	750	1000	1500	3000	轴孔直径 dH7	轴孔长度 L	D	L_0	D_0	D_e	许用转速 $[n]$/r·min^{-1} 铸铁	铸钢
						mm							
AQD1	—	—	—	0.5	4	19 24 28	42 52 62	80	100	125	118	4580	6110
AQD2	—	—	—	1	7.5	19 24 28 38	42 52 62 82	100	110	130	125	4410	5880
AQD3	—	—	0.87	3	24	24 28 38 42、45	52 62 82 112	130	150	150	140	3825	5090
AQD4	—	—	1.3	4.5	36	28 38 42、48、55	62 82 112	150	150	190	180	3020	4020
AQD5	—	—	3.6	12	96	38 42、48、55 60、65	82 112 142	180	150	212	200	2700	3600
AQD6	—	2.53	6	20	162	38 42、48 55、60、65、70	82 112 142	200	150	248	236	2310	3080
AQD7	—	6	14.6	49	393	42、48、55 60、65、70、75	112 142	220	210	262	250	2190	2920
AQD8	—	10	24	80	644	48、55 60、65、70、75 80、85	112 142 172	250	210	292	280	1960	2620
AQD9	—	21	51	173	1380	60、65、75 80、90	142 172	280	250	332	315	1730	2300
AQD10	—	25	60	200	1600*	60、65、75 80、85、90 100	142 172 212	300	250	372	355	1540	2050

（续）

型号	r/min					轴孔直径 dH7	轴孔长度 L	D	L_0	D_0	D_e	许用转速 $[n]$/r·min^{-1}	
	600	750	1000	1500	3000							铸铁	铸钢
	各种转速下所能传递的功率/kW					mm							
AQD11	23	46	110	360	—	75	142	350	250	417	400	1370	1830
						80、85、90	172						
						100、110、120	212						
AQD12	45	95	240	830	—	80、85、90	172	400	300	467	450	1230	1640
						100、110、120、125	212						
						130、140	252						
AQD13	58	113	267	902	—	80、85、90、95	172	450	300	520	500	1100	1470
						100、110、120、125	212						
						130、140	252						
AQD14	126	247	585	1975	—	90、95	172	500	350	580	560	990	1320
						100、110、120、125	212						
						130、140、150	252						
						160、170	302						
AQD15	296	585	1372	4632*	—	110、120、125	212	550	450	620	600	920	1230
						130、140、150	252						
						160、170、180	302						
AQD16	355	694	1645	5550*	—	125	212	600	450	690	670	830	1110
						130、140、150	252						
						160、170、180、190	302						
AQD17	630	1230*	2916*	—	—	140、150	252	650	500	730	710	780	1050
						160、170、180	302						
						190、200、220	352						

注：带“*”号的离合器材料为锻钢。

7.4.3 AS型钢砂式离心离合器（联轴器）（见表15.2-65）

表15.2-65 AS型钢砂式离心离合器（联轴器）的结构型式、基本参数和主要尺寸

（摘自JB/T 5986—1992）

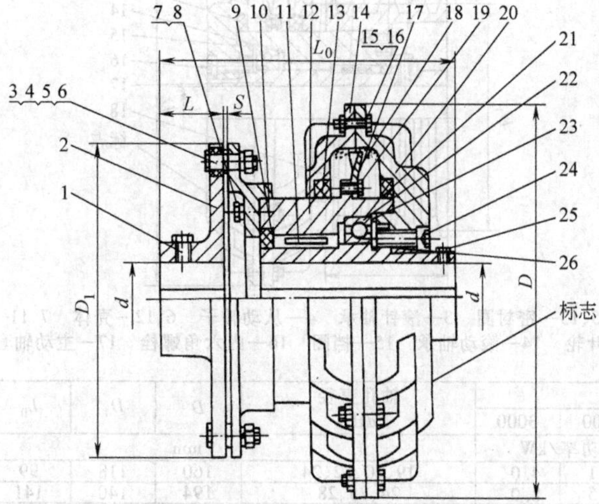

1、25—紧定螺钉　2—半联轴器　3—鼓形弹性套　4—柱销　5、8—弹簧垫圈　6、16—螺母　7、15、19—螺栓　9—法兰　10、13、21—密封圈　11—滚针轴承　12—从动转子　14、20—壳体　17—钢砂　18—叶轮　22—滚动轴承　23—挡圈　24—内六角螺栓　26—主动轴套

（续）

型号	r/min 750	1000	1500	3000	轴孔直径 dH7/mm	轴孔长度/mm Y型 L	J、J_1、Z、Z_1型 L	L_1	L_0/mm	D_1/mm	D/mm	许用转速 [n]/r·min⁻¹ 铸铁	铸钢
	各种转速下传递功率/kW												
AS1	—	0.075	0.185	1.5	14	32	20	32	100	80	105	5700	7600
					16	42	30	42	110	80			
AS2	0.2	0.48	1.1	4.0	19	42	30	42	126	95	160	3500	5000
					20、22、24	52	38	52	136	95			
AS3	0.5	1.3	3.5	8.0*	24	52	38	52	180	106	194	2860	3800
					25、28	62	44	62	190	106			
AS4	0.8	1.5	5.5	20*	28	62	44	62	190	106	214	2600	3470
					30、32	82	60	82	218	130			
AS5	2.0	3.7	10	28*	32、35、38	82	60	82	218	130	240	2290	3060
					40、42	112	84	112	248	160			
AS6	4.0	7.5	22	—	42、45	112	84	112	262	190	293	1830	2240
					48、50、55	112	84	112	262	224			
AS7	10	15	55	—	55、56	112	84	112	295	224	340	1600	2240
					60、63、65	142	107	142	325	250			
AS8	30	45	100*	—	65、70、71、75	142	107	142	317	315	432	1270	1600
					80、85	172	132	172	347	315			
AS9	100	170	260*	—	85、90、95	172	132	172	393	400	560	1000	1360
					100	212	167	212	393	400			

注：1. 带“*”号的联轴器材料为锻钢。

2. 两轴许用相对偏移量：

型号	AS1～4	AS5	AS6～8	AS9
径向 Δy/mm	0.2	0.3	0.4	0.5
角向 Δα	1°30′	1°	1°	0°30′

7.4.4 ASD型钢砂式离心离合器（联轴器）（见表15.2-66）

表15.2-66 ASD型钢砂式离心离合器（联轴器）的结构型式、基本参数和主要尺寸（摘自JB/T 5986—1992）

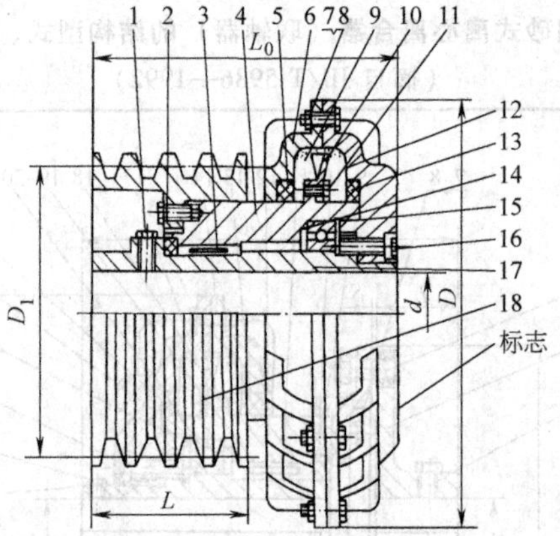

1—紧定螺钉 2、5、13—密封圈 3—滚针轴承 4—从动转子 6、12—壳体 7、11—螺栓 8—螺母 9—钢砂 10—叶轮 14—滚动轴承 15—挡圈 16—内六角螺栓 17—主动轴套 18—V带轮

型号	r/min 750	1000	1500	3000	轴孔直径 dH7	D	D_1	L_0	L	许用转速 [n]/r·min⁻¹ 铸铁	铸钢
	各种转速下传递功率/kW				mm						
ASD2	0.2	0.48	1.1	4.0*	19、20、22、24	160	118	99	50	2860	3820
ASD3	0.5	1.3	3.5	8.0*	24、25、28	194	140	141	63	2860	3820
ASD4	0.8	1.5	5.5	20*	28、30、32	214	180	170	90	2600	3470
ASD5	2.0	3.7	10	28*	32、35、38、40、42	242	180	190	105	2290	3060
ASD6	4.0	7.5	22	—	42、45、48、50、55	290	200	215	117	1830	2240
ASD7	10	15	55	—	55、56、60、63、65	340	236	250	135	1600	2140
ASD8	30	45	100*	—	65、70、71、75、80、85	432	250	245	145	1250	1600

注：带“*”号的离合器材料为锻钢。

8　超越离合器

8.1　概述

8.1.1　常用超越离合器的类型和性能比较（见表 15.2-67）

表 15.2-67　常用超越离合器的类型和性能比较

类型	名称和结构简图	运动关系	特点与应用
嵌合式离合器	棘爪式超越离合器 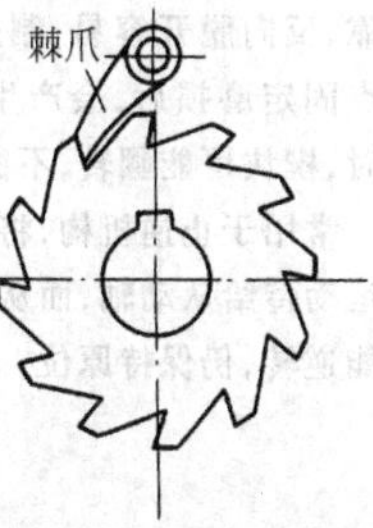	棘爪为主动件，仅在一个方向转动，带动从动棘轮转动；反向转动时则棘轮不动，实现超越运动	运动可靠，安全性好，故障少，过载能力大；结构简单，制造容易，但接合时有冲击和噪声。一般用于低速、受力不大的场合，作为防止逆转和间歇运动用
摩擦式离合器 滚柱离合器	无拨爪单向超越离合器 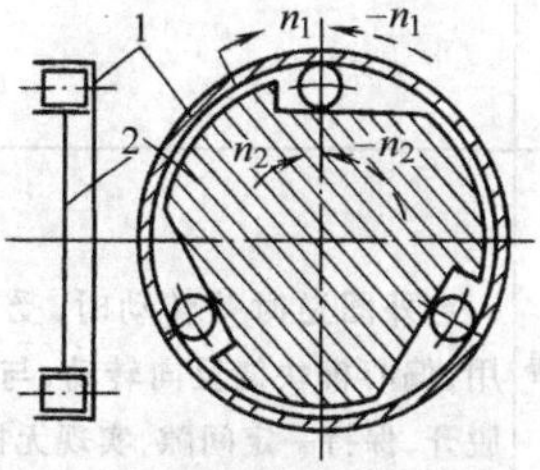 1—外环　2—星轮	件 1 主动时 当 $n_1=n_2$，离合器接合 当 $\mid -n_1 \mid > n_2$，离合器超越 件 2 主动时 当 $-n_2=-n_1$，离合器接合 当 $n_2>n_1$，离合器超越，即在一个方向可高速超越	滚子数量少，接触应力高，承载能力低。运动关系比较多样化，可以改变主动件得到几种运动关系。滚柱在滚道内自由转动，磨损均匀，磨损后仍能保持圆柱形。短时过载滚柱打滑不会损坏离合器，转矩减小后仍能正常工作，但自锁性能不及楔块式，且星轮工艺性差，加工困难，装配精度要求较高 对无拨爪的结构，通常以外环（件 1）为主动件较好
	带拨爪单向超越离合器 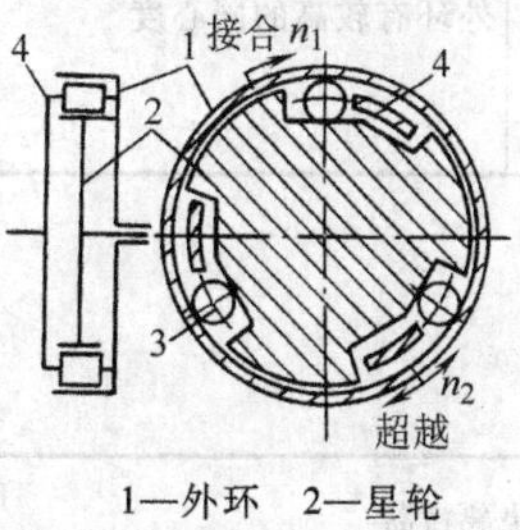 1—外环　2—星轮 3—滚柱　4—拨爪	件 1 主动时 当按顺时针转动，离合器接合 件 4 主动时 不论转向如何，均使件 2 和拨爪一起做超越旋转，即可实现一个方向低速转动，两个方向高速超越转动	
	带拨爪双向超越离合器 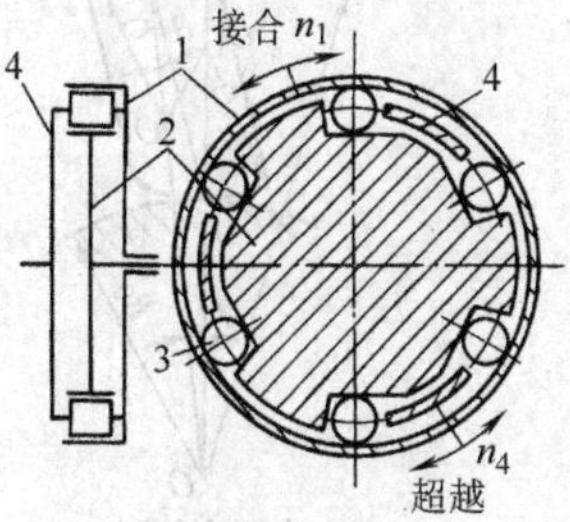 1—外环　2—星轮 3—滚柱　4—拨爪	件 1 主动时 不论其转向如何都能使一组滚子起作用，使离合器接合带动件 2 同速转动 件 4 主动时 不论件 4 的转向如何，只要 $n_4>n_1$，均使离合器超越转动	

（续）

类型		名称和结构简图	运动关系	特点与应用
摩擦式离合器	楔块离合器	单向超越离合器 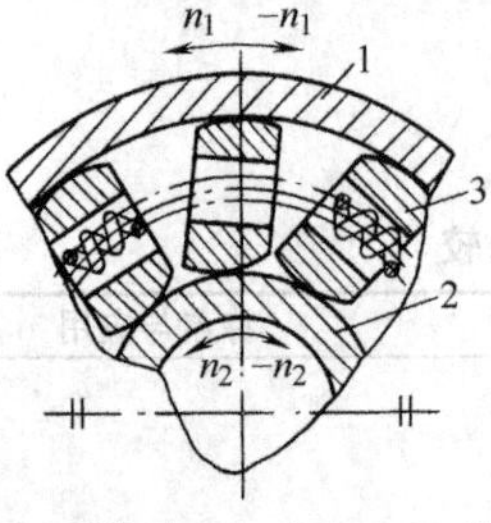 1—外环　2—内套　3—楔块	件 1 主动时 当 $n_1=n_2$，离合器接合 当 $n_1<n_2$，离合器超越 件 2 主动时 当 $-n_1=-n_2$，离合器接合 当 $\vert -n_2\vert <\vert -n_1\vert$，离合器超越	接触点曲率半径大，楔块多，承载能力高；结构紧凑，外形尺寸小，自锁可靠，反向脱开容易，制造容易。但接触点固定磨损后，会产生一小平面，严重时，楔块可能翻转，不能自动恢复工作 常用于止逆机构，将主动轴的动力和运动传给从动轴，而从动轴受外力时不能逆转，仍保持原位
		双向超越离合器 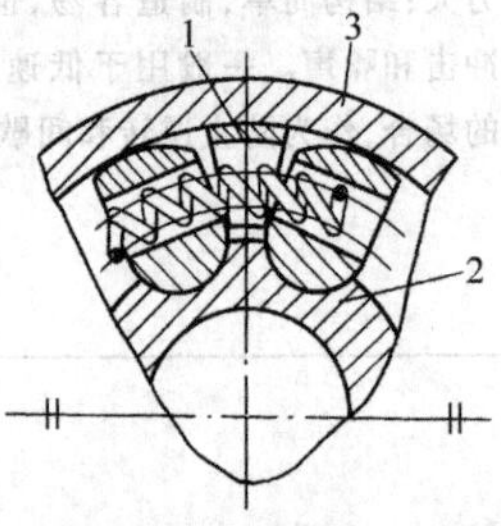 1—拨叉　2—内套　3—外环	当拨叉 1 做正反向转动时，均可带动内套 2 同步转动 当拨叉不动时，内套被楔住不能转动	
		非接触式单向超越离合器 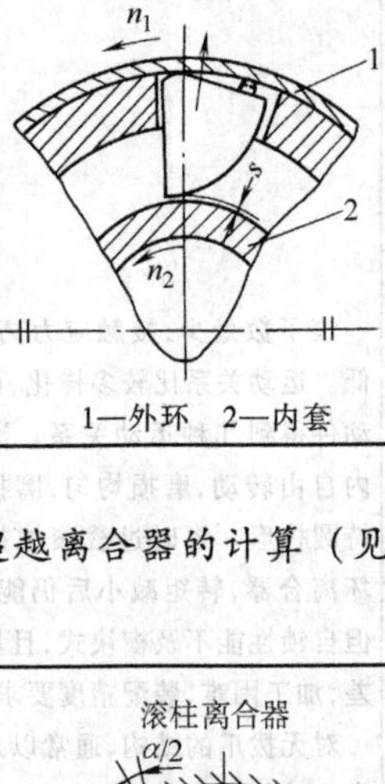 1—外环　2—内套	当 $n_1>n_2$ 时，偏心楔块放松，离合器超越 当 $n_1<n_2$ 时，偏心楔块楔紧，离合器接合，内外环一起低速转动	当外圈逆时针转动时，受离心力作用，偏心楔块绕反向转动，与内环表面脱开，保持一定间隙，实现无接触超越，可避免高速超越时，楔块与内环面发生磨损。其缺点是制造精度高，需保持内外环有较高的同心度

8.1.2　超越离合器的计算（见表 15.2-68）

表 15.2-68　超越离合器的计算

滚柱离合器

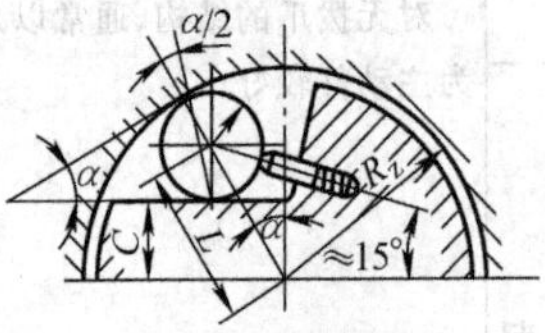

a) 内星轮

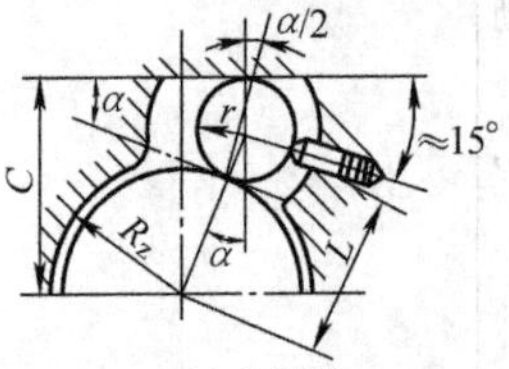

b) 外星轮

楔块离合器

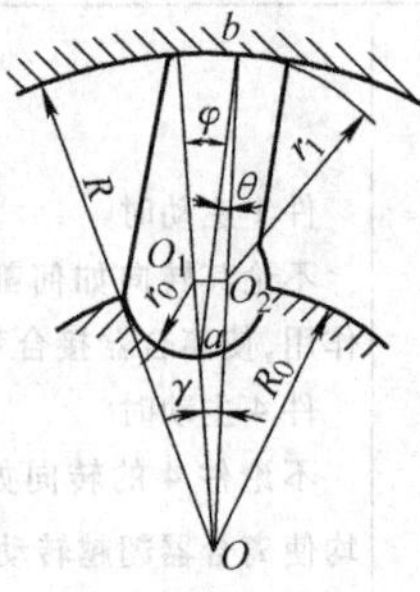

c) 内环带凹圆槽

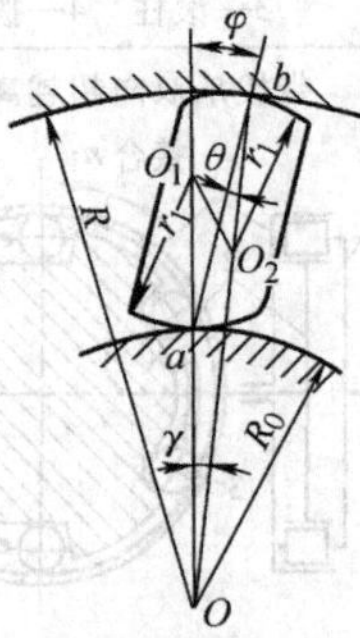

d) 内环为整圆

（续）

型式	计算项目	计算公式	说　明
滚柱超越式	楔紧平面至轴心线距离	$C=(R_z\pm r)\cos\alpha\pm r$ 内星轮用“-”,外星轮用“+”	β—工作储备系数,$\beta=1.4\sim5$ T_t—需要传递的转矩(N·mm) R_z—滚柱离合器外环内半径(mm)。$R_z=(4.5\sim15)r$,一般取 $R_z=8r$ b—滚柱长度(mm)。$b=(2.5\sim8)r$,一般取 $b=(3\sim4)r$ E_v—当量弹性模量。钢对钢 $E_v=2.06\times10^5$MPa σ_{Hp}—许用接触应力(MPa),见表 15.2-72 μ—摩擦因数,一般取 $\mu=0.1$ m—滚柱质量(kg) n—星轮转速(r/min) z—滚柱数目,见表 15.2-69 R_0—内环外半径(mm),$R_0=(4\sim4.5)r_1$ L—楔块长度(mm)。内环整圆 $l=(2.6\sim4)r_1$,内环凹槽 $l=(1.6\sim2)r_1$ D—外环内径(mm) d—滚柱直径(mm) r—楔块工作面接触点的曲率半径(mm)
	计算转矩	$T_c=\beta T_t$	
	正压力	$N=\frac{T_c}{(L\pm r)\mu z}$ 内星轮用“+”,外星轮用“-”	
	接触应力	$\sigma_H=0.42\sqrt{\frac{NE_v}{b\rho_v}}\leqslant\sigma_{Hp}$	
	当量半径 内星轮 外星轮	$\rho_v=r$ $\rho_v=\frac{R_z r}{R_z+r}$	
	弹簧压力	$P_E\geqslant\frac{(D-d)\mu mn^2}{18\times10^4}$	
内环带凹圆槽楔块超越式	楔块偏心距	$e=O_1O_2=R_0\sin\gamma\approx R_0\gamma$ $\sin\gamma\approx\frac{r_1+r_0}{R}\sin\varphi$	R—楔块离合器外环内半径(mm)。内环整圆时 $R=(1.2\sim1.44)R_0$,内环凹槽时 $R=(3.2\sim3.5)r_1$ α—楔角(°)。α 小,楔合容易,脱开力大;α 大,不易楔合或易打滑。为保证滚柱不打滑,应使压力角 $\alpha/2$ 小于滚柱对星轮或内外环接触面的最小摩擦角 ρ_{min},即 $\alpha/2<\rho_{min}$。当星轮工作面为平面时,取 $\alpha=6°\sim8°$;当工作面为对数螺旋面或偏心圆弧面时,取 $\alpha=8°\sim10°$;最大极限值 $\alpha_{max}=14°\sim17°$
	外环处压力角	$\theta=\arcsin\frac{(R_0-r_0)\sin\varphi}{R}$	
	中心角	$\gamma=\varphi-\theta$	
	计算转矩	$T_c=\beta T_t$	
	b 点正压力	$N_b=\frac{T_c}{Rz\tan\theta}$	
	b 点接触应力	$\sigma_{bH}=0.42\sqrt{\frac{N_bE_v}{l\rho_v}}\leqslant\sigma_{Hp}$	
	当量曲率半径	$\rho_v=\frac{Rr_1}{R-r_1}$	
内环为整圆楔块超越式	楔块偏心距	$e=O_1O_2\approx$ $\sqrt{(R-r_1)^2+(R_0+r_1)^2-2(R-r_1)(R_0+r_1)\cos\gamma}$(一般 $\gamma<1°30'$,$\cos\gamma\approx1$,$e\approx R_0+2r_1-R$)	$\varphi(\theta)$—内环(外环)压力角(°)。内环为整圆时,$\varphi\approx\arccos\frac{R^2-R_0^2-\overline{ab}^2}{2R_0\,\overline{ab}}$ 为了保证工作时不打滑,压力角 φ 不得超过与内外环之间的最小摩擦角。一般取 $\varphi=2°15'\sim4°30'$,φ 一般均取 3°,$\theta=\arcsin\left(\frac{R_0}{R}\sin\varphi\right)$ r—滚柱半径(mm) r_1—楔块工作曲面半径(mm) r_0—$(0.3\sim0.7)r$,或由结构确定 l—楔块沿轴向的工作长度(mm)
	外环处楔角	$\theta=\arcsin\left(\frac{R_0}{R}\sin\varphi\right)$ $\theta=\angle abO_2$	
	中心角	$\gamma=\varphi-\theta,\ \sin\gamma\approx\frac{R-R_0}{R}\sin\varphi$	
	计算转矩	$T_c=\beta T_t$	
	a 点正压力	$N_a=\frac{T_c}{R_0Z\tan\varphi}$	
	a 点接触应力	$\sigma_{aH}=0.42\sqrt{\frac{N_aE_v}{l\rho_v}}\leqslant[\sigma_{Hp}]$	
	当量曲率半径	$\rho_v=\frac{R_0r_1}{R_0+r_1}$	

8.2　滚柱离合器（见表 15.2-69～表 15.2-72）

表 15.2-69　滚柱数及尺寸参数参考值

使用离合器的设备	滚柱数目 z	$\frac{D}{d}\left(\frac{R_z}{r}\right)$	b/d
起升机构	4	8	1.25～1.50
汽车传动系	8～20	9～15	1.5～3.0
汽车起动器	4～5	4.5～6.0	1.25～1.50
自行车	5	4.5～6.0	2

注：D—外毂内表面直径；d—滚柱直径；b—滚柱长度。

表 15.2-70　楔块、滚柱离合器的比较

项目	滚柱离合器	楔块离合器
承载能力	相同滚道尺寸的情况下，放置的滚柱数目少，接触应力大，承载能力差	放置的楔块数量多，楔块与滚道接触的圆弧面的曲率半径大于滚柱的半径，即楔块与滚道接触面积大。与内滚道接触应力虽然大，但因楔块数量多，总承载能力比滚柱式好（一般为 5～10 倍）
自锁性能	比较可靠	可靠，反向解脱轻便
传动效率	0.95～0.99	0.94～0.98
超载时工作情况	在极端超载情况下，滚柱趋于滑动而自锁失效；当转矩减小时，滚柱复位，滚柱可重新楔紧并正常运转	在极端超载情况下，可能有一个或几个楔块转动超过最大的撑线范围而使楔块翻转，离合器两个方向都自锁不得转动；当转矩减小后楔块也不能复位
零件磨损情况	滚柱能在滚道内自由转动，磨损后仍能保持圆形；滚柱与内、外圈的接触点在楔紧状态与分离状态时并不相同，磨损较均匀	楔块由于不能自由转动，楔块与内外滚道的接触部位仅局限在一小段工作圆弧上，容易磨损成小平面。但因传递转矩时楔块式比滚柱式离合器直径小，圆周速度低而且楔块数量多，因而使楔块磨损量减小，使用寿命延长
主动元件的选择	通常选择内圈。外圈空转时可以避免滚柱因离心力对外圈产生压力	通常选择外圈。内圈空转时，工作表面的圆周速度低，减小空转时的磨损
动作准确度	溜滑角不超过 2°，工作灵敏，准确度高	溜滑角一般为 2°～7°，要提高工作灵敏度，需减小溜滑角
制造工艺	星轮加工较复杂，工艺性差，装配时要求高	楔块采用冷拉异型钢。内外圈滚道均为圆柱面，加工容易，因此工艺性好，适于批量生产，容易装配

表 15.2-71　超越离合器主要零件的材料和热处理

零　件	材　料	热　处　理	应　用　范　围
外毂星轮	20Cr 或 20MnVB、20Mn2B	渗碳、淬火、回火 58～62HRC	中等载荷、冲击较大和比较重要的场合
	GCr15 或 GCr6	淬火、回火 58～64HRC	
	40Cr 或 40MnVB、40MnB	高频感应淬火 48～55HRC	载荷较大、尺寸中等的场合
	45		尺寸较大、载荷不大而重要的场合
滚柱或楔块	GCr15 或 GCr12、GCr6	淬火、回火 58～64HRC	载荷与冲击较大的重要场合
	T8	淬火、回火 56～62HRC	
	40Cr	淬火、回火 48～52HRC	载荷不大、一般不太重要的场合

渗碳厚度要求	外环内径 $2R$/mm	30～40	50～65	80～125	160～200
	内外环渗碳厚度/mm	0.8～1.0	1.0～1.2	1.2～1.5	1.5～1.8
	星轮渗碳厚度/mm	1.0～1.2	1.2～1.5	1.5～1.8	1.8～2.0

表 15.2-72 超越离合器材料的许用接触应力

离合器需要的楔合次数	许用接触应力 σ_{Hp}/MPa
10^7	1422~1766
10^6	3041~3237
$(0.5\sim1)\times10^5$	4120

注：1. 一般可取额定楔合次数为 10^6。

2. 当离合器的楔合次数为 10^7 时，通常许用接触应力 $\sigma_{Hp}=(25\sim30)\times$HRC。

8.2.1 CY0 系列滚柱式超越离合器（见表 15.2-73）

表 15.2-73 CY0 系列滚柱式超越离合器的结构型式、许用转矩和主要尺寸 (mm)

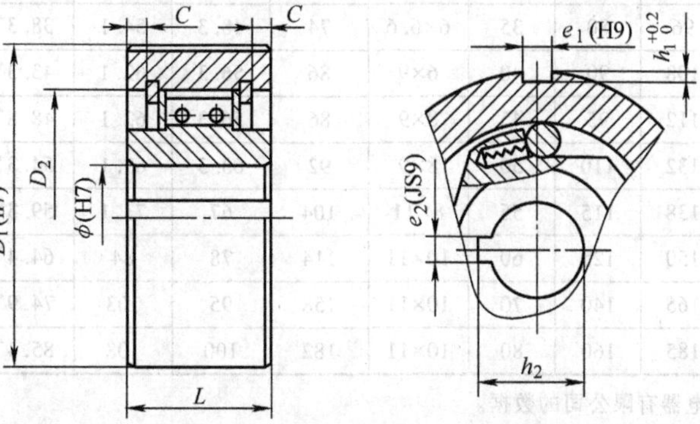

规格	许用转矩 /N·m	D_1	D_2	ϕ	L	C	e_2	h_2	e_1	h_1
50	3	50	35	15	25	3	5	$17.3^{+0.15}_{0}$	8	3
60	4.5	60	40	20	26	3	6	$22.8^{+0.15}_{0}$	8	3
75	10	75	55	25	30	4	8	$28.3^{+0.20}_{0}$	8	3.5
90	16	90	68	30	40	4	8	$33.3^{+0.20}_{0}$	8	3.5
100	50	100	80	40	48	4	12	$43.3^{+0.20}_{0}$	10	3.5
120	100	120	95	50	56	4	14	$53.8^{+0.20}_{0}$	12	4
140	200	140	115	60	60	4	18	$64.4^{+0.20}_{0}$	12	4

注：表中为天津机床电器有限公司的数据。

8.2.2 CY1 系列滚柱式超越离合器（见表 15.2-74）

表 15.2-74 CY1 系列滚柱式超越离合器的结构型式、许用转矩和主要尺寸 (mm)

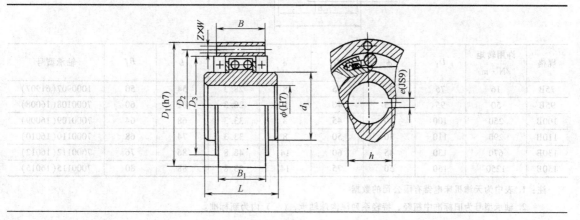

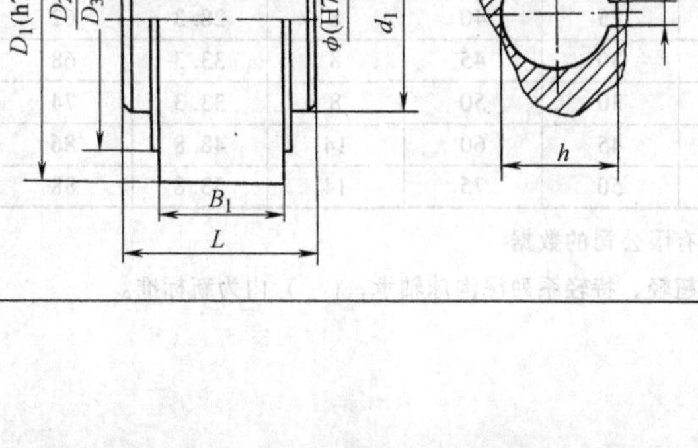

（续）

规格	许用转矩/N·m	D_1	D_2	D_3	ϕ	$Z \times W$	L	B_1	B	h	e	d_1	轴承型号
62	29	62	51	42	12	3×5.5	42	20.3	27	$14.3^{+0.1}_{0}$	5	20	7000104
68	50	68	56	47	15	3×5.5	52	30.3	34.1	$17.3^{+0.2}_{0}$	5	25	7000105
75A	70	75	65	55	25	4×5.5	54	44	30	$28.3^{+0.2}_{0}$	8	35	1000907
75	84	75	64	55	20	4×5.5	57	34.3	39.1	$22.8^{+0.2}_{0}$	6	30	7000106
90	124	90	78	68	25	6×6.6	60	37.3	42.1	$28.3^{+0.2}_{0}$	8	40	7000108
95A	150	95	81.5	68	25	6×6.6	62	40	46	$28.3^{+0.2}_{0}$	8	40	7000108
100	200	100	87	75	30	6×6.6	68	44.3	49.1	$33.3^{+0.2}_{0}$	8	45	7000109
110	290	110	96	80	35	6×6.6	74	48.3	54.1	$38.3^{+0.2}_{0}$	10	50	7000110
125	490	125	108	90	40	6×9	86	56.3	62.1	$43.3^{+0.2}_{0}$	12	55	7000111
130	670	130	112	95	45	8×9	86	56.3	62.1	$48.8^{+0.2}_{0}$	14	60	7000112
150	1100	150	132	110	50	8×9	92	63.3	69.1	$54.3^{+0.2}_{0}$	16	70	7000114
160	1250	160	138	115	55	8×11	104	67	73.1	$59.3^{+0.2}_{0}$	16	75	7000115
170	1800	170	150	125	60	10×11	114	78	84	$64.4^{+0.2}_{0}$	18	80	7000116
190	2650	190	165	140	70	10×11	158	95	103	$74.9^{+0.2}_{0}$	20	90	7000118
210	4000	210	185	160	80	10×11	182	100	108	$85.4^{+0.2}_{0}$	22	105	7000121

注：1. 表中为天津机床电器有限公司的数据。

2. 轴承型号为旧标准中特轻窄系列深沟球轴承。

8.2.3 CY1B 系列滚柱式超越离合器（见表 15.2-75）

表 15.2-75 CY1B 系列滚柱式超越离合器的结构型式、许用转矩和主要尺寸 （mm）

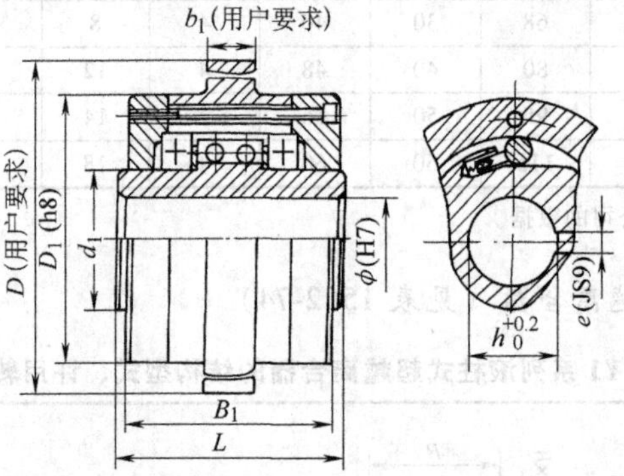

规格	许用转矩/N·m	D_1	ϕ	d_1	e	h	L	B_1	轴承型号
75B	16	75	25	35	8	28.3	54	50	1000907(61907)
95B	50	95	25	40	8	28.3	62	60	7000108(16008)
100B	250	100	30	45	8	33.3	68	64	7000109(16009)
110B	290	110	30	50	8	33.3	74	68	7000110(16010)
130B	670	130	45	60	14	48.8	86	76	7000112(16012)
150B	1250	150	50	75	14	53.8	88	80	7000115(16015)

注：1. 表中为天津机床电器有限公司的数据。

2. 轴承型号为旧标准中超轻、特轻系列深沟球轴承，（ ）内为新标准。

8.2.4 CY2 系列滚柱式超越离合器（见表 15.2-76）

表 15.2-76 CY2 系列滚柱式超越离合器的结构型式、许用转矩和主要尺寸（mm）

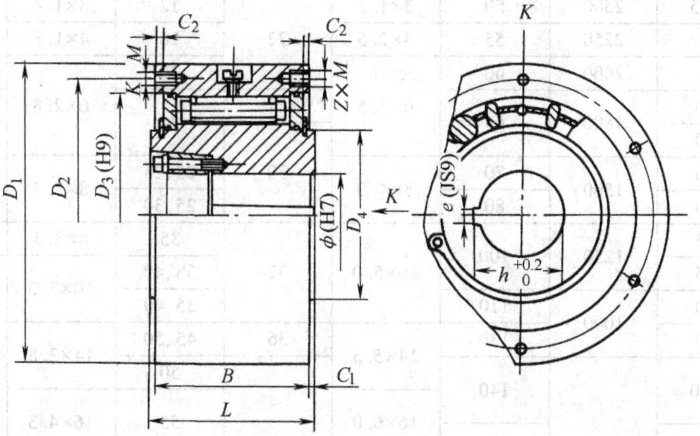

规格	许用转矩 /N·m	D_1	D_2	D_3	D_4	ϕ	e	h	B	L	C_1	C_2	$Z\times M$
120	160	120	105	90	56	40	10	43.3	57	60	1.5	2.5	4×M8 深 12
160	500	160	148	130	85	50	14	53.8	72	75	1.5	3.5	6×M8 深 15
210	1000	210	185	180	115	50	14	53.8	85	88	1.5	5.5	6×M8 深 15

注：表中为天津机床电器有限公司的数据。

8.3 楔块离合器

8.3.1 CKA 系列单向楔块式超越离合器（见表 15.2-77）

表 15.2-77 CKA 系列单向楔块式超越离合器的结构型式、基本参数和主要尺寸

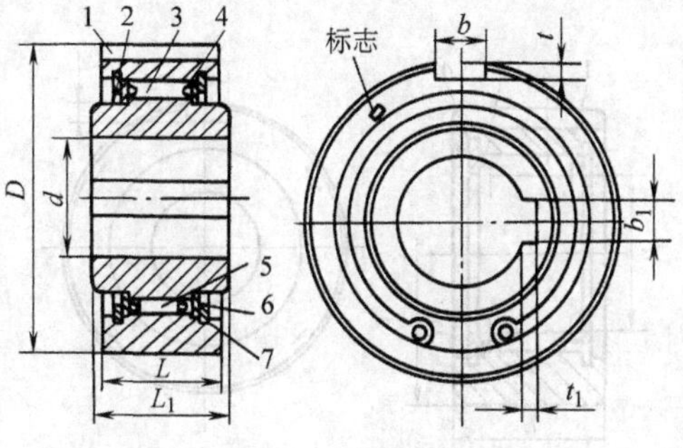

1—外环　2—内环　3—楔块　4—弹簧
5—滚柱　6—端盖　7—挡圈

（续）

型号	公称转矩 T_n /N·m	超越时的极限转速 n/ r·min^{-1}	外环/mm D (h7)	外环/mm 键槽 b×t	外环/mm L	内环/mm d (H7)	内环/mm 键槽 $b_1 \times t_1$	内环/mm L_1	质量 /kg
CKA1	31.5	2500	50	3×1.8	22	12	3×1.4	24	0.24
CKA2	50	2250	55	4×2.5		18	4×1.8		0.28
CKA3	63	2000	60	6×3.5		20	6×2.8		0.33
CKA4	100	1800	65		24	24		26	0.38
CKA5	140				30			32	0.48
CKA6、CKA7	180	1500	70	8×4.0		25、28	8×3.3		0.63、0.60
CKA8、CKA9	200		80			25、30			0.90、0.87
CKA10	315	1250	100	10×5.0	32	35	8×3.3	32	1.34
CKA11、CKA12	315					38、40	10×3.3	34	1.28、1.20
CKA13、CKA14	400	1000	110			35、40			1.81、1.94
CKA15、CKA16	630		130	14×5.5	36	45、50	14×3.8	38	3.11、3.02
CKA17	1250	800	140		52	50		55	5.27
CKA18				16×6.0		55	16×4.3		5.10
CKA19	2000		160						6.96
CKA20				18×7.0		60	18×4.4		6.78
CKA21、CKA22	2240		170			60、65			7.80、7.61
CKA23、CKA24	2500		180			60、65			8.87、8.69
CKA25	2800		200			65			11.02
CKA26	2800		200	20×7.5		70	20×4.9		10.82

注：1. “d”和“质量”同一小格中的两个数值分别与同一行中的两个型号相对应。

2. 离合器代号：CKA□-D×L×d。

3. 离合器的安装方向应与主机要求的旋转方向一致。

4. 离合器的外环与机壳的配合，以及离合器的内环与轴的配合，均应是间隙配合。

5. 组装离合器时，应保证楔块的正确装配方向，并注入适量润滑油或 2 号锂基润滑脂。

6. 离合器长期在高速状态下运行时应有相应的冷却措施。

7. 离合器的内环与轴均采用键连接。

8.3.2 CKB 系列无内环单向楔块式超越离合器（见表 15.2-78）

表 15.2-78 CKB 系列无内环单向楔块式超越离合器的结构型式、基本参数和主要尺寸

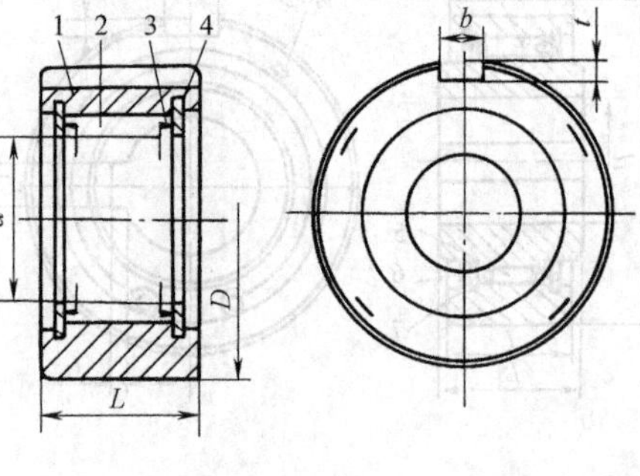

1—外环 2—楔块 3—弹簧 4—端盖

（续）

型号	代号	公称转矩 T_n /N·m	轴最高超越转速 n /r·min^{-1}	外环/mm D h7	外环/mm 键槽 $b\times t$	外环/mm L	轴径 $d_{-0.025}^{\ 0}$ /mm	同一外径的轴承型号	质量 /kg
CKB1	CKB1-40×25-16	35.5	2000	40	4×2.5	25	16	6203	0.21
CKB2	CKB2-47×25-18	56	2000	47	5×3.0		18	6204	0.29
CKB3	CKB3-52×25-24	90	1800	52	5×3.0		24	6205	0.33
CKB4	CKB4-62×28-30	200	1800	62	6×3.5	28	30	6206	0.51
CKB5	CKB5-62×28-32						32		0.48
CKB6	CKB6-62×28-35						35		0.45
CKB7	CKB7-72×28-40	315		72			40	6207	0.61
CKB8	CKB8-72×28-42						42		0.59
CKB9	CKB9-80×32-45	500	1600	80	8×4.0	32	45	6208	0.75
CKB10	CKB10-80×32-48						48		0.80
CKB11	CKB11-90×32-50	560		90			50	6209	0.94
CKB12	CKB12-90×32-55	630	1200		10×5.0		55	6210	1.00
CKB13	CKB13-100×42-60	710					60	6211	1.26
CKB14	CKB14-110×42-65	1000		100		42	65	6212	2.04
CKB15	CKB15-120×42-70	1120	1000	120			70	6213	2.46
CKB16	CKB16-125×42-80	1250		125	12×5.0		80	6214	2.40

注：1. 轴承型号为旧标准角接触球轴承，新标准为7200。

2. 其余同表15.2-77注中的3～7。

8.3.3 CKF系列单向楔块式超越离合器（见表15.2-79）

表15.2-79 CKF系列单向楔块式超越离合器的结构型式、基本参数和主要尺寸

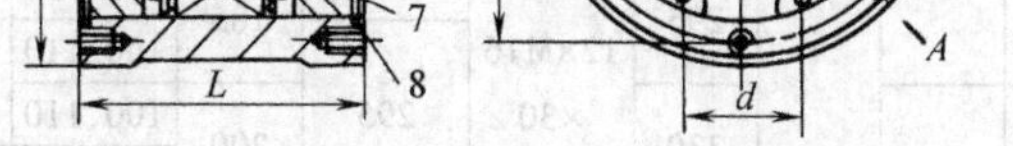

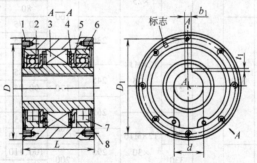

1—外环 2—内环 3—楔块 4—固定挡环 5—挡环

6—端盖 7—轴承 8—挡圈

型号	公称转矩 T_n /N·m	螺钉拧紧力矩 /N·m	非接触转速 /r·min^{-1}	最高转速 /r·min^{-1}	外环/mm D h8	外环/mm 两端各螺纹孔数×直径×深	外环/mm 螺栓分布直径 D_1	外环/mm 宽 L js9	内环/mm 内径 d H7	内环/mm 键槽 $b_1\times t_1$	内环/mm 宽 L_1 js9	质量 /kg
CKF1	400	10	480	1500	165	8×M8×20	145	125	25	8×3.3	125	20.51
CKF2、CKF3	500	12	470		170		150	130	25、30		130	22.68、22.46
CKF4	600	14	450		175		155		30			23.84
CKF5									35	10×3.3		23.58
CKF6	800	18	430		185	8×M10×25	162					26.46
CKF7									40	12×3.3		26.16

（续）

型号	公称转矩 T_n /N·m	螺钉拧紧力矩 /N·m	非接触转速 /r·min^{-1}	最高转速 /r·min^{-1}	外环/mm				内环/mm			质量 /kg
					D h8	两端各螺纹孔数×直径×深	螺栓分布直径 D_1	宽 L js9	内径 d H7	键槽 $b_1 \times t_1$	宽 L_1 js9	
CKF8、CKF9									32、38	10×3.3		28.13、27.79
CKF10、CKF11	1000	22	420		190		168	135	40、42	12×3.3	135	27.67、27.54
CKF12、CKF13						8×M10 ×25			45、50	14×3.8		27.33、26.95
CKF14									40	12×3.3		32.59
CKF15、CKF16	1250	25			195		172		45、50	14×3.8		32.21、31.78
CKF17								145	55	16×4.3	145	31.31
CKF18									40	12×3.3		36.61
CKF19、CKF20	1400	26			205		182		45、50	14×3.8		35.78、35.34
CKF21									55	16×4.3		34.16
CKF22、CKF23			400						45、48	14×3.8		38.16、37.90
CKF24	1600	27			208	10×M10 ×25	185		50			37.72
CKF25									55	16×4.3		37.24
CKF26									60	18×4.4		36.71
CKF27									50	14×3.8		42.48
CKF28	2000	30			220		195	150	55	16×4.3	150	41.99
CKF29、CKF30									60、65	18×4.4		41.46、40.88
CKF31									50	14×3.8		46.54
CKF32						12×M10 ×25			55	16×4.3		46.16
CKF33、CKF34	2500	32	390		230		205		60、65	18×4.4		45.63、45.05
CKF35				1500					70	20×4.9		44.42
CKF36、CKF37									60、65	18×4.4		55.70、55.09
CKF38、CKF39	4000	52	380		245	12×M12 ×25	218		70、75	20×4.9		54.42、53.70
CKF40									80	22×5.4		52.93
CKF41、CKF42								160	70、75	20×4.9	160	61.90、61.18
CKF43、CKF44	6300	95			260		230		80、85	22×5.4		60.42、59.60
CKF45									90	25×5.4		58.74
CKF46、CKF47			370			12×M14 ×25	245		80、85	22×5.4		72.61、71.75
CKF48、CKF49	8000	110			275			170	90、95	22×5.4	170	70.83、69.86
CKF50							260		100	28×6.4		68.33
CKF51、CKF52	10000	140			295			185	90、95	25×5.4	185	90.09、89.03
CKF53、CKF54									100、110	28×6.4		87.92、85.46
CKF55、CKF56	12500	170			330	12×M16 ×30	295	200	100、110		200	121.95、119.36
CKF57、CKF58									120、130	32×7.4		116.53、113.44
CKF59									110	28×6.4		155.75
CKF60、CKF61	16000	215	350		360	12×M18 ×30	320	215	120、130	32×7.4	215	152.70、149.39
CKF62									140	36×8.4		145.81
CKF63、CKF64	20000	230			410		360	225	120、130	32×7.4	225	213.21、209.75
CKF65、CKF66									140、150	36×8.4		206.00、201.98
CKF67									130	32×7.4		256.01
CKF68、CKF69	25000	240	310	1000	440	16×M20 ×30	390	235	140、150	36×8.4	235	252.10、247.90
CKF70									160	40×9.4		243.41

注：1. “d”和“质量”同一小格中的两个数值分别与同一行中的两个型号相对应。

2. 离合器代号：CKF□-D×L×d。

3. CKF系列离合器在机械中常作为防逆转机构，属于非接触式，一般用于高速。当内环转速小于400r/min时，此时为接触式，但仍可使用。

4. 其余同表15.2-77注中的3~7。

8.3.4　CKZ 系列（带轴承型）单向楔块式超越离合器（见表 15.2-80）

表 15.2-80　CKZ 系列（带轴承型）单向楔块式超越离合器的结构型式、基本参数和主要尺寸

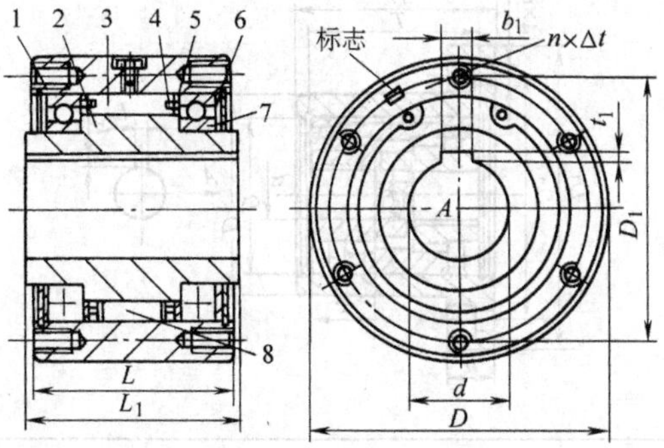

1—外环　2—内环　3—楔块　4—弹簧
5—垫圈　6—端盖　7—轴承　8—滚柱

型号	公称转矩 T_n /N·m	内环超越时的极限转速 n/r·min^{-1}	外环/mm D h7	外环/mm 两端螺柱孔数×直径×深	外环/mm 螺柱分布直径 D_1	外环/mm 宽 L	内环/mm 内径 d H7	内环/mm 键槽 $b_1\times t_1$	内环/mm L_1	质量 /kg
CKZ1	180	1500	75	4×M6 ×12	61	48	14	5×2.3	50	1.35
CKZ2	200		80		68	66	20		68	1.95
CKZ3	250	1300	90	6×M8 ×12	76	68	25	6×2.8	70	2.36
CKZ4	315	1200	100		88	80	30	10×3.3	82	3.17
CKZ5	400		110	8×M8×16	92	86	35		90	4.65
CKZ6、CKZ7	650		120	8×M8 ×20	105	90	38、40		92	5.64、5.55
CKZ8							42	12×3.3		5.47
CKZ9	1000	1100	125		110					6.14
CKZ10							45	14×3.8		6.02
CKZ11、CKZ12	1200		130		115		45、48		95	6.70、6.55
CKZ13、CKZ14	1500	1000	136		120	92	45、50			8.06、7.74
CKZ15、CKZ16	2240		150		130	100	48、50		102	11.12、11.02
CKZ17							55	16×4.3		10.43
CKZ18	2500		155		140		55			11.36
CKZ19							60			11.01
CKZ20、CKZ21	2600		160		145		60、65	18×4.4		13.07、12.65
CKZ22	2700		170		150	110	65		112	14.88
CKZ23							70	20×4.9		14.42
CKZ24	2800	900	180	6×M10 ×20	158	124	55	16×4.3	128	18.80
CKZ25、CKZ26							60、65	18×4.4		18.46、18.06
CKZ27							70	20×4.9		17.63
CKZ28	2850	800	190		170		65	18×4.4		22.73
CKZ29							70	20×4.9		20.01
CKZ30	2900		200		175		65	18×4.4		22.93

注：同表 15.2-77 中的注。

8.3.5 CKS系列双向楔块式超越离合器（见表15.2-81）

表15.2-81 CKS系列双向楔块式超越离合器的结构型式、基本参数和主要尺寸

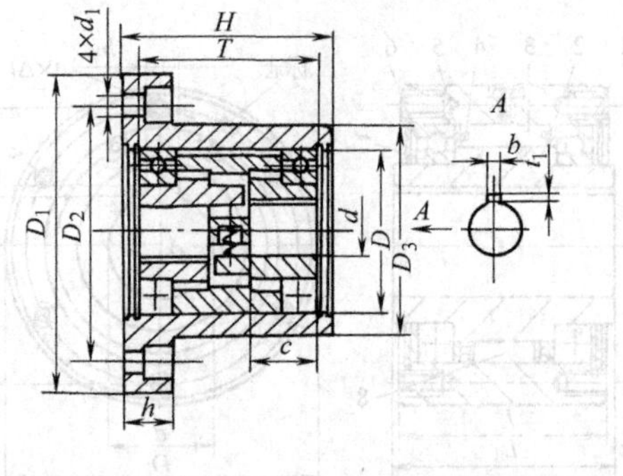

序号	型号	公称转矩 /N·m	安装尺寸 /mm										
			离合器						壳体				
			d	D	T	c	b	t_1	D_1	D_2	D_3	H	h	d_1
1	CKS70(42)×58-10	20	10	32	51	20	3	1.4	70	55	42	58	11	6.5
2	CKS75(45)×58-10	20	10	35	52	20	3	1.4	75	60	45	58	11	6.5
3	CKS75(45)×58-12	20	12	35	51	20	4	1.8	75	60	45	58	11	6.5
4	CKS75(45)×58-15	20	15	35	51	20	3	1.4	75	60	45	58	11	6.5
5	CKS95(57)×78-17	50	17	47	70	27	5	2.3	95	75	57	78	13	8.5
6	CKS105(62)×78-20	100	20	52	70	27	6	2.8	105	84	62	78	16	10.5
7	CKS115(74)×78-20	100	20	62	70	27	6	2.8	115	95	74	78	16	10.5
8	CKS115(74)×88-25	120	25	62	80	32	8	3.3	115	95	74	88	16	10.5
9	CKS125(84)×100-30	150	30	72	90	37	8	3.3	125	105	84	100	16	10.5
10	CKS145(94)×110-35	200	35	80	100	40	10	3.3	145	120	94	110	20	13
11	CKS155(102)×110-40	250	40	85	100	40	12	3.3	155	128	102	110	20	13
12	CKS160(108)×120-45	300	45	90	110	45	14	3.8	160	134	108	120	20	13

注：同表15.2-77注中的3~7。

9 安全离合器

9.1 概述

9.1.1 安全离合器的性能比较（见表15.2-82）

表15.2-82 安全离合器性能比较

类型	结构简图	保护原理	特点与应用
破坏元件式	销式安全离合器 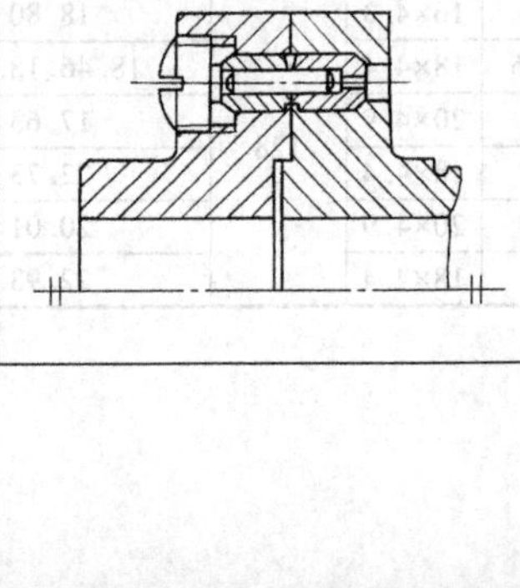	过载时通过破坏某一限定元件（销）中断传动，限制传递转矩	结构简单，制造容易，尺寸紧凑，但受制造精度和材料均匀性影响，过载时动作精度不高，且随破坏元件数增加而降低精度。此外，由于疲劳损伤累积，破坏元件本身强度也随工作时间增加而降低。过载时离合器起作用后必须更换破坏元件才能恢复工作。主要用于偶然发生过载的传动系统

（续）

类型	结构简图	保护原理	特点与应用
嵌合式	弹簧牙嵌安全离合器 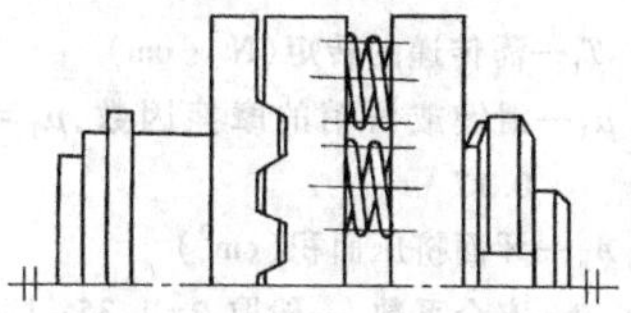	通过调节弹簧力限定传递转矩。过载时牙面产生轴向分力大于弹簧压力而退出嵌合，中断传动	结构简单，工作可靠，过载时动作精度高，能调节工作转矩大小，有自动恢复工作的能力，但过载时打滑有冲击。适用于转速不太高、载荷不太大、从动部分惯性较小且过载不很频繁的传动系统，其转速范围为150~200r/min
	弹簧钢珠安全离合器 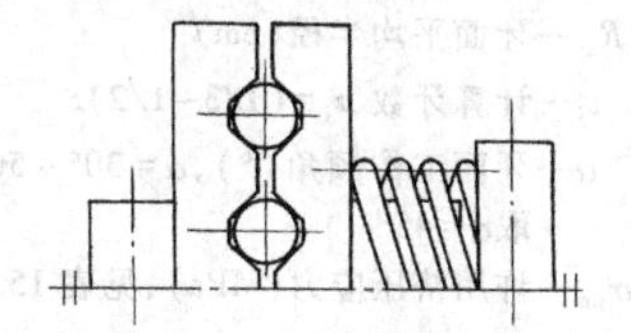	利用钢珠代替牙嵌，过载时，钢珠的接触点上轴向分力大于弹簧力，退出嵌合，中断传动	加工简单，可靠性高，以滚动代替滑动，过载时动作灵敏度高，有自动恢复工作的能力，但接触面积小，容易磨损，在安装弹簧方向的结构尺寸较大。适用于转速较高、载荷较大、过载频率较高的传动系统
片式	片式安全离合器 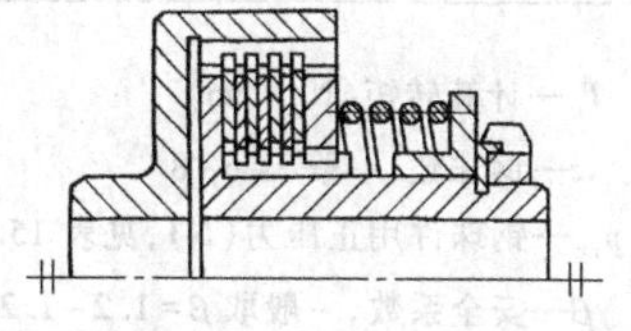	通过调节弹簧压力限定摩擦片传递的转矩。过载时摩擦片打滑，离合器空转	承载能力大，外形尺寸小，工作平稳，有自动恢复工作的能力，维护简单，容易系列化，但结构较复杂，受摩擦因数稳定性影响，动作精度不太高，经常过载时，摩擦片易发热影响摩擦性能和强度。适用于经常过载或有冲击载荷的传动系统

9.1.2 安全离合器的计算（见表15.2-83）

表15.2-83 安全离合器的计算

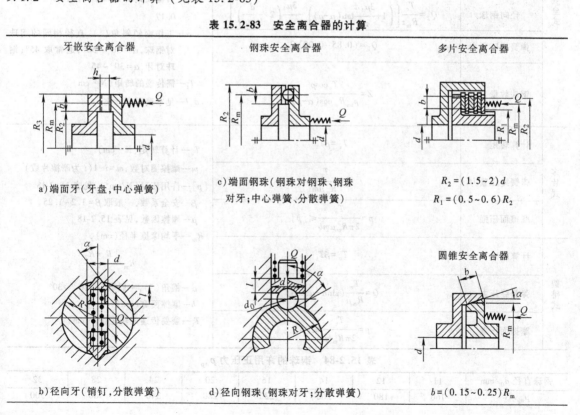

牙嵌安全离合器	钢珠安全离合器	多片安全离合器
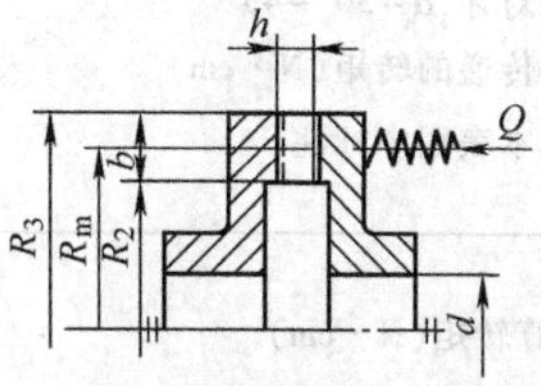	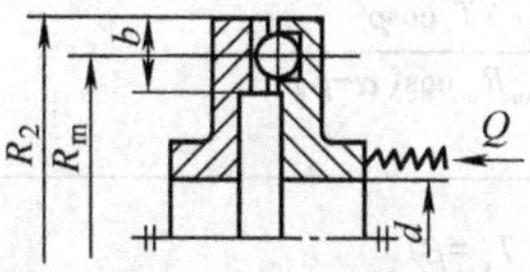	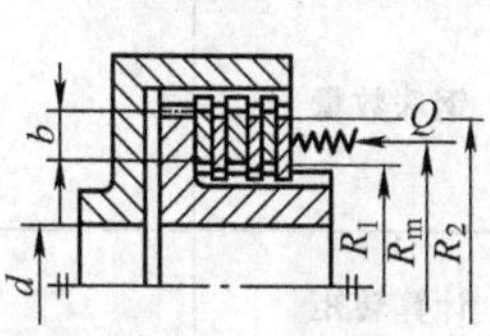
a）端面牙（牙盘，中心弹簧）	c）端面钢珠（钢珠对钢珠、钢珠对牙；中心弹簧、分散弹簧）	$R_2=(1.5\sim2)d$ $R_1=(0.5\sim0.6)R_2$
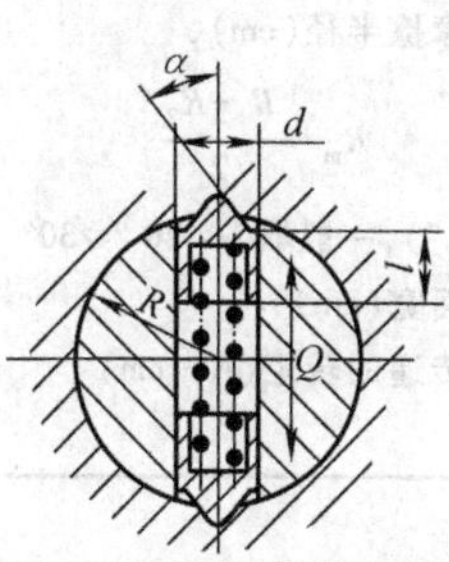	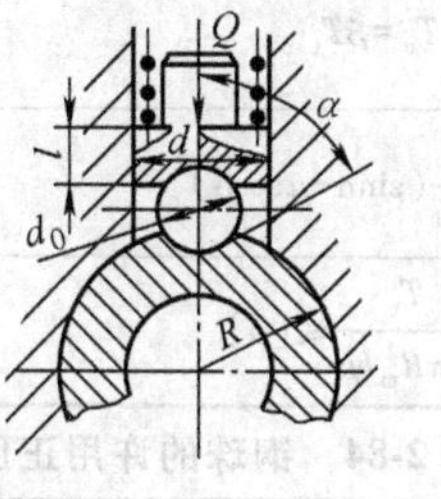	圆锥安全离合器 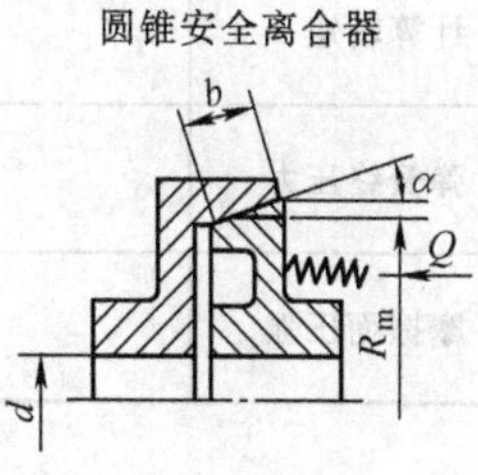
b）径向牙（销钉，分散弹簧）	d）径向钢珠（钢珠对牙；分散弹簧）	$b=(0.15\sim0.25)R_m$

（续）

型式	计算项目	计算公式	说明
牙嵌安全式	计算转矩	$T_c=\beta T_t$	T_t—需传递的转矩（N·cm） μ_1—滑键或滑销的摩擦因数，$\mu_1=0.15\sim0.17$ A_p—牙面挤压面积（cm^2） β—安全系数，一般取 $\beta=1.35\sim1.40$ z—牙数 ρ—工作面摩擦角（°），一般取 $\rho=5°\sim6°$ R_m—牙面平均半径（cm） z_j—计算牙数，$z_j=(1/3\sim1/2)z$ α—牙面工作倾角（°），$\alpha=30°\sim50°$，一般取 $\alpha=45°$ σ_{pp}—许用挤压应力（MPa），见表 15.2-9 d,l—见本表图中标注
	弹簧终压紧力 端面牙	$Q_2=\frac{T_c}{R_m}\left[\tan(\alpha-\rho)-\frac{2R_m}{d}\mu_1\right]$	
	弹簧终压紧力 径向牙	$Q_2=\frac{T_c}{R_m z}\left[\left(1+\frac{3\mu_1 d}{\pi l}\right)\tan(\alpha-\rho)-\frac{3\mu_1}{\pi}\left(2+\frac{d}{l\tan\alpha}\right)\right]$	
	弹簧初压紧力	$Q_1=(0.85\sim0.90)Q_2$	
	牙面挤压应力	$\sigma_p=\frac{T_c}{100A_pR_mz_j}\leqslant\sigma_{pp}$	
钢珠安全式	计算转矩	$T_c=\beta T_t$	T_c—计算转矩（N·cm） z—钢珠数，一般 $z=6\sim8$ p_{np}—钢珠许用正压力（N），见表 15.2-84 β—安全系数，一般取 $\beta=1.2\sim1.25$ R_m—工作面平均半径（cm） ρ—工作面摩擦角（°），一般取 $\rho=5°\sim6°$ μ_1—滑键或钢珠的摩擦因数，$\mu_1=0.15\sim0.17$ α—工作面倾斜角（°），直径相同的钢珠对钢珠，$\alpha=30°\sim50°$，通常取 45°；钢珠对牙，$\alpha=30°\sim45°$ T_t—需传递的转矩（N·cm） d,l—见本表图中标注
	弹簧终压紧力 端面钢珠（中心弹簧）	$Q_2=\frac{T_c}{R_m}\left[\tan(\alpha-\rho)-\frac{2R_m}{d}\mu_1\right]$	
	弹簧终压紧力 端面钢珠（分散弹簧）	$Q_2=\frac{T_c}{R_m z}[\tan(\alpha-\rho)-\mu_1]$	
	弹簧终压紧力 径向钢珠	$Q_2=\frac{T_c}{R_m z}\left[\left(1+\frac{3\mu_1 d}{\pi l}\tan(\alpha-\rho)\right)-\frac{3\mu_1}{\pi}\left(2+\frac{d}{l\tan\alpha}\right)\right]$	
	弹簧初压紧力	$Q_1=(0.85\sim0.90)Q_2$	
	钢珠数量	$Z=\frac{T_c\cos\rho}{p_{np}R_m\cos(\alpha-\rho)}$	
多片式	计算转矩	$T_c=\beta T_t$	T_c—计算转矩（N·cm） m—摩擦面对数，$m=i-1$（i 为摩擦片数） $[p]$—许用压强（N/cm^2），见表 15.2-18 β—安全系数，一般取 $\beta=1.2\sim1.25$ μ—摩擦因数，见表 15.2-18 R_m—平均摩擦半径（cm）， $R_m\approx\frac{R_1+R_2}{2}$ α—锥角（°），一般取 $\alpha=20°\sim30°$ b—摩擦面宽（cm） T_t—需要传递的转矩（N·cm）
	弹簧终压紧力	$Q=\frac{T_c}{R_m\mu m}$	
	摩擦面压强	$p=\frac{T_c}{2\pi R_m^2\mu mb}\leqslant[p]$	
圆锥式	计算转矩	$T_c=\beta T_t$	
	弹簧终压力	$Q=\frac{T_c}{R_m\mu}(\sin\alpha-\mu\cos\alpha)$	
	摩擦面压强	$p=\frac{T_c}{2\pi R_m^2 b\mu}\leqslant[p]$	

表 15.2-84　钢珠的许用正压力 p_{np}

钢珠直径 d_0/mm	11	12	14	16	20	24	28	32
p_{np}/N	160	180	200	220	280	340	400	500

9.2　销式安全离合器（见表 15.2-85）

表 15.2-85　销式安全离合器的结构型式和主要尺寸　（mm）

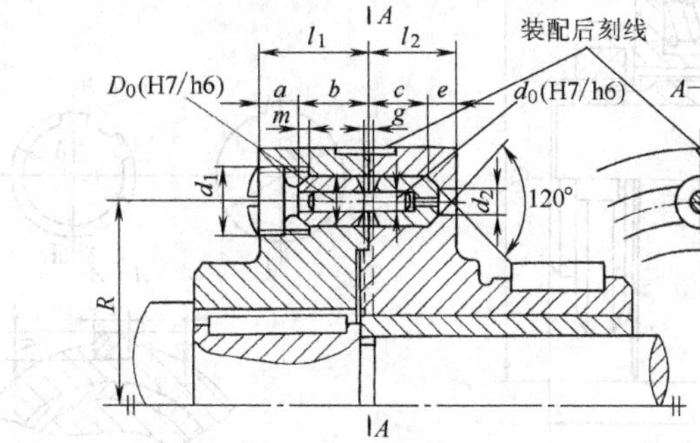

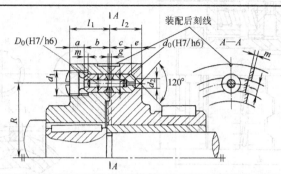

剪断力 /N	d_0 H7/h6	d_1	d_2	D_0 H7/h6	l_1	l_2	a	b	c	e	f	g	m
690	1.5	M16	5	10	22	16	10	12	11	5	8	1	1.5
1275	2.0												
2850	3.0	M20	8	15	30	25	12	18	17	8	10	1.5	2
5200	4.0												
8100	5.0												
11770	6.0	M30	12	25	50	45	22	28	26	19	16	2	2.5
20600	8.0												
32360	10												
55000	13.0	M48	18	40	75	64	33	42	39	25	28	3	3
83400	16.0												
130000	20.0												

9.3　牙嵌安全离合器（见表 15.2-86、表 15.2-87）

表 15.2-86　牙嵌安全离合器的结构型式和主要尺寸（1）　（mm）

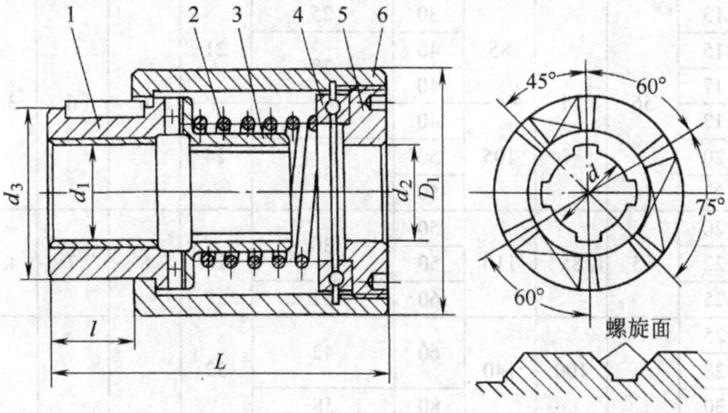

1、3—半离合器　2—弹簧　4—推力轴承　5—调节螺母　6—套杯

花键孔 $N \times d \times D \times b$	D_1	d_1	d_2	d_3	L	l	弹簧尺寸 $d \times D \times H$	轴承型号	螺旋面的螺距	极限转矩 /N·m
6×21×25×5	70	25	25	45	110	25	4×50×100	51107	125.6	6
										10
										13
6×26×32×6	80	30	30	50	120	30	5×55×100	51109	157	16
										20
										25
8×36×40×7	100	40	40	65	130	35	7×65×70	51111	196.2	32
										40
										50

表 15.2-87 牙嵌安全离合器的结构型式和主要尺寸（2） （mm）

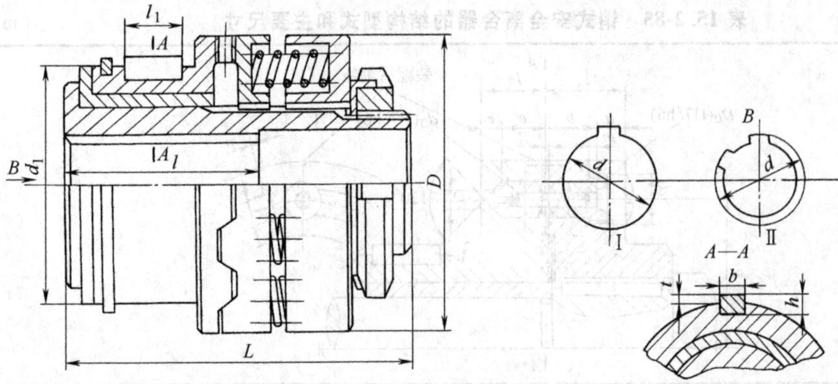

极限转矩 /N·m	dH7 Ⅰ型	dH7 Ⅱ型	dH7 Ⅲ型	d_1	D	L	l h14 Ⅰ型	l h14 Ⅱ型和Ⅲ型	l_1	b	h h11	t h12	最高转速 /r·min⁻¹	质量 /kg
4	8	—	—	32	36	63	20	—	12	3	3	1.8	1600	0.32
	9													
	10						23							
6.3	9	—	—	38	48		20	—	14	4	4	2.5	1250	0.50
	10						23							
	11						23							
10	11	—	—	48	56	75	23	—	16	5	5	3.0		0.86
	12	—	12				30	25						
	14	14	13				30							
16	12	—	12			80	30		18				1000	0.90
	14	14	13				30							
	16	16	15				40	28						
25	14	14	13	56	71	85	30	25	21	6	6	3.5	800	1.60
	16	16	15				40	28						
	18	—	17				40							
40	18	—	17			105	40	28	24					1.80
	20	20	20				50	36						
	22	22	22				50							
63	20	20	20	65	85	110	50	36	28	8	7	4.0	630	2.50
	22	22	22				50							
	25	25	25				60	42						
100	25	25	25	80	100	140	60	42	32	10			500	5.00
	28	28	28											
	—	—	30				80	58						
160	28	28	28		125	160	60	42	36		8	5.0		7.50
	—	—	30				80	58						
	32	32	32											
250	32	32	32	90	140	180	80	58	42	12			400	10.00
	36	—	35											
	—	38	38											
	40	—	40				110	82						
400	—	38	38	105	180	190	80	58	48	14	9	5.5	315	16.00
	40	—	40				110	82						
	—	42	42											
	45	—	45											

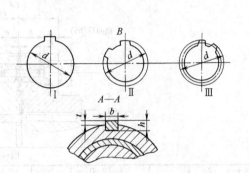

9.4　钢球安全离合器（见表 15.2-88）

表 15.2-88　钢球安全离合器的结构型式、主要尺寸和特性参数　（mm）

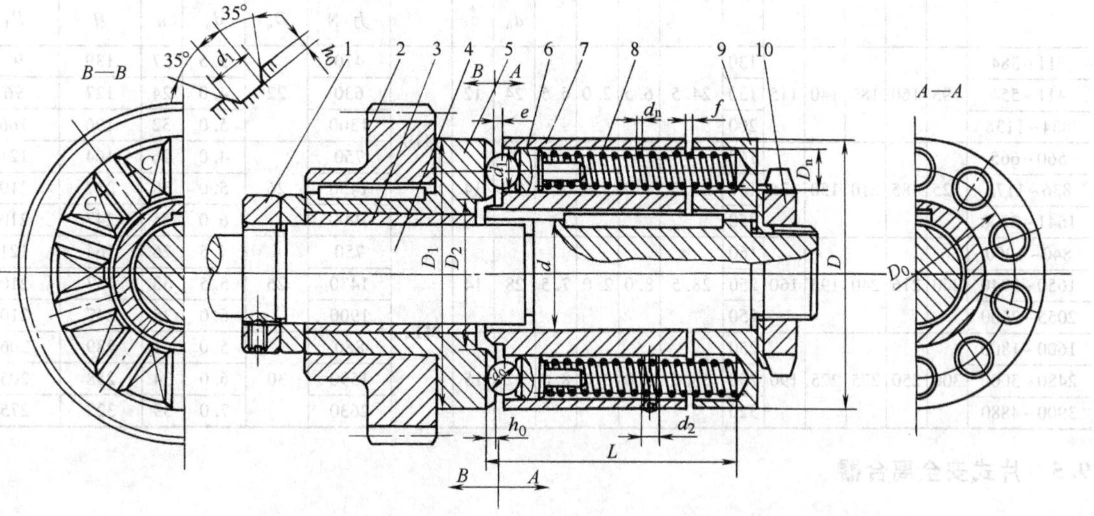

1、10—螺母　2—齿轮　3—轴套　4—轴　5—套筒（半离合器）　6—支承座
7—壳体（半离合器）　8—弹簧　9—弹簧座圈

极限转矩 /N·m	D	D_0	D_1	D_2	d	L	d_1	h_0	e	f	钢球 直径 d_0	钢球 个数 z	螺钉 d_2	弹簧 一个弹簧压缩力/N	弹簧 弹簧外径 D_n	弹簧 钢丝直径 d_n	弹簧 圈数 n	弹簧 自由状态长度 H	弹簧 压缩状态长度 H_1
13~14						70								70		1.5	33	80	55
23~32	65	50	60	40	32	70	11.5	3.0	1.0	3.0	11	8	M6	170	10	2.0	26	68	54
46~64						110								360		2.5	36	108	94
24~30						75								137		2.0	27	80	57
33~57	75	58	70	46	36	75	13.5	3.5	1.0	4.0	13	8		280	12	2.5	22	70	57
65~104						120							M6	526		3.0	32	115	101
25~29						95								106		2.0	34	119	73
56~86	85	65	78	52	40	95	16.5	4.5	1.5	4.5	16	8		394	15	3.0	23	90	72
89~141						120								650		3.5	27	113	97
50~63						95								214		2.5	28	100	72
67~103	100	78	92	65	48	95	16.5	4.5	1.5	4.5	16	8		394	15	3.0	23	90	72
107~170						120								650		3.5	27	113	97
59~68						100								167		2.5	28	121	72
108~186	115	88	105	72	55	100	20.5	5.5	1.5	5.5	20	9		400	19	3.5	20	93	72
157~248						120								754		4.0	23	112	92
114~144						100								300		3.0	23	104	72
140~215	130	102	120	85	68	110	20.5	5.5	1.5	5.5	20	10	M8	490	19	3.5	20	93	72
202~320						125								754		4.0	24	118	96
192~236						130								410		3.5	27	139	91
253~340	150	118	140	100	80	130	24.5	6.5	2.0	6.5	24	10		630	22	4.0	24	127	96
512~695						200								1300		5.0	32	196	166
266~326						130								410		3.5	27	139	97
350~472	170	136	155	115	95	130	24.5	6.5	2.0	6.5	24	12		630	22	4.0	24	127	96
710~965						200								1300		5.0	32	169	166

（续）

极限转矩 /N·m	D	D_0	D_1	D_2	d	L	d_1	h_0	e	f	钢球 直径 d_0	钢球 个数 z	螺钉 d_2	弹簧 一个弹簧压缩力/N	弹簧 弹簧外径 D_n	弹簧 钢丝直径 d_n	弹簧 圈数 n	弹簧 自由状态长度 H	弹簧 压缩状态长度 H_1
311~384	195	160	180	140	115	130	24.5	6.5	2.0	6.5	24	12	M10	410	22	3.5	27	139	97
411~554						130								630		4.0	24	127	96
834~1138						200								1300		5.0	32	196	166
560~665	225	185	210	150	135	160	28.5	8.0	2.0	7.5	28	14		750	26	4.0	26	164	121
836~1175						160								1430		5.0	38	257	210
1641~2200						250								1900		6.0	35	247	210
840~1060	260	216	240	195	160	160	28.5	8.0	2.0	7.5	28	14	M12	750	26	4.5	26	164	121
1650~1940						250								1430		5.5	38	257	210
2055~2600						250								1900		6.0	35	247	210
1600~1800	300	250	275	225	190	250	33.0	9.0	3.0	8.0	32	15		880	30	5.0	41	289	206
2480~3000						250								1590		6.0	34	258	205
3900~4880						320								2630		7.0	39	322	275

9.5 片式安全离合器

9.5.1 干式离合器（见表15.2-89~表15.2-91）

表15.2-89　干式单片圆片安全离合器的结构型式、主要尺寸和特性参数　（mm）

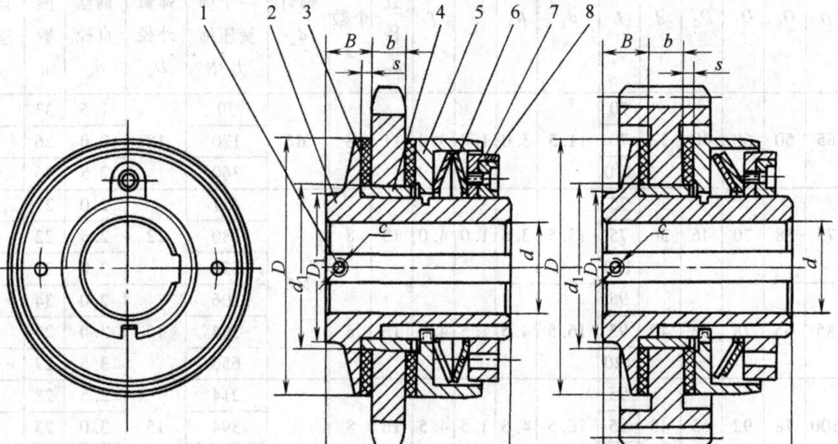

a) Ⅰ型　　b) Ⅱ型

1—固定螺钉　2—轴套　3—摩擦衬面层　4—衬套　5—加压盘　6—碟形弹簧　7—调节螺母　8—锁紧块

极限转矩/N·m Ⅰ型	极限转矩/N·m Ⅱ型	D	b	d_1	B	D_1	d	c	L	s	质量 /kg	弹簧力/N Ⅰ型	弹簧力/N Ⅱ型
25	50	68	3~10	44	17	45	10~25	M5	52	3	0.86	1270	2540
50	100	88	4~12	58	19	58	14~35	M5	57	3	1.60	1950	3900
100	200	115	5~15	72	21	75	18~45	M6	68	4	3.14	3050	6100
200	400	140	6~18	85	23	90	24~55	M6	78	4	5.37	5100	10200
350	700	170	8~20	98	29	102	28~65	M8	92	5	9.00	7500	15000
600	1200	200	8~23	116	31	120	38~80	M8	102	5	12.42	10500	21000
1000	2000	240	8~25	144	33	150	48~100	M10	113	5	21.17	15000	30000
1700	3400	285	8~25	170	35	180	58~120	M10	115	5	30.67	21000	42000

表 15.2-90 干式单片安全离合器的结构型式、主要尺寸和特性参数 (mm)

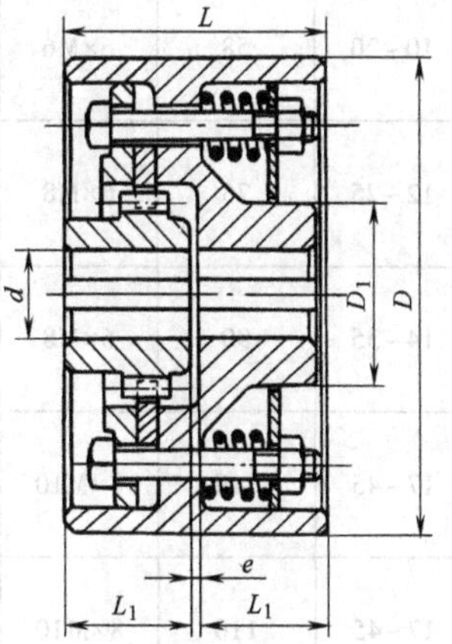

序号	传递功率[①] /kW	最高转速 /r · min^{-1}	d	D_1	D	L	L_1	e	许用位移 角向	许用位移 径向	计用轴向浮动间隙	质量 /kg
1	0.13	5600	10~25	48	100	70	32	1.5				2.3
2	0.26	4500	12~25	48	125	80	35	3.3				3.6
3	0.52	3800	15~40	70	150	90	40	3.3				5.9
4	1.34	2800	15~45	82	200	100	48	3.3				9.5
5	2.40	2500	20~50	95	225	125	55	3.3				17.2
6	3.0	2300	25~65	120	250	125	65	3.3				27.2
7	6.0	1900	40~75	140	300	140	75	3.3	0.1°	0.13	0.25	41.3
8	10.5	1700	40~90	165	350	160	90	3.3				60.0
9	15.0	1450	50~100	190	400	185	100	5				94.4
10	22.4	1300	60~115	205	450	185	120	5				144.3
11	41	1200	65~130	242	525	230	140	6.4				197.8
12	56	950	75~150	292	600	255	170	6.4				255.4
13	82	850	75~180	318	675	285	190	6.4				482.7

① 表值为 100r/min 时的功率。

表 15.2-91 干式多片安全离合器的结构型式、主要尺寸和极限转矩 (mm)

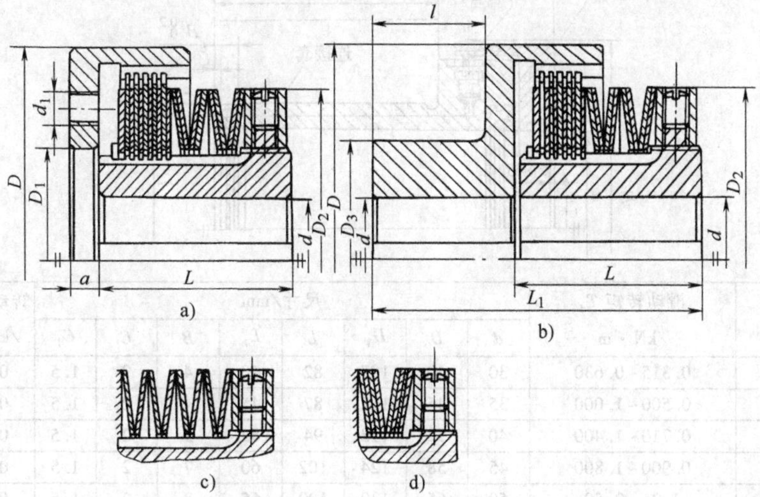

（续）

极限转矩/N·m	D	D_1	d	D_2	d_1	a	D_3	L	L_1	l
25										
40	70	45	10~20	58	6×M6	6	60	40	90	45
63										
40										
63	90	55	12~25	75	6×M8	8	80	55	125	60
100										
63										
100	100	65	14~35	90	6×M8	8	90	55	125	60
160										
100										
160	125	75	17~45	110	8×M10	10	110	60	140	70
250										
160										
250	135	75	17~45	110	8×M10	10	110	65	150	75
400										
250										
400	150	95	22~55	120	8×M12	12	125	75	180	95
630										
400										
630	170	110	28~65	155	8×M12	12	140	85	200	100
1000										
630	195	125	33~70	165	8×M16	15	150	95	220	110
1000										
1000										
1600	210	140	38~60	180	8×M16	15	170	110	260	135
2500										

9.5.2　液压安全联轴器（离合器）

（1）结构型式、基本参数和主要尺寸（见表 15.2-92~表 15.2-95）

（2）选择计算

AYL 型液压安全联轴器的选用说明：

表 15.2-92　AYL（DZ 型）型低速轴连接式液压安全联轴器的结构型式、基本参数和主要尺寸（摘自 JB/T 7355—2007）

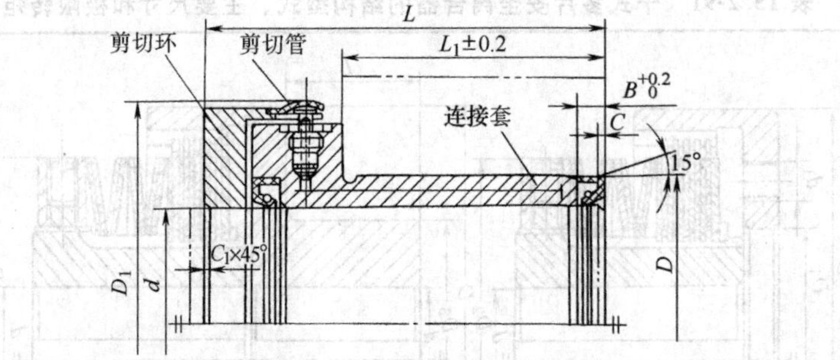

型　号	滑动转矩 T_d /kN·m	尺寸/mm								转动惯量 J /kg·m²	质量 /kg
		d	D	D_1	L	L_1	B	C	C_1		
AYL30DZ	0.315~0.630	30	40	107	82	40	4	2	1.5	0.002	2.2
AYL35DZ	0.500~1.000	35	45	112	87	45	4	2	1.5	0.006	2.4
AYL40DZ	0.710~1.400	40	52	118	94	52	5	2	1.5	0.004	2.8
AYL45DZ	0.900~1.800	45	58	124	102	60	7	2	1.5	0.005	3.1
AYL50DZ	1.25~2.50	50	65	130	109	65	8	2	1.5	0.007	3.6

（续）

型号	滑动转矩 T_d /kN·m	尺寸/mm								转动惯量 J /kg·m²	质量 /kg
		d	D	D_1	L	L_1	B	C	C_1		
AYL60DZ	2.00~4.00	60	75	140	117	73	8	2	1.5	0.009	4.2
AYL70DZ	3.55~7.10	70	90	152	130	82	8	2	1.5	0.016	5.8
AYL80DZ	4.5~9.0	80	100	162	146	98	8	2	1.5	0.021	6.6
AYL90DZ	5.6~11.2	90	110	173	158	110	8	2	1.5	0.029	7.7
AYL100DZ	9.0~18.0	100	125	186	180	120	12	3	2	0.050	11.1
AYL110DZ	11.2~22.4	110	140	200	179	121	12	3	2	0.071	13.3
AYL120DZ	14.0~28.0	120	150	209	205	145	12	3	2	0.093	15.6
AYL130DZ	18.0~35.5	130	160	219	214	156	12	3	2	0.112	16.8
AYL140DZ	22.4~45	140	170	229	225	165	13	3	2	0.140	18.7
AYL150DZ	25~50	150	180	239	235	175	13	3	2.5	0.169	20.4
AYL160DZ	40~80	160	200	252	260	195	15	4	2.5	0.263	28.1
AYL170DZ	45~90	170	210	262	256	191	15	4	2.5	0.302	29.1
AYL180DZ	56~112	180	225	275	256	191	15	4	2.5	0.386	33.5
AYL190DZ	71~140	190	240	288	302	236	15	4	2.5	0.563	44.4
AYL200DZ	80~160	200	250	298	302	236	15	4	2.5	0.641	46.4
AYL220DZ	100~200	220	270	318	302	236	15	4	2.5	0.818	50.4

注：表中的滑动转矩是当环境温度为0℃以上时的值。若环境温度低于0℃时，滑动转矩应适当降低，温度每降低1℃，滑动转矩降低1.5%。

表 15.2-93 AYL（GZ型）型高速轴连接式液压安全联轴器的结构型式、基本参数和主要尺寸（摘自 JB/T 7355—2007）

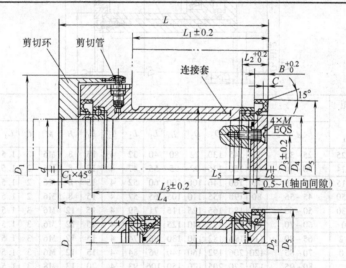

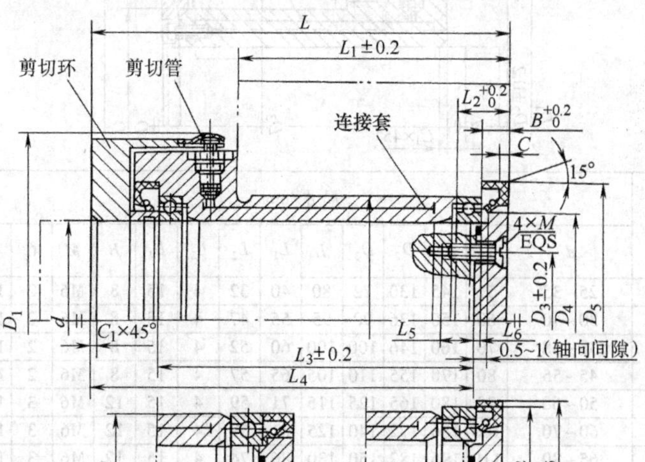

型号	滑动转矩 T_d /kN·m	尺寸/mm																		转动惯量 J/ kg·m²	质量 /kg
		d	D	D_1	D_2	D_3	D_4	D_5	L	L_1	L_2	L_3	L_4	L_5	L_6	B	M	C	C_1		
AYL60GZ	2.00~4.00	60	75	140	78	40	70	90	137	83	18	106	128	13	1	8	M6	2	1.5	0.014	5.4
AYL70GZ	3.55~7.10	70	90	152	90	50	80	100	150	92	18	115.5	140.5	13	1.5	8	M6	2	1.5	0.022	6.9
AYL80GZ	4.5~9.0	80	100	162	100	50	90	110	166	108	18	131.5	156.5	13	1.5	8	M6	2	1.5	0.031	8.3
AYL90GZ	5.6~11.2	90	110	173	115	65	100	125	184	123	25	145	170	18	2	12	M8	3	1.5	0.042	9.9
AYL100GZ	9.0~18.0	100	125	186	125	70	110	140	206	133	25	156	191	18	3	12	M8	3	1.5	0.065	12.9
AYL110GZ	11.2~22.4	110	140	200	140	80	120	150	208	137	28	167	193	18	3	12	M8	3	2	0.093	15.7
AYL120GZ	14.0~28.0	120	150	209	150	90	130	160	237	161	28	189	221	18	3	12	M8	3	2	0.121	18.3

（续）

型号	滑动转矩 T_d /kN·m	尺寸/mm																		转动惯量 J/kg·m²	质量/kg
		d	D	D_1	D_2	D_3	D_4	D_5	L	L_1	L_2	L_3	L_4	L_5	L_6	B	M	C	C_1		
AYL130GZ	18.0~35.5	130	160	219	165	100	140	170	250	174	31	201	234	18	3	13	M8	3	2	0.149	20.3
AYL140GZ	22.4~45.0	140	170	229	175	105	150	180	261	183	31	212	245	23	3	13	M10	3	2	0.185	22.7
AYL150GZ	25~50	150	180	239	190	115	160	190	275	195	35	222	257	23	3	15	M10	3	2	0.230	25.6
AYL160GZ	40~80	160	200	252	200	120	170	200	300	215	35	247	282	23	3	15	M10	3	2.5	0.341	32.7
AYL170GZ	45~90	170	210	262	215	130	180	215	300	213	37	247	282	23	3	15	M10	4	2.5	0.395	34.6
AYL180GZ	56~112	180	225	275	225	135	190	225	300	213	37	247	282	23	3	15	M10	4	2.5	0.500	38.7
AYL190GZ	71~140	190	240	288	240	145	200	250	350	260	39	297	332	23	3	15	M10	4	2.5	0.723	50.3
AYL200GZ	80~160	200	250	298	250	150	220	250	350	260	39	297	332	23	3	15	M10	4	2.5	0.833	53.6
AYL220GZ	100~200	220	270	320	270	175	240	270	350	260	39	297	332	23	3	15	M10	4	2.5	1.070	59.4

注：表中的滑动转矩是当环境温度为0℃以上时的值。若环境温度低于0℃时，滑动转矩应适当降低，温度每降低1℃，滑动转矩降低1.5%。

表 15.2-94 AYL（DJ型）型低速键连接式液压安全联轴器的结构型式、基本参数和主要尺寸（摘自 JB/T 7355—2007）

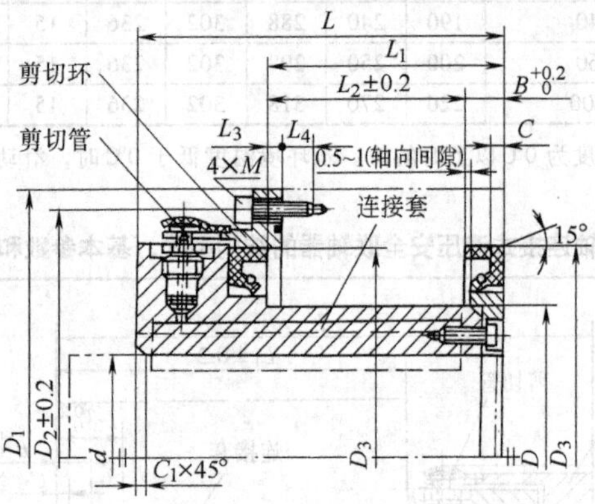

型号	滑动转矩 T_d /kN·m	尺寸/mm													转动惯量 J /kg·m²	质量 /kg
		d	D	D_1	D_2	D_3	L	L_1	L_2	L_3	L_4	B	M	C	C_1		
AYL35DJ	0.63~1.25	25~35	52	145	130	72	80	40	32	4	15	8	M6	2	1.5	0.008	5.4
AYL40DJ	1.12~2.24	30~40	60	150	136	90	95	55	47	4	15	8	M6	2	1.5	0.010	6.7
AYL48DJ	1.60~3.15	38~48	70	160	146	100	100	60	52	4	15	8	M6	2	1.5	0.013	7.9
AYL55DJ	2.24~4.50	45~55	80	170	155	110	105	65	57	4	15	8	M6	2	1.5	0.017	8.9
AYL60DJ	3.15~6.30	50~60	90	180	165	125	115	71	59	4	15	12	M6	3	1.5	0.024	11
AYL70DJ	4.5~9.0	60~70	100	186	172	140	125	81	69	4	15	12	M6	3	1.5	0.034	14
AYL80DJ	5.6~11.2	65~80	110	196	182	150	130	86	74	4	15	12	M6	3	1.5	0.046	16
AYL85DJ	8.0~16.0	70~85	120	206	192	160	140	96	84	4	15	12	M6	3	1.5	0.059	18
AYL95DJ	10~20	80~95	130	220	205	170	150	106	93	4	20	13	M8	3	1.5	0.080	20
AYL100DJ	11.2~22.4	85~100	140	230	215	180	160	116	103	4	20	13	M8	3	2	0.100	23
AYL110DJ	14.0~28.0	95~110	150	235	220	185	170	128	113	4	20	15	M8	3	2	0.103	25
AYL120DJ	18.0~35.5	100~120	160	245	230	190	180	139	124	4	20	15	M8	4	2	0.160	29
AYL130DJ	25.0~50.0	115~130	180	265	250	220	190	146	131	4	20	15	M8	4	2.5	0.220	35
AYL150DJ	35.5~71.0	130~150	200	285	270	240	200	153	138	4	20	15	M8	4	2.5	0.360	44
AYL170DJ	50~100	140~170	220	300	285	260	230	183	168	4	20	15	M8	4	2.5	0.550	58
AYL190DJ	71~140	160~190	250	330	315	290	250	202	185	4	20	17	M8	4	2.5	0.880	74
AYL200DJ	100~200	180~200	280	360	345	320	270	222	205	4	20	17	M8	4	2.5	1.530	101

注：1. 表中的滑动转矩是当环境温度为0℃以上时的值。若环境温度低于0℃时，滑动转矩应适当降低，温度每降低1℃，滑动转矩降低1.5%。

2. 轴孔直径 d 按 GB/T 3852 的规定，键槽形式选取 A 型。

3. 表中给出的质量及转动惯量均为最小轴孔计算的近似值。

表15.2-95 AYL（GJ型）型高速键连接式液压安全联轴器的结构型式、基本参数和主要尺寸（摘自JB/T 7355—2007）

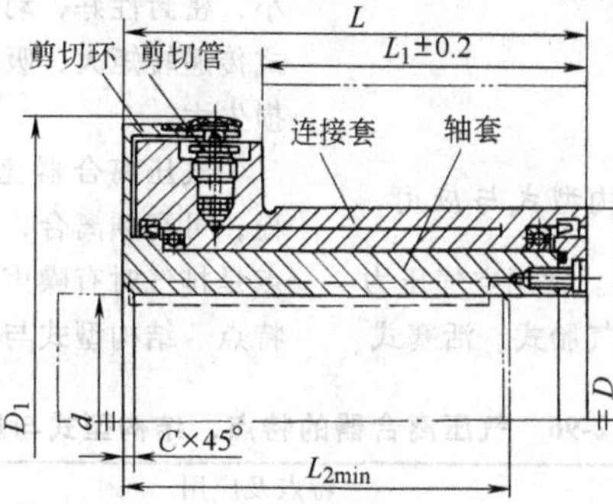

型号	滑动转矩 T_d /kN·m	尺寸/mm							转动惯量 J /kg·m²	质量 /kg
		d	D	D_1	L	L_1	L_{2min}	C		
AYL50GJ	1.40~3.55	40~50	85	145	105	67	80	1.5	0.013	6.5
AYL60GJ	2.8~5.6	50~60	100	157	110	71	85	1.5	0.017	8.5
AYL70GJ	4.0~8.0	60~70	115	172	125	83	105	1.5	0.030	11.5
AYL80GJ	7.1~14.0	70~80	130	185	140	98	120	1.5	0.048	15.2
AYL90GJ	10.0~20.0	80~90	145	206	160	113	130	2	0.080	20.6
AYL100GJ	12.5~25.0	90~100	160	218	175	122	140	2	0.125	26.8
AYL110GJ	16.0~35.5	100~110	175	234	190	137	145	2	0.182	32.9
AYL120GJ	22.4~45.0	110~120	190	245	200	146	155	2	0.257	39.7
AYL130GJ	28~56	120~130	205	255	220	164	165	2	0.366	49.2
AYL140GJ	40~80	130~140	225	272	230	173	180	2	0.541	61.3
AYL150GJ	45~90	140~150	240	286	260	193	195	2.5	0.794	78.9
AYL160GJ	56~112	150~160	255	300	285	218	210	2.5	1.067	94.7
AYL180GJ	71~160	160~180	280	346	300	233	235	2.5	1.665	123.2

注：1. 表中的滑动转矩是当环境温度为0℃以上时的值。若环境温度低于0℃时，滑动转矩应适当降低，温度每降低1℃，滑动转矩降低1.5%。

2. 轴孔直径 d 按 GB/T 3852 的规定，键槽形式选取A型。

3. 表中给出的质量及转动惯量为最小轴孔计算的近似值。

1）选用时应考虑计算转矩 T_c、载荷情况、轴伸直径及工作转速等因素，计算转矩 T_c

$$T_c = 1.2T_{max} \leqslant T_d \quad (15.2\text{-}19)$$

式中 T_{max}——允许的最大工作转矩；

T_d——安全联轴器的滑动转矩，见表15.2-92~表15.2-95。

2）校核径向力。当用于与齿轮、链条和带轮连接时，联轴器（离合器）还存在径向力，此时理论转矩 T 应满足如下条件，否则应选用较大规格或高速式AYL型联轴器：

$$T = 9.55\frac{P_w}{n} \leqslant 2.9\times10^{-6}d^2d_0 \quad (15.2\text{-}20)$$

式中 T——理论转矩（kN·m）；

P_w——驱动功率（kW）；

n——工作转速（r/min）；

d——轴直径（mm）；

d_0——传动件的分度圆或基准直径（mm）。

3）校核单位面积压力、工作时间和滑动速度。

① 滑动面单位面积压力 p（MPa）。

DZ型：$p=F_t/(1.2d^2)\leqslant 1\text{MPa}$

DJ型：$p=F_t/(0.9Ld)\leqslant 1\text{MPa}$

式中 F_t——松脱后的径向力（N）；

L——滑动面接触长度（mm）；

d——滑动面轴径（mm）。

② 松脱后的允许最大工作时间 t_{max}（min）。

$$t_{max} = \frac{3000d^2}{F_t n} \quad (15.2\text{-}21)$$

③ 滑动速度 v：

$$v = 5.2\times10^{-5}dn \leqslant 1.5\text{m/s} \quad (15.2\text{-}22)$$

④ 当需承受轴向力、径向力、弯矩或滑动速度 v>1.5m/s 时，应选用高速式安全联轴器。

⑤ 与安全联轴器连接在一起的轴，其材料的屈服强度 $R_{eL}\geqslant 300\text{MPa}$。

⑥ 与安全联轴器连接在一起的轮毂，其外径 d_a 与内径 d_1 之比应不低于下列数值，否则应校核其强度。

轮毂材料	合金钢	球墨铸铁	灰铸铁	铝
直径比 d_a/d_1	1.5	1.8	2.0	2.4

10　气压离合器和液压离合器

10.1　气压离合器

10.1.1　气压离合器的特点、结构型式与应用

这是一种利用气压操纵的离合器。常用空气压力为 0.4~1MPa，有活塞式、隔膜式和气胎式。活塞式加压行程大，补偿磨损容易；隔膜式结构紧凑，质量小，密封性好，动作灵敏，但行程短，寿命短；气胎式传递转矩大，吸振性好，但气胎变形阻力大，气压损失大。

气压离合器比液压离合器接合速度快，接合平稳，可高频离合，自动补偿磨损间隙，维护方便。缺点是排气时有噪声，需有压缩空气源。气压离合器的特点、结构型式与应用见表 15.2-96。

表 15.2-96　气压离合器的特点、结构型式与应用

型号	特点及应用
气胎式	结合元件有摩擦片、摩擦块和摩擦锥片，常用材料为石棉或粉末冶金，一般为干式。传递转矩大，接合平稳，便于安装，能补偿主、从动轴之间的少量角位移和径向位移。允许径向位移 3mm，轴向位移 15mm，角位移在 1m 长度上为 2mm。结构紧凑，密封性好，从动件转动惯性小，使用寿命长，气胎变形阻力大，材料成本高。使用温度高于 60℃，会降低气胎寿命；低于-20℃，气胎易变脆破裂。禁止用于油污场合
活塞缸式	活塞缸式气动离合器传动转矩大，使用寿命长，接合平稳，多制成大型离合器，但制造比较复杂，成本较高，质量较大，为防止接合元件的烧蚀和变形，设有良好的散热孔。功率大的要采用通风结构，工作负载大的还可以采用强制水冷却。活塞缸分整圆和环形两种，一般采用 0.4~0.6MPa 的气压；对于大型离合器，为了减小尺寸和质量，可以采用 0.75~0.85MPa 气压。活塞缸式气动离合器在锻压机上应用较多，其他如钻机、造纸机上也有应用
隔膜式	隔膜式活塞重量轻，转动惯量小，动作灵敏，接合与脱开时间短，密封性好，空气消耗量小，离合器轴向尺寸缩短。膜片用化纤夹层橡胶制成，有弹性，能自动补偿不规则磨损和轴向跳动，可防振动冲击。膜片制造简单，更换方便，调节容易，缺点是压紧行程受一定的限制，膜片寿命短

10.1.2　气压离合器的计算（见表 15.2-97）

表 15.2-97　气压离合器的计算

活塞缸式、隔膜式

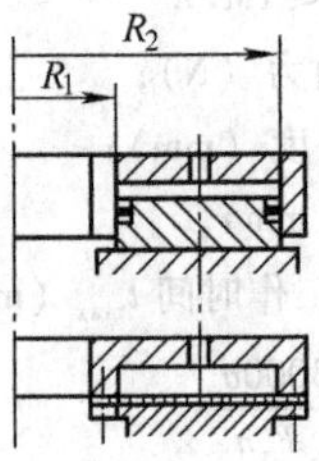

气胎式

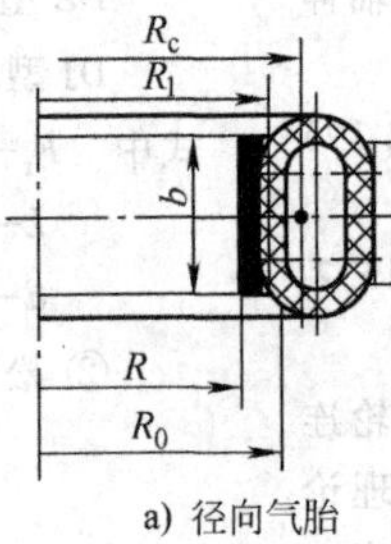

a) 径向气胎

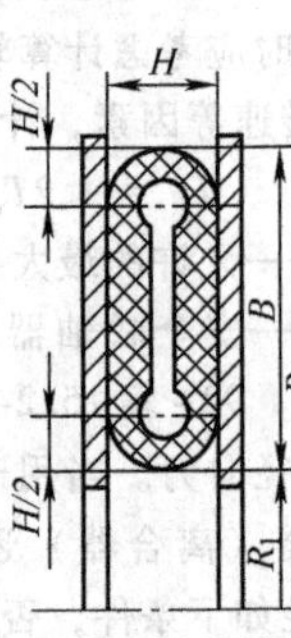

b) 轴向气胎

R_0—气胎内表面半径，各图中尺寸单位均为 cm

型式	计算项目	计算公式	单位	说明
活塞缸式、隔膜式	气缸压紧力	$Q_g=\pi(p_g-\Delta p)(R_2^2-R_1^2)\times100 \geqslant Q$ 当 $R_1=0$ 时为整圆缸	N	p_g—空气工作压力(MPa)，一般取 $p_g=0.4\sim0.6$MPa Δp—压力损失(MPa)，一般取 $\Delta p=0.03\sim0.07$MPa Q—传递计算转矩 T_c 时，接合元件需要的压紧力(N) R_1—气缸内半径(cm) R_2—气缸外半径(cm)

（续）

型式		计算项目	计算公式	单位	说明
气胎式	径向气胎式	许用传递转矩	$T_p=(Q-F_e)\mu R\geqslant T_c$ $Q=2\pi R_0 b_0(p_g-\Delta p)\times 100$ $F_e=1.1\times 10^{-4}G_e R_e n^2$	N · cm N N	Q—气胎内腔充气压力作用在瓦块上的力(N) F_e—作用于瓦块上的离心力(N) μ—摩擦因数，见表 15.2-18 b_0—气胎内宽度(cm)，$b_0\approx b$ b—闸瓦宽度(cm)，一般取 $b=(0.4\sim0.7)R$ p_g—空气工作压力(MPa)，一般取 $p_g=0.6\sim0.8$MPa Δp—压力损失(MPa) G_e—气胎闸瓦等部分的质量(kg) R_e—气胎闸瓦等部分质心处半径(cm) $[p]$—许用压强(N/cm^2)，见表 15.2-18 n—气胎转速(r/min) τ_p—气胎材料许用切应力(N/cm^2)，$\tau_p=30\sim50N/cm^2$
		摩擦面压强	$p=\dfrac{T_c\times 100}{2\pi R^2 b\mu}\leqslant[p]$	N/cm^2	
		由气胎强度条件确定许用传递转矩	$T_p=2\pi b_0 R_1^2\tau_p\geqslant T_c$	N · cm	
	轴向气胎式	气胎压紧力	$Q_g=25\pi(p_g-\Delta p)[(2R_2-H)^2-(2R_1+H)^2]-cz(h+\delta)\geqslant Q$	N	H—气胎厚度(cm) c—复位弹簧刚度(N/cm) z—复位弹簧数量 h—复位弹簧顶压高度(cm) δ—摩擦片总间隙(cm) Q—接合所需压紧力(N) 其余同径向气胎

注：1. 气压离合器的接合元件计算与摩擦式离合器相同，见表 15.2-21。

2. 气胎材料一般由耐油橡胶和尼龙或人造丝组合而成。气胎内腔表面覆有一层弹性橡胶，以保证有良好的密封性能；中间橡胶用尼龙等帘子线加强，外壳为橡胶层，用于保护中间层。

10.1.3 活塞缸气压离合器（见表 15.2-98～表 15.2-100）

表 15.2-98　活塞缸气压离合器的结构型式、主要尺寸和特性参数　　(mm)

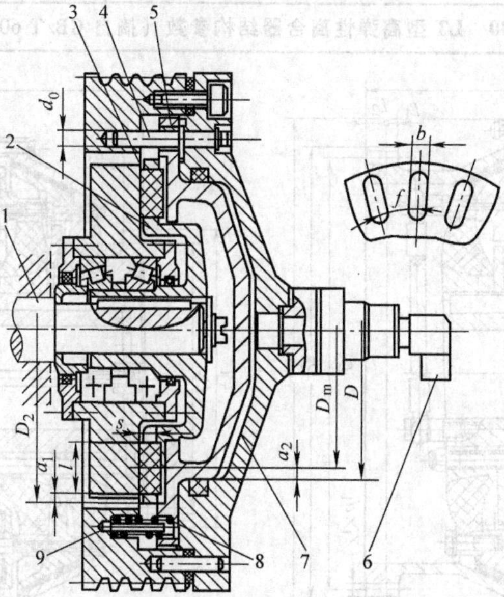

1—输出轴　2—摩擦片　3—摩擦块　4—导向柱销　5—活塞
6—进气接头　7—气缸体　8—复位弹簧　9—带轮

（续）

D_m	许用转矩 [T] /N·m	D	D_2	摩擦块 长度 l	摩擦块 宽度 b	摩擦块 数量 z	s	f	a_1	a_2	导柱 直径 d_0	导柱 数量 n	空气压强 p /MPa	摩擦因数 μ
460	16000	520	585	105	40	20	20	21.4	9.8	30	25	8		
555	25000	590	680	105	40	25	20	21.1	9.8	17.5	30	8		
615	40000	700	825	175	70	15	28	42.8	20.5	42.5	40	6		
715	63000	810	910	175	70	19	28	29.9	14.8	47.5	40	8		
1155	280000	1370	1360	175	70	32	28	32.5	14.8	107.5	55	12	0.55	0.35
1570	720000	1800	1850	240	90	40	35	48.5	19.7	115	65	12		
1930	1250000	2160	2220	240	90	32	38	49.3	24.7	115	80	16		
2086	1600000	2300	2360	240	90	41	38	45.6	24.7	107	85	26		

表 15.2-99　LT 型高弹性离合器性能参数（摘自 GB/T 6073—2010）

型号	橡胶弹性环对数	公称转矩 T_n /N·m	功率 P/转速 n /[kW/(r·min⁻¹)]	瞬时最大转矩 T_{max} /N·m	许用变动转矩 T_v /N·m	最大允许速度 n_{max} /r·min⁻¹	静态扭转角 T_n 时 φ_n /(°)	静态扭转角 T_{max} 时 φ_{max} /(°)	动刚度 C_d /N·m·rad⁻¹	使用时允许补偿量 轴向 ΔX /mm	使用时允许补偿量 径向 ΔY /mm	使用时允许补偿量 角向 Δα /(°)
LT7	1（表 15.2-100 中图 a）	710	0.074	1775	±177.5	3800	10	25	0.00468×10^6	0.7	1.2	0.3
LT11		1120	0.117	2800	±280	3700	10	25	0.00738×10^6	0.7	1.4	0.3
LT18		1800	0.188	4500	±450	3100	10	25	0.01186×10^6	0.8	1.5	0.3
LT28		2800	0.293	7000	±700	2900	10	25	0.01845×10^6	0.9	1.7	0.3
LT40		4000	0.419	10000	±1000	2600	10	25	0.02636×10^6	1.0	1.8	0.3
LT56	2（表 15.2-100 中图 b）	5600	0.586	14000	±1400	2700	10	25	0.03690×10^6	1.1	2.0	0.3
LT80		8000	0.838	20000	±2000	2500	10	25	0.05272×10^6	1.2	2.2	0.3
LT110		11200	1.173	28000	±2800	2300	10	25	0.07379×10^6	1.3	2.4	0.3
LT160		16000	1.675	40000	±4000	2100	10	25	0.010543×10^6	1.4	2.6	0.3
LT220		22400	2.346	56000	±5600	1800	10	25	0.14759×10^6	1.6	3.0	0.3
LT320		31500	3.298	78750	±7875	1700	10	25	0.19769×10^6	1.8	3.4	0.3
LT360		35500	3.717	88750	±8875	1600	10	25	0.23720×10^6	2.0	3.7	0.3
LT500		50000	5.236	125000	±12500	1400	10	25	0.32945×10^6	2.2	4.0	0.3
LT630		63000	6.597	157500	±15750	1300	10	25	0.41511×10^6	2.4	4.4	0.3
LT800		80000	8.377	200000	±20000	1200	10	25	0.52712×10^6	2.6	4.8	0.3
LT1120		112000	11.728	280000	±28000	1100	10	25	0.73798×10^6	2.8	5.2	0.3
LT1400		140000	14.660	350000	±35000	1000	10	25	0.93564×10^6	3.0	5.6	0.3
LT1800		180000	18.848	450000	±45000	950	10	25	1.31780×10^6	3.2	6.0	0.3

表 15.2-100　LT 型高弹性离合器结构参数（摘自 GB/T 6073—2010）

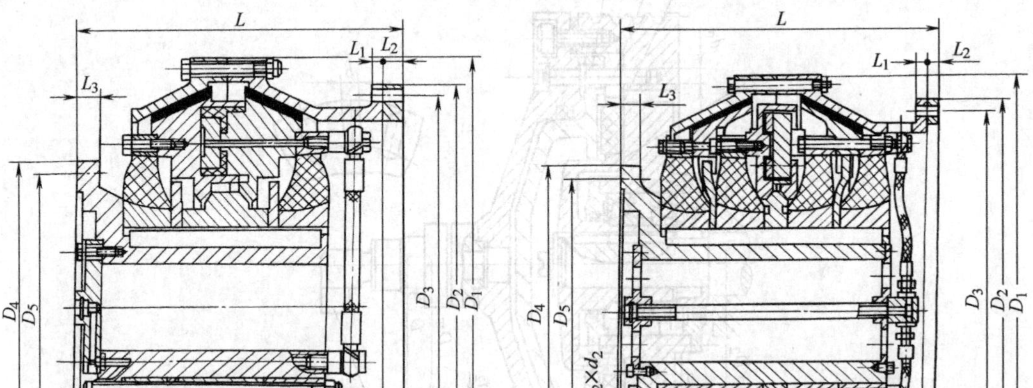

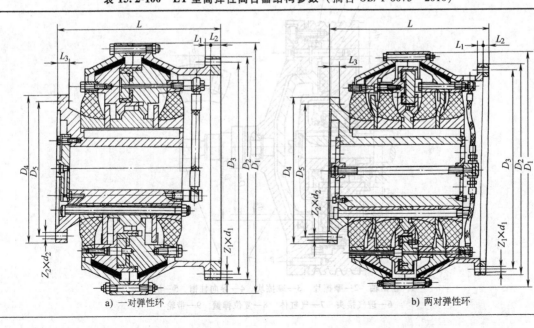

a) 一对弹性环　　b) 两对弹性环

（续）

型号	主要尺寸/mm													转动惯量 $J/kg\cdot m^2$			质量/kg		
	D_1	D_2	D_3	D_4	D_5	L	L_1	L_2	L_3	d_1	d_2	Z_1	Z_2	外转动件	内转动件	总体	外转动件	内转动件	总体
												个		J_1	J_2	J	W_1	W_2	W
LT7	355	330	305	220	200	260	10	15	18	12	11	12	12	0.53	0.42	0.95	20	50	70
LT11	395	355	330	230	210	275	10	15	20	12	13	12	12	0.75	0.68	1.43	23	63	86
LT18	455	405	385	270	245	315	10	20	20	12	13	12	12	1.66	1.77	3.43	39	105	144
LT28	510	480	450	320	290	350	12	20	22	12	13	12	12	2.28	2.85	5.13	41	120	161
LT40	565	500	475	355	315	365	12	20	22	14	17	12	12	4.41	4.18	8.59	55	175	230
LT56	530	470	440	320	290	420	16	20	28	18	17	16	16	3.02	4.10	7.12	52	204	256
LT80	575	500	475	355	315	440	16	25	28	18	17	16	16	4.49	5.38	9.87	64	223	287
LT110	630	560	535	380	350	485	16	25	28	16	21	16	12	8.61	8.59	17.20	99	276	375
LT160	710	640	605	445	410	530	16	25	28	18	21	12	12	12.9	21.3	34.2	118	491	609
LT220	790	740	700	480	440	570	18	24	35	18	21	24	16	16.9	27.07	43.97	150	594	744
LT320	860	770	730	530	490	630	18	30	35	22	21	24	16	28	35	63	215	684	899
LT360	920	820	770	600	540	680	20	30	40	22	21	24	16	35	57	92	239	840	1079
LT500	1000	890	850	650	590	704	22	30	45	22	25	24	16	51	88	139	310	1115	1425
LT630	1100	1000	940	730	660	830	24	40	50	22	25	24	24	104	111	215	425	1464	1889
LT800	1150	1030	980	700	650	810	25	40	50	26	25	24	24	140	198	338	468	1854	2322
LT1120	1300	1180	1100	840	760	970	28	40	60	26	32	24	24	226	364	590	592	2726	3318
LT1400	1400	1260	1180	900	820	1080	30	40	65	29	38	16	16	364	492	856	945	3189	4134
LT1800	1500	1335	1250	1000	900	1230	35	50	70	29	38	16	24	573	715	1288	1200	4331	5531

10.1.4 隔膜气压离合器

（1）结构型式、主要尺寸和特性参数（见表15.2-101）

（2）选择计算

1）离合器摩擦衬面的压强

$$p=\frac{Q}{\pi(r_1^2-r_2^2)\left(1+\frac{\mu\cos\alpha}{\sin\alpha}\right)} \quad (15.2\text{-}23)$$

2）离合器传递的摩擦转矩

$$T_\mu=\frac{4}{3}\times\frac{\mu Q(r_1^3-r_2^3)}{(\sin\alpha+\mu\cos\alpha)(r_1^2-r_2^2)} \quad (15.2\text{-}24)$$

式中 Q——离合器接合时的压紧力（N），查表15.2-21；

r_1——圆锥体摩擦工作面大端半径（mm）；

r_2——圆锥体摩擦工作面小端半径（mm）；

μ——摩擦因数；

α——摩擦面锥角（°）。

表15.2-101 隔膜气压离合器的结构型式、主要尺寸和特性参数 （mm）

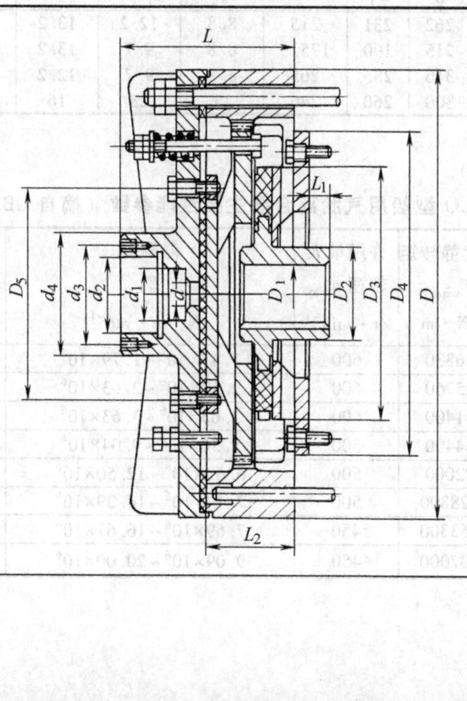

（续）

序号	许用转矩[T] /N·m	空气压力 /MPa	D	D_1	D_2	D_3	D_4	D_5	L	L_1	L_2	d	d_1	d_2	d_3	d_4	质量 /kg
1	400	0.300	440	60	90	260	330	230	220	39	85	20	50	72	85	120	75
2	800	0.290	490	70	100	280	350	300	230	49	85	20	50	72	85	120	84
3	1600	0.293	600	80	120	360	430	330	245	60	90	20	50	72	85	120	135
4	3150	0.325	650	90	130	450	520	440	285	60	110	25	52	80	95	140	195
5	6300	0.321	780	100	160	530	610	560	295	71	120	25	52	80	95	140	268
6	12500	0.337	930	125	180	650	700	680	335	76	140	25	52	80	95	140	435
7	18000	0.338	1020	140	210	730	810	750	355	96	140	25	52	80	95	140	525
8	25000	0.381	1120	160	240	830	920	810	425	118	165	42	75	110	130	160	737
9	35500	0.350	1250	180	260	900	1000	950	455	148	165	42	75	110	130	160	906
10	50000	0.347	1400	200	300	1020	1120	1060	525	178	190	42	75	110	130	160	1273
11	71000	0.378	1500	220	320	1160	1260	1110	545	198	190	42	75	110	130	160	1469

3）离合器脱开时的轴向恢复力

$$F_a = C_x \delta n \qquad (15.2\text{-}25)$$

式中　C_x——单个橡胶环的轴向刚度（N/mm）；

δ——接合时单个橡胶环的轴向变形量（mm）；

n——离合器中橡胶环对数。

4）气缸压紧力

$$Q_g = \pi p(R_2^2 - R_1^2) - F_a \qquad (15.2\text{-}26)$$

式中　p——空气压强（MPa）；

R_1、R_2——环形气缸的内、外半径（mm）。

气缸压紧力应大于离合器接合所需的压紧力。

10.1.5　气胎离合器（见表 15.2-102～表 15.2-105）

表 15.2-102　径向式气胎的尺寸系列　　（mm）

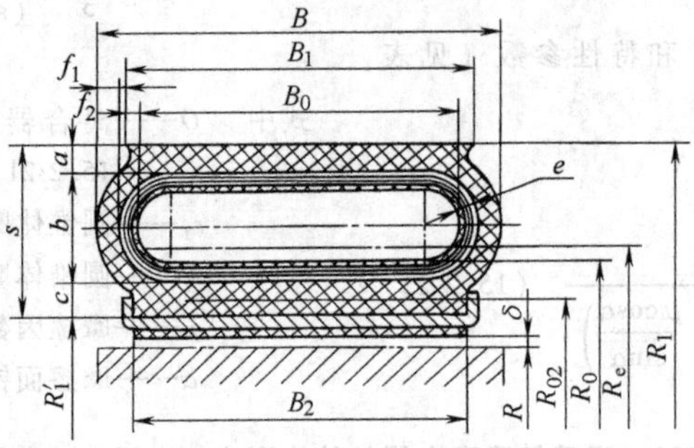

气胎号	R_1	R'_1	s	B	B_1	B_2	e	f_1+f_2	a	b	c	n	$2\theta/(°)\approx$
1	570	479	91	262	231	215	8.8	12.2	13.2	57.6	20.2	8	70
2	395.5	307.5	88	215	190	175.5	8.8	9.7	13.2	55.6	19.2	8	70
3	700	605	95	316	285	265	8.8	9.7	12.2	57.6	25.2	8	70
4	1295.5	1184	108.5	300	260	246	11	23	16	62	30.5	10	70

注：1. n 为气胎转速（r/min）。

2. θ 为气胎凸出处夹角（°）。

表 15.2-103　LQ 型船用气胎离合器主要性能参数（摘自 CB/T 3860—2011）

型　号	气胎数量 /个	公称转矩 T_n /N·m	最大静转矩 $T_{s\,max}$ /N·m	许用最大转速 n_{max} /r·min^{-1}	静刚度 C_s /N·m·rad^{-1}	径向刚度 C_y /N·mm^{-1}	使用时允许补偿量 轴向 ΔX /mm	径向 ΔY /mm	角向 $\Delta\alpha$ /mm·m^{-1}
LQD70	1	7100	16330	600	$1.47\times10^6\sim1.79\times10^6$	1.27×10^4	1.5	1.5	0.09
LQD110		11200	25760	600	$2.17\times10^6\sim2.63\times10^6$	1.40×10^4	1.5	1.5	0.09
LQD180		18000	41400	600	$2.63\times10^6\sim3.63\times10^6$	1.55×10^4	1.5	1.5	0.09
LQD280	1	28000	64400	500	$5.56\times10^6\sim9.04\times10^6$	1.70×10^4	1.8	1.8	0.10
LQD400		40000	92000	500	$6.67\times10^6\sim12.50\times10^6$	1.85×10^4	1.8	1.8	0.10
LQD560		56000	128800	500	$7.14\times10^6\sim14.29\times10^6$	2.00×10^4	2.0	2.0	0.11
LQD710		71000	163300	450	$7.69\times10^6\sim16.67\times10^6$	2.40×10^4	2.0	2.0	0.11
LQD900		90000	207000	450	$9.09\times10^6\sim20.00\times10^6$	2.90×10^4	2.0	2.0	0.11

表 15.2-104　LQ 型船用气胎离合器的主要结构参数（摘自 CB/T 3860—2011）

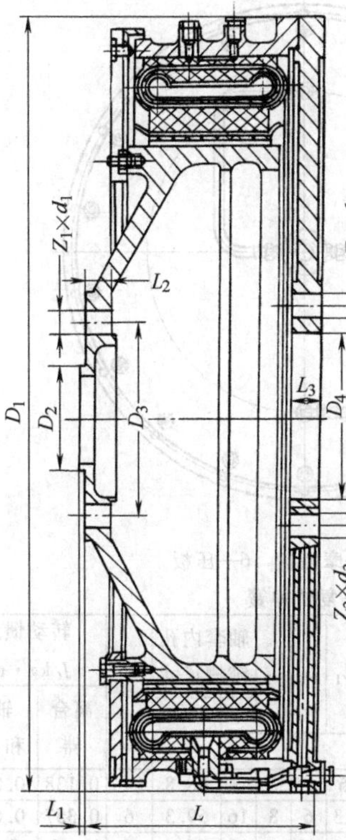

a) LQD70-180

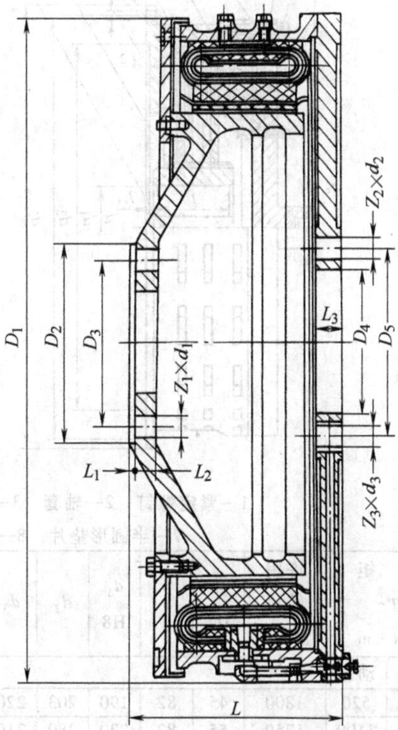

b) LQD280-900

标记示例：传递公称转矩 11200N · m 的单腔离合器：

离合器 LQD110 CB/T 3860—2011

<table>
<tr><th rowspan="2">型号</th><th colspan="15">基　本　尺　寸/mm</th><th colspan="3">转动惯量/kg · m²</th><th colspan="3">质量/kg</th></tr>
<tr><th>D_1</th><th>D_2</th><th>D_3</th><th>D_4</th><th>D_5</th><th>L</th><th>L_1</th><th>L_2</th><th>L_3</th><th>Z_1</th><th>Z_2</th><th>Z_3</th><th>d_1</th><th>d_2</th><th>d_3</th><th>外转动件</th><th>内转动件</th><th>总体</th><th>外转动件</th><th>内转动件</th><th>总体</th></tr>
<tr><td>LQD 70</td><td>750</td><td>$110^{-0.012}_{-0.034}$</td><td>235</td><td>$160^{+0.040}_{0}$</td><td>215</td><td>315</td><td rowspan="3">6</td><td>32. 5</td><td>38</td><td rowspan="3">6</td><td rowspan="8">8</td><td rowspan="3">5</td><td>28</td><td>30</td><td>24</td><td>18</td><td>7</td><td>25</td><td>208</td><td>116</td><td>324</td></tr>
<tr><td>LQD 110</td><td>876</td><td rowspan="2">$140^{-0.014}_{-0.039}$</td><td rowspan="2">265</td><td rowspan="4">$230^{+0.046}_{0}$</td><td rowspan="4">305</td><td>330</td><td>34.5</td><td rowspan="2">39</td><td>32</td><td rowspan="5">35</td><td rowspan="5">32</td><td>41</td><td>15</td><td>56</td><td>268</td><td>136</td><td>404</td></tr>
<tr><td>LQD 180</td><td>1065</td><td>345</td><td>38.5</td><td>35</td><td>76</td><td>28</td><td>104</td><td>416</td><td>220</td><td>636</td></tr>
<tr><td>LQD 280</td><td>1220</td><td rowspan="3">$540^{+0.070}_{0}$</td><td rowspan="3">450</td><td>375</td><td rowspan="5">5</td><td>50</td><td rowspan="3">40</td><td rowspan="3">9</td><td rowspan="5">6</td><td rowspan="3">48</td><td>119</td><td>60</td><td>179</td><td>443</td><td>333</td><td>776</td></tr>
<tr><td>LQD 400</td><td>1360</td><td>400</td><td rowspan="2">55</td><td>215</td><td>100</td><td>315</td><td>709</td><td>451</td><td>1160</td></tr>
<tr><td>LQD 560</td><td>1500</td><td>$310^{+0.052}_{0}$</td><td>580</td><td>420</td><td>283</td><td>168</td><td>451</td><td>1060</td><td>505</td><td>1565</td></tr>
<tr><td>LQD 710</td><td>1700</td><td rowspan="2">$660^{+0.080}_{0}$</td><td rowspan="2">530</td><td rowspan="2">$450^{+0.063}_{0}$</td><td rowspan="2">530</td><td>440</td><td rowspan="2">60</td><td rowspan="2">46</td><td rowspan="2">8</td><td rowspan="2">60</td><td rowspan="2">48</td><td rowspan="2">44</td><td>583</td><td>281</td><td>864</td><td>1070</td><td>708</td><td>1778</td></tr>
<tr><td>LQD 900</td><td>1850</td><td>480</td><td>911</td><td>535</td><td>1446</td><td>1621</td><td>1352</td><td>2973</td></tr>
</table>

表 15.2-105　QPL 型气动盘式离合器的结构型式、性能参数和主要尺寸（摘自 JB/T 7005—2007）

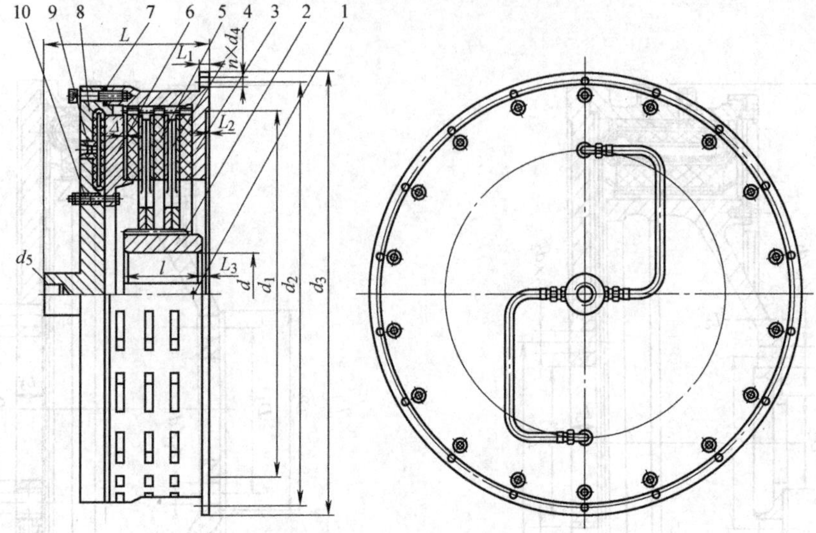

1—紧定螺钉　2—轴套　3—壳体　4—内盘　5—摩擦盘　6—压板
7—半圆形垫片　8—端盖　9—气囊　10—复位弹簧

型号	转矩 T① /N·m		许用转速 $[n]$/r·min^{-1}	d H7	l	d_1 H8	d_2	d_3	d_4	d_5	L ≈	L_1	L_2	L_3	轴套内孔键槽尺寸		n	转动惯量 J/kg·m^2		质量 /kg ≈
	额定	动态		mm											b	t		离合器	轴套和内盘	
QPL1	312	520	1800	45	82	190	203	220	9	Rc1/2	178	6	1.5	2	14	48.8	4	0.138	0.0141	20
QPL2	660	1100	1750	55	82	220	280	310	13.5	Rc3/4	192	13	6	8	16	59.3	6	0.357	0.0409	32
QPL3	1540	2560	1400	63	110	295	375	400	17.5	Rc3/4	235	16	10	6	18	67.4	6	1.42	0.175	75
QPL4	2680	4420	1200	80	114	370	445	470	17.5	Rc3/4	248	16	10	10	22	85.4	8	2.85	0.446	105
QPL5	4160	6900	1100	100	120	410	510	540	17.5	Rc1	260	16	10	10	28	106.4	12	5.25	0.761	148
QPL6	6320	10400	1000	120	120	470	560	590	17.5	Rc1	280	16	10	11	32	127.4	12	7.60	1.216	171
QPL7	8600	14300	900	130	130	540	648	685	17.5	Rc1	305	19	8	19	32	137.4	12	14.60	2.385	264
QPL8	15100	25000	700	150	130	620	730	760	17.5	Rc1¼	315	19	6	19	36	158.4	12	26.80	3.961	365
QPL9	16800	28000	650	160	175	700	800	830	17.5	Rc1¼	350	19	6	19	40	169.4	16	35.00	6.950	426
QPL10	32000	53000	600	180	180	775	900	940	22	Rc1½	366	19	6	19	45	190.4	18	62.50	10.261	640
QPL11	49600	82000	500	220	230	925	1065	1105	22	Rc1½	404	22	5	16	50	231.4	18	133	26.471	905

注：1. 动态转矩为离合器的全部传动能力，选用时按照额定转矩直接选用。

2. 平键只能传递部分转矩，对于平键不能传递的转矩应由过盈配合传递。

3. 标记示例：额定转矩为4160N · m的离合器，标记为QPL5离合器JB/T 7005—2007。

① 指气囊进口处压力为0.5MPa时的转矩。

10.2　液压离合器

10.2.1　液压离合器的计算（见表15.2-106）

表 15.2-106　液压离合器的计算

计算项目		计算公式	说明
柱塞式	柱塞缸压紧力	$Q_g=\dfrac{\pi}{4}d^2z(p_g-\Delta p)\times100>Q$	p_g—液压缸工作压力(MPa)，一般取 $p_g=0.5\sim2$MPa Δp—压力损失(MPa)，一般取 $\Delta p=0.05\sim0.1$MPa Q—接合需要的压紧力(N) d—柱塞直径(cm) z—柱塞数目
	压力损失对柱塞的阻力	$Q_0=\dfrac{\pi}{4}d^2z\Delta p\times100$	
	复位弹簧力	$Q_t\geqslant Q_0$	

（续）

计算项目		计算公式	说　明
活塞缸式	活塞缸压紧力	$Q_g=\pi(R_2^2-R_1^2)(p_g-\Delta p)\times100-Q_f>Q$	p_g—液压缸工作压力（MPa），一般取 $p_g=0.5\sim2.0$MPa Δp—排油需要的压力（MPa），一般取 $\Delta p=0.05\sim0.10$MPa，但需满足 $\Delta p\geqslant7.85\times10^{-8}n^2R_0^2$ μ—摩擦因数 h—密封圈高度（cm） n—液压缸转速（r/min） Q—接合需要的压紧力（N） R_1—液压缸内半径（cm） R_2—液压缸外半径（cm） R_0—伸出端轴半径（cm）
	密封圈摩擦阻力 对 O 形圈 对 Y 形圈	 $Q_f=0.03Q$ $Q_f=\pi\mu p_g(R_2+R_1)h\times100$	
	压力损失对活塞的阻力	$Q_0=\pi(R_2^2-R_1^2)\Delta p\times100$	
	离心力对活塞的阻力	$Q_1=7.85\times10^{-8}n^2(R_2^2-R_1^2)(R_2^2+R_1^2-2R_0^2)$	
	转动缸复位弹簧力	$Q_t=Q_1+Q_0+Q_f$	
	静止缸复位弹簧力	$Q_t=Q_0+Q_f$	

10.2.2　活塞缸式液压牙嵌离合器（见表 15.2-107）

表 15.2-107　活塞缸式液压牙嵌离合器的结构型式和主要尺寸　（mm）

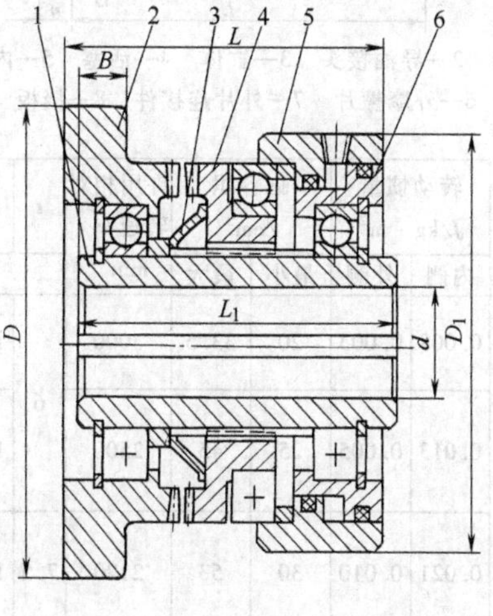

1—轴套　2—固定半离合器　3—碟形弹簧
4—可动半离合器　5—可动外缸套　6—活塞缸

序　号	许用转矩 /N·m	D	D_1	d max	d min	L	L_1	B
1	160	110	100	25	15	78	76.5	12
2	250	120	115	30	20	82	80.5	14
3	400	135	120	30	20	85	83.5	14
4	550	150	135	40	30	92	90.5	15
5	750	160	145	45	35	95	93.5	16
6	1300	190	165	50	35	108	106.5	18
7	2000	210	185	60	35	122	120.5	20

10.2.3　活塞缸式液压离合器（见表 15.2-108）

表 15.2-108　活塞缸式液压离合器的结构型式、主要尺寸和特性参数

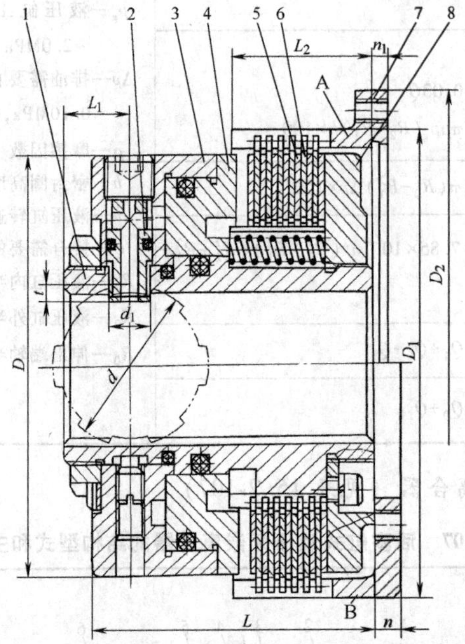

1—轴套　2—导油接头　3—缸体　4—活塞　5—内摩擦片
6—外摩擦片　7—外片连接件　8—挡板

<table>
<tr><th rowspan="2">花键规格
/mm</th><th rowspan="2">许用动转矩①
/N · m</th><th rowspan="2">许用静转矩②
/N · m</th><th rowspan="2">工作压力③
/MPa</th><th colspan="2">转动惯量
J/kg · m²</th><th colspan="2">缸容积
/cm³</th><th rowspan="2">许用相对转速/r · min⁻¹</th><th>t</th><th>D</th><th>D₁</th><th>D₂</th><th>d₁</th><th>L</th><th>L₁</th><th>L₂</th><th>n</th><th>n₁</th></tr>
<tr><th>内侧</th><th>外侧</th><th>最小</th><th>最大</th><th colspan="10">mm</th></tr>
<tr><td>35×30×10
40×35×10</td><td>160</td><td>250</td><td rowspan="7">2</td><td>0.008</td><td>0.003</td><td>20</td><td>33.5</td><td>3000</td><td rowspan="2">6</td><td>110</td><td>120</td><td>145</td><td rowspan="2">13.5</td><td>90</td><td>19</td><td>40</td><td rowspan="3">8</td><td>5</td></tr>
<tr><td>40×35×10
45×40×12
50×45×12</td><td>250</td><td>400</td><td>0.013</td><td>0.005</td><td>25</td><td>45</td><td>2500</td><td>125</td><td>140</td><td>165</td><td>95</td><td>20</td><td rowspan="2">42</td><td rowspan="5">6</td></tr>
<tr><td>50×45×12
55×50×14
60×54×14</td><td>400</td><td>630</td><td>0.021</td><td>0.010</td><td>30</td><td>53</td><td>2120</td><td>7.5</td><td>140</td><td>160</td><td>185</td><td rowspan="5">15.5</td><td>100</td><td>21</td></tr>
<tr><td>60×54×14</td><td rowspan="2">630</td><td rowspan="2">1000</td><td rowspan="2">0.044</td><td rowspan="2">0.02</td><td rowspan="2">63</td><td rowspan="2">106</td><td rowspan="2">1800</td><td>7.5</td><td rowspan="2">160</td><td rowspan="2">180</td><td rowspan="2">210</td><td rowspan="2">115</td><td rowspan="2">24</td><td rowspan="4">52</td><td rowspan="4">10</td></tr>
<tr><td>65×58×16
70×62×16</td><td>10</td></tr>
<tr><td>65×58×16
72×62×16</td><td rowspan="2">1000</td><td rowspan="2">1600</td><td rowspan="2">0.075</td><td rowspan="2">0.038</td><td rowspan="2">87</td><td rowspan="2">145</td><td rowspan="2">1600</td><td>7.5</td><td rowspan="2">180</td><td rowspan="2">210</td><td rowspan="2">240</td><td rowspan="2">120</td><td rowspan="2">24</td></tr>
<tr><td>75×65×16</td><td>10</td></tr>
</table>

注：外片连接件可根据需要做成 A、B 两种形式之一。

① 指在载荷下接合的许用转矩。

② 指在空载下接合的许用转矩。

③ 液压泵至离合器液压缸间的管路压力损失≤0.25MPa，工作压力是指液压泵输出油路中的表压值。

第3章 制　动　器

1　制动器的功能、分类、特点与应用

制动器是用于机构或机器减速或使其停止的装置，有时也用作调节或限制机构或机器的运动速度，它是保证机构或机器正常安全工作的重要部件。

电力制动（再生制动、涡流制动和反接制动等）只能消耗机构或机器的一部分动能，减小或限制其运动速度不能使运动停止；机械式制动器则具有减速、停止及支持等功能。本章重点论述后者。

为了减小制动转矩，缩小制动器尺寸，通常将制动器装在机构的高速轴上，或装在减速器的输入轴上。某些安全制动器则装在低速轴或卷筒轴上，以防在传动机构中断轴时物品的坠落。特殊情况下也有将制动器装在其他轴上的。

按工作状态分类，制动器可分为常闭式和常开式。常闭式制动器靠弹簧或重力的作用经常处于紧闸状态，在机构运行时，需用人力或松闸器使制动器松闸；与此相反，常开式制动器经常处于松闸状态，只有施加外力时才能使其紧闸。

制动器主要由制动架、摩擦元件和松闸器等组成，许多制动器还装有自动调整间隙的装置。

常用制动器的性能特点及应用见表 15.3-1。

表 15.3-1　常用制动器的性能特点及应用

序号	制动器名称	特点及应用说明
1	外抱式制动器	构造简单、可靠，散热好。瓦块有充分和较均匀的退距，调整间隙方便。对于直形制动臂，制动转矩大小与转向无关，制动轮轴不受弯曲作用力影响。但包角和制动转矩小，制造比带式制动器复杂，杠杆系统复杂，外形尺寸大。应用较广，适于工作频繁及空间较大的场合
2	内张蹄式制动器	两个内置的制动蹄沿径向向外挤压制动鼓，产生制动转矩。结构紧凑，散热性好，密封容易。可用于安装空间受限制的场合，广泛用于轮式起重机及各种车辆，如汽车、拖拉机等的车轮上
3	带式制动器	构造简单、紧凑，包角大（可超过 2π），制动转矩大。制动轮轴受较大的弯曲作用力，制动带的比压和磨损不均匀（按 $e^{\mu\alpha}$ 规律进行）。简单和差动带式制动器的制动转矩大小均与旋转方向有关，限制了应用范围。适于大型机器、要求结构紧凑的制动，如用于移动式起重机中
4	盘式制动器	利用轴向压力使圆盘或圆锥形摩擦表面压紧，实现制动。制动轮轴不受弯曲作用力影响，构造紧凑。与带式制动器相比，磨损较均匀，制动转矩大小与旋转方向无关，常制成封闭式，可防尘防潮。摩擦面散热条件次于块式和带式，温度较高。适于应用在紧凑性要求高的场合，如车辆的车轮和电动葫芦中
5	载荷自制盘式制动器	靠重物自重在机构中产生的内力制动，它能保证重物在升降过程中平稳下降和安全悬吊。主要用于提升设备及起重机械的起升机构中
6	磁粉制动器	主要利用磁粉磁化时所产生的剪力来制动。体积小，质量小，励磁功率小，且制动转矩与转动件的转速无关。但磁粉会引起零件磨损。适用于自动控制及各种机器的驱动系统中
7	电磁涡流制动器	坚固耐用，维修方便，调速范围大。但低速时效率低，温升高，必须采取散热措施。常用于有垂直负载的机械中（如起重机械的起升机构），吸收停车前的动能，以减轻停止式制动器的负载

2　制动器的选择与设计

2.1　制动器的类型选择

制动器类型的选择应根据使用要求和工作条件来选定。选择时应考虑以下几点：

1）需要应用的机器或机构的工作性质和工作条件。例如，对于起重机的起升和变幅机构都必须采用常闭式制动器，而对于水平运行的车辆，以及起重机械的运行和旋转机构等，为了控制制动转矩的大小以便准确停车，则多采用常开式制动器。

2）应充分注意制动器的任务。例如，支持物品制动器的制动转矩必须有足够的裕度，即应保证一定的安全系数。对于安全性有高度要求的机构，需装设双重制动器，如运送熔化金属或易燃、爆炸物品的起升机构，规定必须装设两个制动器，并且每一个制动器都应能单独安全地支持金属液包等运送物品，而不致坠落。又如矿井提升机，除在高速轴上设置制动器

外，还应在卷筒或绳轮轴上设置制动器。对于重物下降制动（即滑摩式制动）则应考虑散热问题，必须有足够的散热面积，使其能将制动时重物位能所产生的热量散去，以免过热使制动失效。

3）应考虑应用的场所。例如，当安装制动器的地点有足够的空间时，则可选用外抱式制动器；对于空间受限制处，则可采用内蹄式、带式或盘式制动器。

2.2　制动器的设计

设计制动器的主要步骤如下：

1）根据机器或机构的运转情况计算制动轴上的负载转矩 T_t。对用于起重机的起升机构（或矿井提升机），制动转矩必须有一定的安全储备，求出制动转矩 T（$T=S_pT_t$），并考虑安全储备的制动安全系数 S_p 的推荐值（见表 15.3-2）。而对于水平运行的车辆或起重机械的运行机构等，制动转矩以满足工作要求为宜（使制动车轮不发生打滑现象，或满足一定的制动距离或制动时间），不可过大，以防止机器设备的剧烈振动或导致零部件的损坏。

2）根据计算转矩和工作条件，选定合适的制动器类型和结构，并画出传动图。

3）按摩擦元件的退距求出松闸推力和行程，用以选择或设计松闸器。

4）对主要零件做必要的强度计算，其中制动臂、传力杠杆等还应进行刚度验算。对摩擦元件则应进行发热验算。

如果选用标准制动器，则应以计算制动转矩为依据，参照标准制动器的额定制动转矩，选出标准型号后，做必要的验算，也可直接选用不再验算。

表 15.3-2　制动安全系数 S_p 推荐值

设备类型			S_p
矿井提升机			3
起重机械 起升机构	驱动形式	机构工作级别	
	人力驱动	M_1(轻级)	1.5
	动力驱动	M_1、M_2、M_3、M_4(轻级)	1.5
		M_5(中级)	1.75
		M_6、M_7(重级)	2.0
		M_8(特重级)	2.5
	同一机构装设两个制动器时的每台制动器		1.25

2.3　计算制动转矩的确定

根据被制动对象的运动情况，可分为水平移动时制动和垂直（升降）移动时制动两种基本类型。制动转矩 T 的计算公式见表 15.3-3。常用旋转体转动惯量和飞轮力矩的计算公式见表 15.3-4。

表 15.3-3　制动转矩的计算公式

计算内容		计算公式	单位	说明
机械制动转矩	水平制动	$T=T_t-T_f$	N·m	T_t—负载转矩，此处为换算到制动轴上的传动系统惯性转矩(N·m) T_f—换算到制动轴上的总摩擦阻力转矩(N·m) 被制动的只是惯性质量，如车辆的制动
	垂直制动	$T=T_tS_p$ $T_t=\dfrac{T_1}{i}\eta$	N·m	T_t—换算到制动轴上的负载转矩 T_1—垂直负载对负载轴的转矩（N·m） i—制动轴到负载轴的传动比 η—从制动轴到负载轴的机械效率 S_p—保证重物可靠悬吊的制动安全系数(见表 15.3-2)。因有较大的储备，惯性转矩可不计 被制动的有惯性质量和垂直负载(垂直负载是主要的)，如提升设备的制动应保证重物可靠悬吊 机械制动使重物匀速下降、车辆匀速下坡等仍按以上基本类型考虑
负载转矩	水平制动	$T_t=\dfrac{E_p+E_g}{\varphi}$ $E_p=\dfrac{I_{eqp}(\omega_1^2-\omega_0^2)}{2}$ $=\dfrac{(GD^2)_{eqp}(n_1^2-n_0^2)}{7160}$ $E_g=\dfrac{m(v_1^2-v_0^2)}{2}$	N·m	φ—制动轴在制动时的转角(rad) E_p—换算到制动轴上的所有旋转质量的动能与制动轴系旋转质量动能之和(N·m) E_g—换算到制动轴上的所有直线移动质量的动能(N·m) I_{eqp}、$(GD^2)_{eqp}$—换算到制动轴上的及制动轴系本身的旋转质量的等效转动惯量(kg·m²)和等效飞轮力矩(N·m²) ω—制动轴角速度(rad/s) m—直线运动部分质量(kg) v—直线运动部分速度(m/s) n—制动轴转速(r/min) 下标 1 和 0 分别表示制动开始和终了

（续）

计算内容		计 算 公 式	单 位	说 明
负载转矩	垂直制动	$T_t=\dfrac{mgD_0}{2ia}\eta$	N·m	m—重物质量与吊具质量之和(kg) D_0—卷筒计算直径(m) a—滑轮组倍率 i—制动轴到卷筒轴的传动比 η—制动轴到卷筒轴的机械效率 g—重力加速度，$g=9.8\text{m/s}^2$
给定条件下的负载转矩		给定制动时间 $T_t=\dfrac{(GD^2)_{eq}(n_1-n_0)}{375t}$	N·m	在时间 t(s) 内将制动轴的转速从 n_1 减至 n_0 要求完全制动时，$n_0=0$ $(GD^2)_{eq}$—见本表后面的说明
		给定制动轴转角 $T_t=\dfrac{(GD^2)_{eq}(n_1^2-n_0^2)}{7160\varphi}$	N·m	在制动轴转角 φ 内将制动轴的转速从 n_1 减至 n_0 要求完全制动时 $n_0=0$ φ—制动轴转角(rad)
		给定制动距离 $T_t=\dfrac{(GD^2)_{eq}(n_1^2-n_0^2)R}{7160Si}$ 如制动开始和终了时的车速为 v_1 和 v_0(m/min)，则 $T_t=\dfrac{(GD^2)_{eq}i(v_1^2-v_0^2)}{283000SR}$ 要求完全制动时，n_0 和 v_0 为零，则 $T_t=\dfrac{(GD^2)_{eq}v_1n_1}{45000S}$	N·m	车辆等在给定的制动 S 距离内将制动轴的转速从 n_1 减至 n_0 时 R—车轮半径(m) i—制动轴到车轮轴的传动比 S—给定的制动距离(m)
传动系统的等效飞轮力矩		制动轴上的总等效飞轮力矩 $(GD^2)_{eq}=(GD^2)_{eqp}+(GD^2)_{eqg}$ $(GD^2)_{eqp}=\sum(GD_j^2)\cdot i_{(j-1)}^2$ 等效飞轮力矩计算简图 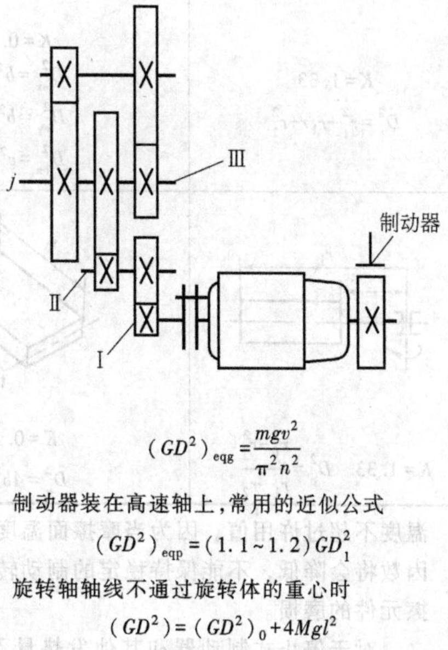 $(GD^2)_{eqg}=\dfrac{mgv^2}{\pi^2n^2}$ 制动器装在高速轴上，常用的近似公式 $(GD^2)_{eqp}=(1.1\sim1.2)GD_1^2$ 旋转轴轴线不通过旋转体的重心时 $(GD^2)=(GD^2)_0+4Mgl^2$	N·m²	$(GD^2)_{eqp}$—旋转部分的等效飞轮力矩 GD_j^2—传动系统中任意轴 j 的飞轮力矩(见表15.3-4) $i_{(j-1)}$—传动系统中轴 j 到制动轴的传动比，$i_{(j-1)}=n_j/n_1$ $(GD^2)_{eqg}$—直线运动部分的等效飞轮力矩 m—直线运动部分的重量(kg) v—速度(m/min) n—制动轴转速(r/min) GD_1^2—高速轴即制动轴上的总飞轮力矩(N·m²)，一般包括制动轴上制动轮及联轴器的飞轮力矩，可由相应的制动轮及联轴器性能数据表中查出 转动惯量 I 与飞轮力矩的关系 $(GD^2)=4gI$ $(GD^2)_0$—旋转体绕重心轴的飞轮力矩(N·m²) M—旋转体质量(kg) l—旋转体重心到旋转轴轴线的距离(m)

表 15.3-4　常用旋转体转动惯量和飞轮力矩的计算公式

计算通式

$$I=K\frac{mD_{\mathrm{e}}^{2}}{4}$$

$$(GD^{2})=KmgD_{\mathrm{e}}^{2}$$

式中　m—旋转体质量(kg)

K—系数

D_{e}—飞轮计算直径(m)

g—重力加速度，$g=9.8\mathrm{m/s^2}$

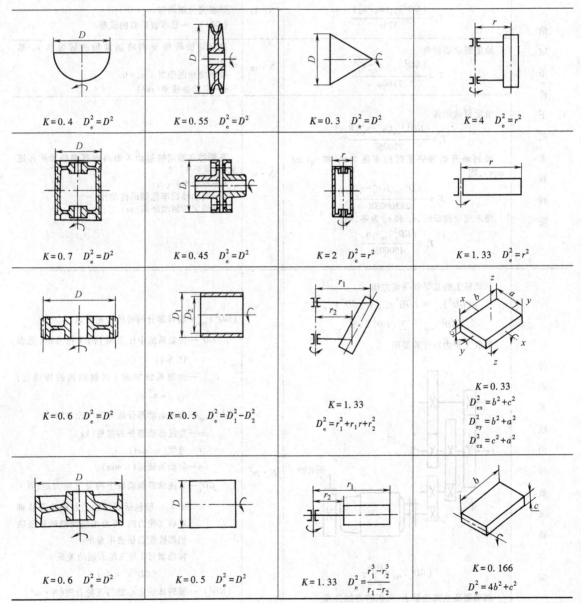

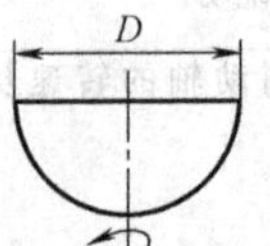 $K=0.4\quad D_{\mathrm{e}}^{2}=D^{2}$	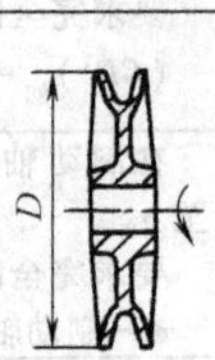 $K=0.55\quad D_{\mathrm{e}}^{2}=D^{2}$	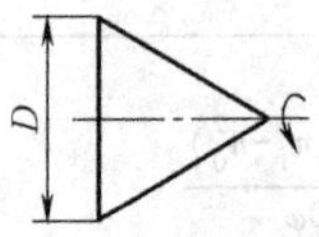 $K=0.3\quad D_{\mathrm{e}}^{2}=D^{2}$	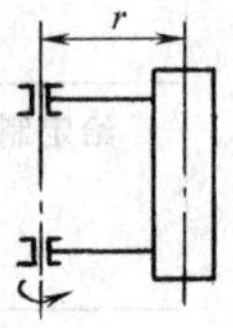 $K=4\quad D_{\mathrm{e}}^{2}=r^{2}$
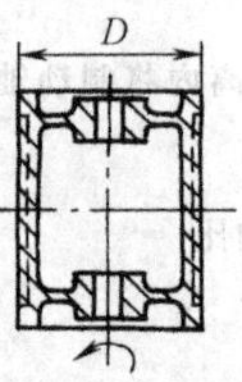 $K=0.7\quad D_{\mathrm{e}}^{2}=D^{2}$	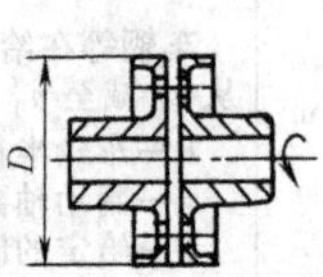 $K=0.45\quad D_{\mathrm{e}}^{2}=D^{2}$	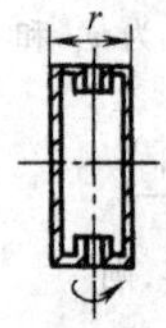 $K=2\quad D_{\mathrm{e}}^{2}=r^{2}$	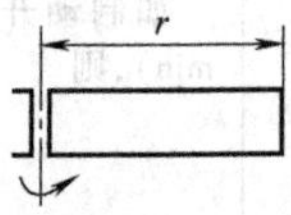 $K=1.33\quad D_{\mathrm{e}}^{2}=r^{2}$
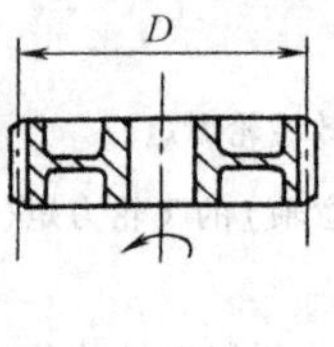 $K=0.6\quad D_{\mathrm{e}}^{2}=D^{2}$	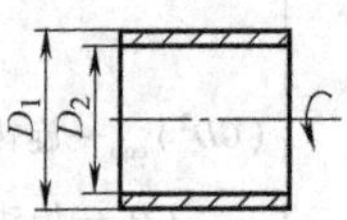 $K=0.5\quad D_{\mathrm{e}}^{2}=D_{1}^{2}-D_{2}^{2}$	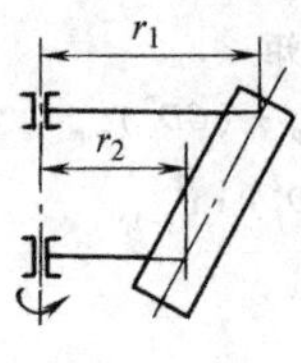 $K=1.33$ $D_{\mathrm{e}}^{2}=r_{1}^{2}+r_{1}r+r_{2}^{2}$	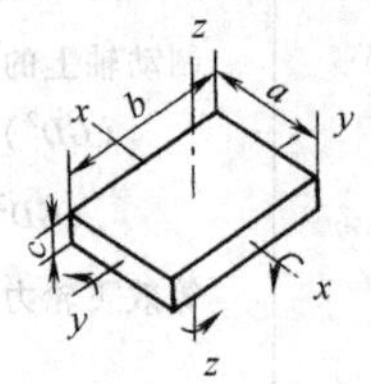 $K=0.33$ $D_{\mathrm{ex}}^{2}=b^{2}+c^{2}$ $D_{\mathrm{ey}}^{2}=b^{2}+a^{2}$ $D_{\mathrm{ez}}^{2}=c^{2}+a^{2}$
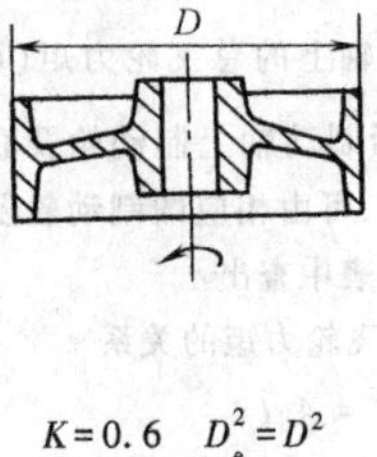 $K=0.6\quad D_{\mathrm{e}}^{2}=D^{2}$	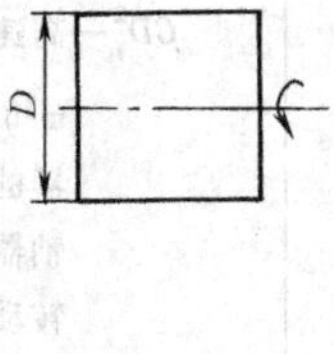 $K=0.5\quad D_{\mathrm{e}}^{2}=D^{2}$	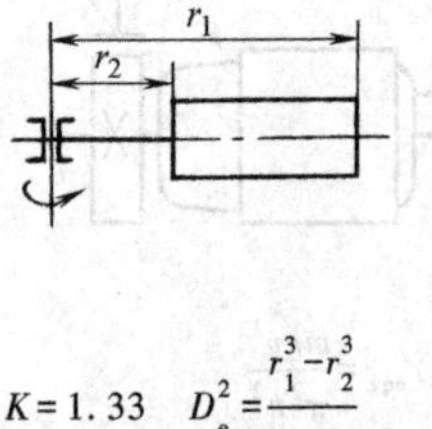 $K=1.33\quad D_{\mathrm{e}}^{2}=\frac{r_{1}^{3}-r_{2}^{3}}{r_{1}-r_{2}}$	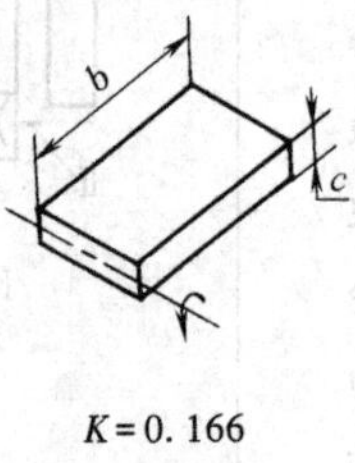 $K=0.166$ $D_{\mathrm{e}}^{2}=4b^{2}+c^{2}$

2.4　制动器的发热验算

发热验算是设计及选用制动器中的一个重要环节。发热验算的目的是保证制动轮和摩擦衬垫的工作温度不超过许用值，因为当摩擦面温度过高时，摩擦因数将会降低，不能保持稳定的制动转矩，并加速摩擦元件的磨损。

对于停止式制动器和其他发热量不大的制动器，

可以只校核其摩擦面的比压 p 和 pv 值（v 为制动轮圆周速度）是否超过许用值（见表 15.3-8）。起重机工作级别为 $M_1 \sim M_6$ 的机构，按所需制动转矩选择的标准制动器，当每小时制动次数不大于 150 次时，不需进行发热验算。

（1）热平衡的通式

对于滑摩式[㊀]制动器和在高温下频繁工作的制动器，因发热量大，应进行热平衡计算，即

$$Q \leqslant Q_1 + Q_2 + Q_3 \tag{15.3-1}$$

$$Q_1 = (\beta_1 A_1 + \beta_2 A_2) \times \left[\left(\frac{273+\theta_1}{100}\right)^4 - \left(\frac{273+\theta_2}{100}\right)^4\right] \tag{15.3-2}$$

$$Q_2 = \alpha_1 A_3 (\theta_1 - \theta_2)(1 - JC) \tag{15.3-3}$$

$$Q_3 = \alpha_2 A_4 (\theta_1 - \theta_2) JC \tag{15.3-4}$$

式中 Q——制动器工作每小时所产生的热量（kJ/h）；

Q_1——每小时辐射散热量（kJ/h）；

Q_2——每小时自然对流散热量（kJ/h）；

Q_3——每小时强迫对流散热量（kJ/h）；

β_1——制动轮光亮表面的辐射系数，通常可取 $\beta_1 = 5.44\text{kJ/(m}^2 \cdot \text{h} \cdot ℃)$；

β_2——制动轮暗黑表面的辐射系数，通常取 $\beta_2 = 18\text{kJ/(m}^2 \cdot \text{h} \cdot ℃)$；

A_1——制动轮光亮表面的面积（m^2）；

A_2——制动轮暗黑表面的面积（m^2）；

θ_1——摩擦材料的许用温度（℃），见表 15.3-8；

θ_2——周围环境温度的最高值，一般可取30~35℃；

α_1——自然对流散热系数，$\alpha_1 = 21\text{kJ/(m}^2 \cdot \text{h} \cdot ℃)$；

α_2——强迫对流散热系数，$\alpha_2 = 25.7v^{0.73}\text{kJ/(m}^2 \cdot \text{h} \cdot ℃)$，$v$ 为散热圆环面的圆周速度（m/s）；

A_3——扣除制动带（块）遮盖后的制动轮总面积（m^2）；

A_4——制动轮轮缘的内外圆柱表面积（m^2）；

JC——机构的接电持续率：在 10min 内，机构的工作时间与整个工作周期之比。

计算 A_1 和 A_2 时，不计制动带（块）覆盖的面积和制动轮内表面的面积。

（2）提升设备制动器的发热量

$$Q = \left[m_1 s\eta + \frac{1.2\,(GD^2)_{\text{eqpI}} n^2}{3600}\right] z_0 A \tag{15.3-5}$$

（3）平移机构制动器的发热量

$$Q = \left[\frac{m_2 v^2}{2g} + \frac{1.2(GD^2)_{\text{eqpI}} n^2}{7200\eta} - \frac{F_z v}{20} t\right] z_0 A\eta \tag{15.3-6}$$

式中 m_1——平均提升质量（kg）；

m_2——直线运动部分的质量（kg）；

s——平均制动行程（m）；

η——机械效率；

$(GD^2)_{\text{eqpI}}$——换算到制动轴上的所有旋转质量的飞轮力矩（kg·m²）；

n——电动机转速（设制动器与电动机同轴）（r/min）；

A——热功当量，$A = \dfrac{1}{101.99}\text{kJ/(kg} \cdot \text{m)}$；

z_0——制动器每小时的工作次数；

F_z——运行阻力（N）；

t——制动时间（s）；

g——重力加速度，$g = 9.8\text{m/s}^2$；

v——运行速度（m/s）。

对于某些设备，还应按下式校核制动轮一次制动的温升是否超过许用值，即

$$\theta = \frac{T_t \varphi}{1019.9mc} \leqslant 15 \sim 50℃ \tag{15.3-7}$$

式中 φ——制动过程转角（rad）；

m——制动轮质量（kg）；

T_t——负载转矩（N·m）；

c——制动轮材料的质量热容；对钢和铸铁取 $c = 0.523\text{kJ/(kg} \cdot ℃)$，对硅铝合金取 $c = 0.879\text{kJ/(kg} \cdot ℃)$。

2.5 摩擦材料

摩擦元件是制动器和离合器的主要组成部分，摩擦材料的性能直接影响制动的接合过程。其工作温度和温升速度是影响性能的主要因素，这又取决于摩擦副的工作条件。当制动器工作时，吸收的能量越大，完成制动的时间越短，则温升越高。飞机着陆、高速重型货车制动等，都在瞬间使摩擦元件的工作表面温度达 700~1000℃，甚至更高。

摩擦材料如果超过其许用工作温度，性能就会显著恶化。

2.5.1 对摩擦材料的基本要求

1）摩擦因数高而稳定。一般摩擦材料的摩擦因数都随温度、压力、相对滑动速度和工作表面的清

㊀ 垂直制动时也称下降式。——作者注

洁程度而变化，其中温度影响尤为显著。热衰退是使摩擦因数下降的主要原因。摩擦材料应在一定温度范围内（见表 15.3-8），具有稳定的摩擦因数和良好的恢复性能㊀（见图 15.3-1）。

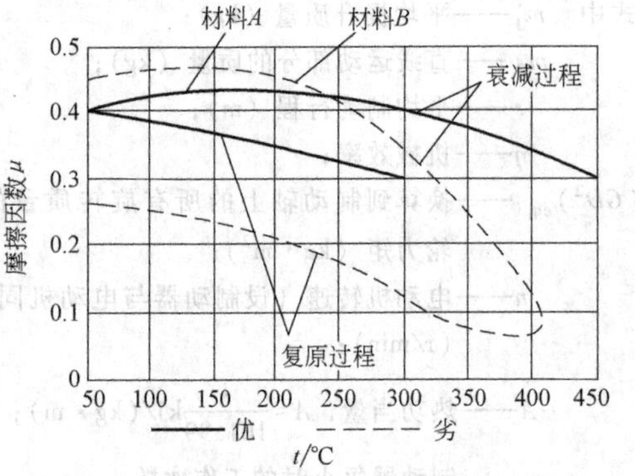

图 15.3-1　摩擦材料的恢复性能

2）耐磨性好。摩擦材料的磨损主要由于其成分在高温下的热分解，以及接触面间的摩擦所造成。为了减轻磨损，除提高摩擦材料及黏结剂的耐热性和抗磨性外，还应使摩擦表面光滑。

3）有一定的机械强度和良好的工艺性。

4）有一定的耐油、耐湿、耐蚀及抗胶合性能。

5）容许比压大及不损伤制动轮。

制动轮或离合器片的工作面表面粗糙度 Ra 为3.2μm。

在摩擦面上开槽可以储集侵入的灰尘和砂粒，从而减轻磨损。

2.5.2　摩擦材料的种类

（1）金属摩擦材料

金属摩擦材料强度高，不易破裂，对水的侵入不敏感；温度升高时摩擦因数下降快，胶合趋势大，因而制动不平稳。常用的金属摩擦材料如下：

1）粉末冶金摩擦材料。这种材料有较高的摩擦因数，导热性好，耐高温（许用工作温度可达680℃）、耐磨，许用比压高，一般可达 2.74～3.92MPa，具有良好的热稳定性和磨合性，广泛用于重载工作机械。但在轻载荷条件下，其耐磨性不及石棉摩擦材料。

粉末冶金摩擦材料有铜基及铁基两类。铜基粉末冶金材料多用于湿式，铁基粉末冶金材料多用于干式，其技术性能见表 15.3-5。

常见的几种粉末冶金摩擦材料的摩擦因数及其应用见表 15.3-6。

2）铸铁。铸铁的耐磨性及导热性较好，不易胶合，耐冲击性差，适用于在湿式中、低速条件下工作。载荷不大时也用于干式。常用铸铁牌号有 HT200 等。

3）钢。钢的耐磨性及导热性较好，但表面易划伤，适用于湿式。常用的有 10 钢、15 钢和 65Mn 等。

4）青铜。青铜耐磨性和导热性好。常用的有 QSn4-4-4、QSn7-0.2、QAl9-4 等。

表 15.3-5　粉末冶金摩擦材料的技术性能

种　类		铜基	铁基
密　度/g·cm^{-3}		6～6.5	5～6.5
硬度 HBW	20℃时	18～20	50～150
	60℃时	25～28	
	500℃时	10～12	
抗剪强度/MPa		93～117.6	
抗压强度/MPa		245～274.4	294～686
抗拉强度/MPa	20℃	19.6～39.2	78.4～98
	60℃	73.5～83.3	
	500℃	5.88～6.86	
断裂强度/MPa		98～117.6	
摩擦因数	干	0.25～0.35	0.2～0.6
	湿	0.09～0.12	
线胀系数/℃$^{-1}$	20～500℃	17.6×10^{-6}～22×10^{-6}	

表 15.3-6　常用粉末冶金摩擦材料的摩擦因数及其应用

基别	牌　号	摩擦因数	应用场合
铁基	FM69-45 FM73-25	0.4～0.5 >0.14	（干）重型汽车制动器闸瓦 （湿）重型自卸汽车离合器片
铜基	CM75-30 CM64-20 CM69-25	0.13 0.25～0.3 0.08～0.12	（湿）重型矿车、工程机械、汽车的离合器片 （干）机床离合器片、摩擦压力机离合器片 （湿）船、自卸汽车、机床及电梯的离合器片

（2）非金属摩擦材料

1）石棉摩擦材料。石棉摩擦材料应用最广，其基本成分是石棉、黏结剂，以及用以调节摩擦性能的各种有机或无机填料。

石棉摩擦带分为纺织类和纤维类。

纺织类：石棉纤维掺以一定量的棉花，织成布或带，再经过各种黏结剂和填充混合物的浸渍，经干燥、热压等工序制成。按需要可在纺织时加入锌丝或铜丝。此类制品有石棉橡胶离合器片、石棉铜丝及石棉树脂制动片（带）等。

这种制品抗冲击强度较好，在常温下有较高而稳定的摩擦因数，但耐高温性能较差，磨损较快。

㊀　摩擦材料工作后，其摩擦因数恢复和保持原有值的能力。——作者注

纤维类：将短纤维石棉、黏结剂和各种添加剂等混合后，用干法或半湿法工艺制成压缩料，再经热压而成，有时根据需要也加入少量有色金属屑，统称石棉绒制品，应用较广泛。

温度对石棉材料摩擦因数及磨损的影响如图 15.3-2 所示。图中 A、B、C 分别表示摩擦材料为石棉布制品、石棉绒制品和石棉线制品时温度 t 对摩擦因数 μ 的影响曲线；a、b 分别表示摩擦材料为线制品和绒制品时温度 t 对磨损量 Δh 的影响曲线。

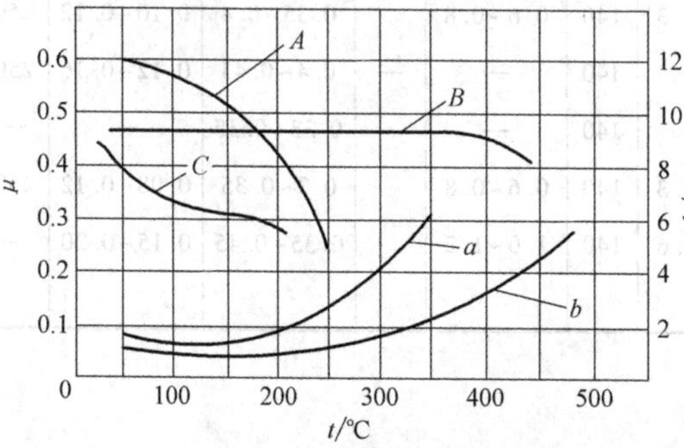

图 15.3-2　温度对石棉材料摩擦因数和磨损的影响

在石棉摩擦材料中，压力对摩擦因数及磨损的影响如图 15.3-3 所示。

某些石棉摩擦材料的技术性能见表 15.3-7。

2）有机摩擦材料。如皮革、橡胶和木材等，主要用于小功率、低速机械的制动。

3）纸基摩擦材料。主要在油介质中工作，用于液压自动变速器的传动和制动。摩擦因数稳定、磨损小，静、动摩擦因数很接近，为 0.13~0.15。

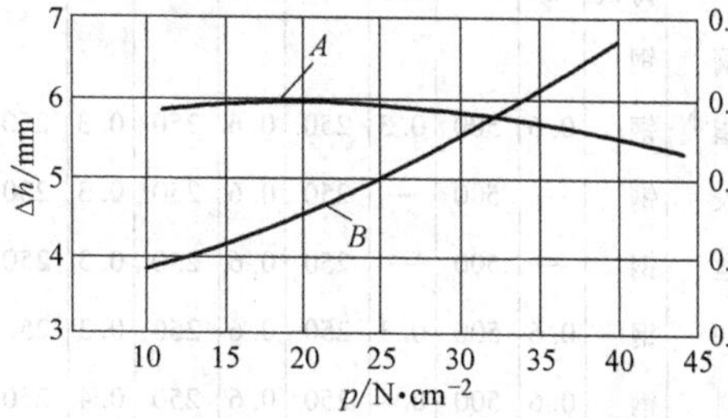

图 15.3-3　压力对摩擦因数及磨损的影响

A—摩擦因数　B—磨损量

4）碳基摩擦材料。这是近年出现的新型摩擦材料，耐高温性能好（可达 800~1000℃，甚至更高），摩擦因数稳定，耐磨性也好。

表 15.3-7　石棉摩擦材料的技术性能

材料牌号 Hz	布氏硬度 N·cm^{-2}	摩擦因数 A①	摩擦因数 B②	磨损率/(mm/30min) A	磨损率/(mm/30min) B	冲击韧度/ J·cm^{-2} ≥	吸水率(%) ≤	吸油率(%) ≤	适用范围
100	80±20	0.42	0.35	0.05	0.16	196	0.3	0.5	轻、中型机械及车辆制动
274	350±50	0.45	0.40	0.04	0.07	39.2	0.5	0.5	各种机械的液压制动及传动
307	250±50	0.45	0.45	0.04	0.07	39.2	0.5	0.5	各种中、重型车辆或机械气压制动
507	380±50	0.5	0.45③	0.04	0.09	49	0.4	0.4	高速、高负载车辆及机械制动或传动
513	100±20	0.48	0.47③	0.03	0.09	78.4	0.4	0.4	高速、高负载的中、高级轿车或机械制动
710	200±20	0.10④（动摩）		0.03		—	—	—	油浸摩擦片
511	100±20	0.15④（静摩）		0.01		—	—	—	纸质油浸摩擦片

① 工作温度（120±5）℃。
② 工作温度（250±5）℃。
③ 工作温度 300℃。
④ 工作温度 110℃，滑动摩擦因数为 0.14。

2.5.3　摩擦副计算用数据（见表 15.3-8）

表 15.3-8　摩擦副计算用数据推荐值

对摩材料		[p]/MPa 和[pv]/N·m·(cm^2·s)$^{-1}$												摩擦因数 μ		许用温度 t/℃
		块式制动器				带式制动器				盘式制动器						
		停止式		滑摩式①		停止式		滑摩式		干　式		湿　式				
摩擦材料	对摩材料	[p]	[pv]	[p]	[pv]	[p]	[pv]	[p]	[pv]	[p]	[pv]	[p]	[pv]	干式	湿式	
铸　铁	钢	2	500	1.5	250	1.5	250	1.0	150	0.2~0.3	—	0.6~0.8	—	0.17~0.2	0.06~0.08	260

（续）

对摩材料		[p]/MPa 和[pv]/N·m·(cm²·s)⁻¹												摩擦因数 μ		许用温度 t/℃
		块式制动器				带式制动器				盘式制动器						
		停止式		滑摩式①		停止式		滑摩式		干　式		湿　式				
摩擦材料	对摩材料	[p]	[pv]	[p]	[pv]	[p]	[pv]	[p]	[pv]	[p]	[pv]	[p]	[pv]	干式	湿式	
钢	钢或铸铁	2		1.5		1.5		1.0		0.2~0.3	—	0.6~0.8		0.15~0.18	0.06~0.08	260
青　铜	钢									0.2~0.3	—	0.6~0.8		0.15~0.2	0.06~0.11	150
石棉树脂②	钢	0.6	500	0.3	250	0.6	250	0.3	250	0.2~0.3	140	0.6~0.8		0.35~0.4	0.10~0.12	250
石棉橡胶	钢	—	500	—	250	0.6	250	0.3	250	—	140	—	—	0.4~0.43	0.12~0.16	250
石棉铜丝	钢	—	500	—	250	0.6	250	0.3	250	—	140	—		0.33~0.35	—	—
石棉浸油	钢	0.6	500	0.3	250	0.6	250	0.3	250	0.2~0.3	140	0.6~0.8		0.3~0.35	0.08~0.12	250
石棉塑料	钢	0.6	500	0.4	250	0.6	250	0.4	250	0.4~0.6	140	1.0~1.2		0.35~0.45	0.15~0.20	—
木　材	铸铁															

① 此处为通称，垂直制动时可称下降式。

② 即石棉树脂制动带。

3　外抱式制动器

3.1　结构型式

外抱式制动器通常简称块式制动器，在起重运输机械等设备中应用较广，且多采用常闭式。通常用弹簧或重锤紧闸，当电动机起动时，通过与其串联的松闸器自动松闸，有时也用人力松闸。

图 15.3-4 所示为典型的常闭长行程电磁液压制动器。主弹簧 2 压紧制动臂 3 及制动瓦 1 使制动器紧闸。当松闸器 5 中的电磁线圈通电时，推杆 4 向上推开制动臂 3，使制动器松闸。为便于维修，常将主弹簧置于制动轮的上边或侧面（见图 15.3-5），其松闸器为电力液压单推杆。

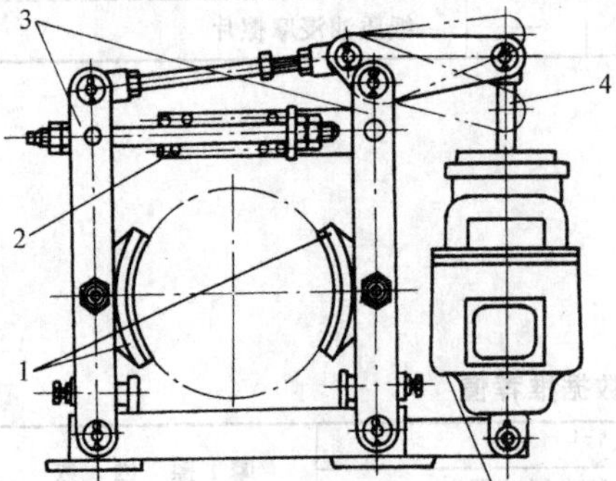

图 15.3-4　常闭长行程电磁液压制动器

1—制动瓦　2—主弹簧　3—制动臂　4—推杆　5—松闸器

常闭长行程制动器的松闸器除采用上述液压电磁铁和电力液压单推杆外，还有采用交、直流电磁铁和电动液压双推杆松闸器的。

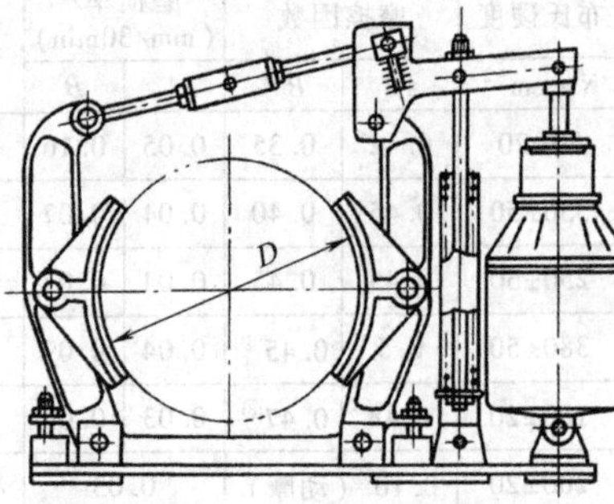

图 15.3-5　侧簧长行程电力单推杆制动器

图 15.3-6 所示为短行程电磁铁制动器。其松闸器有交流和直流电磁铁两种，其机架为标准通用型。交流电磁铁（也称转动式电磁铁）工作时，动铁心 2 绕销轴 1 转动（见图 15.3-6 中 a）；直流电磁铁工作时，动铁心 3 被直接吸合（见图 15.3-6 中 b）。

这种制动器常用于快速、点动及对外形尺寸无严格要求的场合。由于其耐用性较差，现已较少采用。

图 15.3-7 所示为无上框的短行程常闭式制动器。直流电磁铁 1 及动铁心 3，由销轴 8 及调整螺钉 10 支承于机架 9 上。主弹簧 2 的张力使动铁心推动杠杆 7、6 和 5，随着两个制动瓦 4 压向制动轮而紧闸。通电后，磁铁吸合并压缩主弹簧 2 而松闸。

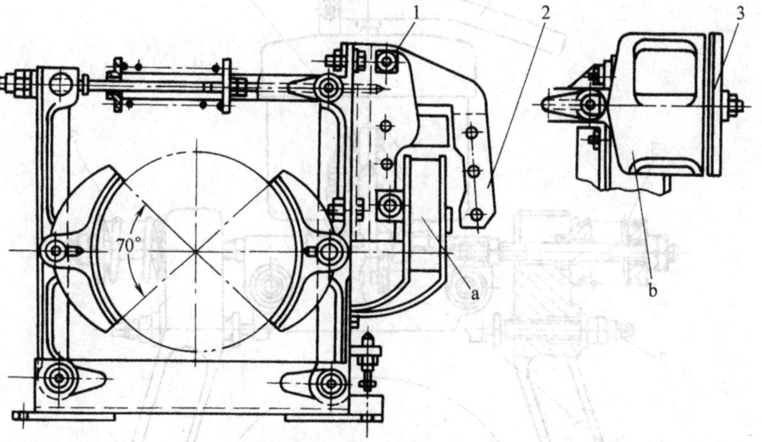

图 15.3-6 短行程电磁铁制动器

1—销轴 2、3—动铁心

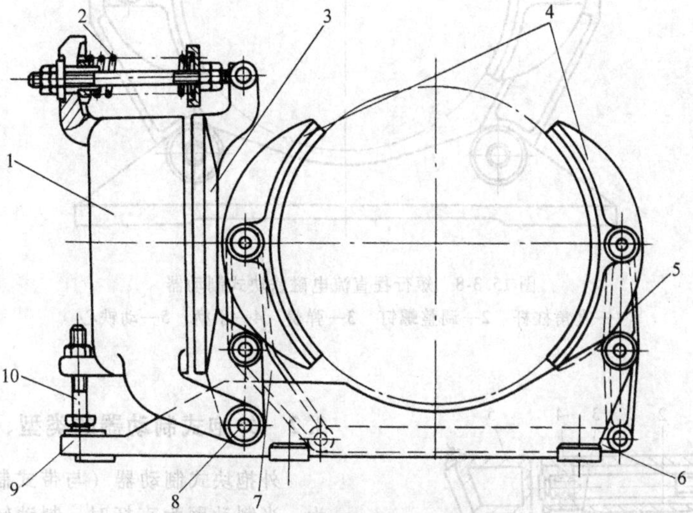

图 15.3-7 无上框的短行程常闭式制动器

1—直流电磁铁 2—主弹簧 3—动铁心

4—制动瓦 5、6、7—杠杆 8—销轴 9—机架 10—调整螺钉

这种制动器的弹簧张力调整容易，磁铁间隙小(0.6~3.0mm)，动作快，松掉螺钉10即可将制动器拆除，维修方便。其使用与一般短行程制动器相同。

图15.3-8所示为短行程直流电磁铁块式制动器。松闸器在上部，弹簧3使制动器处于紧闸状态。电磁铁通电后，动铁心下降，推动直角杠杆1和调整螺钉2使弹簧压缩松闸。4为备用松闸手柄。这种制动器宽度小，动作灵敏，松闸器连同主弹簧可整个装拆，组装性好，维修方便，常用于电梯等升降设备中。

制动转矩大的大型制动器一般都具有质量大、结构和杆系复杂、调整维修较困难等特点。图15.3-9所示为液压驱动的大型制动瓦组件。瓦块5水平移动，上有导引部分2，机体4上有滑槽3，主弹簧组6的张力使瓦块紧闸。由机体上的液压缸7和活塞8松闸。主弹簧组6的张力通过液压缸1调整。

制动瓦块组件成对使用，并由同一液压系统供油，以保证工作同步。采用高压油（压力达36MPa）时液压缸小，用油量少。这种装置排除了杠杆系统刚度对制动性能的影响，动作快，在大型、大转矩制动器中此优点颇为显著，但需有一套高压供油系统。

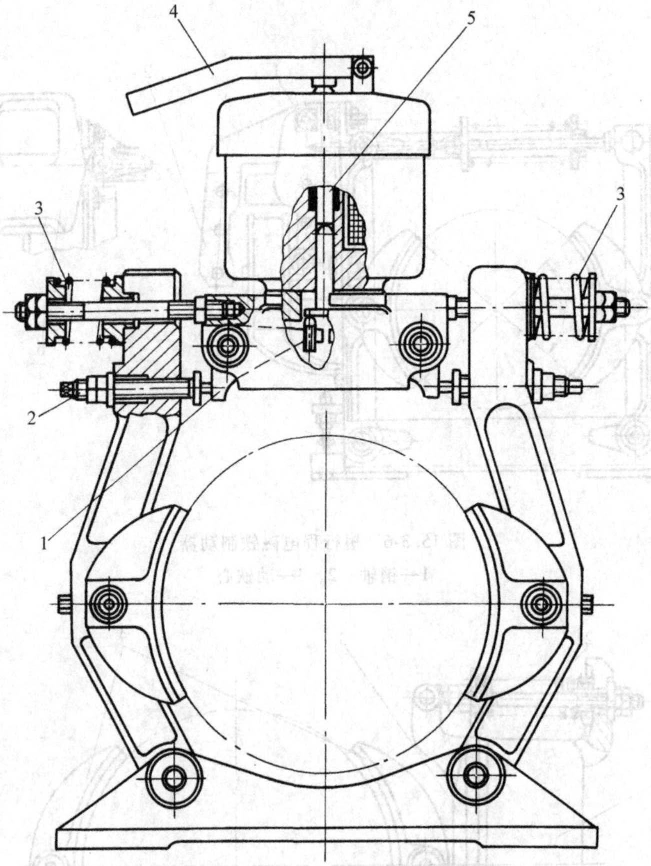

图 15.3-8 短行程直流电磁铁块式制动器

1—直角杠杆 2—调整螺钉 3—弹簧 4—手柄 5—动铁心

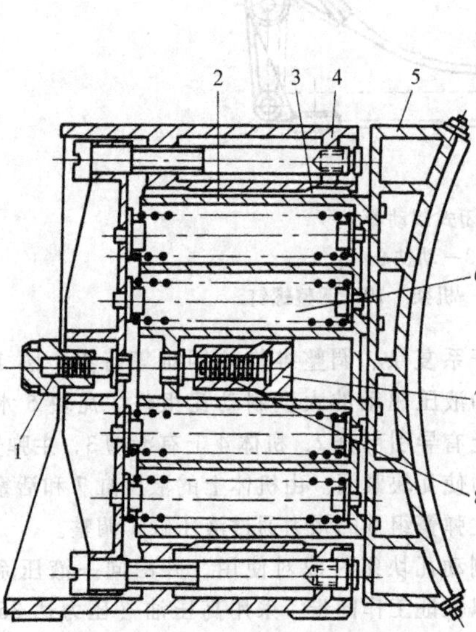

图 15.3-9 液压驱动的大型制动瓦组件

1、7—液压缸 2—导引部分 3—滑槽 4—机体 5—瓦块 6—主弹簧组 8—活塞

3.2 外抱式制动器的类型、特点和应用

外抱块式制动器（与带式制动器相比）的优点为：当制动臂为直杆时，制动转矩的大小与转向无关，制动时制动轮轴不受附加的弯曲作用力；但当制动臂为弯杆时，制动时将使制动轴轴承受附加的弯曲作用力；其次是易于调整制动瓦块与制动轮间的退距，制动瓦块摩擦衬片磨损比较均匀。其缺点是包角和制动转矩较小，杠杆系统较复杂。

常用外抱式制动器的类型、性能特点及应用见表 15.3-9。

3.3 设计计算

1）弹簧紧闸长行程块式制动器的设计计算见表 15.3-10~表 15.3-16。

2）弹簧紧闸短行程块式制动器的设计计算见表 15.3-17。

表 15.3-9　常用外抱式制动器的类型、特点及应用

制动器类型	特点	应用范围
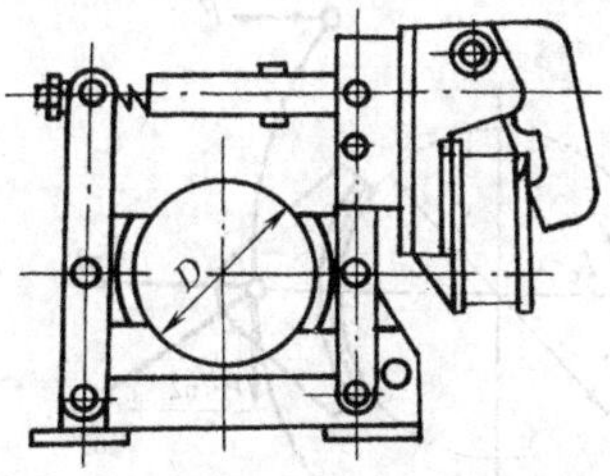 JWZ 短行程电磁铁制动器	结构简单，体积小，重量轻；冲击大，噪声大；起动电流大，有剩磁现象；使用寿命短；可靠性差	用于工作载荷较小的场合；大制动转矩（$D>315$mm 时）不能采用；无防爆型；在直流电源时，需变更电磁铁，可采用表 15.3-20～表 15.3-24 系列制动器；起升机构极少用
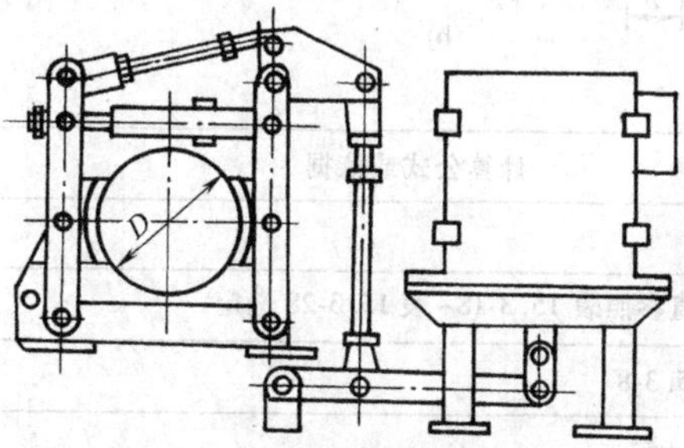 JCZ 型长行程电磁铁制动器	制动较快，剩磁小；结构复杂，外形尺寸及质量大，效率低；冲击大，噪声大；使用寿命不够长，每小时可接电 600 次	用于起升机构、操作不甚频繁的场合，现已很少采用；在直流电源时，需变更电磁铁，可采用表 15.3-20～表 15.3-24 系列制动器
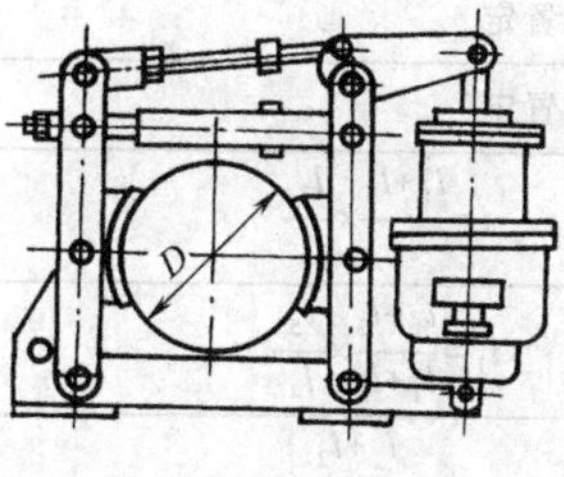 YDWZ 电磁液压制动器	动作平稳，无噪声，使用寿命较长；能自动补偿闸瓦磨损，不需经常调整及维护；电磁铁用直流电源。如为交流电源时，需增加硅整流器，成本较高，构造较复杂；精度较高，目前质量不够稳定；每小时可接电 900 次	用于工作要求较高的场合，起升、运行、旋转机构均适用
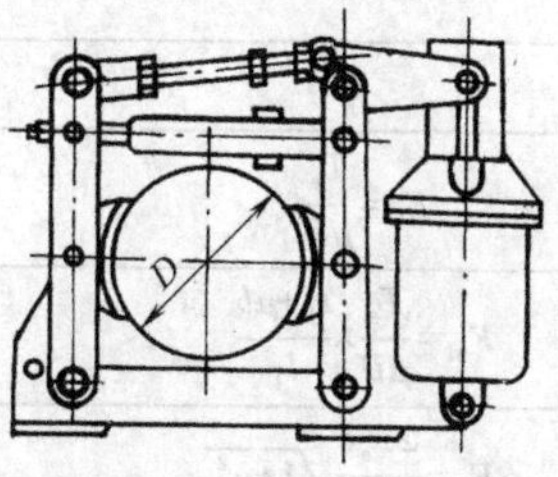 YWZ 电力液压双推杆制动器	动作平稳，使用寿命长；尺寸小，重量较轻；每小时可接电 720 次；无直流型，防爆困难	用于不需快速制动的场合，适于用在运行及旋转机构上
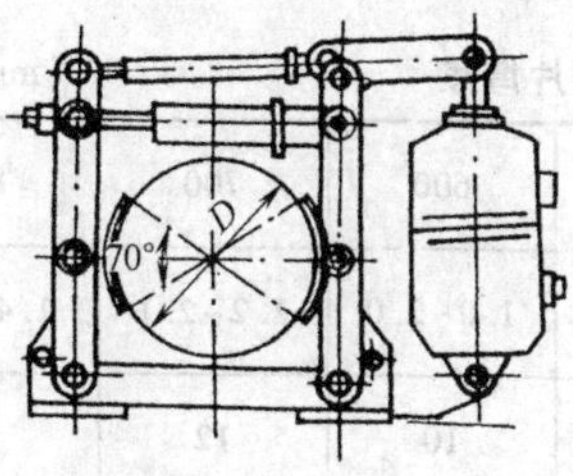 YWZ 电力液压单推杆制动器	动作平稳，无噪声，使用寿命长；尺寸小，重量轻；动作快，每小时可接电 2000 次。补偿型单推杆具有补偿由于制动瓦磨损退距增大的功能，不需经常调整；可调型单推杆，上升、下降时间可调，其范围为 0.5～10s，安全可靠	用于工作要求高的场合，起升、运行、旋转及变幅机构均适用

表 15.3-10　长行程块式制动器的计算数据和公式

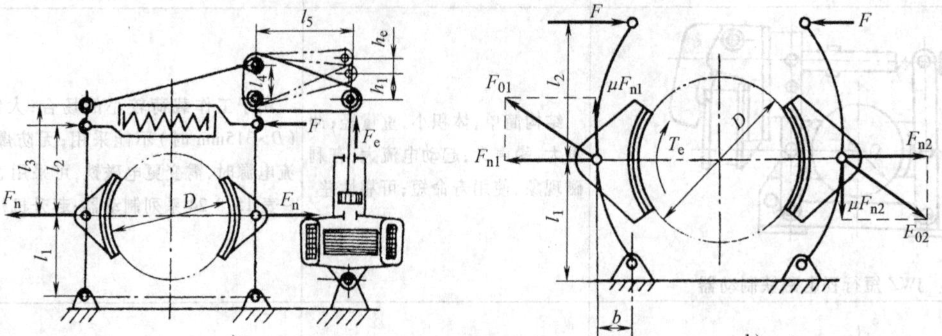

a)　　b)

计　算　数　据		单　位	计算公式或依据
额定制动转矩 T_e(应等于计算制动转矩 T)		N · m	给定值
制动轮直径 D		m	按 T_e 值参照表 15.3-18～表 15.3-28 选定
摩擦副间的摩擦因数 μ			见表 15.3-8
松闸装置到制动瓦间的效率 η			0.9～0.95
松闸装置额定推力 F_e		N	选定
松闸装置额定行程 h_e		mm	按选定的松闸装置定
松闸装置补偿行程 h_1		mm	按选定的松闸装置定
总杠杆比 i			$i=\dfrac{l_1+l_3}{l_1}\times\dfrac{l_3}{l_4}$
松闸装置到主弹簧的杠杆比 i_1			$i_1=\dfrac{l_1+l_3}{l_1+l_2}\times\dfrac{l_5}{l_4}$
弹簧到闸瓦的杠杆比 i_2			$i_2=\dfrac{l_1+l_2}{l_1}$
制动瓦块退距 ε		mm	见表 15.3-11
制动瓦允许磨损量 Δ		mm	根据要求
制动瓦块额定正压力 F_n	直形制动臂(见图 a)	N	$F_n=\dfrac{T_e}{\mu D}$
	弯形制动臂(见图 b)	N	$F_{n1}=\dfrac{T_e}{\mu D}\times\dfrac{l_1+\mu b}{l_1}$
弯形制动臂使制动轮轴产生的弯曲作用力 ΔF_0		N	$\Delta F_0=\dfrac{2T_e b}{Dl_1}\sqrt{1+\mu^2}$

表 15.3-11　块式制动器的制动瓦块退距和摩擦片厚度　　(mm)

制动轮直径 D	100	200	300	400	500	600	700	800
制动瓦块退距 ε①	0.5～1.1	0.6～1.2	0.7～1.4	0.8～1.6	0.9～1.8	1.0～2.0	1.2～2.1	1.4～2.2
摩擦片厚度 δ	3	3	8	10	10	10	12	12

① ε 值中前一值是开始值，后一值是终止值，设计时应尽量靠近小值。

表 15.3-12　长行程块式制动器紧闸主弹簧的计算

计算内容	计算公式	单位	说明
额定工作力 F	$F=\dfrac{F_n}{i_2\eta'}$	N	
与闸瓦磨损量对应的弹簧伸长量 L'	当松闸装置有补偿行程时 $L'=0.95\dfrac{h_1}{i_1}$ 当利用额定行程 h_e 的一部分作为补偿行程时 $L'=0.95(1-K_h)\dfrac{h_e}{i_1}$	mm	K_h—行程使用系数，对电磁液压松闸器 $K_h=1$ 对其他松闸装置 $K_h=0.5\sim0.6$ L_0—主弹簧自由长度(mm) C—主弹簧刚度(N/mm) η'—弹簧到闸瓦间的传动效率 $\eta'=0.9\sim0.95$ i_1、i_2—见表 15.3-10
安装长度 L_1	$L_1=L_0-\left(\dfrac{F}{C}+L'\right)$	mm	
安装力 F_1	$F_1=F+CL'$	N	
最大工作力 F_{max}	$F_{max}=F+C\left(L'+\dfrac{K_h h_e}{i_1}\right)$	N	

表 15.3-13　采用不同松闸装置时制动器的动载系数

松闸装置	短行程电磁铁	长行程电磁铁	直流电磁铁	电磁液压推杆	电力液压推杆
动载系数 K	2.5	2.0	1.5	1.25	1.0

表 15.3-14　长行程块式制动器制动臂的计算

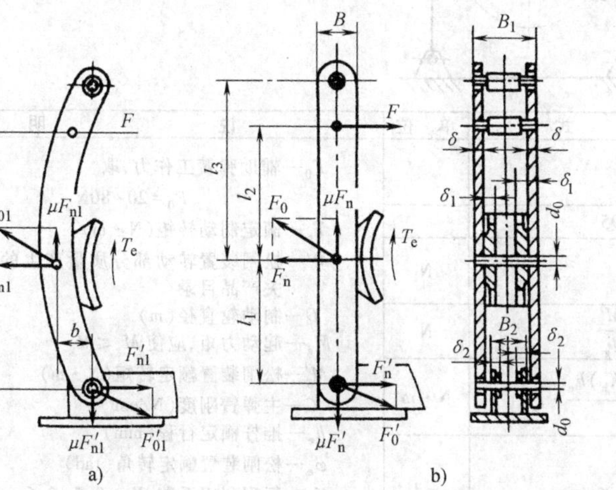

a)　　b)

计算内容	计算公式	单位
制动臂弯曲应力 σ(危险截面在制动瓦销轴孔处)	$\sigma=\dfrac{KM_1}{2W_1}=\dfrac{3KF_1l_2B}{\delta(B^3-d_0^3)}\leqslant[\sigma]$	MPa
制动臂销轴孔压强 p_1	$p_1=\dfrac{F_1\sqrt{1+\mu^2}}{200\delta d_0}\times\dfrac{l_1+l_2}{l_1-\mu b}\leqslant[p_1]$	MPa
底座销轴孔压强 p_2	$p_2=\dfrac{KF_1\dfrac{l_2}{l_1-\mu b}\sqrt{1+\mu^2}}{200\delta d_0}\leqslant[p_2]$	MPa

说　明

M_1—弯矩(N·m)
W_1—截面系数(cm^3)
K—动载系数(见表 15.3-13)
F_1—安装力(见表 15.3-12)
B—制动臂宽度(cm)
δ—制动臂钢板厚度(cm)
d_0—制动臂销轴孔径(cm)
$[\sigma]$—许用弯曲应力
$[\sigma]=0.4R_{eL}$
对于 Q235-A
$[\sigma]=88$MPa
$[p_1]$—许用静压强，对于 Q235-A
$[p_1]=12\sim16$MPa
$[p_2]$—许用动压强，对于 Q235-A
$[p_2]=8\sim9$MPa

表 15.3-15 长行程块式制动器制动瓦的计算（见表 15.3-10 图）

计算内容	计算公式	单位	说明
制动块摩擦面压强 p_3	$p_3=\dfrac{2F_1}{100DB_2\beta}\times\dfrac{l_1+l_2}{l_1-\mu b}\leqslant[p]$	MPa	D—制动轮直径(cm) δ_1—制动瓦销轴孔长(cm) B_2—制动瓦宽(cm) β—制动块包角(rad),一般取 $\beta=70°$或 $88°$ $[p]$—许用压强(见表 15.3-8) d_0—制动瓦销轴孔径(cm) $[p_1]$—许用静压强(MPa)
制动瓦销轴孔压强 p_4	$p_4=\dfrac{KF_1\sqrt{1+\mu^2}}{200\delta_1 d_0}\times\dfrac{l_1+l_2}{l_1-\mu b}\leqslant[p_1]$	MPa	

表 15.3-16 弹簧紧闸长行程块式制动器松闸装置计算

计算内容	计算公式	单位	说明
起动力 F_g	$F_g=\dfrac{K_1F_1}{i_1\eta''}$	N	K_1—吸合安全系数,$K_1=1.1\sim1.2$(松闸振动大者取大值) K_2—吸持安全系数,$K_2=1.3\sim2.5$(振动大者取大值) F_1、F_{max}—见表 15.3-12 η''—松闸装置到主弹簧的效率,$\eta''=0.94\sim0.97$ ε—见表 15.3-11
保持力 F_b	$F_b=\dfrac{K_2F_{max}}{i_1\eta''}$	N	
行程 h	$h=2.2\varepsilon i\leqslant K_h h_e$	mm	

表 15.3-17 弹簧紧闸短行程块式制动器的设计计算

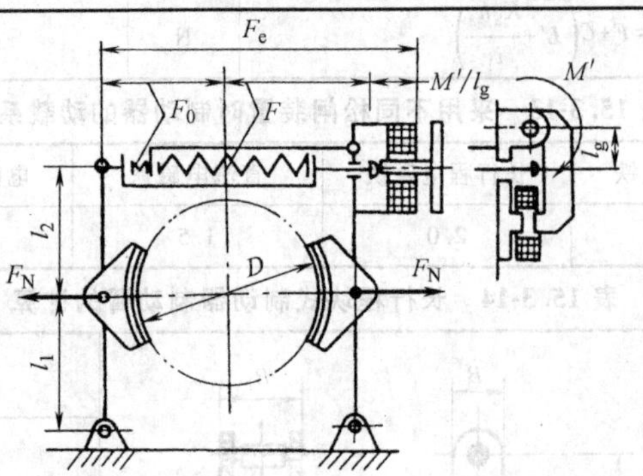

计算内容		计算公式	单位	说明
主弹簧	杠杆比 i	$i=\dfrac{l_1+l_2}{l_1}$		F_0—辅助弹簧工作力,取 $F_0=20\sim80\text{N}$ T_e—额定制动转矩(N·m) M'—松闸装置转动部分质量产生的转矩,见有关产品目录 D—制动轮直径(m) M_g—起动力矩,应使 $M_g\leqslant M'_g$ M'_g—松闸装置额定转矩(N·m) C—主弹簧刚度(N/mm) h_e—推杆额定行程(mm) φ_e—松闸装置额定转角(rad) K_h—行程利用系数,$K_h=0.5\sim0.6$ F_g—起动力,应使 $F_g\leqslant F_d$ F_d—直动式电磁铁额定输出力 K_1、K_2—见表 15.3-16 ε—见表 15.3-11
	传动效率 η	$\eta=0.9\sim0.95$		
	紧闸力 F	$F=\dfrac{T_e}{\mu D\eta i}$	N	
	额定工作力 F_e	$F_e=F+F_0+\dfrac{M'}{l_g}$	N	
转动式电磁铁	起动力矩 M_g	$M_g=\dfrac{F_e+0.95C(1-K_h)h_e}{\eta}\cdot l_g$	N·m	
	转角 φ	$\varphi=\dfrac{2.2\varepsilon i}{l_g}\leqslant K_h\varphi_e$	rad	
直动电磁铁	起动力 F_g	$F_g=\dfrac{K_1[F_e+0.95C(1-K_h)h_e]}{\eta}$	N	
	保持力 F_b	$F_b=K_2[F_e+C(0.95h_e+0.05K_h h_e)]$	N	
	行程 h	$h=2.2\varepsilon i\leqslant K_h h_e$	mm	

3.4 外抱式制动器的性能参数及主要尺寸

外抱块式制动器（与带式制动器相比）的优点为：当制动臂为直形杆时，制动转矩的大小与转向无关，制动时制动轮轴附加弯矩为零，但弯形制动臂在制动时，将使制动轮轴附加弯曲作用力 ΔF_0，其计算式见表 15.3-10；其次是易于调整制动瓦块与轮的退距，制动瓦块磨损比较均匀。

其缺点是包角和制动转矩较小，杠杆系统较复杂。

目前我国对于块式制动器的性能参数及主要尺寸已制定有标准，可供设计选用。

1）表 15.3-18 列出了电力液压鼓式制动器的形式、基本参数及尺寸。

2）表 15.3-19 列出了电磁鼓式制动器的形式、基本参数及尺寸。

3）表 15.3-20 列出了 TJ2A 型电磁鼓式制动器的主要性能及尺寸。电磁铁的基本参数见表 15.3-21。

4）表 15.3-22、表 15.3-23 分别为 ZWZ400～800 制动器的主要尺寸及性能。

5）表 15.3-24、表 15.3-25 分别为电力液压块式制动器的主要尺寸及技术性能。

6）表 15.3-26 列出了制动轮的形式、主要尺寸和基本参数。

表 15.3-18　电力液压鼓式制动器的形式、基本参数及公称尺寸（摘自 JB/T 6406—2006 及 JB/T 7021—2006）

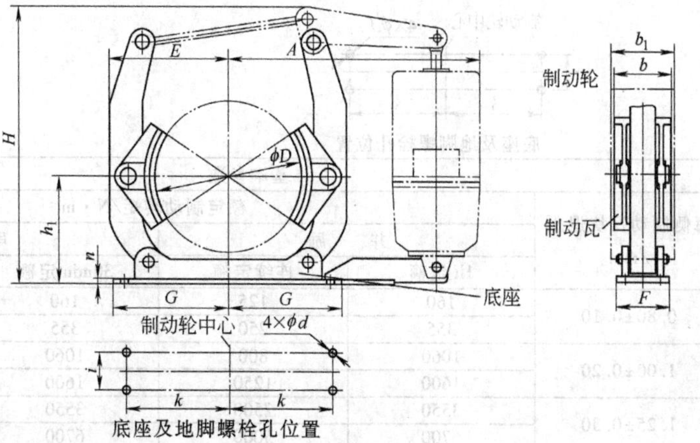

基本参数

制动轮直径 D/mm	额定制动转矩 /N·m	推动器额定推力 /N	每侧制动瓦块额定退距/mm	制动轮直径 D/mm	额定制动转矩 /N·m	推动器额定推力 /N	每侧制动瓦块额定退距/mm	制动轮直径 D/mm	额定制动转矩 /N·m	推动器额定推力 /N	每侧制动瓦块额定退距/mm
160	100	220	1.00±0.10	315	560	500	1.25±0.15	500	4000	2000	1.25±0.15
200	140	220			900	800		630	2800	1250	1.60±0.20
	224	300		400	710	500			4500	2000	
250	200	220			1120	800			6300	3000	
	280	300			1800	1250		710	5300	2000	
	450	500		500	1600	800			8000	3000	
315	335	300	1.25±0.15		2500	1250		800	9000	3000	

公称尺寸/mm

制动轮直径 D/mm	h_1	b	b_1	k	i	n≥	d	F	G	A≈	E≈	H≈
160	132±0.6	65	70	130	55	6	14	90	150	410	135	400
200	160±0.6	70	75	145	55	8			165	450	165	490
250	190±1.2	90	95	180	65	10	18	110	200	540	200	570
315	230±1.2	110	118	220	80			125	245	590	245	600
400	280±1.5	140	150	270	100	12	22	150	300	680	300	790
500	340±1.5	180	190	325	130	16		180	365	760	365	845
630	420±2.0	225	236	400	170	20	27	230	450	860	450	1020
710	470±2.0	255	265	450	190			250	500	930	510	1100
800	530±2.0	280	310	520	210	22		280	570	985	580	1200

表 15.3-19　电磁鼓式制动器的形式、基本参数及尺寸（摘自 JB/T 7685—2006）

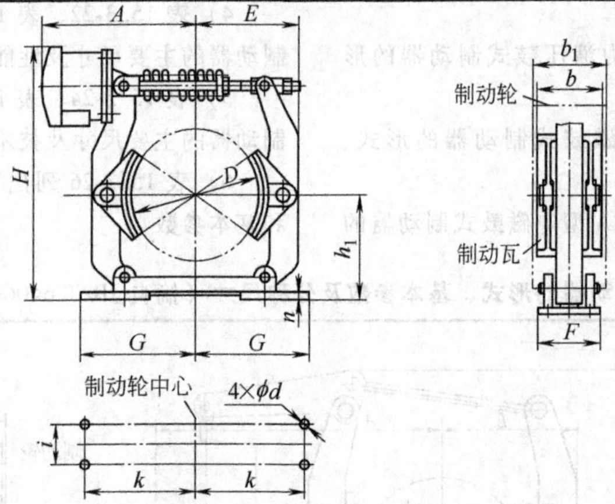

底座及地脚螺栓孔位置

制动轮直径 D/mm	基本参数				
	每侧制动瓦块退距 /mm	额定制动转矩/N·m			
		并励		串励	
		1h 定额	连续定额	30min 定额	1h 定额
200	0.80±0.10	160	125	160	100
250		355	250	355	225
315	1.00±0.20	1060	800	1060	630
400		1600	1250	1600	1000
500	1.25±0.30	3550	2500	3550	2000
630		6700	5000	6700	4000
710	1.60±0.40	8500	6300	8500	5400
800		12500	9500	12500	8000

制动轮直径 D/mm	基本参数：每侧制动瓦块退距 /mm	基本参数：额定制动转矩 /N·m
160	1.00±0.10	40
		63
200		80
		125
		200
250		160
		250
		400
315	1.25±0.30	315
		500
		800
400		630
		1000

制动轮直径 D /mm	基本参数：每侧制动瓦块退距 /mm	基本参数：额定制动转矩 /N·m
400	1.25±0.30	1600
500		1250
		2000
		3150
630	1.60±0.40	2500
		4000
		6300
710		4500
		7100
		9000
800		5000
		8000
		10000

制动轮直径 D/mm	公称尺寸/mm											
	h_1	b	b_1	k	i	n≥	d	F	G	A≈	E≈	H≈
160	132±0.6	65	70	130	55	6	14	90	150	280	165	380
200	160±0.6	70	75	145	55	8			165	325	210	455
250	190±1.2	90	95	180	65	10	18	110	200	370	246	530
315	230±1.2	110	118	220	80			125	245	410	306	630
400	280±1.5	140	150	270	100	12	22	150	300	535	380	780
500	340±1.5	180	190	325	130	16		180	365	630	440	890
630	420±2.0	225	236	400	170	20	27	230	450	725	460	1000
710	470±2.0	255	265	450	190			250	500	815	535	1120
800	530±2.0	280	310	520	210	22		280	570	890	642	1230

注：制动器连接尺寸和几何公差应符合 JB/T 7021—2006 的规定，外形尺寸由制造商自行确定或由供需双方协商确定。

表 15.3-20　TJ2A 型电磁鼓式制动器主要性能及尺寸

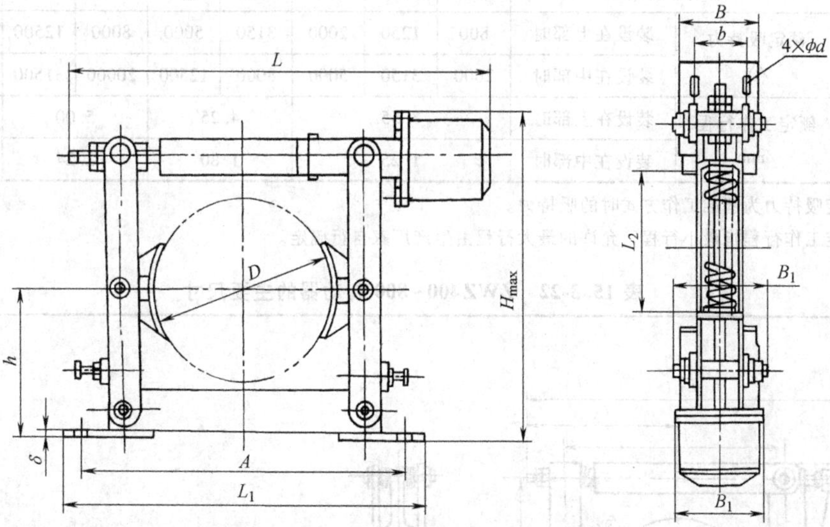

标记示例：

制动轮直径 100mm 的 TJ2A 型电磁鼓式制动器标记为：

制动器 TJ2A-100

制动轮直径 300mm，配 MZDA200 电磁铁的 TJ2A 型电磁鼓式制动器标记为：

制动器 TJ2A-300/200

主　要　性　能

制动器型号	制动轮直径/mm	瓦块退距/mm	额定制动转矩/N·m	配用电磁铁					
				型号	额定行程/mm	(吸持力/N)/(起动力/N)	(起动电流/A)/(持续电流/mA)	操作频率/(次/h)	通电持续率(%)
TJ2A-100	100	0.6	200	MZDA/100	3~5	320/250	3/20	1200	0~100
TJ2A-200/100	200	0.6	400	MZDA/100	3.2~7	320/250	3/20	1200	0~100
TJ2A-200	200	0.6	1600	MZDA/200	3.2~7	160/1250	3/20	1200	0~100
TJ2A-300/200	300	0.8	2400	MZDA/200	3.2~7	1600/1250	3/20	1200	0~100
TJ2A-300	300	0.8	5000	MZDA/300	3.2~7	3150/2500	3/20	1200	0~100

制动器型号	尺寸/mm											质量/kg
	D	h	A	b	d	L	L_1	B	B_1	L_2	H_{max}	
TJ2A-100	100	100	230	40	13	320	260	70	110	90	245	9.0
TJ2A-200/100	200	170	380	60	17	500	420	90	126	90	390	21
TJ2A-200	200	170	380	60	17	520	420	90	126	125	400	32
TJ2A-300/200	300	240	540	80	21	650	580	120	160	125	535	59
TJ2A-300	300	240	540	80	21	670	580	120	160	150	545	82

注：只用于旧设备维修，新设计中不得选用。

表 15.3-21　电磁铁的基本参数

制动器规格			160	200	250	315	400	500	630	710	800
电磁铁基本参数	额定吸持力 /N	装设在上部时	800	1250	2000	3150	5000	8000	12500	16000	20000
		装设在中部时	2000	3150	5000	8000	12500	20000	31500	40000	50000
	额定工作行程 /mm	装设在上部时	3.55			4.25		5.00		6.00	
		装设在中部时	1.25			1.80		2.24		2.80	

注：1. 额定吸持力为基准工作方式时的吸持力。

2. 额定工作行程指最小行程，允许的最大行程由生产厂家自行确定。

表 15.3-22　ZWZ400～800 制动器的主要尺寸　　(mm)

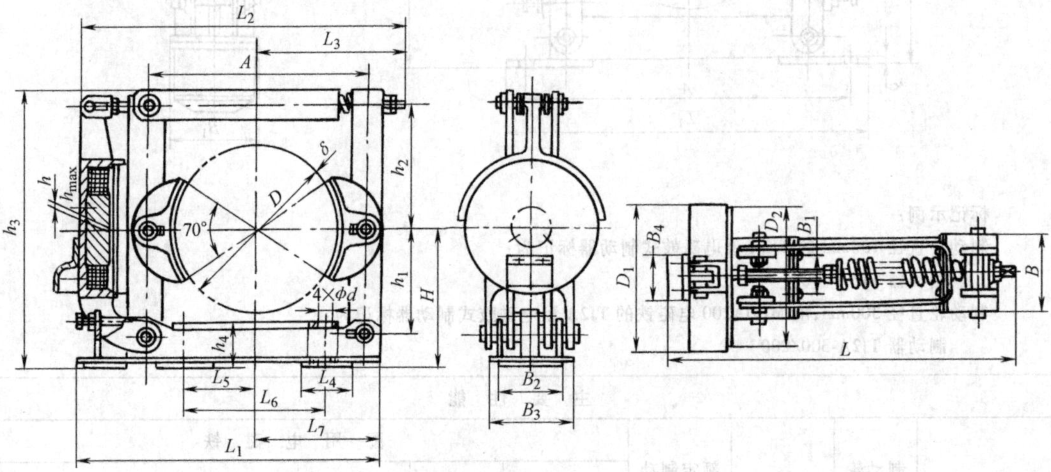

尺寸	ZWZ400	ZWZ500	ZWZ600	ZWZ700	ZWZ800	尺寸	ZWZ400	ZWZ500	ZWZ600	ZWZ700	ZWZ800
D	400	500	600	700	800	L_5	170	205	250	305	350
B	180	200	240	280	320	L_6	340	410	500	610	700
δ	8	8	8	8	8	L_7	305	375	455	515	590
H	320	400	475	550	600	B_1	90	100	126	150	180
A	520	640	780	890	1020	B_2	150	172	210	248	278
h_1	250	315	380	430	480	B_3	170	190	230	270	300
h_2	300	375	420	495	580	B_4	150	150	150	150	150
h_3	670	825	965	1115	1250	D_1	≈330	≈410	≈470	≈560	≈615
h_4	90	115	140	172	176	D_2	315	400	460	540	610
L	≈915	≈1040	≈1263	≈1395	≈1555	d	28	28	41	41	41
L_1	720	845	1020	1140	1290	h	2	2.3	2.7	3	3.3
L_2	830	950	1153	1285	1445	h_{max}	3	3.5	4	4.5	5
L_3	388	450	560	628	690	质量/kg	168	237.5	389	598.5	794.4
L_4	100	120	160	160	160						

表 15.3-23 ZWZ400～800 制动器的性能

性能				ZWZ400	ZWZ500	ZWZ600	ZWZ700	ZWZ800
制动转矩/N·m	通电持续率	25%	线圈并联	1500	2500	5000	8000	12500
			线圈串联 额定电流 60%	1500	2500	5000	8000	12500
			线圈串联 额定电流 40%	900	1500	3000	4800	7500
		40%	线圈并联	1200	1900	3550	5750	9100
			线圈串联 额定电流 60%	1200	1900	3550	5750	9100
			线圈串联 额定电流 40%	550	1000	2050	3250	5550
		100%	线圈并联	550	850	1550	2800	4400
制动瓦块最大退距/mm				1.5	1.75	2.0	2.25	2.5

主弹簧安装要求

ZWZ400 制动转矩/N·m	ZWZ400 安装力/N	ZWZ400 安装长度/mm	ZWZ500 制动转矩/N·m	ZWZ500 安装力/N	ZWZ500 安装长度/mm	ZWZ600 制动转矩/N·m	ZWZ600 安装力/N	ZWZ600 安装长度/mm	ZWZ700 制动转矩/N·m	ZWZ700 安装力/N	ZWZ700 安装长度/mm	ZWZ800 制动转矩/N·m	ZWZ800 安装力/N	ZWZ800 安装长度/mm
1500	4350	218	2500	6030	252	5000	11000	334	8000	14000	340	12500	18600	480
1200	3600	234	1900	4550	277	3550	7760	390	5750	10000	392	9100	13600	544
900	2700	253	1500	3600	293	3000	6560	410	4800	8400	413	7500	11200	574
550	1650	274	1000	2400	313	2050	4500	444	3250	5700	450	5550	8200	612
—	—	—	850	2040	319	1550	3400	462	2800	4900	460	4400	6550	634

线圈种类 \ 名称 \ 型号		ZWZ400 电压/V	ZWZ400 通电持续率(%)	ZWZ400 附加电阻型号	ZWZ500 电压/V	ZWZ500 通电持续率(%)	ZWZ500 附加电阻型号	ZWZ600 电压/V	ZWZ600 通电持续率(%)	ZWZ600 附加电阻型号	ZWZ700 电压/V	ZWZ700 通电持续率(%)	ZWZ700 附加电阻型号	ZWZ800 电压/V	ZWZ800 通电持续率(%)	ZWZ800 附加电阻型号
并联线圈技术数据	Ⅰ	110	25	—	110	25	—	110	25	—	110	25	—	110	25	—
			40	ZF1-4		40	ZF1-4		40	ZF1-4		40	ZF2-3		40	ZF2-3
			100	ZF1-4		100	ZF1-4		100	ZF2-3		100	ZF2-3		100	ZF2-3
		220	25	ZF2-6	220	25	ZF2-6	220	25	ZF2-6	220	25	ZF3-1	220	25	ZF3-1
			40	ZF2-6		40	ZF2-6		40	ZF2-6		40	ZF3-1		40	ZF3-1
			100	ZF2-3		100	ZF2-3		100	ZF2-6		100	ZF2-6		100	ZF3-1
		440	25	ZF3-1	440	25	ZF3-1	440	25	ZF3-2	440	25	ZF3-2	440	25	ZF3-2
			40	ZF3-1		40	ZF3-1		40	ZF3-1		40	ZF3-1		40	ZF3-2
			100	ZF2-6		100	ZF3-1		100	ZF3-1		100	ZF3-1		100	ZF3-2

线圈种类 \ 名称 \ 型号		ZWZ400 15%	ZWZ400 25%	ZWZ400 40%	ZWZ500 15%	ZWZ500 25%	ZWZ500 40%	ZWZ600 15%	ZWZ600 25%	ZWZ600 40%	ZWZ700 15%	ZWZ700 25%	ZWZ700 40%	ZWZ800 15%	ZWZ800 25%	ZWZ800 40%
		额定电流/A 通电持续率														
串联线圈技术数据	Ⅱ	96.5	75	59	201	156	123	209	162	128	302	234	185	595	460	363
	Ⅲ	139	108	85.5	316	245	193	300	233	184	715	555	438	1355	1050	830
	Ⅳ	192	149	118	495	383	302	510	395	312	1175	910	720	—	—	—
	Ⅴ	231	179	141	—	—	—	630	490	387	—	—	—	—	—	—
	Ⅵ	268	208	164	—	—	—	—	—	—	—	—	—	—	—	—
	Ⅶ	346	268	212	—	—	—	—	—	—	—	—	—	—	—	—

注：1. 标记示例：ZWZ500-Ⅱ制动器，ZWZ—直流瓦块电磁制动器；500—制动轮直径（mm）；Ⅱ—第Ⅱ类线圈。

2. 允许接电次数：720 次/h。

3. 适用于旧设备维修，新设计中不得选用。

表 15.3-24 YWZ100~800 电力液压块式制动器的主要尺寸 (mm)

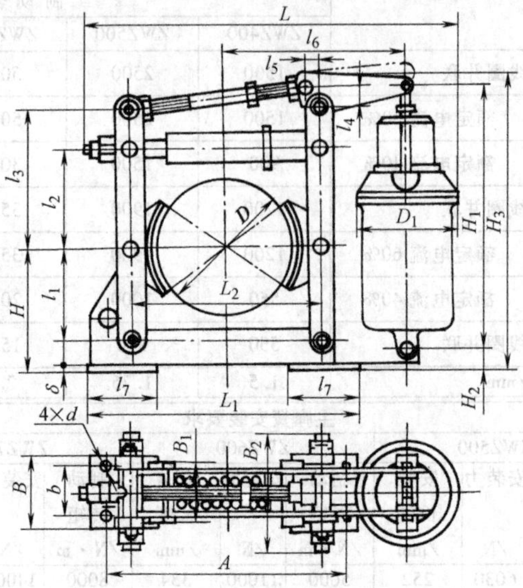

制动器型号	主要尺寸																					
	D	H	A	b	d	δ	L	L_1	L_2	B	B_1	B_2	l_1	l_2	l_3	l_4	l_5	l_6	l_7	D_1	H_1	H_2	H_3
YWZ100/18	100	100	220	40	13	6	372	250	160	75	70	110	70	110	150	30	5	175	75	137	282	18	225
YWZ200/25	200	170	350	60	17	8	545	390	280	100	90	126	135	145	200	25	10	270	100	154	380	25	440
YWZ300/25	300	240	500	80	22	10	725	550	400	130	140	165	190	210	280	30	17	370	150	154	380	170	586
YWZ300/45	300	240	500	80	22	10	740	550	400	130	140	165	190	210	280	30	17	370	150	178	490	60	592
YWZ400/45	400	320	650	130	22	12	920	700	530	180	180	210	245	260	340	35	20	475	160	178	490	205	735
YWZ400/90	400	320	650	130	22	12	935	700	530	180	180	210	245	260	340	35	20	475	160	210	610	85	740
YWZ500/90	500	400	760	150	22	16	1108	810	640	200	200	250	320	335	420	40	30	560	180	210	610	225	885
YWZ600/180	600	475	950	170	26	18	1330	1000	780	220	240	305	380	420	530	42	35	700	250	254	843	162	1110
YWZ700/180	700	550	1080	200	34	25	1662	1150	900	270	280	390	430	480	600	40	55	830	260	254	840	310	1225
YWZ800/180	800	600	1240	240	34	25	1816	1334	914	320	320	390	480	620	755	47	57	917	310	254	829	526	1464
YWZ800/320	800	600	1240	240	34	25	1876	1334	1034	320	320	436	480	545	680	47	57	917	310	375	887	380	1390

表 15.3-25 YWZ100~800 电力液压块式制动器的技术性能

制动器型号	制动轮直径 D /mm	制动转矩 /N·m	制动瓦块退距 /mm	电力液压推动器						质量 /kg
				型号	额定推力 /N	工作行程 /mm	补偿行程 /mm	电动机功率 /kW	质量 /kg	
YWZ100/18	100	40	0.6	YT1-18	180	13	7	0.06	9.8	17.3
YWZ200/25	200	200	0.7	YT1-25	250	20	15	0.06	21	42.7
YWZ300/25	300	320	0.7	YT1-25	250	20	15	0.06	21	71.4
YWZ300/45	300	630	0.7	YT1-45	450	20	25	0.12	25	76.6
YWZ400/45	400	1000	0.8	YT1-45	450	20	25	0.12	25	127.3
YWZ400/90	400	1600	0.8	YT1-90	900	25	50	0.25	45	148.6
YWZ500/90	500	2500	0.8	YT1-90	900	25	50	0.25	45	201.6
YWZ600/180	600	5000	0.8	YT1-180	1800	42	70	0.40	75	415.7
YWZ700/180	700	8000	0.8	YT1-180	1800	40	72	0.40	75	558.7
YWZ800/180	800	10000	0.8	YT1-180	1800	56	58	0.40	75	618.8
YWZ800/320	800	12500	0.9	YT1-320	3200	48	65	1.10	150	885

注：1. 标记示例：YWZ200/25 制动器，YWZ—电力液压推杆制动器；200—制动轮直径（mm）；25—电力液压推动器推力 250N。

2. 适用于老设备维修，新设计中不得采用。

表 15.3-26　制动轮的形式、主要尺寸和基本参数（摘自 JB/ZQ 4389—2006）　（mm）

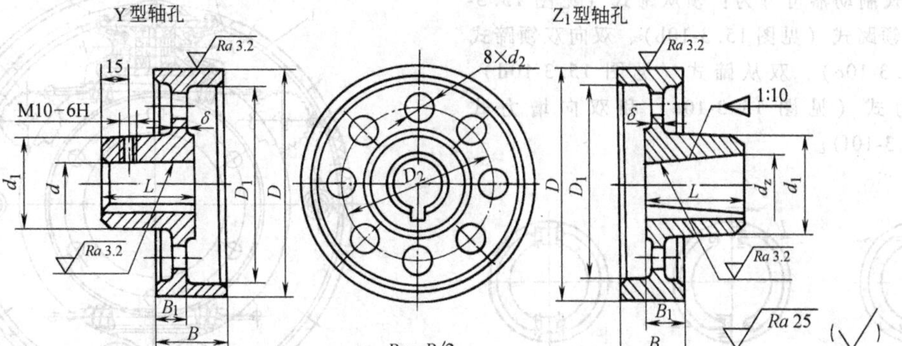

$B_1 \approx B/2$

D	Y 型 轴 孔		Z_1 型 轴 孔		B	D_1	D_2	d_1	d_2	δ	转动惯量 J/kg·m²	质量 /kg
	d	L	d_z	L								
100	25、28	62	25、28	44	70	84	—	65	—	8	0.0075	3.0
	30、32、35	82	30、32、35	60								
160	25、28	62	25、28	44	70	145	105	65	30	8	0.03	5
	30、32、35	82	30、32、35	60								
200	25、28	62	30、32、35、38	60	85	180	140	100	30	8	0.20	10.0
	30、32、35、38	82										
	40、42、45、48、50、55	112	40、42、45、48、50、55	84								
250	30、32、35、38	82	30、32、35、38	60	105	220	168	115	40	8	0.28	18.0
	40、42、45、48、50、55	112	40、42、45、48、50、55	84								
	60	142	60	107								
315 (300)	40、42、45、48、50、55	112	60、65、70、75	107	135	290 (275)	200	120	55	8	0.60	24.5
	60、65	142										
400	60、65、70、75	142	60、65、70、75	107	170	370	275	175	70	12	0.75	60.7
	80、85	172	80、85、90、95	132								
			100、110	167								
500	80、85、90、95	172	75	107	210	465	340	210	90	14	2.0	100.6
	100、110	212	80、85、90、95	132								
			100、110、120	167								
			130	202								
630 (600)	90、95	172	90、95	132	265	595 (565)	390	210	120	16	5.0	132.1
	100、110	212	100、110、120	167								
			130	202								
710 (700)	100、110、120	212	110、120	167	300	670 (660)	435	210	130	18	10	183.4
	130	252	130	202								
800	130、140、150	252	130、140、150	202	340	760	495	230	140	18	16.75	230.9

注：1. 括号内的制动轮直径，不推荐使用。
2. 各厂自制、西安重型机器研究所供图。
3. 标记示例：制动轮 200-Y60，200—制动轮直径（mm）；Y—圆柱形轴孔；60—轴孔直径（mm）。
4. 技术要求：轮缘表面淬火硬度 35~45HRC，深度为 2~3mm；
材料：$D \leqslant 200$mm 者为 45 钢；$D \geqslant 250$mm 者为 ZG340—570；
键槽形式与尺寸应符合 GB/T 3852—2008 的规定。

4　内张式制动器

内张式制动器主要由制动鼓、制动蹄和驱动装置组成，蹄片装在制动鼓内。这种制动器结构紧凑，密封容易，可用于安装空间受限制的场合。各种车辆行驶时为了降低车速和停车，广泛采用装在车轮内的蹄式制动器。这种制动器一般都是常开操纵式制动器。

4.1　种类与结构型式

内张式制动器有双蹄、多蹄和软管多蹄等形

式，其中双蹄式应用较广。按照制动蹄的属性分类，双蹄式制动器可分为：领从蹄式（见图 15.3-10a）、双领蹄式（见图 15.3-10b）、双向双领蹄式（见图 15.3-10c）、双从蹄式（见图 15.3-10d）、单向增力式（见图 15.3-10e）和双向增力式（见图 15.3-10f）。

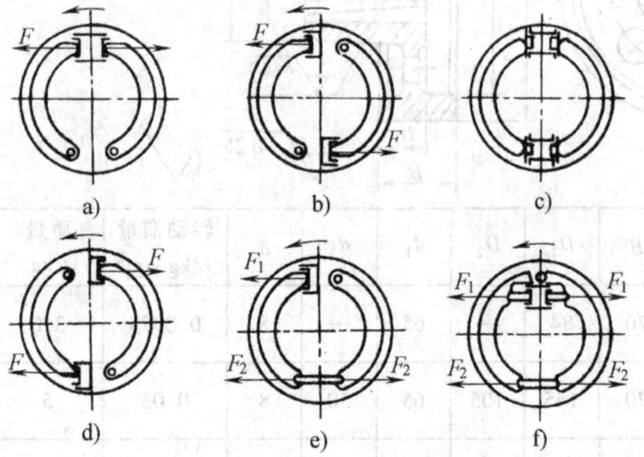

图 15.3-10　双蹄式制动器示意图

1）领从蹄式双蹄式制动器的结构如图 15.3-11 所示。两个固定支承销 4 将制动蹄 1 和 3 的下端铰接安装。制动分泵 2 是双向作用的。制动时，分泵压力 *F* 使制动蹄 1 和 3 压紧制动鼓，从而产生制动转矩。制动鼓正反转效果相同，操纵系统比较简单。

2）双领蹄式双蹄式制动器的结构如图 15.3-12 所示。这种制动器结构较简单，磨损均匀，但反转时，变为双从蹄式双蹄式制动器（见图 15.3-10d），制动效果不相同。一般只用于单向制动。

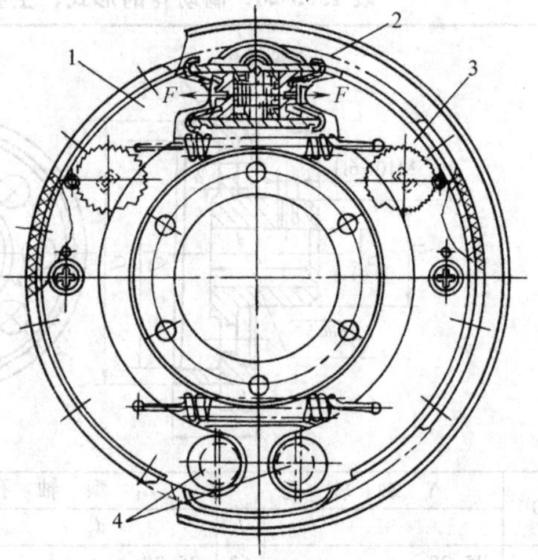

图 15.3-11　领从蹄式双蹄式制动器的结构
1、3—制动蹄　2—制动分泵　4—支承销

3）双向双领蹄式双蹄式制动器的结构如图 15.3-13 所示。两蹄支承在浮动式支承上，正反转时均为领蹄，双向制动效果相同，但需要两个双向分泵。结构较复杂，衬片磨损后调整较麻烦。

4）增力式双蹄式制动器分为单向增力式及双向增力式两种。图 15.3-14 所示为双向增力式双蹄式制动器的结构。制动蹄 3 和 5 用可调顶杆 4 相连接组成浮动系统。拉紧弹簧 6 将浮动组件与支承销 1 压紧。制动缸 2 工作时，两蹄张开压紧鼓后则随鼓转动，当蹄端接触支承销 1 时即起制动作用。正反转时其增力作用相同。

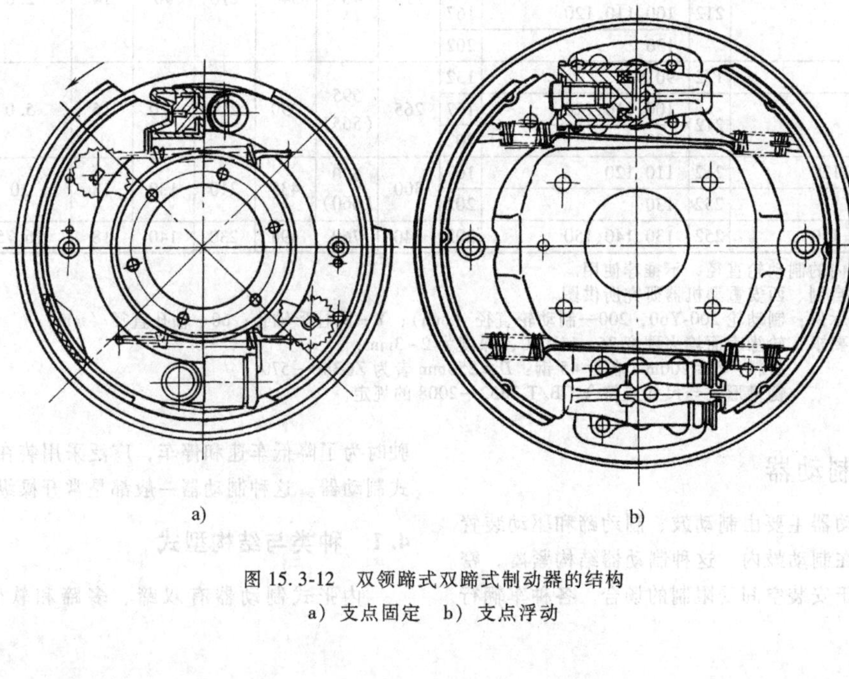

图 15.3-12　双领蹄式双蹄式制动器的结构
a）支点固定　b）支点浮动

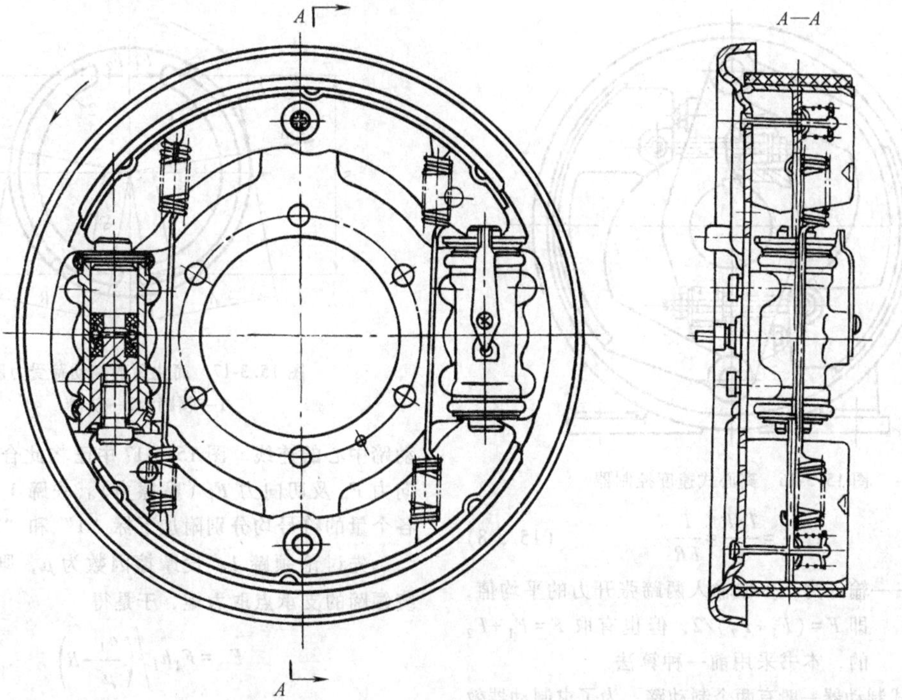

图 15.3-13　双向双领蹄式双蹄式制动器的结构

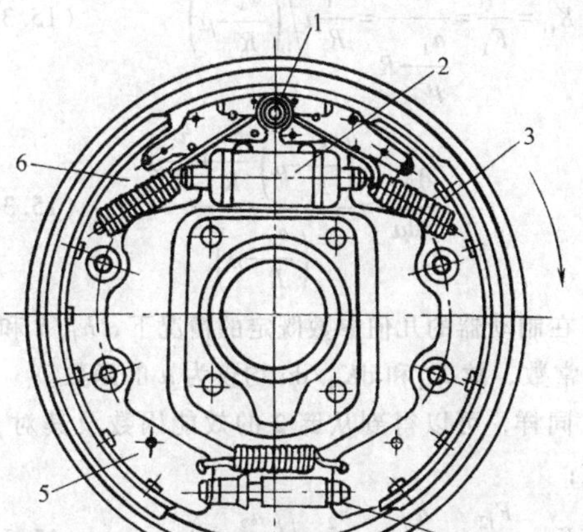

图 15.3-14　双向增力式双蹄式制动器的结构
1—支承销　2—制动缸　3、5—制动蹄
4—可调顶杆　6—拉紧弹簧

5）软管多蹄式制动器。图 15.3-15 所示为软管多蹄式制动器示意图。在固定盘 3 上装有软管 1 及摩擦块 2。软管充气或充油时，摩擦块压紧制动鼓起制动作用。

这种制动器结构紧凑，质量小，制造简单，工作平稳，间隙不需调整。制动蹄与制动鼓的接触范围大(可达 360°)，对制动蹄与制动鼓间的同心度要求不高。但动作慢，耗气量大。

此外还有用于控制速度的离心式速度控制器，如

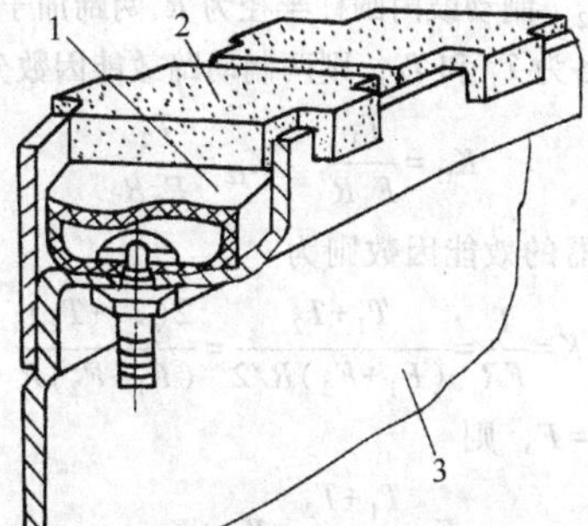

图 15.3-15　软管多蹄式制动器示意图
1—软管　2—摩擦块　3—固定盘

图 15.3-16 所示。调节弹簧的压力可限定欲控制的转速。

4.2　设计的一般原则

为使车辆（如汽车等）能更好地符合使用要求，设计蹄式制动器时，应全面考虑如下几个问题。

（1）制动器效能

制动器在单位输入压力或力的作用下所输出的力或转矩称为制动效能。在评比不同结构型式的制动器效能时，常用制动器效能因数评比，它定义为在制动鼓作用半径 R 上的摩擦力与输入力之比。

设制动器输出的制动转矩为 T，则在制动鼓的作用半径 R 上的摩擦力为 T/R，故制动器效能因数为

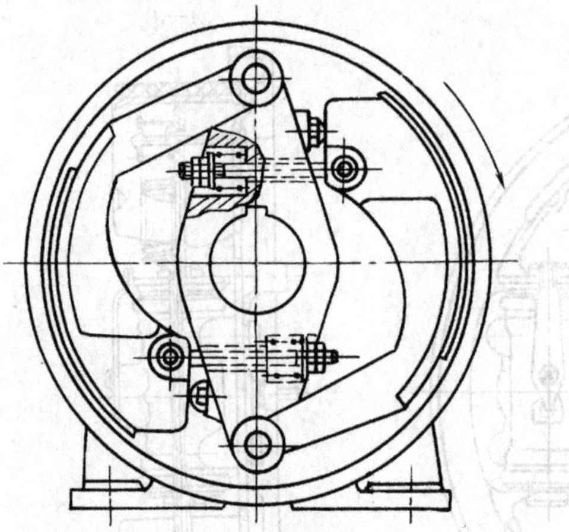

图 15.3-16　离心式速度控制器

$$K=\frac{T/R}{F}=\frac{T}{FR} \tag{15.3-8}$$

式中　F——输入力，多取输入两蹄张开力的平均值，即 $F=(F_1+F_2)/2$，但也有取 $F=F_1+F_2$ 的，本书采用前一种算法。

内张式制动器一般有两个制动蹄，为了求制动器效能因数，需先求出各蹄的效能因数。设两蹄上张开力各为 F_1 和 F_2，制动鼓内圆柱半径为 R，两蹄加于制动鼓的制动转矩各为 T_1 和 T_2，则两制动蹄效能因数分别为

$$K_{t1}=\frac{T_1}{F_1R},\quad K_{t2}=\frac{T_2}{F_2R}$$

整个制动器的效能因数则为

$$K=\frac{T}{FR}=\frac{T_1+T_2}{(F_1+F_2)R/2}=\frac{2(T_1+T_2)}{(F_1+F_2)R}$$

若 $F_1=F_2=F$，则

$$K=\frac{T_1+T_2}{FR}=K_{t1}+K_{t2} \tag{15.3-9}$$

内张式制动器效能因数的计算比较复杂，将在后面给出计算公式。此处可以就最普通的一种内张式制动器，并利用大大简化了的受力示意图（见图 15.3-17），来简要介绍一下制动蹄效能因数与摩擦因数以及蹄的属性的关系。

设车辆前进时制动鼓旋转方向如图 15.3-17 中的箭头所示。领蹄 1 在张开力 F_1 作用下绕其支承点转动，转动方向与制动鼓方向相同，这种制动蹄称为领蹄。从蹄 2 在张开力 F_2 的作用下绕支承点做与制动鼓旋转方向相反的转动，这种制动蹄称为从蹄。相应地这种制动器称为领从蹄式制动器。

对蹄与鼓之间作用力的分布，其合力的大小、方向及作用点，严格说来，需要较精确地分析确定。但为简化分析起见，可假设该合力作用点位于制动鼓工作表面上，它与制动器中心的连线垂直于蹄支点与制

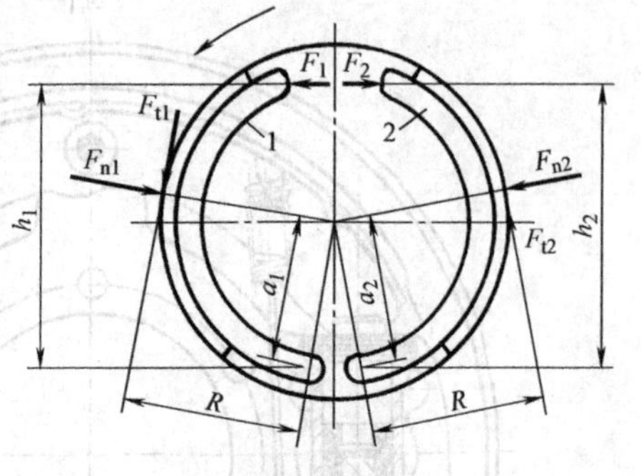

图 15.3-17　简化后的制动蹄受力图

1—领蹄　2—从蹄

动蹄中心的连线。图 15.3-17 中已将此合力分解为法向力 F_n 及切向力 F_t（摩擦力）。领蹄 1 和从蹄 2 的各个量的符号均分别附加下标“1”和“2”。

先讨论领蹄 1。设摩擦因数为 μ，则 $F_{t1}=\mu F_{n1}$。绕领蹄的支承点取力矩，于是得

$$F_{t1}=F_1h_1\Big/\left(\frac{a_1}{\mu}-R\right)$$

领蹄的效能因数及其对 μ 的导数为

$$K_{t1}=\frac{F_{t1}}{F_1}=\frac{h_1}{\dfrac{a_1}{\mu}-R}=\frac{h_1}{R}\mu\Big/\left(\frac{a_1}{R}-\mu\right) \tag{15.3-10}$$

$$\frac{\mathrm{d}K_{t1}}{\mathrm{d}\mu}=\frac{\left(\dfrac{a_1}{R}-\mu\right)\dfrac{h_1}{R}+\dfrac{h_1}{R}\mu}{\left(\dfrac{a_1}{R}-\mu\right)^2} \tag{15.3-11}$$

在制动器的几何参数既定的情况下，h_1/R 和 a_1/R 为常数，故 K_{t1} 和 $\mathrm{d}K_{t1}/\mathrm{d}\mu$ 均仅为 μ 的函数。

同样，可以得到从蹄 2 的效能因数及其对 μ 的导数：

$$K_{t2}=\frac{F_{t2}}{F_2}=\frac{h_2}{\dfrac{a_2}{\mu}+R}=\frac{h_2}{R}\mu\Big/\left(\frac{a_2}{R}+\mu\right) \tag{15.3-12}$$

$$\frac{\mathrm{d}K_{t2}}{\mathrm{d}\mu}=\frac{\left(\dfrac{a_2}{R}+\mu\right)\dfrac{h_2}{R}-\dfrac{h_2}{R}\mu}{\left(\dfrac{a_2}{R}+\mu\right)^2} \tag{15.3-13}$$

根据式（15.3-10）~式（15.3-13）做出的各蹄效能因数及其导数与摩擦因数的关系曲线见图 15.3-18、图 15.3-19（设 $h_1/R=h_2/R=1.5$，$a_1/R=a_2/R=0.7$）。

由式（15.3-10）~式（15.3-13）和图 15.3-18、图 15.3-19 可以看出，领蹄由于摩擦力对蹄支承点造成的力矩与张开力对蹄支承点的力矩同向，而具有较高的效能因数（一般在 $\mu=0.3\sim0.35$ 范围内，若 $F_1=$

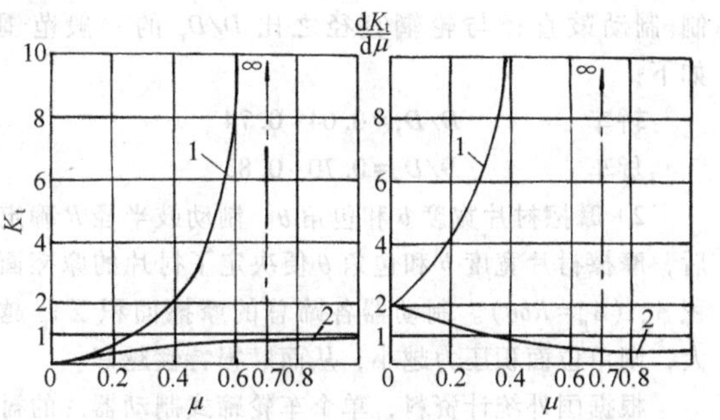

图 15.3-18　制动蹄效能因数及其导数与摩擦因数的关系
1—领蹄　2—从蹄

F_2，则领蹄的效能因数约为从蹄的 3 倍)，并且随着 μ 的增大，效能因数 K_{t1} 及其导数 $dK_{t1}/d\mu$ 都急剧增长，这称为自行增势作用，因而领蹄也称增势蹄。当 μ 增大到一定值时（本例中 $\mu=a_1/R=0.7$），K_{t1} 和 $dK_{t1}/d\mu$ 都趋于无限大。这意味着此时只要施加一个极小的张开力 F_1，制动转矩即将迅速增加到极大的数值，以致此后即使放开制动踏板，使 F_1 降为零，领蹄也不能回位，而是与制动鼓固着，保持制动状态，这种状态称为自锁。发生自锁后，只有使制动鼓倒转，方能撤除制动。

反之，就从蹄而言，虽然当 μ 增大时，其效能因数 K_{t2} 也增大，但 $dK_{t2}/d\mu$ 却减小。当 $\mu\to\infty$ 时，$K_{t2}\to1$，而 $dK_{t2}/d\mu\to0$，故从蹄具有减势作用，因而也称减势蹄。

（2）制动器效能的稳定性

制动器效能的稳定性主要取决于其效能因数 K 对摩擦因数 μ 的敏感性（$dK/d\mu$），而 μ 则是一个不稳定的因素。影响摩擦因数的因素主要是摩擦副表面温度和水湿程度，而其中经常起作用的则是温度，因而制动器的热稳定性更为重要。

由前分析可知，领蹄的效能因数大于从蹄，然而领蹄效能因数的稳定性却比从蹄的差。各种内张式双蹄制动器的效能因数取决于其两蹄的效能因数。要求制动的热稳定性好，除了应选择其效能因数对 μ 的敏感性较低的制动器形式外，还要求摩擦材料有较良好的抗衰退性和恢复性，并且应使制动鼓有足够的散热能力。

（3）制动器间隙调整的简便性

制动器间隙调整是汽车保养作业中较频繁的项目之一，故选择调整装置的结构型式和安装位置必须保证调整操作简便。当然最好采用自动调整装置。

（4）制动器的尺寸和质量

现代汽车由于车速逐渐提高，出于行驶稳定性的考虑，轮胎尺寸往往选择得较小，这样选择尺寸小而效能高的制动器形式更为必要。

装在车轮内的制动器属于非由弹簧承载的质量，故应尽可能减少其质量，以有助于车辆行驶的平稳性。

4.3　各类内张双蹄式制动器的比较

公称尺寸比例相同的各种内张双蹄式制动器的效能因数与摩擦因数的关系曲线如图 15.3-19 所示。由图可见，增力式制动器效能最高，双领蹄式次之，领从蹄式又次之，而双从蹄式的效能最低。但若就效能稳定性而言，各项排列正好相反，双从蹄式最好，增力式最差。

应当指出，双蹄式制动器的效能实际上并非单纯取决于理论的效能因数值，而是还受到其他因素的影响。例如，从蹄、鼓接触情况来看，当蹄与鼓仅在蹄的中部接触时，输出的制动转矩就小，而在蹄的端部和根部接触时，输出的制动转矩就大。而且制动器的效能因数越高，效能因数受接触情况的影响也越大，故正确的调整对高效能制动器尤为重要。

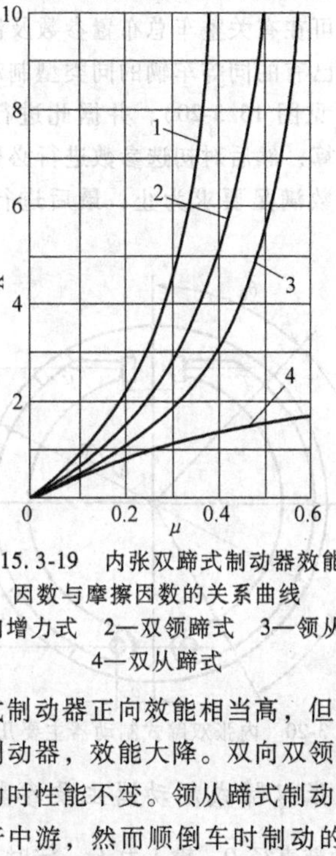

图 15.3-19　内张双蹄式制动器效能因数与摩擦因数的关系曲线
1—双向增力式　2—双领蹄式　3—领从蹄式
4—双从蹄式

双领蹄式制动器正向效能相当高，但倒车时则变为双从蹄式制动器，效能大降。双向双领蹄式制动器在顺倒车制动时性能不变。领从蹄式制动器的效能和稳定性都处于中游，然而顺倒车时制动的性能不变，构造简单，造价较低，现在仍然广泛用于中、重型货车的前、后轮，以及轿车后轮中。

在增力式制动器中，两蹄都是领蹄。次领蹄的轮缸张开力 F_1 的作用效果很小（见图 15.3-10f），或次领蹄上不存在轮缸张开力（见图 15.3-10e），然而由主领蹄的自行增势作用所造成的、且比主领蹄张开力 F_1 大得多的支点反力 F_2 传到次领蹄的下端时，成为次领蹄的张开力（或主要张开力），故次领蹄的制动转矩能大到主领蹄制动转矩的 2~3 倍。若两蹄的轮缸张开力均为 F，则两蹄的效能因数的关系也是 $K_{t2}=(2\sim3)K_{t1}$。故采用增力式制动器后，效能增加很大，但如前所述，其效能太不稳定，且效能太高容易发生制动器自锁。因此设计时应妥善选择几何参数，把效能因数限制在一定范围，且应选用摩擦性能较稳定的摩擦衬片。

对于双领蹄式和双从蹄式制动器，由于结构的中心对称性，两蹄对制动鼓的法向压力和单位面积摩擦力的分布也是中心对称的，因而两蹄对鼓作用合力互相平衡，故这两种都属于平衡式制动器。其余各种双蹄式制动器都不能保证这种平衡，因而是非平衡式的。非平衡双蹄式制动器将对轮毂轴承造成附加径向载荷，而且领蹄（或次领蹄）摩擦衬片表面单位压力大于从蹄（或主领蹄），磨损较严重。为使摩擦衬片寿命较均衡，可将从蹄（或主领蹄）的摩擦衬片包角适当减小。

4.4　制动器的设计

对于内张双蹄式制动器，目前尚无标准可供选用。设计时可在有关整车总布置参数及制动器形式选定后，参考已有的同等车辆的同类型制动器，初选其主要参数（见图 15.3-20），并据此进行制动转矩及磨损性能验算；然后对初选参数进行必要的修改，直到基本性参数满足要求为止；最后进行详细的结构设计。

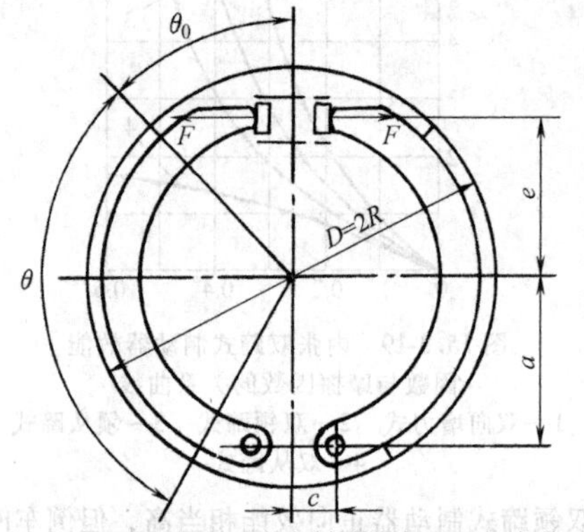

图 15.3-20　内张双蹄式制动器主要几何参数

4.4.1　内张双蹄式制动器主要参数选择

1）制动鼓直径 D。输入力 F 一定时，D 越大，制动转矩越大，且散热能力也越强。但 D 受轮辋内径限制。制动鼓直径与轮辋直径之比 D/D_r 的一般范围如下：

轿车　　$D/D_r=0.64\sim0.74$

货车　　$D/D_r=0.70\sim0.83$

2）摩擦衬片宽度 b 和包角 θ。制动鼓半径 R 确定后，摩擦衬片宽度 b 和包角 θ 便决定了衬片的摩擦面积 A_p（$A_p=Rb\theta$）。制动器各蹄总的摩擦面积 ΣA_p 越大，则单位面积压力越小，从而磨损特性越好。

根据国外统计资料，单个车轮蹄式制动器总的衬片摩擦面积随汽车总重而增加，具体数值见表 15.3-27。

表 15.3-27　衬片摩擦面积荐用值

汽车类别	汽车总重 G_0 /kN	单个制动器的衬片摩擦面积 A_p/cm^2
轿　车	9~15	100~200
	15~25	200~300
货车及客车	10~15	100~200
	15~25	150~250（多为 150~200）
	25~35	250~400
	35~70	300~650
	70~120	550~1000
	120~170	600~1500（多为 600~1200）

摩擦衬片包角 $\theta=90°\sim100°$（荐用值），一般不宜大于 120°。

摩擦衬片宽度 b 较大可以减少磨损，但过大将不易保证与制动鼓全面接触。设计时应尽量按照摩擦片规格选择 b 值。

3）摩擦衬片起始角 θ_0。一般将摩擦衬片布置在制动蹄的中央，即 $\theta_0=90°-\theta/2$。

4）摩擦衬片的型号及性能见表 15.3-28。

5）制动器中心到张开力 F 作用线的距离 e。在保证轮缸或制动凸轮能够布置于制动鼓内的条件下，应使距离 e 尽可能大，以提高制动效能。初步设计时可暂定 $e=0.8R$ 左右。

6）制动蹄支承点位置坐标 a 和 c。应在保证支承端毛面不致互相干涉的条件下，使 a 尽可能大，而 c 尽可能小。初步设计时也可暂定 $a\approx0.8R$。

表 15.3-28　内张双蹄式制动器摩擦衬片的型号及性能

产品规格	摩擦因数 μ	密度 $/\mathrm{g\cdot cm^{-3}}$	冲击韧度 $/\mathrm{J\cdot cm^{-2}}$	硬度 HBW	适用范围
SY-1107	0.39~0.45	1.8~2.1	>0.031	20~50	主要用于轿车等轻载车辆
SY-0204	0.36~0.42	1.8~2.1	>0.031	20~50	主要用于中型载货汽车
SY-9002	0.38~0.43	1.8~2.1	>0.031	20~50	主要用于重型载货汽车、专用矿山车辆

注：1. 沈阳石棉制品厂的数据。

2. 该产品采用优质石棉、铜丝和橡胶合成树脂等压制加工而成，摩擦性能稳定，无制动噪声，使用寿命长。

4.4.2　内张双蹄式制动器制动转矩计算

制动转矩目前一般采用效能因数法或分析图解法计算，本书采用效能因数法计算双蹄式制动器的制动转矩。为此必须先求出制动蹄的效能因数，然后计算制动转矩。

设制动蹄的制动转矩和效能因数分别为 T 和 K_t，输入张开力为 F，制动鼓半径为 R，则

$$T=K_tFR \tag{15.3-14}$$

效能因数 K_t 是单位为1的系数。对于一定结构型式的制动蹄，只要已知制动鼓转向、制动蹄的主要几何参数的相对值（即这些参数与 R 之比）以及摩擦因数，该蹄的 K_t 即可确定。然后根据既定的 F 和 R 值求 T，也可根据要求规定的 T 值来调整 F、R 或 K_t。

下面举出一些典型结构的制动器效能因数的计算式。

（1）支点固定的制动蹄

1）领蹄（见图15.3-21）。为计算简便，有人假定蹄、鼓之间的单位压力是沿周向均匀分布的，但这一假定与实际情况相差较远，据此算出的制动转矩较实际数值大。目前计算中广为应用的理论单位压力分布规律系按正弦规律分布的。根据数学推导得出领蹄效能因数 K_{t1}：

$$K_{t1}=\frac{\zeta}{\dfrac{K\cos\lambda}{\rho\cos\beta\sin\gamma}-1} \tag{15.3-15}$$

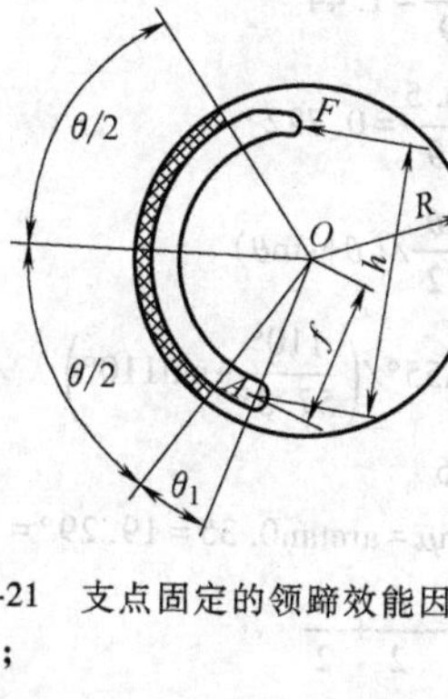

图15.3-21 支点固定的领蹄效能因数计算图

式中，$\zeta=h/R$；

$K=f/R$；

$\rho=4\sin\dfrac{\theta}{2}/(\theta+\sin\theta)$；

$\beta=\arctan\left(\dfrac{\theta-\sin\theta}{\theta+\sin\theta}\tan\alpha\right)$，$\alpha=\dfrac{\pi}{2}-\dfrac{\theta}{2}-\theta_1$；

$\lambda=\gamma+\beta-\alpha$；

$\gamma=\arctan\mu$，μ 为摩擦因数，见表15.3-8。

2）从蹄效能因数 K_{t2}。

$$K_{t2}=\frac{\zeta}{\dfrac{K\cos\lambda'}{\rho\cos\beta\sin\gamma}+1} \tag{15.3-16}$$

式中，$\zeta=h/R$；

$K=f/R$；

$\rho=4\sin\dfrac{\theta}{2}/(\theta+\sin\theta)$；

$\lambda'=\gamma-\beta+\alpha$；

$\beta=\arctan\left(\dfrac{\theta-\sin\theta}{\theta+\sin\theta}\tan\alpha\right)$；

$\gamma=\arctan\mu$。

（2）浮式制动蹄（支点浮动）

1）领蹄（见图15.3-22）。由于制动蹄支承端可沿支承面上下滑动，支承反力只能是法向的，据此可推导得领蹄效能因数 K_{t1}：

$$K_{t1}=\frac{\zeta}{\dfrac{\varepsilon}{\rho\cos\beta\sin\gamma}-1} \tag{15.3-17}$$

式中，$\zeta=h/R$；

$\varepsilon=a/R$；

$\rho=4\sin\dfrac{\theta}{2}/(\theta+\sin\theta)$；

$\beta=\gamma-\theta_0-\dfrac{\theta}{2}+\dfrac{\pi}{2}$；

$\gamma=\arctan\mu$。

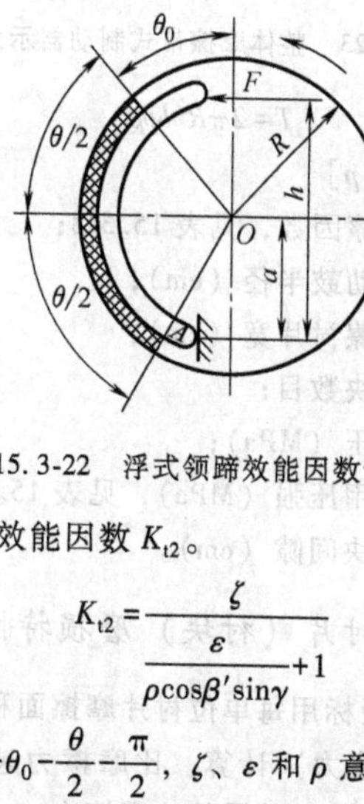

图15.3-22 浮式领蹄效能因数计算图

2）从蹄效能因数 K_{t2}。

$$K_{t2}=\frac{\zeta}{\dfrac{\varepsilon}{\rho\cos\beta'\sin\gamma}+1} \tag{15.3-18}$$

式中，$\beta'=\gamma+\theta_0-\dfrac{\theta}{2}-\dfrac{\pi}{2}$，$\zeta$、$\varepsilon$ 和 ρ 意义同式（15.3-17）。

求得 K_{t1}、K_{t2} 之后，即可按式（15.3-14）分别求出各蹄的制动转矩

$$T_1=K_{t1}F_1R$$
$$T_2=K_{t2}F_2R$$

并得出整个双蹄式制动器的制动转矩

$$T=T_1+T_2=(K_{t1}F_1+K_{t2}F_2)R \tag{15.3-19}$$

式中 F_1、F_2——各蹄的张开力。

也可根据 K_{t1} 和 K_{t2} 先求出整个制动器的效能因数 K_t，然后由下式求 T：

$$T=\frac{1}{2}K_t(F_1+F_2)R \tag{15.3-20}$$

对于双领蹄式及双从蹄式制动器，当 $F_1=F_2=F$

时，有

$$K_t = 2K_{t1}$$

$$K_t = 2K_{t2} \qquad (15.3\text{-}21)$$

对于 $F_1 = F_2$ 的领从蹄式和增力式制动器，有

$$K_t = K_{t1} + K_{t2} \qquad (15.3\text{-}22)$$

4.4.3　软管多蹄式制动器制动转矩的计算

蹄块之间有间隙的制动器的制动转矩

$$T = \mu\ (2\pi R - n\delta)\ bpR \qquad (15.3\text{-}23)$$

如为整体摩擦带时（见图 15.3-23）

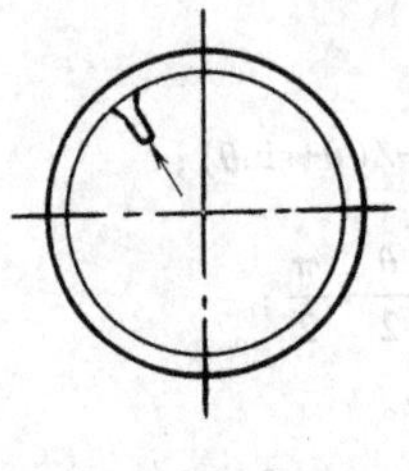

图 15.3-23　整体摩擦带式制动器示意图

$$T = 2\pi R^2 bp\mu \qquad (15.3\text{-}24)$$

应使　$p < [p]$

式中　μ——摩擦因数，见表 15.3-8；

R——制动鼓半径（cm）；

b——摩擦衬片宽（cm）；

n——蹄块数目；

p——气压（MPa）；

$[p]$——许用压强（MPa），见表 15.3-8；

δ——蹄块间隙（cm）。

4.4.4　摩擦衬片（衬块）磨损特性的计算

磨损特性指标用每单位衬片摩擦面积的制动器摩擦力（即比摩擦力）计算。比摩擦力越大，则磨损越严重。单个车轮制动器的比摩擦力

$$f = T_1 / RA_p \qquad (15.3\text{-}25)$$

与之相应的衬片与制动鼓之间的平均压强

$$p = \frac{f}{\mu} = T_1 / RA_p\mu \leqslant [p] \qquad (15.3\text{-}26)$$

式中　T_1——单个制动器的制动转矩（N·m）；

R——制动鼓半径（m）；

A_p——衬片的摩擦面积（mm^2），由摩擦衬片宽度 b 和包角 θ（rad）决定，即 $A_p = Rb\theta$；

$[p]$——许用平均压强（MPa），见表 15.3-8。

4.4.5　计算实例

例 15.3-1　一微型货车前轮双领蹄式支点浮动制动器（见图 15.3-24）的尺寸如下：

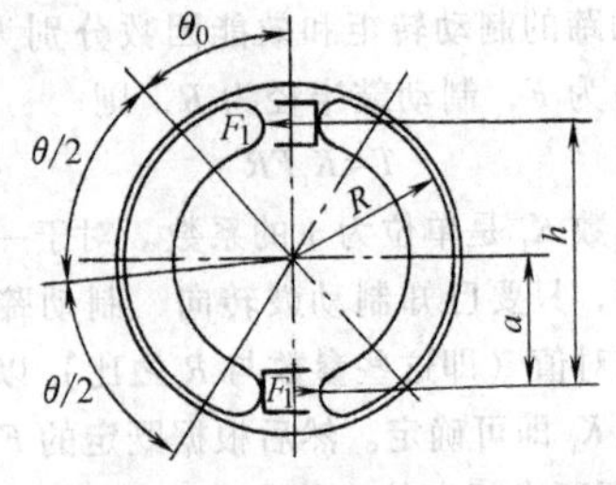

图 15.3-24　双领蹄式支点浮动制动器

制动鼓半径 $R = 9$cm，分泵缸径 $d = 2.38$cm，制动管油压 $p = 2$MPa，摩擦衬片包角 $\theta = 110°$，摩擦衬片起始角 $\theta_0 = 40°$，推力至支点距离 $h = 13$cm，支点至中心距离 $a = 6.5$cm，制动器摩擦衬片用 SY-0204（见表 15.3-28），宽度 $b = 4$cm，$\mu = 0.35$。

求该制动器的制动转矩及摩擦衬片平均比压力。

解：

1）领蹄效能因数。由式（15.3-17）

$$K_{t1} = \frac{\zeta}{\dfrac{\varepsilon}{\rho\cos\beta\sin\gamma} - 1}$$

$$\zeta = \frac{h}{R} = \frac{13}{9} = 1.44$$

$$\varepsilon = \frac{a}{R} = \frac{6.5}{9} = 0.722$$

$$\rho = 4\sin\frac{\theta}{2} / (\theta + \sin\theta)$$

$$= 4 \times \sin 55° / \left(\frac{110°}{57.3°} + \sin 110°\right)$$

$$= 1.146$$

$$\gamma = \arctan\mu = \arctan 0.35 = 19.29° = 19°17'$$

$$\beta = \gamma - \theta_0 - \frac{\theta}{2} + \frac{\pi}{2}$$

$$= 19.29° - 40° - \frac{110°}{2} + 90°$$

$$= 14.29° = 14°17'$$

得 $K_{t1} = \dfrac{1.44}{\dfrac{0.722}{1.146\cos 14.29° \sin 19.29°} - 1}$

$$= 1.497$$

2）制动器效能因数。

$$K_t = 2K_{t1} = 2.994$$

3）制动转矩。由式（15.3-20），$F_1 = F_2 = F$，得

$$T = K_t FR$$

$$F = \frac{\pi}{4} d^2 p = \frac{\pi}{4} 23.8^2 \times 2\text{N} = 889.76\text{N}$$

$$T = 2.994 \times 889.76 \times 0.09\text{N} \cdot \text{m} = 239.76\text{N} \cdot \text{m}$$

4）摩擦衬片与制动鼓间压强。由式（15.3-26）

$$p = T_1 / RA_p\mu$$

$$T_1=K_{t1}FR=1.497\times889.76\times0.09\text{N}\cdot\text{m}$$
$$=119.88\text{N}\cdot\text{m}$$

$$A_p=Rb\theta=90\times40\times\frac{110°}{57.3°}\text{mm}^2$$
$$=6911\text{mm}^2$$
$$p=119.88/(0.09\times6911\times0.35)$$
$$=0.54\text{MPa}$$

由表 15.3-8 查得 $[p]=0.6\text{MPa}$，$p<[p]$。

5 带式制动器

5.1 普通型带式制动器

这种制动器常用于中、小载荷的起重运输机械、车辆、一般机械及人力操纵的机械中。其形式有简单带式、差动带式和综合带式三种。

5.1.1 结构型式

图 15.3-25 所示为简单带式制动器的结构。它由制动轮 1、制动钢带 2 和制动杠杆 3 等所组成。其特点是带的一端固定在制动杠杆的支点上。制动杠杆 3 上装有紧闸用的重锤 4 和松闸用的长行程电磁铁 5，还装有紧闸时用的缓冲器 6，以减轻紧闸时的冲击。制动钢带的外围装有固定的挡板 7，并利用其上均布的调节螺钉 8 来保证制动带与制动轮的分开间隙均匀。

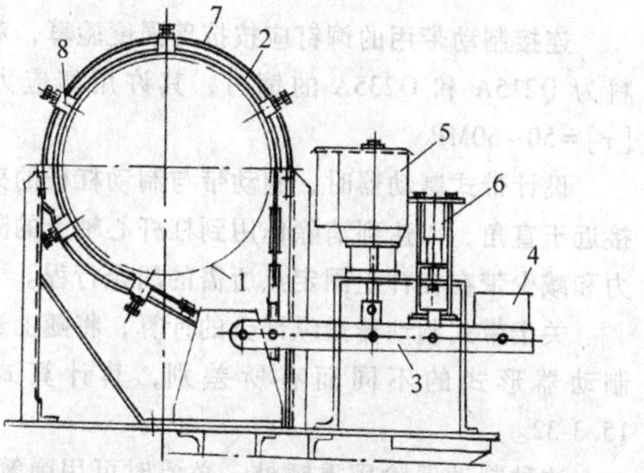

图 15.3-25 简单带式制动器的结构
1—制动轮 2—制动钢带 3—制动杠杆 4—重锤 5—电磁铁 6—缓冲器 7—挡板 8—调节螺钉

为了防止制动带从制动轮上滑脱，可将制动轮做成轮缘式（见图 15.3-26a），或是在挡板上装调节螺钉处焊接一些卡爪（见图 15.3-26b）。为了增大带与轮接触面的摩擦因数，在钢带表面用埋头铆钉或螺钉固定一层石棉带或木块等作为覆面。带的两端用专门的连接件（见图 15.3-27）与杠杆连接。其中一端做刚性固接（见图 15.3-27a），另一端利用螺纹连接（见图 15.3-27b），可按带与轮的松开间隙大小来调节带的长短。

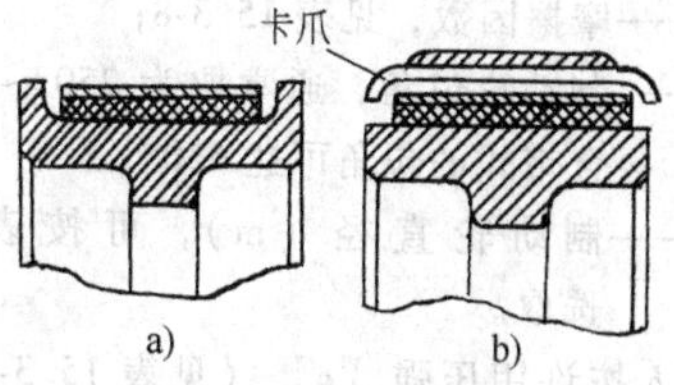

图 15.3-26 带式制动器的制动轮与制动带
a）轮缘式 b）卡爪式

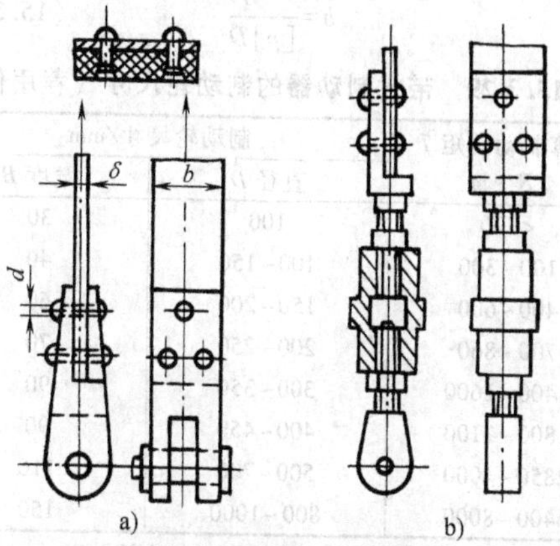

图 15.3-27 制动带的连接件
a）刚性固接 b）螺纹连接

5.1.2 设计计算

计算圆周力 F（见图 15.3-28）

$$F=\frac{2T}{D} \tag{15.3-27}$$

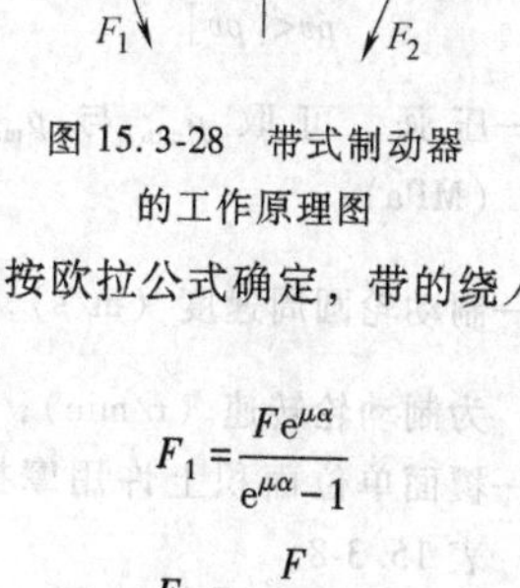

图 15.3-28 带式制动器的工作原理图

带的张力按欧拉公式确定，带的绕入端和绕出端的张力分别为

$$F_1=\frac{Fe^{\mu\alpha}}{e^{\mu\alpha}-1} \tag{15.3-28}$$

$$F_2=\frac{F}{e^{\mu\alpha}-1} \tag{15.3-29}$$

带两端张力之间的关系为

$$F_1=F_2e^{\mu\alpha}$$

式中 T——制动转矩（N·m）；

μ——摩擦因数，见表 15.3-8；

α——制动轮包角，通常取为 250°～270°，复合带式的包角可达 630°；

D——制动轮直径（m），可按表 15.3-29 选取。

带宽 b 按许用压强［p］（见表 15.3-8）决定，应取比轮宽 B 小 5～10mm。

$$b=\frac{2F_1}{[p]D} \tag{15.3-30}$$

表 15.3-29　带式制动器的制动轮尺寸（荐用值）

计算制动转矩 T /N·m	制动轮尺寸/mm	
	直径 D	宽度 B
<100	100	30
100～300	100～150	40
400～600	150～200	60
700～860	200～250	70
1400～1600	300～350	90
1800～2100	400～450	90
2850～4000	500～700	110
6400～8000	800～1000	150

带和轮之间的实际压强按下式计算：

$$p=\frac{2S}{Db}$$

式中　S——带的变动张力，其值由带的最小张力 F_2 变到最大张力 F_1，相应的最小压强 $p_{\min}$ 和最大压强 $p_{\max}$ 为

$$p_{\min}=\frac{2F_2}{Db}$$

$$p_{\max}=\frac{2F_1}{Db}\leqslant[p] \tag{15.3-31a}$$

根据发热及覆面单位面积上摩擦功率 pv 值验算制动器，即

$$pv<[pv] \tag{15.3-31b}$$

式中　p——压强，可取 $p_{\min}$ 与 $p_{\max}$ 的平均值（MPa）；

v——制动轮圆周速度（m/s），$v=\frac{\pi Dn_1}{60}$，n_1 为制动轮转速（r/min）；

$[pv]$——覆面单位面积上许用摩擦功率值，见表 15.3-8。

制动钢带的厚度 δ 由带的最大张力 F_1（N），按危险断面拉伸计算决定，即

$$\delta=\frac{F_1}{(b-md)[\sigma]} \tag{15.3-32}$$

式中　m——沿带宽每排最多的铆钉数；

d——连接钢带与连接件（摩擦材料）用的铆钉直径（mm）；

$[\sigma]$——钢带的许用拉应力（MPa），钢带材料常用 Q235A、Q275 和 45 钢，当具有覆面材料时，取 $[\sigma]$ = 80～100MPa，无覆面材料时，取 $[\sigma]$ = 60MPa。

带式制动器制动钢带推荐采用尺寸见表 15.3-30。为了保证带紧密地贴合到制动轮上，当轮径小于 1m 时，带宽不大于 100mm；当轮径大于 1m 时，带宽不应大于 150mm。如果根据计算一根上述带宽不够时，可以平行地用两根。

表 15.3-30　制动钢带推荐采用尺寸

（mm）

带宽 B	25	30	40	50	60	80	100	140	200
带厚 δ	3		3～4		4～6		4～7	6～10	

当松闸时，带与制动轮摩擦面之间的退距 ε 建议按表 15.3-31 选取。

表 15.3-31　带式制动器推荐用退距值

（mm）

制动轮直径 D	100	200	300	400	500	600	700	800
退距 ε	0.8		1.0	1.25～1.5		1.5		

连接制动带用的铆钉应按抗剪强度验算，对于材料为 Q215A 和 Q235A 的铆钉，其许用切应力可取 $[\tau]$ = 50～60MPa。

设计带式制动器时，制动带与制动杠杆的夹角应接近于直角，以达到消除作用到杠杆心轴上的附加分力和减少带在杠杆上固定点所需的闭合行程。

关于带式制动器操纵部分的计算，将随上述三种制动器形式的不同而有所差别，其计算式见表 15.3-32。

这种制动器除用重锤外，必要时可用弹簧代替，也可用液力、气力或人力代替电磁铁的吸力来松闸。

这种制动器的优点：

1）构造简单、紧凑。

2）包角大（可超过 2π），制动转矩大。当制动轮直径相同时。当带式为块式的 2～2.5 倍。

其缺点：

1）在制动时，制动轴附加有相当大的弯曲作用力，其值等于带张力 F_1、F_2 的向量和。

2）由于带的绕出端和绕入端的张力不等，故带沿制动轮周围的压强也不等，随着磨损也不均匀，其差别为 $e^{\mu\alpha}$ 倍（如 μ = 0.2～0.4，α = 250°～270°时，$e^{\mu\alpha}$ = 2.4～6.6）。

3）简单带式和差动带式制动器的制动转矩随转向而异，因而限制了它的应用范围。

这种制动器适于应用在转矩较大而又要求紧凑的场合，如用于移动式起重机的制动中。

表 15.3-32 带式制动器操纵部分的计算与说明

项 目	计算公式与说明		
	简单带式制动器	差动带式制动器	综合带式制动器
结构型式	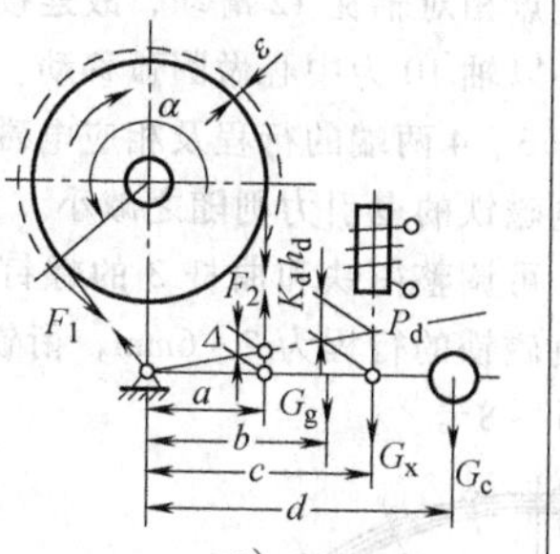 a)	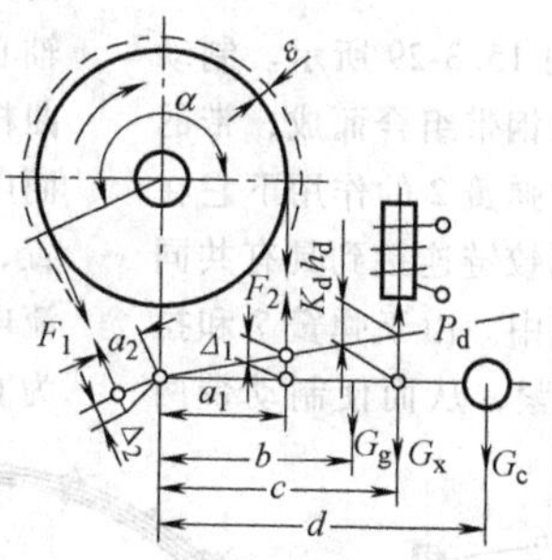 b)	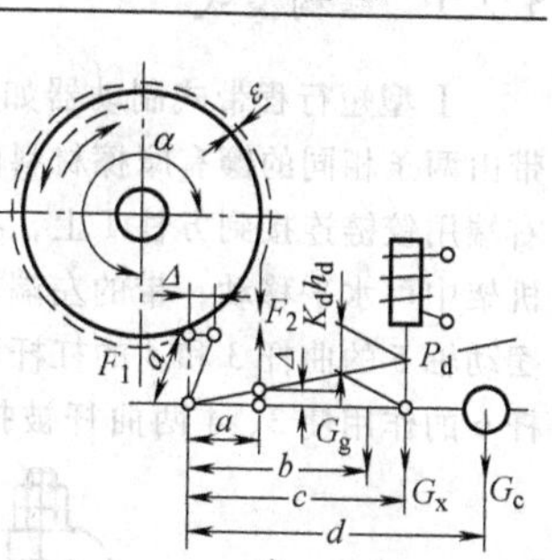 c)
产生制动转矩 T 时所需重锤的重力 G_c/N	$G_c=\frac{F_2 a}{d\eta}-\frac{G_g b+G_x c}{d}$	$G_c=\frac{F_2 a_1}{d\eta}-\frac{F_1 a_2+G_g b+G_x c}{d}$	$G_c=\frac{(F_1+F_2)a}{d\eta}+\frac{G_g b+G_x c}{d}$
当带退距为 ε(m)时，连于杠杆上的带端位移 Δ/m	$\Delta=\varepsilon\alpha$	$\Delta_1=\varepsilon\alpha\frac{a_1}{a_1-a_2}$ $\Delta_2=\varepsilon\alpha\frac{a_2}{a_1-a_2}$	$\Delta=\frac{1}{2}\varepsilon\alpha$
电磁铁所做的功 $P_d h_d$/J	$P_d h_d=\frac{F_2\Delta}{\eta K_d}$ $=\frac{2T\varepsilon\alpha}{D(e^{\mu\alpha}-1)\eta K_d}$	$P_d h_d=\frac{F_2\Delta_1-F_1\Delta_2}{\eta K_d}$ $=\frac{2T(a_1-a_2e^{\mu\alpha})}{D\eta K_d(e^{\mu\alpha}-1)}\frac{\varepsilon\alpha}{a_1-a_2}$	$P_d h_d=\frac{(F_1+F_2)\Delta}{\eta K_d}$ $=\frac{T\varepsilon\alpha(e^{\mu\alpha}+1)}{D\eta K_d(e^{\mu\alpha}-1)}$
安装电磁铁的最大距离 C_{max}/m	$C_{max}=K_d h_d\frac{a}{\varepsilon\alpha}$	$C_{max}=K_d h_d\frac{a_1-a_2}{\varepsilon\alpha}$	$C_{max}=K_d h_d\frac{2a}{\varepsilon\alpha}$
产生的制动转矩 T/N·m 顺时针	$T=(e^{\mu\alpha}-1)(G_c d+G_g b+G_x c)\frac{D}{2a}\eta$	$T=\frac{e^{\mu\alpha}-1}{a_1-\eta a_2 e^{\mu\alpha}}(G_c d+G_g b+G_x c)\frac{D}{2}\eta$	$T=\frac{e^{\mu\alpha}-1}{e^{\mu\alpha}+1}(G_c d+G_g b+G_x c)\times\frac{D}{2a}\eta$
产生的制动转矩 T/N·m 逆时针	T 减小到 $\frac{1}{e^{\mu\alpha}}$ 倍	T 减小到 $\frac{a_1-\eta a_2 e^{\mu\alpha}}{a_1 e^{\mu\alpha}-\eta a_2}$ 倍	T 大小不变
说 明	a、b、c、d—如图 a、b、c 所示尺寸(m) 通常取 $\frac{d}{a}=10\sim15$ η—制动杠杆效率，一般取 $\eta=0.9\sim0.95$ G_g—制动杠杆重力(N) G_x—电磁铁衔铁重力(N)	a_1、a_2—如图 b 所示尺寸(m)，为避免自锁现象，应使 $a_1>a_2e^{\mu\alpha}$ 通常取 $a_1=(2.5\sim3)a_2$ $a_2=30\sim50$mm F_1、F_2、μ、α—见式(15.3-27~29)	P_d—电磁铁吸力(N) h_d—电磁铁行程(m) K_d—电磁铁行程利用系数，$K_d=0.8\sim0.85$ D—制动轮直径(m)
适用条件及特点	正反转制动转矩不同，用于起升机构	正反转制动转矩不同，紧闸所需重锤的重量 G_c 小，用于起升机构及变幅机构。一般很少采用	正反转制动转矩相同，用于运行及旋转机构

5.2　短行程带式制动器

这种制动器多用于重型起重机，其类型有Ⅰ型和Ⅱ型两种。

5.2.1　结构型式

Ⅰ型短行程带式制动器如图15.3-29所示。制动带由两条相同的镶有摩擦材料的钢带组合而成，带的右端用铰链连接到方柱1上，在弹簧2的作用下它在机架中可水平移动；带的左端用铰链连接到具有共同摆动轴5的曲杆3和4的杠杆系中。由于弹簧7和拉杆6的作用使3、4两曲杆被拉紧，从而使制动带两端产生张力，使制动器紧闸。电磁铁9的衔铁8是装在曲杆3的轴10上的。松闸时电磁铁通电，衔铁吸近铁心，曲杆3、4分别绕轴心10和11转动，使两杆的端部分开，制动带离开制动轮，方柱也同样退开，于是松闸。曲杆3绕轴10转动时，由于曲杆4的支点相对轴瓦12滑动，故连接曲杆3、4的轴5的轴心以轴10为中心做圆弧移动。随着制动带的磨损，曲杆3、4两端的行程及相应电磁铁的行程都将增大，而电磁铁的曳引力则随之减小。为确保衔铁的工作位置，可调整衔铁和曲杆3的螺钉13。Ⅰ型短行程直流电磁铁的行程为2~6mm，衔铁对铁心的正常转角为6°~8°。

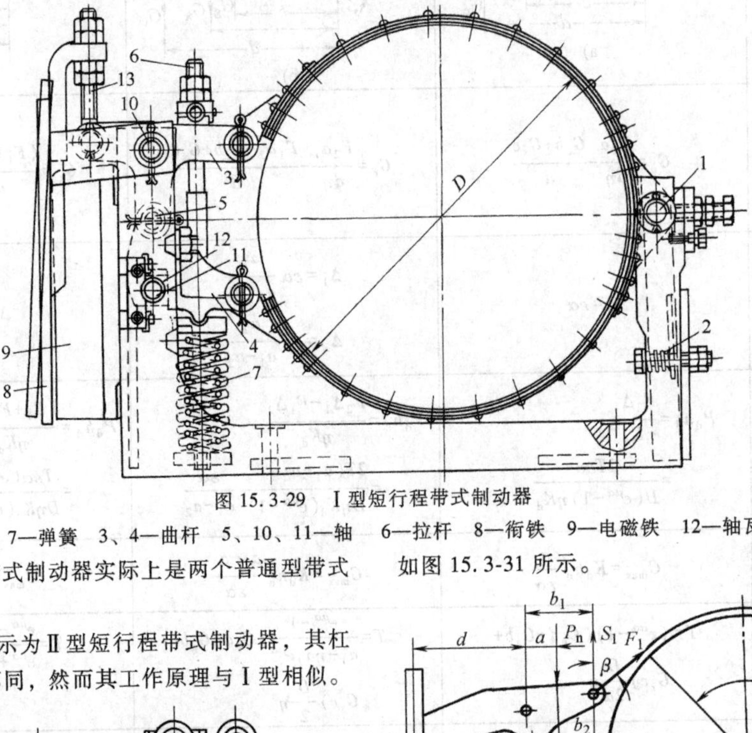

图15.3-29　Ⅰ型短行程带式制动器

1—方柱　2、7—弹簧　3、4—曲杆　5、10、11—轴　6—拉杆　8—衔铁　9—电磁铁　12—轴瓦　13—螺钉

这种类型的带式制动器实际上是两个普通型带式制动器的综合。

图15.3-30所示为Ⅱ型短行程带式制动器，其杠杆系统虽与Ⅰ型不同，然而其工作原理与Ⅰ型相似。

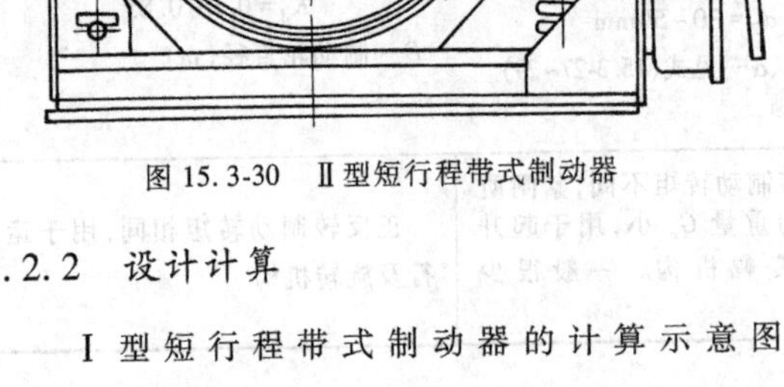

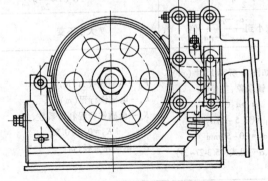

图15.3-30　Ⅱ型短行程带式制动器

5.2.2　设计计算

Ⅰ型短行程带式制动器的计算示意图如图15.3-31所示。

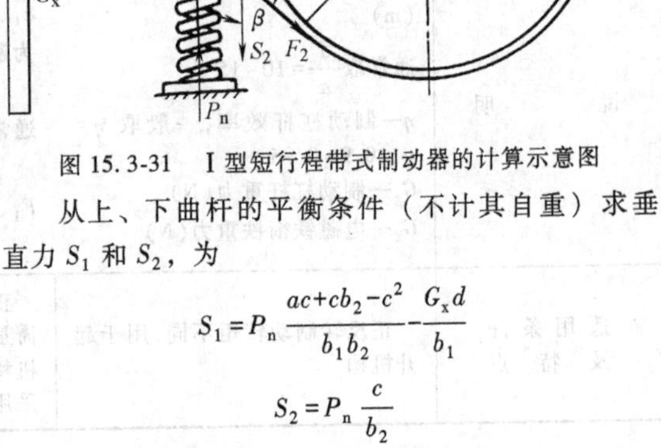

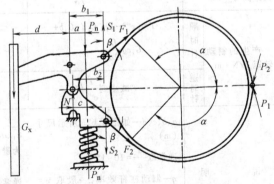

图15.3-31　Ⅰ型短行程带式制动器的计算示意图

从上、下曲杆的平衡条件（不计其自重）求垂直力S_1和S_2，为

$$S_1=P_n\frac{ac+cb_2-c^2}{b_1b_2}-\frac{G_xd}{b_1}$$

$$S_2=P_n\frac{c}{b_2}$$

式中　P_n——弹簧力（N）；

a、b_1、b_2、c、d——如图 15.3-31 所示；

G_x——电磁铁衔铁的重量。

连接曲杆铰链中的垂直力为

$$N=P_n\frac{b_2-c}{b_2}$$

带的两端张力 F_1 和 F_2 为

$$F_1=\frac{S_1}{\cos\beta}$$

$$F_2=\frac{S_2}{\cos\beta}$$

在一般结构中，带的两半的包角 α 互相相等，角 β 也相等。

上、下带的制动圆周力 F_s、F_x 为

$$F_s=F_1\frac{e^{\mu\alpha}-1}{e^{\mu\alpha}}$$

$$F_x=F_2(e^{\mu\alpha}-1)$$

产生的制动转矩为

$$T=(F_s+F_x)\frac{D}{2}=\frac{D(e^{\mu\alpha}-1)}{2\eta e^{\mu\alpha}\cos\beta}\times\left[\frac{P_n}{b_1b_2}(ac+cb_2-c^2+cb_1e^{\mu\alpha})-G_x\frac{d}{b_1}\right]\qquad(15.3\text{-}33)$$

产生制动转矩所必需的弹簧力为

$$P_n=\frac{b_1b_2}{(ac+cb_2-c^2+cb_1e^{\mu\alpha})\eta}\times\left(\frac{2Te^{\mu\alpha}\cos\beta}{D(e^{\mu\alpha}-1)}+G_x\frac{d}{b_1}\right)\qquad(15.3\text{-}34)$$

式中　η——制动器杠杆传动效率，取 $\eta=0.9\sim0.95$。

电磁铁的转矩

$$T=P_na\qquad(15.3\text{-}35)$$

这类制动器的优点：

1）电磁铁行程较小，制动动作快。

2）制动转矩与制动方向无关。

3）包角较大（约 320°），从而降低带轮之间的压强，相应地延长覆面的使用寿命。

4）由于包角大和连接带的铰链中的支点作用，从而使制动轴所受的弯曲力变小，但制动轴未能完全卸载。带式制动器所有的其他缺点仍然存在，如带绕入端的磨损比绕出端的快 2~3 倍，很难使制动带均匀地离开制动轮，从而增加不均匀的磨损。

在这种带式制动器的杠杆系统中，带的张力彼此无关，且实际上难于通过调整制动器使带按计算张力工作。由此，制动带可能在大大超过计算张力的情况下工作，实际使用中由于带的过载以致有被拉断的情况时有发生。这种制动器的另一缺点是由于力的作用不在中心（见图 15.3-30）而使局部的压强增加，以及增加制动带两端制动覆面的磨损，以致造成它的破坏，使其可靠性降低。另外，在这种制动器的结构中，弹簧作用力的利用不完全，因弹簧作用力 P_n 与带的张力 F_1、F_2（见图 15.3-32）成一角度，F_1、F_2 只是 P_n 的一部分（如以制动轮直径为 610mm 的制动器为例，弹簧作用力的利用只达 45%）。由于电磁铁是根据弹簧力选择的，因而电磁铁曳引力的利用也不够合理，它使机构加重，成本增加。这种制动器在我国应用较少。

表 15.3-33 列出了短行程带式制动器的特性，它们的结构如图 15.3-30、图 15.3-31 所示。

表 15.3-33　短行程带式制动器的特性

制动轮直径/mm	制动轮宽度/mm	制动转矩/N·m						制动器的质量/kg
		磁铁串励使用			磁铁分励使用			
		JC15%	JC25%	JC40%	JC25%	JC40%	JC100%	
200	85	130	100	70	190	140	80	52
255	85	390	290	180	380	320	180	62
355	120	1230	850	540	1400	900	550	141
455	170	1620	1170	830	2250	1400	1050	235
535	190	2250	1470	1120	2950	2300	1450	325
610	190	3030	1980	1500	4150	3050	1950	365
760	210	5200	3780	3000	8850	5350	390	580

注：摘自原苏联乌拉尔重型机械制造厂（узтм）设计资料。

6　盘式制动器

盘式制动器沿制动盘轴向施力，制动轴不受弯矩作用，径向尺寸小，制动性能稳定。

6.1　结构型式

常用的盘式制动器有钳盘式、全盘式及锥盘式三种。

6.1.1　钳盘式制动器

图 15.3-32 所示为一钳盘式制动器外观图。制动块 2 压紧制动盘 1 而制动。制动块与制动盘接触面很小，在盘中所占的中心角一般仅为 30°~50°，故这种盘式制动器又称为点盘式制动器。

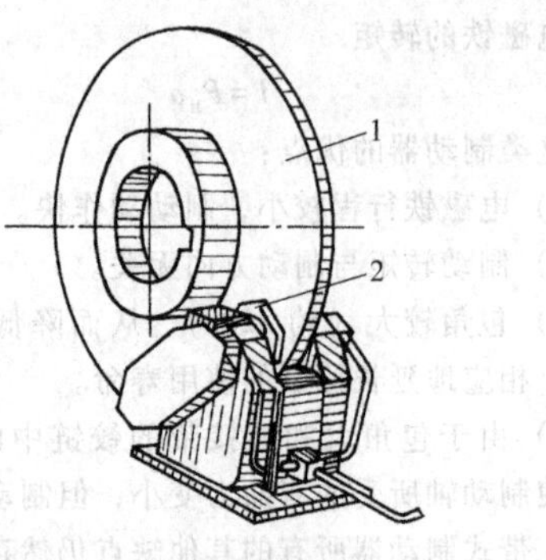

图 15.3-32　钳盘式制动器外观图
1—制动盘　2—制动块

为了不使制动轴受到径向力和弯矩作用，钳盘式制动缸应成对布置。当制动转矩较大时，可采用多对制动缸（见图 15.3-33），必要时可在制动盘中间开通风沟（见图 15.3-34）以降低摩擦副温升，还应采取隔热、散热措施，以防止液压油高温变质。

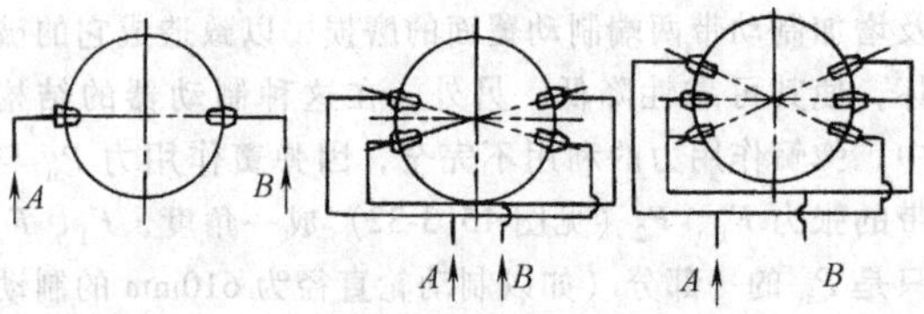

图 15.3-33　多对制动缸组合安装示意图

（1）钳盘式制动器的结构型式

按制动钳的结构型式区分，有以下几种：

1）固定钳式，如图 15.3-35a 所示。制动钳固定不动，制动盘两侧均有液压缸。制动时，仅两侧液压缸中的活塞驱使两侧制动块做相向移动。

2）浮动钳式，分滑动钳式和摆动钳式两种。

① 滑动钳式，如图 15.3-35b 所示。制动钳可以相对于制动盘做轴向滑动，其中只在制动盘的内侧设有液压缸，外侧的制动块固装在钳体上。制动时，活塞在液压作用下使活动制动块压靠到制动盘上，而反作用力则推动制动钳体连同固定制动块一起压向制动盘的另一侧，直到两制动块受力均等为止。

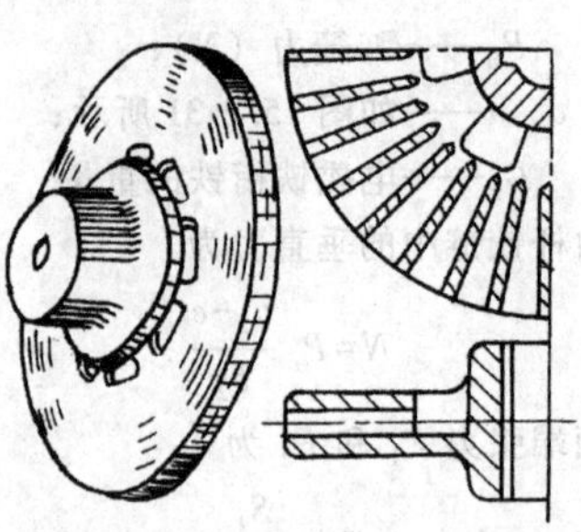

图 15.3-34　带有通风沟的制动盘

② 摆动钳式，如图 15.3-35c 所示。它也用单侧液压缸结构，制动钳体与固定支座铰接。为实现制动，钳体不是滑动而是在与制动盘垂直的平面内摆动。显然，制动块不可能全面均匀磨损，为此有必要将制动块预先做成楔形（摩擦面对背面的倾斜角为6°左右）。在使用过程中，制动块逐渐磨损到各处残存厚度均匀（一般为 1mm 左右）后即应更换。

（2）结构实例

依不同结构型式，举例如下：

1）固定钳式。图 15.3-36 所示为常开固定钳式制动器。摩擦块底板 4 通过销轴 6、1 和平行杠杆组 5 固定在机架 2 上，弹簧 8 使制动器常开。制动时，将液压油通入液压缸 7，同时压缩弹簧而紧闸。平行杠杆组 5 能使摩擦元件与制动盘 3 保持平行。

图 15.3-37 所示为常闭固定钳式制动器。在制动盘 1 的两侧对称布置两个相同的制动缸 2，制动缸固定在基架 3 上，其结构如图 15.3-38 所示。碟形弹簧 7 压活塞 9 后推动顶杆 8，使摩擦块 2 压制动盘 1 而紧闸；A 管通入液压油后，活塞 9 压碟形弹簧而松闸。这种制动器的体积小，动作灵敏，调整油压可改变制动转矩，改变调整垫片 5 的厚度可微调弹簧张力，

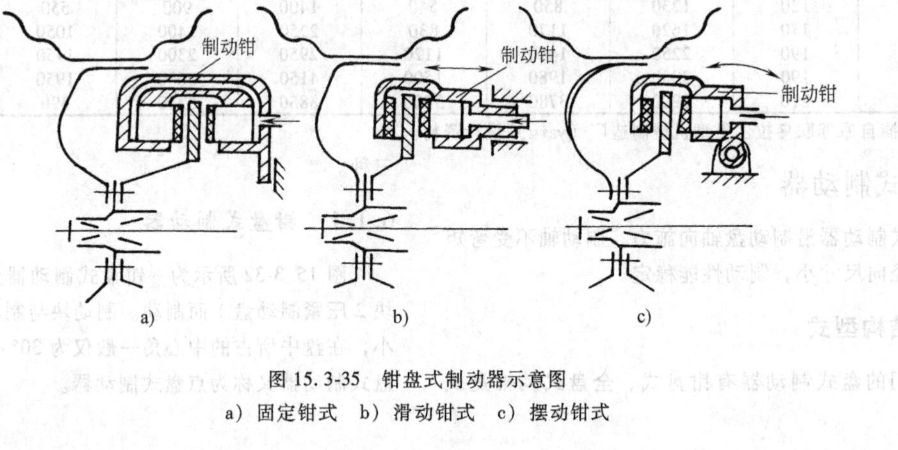

图 15.3-35　钳盘式制动器示意图
a）固定钳式　b）滑动钳式　c）摆动钳式

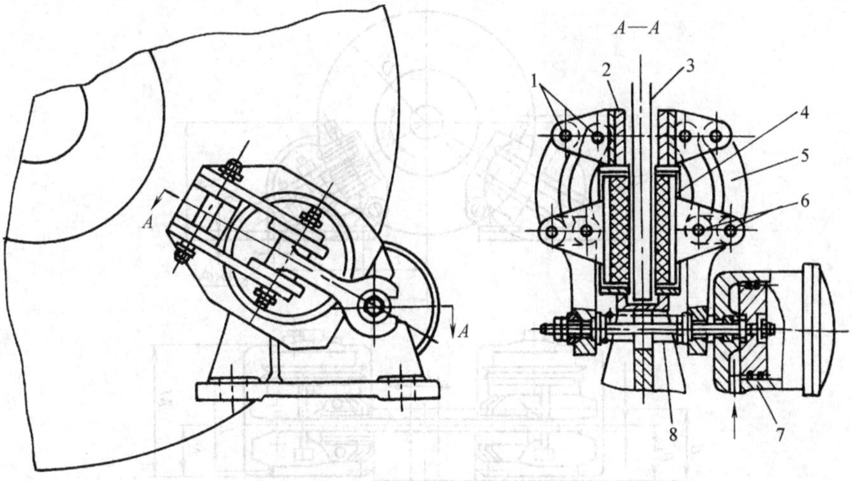

图 15. 3-36　常开固定钳式制动器

1、6—销轴　2—机架　3—制动盘　4—摩擦块底板　5—平行杠杆组　7—液压缸　8—弹簧

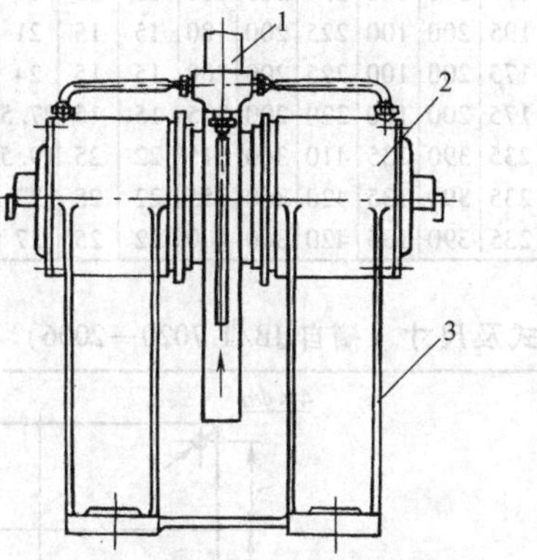

图 15. 3-37　常闭固定钳式制动器

1—制动盘　2—制动缸　3—基架

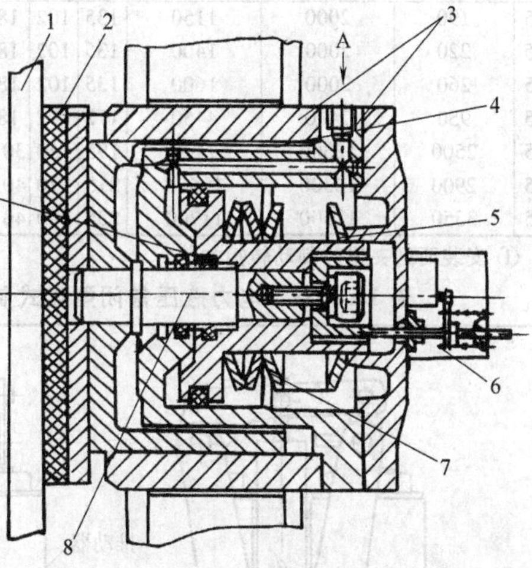

图 15. 3-38　常闭固定钳式制动器制动缸的结构

1—制动盘　2—摩擦块　3—缸体　4—导引部分　5—调整垫片　6—磨损量指示器　7—碟形弹簧　8—顶杆　9—活塞

必要时还可安装磨损量指示器 6。

图 15. 3-39 所示为电磁铁松闸的常闭式固定钳盘式制动器的结构。表 15. 3-34 列出了这种制动器的结构型式、技术性能及主要尺寸。

表 15. 3-35 列出了以电力液压推动器为驱动装置的常闭型盘式制动器的结构型式及尺寸。这种制动器的结构型式按制动架特征分为两种：

① 制动架采用拉杆释放结构的制动器称为Ⅰ型，产品代号为 YPBⅠ。其结构型式、技术性能及主要尺寸见表15. 3-35。标记示例：

制动架采用拉杆释放机构的盘式制动器，制动盘外径为 400mm，推动器额定推力为 800N，额定制动转矩为 1600N · m，标记为：

制动器　YPBⅠ-400-800-1600　JB/T 7020 —2006。

② 制动架采用楔块式释放结构的盘式制动器称为Ⅱ型。产品代号为 YPBⅡ。标记示例：

制动架采用楔块式释放结构的盘式制动器，制动盘外径为 400mm，推动器额定推力为 800N，额定制动转矩为 1000N · m，标记为：

制动器　YPBⅡ-400-800-1000　JB/T 7020—2006。

2）浮动钳式。图 15. 3-40 所示为常开滑动钳式制动器。

表 15.3-34　电磁铁松闸的常闭式固定钳盘式制动器的结构型式、技术性能及主要尺寸

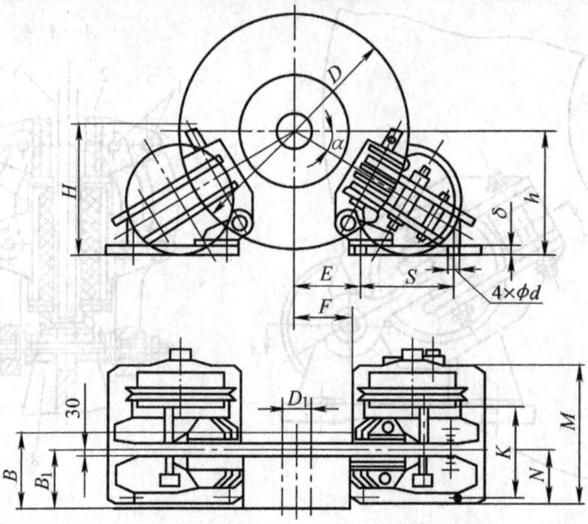

圆盘直径 D /mm	当一副夹钳时①的制动转矩 /N·m	轴向推力 /N		主要尺寸/mm														质量 /kg	
		一副夹钳时	两副夹钳时	B	B_1	D_1	E	F	K	M	N	H	S	h	d	δ	α /rad	圆盘	一副夹钳时
315	190	2000	1150	135	102	18～60	101.5	76.5	175	200	100	230	200	160	15	15	17	20	30
355	220	2000	1400	135	102	18～80	115	90	195	200	100	225	200	180	15	15	21	25	30
395	260	2000	1600	135	102	18～90	130	105	175	200	100	225	200	200	15	15	24	32	30
445	950	7400	4450	172	102	18～95	145	120	175	200	100	220	200	225	15	15	27.5	45	30
625	2500	12300	7400	195	150	30～140	185	165	235	390	135	410	360	315	22	25	19.5	92	175
705	2900	12300	10600	215	170	40～160	213	193	235	390	135	420	360	355	22	25	23	116	175
795	3350	12300	11700	235	190	40～180	240	220	235	390	135	420	360	400	22	25	27	162	175

① 安装两副夹钳时制动转矩加倍。

表 15.3-35　电力液压常闭型盘式制动器的结构型式及尺寸（摘自 JB/T 7020—2006）

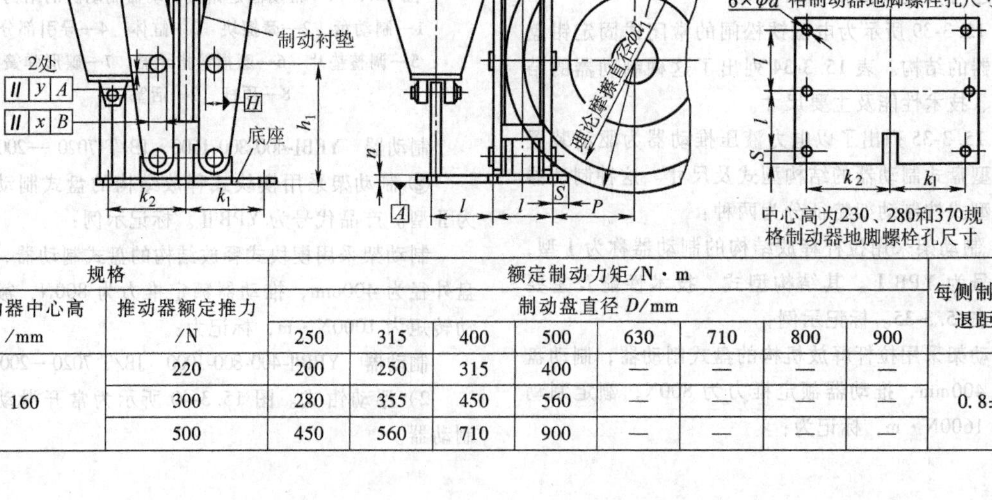

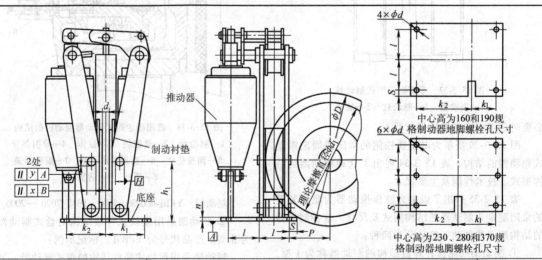

规格		额定制动力矩/N·m								每侧制动瓦块退距/mm
制动器中心高 /mm	推动器额定推力 /N	制动盘直径 D/mm								
		250	315	400	500	630	710	800	900	
160	220	200	250	315	400	—	—	—	—	0.8±0.1
	300	280	355	450	560	—	—	—	—	
	500	450	560	710	900	—	—	—	—	

（续）

规格		额定制动力矩/N·m								每侧制动瓦块退距/mm
制动器中心高/mm	推动器额定推力/N	制动盘直径 D/mm								
		250	315	400	500	630	710	800	900	
190	300	—	355	450	560	710	—	—	—	0.8±0.1
	500	—	560	710	900	1120	—	—	—	
	800	—	900	1120	1400	1800	—	—	—	
230	500	—	—	710	900	1120	1260			0.9±0.2
	800	—	—	1120	1400	1800	2000			
	1250	—	—	1800	2240	2800	3150	—	—	
280	800	—	—	—	1400	1800	2000	2240	—	
	1250	—	—	—	2240	2800	3150	3550	—	
	2000	—	—	—	3550	4500	5000	5600	—	
370	1250	—	—	—	—	3550	4000	4500	5000	1.0±0.3
	2000	—	—	—	—	5600	6300	7100	8000	
	3000	—	—	—	—	8500	9500	10600	12000	

规格		基本连接尺寸/mm									几何公差/mm	
制动器中心高/mm	推动器额定推力/N	h_1	k_1	k_2	l	d	$n\geqslant$	d_1	P	$S\leqslant$	x	y
160	220	160	80	150	100	14	14	$D-55$	d_1-50	16	0.15	0.15
	300											
	500											
190	300	190	90	160	100	18	18	$D-65$	d_1-50	20		
	500											
	800											
230	500	230	145	145	130	18	22	$D-80$	d_1-65	20	0.20	0.20
	800											
	1250											
280	800	280	180	180	160	27	24	$D-100$	d_1-80	30		
	1250											
	2000											
370	1250	370	180	180	160	27	30	$D-130$	d_1-80	30	0.25	0.25
	2000											
	3000											

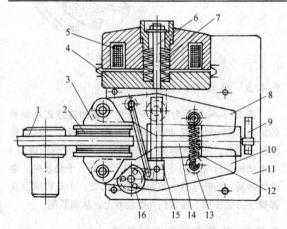

图 15.3-39 电磁铁松闸的常闭式固定钳盘式制动器的结构

1—圆盘 2—摩擦衬片 3—闸块 4—铁心 5—线圈 6—连杆 7—弹簧 8、10—杠杆 9—触点 11—机架 12—辅助弹簧 13—销轴 14—楔 15—拉杆 16—棘轮机构

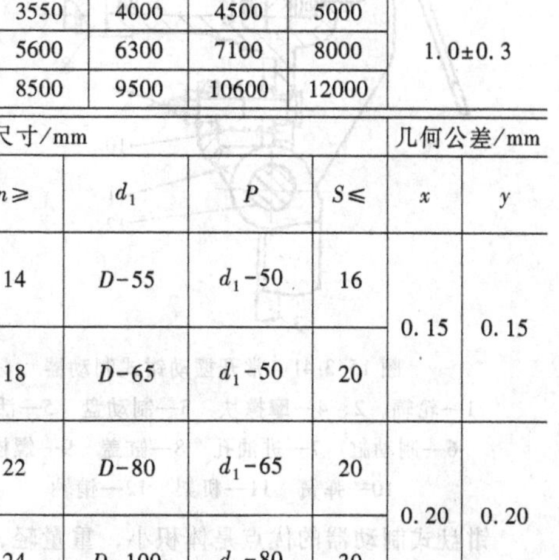

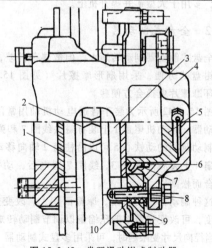

图 15.3-40 常开滑动钳式制动器

1—固定制动块 2—制动盘（通风型） 3—活动制动块 4—制动钳体 5—活塞 6—密封圈 7—防护罩 8—制动钳定位导向销 9—支承板 10—橡胶衬套

图 15.3-41 所示为常开摆动钳式制动器。制动缸 6 通过销轴 12 与固定机架 11 铰接，并借助螺栓 9 及弹簧 10 定位。制动时，液压油由进油孔 7 进入制动缸推动活塞 5 使摩擦块 4 压制动盘 3，由于制动缸是浮动的，活塞 5 同时也使摩擦块 2 压向制动盘。制动缸卸压后，弹簧 10 使制动器松闸。

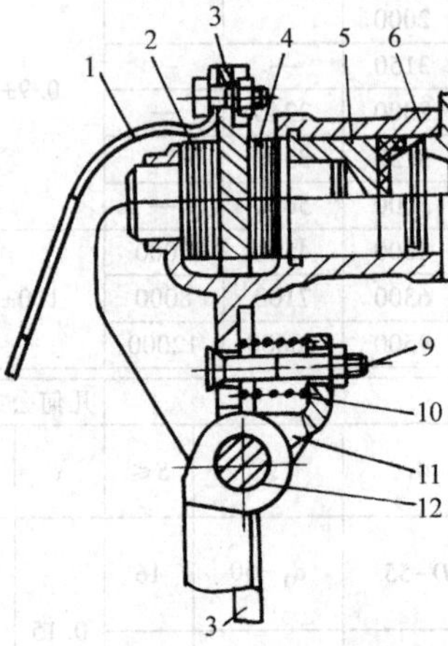

图 15.3-41　常开摆动钳式制动器

1—轮辐　2、4—摩擦块　3—制动盘　5—活塞　6—制动缸　7—进油孔　8—缸盖　9—螺栓　10—弹簧　11—机架　12—销轴

钳盘式制动器的优点是体积小，重量轻，转动惯量小，动作灵敏，调节油压可改变制动转矩，在同一直径制动圆盘的圆周方向增加制动夹钳的个数，就可增大制动转矩，而不需增加制动圆盘个数，但结构较复杂，多用于大型矿井提升机上。

6.1.2　全盘式制动器

全盘式制动器制动转矩大，但散热条件差，装拆不如钳盘式方便，采用扇形摩擦片（见图 15.3-43）比全环摩擦片更换会方便些。

图 15.3-42 所示为装于普通电动机轴用常闭单盘式制动器。电动机尾盖 1 上装有磁铁线圈 7 和弹簧 6，兼作制动盘用的动铁心 5 可以沿柱销 2 轴向移动，冷却风扇 4 上装有摩擦环 3。线圈 7 通电后，动铁心 5 被吸合而松闸。

这种制动器结构紧凑，摩擦面积大。改变垫片 8 的厚度，可改变弹簧 6 的压缩量以调节制动转矩。

当径向尺寸受限制时，可采用多盘式制动器（见图 15.3-43）以增大制动转矩。表 15.3-36 和表 15.3-37分别为 QPZ 型，表 15.3-38 和表 15.3-39 分别为 QPBZ 型，表 15.3-40 和表 15.3-41 分别为 QPWZ 型气动盘式制动器的结构型式、技术参数及主要尺寸。

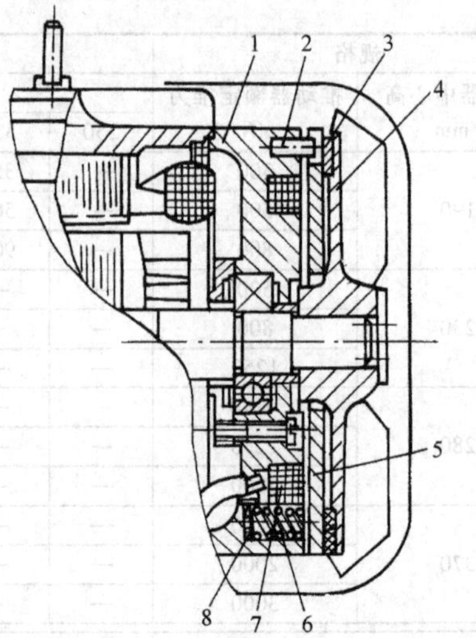

图 15.3-42　常闭单盘式制动器

1—尾盖　2—柱销　3—摩擦环　4—风扇　5—动铁心　6—弹簧　7—磁铁线圈　8—垫片

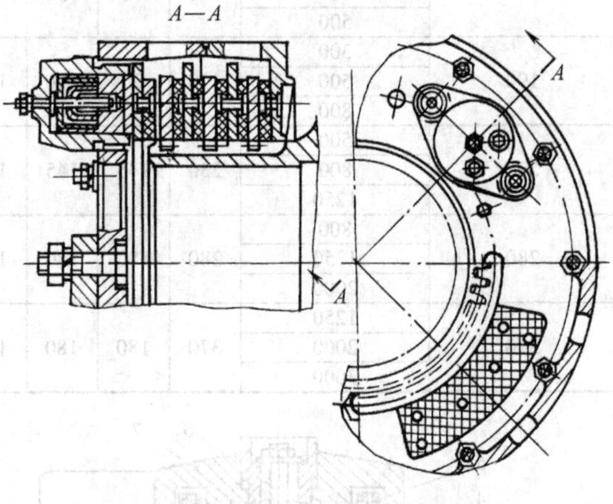

图 15.3-43　多盘式制动器

6.1.3　锥盘式制动器

图 15.3-44 所示为锥形转子电动机的锥盘式制动器的结构。当电动机起动时，产生一轴向磁拉力，推动锥形转子向右，并压缩弹簧 5，使得带风扇叶片的内锥盘 4 与电动机壳后端盖的外锥盘 6 脱开接触，于是松闸，电动机运转。当断电后，轴向磁拉力消失，于是内锥盘在弹簧压力的作用下压紧到外锥盘 6 上，从而紧闸。

6.1.4　载荷自制盘式制动器

这种制动器是靠重物自重在机构中产生的内力制动，主要用于提升设备，它能保证重物在升降过程中安全悬吊和平稳下降。其类型有蜗杆式、螺旋式、牙嵌式等。

表 15.3-36　QPZ 型（常开型）气动盘式制动器的结构型式和技术参数（摘自 JB/T 10469.1—2004）

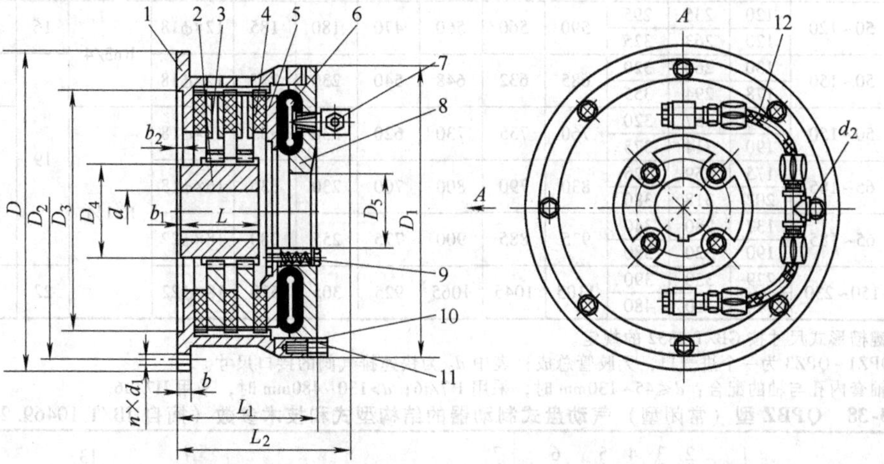

1—壳体　2—轴套　3—内盘　4—摩擦片　5—压板　6—气囊　7—快速排气阀
8—端盖　9—弹簧　10—垫片　11—螺钉　12—胶管总成

标记示例：

额定制动转矩为 5600N·m，型号为 QPZ5-3，轴孔直径 d=80mm 的常开型气动盘式制动器的标记为：

QPZ5-3　制动器　80　JB/T 10469.1—2004

型　号	额定制动转矩 T_Z /N·m	许用转速 n_p /r·min^{-1}	转动惯量 J /kg·m^2	质量/kg
QPZ1-2	315	2500	0.017	20
QPZ2-2	710	2000	0.044	32
QPZ3-2	1600	1500	0.200	75
QPZ4-2	2800	1200	0.450	105
QPZ5-2	4000	1100	0.825	148
QPZ5-3	5600		1.230	162
QPZ6-2	6300	1000	1.345	171
QPZ6-3	9500		1.997	210
QPZ7-2	8500	900	2.5	264
QPZ7-3	12500		4.0	330
QPZ8-2	15000	750	4.5	365
QPZ8-3	22400		6.75	465
QPZ9-2	17000	720	8.5	426
QPZ9-3	25000		12.6	540
QPZ10-2	31500	640	15.1	640
QPZ10-3	47500		19.5	795
QPZ11-2	50000	550	29.5	905
QPZ11-3	75000		44.7	1180

表 15.3-37　QPZ 型（常开型）气动盘式制动器的主要尺寸（摘自 JB/T 10469.1—2004）(mm)

型号	d H7	L	L_1	L_2	D	D_1	D_2	D_3 H8	D_4	D_5	$n\times d_1$	d_2	b	b_1	b_2
QPZ1-2	15~45	82	132	195	220	225	203	190	70	50	4×ϕ9	Rc1/2	6	1.5	2
QPZ2-2	25~56	82	160	220	310	285	280	220	90	58	6×ϕ14		13	6	8
QPZ3-2	25~65	110	165	225	400	375	375	295	105	95	6×ϕ18		16	10	6
QPZ4-2	25~90	114	216	276	470	445	445	370	140	125	8×ϕ18				10
QPZ5-2	35~100	120	210	270	540	510	510	410	150	155	12×ϕ18				
QPZ5-3		165	256	318											

（续）

型号	d H7	L	L_1	L_2	D	D_1	D_2	D_3 H8	D_4	D_5	$n\times d_1$	d_2	b	b_1	b_2
QPZ6-2	50~120	120	235	295	590	560	560	470	180	185	12×ϕ18	Rc3/4	16	10	11
QPZ6-3		120	263	325											
QPZ7-2	50~150	130	260	320	685	632	648	540	230	235	12×ϕ18		19	8	19
QPZ7-3		178	294	355											
QPZ8-2	50~150	130	257	320	760	735	730	620	230	335	12×ϕ18	Rc1¼		6	
QPZ8-3		190	314	375											
QPZ9-2	65~165	175	259	325	830	790	800	700	230	335	16×ϕ18				
QPZ9-3		202	318	380											
QPZ10-2	65~185	137	280	340	935	885	900	775	255	380	18×ϕ22				
QPZ10-3		190	320	380											
QPZ11-2	150~230	229	330	390	1105	1045	1065	925	305	570	18×ϕ22		22	5	16
QPZ11-3		314	410	480											

注：1. 键槽形式尺寸按 GB/T 3852 的规定。

2. QPZ1~QPZ3 为一个进气口，无胶管总成；表中 d_2 为快速排气阀的接口尺寸。

3. 轴套内孔与轴的配合：$d\leqslant45\sim130$mm 时，采用 H7/t6；$d>130\sim480$mm 时，采用 H7/u6。

表 15.3-38　QPBZ 型（常闭型）气动盘式制动器的结构型式和技术参数（摘自 JB/T 10469.2—2004）

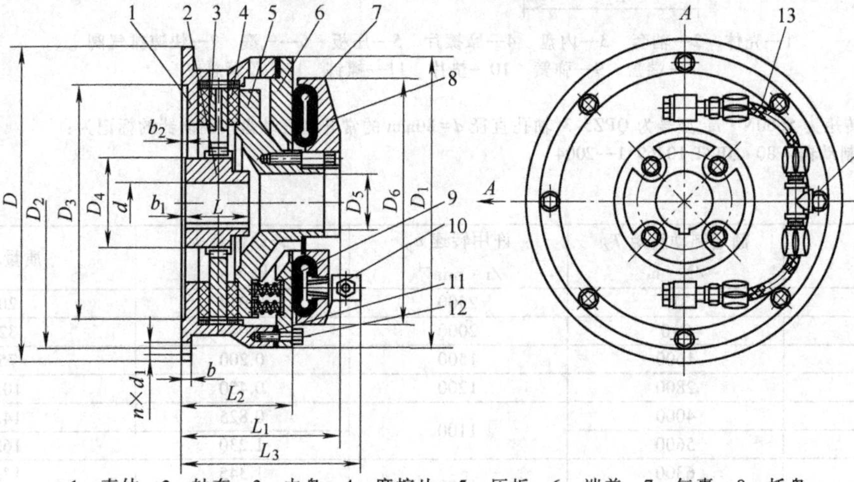

1—壳体　2—轴套　3—内盘　4—摩擦片　5—压板　6—端盖　7—气囊　8—托盘
9—弹簧　10—快速排气阀　11—垫片　12—螺钉　13—胶管总成

标记示例：额定制动转矩为 80000N·m，型号为 QPBZ12-3，轴孔直径 d=200mm 的常闭型气动盘式制动器的标记为：
QPBZ12-3 制动器　200　JB/T 10469.2—2004

型　号	额定制动转矩 T_Z /N·m	许用转速 n_p /r·min^{-1}	转动惯量 J /kg·m^2	质量/kg
QPBZ1-2	500	2500	0.017	25
QPBZ2-2	900	2000	0.044	37
QPBZ3-2	1400	1500	0.200	95
QPBZ4-2	3550	1200	0.450	135
QPBZ5-2	5000	1100	0.825	204
QPBZ6-2	7500	1000	1.345	216
QPBZ7-2	9500	900	2.5	314
QPBZ7-3	14000		4.0	367
QPBZ8-2	14000	750	4.5	435
QPBZ8-3	20000		6.75	550
QPBZ9-2	19000	720	8.5	552
QPBZ9-3	28000		12.6	630
QPBZ10-2	35500	640	15.1	728
QPBZ10-3	37000		19.5	1000
QPBZ11-2	47500	550	29.5	1230
QPBZ11-3	67000		44.7	1480

表 15.3-39　QPBZ 型（常闭型）气动盘式制动器的主要尺寸（摘自 JB/T 10469.2—2004）　（mm）

型号	d H7	L	L_1	L_2	L_3	D	D_1	D_2	D_3 H8	D_4	D_5	D_6	$n\times d_1$	d_2	b	b_1	b_2
QPBZ1-2	15~45	82	165	165	225	220	225	203	190	70	50	225	4×φ9		6	1.6	2
QPBZ2-2	25~56	82	190	160	250	310	285	280	220	90	50	240	6×φ14		13	6	6
QPBZ3-2	25~65	110	218	200	280	400	375	375	295	100	75	305	6×φ18	Rc1/2			
QPBZ4-2	35~90	114	225	215	315	470	445	445	370	140	100	375	8×φ18		16	10	9.5
QPBZ5-2	35~100	120	270	225	330	540	510	510	410	150	110	415	12×φ18				
QPBZ6-2	50~120	120	275	235	335	590	560	560	470	180	125	495	12×φ18			11	
QPBZ7-2	50~150	130	305	360	365	685	635	648	540	220	155	550	12×φ18	Rc3/4			8
QPBZ7-3		178	355	395	415												
QPBZ8-2	50~150	130	310	260	370	760	740	730	620	230	210	685	12×φ18				
QPBZ8-3		190	370	305	430										19	19	
QPBZ9-2	65~165	175	320	280	380	830	790	800	700	230	210	685	12×φ22				
QPBZ9-3		202	370	325	430												
QPBZ10-2	65~230	136	330	265	390	940	885	900	775	255	210	815	18×φ22	Rc1¼			6
QPBZ10-3		257	395	340	455												
QPBZ11-2	150~230	230	385	340	455	1105	1045	1065	925	305	325	975	18×φ22		22	16	
QPBZ11-3		314	520	410	580												

注：1. 键槽形式尺寸按 GB/T 3852 的规定。
2. QPBZ1~QPBZ3 为一个进气口，无胶管总成，其 d_2 为快速排气阀的接口尺寸。
3. 轴套内孔与轴的配合：$d\leqslant45\sim130$mm 时，采用 H7/t6；$d>130\sim480$mm 时，采用 H7/u6。

表 15.3-40　QPWZ 型（水冷却型）气动盘式制动器的结构型式和技术参数（摘自 JB/T 10469.3—2004）

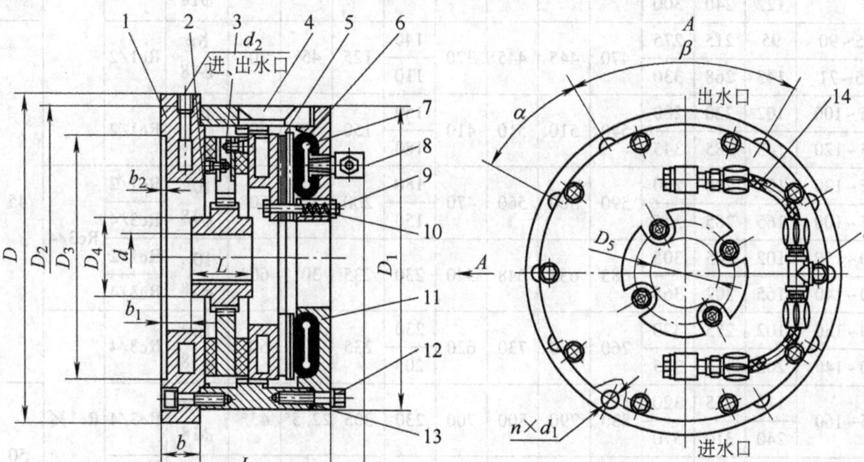

1—底座　2—轴套　3—摩擦盘　4—壳体　5—压盘　6—压板　7—气囊　8—快速排气阀
9—弹簧　10—拉紧螺栓　11—端盖　12—螺钉　13—垫片　14—胶管总成

标记示例：额定转矩为 14200N · m，型号为 QPWZ8-2，轴孔直径 $d=90$mm，水冷却气动盘式制动器的标记为：
QPWZ8-2 制动器　90　JB/T 10469.3—2004

（续）

型　　号	额定制动转矩 T_z /N·m	许用转速 n_p /r·min^{-1}	转动惯量 J /kg·m^2	质　　量 /kg	水流量 /L·min^{-1}
QPWZ1-1	100	2800	0.00125	10.6	4
QPWZ2-1	315	2500	0.02	21	6
QPWZ2-2	630		0.03	31	8
QPWZ3-1	560	2000	0.0225	36	8
QPWZ3-2	1120		0.0375	50	12
QPWZ4-1	1250	1500	0.113	78	12
QPWZ4-2	2500		0.25	90	17
QPWZ5-1	2240	1200	0.45	125	13
QPWZ5-2	4480		0.625	145	21
QPWZ6-1	3150	1100	0.495	168	18
QPWZ6-2	6300		0.72	250	25
QPWZ7-1	5000	1000	0.75	195	21
QPWZ7-2	11000		0.90	260	32
QPWZ8-1	7100	900	1.6	265	30
QPWZ8-2	14200		1.75	315	48
QPWZ9-1	7500	750	2.85	360	45
QPWZ9-2	15000		3.00	465	67
QPWZ10-1	13200	720	5.0	395	57
QPWZ10-2	26400		9.2	560	90
QPWZ11-1	26500	640	9.65	615	65
QPWZ11-2	53000		18.0	930	105

表 15.3-41　QPWZ 型（水冷却型）气动盘式制动器的主要尺寸（摘自 JB/T 10469.3—2004）（mm）

型号	d H7	L	L_1	L_2	D	D_1	D_2	D_3 H8	D_4	D_5	α	β	$n \times d_1$	d_2	d_3	b	b_1	b_2
QPWZ1-1	15~25	22	108	170	180	200	165	140	45	50	90°	90°	4×ϕ9	Rc1/8	Rc1/2	32	32	4
QPWZ2-1	15~45	50	145	205	220	225	203	190	70	50	90°	90°	4×ϕ9	Rc1/4		32	20	
QPWZ2-2		112	198	260													32	
QPWZ3-1	25~56	50	172	235	310	285	280	220	90	55	60°	120°	4×ϕ14	Rc1/2		38	30	6
QPWZ3-2		102	225	285														
QPWZ4-1	25~65	70	188	250	400	375	375	295	105	82	60°	120°	4×ϕ18	Rc1/2			20	
QPWZ4-2		122	240	300														
QPWZ5-1	25~90	95	215	275	470	445	445	370	140	125	45°	90°	6×ϕ18	Rc1/2		45	28	
QPWZ5-2	25~71	143	268	330					110								45	
QPWZ6-1	35~100	102	220	280	540	510	510	410	150	150	30°	60°	10×ϕ18	Rc1/2			24	
QPWZ6-2	35~120	143	285	345					180									
QPWZ7-1	35~120	102	228	290	590	560	560	470	180	200	30°	60°	10×ϕ18	Rc1/2	Rc3/4		28	
QPWZ7-2	35~100	165	285	345					150					Rc3/4			42	
QPWZ8-1	50~150	102	245	305	685	635	648	540	230	235	30°	60°	10×ϕ18	Rc1/2			32	
QPWZ8-2	50~140	165	302	365										Rc3/4				
QPWZ9-1	50~150	102	255	320	760	740	730	620	230	235	30°	60°	10×ϕ18	Rc3/4	Rc1¼		35	
QPWZ9-2	50~140	205	315	375					205									
QPWZ10-1	65~160	115	255	320	830	790	800	700	230	335	22.5°	45°	14×ϕ18	Rc3/4		50	30	
QPWZ10-2		240	310	370														
QPWZ11-1	65~260	128	285	345	940	885	900	775	405	380	20°	40°	16×ϕ22	Rc3/4			35	
QPWZ11-2		205	425	485													50	

注：1. 键槽形式尺寸按 GB/T 3852 的规定。

2. QPWZ1~QPWZ4 为一个进气口，无胶管总成；表中 d_3 为快速排气阀的接口尺寸。

3. 轴套内孔与轴的配合：d≤45~130mm 时，采用 H7/t6；d>130~480mm 时，采用 H7/u6。

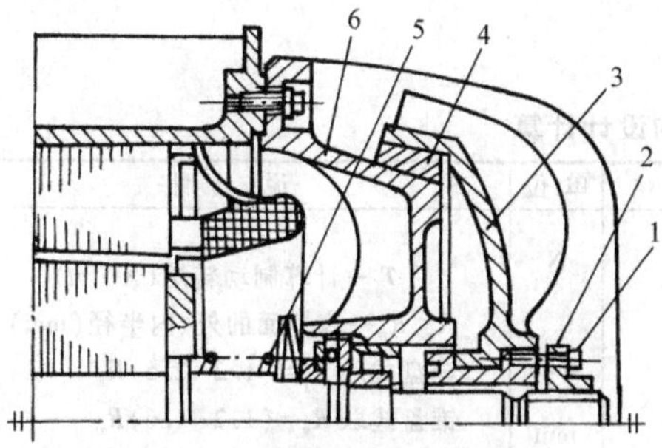

图 15.3-44　锥盘式制动器的结构

1—螺钉　2—锁紧螺母　3—风扇叶片　4—内锥盘　5—弹簧　6—外锥盘

（1）蜗杆式

图 15.3-45 和图 15.3-46 所示分别为两种蜗杆式载荷自制盘式制动器。蜗杆 2 的轴向力 F_1 使杆端锥面或平面（见图 15.3-46）与棘轮 1 间产生摩擦转矩，棘轮的逆止作用保证重物悬吊空中。无论重物升或降，均需转动手柄，升降速度通过手柄控制。

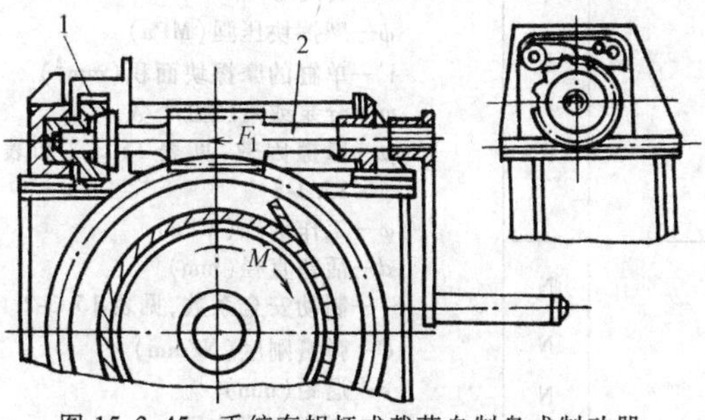

图 15.3-45　手绞车蜗杆式载荷自制盘式制动器

1—棘轮　2—蜗杆

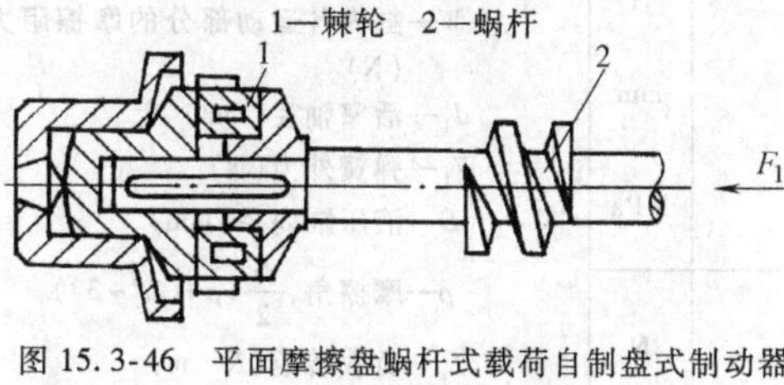

图 15.3-46　平面摩擦盘蜗杆式载荷自制盘式制动器

1—棘轮　2—蜗杆

（2）螺旋式

图 15.3-47 所示为机械驱动的螺旋式载荷自制盘式制动器。小齿轮 3 正转时，使齿轮端面、棘轮 2、挡圈 1 及轴 4 相互压紧，并带动轴 4 旋转而提升重物。小齿轮停止时，棘轮逆止，保证重物悬吊空中。小齿轮反转时重物下降。

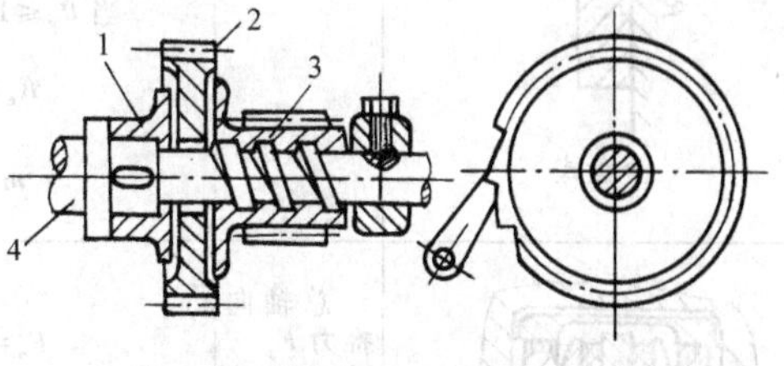

图 15.3-47　机械驱动的螺旋式载荷自制盘式制动器

1—挡圈　2—棘轮　3—小齿轮　4—轴

手驱动的螺旋式载荷自制盘式制动器常称为“安全手柄”，如图 15.3-48 所示。

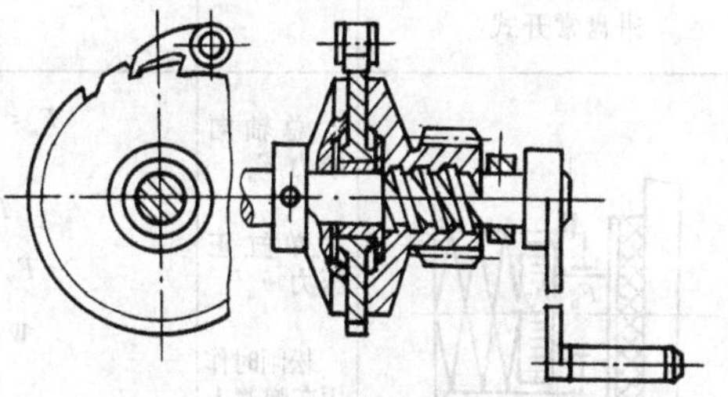

图 15.3-48　安全手柄

（3）牙嵌式

图 15.3-49a 所示为牙嵌式载荷自制盘式制动器。停车时，负载转矩通过齿轮 4 和齿轮轴 7 使套筒 5 转动，套筒端面的螺旋齿（见图 15.3-49b）迫使齿轮 3 轴向移动并压紧摩擦片 2 及棘轮 6 而紧闸。下降原理同螺旋式。

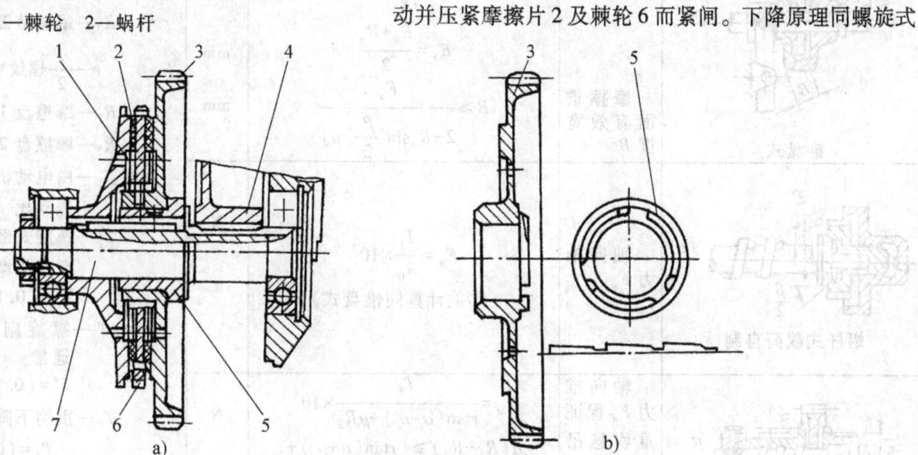

图 15.3-49　牙嵌式载荷自制盘式制动器

a）示意图　b）齿轮结构

1—圆盘　2—摩擦片　3、4—齿轮　5—套筒　6—棘轮　7—齿轮轴

6.2　设计计算（见表 15.3-42）

表 15.3-42　盘式制动器的设计计算

计算简图	计算内容	计算公式	单位	说　明
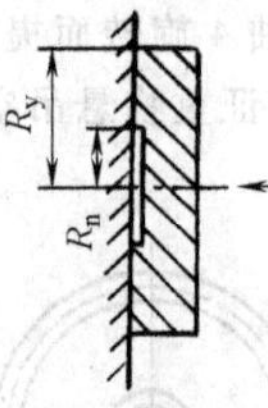 全盘式	轴向推力 F_a 摩擦盘有效半径 R_e	$F_a=\dfrac{T_j}{n\mu R_e}\times10^3$ $R_e=\dfrac{2}{3}\ \dfrac{R_y^3-R_n^3}{R_y^2-R_n^2}$ 当 $R_y\leqslant1.8R_n$ 时，可取 $R_e=\dfrac{R_y+R_n}{2}$ $m=\dfrac{4F_a}{\varphi\pi d^2}$	N mm mm	T_j—计算制动转矩（N·m） R_y、R_n—摩擦面的外、内半径（mm） 全盘式取 $R_y=(1.2\sim2.5)R_n$ 锥盘式取 $R_y=(1.2\sim1.6)R_n$ R_n 由结构限制决定 n—摩擦副数目 R—钳盘中心到制动盘旋转中心的距离（mm） F_i—每副钳盘装置的推力（N） A—摩擦面积总和（mm^2） $[p]$—许用压强（MPa），见表 15.3-8 ϕ—摩擦块压强（MPa） A'—单缸的摩擦块面积（mm^2） m—分泵或液压缸个数 μ—摩擦因数，见表 15.3-7 和表 15.3-8 φ—工作油压（MPa） d—活塞直径（mm） S_p—制动安全系数，见表 15.3-2 C—弹簧刚度（N/mm） ε—退距（mm） n_1—碟形弹簧数目 W—缸内各运动部分的摩擦阻力（N） d_1—活塞轴径（mm） W_1—弹簧外力（N） D—液压缸内径（mm） ρ—摩擦角，$\dfrac{\beta}{2}>\rho+(2°\sim3°)$ T_t—负载转矩（N·m） R_0—蜗轮节圆半径（mm） r—$\dfrac{1}{2}$螺纹中径（mm） R_1—摩擦盘 1 的平均半径（mm） R_2—摩擦盘 2 的平均半径（mm） η_1、i_1—由电动机到制动轴的效率和传动比 T_1—螺旋式载荷自制制动器摩擦面间的摩擦转矩 $T_1=(0.15\sim0.5)T_t$ T'—螺旋副的摩擦阻力转矩，通常 $T'=(0.1\sim0.3)T_t$ T_0—重物下降所需转矩，通常 $T_0=(0.3\sim0.6)T_t$ α—螺纹升角，$\alpha=12°\sim25°$ ρ'—螺纹副摩擦角，$\rho'=2°\sim3°$
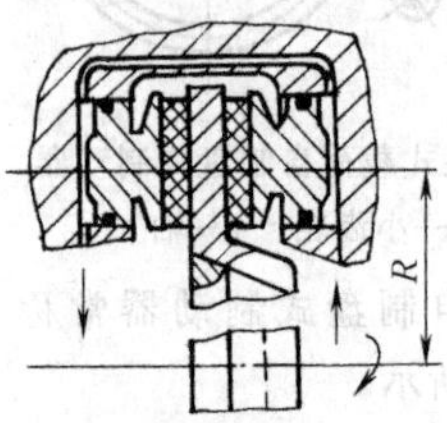 钳盘常开式	总轴向推力 F_a 钳盘装置的副数 X 压强 p	$F_a=\dfrac{T_j}{\mu R}\times10^3$ $X=\dfrac{F_a}{F_i}$ $F_i=\phi A'$ $p=\dfrac{F_a}{A}\leqslant[p]$	N N MPa	
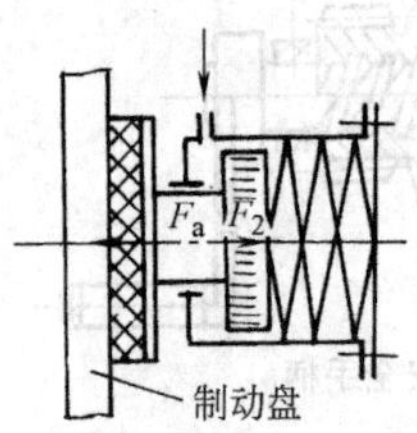 钳盘常闭式	总轴向推力 F_a 单缸正压力 F_a' 松闸时作用在弹簧上的力 F_2	$F_a=S_p\dfrac{T_j}{\mu R}\times10^3$ $F_a'=\dfrac{F_a}{m}$ $F_2=F_a'+W_1$ $W_1=\dfrac{C\varepsilon}{n_1}+W$ $D=\sqrt{\dfrac{4F_a'}{\pi\varphi}+d_1^2}$ $p=\dfrac{F_a'}{A'}\leqslant[p]$	N N N N mm MPa	
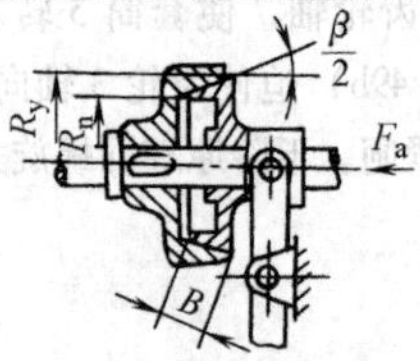 锥盘式	轴向推力 F_a 摩擦锥面有效宽度 B	$F_a=\dfrac{T_j\sin\dfrac{\beta}{2}}{\mu R_e}\times10^3$ $R_e=\dfrac{R_y+R_n}{2}$ $B\geqslant\dfrac{F_a}{2\pi R_e\sin\dfrac{\beta}{2}[p]}$	N mm mm	
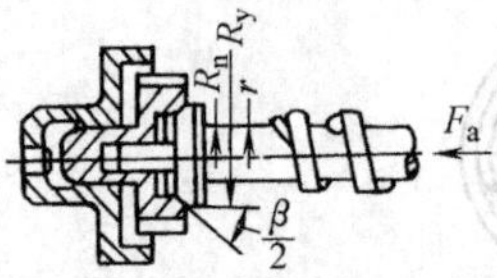 蜗杆式载荷自制	轴向推力 F_a	$F_a=\dfrac{T_t}{R_0}\times10^3$ （其他计算同锥盘式）	N	
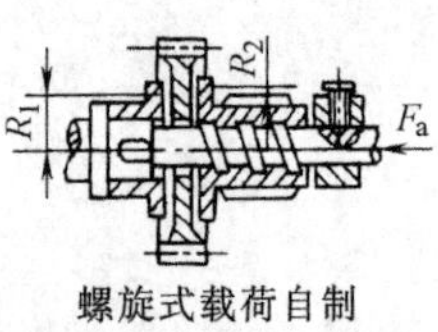 螺旋式载荷自制	轴向推力 F_a 保证重物悬吊条件 重物下降所需转矩 T_0	$F_a=\dfrac{T_t}{r\tan(\alpha+\rho')+\mu R_2}\times10^3$ $\mu(R_1+R_2)\geqslant[r\tan(\alpha+\rho')+\mu R_1]\eta_1^2$ $T_0=(T_1-T')\dfrac{1}{i_1\eta_1}$	N N·m	

7 其他制动器和辅助装置

7.1 磁粉制动器

7.1.1 结构与工作原理

磁粉制动器一般由转动部分（转子）和固定部分（定子）组成，在转子与定子之间的工作间隙中填充磁粉，利用磁粉磁化时所产生的剪力来制动。其特点是：磁粉链抗剪力与磁粉磁化程度成正比，但电流大到使磁粉达到饱和时，转矩增长速度就会减慢（见图15.3-50）。此外，磁粉的装满程度也影响转矩的特性。

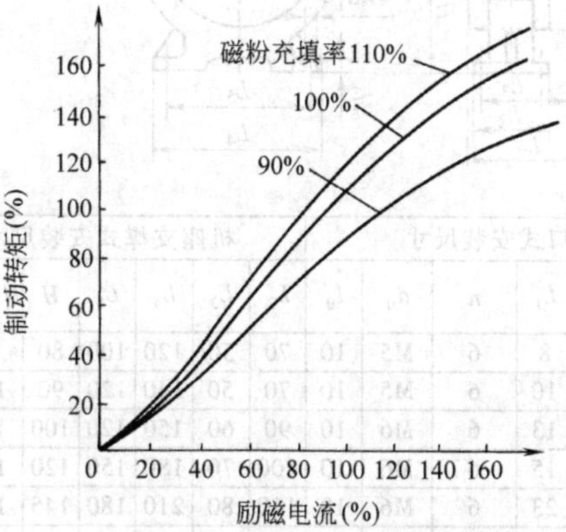

图 15.3-50 制动转矩与励磁电流特性

图 15.3-51 所示为一磁粉制动器的结构。为了便于安装励磁线圈 3，固定部分做成装配式，由 2 及 5 组成，间隙中填充磁粉。由转动部分薄壁圆筒 7 与非磁性铸铁套筒 1 铆接成被制动件（转子）。为防止磁通短路，特装一非磁性圆盘 4。固定部分 2 上铸有散热片，由装在转子上的风扇 8 强迫通风冷却。

磁粉制动器体积小，重量轻，励磁功率小且制动转矩与转动件的转速无关；然而磁粉会引起零件磨损。适用于自动控制及各种机器的驱动系统中。

磁粉制动器的工作条件：环境温度为−5～40℃；空气最大相对湿度为 90%（平均温度为 25℃时）；周围介质无爆炸危险，无腐蚀性金属，无破坏绝缘的尘埃，无油雾；海拔不超过 2500m。

7.1.2 分类、代号及标记方法

1）按转子结构型式分：柱形转子（代号省略）、环形转子（代号：B）、筒形转子（代号：T）和盘形转子（代号：P）四类。

2）按连接安装形式分：最常见的是轴连接，止口支承式（代号省略）；轴连接，机座支承式（代号：J）；空心轴连接，止口支承式（代号：K）；空

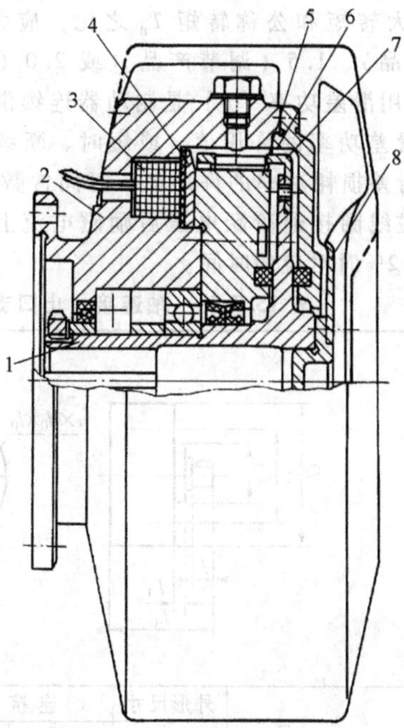

图 15.3-51 磁粉制动器的结构

1—非磁性铸铁套筒 2、5—固定部分 3—励磁线圈 4—非磁性圆盘 6—磁粉 7—薄壁圆筒 8—风扇

心轴连接，机座支承式（代号：Z）四种。上述四种形式均需将支承端固定。

3）按冷却方式分：自然空气冷却（代号省略）、强迫通风冷却（代号：F）、液（水或油）冷却（代号：Y）和电风扇冷却（代号：S）。

以上三种区分在型号标记方法中用三个字母表示。

型号标记方法：

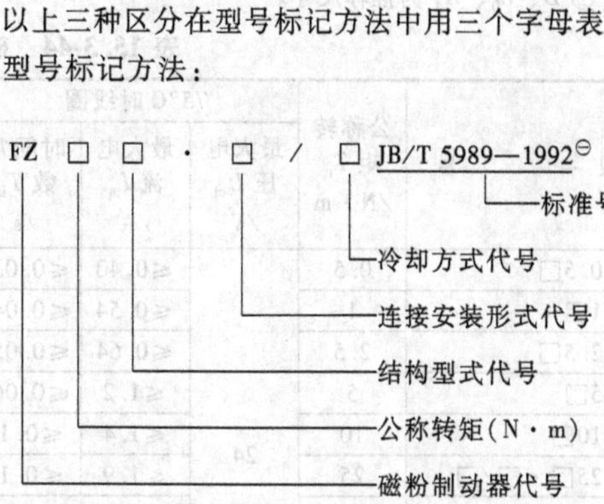

7.1.3 主要性能术语

最大励磁电压用 U_m 表示，最大励磁电流 I_m 是在最大励磁电压下励磁线圈平均温度为 75℃时通过的电流值，对应的转矩用 T_m 表示。安全系数

⊖ JB/T 5989—1992 已经作废，此部分内容仅供参考。

K_s 是最大转矩和公称转矩 T_n 之比，应大于 1.3（工业产品）、1.5（调节产品）或 2.0（快速产品）。许用滑差功率 [P] 是制动器连续滑差运转时最大滑差功率的许用值，或短时、断续工作时其平均滑差损耗功率的许用值。时间常数 T_{ir} 是制动器励磁线圈接通阶跃电压后励磁电流上升到稳态值 63.2%时对应的时间。

7.1.4　基本性能参数与主要尺寸

轴连接、止口支承式及机座支承式制动器的结构型式和主要尺寸见表 15.3-43。磁粉制动器的基本性能参数见表 15.3-44。空心轴连接、止口支承式制动器的结构型式和主要尺寸见表 15.3-45。空心轴连接、机座支承式制动器的结构型式和主要尺寸见表 15.3-46。

表 15.3-43　轴连接、止口支承式及机座支承式制动器的结构型式和主要尺寸　（mm）

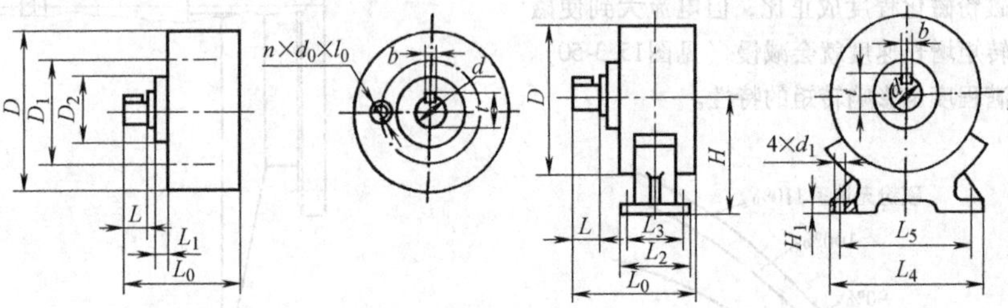

型	号	外形尺寸 $L_0$①	外形尺寸 D①	连接尺寸 d h7	连接尺寸 L	连接尺寸 b p7	连接尺寸 t	止口式安装尺寸 D_1	D_2 g7	L_1	n	d_0	l_0	机座支撑式安装尺寸 L_2	L_3	L_4	L_5	H	$H_1$①	d_1
FZ2.5□	FZ2.5□.J	104	120	10	20	3	11.2	64	42	8	6	M5	10	70	50	120	100	80	8	7
FZ5□	FZ5□.J	114	134	12	25	4	13.5	64	42	10	6	M5	10	70	50	140	120	90	10	7
FZ10□	FZ10□.J	129	152	14	25	5	16	64	42	13	6	M6	10	90	60	150	120	100	13	10
FZ25□	FZ25□.J	148	182	20	36	6	22.5	78	55	15	6	M6	10	100	70	180	150	120	15	12
FZ50□	FZ50□.J	182	219	25	42	8	28	100	74	23	6	M6	10	110	80	210	180	145	15	12
FZ100□	FZ100□.J	232	290	30	58	8	33	140	100	25	6	M10	15	140	100	290	250	185	20	12
FZ200□	FZ200□.J	267	335	35	58	10	38	150	110	25	6	M10	15	160	120	330	280	210	22	15
FZ400□	FZ400□.J	329	398	45	82	14	48.5	200	130	33	6	M10	20	180	130	390	330	250	27	19
FZ630□	FZ630□.J	395	480	60	105	18	64	410	460	35	6×2	M12	25	210	150	480	410	290	33	24
FZ1000□	FZ1000□.J	435	540	70	105	20	74.5	460	510	40	6×2	M12	25	220	160	540	470	330	38	24
FZ2000□	FZ2000□.J	525	660	80	130	22	85	560	630	40	6×2	M12	30	230	170	660	580	390	45	24

① D、L_0、H_1 为推荐尺寸。

表 15.3-44　磁粉制动器的基本性能参数

型号	公称转矩 T_n /N·m	75°C 时线圈 最大电压 U_m /V	最大电流 I_m /A	时间常数 T_{ir} /s	许用同步转速 [n]/r·min^{-1}	飞轮力矩 GD^2 /N·m^2	自冷式 许用滑差功率 [P]/W	风冷式 许用滑差功率 [P]/W	风冷式 风量 /m^3·min^{-1}	液冷式 许用滑差功率 [P]/W	液冷式 液量 /L·min^{-1}
FZ0.5□	0.5	24	≤0.40	≤0.035	1500	2.64×10^{-3}	≥8	—	—	—	—
FZ1□	1		≤0.54	≤0.040		7.0×10^{-3}	≥15	—	—	—	—
FZ2.5□	2.5		≤0.64	≤0.052		1.32×10^{-2}	≥40	—	—	—	—
FZ5□	5		≤1.2	≤0.066		2.97×10^{-2}	≥70	—	—	—	—
FZ10□	10		≤1.4	≤0.11		5.6×10^{-2}	≥110	≥200	0.2	—	—
FZ25□·□/□	25		≤1.9	≤0.11		1.76×10^{-1}	≥150	≥340	0.4		
FZ50□·□/□	50		≤2.8	≤0.12		4.62×10^{-1}	≥260	≥400	0.7	1200	3.0
FZ100□·□/□	100		≤3.6	≤0.23		1.54	≥420	≥800	1.2	2500	6.0
FZ200□·□/□	200		≤3.8	≤0.33	1000	4.07	≥720	≥1400	1.6	3800	9.0
FZ400□·□/□	400		≤5.0	≤0.44		10.7	≥900	≥2100	2.0	5200	15
FZ630□·□/□	630	80	≤1.6	≤0.47		20.9	≥1000	≥2300	2.4	—	—
FZ1000□·□/□	1000		≤1.8	≤0.57	750	36.3	≥1200	≥3900	3.2	—	—
FZ2000□·□/□	2000		≤2.2	≤0.80		95.7	≥2000	≥6300	5.0	—	—

表 15.3-45 空心轴连接、止口支承式制动器的结构型式和主要尺寸 (mm)

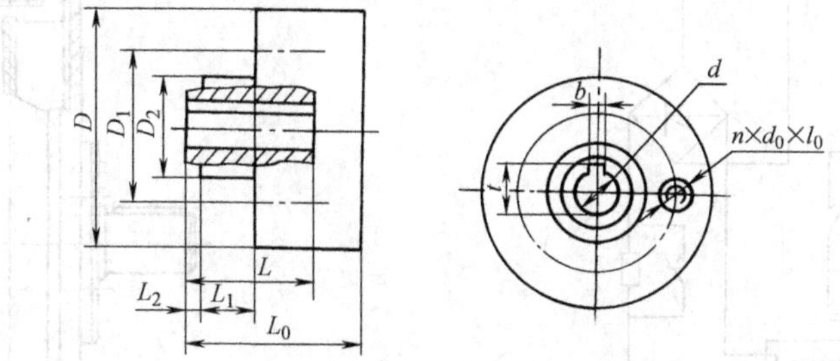

型号	外形尺寸		安装尺寸							连接尺寸			
	$L_0$①	D①	D_1	D_2	L_1	L_2	n	d_0	l_0	d H7	L	b F7	t
FZ5□. K	80	130	90	70	10	2	6	M5	10	12	27	4	13.8
FZ10□. K	90	160	94	74	13	2	6	M6	10	13	30	6	20.8
FZ25□. K	100	180	120	100	15	2	6	M6	10	20	38	6	22.8
FZ50□. K	120	220	130	110	23	4	6	M6	10	30	60	8	33.3
FZ100□. K	140	290	150	110	25	4	6	M10	15	35	60	10	38.3
FZ200□. K	165	340	200	160	25	6	6	M10	15	45	84	14	48.8
FZ400□. K	210	398	200	160	33	6	6	M12	20	50	84	14	53.8

注：1. 空心轴配合长度不小于 L；

2. 空心轴可为通孔，也可为不通孔。

① L_0、D 为推荐尺寸。

表 15.3-46 空心轴连接、机座支承式制动器的结构型式和主要尺寸 (mm)

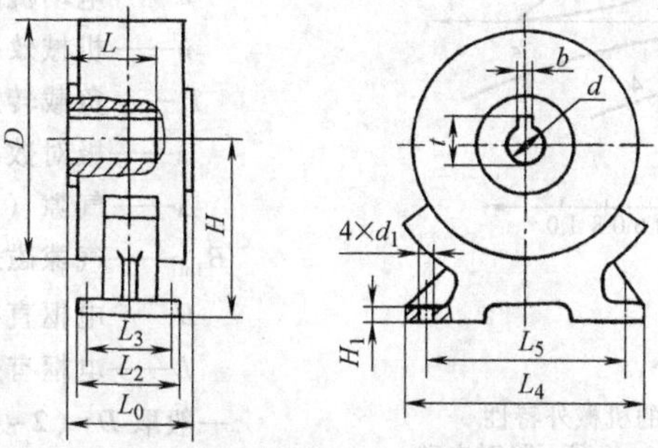

型号	外形尺寸		连接尺寸				安装尺寸						
	L_0	D	d H7	L	b F7	t	L_2	L_3	L_4	L_5	H	H_1	d_1
FZ5□. Z	72	130	12	27	4	13.8	70	50	140	120	90	10	7
FZ10□. Z	79	160	18	30	6	20.8	90	60	150	120	100	13	10
FZ25□. Z	87	180	20	38	6	22.8	100	70	180	150	120	15	12
FZ50□. Z	101	220	30	60	8	33.3	110	80	210	180	145	15	12
FZ100□. Z	119	290	35	60	10	38.3	140	100	290	250	185	20	12
FZ200□. Z	146	340	45	84	14	48.8	160	120	330	280	210	22	15
FZ400□. Z	183	398	50	84	14	53.8	180	130	390	330	250	27	19

注：L_0、D 为推荐尺寸。

7.2 电磁涡流制动器

图 15.3-52 所示为电磁涡流制动器的接线原理图。通过调节制动转矩的大小，其机械外特性如图 15.3-53 所示。图 15.3-53 中 T 为转矩 (N·m)，n 为转速 (r/min)。

电磁涡流制动器的构造、磁路的计算等与电磁转差离合器基本相同。图 15.3-54 所示为鸟啄式电磁涡流制动器的结构示意图，它由随电动机转动的电枢 1

与固定在外壳（底座）上的感应器 2 组成。

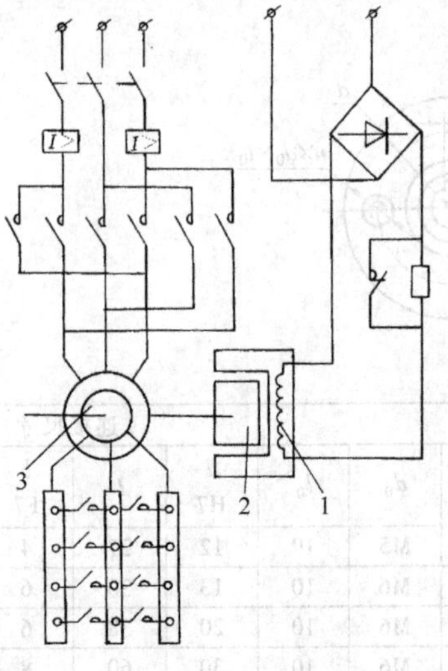

图 15.3-52　电磁涡流制动器的接线原理图
1—励磁线圈　2—涡流制动器　3—拖动电动机

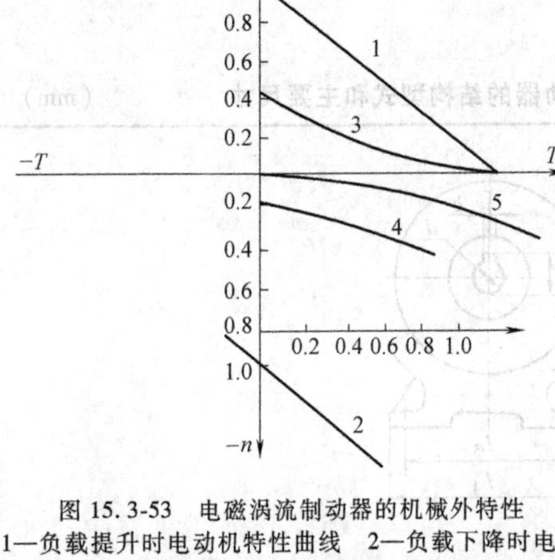

图 15.3-53　电磁涡流制动器的机械外特性
1—负载提升时电动机特性曲线　2—负载下降时电动机特性曲线　3—电动机、制动器叠加后的提升特性曲线
4—电动机、制动器叠加后的下降特性曲线
5—电磁涡流制动器本身的特性曲线

除鸟啄式外，还有凸极式和感应式等。

电磁涡流制动器坚固耐用，维修方便，调速范围宽，但低速时效率低，温度升高，必须采取散热措施。多用于二级制动中的第一级，以达到停车前的低速，并吸收 90% 以上的动能，减轻第二级停止式制动器㊀的负担。常用于有垂直载荷的机械中；它还可以与电动滑差离合器配套，用于要求无级变速的场合；水冷却的电磁涡流制动器，可用于高速汽车的减速机构，以及可变载荷的机械试验装置。

电磁涡流制动器的外形尺寸可按下述方法确定：

一般取计算制动转矩为

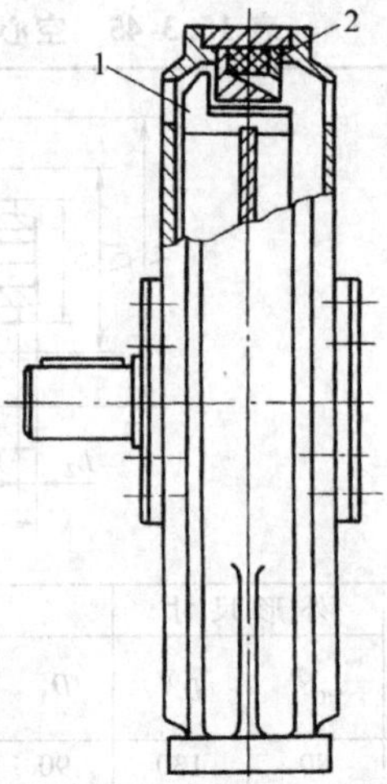

图 15.3-54　鸟啄式电磁涡流制动器的结构示意图
1—电枢　2—感应器

$$T_j=\frac{9750P(1+\eta^2)}{n} \tag{15.3-36}$$

近似计算为　$T_j \approx 2T_t$

电磁涡流制动器鼓形电枢的外形尺寸概略值为

$$DL=\frac{T_j\times10^6}{52z\Delta B_{1m}^2} \tag{15.3-37}$$

式中　P——电动机的额定功率（kW）；
n——电动机的转速（r/min）；
η——机械效率；
T_t——负载转矩（N·m）；
z——极对数；
Δ——气隙（cm）；
B_{1m}——气隙磁通密度一次谐波振幅值（T）；
D——电枢直径（cm）；
L——电枢有效长度（cm）。

一般取 $D=(2\sim4)L$。因 GD^2 及电动机中心高度的限制，D 值不宜太大；因励磁线圈尺寸及齿根磁通密度的关系，L 值不宜过小。

7.3　摩擦块磨损间隙的自动补偿装置

7.3.1　密封圈式

图 15.3-55 所示为密封圈式自动补偿装置的工作原理图。摩擦块在制动后，靠密封圈的弹性变形复位。图 15.3-55a 和图 15.3-55b 分别为摩擦块制动和复位状态。摩擦块磨损后（图 15.3-55c 和图 15.3-55d），由活塞

㊀ 在垂直制动过程中，对要求重物悬吊空中的制动器称停止式制动器，要求匀速下降的称下降式制动器。——作者注

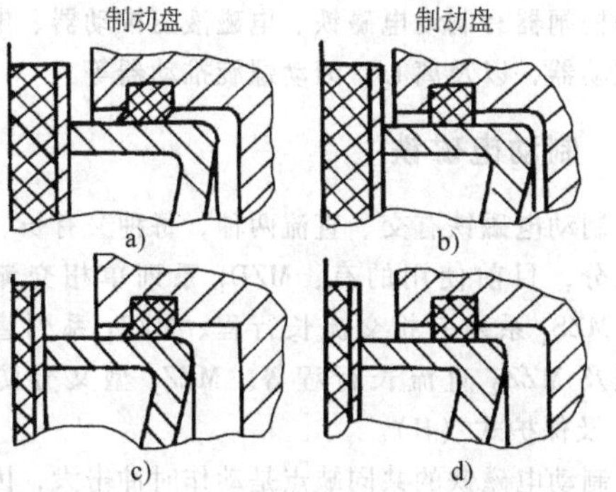

图 15.3-55 密封圈式自动补偿装置的工作原理图

与密封圈间的相对滑移自动补偿其磨损量。

这种补偿装置结构简单，性能较好。但对密封圈的质量要求高。

图 15.3-56 所示为常见的密封圈式车用自动补偿钳盘制动器结构简图。

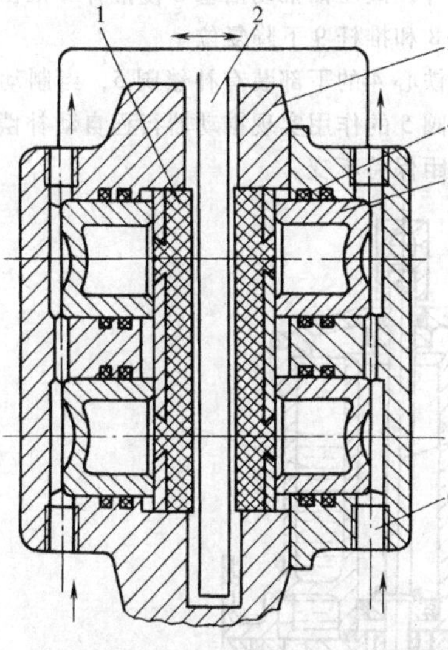

图 15.3-56 密封圈式车用自动补偿钳盘制动器结构简图
1—摩擦块 2—制动盘 3—制动器基体 4—密封圈 5—活塞 6—进油孔

7.3.2 机械卡环式

图 15.3-57 所示为机械卡环式自动补偿装置。制动时，液压油经 A 孔进入液压缸，压缩弹簧 1 而实现制动。当摩擦块磨损量大于间隙 Δ 值时，卡紧在中心销轴 2 上的卡环组 3 被迫右移，自动补偿磨损。这些装置多用于常开式制动器。

7.3.3 机械可变铰点式

图 15.3-58 所示为带有可变铰点间隙自动补偿装置的块式制动器。弹簧 2 通过衔铁 3 带动制动臂 4

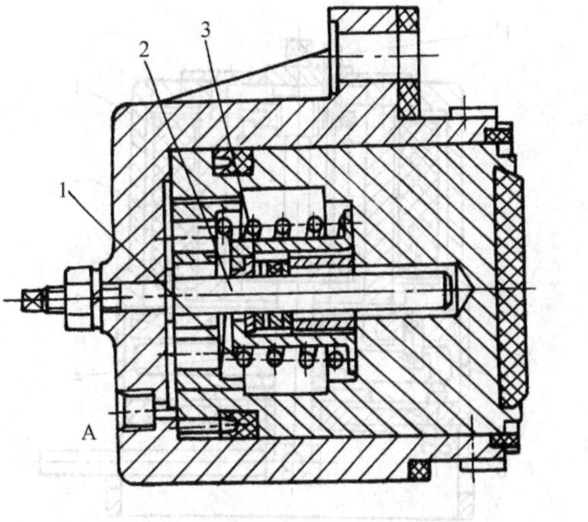

图 15.3-57 机械卡环式自动补偿装置
1—弹簧 2—销轴 3—卡环组

（绕销轴 7 转动）、臂下连杆 6 和制动臂 5 使制动器紧闸。电磁铁通电后，衔铁 3 被吸合而松闸。

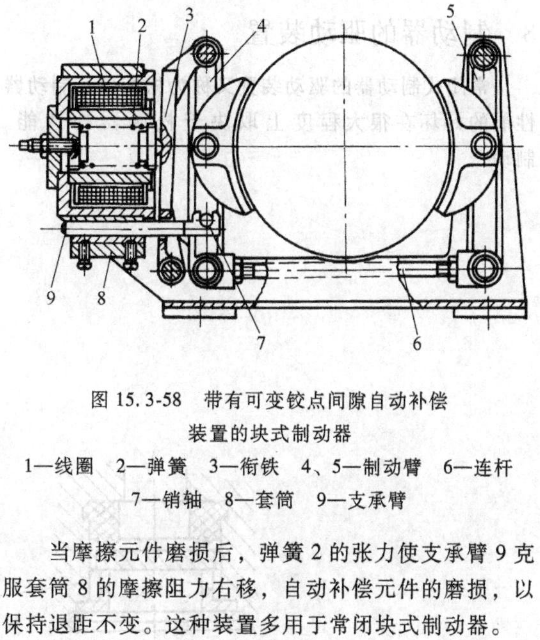

图 15.3-58 带有可变铰点间隙自动补偿装置的块式制动器
1—线圈 2—弹簧 3—衔铁 4、5—制动臂 6—连杆 7—销轴 8—套筒 9—支承臂

当摩擦元件磨损后，弹簧 2 的张力使支承臂 9 克服套筒 8 的摩擦阻力右移，自动补偿元件的磨损，以保持退距不变。这种装置多用于常闭块式制动器。

7.3.4 机械进给式

图 15.3-59 所示为带有进给式间隙自动补偿装置的驱动电磁铁。当线圈 1 的电流中断时，衔铁 3 及其底盘 9 处于低位，此时，卡钳 10 与顶杆 4 脱开，弹簧 2 使制动器紧闸。

通电后，随着衔铁 3 上升，卡钳绕轴 6 转动，使卡钳与顶杆 4 齿牙嵌合后，衔铁带动底盘 9 和顶杆 4 继续上升，致使杠杆 5 松闸。由于卡钳牙的楔入位置可变，故可保持退距不变。通过游标 11 可读出主弹簧 2 的张力。

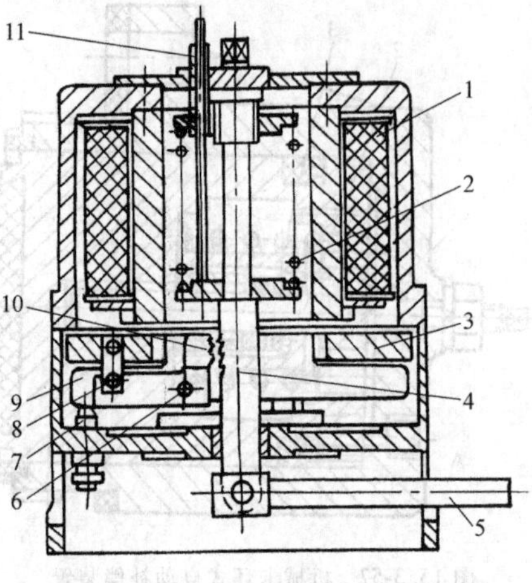

图 15.3-59　带有进给式间隙自动补偿装置的驱动电磁铁

1—线圈　2—弹簧　3—衔铁　4—顶杆　5—杠杆　6—轴　7—定位螺钉　8—销轴　9—底盘　10—卡钳　11—游标

8　制动器的驱动装置

常闭式制动器的驱动装置又称为松闸器。制动器性能的好坏在很大程度上取决于松闸器的性能。制动器的松闸器有制动电磁铁、电磁液压推动器、电力液压推动器，以及离心、滚动螺旋推动器等。

8.1　制动电磁铁

制动电磁铁有交、直流两种，每种又有长、短行程之分，目前使用的有：MZD_1 系列单相交流短行程、MZS_1 系列三相交流长行程、MZZ_1 系列直流短行程及 MZZ_2 直流长行程等。MZZ_2 型又分防水式（S）及保护式（H）。

制动电磁铁的共同缺点是动作时冲击大，因此现已逐渐由其他更可靠的松闸器所取代。

8.2　电磁液压推动器

图 15.3-60 所示为电磁液压推动器的结构。动铁心 4 和静铁心 2 间有工作腔 3，液压油从液压缸 1 经过通道 7 和单向阀 6 进入工作腔 3。线圈通电后，动铁心 4 上升，液压油推动活塞 8 使推杆 9 推出。断电后，活塞 8 和推杆 9 下降复位。

在动铁心 4 的下部装有补偿阀 5，当制动块磨损时，通过阀 5 的作用实现推动器行程自动补偿，使制动块的退距保持不变。

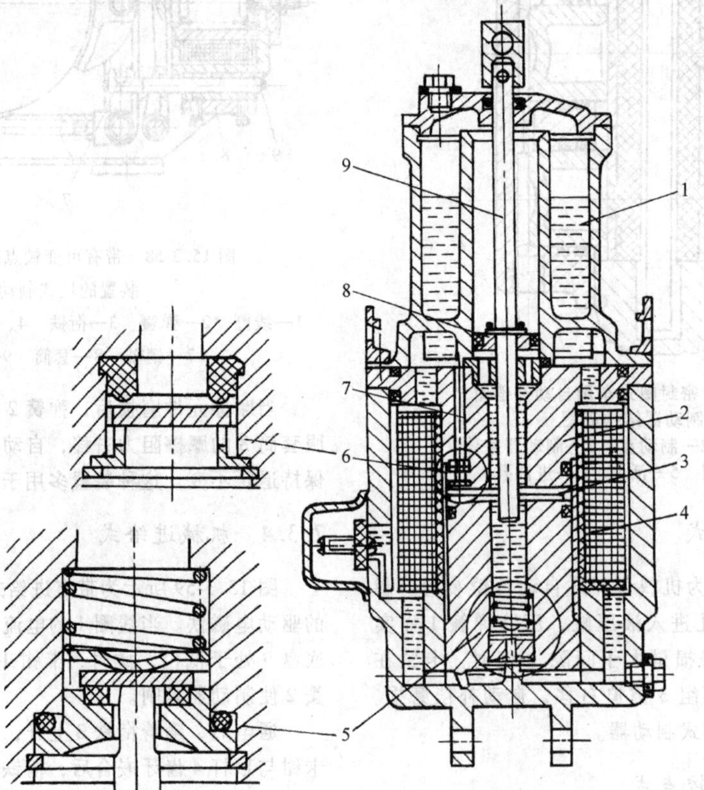

图 15.3-60　电磁液压推动器的结构

1—液压缸　2—静铁心　3—工作腔　4—动铁心　5—补偿阀　6—单向阀　7—通道　8—活塞　9—推杆

这种推动器消除了简单电磁铁的缺点，它具有动作平稳、无噪声、寿命长及能自动补偿摩擦衬片的磨损等优点。它的缺点是制造工艺要求较高，价格昂贵。制造不完善的电磁液压推动器也常有动作失灵、漏油等缺点。

电磁液压推动器的技术性能见表 15.3-47。

表 15.3-47 电磁液压推动器的技术性能

型号	额定推力/N	额定行程/mm	补偿行程/mm	上升时间/s	下降时间/s	操作频率/(次/h)		液压油	
								环境温度	
						JC25%~40%	JC60%	<-10℃	>-10℃
MY_1-25	250	20	50	0.3	0.25	900	720	10 号航空液压油	25 号变压器油
MY_1-50	500	22	90	0.3					
MY_1-100	1000	25	110	0.35					
MY_1-200	2000	30	120	0.4					

8.3 电力液压推动器

8.3.1 结构型式

电力液压推动器按其结构分为双推杆和单推杆两类；按其额定行程又分为短行程和长行程系列。

1）双推杆电力液压推动器。图 15.3-61 所示为双推杆电力液压推动器的结构。它主要由电动机 1、叶片泵 6 和液压缸 4 三部分组成。电动机空心轴端部装有带方形内孔的滑套 7，与活塞 5、叶片泵 6 轴上的方轴滑接。电动机通电后，叶片泵将工作油压入活塞 5 的下部工作腔，迫使活塞连同叶片泵和推杆 3 及 2 一齐上移。断电后，活塞靠制动器的主弹簧及推动器上移部分自重自动复位。

这种推动器动作平稳，无噪声，耗电少，但动作稍缓慢，用于起升机构时制动行程较长。

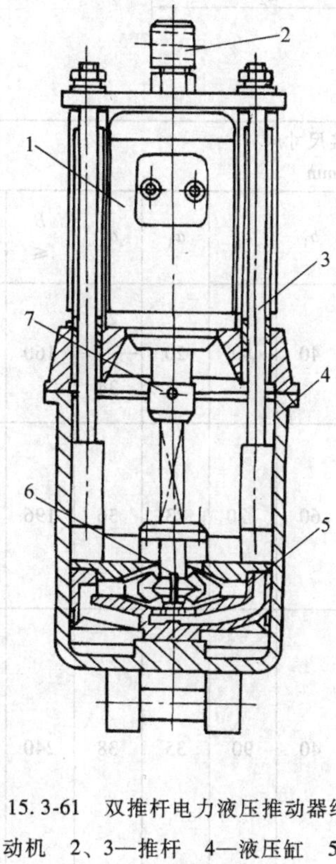

图 15.3-61 双推杆电力液压推动器结构
1—电动机 2、3—推杆 4—液压缸 5—活塞
6—叶片泵 7—滑套

2）单推杆电力液压推动器。图 15.3-62 所示为单推杆电力液压推动器的结构。它的工作原理与双推杆基本相同，不同之处是电动机在推动器的下边，仅有一个推杆由液压缸的中间伸出。

这种推动器工作平稳、灵敏、无噪声、可靠、寿命长（是双推杆的 3~5 倍）。

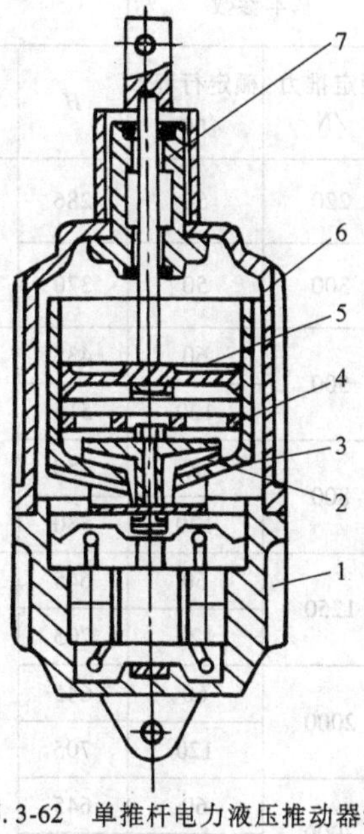

图 15.3-62 单推杆电力液压推动器结构
1—电动机 2—叶轮 3—泵壳 4—分油器
5—活塞 6—液压缸 7—推杆

8.3.2　性能参数和尺寸

表 15.3-48、表 15.3-49 分别为电力液压推动器的特殊性能代号，以及结构型式、基本参数和尺寸。

表 15.3-48　电力液压推动器特殊性能代号

代号	S	X	J	G	H	F	W	R	Z	P
名称	上升阀	下降阀	机械式	感应式	缓冲弹簧	负载弹簧	复位弹簧	加热器	防震防潮	水平安装
			行程开关							

表 15.3-49　电力液压推动器的结构型式、基本参数与尺寸（摘自 JB/T 10603—2006）

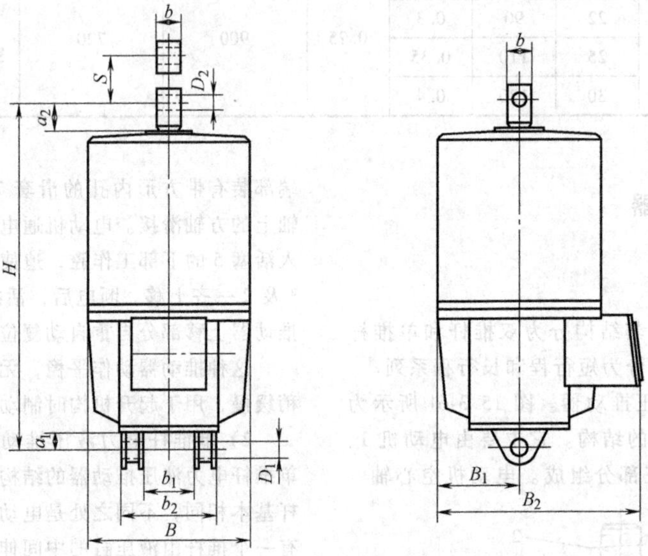

规格	基本参数		连接尺寸/mm										
	额定推力/N	额定行程 S/mm	H	D_1	D_2	b	b_1	b_2	a_1	a_2	B ≤	B_1 ≤	B_2 ≤
220-50	220	50	286	$16^{+0.25}_{+0.15}$	$12^{+0.10}_{0}$	20	40	80	20	26	160	80	200
300-50	300	50	370		$16^{+0.10}_{0}$	25				34			
500-60	500	60	435	$20^{+0.25}_{+0.15}$	$20^{+0.10}_{0}$	30	60	120	23	36	196	98	260
500-120		120	515										
800-60	800	60	450										
800-120		120	530										
1250-60	1250	60	645	$25^{+0.25}_{+0.15}$	$25^{+0.10}_{0}$	40	40	90	35	38	240	120	260
1250-120		120	705										
2000-60	2000	60	645										
2000-120		120	705										
3000-60	3000	60	645										
3000-120		120	705										

1）型号表示方法：

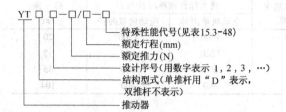

YT□ □—□/□—□
- 特殊性能代号(见表15.3-48)
- 额定行程(mm)
- 额定推力(N)
- 设计序号(用数字表示 1，2，3，…)
- 结构型式(单推杆用“D”表示，双推杆不表示)
- 推动器

2）标记示例：

① 单推杆式，设计序号为1，额定推力为300N，额定行程为50mm的推动器：

推动器　YTD_1-300/50　JB/T 6403.3[⊖]

② 双推杆式，设计序号为2，额定推力为1250N，额定行程120mm，并带有负载弹簧，可水平安装的推动器：

推动器　YT_2-1250/120-F.P　JB/T 6403.3

8.4 离心推动器

图15.3-63所示为离心推动器的结构。其特点是动作平稳，无噪声，冲击小，对工作环境温度不敏感，所用驱动电动机功率小且无过载现象。但起动时间较长，磨损大，要求旋转零件动平衡。

为了减少下降时间，常在驱动电动机尾部加装锥形制动器。

离心推动器的技术性能见表15.3-50。

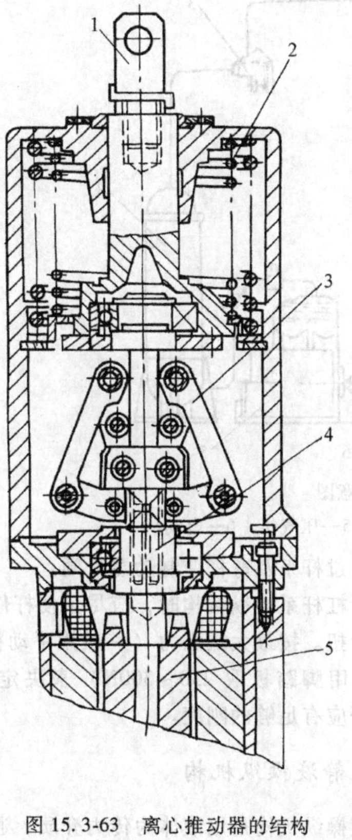

图15.3-63　离心推动器的结构

1—推杆　2—主弹簧　3—离心杆系　4—空心轴　5—电动机

8.5 滚动螺旋推动器

图15.3-64所示为滚动螺旋推动器的结构。电动机的空心轴1通过超越离合器2与滚动螺杆的螺母4相连。电动机通电后，螺母的旋转迫使螺杆3上升，压缩弹簧5顶出推杆6，螺杆不能自锁。断电后，弹簧5的压力推动螺杆下降，迫使螺母4反转后使推杆复位。

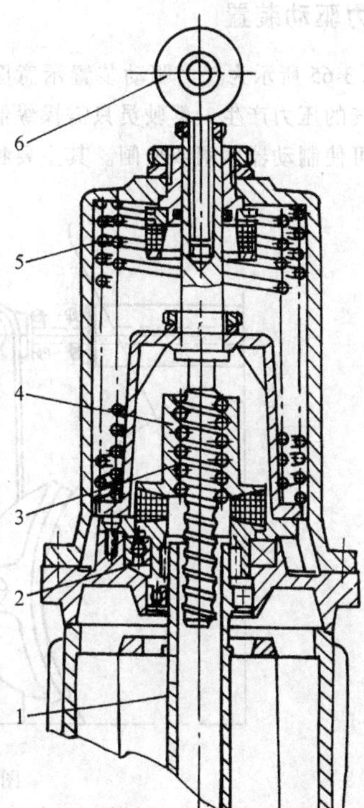

图15.3-64　滚动螺旋推动器的结构

1—电动机空心轴　2—超越离合器　3—螺杆　4—螺母　5—弹簧　6—推杆

这种推动器常用于需要点动的场合，如集装箱的装运设备及各种安装用起重机等。其技术性能见表15.3-51。

⊖ JB/T 6403.3—1992已经作废，此部分内容仅供参考。

表 15.3-50　离心推动器的技术性能

额定推力/N	额定行程/mm	下降时间①/s	电动机功率/kW	最大操作频率/(次/h) 电动机单向转	电动机双向转	质量/kg
250~400	20	0.2~1	0.15	1500	1200	20
500~1250	25	0.3~1.5	0.3	1200	960	32
1250~2000	40	0.3~2.5	0.7	800	640	55
2500~6300	50	0.3~4	2.0	500	400	104

① 下降 2/3 额定行程时的时间。

表 15.3-51　滚动螺旋推动器的技术性能

额定推力/N	额定行程/mm	推出时间/s	下降时间/s	最大操作频率/(次/h)	电动机功率/kW	质量/kg
450	50	0.9	0.5	1800	0.16	20
680		1.1			0.22	22
1000		1.2		1500	0.30	28
2400		2.0	0.8		0.36	49

8.6　气力驱动装置

图 15.3-65 所示为气力驱动装置示意图。制动力由压缩空气的压力产生，驾驶员只需操纵制动器的控制阀，就可使制动器紧闸或松闸。其主要特点是操纵机构的压力与执行机构的推力成正比关系，动作迅速，操纵轻便可靠。

气力驱动装置多用于常开式制动器并需调节制动转矩的场合，如车辆和起重机械的运行机构。

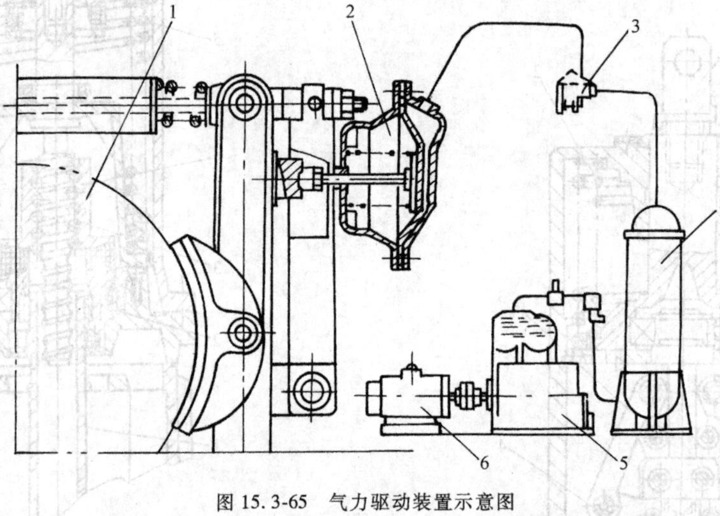

图 15.3-65　气力驱动装置示意图

1—制动器　2—气缸　3—稳压阀　4—贮气筒　5—压气机　6—电动机

8.7　人力操纵机构

人力操纵机构包括杠杆系操纵机构、静液操纵机构和综合操纵机构三种，其优点是结构简单，质量小，工作可靠，缺点是增力范围小。所以，只用于小起重量起重机械和汽车手动制动器等。

8.7.1　杠杆系操纵机构

图 15.3-66 所示为常闭带式制动器（也可用于常开式）的杠杆操纵机构。重锤 1 使制动器紧闸，操纵手柄 2 通过杆系及弯杆使制动器松闸。

设计杠杆系操纵机构时，应尽量使杆件受拉而少受压和弯扭。按最大操纵力（一般用手动杠杆取 160~200N，用脚踏板取 250~300N）来决定杠杆传动比。杠杆应有足够的刚度。

8.7.2　静液操纵机构

静液操纵机构是用液体为传力介质，通过液压制动泵与分泵，以及机械杆系获得必要的制动作用力。静液操纵机构在汽车和中小型起重机械，以及其他

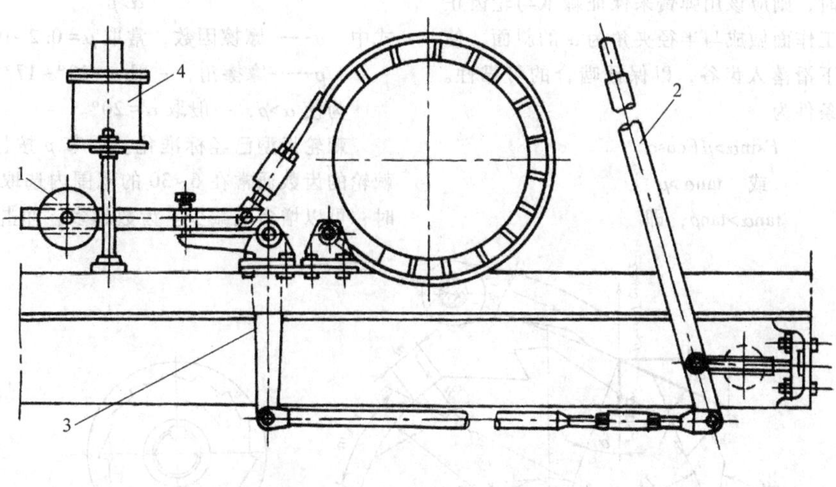

图 15.3-66 带式制动器的杠杆操纵机构

1—重锤 2—手柄 3—弯杆 4—缓冲器

机械中得到了广泛的应用。图 15.3-67 所示为常见的静液操纵机构。

在计算静液操纵机构的操作行程时，应考虑有一定的储备行程；完全制动时，只应使用操纵杆（板）最大行程的 50%～60%。

8.7.3 综合操纵机构

图 15.3-68 所示为一种综合操纵机构。它既可由电磁铁操纵自由闭合，又可用踏板液压力操纵制动器的闭合。

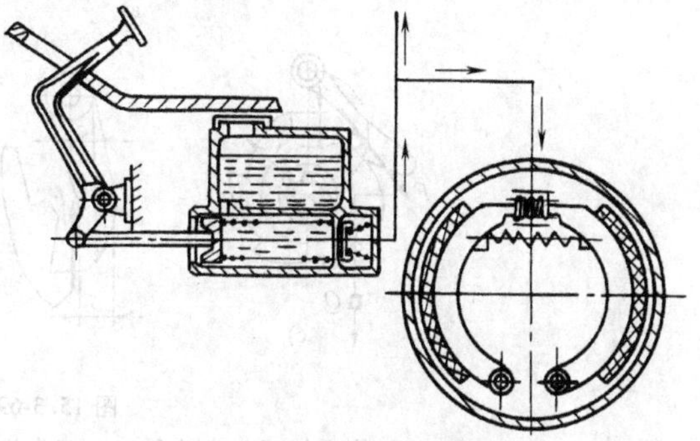

图 15.3-67 静液操纵机构

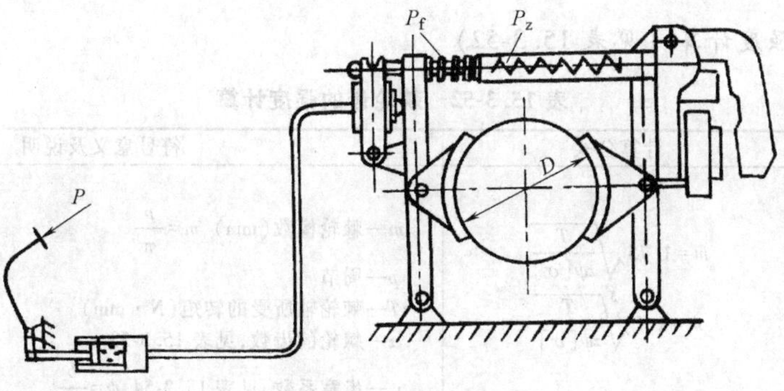

图 15.3-68 综合操纵机构

9 停止器

停止器是一种防止逆转和支持重物不动的装置。它有三种主要功能：①长时间支持重物不动（支持作用）；②只允许机构单方向运动（止逆作用）；③允许机构单方向自由运动，逆方向限速运动（超越离合作用）。

一般常用的停止器有三种：棘轮式、滚柱式和带式。

9.1 棘轮式停止器

棘轮式停止器（见图 15.3-69）一般用来作为机械中防止逆转的制逆装置或供间歇传动之用。

棘轮式停止器的棘爪装在固定的心轴（见图 15.3-69a）上自由转动。棘轮和棘爪通常做成外啮合的，只有少数做成内啮合（见图 15.3-69b）。棘爪可以放在棘轮四周，但如果放在不能靠棘爪自重落入齿谷的位置时，则应该用弹簧来保证棘爪与轮齿正常啮合。棘轮工作面做成与半径夹角为 α 的斜面，使棘爪能沿齿面下滑落入齿谷，以保证啮合的可靠性。使棘爪下滑的条件为

$$F\sin\alpha>\mu F\cos\alpha$$

或　$\tan\alpha>\mu$

或　$\tan\alpha>\tan\rho$，即

$$\alpha>\rho \tag{15.3-38}$$

式中　μ——摩擦因数，常取 $\mu=0.2\sim0.3$；

ρ——摩擦角，一般 $\rho=12°\sim17°$。

为使 $\alpha>\rho$，一般取 $\alpha=20°$。

棘轮齿型已经标准化。周节 p 按齿顶圆来考虑，棘轮的齿数通常在 6~30 的范围内选取，有特殊用途时，可以增多或减少。齿数越多，冲击越小。

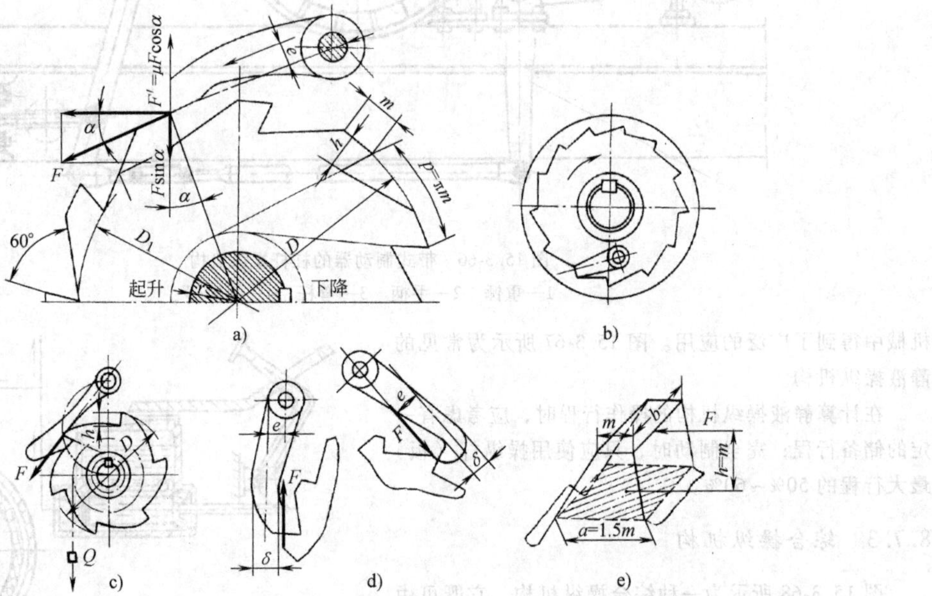

图 15.3-69　棘轮式停止器

a）外啮合　b）内啮合　c）工作状态　d）棘爪受力情况　e）棘齿受力情况

9.1.1　棘轮齿的强度计算（见表 15.3-52）

表 15.3-52　棘轮齿的强度计算

<table>
<tr><th colspan="2">计算项目</th><th>计算公式</th><th>符号意义及说明</th></tr>
<tr><td rowspan="2">按抗弯强度计算棘齿</td><td>外啮合</td><td>$m=1.75\sqrt[3]{\frac{T}{z\psi[\sigma]}}$</td><td rowspan="3">$m$—棘轮模数(mm)，$m=\frac{p}{\pi}$
p—周节
T—棘轮轴所受的转矩(N·mm)
z—棘轮的齿数，见表 15.3-53
ψ—齿宽系数，见表 15.3-54，$\psi=\frac{b}{m}$
b—齿宽(mm)
$[\sigma]$—棘轮齿材料的许用弯曲应力(MPa)，见表 15.3-54
$[p]$—许用单位线压力(N/mm)，见表 15.3-54
F—棘轮的圆周力(N)，$F=2T/D$
D—棘轮齿顶圆直径(mm)，$D=zm$</td></tr>
<tr><td>内啮合</td><td>$m=1.1\sqrt[3]{\frac{T}{z\psi[\sigma]}}$</td></tr>
<tr><td colspan="2">按棘爪尖与齿顶受挤压验算棘齿</td><td>$m=\frac{F}{\psi[p]}$
或　$m=\sqrt{\frac{2T}{\psi z[p]}}$</td></tr>
</table>

表 15.3-53　棘轮齿数

机械类型	齿条式顶重机	蜗轮蜗杆滑车	棘轮停止器	带棘轮的制动器
齿数 z	6~8	6~8	12~20	16~25

表 15.3-54 许用弯曲应力、许用单位线压力及齿宽系数

棘轮材料	HT150	ZG 270-500, ZG 310-570	Q235	45
齿宽系数 $\psi=\dfrac{b}{m}$	1.5~6.0	1.5~4.0	1.0~2.0	1.0~2.0
许用单位线压力$[p]/N \cdot mm^{-1}$	150	300	350	400
许用弯曲应力$[\sigma]/MPa$	30	80	100	120

9.1.2 棘爪的强度计算

为了减小冲击，有时候装设两个以上棘爪。安装时，使棘爪在轮齿周节内错开一定距离。

棘爪的回转中心一般选在圆周力 F 的作用线方向，棘爪长度通常取为 $2p$。

棘爪可制成直头形或钩头形，对直头形的棘爪，应按受偏心压缩来进行强度计算；对钩头形的棘爪，则应按受偏心拉伸来计算

$$\sigma=\frac{M_\omega}{W}+\frac{F}{A}\leqslant[\sigma] \tag{15.3-39}$$

式中 M_ω——弯矩（N·mm）；

W——棘爪危险截面的截面系数（mm^3），$W=\dfrac{b_1\delta^2}{6}$，其中 b_1 为棘爪宽度（mm），一般比棘轮齿宽宽 2~3mm，δ 为棘爪危险截面的厚度（mm）；

A——棘爪危险截面的面积（mm^2），$A=b_1\delta$；

$[\sigma]$——棘爪材料的许用弯曲应力（MPa），见表 15.3-54；

F——作用在棘爪上的力（N）。

9.1.3 棘爪轴的强度计算

棘爪轴（见图 15.3-70）为悬臂梁，受弯曲作用。由式（15.3-40a）计算：

$$d_1=2.2\sqrt[3]{\frac{F}{[\sigma]}\left(\frac{b_1}{2}+b_2\right)} \tag{15.3-40a}$$

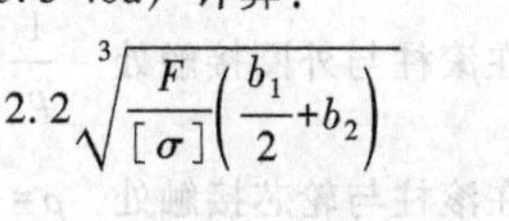

图 15.3-70 棘爪轴

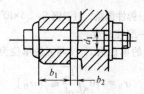

或
$$d_1=2.71\sqrt[3]{\frac{T}{zm[\sigma]}\left(\frac{b_1}{2}+b_2\right)} \tag{15.3-40b}$$

式中 d_1——棘爪轴为实心轴时的直径（mm）；

b_1、b_2——如图 15.3-70 所示（mm）；

$[\sigma]$——棘爪轴材料的许用弯曲应力（MPa），见表 15.3-54。

9.1.4 棘轮齿形与棘爪端的外形尺寸及画法

棘轮齿形与棘爪端的外形尺寸见表 15.3-55。

图 15.3-71 所示为棘轮齿形的画法，其步骤如下：

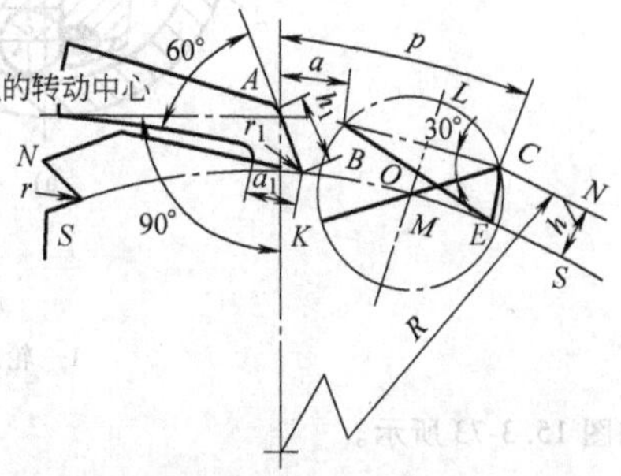

图 15.3-71 棘轮齿形的画法

由轮中心以 $R=\dfrac{mz}{2}$为半径画顶圆 NN，再以（$R-h$）（齿高 $h=0.75m$）为半径画根圆 SS。用周节 p 将圆周 NN 分成 z 等分。自任一等分点 A 作弦 $AB=a=m$ 并连接弦 BC。过 BC 之中点作垂线 LM，再由 C 点作直线 CK，与 BC 弦成 30°角并交 LM 线于 O 点。以 O 点为圆心，以 OC 为半径作圆，与根圆 SS 交于 E 点。连接 CE，此即为棘轮齿工作面之方向。再连接 EB 后，便得到全部齿形。角 CEB 为 60°。

表 15.3-55 棘轮齿形与棘爪端的外形尺寸

（mm）

m	棘轮				棘爪		
	p	h	a	r	h_1	a_1	r_1
6	18.85	4.5	6	1.5	6	4	2
8	25.13	6	8	1.5	8	4	2
10	31.42	7.5	10	1.5	10	6	2
12	37.70	9	12	1.5	12	6	2
14	43.98	10.5	14	1.5	14	8	2
16	50.27	12	16	1.5	14	8	2
18	56.55	13.5	18	1.5	16	12	2
20	62.83	15	20	1.5	18	12	2
22	69.12	16.5	22	1.5	20	14	2
24	75.40	18	24	1.5	20	14	2
26	81.68	19.5	26	1.5	22	14	2
30	94.25	22.5	30	1.5	25	16	2

9.2 滚柱式停止器

9.2.1 结构与工作特点

滚柱式停止器是各种停止器中较为完善的一种（见图15.3-72）。如果外圈2固定不动，轮芯1按图中箭头方向旋转，则此时滚柱3在摩擦力作用下滚向楔形空间小端，停止器起止逆器作用。如果外圈2以一定速度反转，轮芯1就可与外圈同向旋转，但转速不可能超过外圈，此时停止器起限速器作用。为了产生一定的初始摩擦力，装有弹簧4使滚柱与外圈保持接触，如图15.3-72b所示。滚柱式停止器的受力情况如图15.3-73所示。

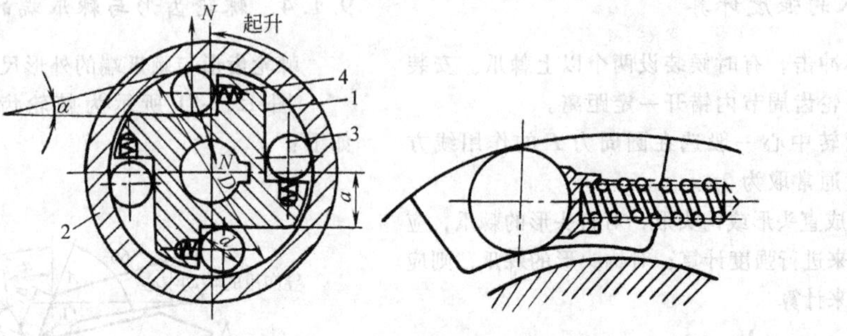

a) b)

图15.3-72 滚柱式停止器

a）停止器 b）局部放大图

1—轮芯 2—外圈 3—滚柱 4—弹簧

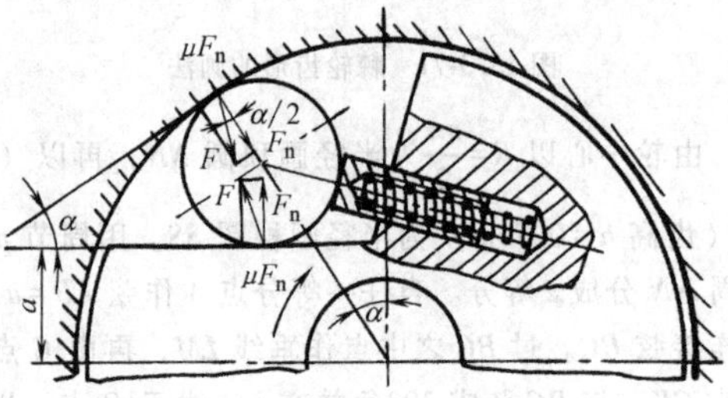

图15.3-73 滚柱式停止器的受力情况

9.2.2 设计计算

滚柱所受正压力为

$$F_n=\frac{2KT}{z\mu D} \tag{15.3-41}$$

式中 K——滚柱受载的不均匀系数，$K=1.2\sim1.4$；

T——转矩；

μ——滚柱与外圈和轮芯间的摩擦因数；

D——外圈内径；

z——滚柱数，通常$z=4\sim6$。

由图15.3-73中可以看出，要保证滚柱可靠地楔入楔形空间小端，必须满足以下条件：

$$\mu F_n\geqslant F_n\tan\frac{\alpha}{2}\text{或}\mu=\tan\rho\geqslant\tan\frac{\alpha}{2}$$

即

$$\alpha\leqslant2\rho \tag{15.3-42}$$

式中 ρ——滚柱与外圈和芯体接触面间的摩擦角。

通常$\rho=3.5°$，故$\alpha\leqslant7°$。一般取$\alpha=4°\sim6°$。当α小时，安全可靠；当α较大时，可使滚柱受力较小。

α角可由图15.3-73中的几何关系得出

$$\cos\alpha=\frac{2a+d}{D-d} \tag{15.3-43}$$

在设计时，可根据选定的D、d及a，由式（15.3-43）计算α。通常$D=(7\sim15)d$。

滚柱式停止器的强度按接触应力σ_H计算：

$$\sigma_H=0.418\sqrt{\frac{F_nE}{\rho l}} \tag{15.3-44}$$

式中 F_n——滚柱所受正压力；

ρ——折合曲率半径，其值为：

在滚柱与外圈接触处 $\frac{1}{\rho}=\frac{2}{d}-\frac{2}{D}$，

在滚柱与轮芯接触处 $\rho=\frac{d}{2}$；

E——弹性模量，对于钢$E=2.1\times10^5$MPa；

l——滚柱长度。

如果F_n的单位为N，l与ρ的单位为mm，则

$$\sigma_H=190\sqrt{\frac{F_n}{\rho l}}\leqslant[\sigma_H] \tag{15.3-45}$$

式中 $[\sigma_H]$——许用接触应力（MPa）。

通常滚柱用40Cr或更好材料制成。轮芯与外圈材料用15Cr或20Cr，渗碳淬火使表面硬度达58～61HRC，这时$[\sigma_H]=2000$MPa。

把$[\sigma_H]$数值代入式（15.3-45），并将ρ代入最不利的数值，即$\rho=\frac{d}{2}$，可得计算许用压力的简单公式

$$[F_n]=50dl \qquad (15.3\text{-}46)$$

式中，d 与 l 的单位为 mm。

表 15.3-56 给出了滚柱表面硬度为 58～61HRC 时的滚柱式停止器的主要尺寸（滚柱式材料采用 15 钢，表面硬化处理）。

滚柱式停止器选用时的安全功率

$$[P]=\frac{100P_{100}}{S_p n} \qquad (15.3\text{-}47)$$

式中　S_p——安全系数，取 $S_p=1.5\sim2$；

n——实际转速（r/min）；

P_{100}——由表 15.3-56 查得。

在输送机中采用的滚柱式停止器也称为滚柱式逆止器，它已有标准的部件，可按减速器型号选配。GN 型滚柱式逆止器的结构型式、性能及主要尺寸见表 15.3-57。

表 15.3-56　滚柱式停止器的主要尺寸

当转速为 100r/min 时传递的功率 P_{100}/kW	外圈直径 D /mm	滚柱直径 d /mm	滚柱长度 l /mm	滚柱数 z	楔角 α (°)
0.34	102	12.7	19.0	4	7
0.67	127	15.9	23.8		
1.34	152	19.0	29.4		
2.00	178	22.2	33.3		
2.68	203	25.4	38.1		

表 15.3-57　GN 型滚柱式逆止器的结构型式、性能及主要尺寸　(mm)

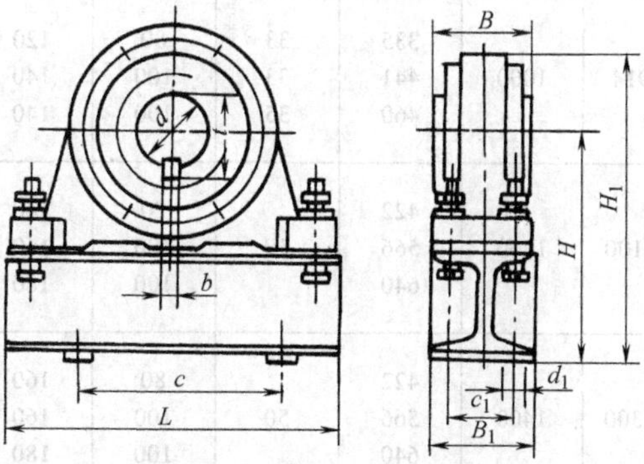

配用减速器型号	最大制动转矩 /N·m	B	B_1	b H8	c	c_1	d H7	d_1	H	H_1	L	t H11	质量 /kg
ZQ 65 75	6900	140	140	36	300	90	110	22	320	470	460	116.7	104
ZQ85	13900	170	180	36	330	120	130	22	400	565	490	137.4	147
ZL85	13900	170	190	36	330	120	140	22	550	715	500	158.7	172
ZQ100	23300	190	230	40	410	170	150	26	400	605	590	169.2	206
ZL100	23300	190	250	40	510	170	170	26	650	855	590	178.7	246
ZL115	48500	220	290	45	590	210	200	32	750	1015	670	209.9	349
ZL130	48500	220	290	50	590	210	220	32	850	1115	670	231.2	348

9.3　带式停止器

利用倾斜带式输送机向上输送物料时，如果电动机偶然断电停车，则在物料重量作用下，工作分支会自动下滑，造成事故。在传动机构中装设自动作用的制动器、棘轮或滚柱式停止器能防止这一事故的发生，但最常用的是带式停止器。

带式停止器（或称逆止器）是一根与输送带完全相同的带子，一端固定在机架上，另一端自由置于输送机驱动滚筒处非工作分支的内侧，称为止动带。止动带不妨碍输送机正常运转，但一旦出现输送带反向运行时，止动带就被输送带带进滚筒与输送带之间，通过摩擦力作用，使滚筒和输送带的逆转停止（见图 15.3-74）。

带式停止器结构简单，适用于输送机倾角 $\beta\leqslant18°$ 的向上运输。缺点是制动时先倒转一段，头部滚筒直径越大，倒转距离越长，因此对大功率和大产量的输送机不宜采用此种逆止器。

GN 型带式停止器的结构型式及尺寸表 15.3-58。

表 15.3-58　GN 型带式停止器的结构型式及尺寸　　(mm)

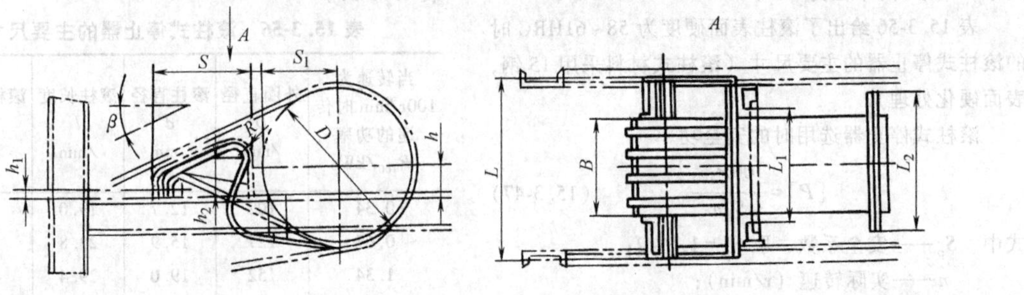

B	D	L	L_1	L_2	S	S_1	R	h	h_1	h_2	质量/kg
500	500	890	≈614	700	335	33	80	100	30	104	38
650	500 630	1040	≈764	850	335 441	33	80 100	120	30	104 134	42 49
800	500 630 800	1340	≈914	1000	335 441 460	33 33 35	80 100 100	120 140 140	30	104 134 198	55 57 63
1000	630 800 1000	1620	≈1100	1200	422 566 640	50	80 100 100	140 160 180	40	177 220 298	107 120 129
1200	630 800 1000	1870	≈1300	1400	422 566 640	50	80 100 100	160 160 180	40	177 220 298	123 138 148
1400	800 1000	2120	≈1500	1600	566 640	50	100 100	160 200	40	220 298	155 165

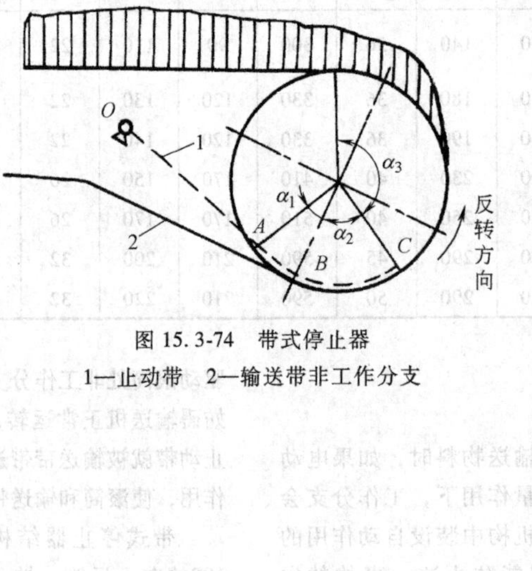

图 15.3-74　带式停止器

1—止动带　2—输送带非工作分支

参 考 文 献

[1] 机械工程手册电机工程手册编辑委员会. 机械工程手册: 机械零部件设计卷 [M]. 2 版. 北京: 机械工业出版社, 1997.

[2] 闻邦椿. 机械设计手册: 第 3 卷 [M]. 5 版. 北京: 机械工业出版社, 2010.

[3] 闻邦椿. 现代机械设计手册: 上册 [M]. 北京: 机械工业出版社, 2012.

[4] 闻邦椿. 现代机械设计实用手册 [M]. 北京: 机械工业出版社, 2015.

[5] 机械设计手册编辑委员会. 机械设计手册: 第 3 卷 [M]. 新版. 北京: 机械工业出版社, 2004.

[6] 成大先. 机械设计手册: 第 2 卷 [M]. 6 版. 北京: 化学工业出版社, 2016.

[7] 施高义, 唐金松, 喻怀正, 等. 联轴器 [M]. 北京: 机械工业出版社, 1988.

[8] 天津市第一机械工业局科技情报研究所. 联轴器专辑 [J]. 天津机械, 1982 (2, 3).

[9] 汪恺. 机械设计标准应用手册: 第三卷 [M]. 北京: 机械工业出版社, 1997.

[10] 胡企贤. 电磁离合器 [M]. 上海: 上海科学技术出版社, 1981.

[11] 田金铭. 电磁离合器设计与应用 [M]. 南京: 江苏科学技术出版社, 1982.

[12] 杨长骙. 起重机械 [M]. 北京: 机械工业出版社, 1982.

[13] 陈道南, 过玉卿, 周培德, 等. 起重运输机械 [M]. 北京: 机械工业出版社, 1982.

[14] 张质文, 刘全德. 起重运输机械 [M]. 北京: 中国铁道出版社, 1983.

[15] 吉林工业大学汽车教研室. 汽车设计 [M]. 北京: 机械工业出版社, 1981.